Holzfrei

Nr. 41 1953
S. 6605—6804 14. Oktober

# Chemisches Zentralblatt

Vollständiges Repertorium für alle Zweige der reinen und angewandten Chemie

1830 gegründet. 1897—1945 von der Deutschen Chemischen Gesellschaft fortgeführt.
Im Auftrage der Deutschen Akademie der Wissenschaften zu Berlin, der Chemischen Gesellschaft in der Deutschen Demokratischen Republik, der Akademie der Wissenschaften zu Göttingen und der Gesellschaft Deutscher Chemiker
herausgegeben von Prof. Dr. **Maximilian Pflücke**

124. Jahrgang

1953

Chefredakteure: Dr. Eugen Klever und Prof. Dr. Maximilian Pflücke

Akademie-Verlag GmbH., Berlin — Verlag Chemie, GmbH., Weinheim/Bergstr.

## Inhalt

# Namenregister

# Chemisches Zentralblatt

**1953** **Nr. 41** **14. Oktober**

## Geschichte. Unterricht.

**W. P. Batrakow, W. M. Kurtepow** und **N. D. Tomaschow,** *Georgi Wladimirowitsch Akimow.* Nachruf auf den im Alter von 53 Jahren am 23/1. 1953 verstorbenen russ. Forscher, dessen physikal.-chem. Arbeiten auf dem Gebiete der Metallkunde von Bedeutung sind. — Bild. (Журнал Физической Химии [J. physik. Chem.] **27.** 313—16. März 1953.) KLEVER. 1

**Leonhard Birkofer,** *Ferdinand Henrich, 1871—1945.* Würdigung der wissenschaftlichen Lebensarbeit des bekannten Autors der „Theorien der organ. Chemie" F. HENRICH (* 18/3. 1871 in Wiesbaden, † 23/2. 1945), Professor an der Universität Erlangen. — Lichtbild. Ausführliches Verzeichnis seiner Veröffentlichungen. (Chem. Ber. **83.** VII bis XIII. April 1950.) BARZ. 1

**Walter Hückel,** *Ernst Koenigs, 1878—1945.* Kurze Lebensskizze des Organikers E. KOENIGS (* 9/12. 1878 in Köln, † 16/6. 1945), der zuletzt als ao. Professor der Chemie an der Berliner Universität lehrte. — Lichtbild u. Verzeichnis seiner Veröffentlichungen. (Chem. Ber. **83.** XV—XVIII. April 1950.) BARZ. 1

**T. A. Boyd,** *Thomas Midgley jr., 18. Mai 1889 — 2. November 1944.* Nachruf u. Würdigung der Verdienste des Verstorbenen, bes. auf dem Gebiete des natürlichen u. synthet. Kautschuks. — 57 Literaturangaben. — Bild. (J. Amer. chem. Soc. **75.** 2791—95. 20/6. 1953.) KLEVER. 1

**Egon Wiberg,** *Alfred Stock, 1876—1946.* Ausführliche Biographie ALFRED STOCKS (* 16/7. 1876 in Danzig, † 12/8. 1946 in Aken/Elbe), der nach seiner Emeritierung in Karlsruhe (1936) noch zwei Jahre lang Präsident der Deutschen Chemischen Gesellschaft war. Das angefügte Schriftenverzeichnis umfaßt 274 Angaben. — Lichtbild. (Chem. Ber. **83.** XIX—LXXVI. Okt. 1950. München, Univ., Inst. für Anorgan. Chemie.) ZAUNICK. 1

**Heinrich Hauptmann,** *Fritz Straus, 1877—1942.* Nachruf auf den Organiker u. Technologen F. STRAUS (* 24/3. 1877 in Mannheim, † 8/4. 1942 in Hollywood/Florida) unter Angabe seiner Veröffentlichungen. — Lichtbild. (Chem. Ber. **83.** I—V. April 1950, São Paulo, Brasilien.) BARZ. 1

**Ss. P. Ssolowjew,** *Über die petrographischen Arbeiten von I. W. Muschketow. (Zum 100. Geburtstag.)* Würdigung der petrograph. Arbeiten über Mittelasien, Kaukasus, Ural u. Ukraine. (Записки Всесоюзного Минералогического Общества [Schr. Allunions mineralog. Ges.] [2] **79.** 291—93. 1950.) LEBTAG. 1

**W. W. Alpatow,** *I. M. Ssetschenow, einer der Begründer der molekularen Biologie.* In der Übersicht über die Begründung der mol. Biologie u. über das Problem der Entstehung des Lebens auf der Erde werden die Verdienste von SSETSCHENOW, BOGDANOW u. VERNADSKY hervorgehoben. (Вестник Московского Университета, Серия Физико-Математических и Естественных Наук [Nachr. Moskauer Univ. physik.-mathemat. u. naturwiss. Ser.] **7.** Nr. 8. 117—30. Aug. 1952. Lehrstuhl für Zoologie der Wirbellosen.) LEBTAG. 1

**James Kendall,** *Die erste chemische Gesellschaft, die erste chemische Zeitschrift und die chemische Revolution.* 1. u. 2. Mitt. Es wird nachgewiesen, daß die EDINBOURGH UNIVERSITY CHEMICAL SOCIETY 1785 gegründet wurde u. damit die älteste chem. Gesellschaft der Welt ist. Als erste chem. Zeitschrift wird eine Veröffentlichung mit dem Titel „Dissertations read before the Chemical Society instituted in the beginning of the Year 1785" angesprochen. Anschließend wird ein Überblick gegeben über die Rolle, die die genannte Gesellschaft in der Entw. der Phlogistontheorie spielte. — Im 2. Teil wird ein Überblick über die oben erwähnte Dissertation gegeben u. die Bedeutung anderer chem. Gesellschaften des 18. Jahrhunderts erörtert. (Proc. Roy. Soc. Edinburgh, Sect. A **63.** 346—58. 385—400. 1951/52.) H. W. LEVI. 2

**A. G. Betechtin,** *Zur Geschichte der russischen Mineralogie.* Übersicht über die Entw. der russ. Mineralogie, beginnend von LOMONOSSOW (1711—1765) bis zur Neuzeit. (Известия Академии Наук СССР, Серия Геологическая [Nachr. Akad. Wiss. UdSSR, geol. Ser.] **1950.** Nr. 4. 3—24. Juli/Aug.) KLEVER. 2

**Guillermo Folch Jou,** *Die „Farmacopea tolosona" des Jahres 1648.* Nach MERCK ist die Farmacopea Tolosona von 1648 span. Ursprungs. Vf. legt dar, daß sie nicht aus dem span. Tolosa, sondern dem französ. Toulouse stammt. (Farmac. nueva **18.** 65—69. Febr. 1953. Madrid, Sem. de Hist. de la Farm.) ALTPETER. 2

**Konst. Livadeus,** *Die Metallurgie des am Parthenon verwendeten Eisens und die Deutung des Gebrauches eines antiken Kamines.* Auf Grund von Verss. an Fe-Stiften u. eisernen Bändern vom Parthenon u. an Hand von Zitaten aus ARISTOTELES u. THEOPHRAST versucht Vf. eine Erklärung zu geben, wie die Metallurgie des Eisens zur Zeit des Baues des Parthenons gehandhabt wurde. (Praktika Akad. Athenon **18.** 338—43. 1943, ausg. 1950. [Orig.: griech.]) VLACHOS. 2

**R. A. Peel,** *Höhepunkt und Niedergang der schottischen Türkischrotfärberei.* Ein geschichtlicher Überblick mit ca. 70 Literaturzitaten. (J. Soc. Dyers Colourists **68.** 496—505. Dez. 1952.) H. G. FRÖHLICH. 2

**A. I. Medwedko,** *Priorität russischer Gelehrter bei der Erfindung von Nitroglycerinsprengstoffen.* Vf. zeigt, daß die erste Gewinnung von *Dynamit* durch PETRUSCHEWSKI unter der Leitung von SININ erfolgte. Als Träger des Nitroglycerins wurde hierbei $MgCO_3$ verwendet. Das gewonnene Prod. besaß eine größere Sprengkraft als das Dynamit von NOBEL. (Горный Журнал [Berg-J.] **1952.** Nr. 11. 24—26. Nov.) LEBTAG. 2

## A. Allgemeine und physikalische Chemie.

**Je. Ss. Makarow,** *Über die Nomenklatur und Symbolik fester Phasen wechselnder Zusammensetzung.* Ausgehend von den Vorschlägen von HÄGG (Acta chem. scand. **4.** [1950.] 88) zur Nomenklatur u. Symbolik von festen Lsgg. werden für die *Bertholide* bzw. *Daltonide* folgende Formulierungen vorgeschlagen: 1. Verbb. konstanter u. einfacher Zus.: AB, $AB_2$, $A_2B_3$ usw. — 2. Verbb. konstanter, jedoch nicht einfacher stöchiometr. Zus.: $AB_x$, wo x = n/(100—n) u. n At.-% B bedeuten, z. B. $CuBe_{2,33}$, d. h. eine Cu–Be-Legierung mit 70 At.-% Be. — 3. Begrenzte feste Lsgg., d. h. A löst in festem Zustand bei t° u. n. Druck n At.-% B: $p$-$AB_{0\rightarrow x}$ (t° C). $p$ weist auf die Zugehörigkeit der Phase zur festen Lsg. hin, deren Konz. sich von 0 bis n At.-% B ändert. Bei Vorhandensein verschied. Modifikationen, z. B. Austenitphase, wird die griech. Bezeichnung eingeführt, z. B. $p$-$\gamma$-$FeC_{0\rightarrow 0,08}$ (1140° C). — 4. Unbegrenzte feste Lsgg. sind durch $p_\infty$-(A, B), z. B. $p_\infty$-(Cu, Ni) zu symbolisieren. — 5. Für Zwischenphasen wechselnder Zus. vom Daltonid ($\delta$)–Bertholid ($\sigma$)-Typus werden folgende Formulierungen vorgeschlagen: $\delta$- oder $\sigma$-$AB_{x_1-x_2}$ (t° C), z. B. $\sigma$-$TiO_{0,60\rightarrow 1,25}$ (t° C) oder $\delta$-$AgMg_{0,79\rightarrow 1,11}$. Falls die Homogenitätsgrenze nicht bekannt ist, genügt die Formulierung $AB_{n+x}$. Zum Schluß werden die in der Literatur vorliegenden Vorschläge diskutiert. (Доклады Акмдемии Наук СССР [Ber. Akad. Wiss. UdSSR] [N. S.] **74.** 1093—96. 21/10. 1950.) KLEVER. 10

**W. Kossel,** *Zur Begriffsgeschichte der Elektrizitätslehre.* Die Struktur der Materie wird in erster Linie durch elektrostat. Phänomene gekennzeichnet. In der modernen Entw. der Elektrizitätslehre lassen sich diese Erscheinungen bis zur Elektrostatik des Atomgebäudes vorantreiben. (Studium generale [Heidelberg] **3.** 664—78. Dez. 1950. Tübingen.) GERHARD SCHMIDT. 10

**A. van Itterbeek,** *Die Physik von heute ist die Technik von morgen.* Übersicht über die in der Technik angewandten physikal. Geräte, bes. das Elektronenmikroskop. (Meded. Kon. vlaamse Acad. Wetensch., Letteren schone Kunsten België, Kl. Wetensch. **12.** Nr. 18. 3—8. 1950. Löwen, Univ.) WESLY. 10

### $A_1$. Kernphysik und Kernchemie.

**H. Ott,** *Zum Energie-Impulstensor der Maxwell-Minkowskischen Elektrodynamik.* Die Asymmetrie der Energiestrom- u. Impulskomponente des MINKOWSKIschen Tensors rührt von einer Unvollständigkeit dieses Tensors her. Vom Standpunkt der LORENTZschen Elektronentheorie ist derselbe durch einen additiv hinzutretenden Tensor zu ergänzen, der zum Teil ebenfalls noch von den MAXWELLschen Feldgrößen abhängt. Durch diese Ergänzung wird gerade die Symmetrie der genannten Tensorkomponenten hergestellt; die bisher scheinbar nur für das Vakuum gültige fundamentale Beziehung $\mathfrak{S} = [\mathfrak{b}\mathfrak{S}] = c^2 \mathfrak{g}$ überträgt sich nun auch auf das MAXWELLsche Feld $\mathfrak{b}\mathfrak{S}$ in der Materie. (Ann. Physik [6] **11.** 33—44. 1952. Würzburg, Univ., Physik. Inst.) V. HARLEM. 80

**Bernard Kwal,** *Beitrag zur Theorie nichtlokalisierbarer Felder.* Theoret. Ableitung der Gleichungen nichtlokalisierbarer Felder unter Benutzung der Approximation der

geometr. Optik. In bezug auf die Theorie der Spinorfelder erscheint es möglich, a priori die skalaren Gleichungen zu linearisieren u. die Spinunabhängigkeit in den Konfigurations- sowie Impulsraum einzuführen. Die Bedingungen für die Lösung der gleichzeitig in beiden Räumen geltenden Gleichungen vom DIRAC-Typ werden angeführt. (J. Physique Radium **11.** 213—18. Mai 1950. Paris, Inst. Henri Poincaré.)
GERHARD SCHMIDT. 80

**R. Finkelstein** und **M. Ruderman,** *Angenäherte Quantelung des nichtlinearen Bose-Feldes.* (Sitzungsbericht.) Vf. beschreibt das skalare BOSE-Feld quantenmechan. durch den Konfigurationsraumformalismus von FOCK u. TOMONAGA. (Physic. Rev. [2] **81.** 655. 15/2. 1951; Bull. Amer. physic. Soc. **25.** Nr. 6. 12. 28/12. 1950. Los Angeles, Univ. of California; California Inst. of Technol.) H. HAUSWALD. 80

**T. A. Bergstralh** und **C. A. Schroeder,** *Messungen des Tageszeiteffektes der Höhenstrahlung.* (Sitzungsbericht.) Während Ballonflügen in ca. 17 km Höhe wurden mit Zählrohrkoinzidenzanordnungen die Intensitäten der gesamten ionisierenden Strahlung, der $\gamma$-Strahlung von 0,08—5 MeV u. der schnellen Neutronen gemessen. Bei einer statist. Genauigkeit von 1% für die Gesamtintensität u. 3,5% für die bei anderen Intensitäten wurde keine Abhängigkeit von der Tageszeit gefunden. (Physic. Rev. [2] **80.** 134. 1/10.; Bull. Amer. physic. Soc. **25.** Nr. 4. 19. 21/6. 1950. U. S. Naval Res. Labor.)
E. REUBER. 85

**G. J. Perlow, T. A. Bergstralh, C. Y. Johnson** und **J. D. Shipman jr.,** *Messung der Höhenstrahlionisation und Reichweite mit Raketen.* (Sitzungsbericht.) Bei einem V 2-Aufstieg wurde die Höhenstrahlung an der Grenze der Atmosphäre mit einem Zählrohrteleskop mit drei Absorberschichten von $\sim$1, 3 u. 11 cm Pb untersucht. Fast alle in der dünnsten Schicht absorbierten Teilchen sind weiche Elektronen. Auch die 4 cm Pb durchdringenden Teilchen sind vornehmlich Elektronen, hinzu kommen vielleicht einige Primärteilchen. Unter 15 cm Pb wurden prim. Protonen beobachtet. Auch eine $\alpha$-Teilchengruppe wurde gefunden. (Bull. Amer. physic. Soc. **25.** Nr. 4. 18. 21/6.; Physic. Rev. [2] **80.** 133. Okt. 1950. Navál Res. Labor.) E. REUBER. 85

**G. J. Perlow, L. R. Davis, C. W. Kissinger** und **J. D. Shipman jr.,** *Raketenbestimmung des Ionisationsspektrums der geladenen Höhenstrahlung auf $\lambda = 41^0$ N.* (Vgl. C. **1951.** I. 822.) Mittels V 2-Raketen, die eine Höhe von 150 km erreichten, wurde die Ionisation u. Absorption in Pb der Höhenstrahlung untersucht. Der Weg der Teilchen war durch ein Teleskop aus GEIGER-Zählern definiert, die Ionisation wurde mittels zweier Proportionalzähler mit Ar-Füllung von 1 at unter Zusatz von 2% $CO_2$ gemessen. Die Gesamtintensität ist für Zenitwinkel zwischen 6 u. 63° für Teilchen mit einer Reichweite $>$ 7 g/cm² Pb konstant 0,079 $\pm$ 0,005/cm²/sec/Raumwinkel, zwischen 63 u. 101° nimmt sie scheinbar um den Faktor 1,5 zu. Die Intensität der weichen Strahlung mit einer Reichweite zwischen 7 u. 21 g/cm² beträgt 0,012, davon sind 0,008 Elektronen von $<\sim$ 60 MeV, der Rest langsame Protonen u. langsame $\alpha$-Teilchen. Für die Teilchen mit größerer Reichweite wurde die Häufigkeitsverteilung der Ionisation aufgenommen, sie zeigt ein Intensitätsverhältnis von Protonen zu $\alpha$-Teilchen von 5,3 $\pm$ 1,0 u. einen C-Kern. Die Absorption verläuft exponentiell mit einer mittleren freien Weglänge von 440 $\pm$ 70 g/cm² Pb. Extrapolation auf die obere Grenze der Atmosphäre ergibt eine gesamte Primärintensität von 0,070 $\pm$ 0,005/cm²/sec/Raumwinkel, davon 0,058 $\pm$ 0,005 Protonen, 0,011 $\pm$ 0,002 $\alpha$-Teilchen u. 0,001 $\pm$ 0,001 höhere Kerne. (Physic. Rev. [2] **88.** 321—25. 15/10. 1952. Washington, U. S. Naval Res. Labor.) WIEDEMANN. 85

**J. A. Van Allen** und **A. V. Gangnes,** *Die Höhenstrahlintensität über der Atmosphäre am geomagnetischen Äquator.* Am geomagnet. Äquator wurde in 105 km Höhe (Raketenmessungen) die Totalintensität geladener Höhenstrahlteilchen mittels eines Paares gekreuzter Weitwinkelzählrohrteleskope u. eines zweiten Teleskoppaares mit Mehrfach-Ereignisanzeige gemessen. Die Meßergebnisse wurden drahtlos während der ganzen Versuchsdauer übertragen. Die Zenitwinkelabhängigkeit, über alle Azimute gemittelt, wurde zu 0,028 $(1 + 0{,}6 \sin \Theta)$ gefunden. Für die gesamte Vertikalintensität geladener Teilchen mit mehr als $14 \cdot 10^9$ eV (für Protonen) wurden 0,028/sec/cm²/Raumwinkel gemessen. Dies sind nur 40% des bei 41° N gefundenen Wertes. (Physic. Rev. [2] **78.** 50—52. 1/4. 1950. Silver Spring, Md., Johns Hopkins Univ., Appl. Phys. Labor.)
E. REUBER. 85

**R. F. Christy, A. T. Biehl, E. Inonu** und **H. V. Neher,** *Ausgedehnte Ionisationsstöße in großer Höhe.* (Sitzungsbericht.) Zu den früher in 30 000 ft. Höhe gefundenen Stößen mit mehr als 400 beteiligten schnellen Teilchen wird über ähnliche Daten auf 14 500 ft. u. auf Seehöhe berichtet. Die auf Seehöhe gewonnenen Ergebnisse sind mit denen anderer Autoren, die eine ähnliche Ausrüstung benutzten, verträglich u. werden der Bremsstrahlung von $\mu$-Mesonen in der Pb-Umhüllung der App. zugeschrieben. Die beiden Zahlenwerte bei größeren Höhen sind mit einer exponentiellen Länge von ca. 130 g Luft verträglich u. erfordern eine andere Erklärung. Aus vorläufigen Rechnungen ergibt sich eine Beziehung zwischen der Zahl der Primärteilchen u. der beobachteten Zahl der Stöße. (Physic. Rev. [2] **81.** 647. 15/2. 1951; Bull. Amer. physic. Soc. **25.** Nr. 6. 4. 28/12. 1950. California Inst. of Technol.) Conrad. 85

**A. Duperier,** *Temperatur der oberen Atmosphäre und Mesonenerzeugung.* Die positive Korrelation zwischen der Mesonenintensität in Seehöhe u. der Temp. der Luftschichten zwischen 100 u. 200 mb wird für die Temp. der Luftschichten zwischen 100 u. 50 mb in gleicher Größenordnung bestätigt. Unter der Annahme einer Lebensdauer der $\pi$-Mesonen von $2{,}6 \cdot 10^{-8}$ Sek. u. einer mittleren freien Weglänge von 60 g/cm² dürfte der Temperatureffekt nur $^1/_3$ der gefundenen Größe betragen. Die Differenz kann entweder dadurch aufgehoben werden, daß die Lebensdauer der $\pi$-Mesonen zu $7-8 \cdot 10^{-8}$ Sek. angenommen wird, oder daß noch andere Kernwechselwirkungen als der Mesonenprozeß als wirksam angesehen werden, die einen größeren Temperatureffekt verursachen. (Nature [London] **167.** 312—13. 24/2. 1951. London, Univ., Birkbeck Coll.) W. Schäfer. 85

**H. Lehmann,** *Strahlungskorrekturen zur Mesonerzeugung durch Photonen.* Vf. berechnet die 2. Näherung hinsichtlich der Meson–Nucleon-Kopplung für den Wirkungsquerschnitt der Erzeugung eines positiven Mesons durch Wechselwrkg. eines Photons beliebiger Energie mit einem Proton. Zugrunde gelegt ist eine geladene pseudoskalare Mesontheorie mit pseudoskalarer Kopplung. Es wird der Einfl. der Korrektur auf den differentiellen u. totalen Wirkungsquerschnitt betrachtet. (Ann. Physik [6] **11.** 25—32. 1952. Jena, Univ., Theoret.-Phys. Inst.) v. Harlem. 90

**H. Messel** und **R. B. Potts,** *Mehrfach-Theorien für die Schauerkomponente bei energiereichen Kernzertrümmerungen.* (Vgl. C. **1953.** 3028.) Für die durchschnittliche Anzahl von Protonen u. Mesonen, die als Schauerteilchen bei energiereichen Kernzertrümmerungen emittiert werden, werden numer. Ergebnisse angegeben. Die Ergebnisse für zwei Schemata der Mehrfacherzeugung von Mesonen werden mit Ergebnissen aus dem Heitler-Janossy-Modell verglichen, bei dem angenommen wird, daß der Kern bzgl. der bei einzelnen Nucleon–Nucleon-Zusammenstößen emittierten Mesonen durchlässig ist. Dieses Modell gibt die bisher zur Verfügung stehenden begrenzten experimentellen Werte am besten wieder. Die für Mesonen angeführten Ergebnisse gründen sich auf der Annahme, daß die Schauerteilchen nur aus $\pi$-Mesonen u. Protonen bestehen. (Physic. Rev. [2] **88.** 488—92. 1/11. 1952. Adelaide, South Australia, Univ. of Adelaide, Dep. of Math. Phys.) Gerhard Schmidt. 90

**Gérard Petiau,** *Über die Darstellung der Wellengleichungen der Teilchen mit dem Spin Null oder $\hbar$.* Vf. zeigt, daß die Verwendung von zwei Projektionsmatrizen die Zurückführung der von de Broglie in die Theorie des Photons eingeführten Matrizen auf eine irreduzible Darst. für Teilchen mit dem Spin $\hbar$ (Photonen oder vektorielle Mesonen) oder für Teilchen mit dem Spin Null (Photonen oder pseudoskalare Mesonen) ermöglicht. (C. R. hebd. Séances Acad. Sci. **234.** 1534—37. 5/4. 1952.) Gerhard Schmidt. 90

**Louis de Broglie,** *Ergänzende Bemerkungen über die komplexe Struktur der Teilchen mit dem Spin 1.* Unter der Annahme, daß ein Teilchen mit dem Spin 1 aus den beiden Bestandteilen mit dem Spin ½ gebildet wird, stellt Vf. einige Gesichtspunkte auf, nach denen die Spineigg. auf die Bewegung des Schwerpunktes des Teilchens übertragen werden. In gleicher Weise läßt sich die Wahrscheinlichkeitsdichte der Ggw. für ein Teilchen mit dem Spin 1 erläutern. (C. R. hebd. Séances Acad. Sci. **230.** 1434—37. 17/4. 1950.) Gerhard Schmidt. 90

**Herman Feshbach** und **S. I. Rubinow,** *Ein Variationsprinzip für die Streuung.* Vff. stellen ein Variationsprinzip für die Phasenverschiebungen eines Streuproblems mit Zentralkräften auf, wobei die Prinzipien von Schwinger u. Hulthén für die S-Zustandsstreuung verallgemeinert werden. Berechnungen werden für die S- u. P-Zustandsstreuungen bei einem exponentiellen Muldenpotential für die Nucleon–Nucleon-Wechselwrkg. durchgeführt. (Physic. Rev. [2] **88.** 484—87. 1/11. 1952. Cambridge, Mass., MIT, Phys. Dep.) Gerhard Schmidt. 90

**J. S. Levinger,** *Streuung von $\gamma$-Strahlen an gebundenen Elektronen.* (Sitzungsbericht.) Vf. versucht eine Auswertung des Ausdruckes für die kohärente Streuamplitude durch Reihenentw. in q/mc (q = Änderung des Photonenimpulses, m = Elektronenmasse). Für $q/mc < 1{,}8$ (I) ergibt sich eine etwas größere Streuamplitude als aus der Berechnung (II) über Atomfaktoren sowie eine Unabhängigkeit von der Photonenenergie. Für das Verhältnis I : II der Streuung von $\gamma$-Strahlen an *Sn*–K-Elektronen ergeben sich folgende

Zahlenwerte: 1,1 für q/mc = 1, 1,2 für q/mc = 1,8. (Physic. Rev. [2] **86.** 592—93. 15/5.; Bull. Amer. physic. Soc. **27.** Nr. 1. 17—18. 31/1. 1952. Louisiana State Univ.)
WEIGEL. 90

**L. C. Biedenharn, M. E. Rose** und **G. B. Arfken,** *Polarisation von γ-Strahlung nach Einfang polarisierter Neutronen.* Mit Detektoren, die auf COMPTON-Streuung, Paarbldg. oder photoelektr. Prozesse ansprechen u. demnach lineare Polarisation nachweisen, läßt sich, wie theoret. gezeigt wird, bei den nach dem Einfang polarisierter Neutronen ausgesandten γ-Quanten keine Anisotropie nachweisen. Zum Nachw. zirkularer Polarisation dient magnetisiertes Fe als „Kern–Viertelwellenlängen-Blättchen". Es wird eine azimutale Anisotropie in der COMPTON-Streuung beobachtet. (Physic. Rev. [2] **83.** 683. 1/8. 1951. Oak Ridge, Tenn., Oak Ridge Nat. Labor.) WIEDEMANN. 90

**J. Tittman, C. Sheer, W. W. Havens jr.** und **L. J. Rainwater,** *Neutronenstreuung im Resonanzgebiet.* 2. Mitt. (1. vgl. C. **1951.** II. 178.) (Sitzungsbericht.) Die Streuung von Neutronen an *Au* wird mit einer verbesserten Meßkammer gemessen u. das Verhältnis des Streuquerschnittes zum totalen Wirkungsquerschnitt als Funktion der Neutronenenergie im Bereich niedriger Energie bestimmt. Messungen an der 4,87 eV-Resonanzstelle zeigen sehr gute Übereinstimmung mit den Werten aus der BREIT-WIGNER-Formel für Einniveaus. (Physic. Rev. [2] **82.** 344. 15/4. 1951; Bull. Amer. physic. Soc. **26.** Nr. 1. 57. 1/2. 1951. Columbia Univ.) WERNER SCHULZ. 90

**C. Sheer, J. Tittman, W. W. Havens jr.** und **L. J. Rainwater,** *Neutronenstreuung im Resonanzgebiet.* 3. Mitt. (2. vgl. vorst. Ref.) (Sitzungsbericht.) Die Streuung von Neutronen an *Au* wird für höhere Neutronenenergien (30—500 eV) gemessen u. mit den Durchlässigkeitswerten im gleichen Energiebereich verglichen. Die Meth. erweist sich auch als geeignet zur Best. schwacher Niveaus mit beträchtlichem Einfanganteil, so bei 75 u. 300 eV. (Physic. Rev. [2] **82.** 344. 15/4.; Bull. Amer. physic. Soc. **26.** Nr. 1. 57. 1/2. 1951.) WERNER SCHULZ. 90

**S. Pasternack, A. W. McReynolds, R. J. Weiss** und **L. Corliss,** *Einkristall-Neutronenmonochromatoren.* (Sitzungsbericht.) Die Wirksamkeit eines Einkristall-Neutronenmonochromators hängt von der maximalen Reflexionsfähigkeit beim jeweiligen BRAGG-Winkel u. dem Verhältnis der Schwenkkurvenbreite zu dem durch Kollimation bedingten Ausbreitungswinkel ab. Zur Best. dieser Faktoren an verschied. Einkristallen wurden in einer Neutronenbeugungsapp. folgende Kristalle untersucht (in Klammern Reflexionsebene, maximale Reflexivität u. Schwenkkurvenbreite in Min.): *NaCl* (200, 0,10, 8); *Ni* (111, 0,16, 60); *Pb* (111, 0,22, 20) u. *Fe* (100, 0,18, 8). Für einige Kristalle wurde die Durchlässigkeit bei u. nahe den BRAGG-Winkeln gemessen. Der Zusammenhang der Ergebnisse mit der für Neutronen modifizierten dynam. Theorie der Röntgenstrahlenbeugung u. der Theorie der unelast. Streuung wird diskutiert. (Physic. Rev. [2] **81.** 326. 15/1. 1951; Bull. Amer. physic. Soc. **25.** Nr. 5. 38. 24/11. 1950. Brookhaven Nat. Labor.) WEIGEL. 90

**A. W. McReynolds** und **R. J. Weiss,** *Kleinwinkelstreuung thermischer Neutronen.* (*Experimentelles.*) (Vgl. vorst. Ref.) (Sitzungsbericht.) Vff. untersuchen die Ausbreitung eines Neutronenbündels durch Kleinwinkelstreuung beim Durchgang durch feinverteilte Materie als Funktion der Neutronenwellenlänge, Zahl, Größe u. Brechungsindex der Teilchen. Die Abhängigkeit dieser Parameter bestätigt die theoret. Ergebnisse für große u. kleine ϱ-Werte (vgl. nachst. Ref.). Ein stark gebündelter Strahl wurde über einen auf den krit. Winkel von 3 Å-Neutronen eingestellten Reflektor auf die Pulverpräpp. geworfen, die Streustrahlung mit einem $BF_3$-Interferenzzählrohr untersucht. Durch Einbringen des Präp. in eine Fl. von bekanntem Brechungsindex wurden die Streuphase für langsame Neutronen u. der kohärente Wirkungsquerschnitt gemessen. Die Phasen für *P, Si, Cr, Se, Ru, Mo, Pd, Nb, Bi* u. *Te* sind positiv. Die kohärenten Querschnitte für Cr u. Si deuten auf geringe Isotopen- oder Spininkohärenz hin. Die Kleinwinkelstreuung an Rußproben lieferte Ergebnisse, die mit denen der Röntgenstrahlenbeugung übereinstimmen u. das gestreute Mittelmaximum dem Primärstrahl überlagert zeigen. Quantitative Übereinstimmung mit dem totalen Querschnitt für Kleinwinkelstreuung pro Teilchen wurde erhalten u. die $R^4$-Abhängigkeit nachgewiesen. Die HUGHESsche Kleinwinkelstreuung durch ferromagnet. Stoffe wird bestätigt. (Physic. Rev. [2] **81.** 326. 15/1. 1951; Bull. Amer. physic. Soc. **25.** Nr. 5. 38. 24/11. 1950.)
WEIGEL. 90

**R. J. Weiss** und **S. Pasternack,** *Kleinwinkelstreuung thermischer Neutronen.* (*Theoretisches.*) (Vgl. vorst. Reff.) (Sitzungsbericht.) Es werden die differentiellen u. totalen Wirkungsquerschnitte für die Kleinwinkelstreuung therm. Neutronen an Kugeln berechnet. Asymptot. sind die Ergebnisse ident. mit denjenigen aus der geometr. Optik (Brechung) bzw. der BORNschen Näherung (Beugung), je nachdem, ob die Differenz ϱ zwischen der Neutronenphasenänderung beim Durchlaufen des Teilchendurchmessers u. beim Durchlaufen derselben Strecke im Vakuum groß oder klein ist. Für große $\varrho$-Werte hängt der differentielle Querschnitt nur von $\delta$, der Abweichung des Brechungsindex von 1, ab, der Gesamtquerschnitt ist $2\pi R^2$. Für kleine $\varrho$ hat das Hauptmaximum der Beugung eine Halbwertsbreite proportional 1/R, u. der totale Wirkungsquerschnitt beträgt $\pi R^2 \cdot \varrho^2/2$. Die Überlegungen lassen sich auf nichtkugelsymm. Streuzentren u. ferromagnet. Bezirke übertragen. (Vgl. auch C. **1953.** 1754.) (Phyic. Rev. [2] **81.** 326. 15/1. 1951; Bull. Amer. physic. Soc. **25.** Nr. 5. 38. 24/11. 1950.) Weigel. 90

**E. T. Jurney** und **C. W. Zabel,** *Streuung schneller Neutronen.* (Sitzungsbericht.) Proben von *Al, Fe, Ni, Cr, Cu, Ta, Pb* u. *Bi* werden in ein begrenztes Bündel von Meilerneutronen gebracht u. die Streuung schneller Neutronen mit Hilfe von kleinen $^{237}$Np u. $^{238}$U enthaltenden Spaltionisationskammern gemessen. Werden die in den Kammern registrierten Neutronen als elast. gestreut angesehen u. das Integral über alle Winkel des differentiellen elast. Streuquerschnittes vom totalen Querschnitt subtrahiert, so wird ein unelast. Stoßquerschnitt erhalten. Unter der Annahme von Isotropie für die elast. Streuung werden Transportquerschnitte berechnet. Der elast. Streuquerschnitt zeigt für alle untersuchten Elemente ein starkes Maximum in Vorwärtsrichtung, bei einigen ein weiteres kleines bei 100°. (Physic. Rev. [2] **86.** 594. 15/5. Bull. Amer. physic. Soc. **27.** Nr. 1. 19. 31/1. 1952. Los Alamos Sci. Labor.) Weigel. 90

**W. M. Preston, P. H. Stelson** und **J. J. Hinchey,** *Der Gesamtquerschnitt für die elastische Streuung von schnellen Neutronen an Stickstoff.* (Sitzungsbericht.) An Streukörpern aus fl. $N_2$ u. $Li_3N$ wurde der Gesamtquerschnitt von N im Bereich von 0,2 bis 1,8 MeV bestimmt. Im Compoundkern $^{15}$N wurden 11 Resonanzen mit natürlichen Breiten von 3—54 keV gefunden, von denen 9 mit bereits aus den Rkk. $^{14}$N(n, p)$^{14}$*C*, $^{14}$N(n, $\alpha$)$^{11}$*B* u. $^{14}$C(p, n)$^{14}$N bekannten Resonanzen identifiziert werden konnten. Unter Benutzung der $\sigma$-Werte für diese Rkk. lassen sich einer Reihe von $^{15}$N-Anregungszuständen J-Werte u. Paritäten zuordnen u. für die verschied. Teilchen der effektive Niveauabstand $D_j$ berechnen. (Physic. Rev. [2] **86.** 594. 15/5.; Bull. Amer. physic. Soc. **27.** Nr. 1. 19. 31/1. 1952. MIT.) Weigel. 90

**S. P. Harris, C. T. Hibdon** und **C. O. Muehlhause,** *Der Neutronenquerschnitt von Mn unterhalb 5000 eV.* Die Wirkungsquerschnitte für Neutronenstreuung u. -absorption in den Resonanzniveaus von 345 u. 2400 eV wurden bestimmt. Ferner wurde der gesamte Drehimpuls des 345 eV-Niveaus u. der Gesamtwirkungsquerschnitt für Energien unterhalb 150 eV ermittelt. Die Ergebnisse lassen sich durch eine Breit-Wigner-Formel für 2 Niveaus wiedergeben. Nach geeigneter Wahl des Kernradius als Parameter lassen sich folgende Größen korrekt erhalten: totaler therm. Streuquerschnitt, Querschnitt für kohärente therm. Streuung, negative therm. Streulänge, therm. Einfangquerschnitt, Verh. des Wirkungsquerschnittes in den Resonanzflügeln u. Drehimpuls der beiden untersten Resonanzniveaus. (Physic. Rev. [2] **80.** 1014—17. 15/12. 1950. Chicago, Ill., Argonne Nat. Labor.) Wiedemann. 90

**Robert D. Schamberger,** *Elastische Proton–Deuteron-Streuung bei 240 MeV.* Ergänzend zu dem C. **1952.** 6323 referierten Sitzungsbericht werden die folgenden $\sigma$-Werte in $10^{-27}$ cm²/Raumwinkel mitgeteilt: 20,5° 7,3 ±0,4, 31° 4,36 ±0,15, 42° 1,97 ±0,15, 54° 0,769 ±0,77, 64° 0,44 ±0,15, 75° 0,28 ±0,04, 79° 0,27 ±0,04 u. 100° 0,109 ±0,010. (Physic. Rev. [2] **83.** 1276. 15/9. 1951. Rochester, N. Y., Univ. of Rochester.) Werner Schulz. 90

**W. E. Kreger, R. O. Kerman** und **W. K. Jentschke,** *Proton–α-Teilchen-Streuung unter Benutzung photographischer Verfahren.* (Sitzungsbericht.) Der differentielle Querschnitt für (p–α)-Streuung wird bei 5,32 ±0,06 MeV mit Hilfe von Kernemulsionen untersucht, sein Wert bei elast. Streuung für 28 Winkel im Bereich von 16—154° (Schwerpunktssyst.) bestimmt. Die Werte sind im Mittel auf ca. 1,5% genau. Die Ergebnisse werden einer Phasenverschiebungsanalyse unterzogen. Für Stöße mit größeren Drehimpulsen als denjenigen von P-Wellen tritt keine Phasenverschiebung auf. Die Phasenverschiebung für S-Wellen beträgt —46°40′, für $P_{1/2}$-Wellen 34°42′ u. für $P_{3/2}$-Wellen 180°47′. (Physic. Rev. [2] **86.** 593. 15/5.; Bull. Amer. physic. Soc. **27.** Nr. 1. 18. 31/1. 1952. Univ. of Illinois.) Weigel. 90

**C. H. Braden, S. M. Carter** und **A. G. Ford,** *α–α-Streuung.* Vff. messen unter Schwerpunktswinkeln von 60 u. 90° den differentiellen Streuquerschnitt $\sigma$ für die Streuung von (20,4 ±1,0)-α-Teilchen an He. Der Nachw. der gestreuten Teilchen erfolgte in einem Proportionalzähler mit angeschlossenem Impulsdiskriminator, die Intensität wurde gegen diejenige der in einem Faraday-Käfig aufgefangenen Primärteilchen durch Kompensation gemessen. Folgende $\sigma$-Werte mit ±5,5% Fehlergrenze wurden gefunden: $\sigma$ (60°) = 0,086 u. $\sigma$ (90°) = 0,14 barn/Raumwinkel. (Physic. Rev. [2] **84.** 837. 15/11. 1951. St. Louis, Mo., Washington Univ.) WEIGEL. 90

**D. B. Cowie, N. P. Heydenburg, G. M. Temmer** und **C. A. Little jr.,** *Präzisionsmessung der* ($\alpha$–$\alpha$)-*Streuung bei niedrigen Energien.* (Sitzungsbericht.) Vff. messen im Laboratoriumswinkelbereich von 10–45° u. im Energiebereich von 400–950 keV in Stufen von 100 keV den differentiellen Querschnitt für die ($\alpha$–$\alpha$)-Streuung. Die verwendete Streuapp. ähnelt der von HEIDENBURG u. Mitarbeitern (Physic. Rev. [2] **56.** [1939.] 1078) angegebenen mit einem feststehenden Zähler bei 15° u. einer He-Füllung von 1 Torr. Die erreichte Präzision beträgt ca. 1%. Eine Eichmessung mit Ar liefert reine RUTHERFORD-Streuung. Bei 850 keV betragen die Abweichungen von der MOTT-Streuung bis zu 8%. (Physic. Rev. [2] **86.** 593. 15/5.; Bull. Amer. physic. Soc. **27.** Nr. 1. 18. 31/1. 1952. Dep. of Terrestrial Magnetism.) WEIGEL. 90

**F. C. Barker,** *Schwinger-Potential bei Kernkräften.* Vf. untersucht die Eigg. des aus dem gemischten pseudoskalar-vektoriellen Mesonfeld abgeleiteten Potentials u. vergleicht diese Eigg. mit den experimentellen Werten nach dem Zweinucleonensystem. Die angeführten Methoden besitzen größere Genauigkeit als die bisherigen u. können außerdem zum Teil bei der Berechnung anderer Potentiale Verwendung finden. Für beliebige Mesonenmassen u. Kopplungskonstanten wird jedoch keine Übereinstimmung mit dem Experiment gefunden. (Proc. physic. Soc., Sect. A **63.** 898–909. 1/8. 1950. Birmingham, Univ., Dep. of Math. Phys.) GERHARD SCHMIDT. 95

**I. I. Goldman,** *Über die spektroskopische Bestimmung der Quadrupol-Kernmomente.* Die Berücksichtigung des Abschirmfaktors der inneren Elektronenschalen führt gegenüber den in der Literatur angegebenen (HARTREE, Proc. Roy. Soc. [London], Ser. A **157.** [1936.] 490) zu höheren Werten der wahren Quadrupolkernmomente, bei *Cu* z. B. um 24%. (Доклады Академии Наук СССР [Ber. Akad. Wiss. UdSSR] [N. S.] **88.** 241–43. 11/1. 1953. Physik. Inst. der Akad. der Wiss. der ArmSSR.) AMBERGER. 95

**C. W. Li, Ward Whaling, W. A. Fowler** und **C. C. Lauritsen,** *Massen leichter Kerne aus Kernzertrümmerungsenergien.* Sitzungsbericht zu der C. **1952.** 1772 referierten Arbeit. (Physic. Rev. [2] **83.** 887. 15/8.; Bull. Amer. physic. Soc. **26.** Nr. 5. 7. 25/6. 1951. California Inst. of Technol., Kellogg Radiat. Labor.) KIRSCHSTEIN. 100

**J. A. Spiers,** *Über die Richtungsbeziehung aufeinanderfolgender Kernstrahlungen.* Es wird eine allg. Ableitung der von FALKOFF u. UHLENBECK (Physic. Rev. [2] **79.** [1950.] 323) entwickelten Formel gegeben. (Physic. Rev. [2] **80.** 491. 1/11. 1950. Clarendon, Clarendon Labor.) v. HARLEM. 103

**Pierrette Benoist-Gueutal,** *Über die Berechnung der Zertrümmerungswahrscheinlichkeit eines Kerns durch Elektroneneinfang.* Aus den Berechnungen der Übergangswahrscheinlichkeiten geht hervor, daß die Einfangwahrscheinlichkeit für ein Elektron nicht genau der Elektronendichte im Kern proportional ist. Dieser Befund fordert eine Modifizierung der theoret. Meth., das Problem der Halbwertszeitschwankung im Falle von *Be* als Funktion der Ionisation zu betrachten. (C. R. hebd. Séances Acad. Sci. **230.** 624–26. 13/2. 1950.) GERHARD SCHMIDT. 103

**J. H. Fremlin,** *$^3$He-Reaktionen in photographischen Kernemulsionen.* 200 u. 400 $\mu$ dicke ILFORD $C_2$-Platten wurden im äußeren Strahl eines Cyclotrons mit 30 MeV-$^3$He-Ionen exponiert. Unter 130000 Bahnspuren fanden sich, abgesehen von Ablenkungen durch schwere Kerne (Ag u. Br), 231 Kern-Rkk., wovon die Hälfte auf elast. Stöße mit leichten Kernen (*H, C, N*) entfiel. Unter den übrigen Rkk. wurden ($^3$He, n); ($^3$He, $\alpha$); ($^3$He, d); ($^3$He, t); ($^3$He, 2p); ($^3$He, pn); ($^3$He, $\alpha$p) sicher u. ($^3$He, 2p 2$\alpha$); ($^3$He, $\alpha$ pn) wahrscheinlich identifiziert. (Philos. Mag. [7] **44.** 141–60. Febr. 1953. Birmingham, Univ. of Birmingham, Dep. of Phys.) EICHHOFF. 103

**T. S. Benedict** und **W. M. Woodward,** *Photozertrümmerung von $^4$He.* Vff. untersuchen mit Hilfe von 300 MeV-Synchrocyclotronbremsstrahlung die Querschnitte für Protonenerzeugung aus $^4$He. Gemessen wird im Protonenenergiebereich von 45 bis 120 MeV mit NaJ(Tl)-Scintillatoren in Verbindung mit RCA-5819-Photomultiplierröhren unter Laboratoriumswinkeln von 90 u. 60°. Die Meßmeth. gestattet die Unterscheidung der Protonen von Elektronen u. Mesonen, nicht aber von Deuteronen u. Tritonen. Die gefundenen Querschnittswerte ändern sich innerhalb der Fehlergrenzen linear mit der Protonenenergie. Wird die Rk. $^4$He($\gamma$, p)$^3$H als vorwiegend auftretend angenommen, so betragen die Querschnittswerte unter 101° im Schwerpunktsyst. 25, 17 u. 14 $\mu$barn bei $\gamma$-Energien von 78, 112 u. 153 MeV. (Physic. Rev. [2] **83.** 1269–70. 15/9. 1951. Ithaca, N. Y., Cornell Univ.) WEIGEL. 103

**H. Nabholz, P. Stoll** und **H. Wäffler,** *Die Energie und Winkelverteilung der Lithium-$\gamma$-Strahlung.* (Vgl. C. **1951.** II. 633 u. **1952.** 2461.) Vff. untersuchen das $\gamma$-Spektr. der

Rk. $^{7}Li(p, \gamma)^{8}Be$ unter Verwendung dicker Li-Targets mit Hilfe der Rk. $^{12}C(\gamma, \alpha)2\alpha$. Die Kernphoto-Rk. wird photograph. registriert; es treten die $\gamma$-Linien bei 17,6 u. 14,7 MeV $\gamma$-Energie auf; eine weitere Linie bei $\sim$12,5 MeV ist angedeutet. Die intensivsten Komponenten (17,6 u. 14,7 MeV) zeigen für die Resonanzstrahlung bei 440 keV Protonenenergie eine innerhalb 20% isotrope Richtungsverteilung, was durch Messung der Gesamtstrahlung mittels der Koinzidenzmeth. bestätigt wird. Bei 550 keV u. dicken Targets tritt die nichtresonante, sehr stark anisotrope $\gamma$-Strahlung auf. Die Resonanzstrahlung läßt sich durch S-Einfang der einfallenden Protonenwelle deuten, die Anisotropie der nichtresonanten Strahlung jedoch nur durch P- oder D-Einfang. (Helv. physica Acta **25.** 153—84. 1/2. 1952. Zürich, ETH.) Weigel. 103

**A. Bracci, U. Facchini** und **A. Malvicini,** *Das Spektrum der bei der Reaktion* $^{10}B(n, \alpha)^{7}Li^*$, $^{7}Li^* \rightarrow {}^{7}Li + \gamma$ *ausgesandten $\gamma$-Strahlung.* Unter Verwendung des Zerfalls von $^{198}Au$ u. $^{60}Co$ zur Eichung des Spektrographen wird das Spektr. der genannten Rk. aufgenommen (Abb.). Die darin auftretende Linie bei 0,477 MeV entspricht dem Zerfall der bei der Rk. entstandenen angeregten $^{7}$Li-Kerne; die in Pb durch $\gamma$-Strahlen bewirkten photoelektr. Prozesse führen zu Röntgenstrahlen, denen eine weitere Linie bei ca. 70 keV entspricht. (Nuovo Cimento [9] **9.** 1237—39. 1/12. 1952. Milano, Labor CISE.) R. K. Müller. 103

**David E. Alburger,** *$\gamma$-Strahlenübergänge in $^{10}B$.* Vf. bestrahlt eine 0,005 in. dicke *Be*-Metallfolie in Standardposition eines Magnetlinsenspektrometers mit Deuteronen aus einem elektrostat. Generator u. untersucht das aus der Rk. $^{9}$Be(d, n)$^{10}$B entstehende $\gamma$-Spektr. von $^{10}$B. Folgende Konversionselektronenlinien wurden gefunden: 0,414 MeV (K), 0,472 MeV (K, L), 0,72 MeV (K, L), 1,02 MeV (K, L) u. 1,43 MeV (K, L). Die Ergebnisse stimmen mit den Werten von Rasmussen u. Mitarbeitern (C. **1950.** II. 133) überein. Die direkten Umwandlungen vom 2. Anregungszustand zum Grundzustand von $^{10}$B scheinen für Kaskadenübergänge wegen der relativen Spin- u. Paritätsverhältnisse der 3 beteiligten Zustände ungünstig zu sein. (Physic. Rev. [2] **83.** 184. 1/7. 1951. Upton, Long Island, N. Y., Brookhaven Nat. Labor.) Weigel. 103

**A. M. L. Messiah,** *Die sehr lange Lebensdauer des $^{14}C$-$\beta$-Zerfalls.* Die lange Halbwertszeit des $^{14}$C-$\beta$-Zerfalls steht im Widerspruch zur Theorie des $\beta$-Zerfalls, da Spin, Paritätszuordnung u. Gestalt des $\beta$-Spektr. für einen erlaubten Übergang sprechen. Dieser Befund wird mit den Ergebnissen verschied. theoret. Ansätze verglichen. Es ist wahrscheinlich, daß der Bahndrehimpuls einer L-Bahn entspricht u. der Übergang $^{14}$C—$^{14}N$ ein ($^{1}S_0 \rightarrow {}^{3}D_1$)-Übergang ist. (Physic. Rev. [2] **88.** 151—52. 1/10. 1952. Rochester, N. Y., Univ.) Weigel. 103

**J. D. Seagrave,** *Die Ausbeute der Reaktion $^{12}C(p, \gamma)\,^{13}N\,(\beta^+)\,^{13}C$.* (Sitzungsbericht.) An dicken C-Targets wurde die Ausbeute an $^{13}$N durch Zählung der bei der Positronenemission gebildeten Vernichtungsquanten mit einem NaJ-Kristall bei Protonenenergien zwischen 0,45 u. 2,5 MeV bestimmt. Bei 0,45 u. 1,70 MeV waren Resonanzen zu beobachten; bei der höheren Protonenenergie war die Ausbeute (1,45 $\pm$ 0,03) mal so groß wie bei der kleineren. Die absol. Ausbeute wurde durch Vgl. mit der $^{22}$Na-Strahlung zu $(7,7 \pm 0,7) \cdot 10^{-10}$ $^{13}$N-Kernen pro Proton bei $E_p = 1,00$ MeV gefunden. (Physic. Rev. [2] **83.** 887. 15/8.; Bull. Amer. physic. Soc. **26.** Nr. 5. 7. 25/6. 1951. California Inst. of Technol., Kellogg Radiat. Labor.) Kirschstein. 103

**J. Seed** und **A. P. French,** *Winkelbeziehungen bei der Reaktion $^{15}N(p, \alpha\gamma)^{12}C$.* Vff. untersuchen die Winkelrelation zwischen den $\alpha$-Teilchen aus dem 4,47 MeV-Niveau von $^{12}$C, das aus dem Zerfall der Resonanzzustände von $^{16}$O entstanden ist. $^{16}$O wurde durch Beschuß von $^{15}$N-Targets mit Protonen erhalten. Die unter 90° zum einfallenden Protonenbündel emittierten $\alpha$-Teilchen wurden von den gestreuten Protonen durch magnet. Analyse getrennt u. durch einen dünnen ZnS-Schirm u. Photomultiplier nachgewiesen. Die bei der Rk. emittierten $\gamma$-Strahlen wurden durch NaJ-Kristalle u. einen Photomultiplier gemessen. Durch Rotation des $\gamma$-Phosphors um das Target konnte die ($\alpha$, $\gamma$)-Korrelation über den Winkelbereich von 90—180° untersucht werden. Die Auflösungszeit der Koinzidenzanordnung betrug 0,3 $\mu$Sekunden. Bei den Messungen wurde ein hoher Grad von Anisotropie bei den ($\alpha$, $\gamma$)-Korrelationen in der Ebene des Protonenbündels u. senkrecht dazu festgestellt. Die Ergebnisse stimmen mit der Annahme überein, daß die auftreffenden Protonen das Bahnmoment 2 besitzen u. daß der Compoundkern $^{16}$O* den Spin 2 u. ungerade Parität besitzt. Der Wert für die relative Wahrscheinlichkeit der Bldg. des $^{16}$O-Compoundkerns läßt sich aus der beobachteten Winkelverteilung der $\gamma$-Strahlen relativ zum Protonenbündel bei 898 keV ableiten, wobei sich eine adäquate Anpassung an die experimentellen Werte ergibt. (Philos. Mag. [7] **43.** 1214—16. Nov. 1952. Cambridge, Cavendish Labor.) Gerhard Schmidt. 103

**J. R. Holt** und **C. T. Young**, *Die Winkelverteilung von Protonen aus der Reaktion* $^{27}Al(d, p)^{28}Al$. Cyclotrondeuteronen mit einer Anfangsenergie von 8 MeV wurden auf ein dünnes Al-Target (5,08 mg/cm²) gerichtet. Der Detektorbestand aus einer Differentialionisationskammer mit reinem Ar (1 at). Mit dieser Anordnung konnten Protonen in einem Winkelbereich von 25—140° zum einfallenden Bündel beobachtet werden. Das unter 90° aufgenommene Protonenspektr. aus der Rk. $^{27}$Al(d, p)$^{28}$Al lieferte 7 Protonengruppen für Deuteronen mit 7,5, 5,8 u. 4,6 MeV Energie. Die Verteilungskurven besitzen eine komplizierte Form mit einer allg. Tendenz für eine Protonenemission in Vorwärtsrichtung. (Proc. physic. Soc., Sect. A **63**. 833—38. 1/8. 1950. Liverpool, Univ., George Holt Phys. Labor.) GERHARD SCHMIDT. 103

**Harold K. Ticho**, *Die γ-Spektren von* $^{38}K$ *und* $^{34}Cl$. Mit einem Scintillations-γ-Spektrometer wurde das γ-Spektr. von $^{38}$K (7,5 Min.) u. $^{34}$Cl (33 Min.) untersucht. Für $^{38}$K ergaben sich eine Komponente mit 2,16 ± 0,03 MeV, für $^{34}$Cl 3 Komponenten mit 1,16 ± 0,03; 2,10 ± 0,03 u. 3,22 ± 0,03 MeV. (Physic. Rev. [2] **84**. 847—48. 15/11. 1951. Los Angeles, Calif., Univ. of California, Dep. of Phys.) EICHHOFF. 103

**A. R. Brosi, C. J. Borkowski, E. E. Conn** und **J. C. Griess jr.**, *Charakteristiken von* $^{59}Ni$ *und* $^{63}Ni$. Es werden 2 Präpp. mit angereicherten Ni-Isotopen „K-33a" (0,13 ± 0,05% $^{62}$Ni, angereichert an $^{58}$Ni), „J-30a" (94,25 ± 0,5% $^{62}$Ni) u. natürliches Ni einer 28tägigen Meilerneutronenbestrahlung ausgesetzt u. die entstandenen Aktivitäten gemessen. Eine $\beta^-$-Aktivität mit maximaler Energie von 67 keV, die mit $T_{1/2}$ = 85 Jahren abklingt, gehört $^{63}$Ni an; $^{59}$Ni zerfällt durch K-Einfang mit $T_{1/2}$ = (7,5 ± 1,3)·10⁴ Jahren. (Physic. Rev. [2] **81**. 391—95. 1/2. 1951. Oak Ridge, Tenn., Oak Ridge Nat. Labor., Chem. Div.) WEIGEL. 103

**M. A. Rothman, A. K. Mann** und **J. Halpern**, *Winkelverteilungen von Photoprotonen.* (Sitzungsbericht.) Die Winkelverteilung der beim Beschuß von *Co, Ni* u. *Cu* durch Photonen mit einer Maximalenergie von 23 MeV emittierten Protonen wird mit ZnS-Scintillationszählern gemessen. Innerhalb des Meßfehlers von ± 5% ist die Emission bei Ni isotrop. Bei Cu ist das Verhältnis der Protonenzahlen bei Winkeln von 45 u. 150° 1,17. Die Winkelverteilung für Co ähnelt der für Cu. (Physic. Rev. [2] **86**. 629. 15/5.; Bull. Amer. physic. Soc. **27**. Nr. 1. 54. 31/1. 1952. Univ. of Pennsylvania.) WERNER SCHULZ. 103

**Ingmar Bergström**, *Die Isomere von Krypton und Xenon. Eine Untersuchung mit elektromagnetisch getrennten radioaktiven Isotopen.* Bei einer systemat. Unters. der Isomere von Kr u. Xe wurden im einzelnen behandelt: $^{79}$Kr (34,5 Std.; K, $\beta^+$, γ), $^{83m}$Kr (1,88 Std.; innere Konversion, γ) $^{85}$Kr (9,4 Jahre; $\beta^-$), $^{85m}$Kr (4,36 Std.; innere Konversion, $\beta^-$, γ), $^{125}$Xe (18,0 Std.; K, γ), $^{125}$J (56 Tage; K, γ), $^{127}$Xe (34 Tage; K, γ); $^{129m}$Xe (8,0 Tage; innere Konversion, γ), $^{131m}$Xe (12,0 Tage, innere Konversion, γ), $^{133}$Xe (5,27 Tage; $\beta^-$, γ), $^{133m}$Xe (2,35 Tage; innere Konversion) u. $^{135}$Xe (9,2 Std.; $\beta^-$, γ). Die Isomere $^{129m}$Xe u. $^{133m}$Xe wurden neu aufgefunden, die Isomerie von $^{131m}$Xe gesichert. $^{83m}$Kr zerfällt unter Emission zweier γ-Quanten von anderer Energie, als bisher angenommen wurde. Infolge der Verwendung von getrennten Isotopen war es möglich, Elektronenlinien u. γ-Quanten sehr niedriger Energie zu untersuchen. Das Auftreten von AUGER-Linien bei niedrigen Energien läßt Schlüsse über die Zerfallsart des jeweils untersuchten Isotops zu. In der Mehrzahl der untersuchten Fälle stimmen die experimentellen Befunde gut mit den theoret Voraussagen nach dem j–j-Kernschalenmodell überein. — 121 Literaturzitate. (Ark. Fysik **5**. 191—295. 1952. Stockholm, Nobel-Inst. of Phys.) WEIGEL. 103

**S. P. Harris** und **L. M. Bollinger**, *Neutronenresonanzen in Hafniumisotopen und in Arsen.* (Sitzungsbericht.) Vff. untersuchen mit Hilfe eines mechan. Neutronengeschwindigkeitsselektors die Resonanzen in natürlichem $HfO_2$ u. in 5 der 6 stabilen Hf-Isotope. Folgende Resonanzen werden gefunden: $^{177}$Hf 1,1, 2,3, 6,4 u. 8,7 eV, sowie wahrscheinlich 5,7 eV; $^{178}$Hf 7,6 eV u. $^{179}$Hf 5,7 eV. Im natürlichen Hf liegen alle beobachteten Resonanzen vor. Elementares As liefert eine ausgeprägte Resonanz bei 46 ± 2 eV, eine teilweise aufgelöste Gruppe von Resonanzen im Bereich von 500—10000 eV sowie Anzeichen für eine Resonanz bei ~ 95 eV. (Physic. Rev. [2] **87**. 222. 1/7. 1952. Argonne Nat. Labor.; Illinois Inst. of Technol.) WEIGEL. 103

**Harvey I. Israel** und **Roger G. Wilkinson**, *Die Strahlungen von* $^{199}Tl$ *und* $^{200}Tl$. Durch Beschuß von Au mit α-Teilchen wurden $^{199}$Tl u. $^{200}$Tl gewonnen u. die Quellen durch elektr. Nd. auf einer Pt-Kathode, Lsg. mit $HNO_3$ u. Eindampfen auf einem Film hergestellt. Im Spektrometer wurden 25 innere Konversionslinien gefunden, die den Halbwertszeiten 7 Std. ($^{199}$Tl) oder 27 Std. ($^{200}$Tl) zugeordnet werden können. Für $^{199}$Tl ergeben sich γ-Strahlen von 49, 78, 103, 157, 206, 245, 332, 454 u. 490 keV, für $^{200}$Tl von 365, 577, 622, 829, 1210 u. 1360 keV. Positronen wurden nicht gefunden. Das

Zerfallsschema von $^{200}$Tl wird diskutiert. (Physic. Rev. [2] **83.** 1051. 1/9. 1951. Bloomington, Ind., Indiana Univ.) WIEDEMANN. 103

**Salomon Rosenblum** und **Manuel Valadares,** *Das β-Spektrum der inneren Konversion bei der Umwandlung Ionium → Radium.* Das bei der inneren Konversion der γ-Strahlung (Io → Ra) auftretende β-Spektr. wird nach der Meth. der magnet. Fokussierung untersucht. Die magnet. Feldstärke des permanenten Magneten beläuft sich auf 109 bzw. 194 Oersted. Die Eichung des Feldes erfolgt mit dem β-Spektr. von ThB + C. Expositionszeiten von einigen Tagen zeigen ein aus vier Strahlen bestehendes Spektrum. Bei einer Verlängerung der Expositionszeit auf 40 Tage tritt ein sehr schwacher Strahl auf, dessen $H_\varrho$-Wert 1257 Oe·cm beträgt. Die Strahlen mit 48,6, 63,0 u. 66,6 keV entsprechen der inneren Konversion der Strahlung, deren Energie zwischen 67,2 u. 69,2 keV liegt. Die Zuordnung der 51,8 keV-Linie erweist sich als sehr schwierig. Entweder handelt es sich um einen $L_I$-Strahl einer γ-Strahlung von 71 keV oder um einen $L_{III}$-Strahl der 67,8 keV-Strahlung. Die Anwendung der GAMOWschen Theorie auf das α-Spektr. von Io stützt die Annahme der Existenz eines doppelten Niveaus bei 70 keV des Grundniveaus. (C. R. hebd. Séances Acad. Sci. **232.** 501—03. 5/2. 1951.) GERHARD SCHMIDT. 103

**J. W. Gallop,** *Ein Beschleuniger für schwere Teilchen.* Vf. gibt eine Alternativlösung zu der von CHICK u. PETRIE (vgl. C. **1952.** 6328) entwickelten Meth. der Defokussierung elektromagnet. Wellen im WALKINSCHAW-Beschleuniger für schwere Teilchen. Kriterien für die Phasenstabilität werden aufgestellt. (Nature [London] **171.** 306—07. 14/2. 1953. London, Hammersmith Hosp., Radiotherapeut. Res. Unit, Med. Res. Counc.) GERHARD SCHMIDT. 112

**R. F. Post** und **N. S. Shiren,** *Verhalten eines linearen Elektronenbeschleunigers für hohe Energien.* (Sitzungsbericht.) Die Arbeitsweise des Beschleunigers für 1 μSek.-Impulse von 50 MeV-Elektronen entspricht den theoret. Erwartungen. Die beobachteten Energiespektren stimmen mit den berechneten Werten überein. (Physic. Rev. [2] **81.** 655. 15/2. 1951; Bull. Amer. physic. Soc. **25.** Nr. 6. 12. 28/12. 1950. Stanford Univ.) H. HAUSWALD. 112

**L. I. Schiff** und **R. F. Post,** *Fehlertheorie in einem linearen Elektronenbeschleuniger.* (Sitzungsbericht.) Vff. untersuchen experimentell u. theoret. die Wrkg. zufälliger Konstruktionsfehler in den einzelnen Hohlräumen eines linearen Elektronenbeschleunigers. (Physic. Rev. [2] **81.** 655. 15/2. 1951; Bull. Amer. physic. Soc. **25.** Nr. 6. 12. 28/12. 1950. Stanford Univ.) H. HAUSWALD. 112

**Howard H. Seliger,** *Eine neue Methode radioaktiver Standardeichung.* Durch eine besondere Anordnung der Beobachtungen u. der statist. Analyse werden GEIGER-Zählermessungen von Präpp. verschied. Aktivität unabhängig von intermittierenden Störungseffekten gemacht. Die Ergebnisse von 5328 Einzelmessungen mit mehr als $1{,}4 \cdot 10^8$ Ausschlägen zeigen eine Fehlerverteilung, die mit derjenigen ident. ist, die aus der statist. Natur des Zerfallsprozesses erwartet wird. Vf. gibt ein vollständiges Eichverf. an, mit dem es möglich ist, einen höheren Genauigkeitsgrad in nur 30% der ursprünglichen Zählzeit zu erreichen. (J. Res. nat. Bur. Standards **45.** 496—502. Dez. 1950. Washington, Nat. Bur. of Stand.) GERHARD SCHMIDT. 112

**L. Colli** und **U. Facchini,** *Der Entladungsmechanismus in Argon-Zählern.* Die Verstärkungskurven u. die Impulsformen in mit reinem Ar u. mit Ar + $CO_2$ bei Drucken von 150—1000 mm Hg gefüllten Zählern werden untersucht. In der oberen Proportionalzone ist in der TOWNSENDschen Lawine die Entstehung von Photonen anzunehmen, die genügend Energie besitzen, um aus der Kathode innerhalb einiger $10^{-6}$ Sek. bei 150 mm, in noch kürzerer Zeit bei höherem Druck Elektronen abzulösen. Diese Photonen müssen den ersten 4 angeregten Niveaus des Ar-Atoms angehören. Der photoelektr. Prozeß bewirkt die Aufrechterhaltung der bei Verstärkungswerten von ca. 200 beginnenden Coronaentladung. Proportional der Konz. des $CO_2$-Zusatzes zum Ar ($5 \cdot 10^{-4}$ bis $5 \cdot 10^{-3}$) nimmt die Schwellenverstärkung $N_s$ zu, was durch die Auslöschung der angeregten Niveaus von Ar bei Stößen 2. Art mit $CO_2$ zu erklären ist; für den Löschquerschnitt ergibt sich hierbei ein Wert von ca. $600 \cdot 10^{-16}$ cm$^2$. Die Raumladung bewirkt die Ausbildung einer kurzen GEIGER-Zone bei $CO_2$-Konzz. über $5 \cdot 10^{-4}$. Bis zu $5 \cdot 10^{-3}$ findet nur der photoelektr. Prozeß statt, bei höheren Konzz. geht er zurück (Unterss. mit Ar + 1% u. 10% $CO_2$). Bei Ggw. von *Hg* beginnt infolge des PENNING-Prozesses die Entladung bei sehr niedrigen Verstärkungswerten. (Nuovo Cimento [9] **9.** 1183—1217. 1/12. 1952; Physic. Rev. [2] **88.** 987—98. Milano, Labor. CISE.) R. K. MÜLLER. 112

**I. L. Fowler** und **P. R. Tunnicliffe,** *Bortrifluorid-Proportionszähler.* Vff. beschreiben $BF_3$-Proportionalzähler mit berechenbarem Wirkungsgrad für die Messung von

Neutronenbündeln. Sehr gute Impulshöhenverteilungen wurden erhalten bei einer Füllung von 60 cm gereinigtem $BF_3$, wenn die Zähler für eine längere Zeit (bis zu 3 Monaten) mit $BF_3$ durchströmt wurden, bevor die Endfüllung vorgenommen wurde. Diese Füllungen erwiesen sich als stabil. Im gleichen Zusammenhang wurden Füllungen mit weniger als 5 cm $BF_3$ bis zu 50 cm mit *Ar* untersucht. Bei diesen Füllungen sind die Impulshöhenverteilungen sehr exakt für Bündel- u. Gesamtstrahlungsbedingungen. (Rev. sci. Instruments **21.** 734—40. Aug. 1950. Chalk River, Ontario, Can., EAP., Nat. Res. Counc. of Canada.) GERHARD SCHMIDT. 112

**C. E. Mandeville,** *Ein Scintillations-Geiger-Zähler.* Beschreibung der Wirkungsweise von NaCl-Scintillationszählern, die mit Ta oder Ag aktiviert wurden. Fluorescenzimpulse im UV wurden in einem photoempfindlichen GEIGER-Zähler nachgewiesen, falls *NaCl–Ag* von α-Teilchen beschossen wurde. Nach der SCHERBschen Sensibilisierungsmeth. wurde ein sehr hoher Wirkungsgrad erreicht, so daß kurzlebige UV-Scintillationen sowohl von β- als auch von γ-Strahlen nachgewiesen werden konnten. Durch Umhüllung des Zählers mit NaCl–Ag-Kristallen konnte der Wirkungsgrad des Zählers für γ-Strahlen wesentlich erhöht werden. *NaBr*–Ag-, *NaBr–Tl*-, *KCl*–Ag-, *LiCl*–Ag- u. *LiBr*–Ag-Kristalle emittieren ebenfalls eine im GEIGER-Zähler nachweisbare UV-Strahlung bei Beschuß mit α- u. β-Strahlen. (Nucleonics **7.** Nr. 4. 92—93. Okt. 1950. Swarthmore, Pa., Franklin Inst., Bartol Res. Found.) GERHARD SCHMIDT. 112

**M. Ageno, G. Cortellessa** und **R. Querzoli,** *Ein Fall von Alterung bei Flüssigkeitsscintillationszählern.* (Vgl. C. **1951.** I. 2845.) Sowohl hochgereinigtes als auch handelsübliches *Naphthalin* geben, in reinem Xylol gelöst, eine Fluorescenzkurve der früher beschriebenen Art (rascher, dann langsamer linearer Anstieg mit der Konz.), nach 10 Monaten Aufbewahrung der Lsg. aber eine Kurve der von KALLMANN u. FURST (C. **1951.** I. 3018) beschriebenen Art (unregelmäßiger Abstieg nach Maximum). Die höherkonz. Lsgg. färben sich im Laufe der Zeit gelblich u. hinterlassen einen Rückstand mit F. 74°. (Nuovo Cimento [9] **9.** 1242—43. 1/12. 1952. Roma, Ist. Sup. di Sanità, Labor. di Fis.) R. K. MÜLLER. 112

**G. Bertolini** und **A. Bisi,** *Eine Ionisationskammer niedriger Kapazität.* Die beschriebene Kammer (Abb.) gestattet den Nachw. von α-Teilchen mit 100 keV bei einem Verhältnis von Signal/Grundgeräusch = 5. (Nuovo Cimento [9] **9.** 1022—24. 1/10. 1952. Milano, Politecnico, Ist. di Fis. Speriment.) R. K. MÜLLER. 112

**H. V. Neher,** *Eine automatische Ionisationskammer.* (Sitzungsbericht.) Beschreibung einer automat. Ionisationskammer für Ballonmessungen, die einen kleinen Au-bedeckten Quarzfaden zur Wiederaufladung des Kollektors verwendet, sobald die Kollektorspannung auf $^1/_3$ ihres Anfangswertes gesunken ist. Die so erhaltenen elektr. Stöße werden verstärkt u. ebenso wie Barometer- u. Temperaturangaben auf einen Empfänger der Bodenstation übertragen. Der App. wiegt 2 kg u. liefert eine Genauigkeit von 0,3% für die Zählung von β-Teilchen. (Physic. Rev. [2] **81.** 647. 15/2. 1951; Bull. Amer. physic. Soc. **25.** Nr. 6. 4. 28/12. 1950. California Inst. of Technol.) CONRAD. 112

---

**Albert Bitot, Henri Guillard et Louis Lefebvre,** L'Énergie nucléaire. Cannes: Imprimerie à l'École. 1952. (M. Abb. u. Portr.) I. La Matière. II. L'Énergie. III. Les Machines atomiques.

## A₂. Optisches Verhalten der Materie.

**Sol Triebwasser, Edward S. Dayhoff** und **Willis E. Lamb jr.,** *Feinstruktur des Wasserstoffatoms.* 5. Mitt. (4. vgl. C. **1953.** 1124.) Vff. untersuchten die $2^2\,S_{1/2} - 2^2\,P_{1/2}$ Niveauverschiebungen von $H_2$ u. $D_2$ unter Abänderungen der Versuchsapp. u. des Meßverfahrens. Die genaueren Ergebnisse sind $\varrho_H = 1057{,}77 \pm 0{,}10$ MHz u. $\varrho_D = 1059{,}00 \pm 0{,}10$ MHz, die mit denen aus quantenelektrodynam. Berechnungen verglichen werden. Ferner wird die Gestalt der Resonanzkurven geprüft u. mit der Theorie verglichen. Bei Annahme des theoret. Wertes der Strahlungsbreite u. Hyperfeinstrukturaufspaltung wird eine gute Übereinstimmung erhalten. Für $H_2$ wird die theoret. Hyperfeinaufspaltung zu 0,28 MHz sowie die 2 P-Hyperfeinaufspaltung mit einer Genauigkeit von 1,0% bestätigt. Der Arbeit sind zahlreiche Abbildungen u. Tabellen beigefügt. (Physic. Rev. [2] **89.** 98—106. 1/1. 1953. New York, N. Y., Columbia Univ., Radiation Labor.) D. HAHN. 118

**Edward S. Dayhoff, Sol Triebwasser** und **Willis E. Lamb jr.,** *Feinstruktur des Wasserstoffatoms.* 6. Mitt. (5. vgl. vorst. Ref.) Es werden Messungen der Übergangsfrequenzen des $2^2\,S_{1/2}$ (m = +$^1/_2$)-Zustands zu einigen der $2^2\,P_{3/2}$ magnet. Unterzustände in $D_2$ gemacht u. analysiert, sowie die Gestalt der Resonanzkurven diskutiert u. mit der Theorie verglichen. Für die $2^2\,P_{3/2} - 2^2\,S_{1/2}$-Trennung von $D_2$ wird $\Delta E_D$

$-\varrho_D = 9912{,}59 \pm 0{,}10$ MHz erhalten Mit dem Wert für $\varrho_D$ (l. c.) errechnet sich $\Delta E_D = 10971{,}59 \pm 0{,}20$ MHz für $D_2$. Für die Feinstrukturkonstanten finden Vff. den Wert $\alpha = (1/137{,}0365 \pm 0{,}0012)$. (Physic. Rev. [2] **89.** 106—15. 1/1. 1953.) D. HAHN. 118

**R. K. Asundi** und **N. Appalanarasimham,** *Der Einfluß der Einstrahlung auf die Intensitätsverteilung der zweiten positiven Stickstoffbanden, die in einer Stickstoff-Ozonisierungsröhre erregt werden.* Genaue Messungen an mehreren zweiten positiven $N_2$-Banden bei Einstrahlung der Hg-Linien um 366 m$\mu$ in einem Ozonisierungsentladungsrohr ergaben, daß bei einem Gasdruck von 20 Torr bei größtem negativen JOSHI-Effekt die relativen Intensitäten abnahmen. Vff. nehmen an, daß nicht nur Elektronenstöße, sondern auch Atom- u. Ionenstöße eine Rolle spielen. (Nature [London] **171.** 86—87. 10/1. 1953. Benares, Hindu Univ., Spectroscopy Labor.) D. HAHN. 118

**B. Vodar,** *Ultraviolette Absorptionsspektren einiger verflüssigter Gase.* Gemessen wurden die Absorptionsspektren von gasförmigen u. fl. *CO, NO, HCl* u. *$N_2O$* bis zu ca. 2000 Å; infolge dieser Begrenzung ist nur ein Zweig der Absorptionsbanden meßbar. Während das Spektr. von $N_2O$ gegenüber der Temp. empfindlich ist, konnte dies bei HCl nicht festgestellt werden. Dieser Effekt läßt sich durch die Anregung der Schwingungsniveau niederer Frequenz von $N_2O$ erklären. Bei dem Übergang gasförmig →fl. ist die Verschiebung der Banden für $N_2O$ u. CO vernachlässigbar, merklich jedoch für HCl, wo sie bei hohen Frequenzen ca. 1500 $cm^{-1}$ beträgt. Bei NO ist das Spektr. des Gases vollkommen verschieden von dem der Fl., was sich durch eine Assoziation erklären läßt. (J. Physique Radium **11.** 33 S. Jan. 1950.) GOTTFRIED. 118

**A. H. Sharbaugh, G. A. Heath, L. F. Thomas** und **J. Sheridan,** *Mikrowellenspektrum und Struktur von Jodosilan.* An $H_3{}^{28}SiJ$ wurden mit verschied. Meßmethoden die Mikrowellenspektren bei 20000—40000 MHz aufgenommen u. gute Übereinstimmung erzielt. Aus den Messungen ergibt sich $B_0 = 3215{,}6$ MHz, das entsprechende Trägheitsmoment $I_B = 260{,}90 \cdot 10^{-40}$ g·cm², u. der Kernquadrupolkopplungsfaktor für $^{127}J$ ist $-1240 \pm 30$ MHz. Ferner werden die Molekülkonstanten (Abstand, Winkel) der $H_3SiCl$- u. $H_3SiBr$-Moll. angegeben. (Nature [London] **171.** 87. 10/1. 1953. Birmingham, Univ., Dep. of Chem.) D. HAHN. 121

**B. de B. Darwent** und **F. G. Hurtubise,** *Die Auslöschung von Quecksilber-Resonanzstrahlung.* 2. Mitt. *Die Entstehung metastabiler ($^3P_0$)-Atome.* (1. vgl. C. **1951.** II. 798.) Hg($^3P_0$)-Atome können dadurch entdeckt u. ihre Konz. gemessen werden, daß sie die Emission von Elektronen veranlassen, wenn sie eine Metalloberfläche treffen. Vff. untersuchen die Entstehung von metastabilen ($^3P_0$)Hg-Atomen in der Auslöschung von Hg-Resonanzstrahlung mit $N_2$, $H_2$, $C_2H_4$, $C_2H_6$, $O_2$ u. $CO_2$. Mit den ersten vier Gasen entdeckten sie metastabile Atome, mit $O_2$ u. $CO_2$ dagegen keine. (J. chem. Physics **20.** 1684—88. Nov. 1952. Ottawa, Can., Nat. Res. Labors.) D. HAHN. 122

**Heribert Moser** und **Josef Wittmann,** *Ein experimenteller Beitrag zur Minimumstrahlkennzeichnung.* Angabe opt. Anordnungen, welche die WOLTERsche Minimumstrahlmethode (vgl. C. **1950.** II. 379) prakt. wellenlängenunabhängig machen. (Z. Physik **131.** 48—50. 1951. München, Univ., Physikal. Inst.) EICHHOFF. 122

**H. Gobrecht** und **Dietrich Hahn,** *Über die Luminescenz der Alkalisulfide und -sulfate.* Durch Glühen der Alkalisulfate (*Li-, Na-, K-, Rb-* u. *Cs-Sulfat*) bei 900° in reduzierender Atmosphäre erhält man Leuchtstoffe, die bei Erregung mit 366 m$\mu$ rot, bei Erregung mit 254 m$\mu$ (stellenweise) blau leuchten. Mit Kobaltdimethylglyoxim-Anilin wurde in allen rotleuchtenden Präparaten Polysulfid nachgewiesen. Umgekehrt ergeben sich bei Polysulfidbldg. (durch Einw. von S auf Alkalilauge oder aus Sulfidhydrat u. S; Erhitzen auf 200°) immer rotleuchtende Präparate. Die rote Luminescenz ist somit auf Polysulfidbildung (Di- oder allenfalls Trisulfide) zurückzuführen. Die blaue Luminescenz kann dagegen durch Erhitzen der Alkalisulfate mit ca. 10 Mol-% Alkalimetall bei 500° im Vakuum rein erhalten werden; sie gehört also einer Selbstaktivierung der Sulfate durch Alkalimetall zu. Schnelle Kathodenstrahlen erregen das blaue Leuchten. Röntgenstrahlen erregen nicht merklich. — Die roten Emissionsbanden (ca. 200 m$\mu$ Halbwertsbreite) werden für —180°, 20° u. ~100° mitgeteilt. Die Maxima verschieben sich mit ansteigender Temp. etwas nach kurzen Wellen. Die blauen Emissionsbanden sind bei allen Alkalisulfaten nahezu identisch. Die Absorptionsspektren in der Nähe der Kante, die mit der GISOLFschen Kugel bestimmt wurden, zeigen u. a. stark nach langen Wellen verschobene Absorption bei Polysulfid enthaltenden, weniger stark verschobene Absorption dagegen bei Alkalimetall enthaltenden Präpp. (z. B. Kante von $K_2SO_4$ bei 250 m$\mu$, von $K_2SO_4 \cdot K$ bei 280 m$\mu$, von $K_2S_x$ bei 370 m$\mu$). — Die zwischen —180° u. +200° gemessene relative Ausbeute fällt bei um so höherer Temp. ab, je höher die Ordnungszahl des Alkalimetalles ist. Die Quantenausbeuten liegen optimal bei 1—5%. Die blaue Luminescenz war zwischen —180° u. 200° temperaturunabhängig u. fällt oberhalb 250° ab. — Die Intensität der roten Luminescenz ist zwischen 20° u. 160° der erregenden Intensität proportional. — Die Abklingkonstante des monomol. Abklingens der Polysulfide, die mit dem Drehscheibenphosphoroskop bestimmt wurde, liegt zwischen $5 \cdot 10^{-4}$ sec (bei $Na_2S_x$) u. $10 \cdot 10^{-4}$ sec (bei $Cs_2S_x$). Die alkaliaktivierten Sulfate zeigen ca. 10 mal schnelleres Abklingen, das wahrscheinlich bimol. erfolgt, wie durch Vgl. mit analogen Ba-Präpp. angenommen wird. (Z. Physik **132.** 111—28. 1952. Berlin-Charlottenburg, Techn. Univ., Phys. Inst.) BRAUER. 125

## $A_3$. Elektrizität. Magnetismus. Elektrochemie.

**M. S. Malkin** und **H. L. Schultz,** *Elektronenbeweglichkeiten in flüssigem Argon.* Fl. Ar wurde mittels der α-Strahlen von ThC u. ThC′ ionisiert u. in einer Kammer mit parallelen Platten die Elektronenbeweglichkeit gemessen. Sie liegt zwischen 10 u. 30 cm²/V·sec für Feldstärken E zwischen 10 u. 80 kV/cm u. ist proportional $E^{-1/2}$. Es gilt die Beziehung $U = c^{3/4} (mM)^{-1/4} (e \lambda)^{1/2} E^{-1/2}$ mit m = M. des Elektrons, M = M. des Ar-Atoms, e = elektr. Ladung, λ = mittlere freie Weglänge, c = zwischen $^1/_2$ u. $^2/_3$. Für den Zusammenstoßquerschnitt von 10 eV-Elektronen ergeben sich 100 mal kleinere Werte als im Gas. (Physic. Rev. [2] **83.** 1051—52. 1/9. 1951. New Haven, Conn., Yale Univ., Sloane Phys. Labor.) WIEDEMANN. 131

**J. A. Berberet** und **K. C. Clark,** *Ionenerzeugung durch Resonanzbestrahlung von Hg-Dampf im Stickstoff.* (Sitzungsbericht.) Aus Beobachtungen der Vff. geht hervor, daß im Hg nicht allein Atome ionisiert werden, sondern daß die Ionisation in stärkerem Maße durch Zusammenstöße angeregter $Hg_2$-Moll. erfolgt. (Physic. Rev. [2] **83.** 887. 15/8.; Bull. Amer. physic. Soc. **26.** Nr. 5. 7. 25/6. 1951. Univ. of Washington.) KIRSCHSTEIN. 131

**H. M. Gaunt** und **J. D. Craggs,** *Elektrische und optische Charakteristika einer Gleichstrom-Corona-Entladung.* Es werden Beobachtungen u. Photogramme von Gleichstrom-Corona-Entladungen bei verschied. Gasfüllung im Entladungsrohr ($H_2$, $N_2$, $Ar$, $O_2$ bei 1 at) mitgeteilt. (Nature [London] **167.** 647—48. 21/4. 1951. Liverpool, Univ., Dep. of Electr. Engng.) v. HARLEM. 131

**Gen Shirane, Etsuro Sawaguchi** und **Akitsu Takeda,** *Über den Phasenübergang in Bleizirkonat.* Angeregt durch den von ROBERTS (C. **1951.** I. 2397) beobachteten ferroelektr. Übergang von Bleizirkonat werden spezif. Wärme u. therm. Ausdehnung zwischen —160° u. 360° gemessen, deren stark anomales Verh. nahe dem CURIE-Punkt (ca. 222°) mit den Werten von $BaTiO_3$ verglichen wird. (Physic. Rev. [2] **80.** 485. 1/11. 1950. Oh-okayama, Meguro-ku, Tokyo, Tokyo Inst. of Technol.) KÖHN. 132

**J. Hirsch** und **R. B. McQuistan,** *Impulsheizung von massiven Halbleitern.* (Sitzungsbericht.) Die Impulsheizungsmeth. (vgl. HIRSCH, Proc. phys. Soc., Sect. A **64.** [1951.] 700) zur Best. von Leitfähigkeits-Temperatur-Beziehungen von Halbleiterfilmen bis zu Erhitzungsgeschwindigkeiten von 5000°/Sek. wird für die Unters. massiver Halbleiter benutzt. Verf.: In den Pausen der Heizstromimpulse von gleichgerichtetem, ungefiltertem Wechselstrom mit Impulsdauer von 0,2 Sek. bei 3 Impulsen pro Sek. werden Sonden-Strom-Spannungs-Messungen mittels Kathodenstrahloscillograph aufgenommen. Temperaturbest. mittels Widerstandsthermometer aus einem Goldfilm, der — isoliert durch Glimmer — auf dem Halbleiter aufgebracht ist. Eine Widerstandsgerade (log σ gegen 1/T) kann in wenigen Min. erhalten werden. (Physic. Rev. [2] **85.** 723. 15/2. 1952; Bull. Amer. physic. Soc. **26.** Nr. 6. 27. 24/10. 1951. Purdue Univ.) RUDOLPH. 135

**Gustav Untermann,** *Messung der elektrischen und magnetischen Konstanten von Halbleitern bei Ultra-Hochfrequenz in der konzentrischen Meßleitung.* Die für die Auswertung der Messungen an der konzentr. Meßleitung erforderlichen Formeln werden abgeleitet. Graph. Funktionstafeln erleichtern die Rechnungen. So ist es möglich, in kurzer Zeit die DK., Leitfähigkeit, Permeabilität u. den magnet. Verlustwinkel bei Ultrahochfrequenz zu bestimmen. (Z. angew. Physik **2.** 233—41. Juni 1950. Frankfurt/M., Dtsch. Gold- u. Silberscheideanst.) KÖHN. 135

**R. N. Hall** und **W. C. Dunlap,** *Durch Diffusion von Verunreinigungen gewonnene P-N-Verbindungen.* Durch therm. Diffusion erreichbare, nichtlineare Verteilung der elektronenliefernden u. -aufnehmenden Stellen in einem Halbleiter liefert einen Gleichrichter mit hoher Sperrspannung u. großer Stromdichte in Flußrichtung: z. B. einen *Ge*-Gleichrichter mit 100 V Sperrspannung u. 500 A/cm² Stromdichte bei 1 V Spannung in Flußrichtung. (Physic. Rev. [2] **80.** 467. 1/11. 1950. Schenectady, N. Y., General Electrics Res. Labor.) KÖHN. 135

**H. W. Etzel,** *Erhöhung der F- und V-Banden in Calcium enthaltendem Natriumchlorid.* Die Absorption zwischen 240 u. 600 mμ wird für NaCl-Einkristalle ohne u. mit steigenden Zusätzen von 2-wertigem Ca ($1-50 \cdot 10^{-2}$ Mol-%) sowie mit 2-wertigem *Cd* nach starker Röntgenbestrahlung gemessen. Mit steigenden Zusätzen von $Ca^{2+}$, nicht aber durch $Cd^{2+}$, wird die F-Bande des NaCl beträchtlich erhöht. Deutung des Verh.: Einbau eines $Ca^{2+}$-Ions erzeugt eine Kationenleerstelle im Gitter des NaCl. Dadurch wird bei Röntgenbestrahlung die Wahrscheinlichkeit, daß die Kationenleerstelle ein Loch unter Bldg. von V-Zentren einfängt, größer als im reinen NaCl u. als Folge davon die Rekombinationswahrscheinlichkeit von Löchern u. Elektronen herabgesetzt u. die Bldg. von F-Zentren durch Einfangen von Elektronen an Anionenleerstellen erleichtert. Beim Cd-haltigen NaCl dagegen sind Kationenleerstellen u. $Cd^{2+}$-Ionen bei Raumtemp. assoziiert u. bilden keine aufnahmebereiten Haftstellen für Löcher. Elektronen u. Löcher rekombinieren daher mit etwa gleicher Wahrscheinlichkeit wie im reinen NaCl. (Physic. Rev. [2] **87.** 906—07. 1/9. 1952. Washington, D. C., Naval Res. Labor., Crystal Branch.) RUDOLPH. 135

**Karl Heinz Steigerwald,** *Eine positive Emission an der Glühkathode.* Beim Anheizen neuer W-Glühkathoden in Strahlerzeugungssystemen von Elektronenmikroskopen wird nach dem kurzzeitigen Abklingen der bekannten Ionenemission (mit exponentiellem Anstieg) eine schwache positive Ionenemission im Temperaturbereich 1300—1800° K (Maximum bei Rotglut) beobachtet, die erst nach ca. 1 Std. prakt. verschwindet. Bei einem n. Glühdraht von 0,15 mm Dicke treten Ionenströme von der Größenordnung $10^{-9}$ bis $10^{-8}$ A auf. Die Abnahmegeschwindigkeit der Strahlungsintensität wird mit steigender Glühtemperatur größer, u. zwar unabhängig davon, ob der W-Draht innerhalb oder außerhalb des angegebenen Temperaturbereiches angeheizt wurde. Daher wird die Strahlung vermutlich durch einen Verdampfungsvorgang verursacht, der Ionenbldg. nur in dem bestimmten Temperaturbereich ermöglicht. (Z. angew. Physik **2.** 491—93. Dez. 1950. Mosbach/Baden, Süddeutsche Laborr.) WERNER SCHULZ. 135

**A. A. Brown, L. J. Neelands** und **H. E. Farnsworth,** *Thermionische Arbeitsfunktion der (100)-Fläche eines Wolframeinkristalls.* Der wahrscheinlichste Wert der Arbeitsfunktion für die (100)-Fläche beträgt 4,59 ± 0,02 eV u. stimmt mit dem von NICHOLS (Physic. Rev. [2] **57.** [1940.] 297) gefundenen Werte von 4,56 eV für die [100]-Richtung für einen W-Einkristalldraht gut überein. Für die (110)-Fläche wurde kein bestimmter Wert erhalten, er ist höher als für die (1 0 0)-Fläche. (J. appl. Physics **21.** 1—4. Jan. 1950. Providence, R. I., Brown Univ., Dep. of Phys.) KÖHN. 135

**W. van Roosbroeck,** *Große Stromverstärkung in fadenförmigen Transistoren.* Es wird eine theoret. Erklärung für die große Stromverstärkung in fadenförmigen Transistoren gegeben. (J. appl. Physics **23.** 1411—13. Dez. 1952. Murray Hill, N. J., Bell Telephone Labors.) v. HARLEM. 135

**Chr. B. Lundsager,** *Präzisionsvergleich von Normalen für elektrischen Widerstand.* Normalwiderstände über 1 Ohm können mittels der WHEATSTONEschen Brücke verglichen werden, kleinere nur mit THOMSONscher Brücke. Die Vergleichsmessungen an 2 Widerstandsserien werden mit verhältnismäßig einfachen Hilfsmitteln mit einer Meßunsicherheit von 0,001 ‰ durchgeführt. (Fysisk Tidsskr. **50.** 150—56. 1952.) R. K. MÜLLER. 136

**Je. Ss. Borowik,** *Hall-Effekt in Indium.* Es werden Kurven über die Abhängigkeit des Widerstandes einer Probe von polykristallinem In (In–4) von der Stärke des Magnetfeldes angegeben. Die HALL-Konstante hängt bei niedrigen Tempp. von der Größe des Magnetfeldes ab. Die Ergebnisse für *Zn* u. In stimmen in erster Annäherung mit den früher vom Vf. (C. **1950.** II. 142) erhaltenen Werten überein. (Доклады Академии Наук СССР [Ber. Akad. Wiss. UdSSR] [N. S.] **75.** 639—41. 11/12. 1950.) A. KUNZE. 136

**D. Shoenberg,** *Der de Haas-van Alphen-Effekt bei hohen Feldstärken.* (Vgl. C. **1953.** 4647.) Um die Abhängigkeit der Susceptibilität vom period. Feld, wie sie von DE HAAS u. VAN ALPHEN für Bi bei relativ kleinen magnet. Feldern beobachtet wurde, auch für andere Metalle, bei denen der Effekt der Theorie nach erst bei magnet. Feldern von ca. $10^5$ Gauß zu erwarten ist, nachzuweisen, wird eine Meth. zur Erzeugung dieser hohen Feldstärken entwickelt. Diese Meth. beruht darauf, daß durch Entladung eines Kondensators (z. B. 1000 $\mu$F bei 1750 V) in einer durch fl. Luft gekühlten Spule ein Feld von ca. $10^5$ Gauß für ca. 3 mSek. erzeugt wird. Dieses Verf. wird zunächst für einen Einkristall von *Sn* (bei 1,2° K), für das der Effekt bereits bei kleinen magnet. Feldstärken nachgewiesen wurde, geprüft, wobei neue hochfrequente Oscillationen beobachtet werden. Darüber hinaus wird der DE HAAS-VAN ALPHEN-Effekt für *Pb*, das bei kleinen magnet. Feldstärken den Effekt nicht zeigte, erstmalig nachgewiesen. Das Verf. bietet neue Möglichkeiten zur Unters. der elektron. Struktur der Metalle. (Nature [London] **170.** 569—71. 4/10. 1952. Cambridge, Roy. Soc. Mond Labor.) RUDOLPH. 137

**G. Heber,** *Quantentheorie einer neuen Ursache von Ferromagnetismus.* (Vorl. Mitt.) Vf. berichtet über Berechnungen der Rolle der Wechselwrkg. zwischen den 4s- u. 3d-Elektronen in Ferromagnetika. Bes. werden die Eigenfunktionen der 3d-Elektronen durch Funktionen vom HUND-MULLIKEN-Typ approximiert. Die erhaltenen Spinwellenenergien wurden zur Best. der spontanen Magnetisierung u. der Gesamtenergie auf statist. Wege benutzt. Es zeigte sich, daß die bekannten $T^{3/2}$-Gesetze nur noch als Spezialfälle auftreten, eine Folgerung, die dem Vgl. mit der Erfahrung zugänglich ist u. Hinweise geben sollte, welcher Wechselwirkungstyp bei einer bestimmten ferromagnet. Substanz vorherrscht. (Ann. Physik [6] **11.** 48—50. 1952. Jena, Univ., Theor.-Phys. Inst.) V. HARLEM. 137

**Ss. W. Wonssowski** und **K. P. Rodionow,** *Zur Theorie der Goldhammer-Erscheinung in Ferromagnetika.* In der theoret. Abhandlung wird untersucht, welcher Art die Kräfte sind, die bei den elektr. Anomalieeffekten in Ferromagnetika auftreten. Die Anomalien galvanomagnet. Effekte in den Ferromagnetika werden erklärt durch die Wrkg. von Magneten der wandernden inneren u. äußeren Elektronen. (Доклады Академии Наук СССР [Ber. Akad. Wiss. UdSSR] [N. S.] **75.** 643—46. 11/12. 1950. Swerdlowsk, Inst. für Metallphysik der Uraler Zweigstelle der Akad. der Wiss. der UdSSR.) A. KUNZE. 137

**A. Mager,** *Über den Einfluß der Korngröße auf die Koerzitivkraft.* Auf Grund eines stark vereinfachten Modells der Bezirksstruktur wird der Einfl. der Korngröße auf die Koerzitivkraft nach Größe u. Gang in Übereinstimmung mit den Versuchen berechnet. (Ann. Physik [6] **11.** 15—16. 1952. Jena, Forsch.-Inst. für magnet. Werkstoffe.) V. HARLEM. 137

**Bruno Elschner,** *Zur Struktur der Weißschen Bezirke um Höhlungen in Oberflächen von Eisen–Silicium-Kristallen.* Vf. berichtet über die Unters. der BITTERschen Streifen an der Oberfläche von techn. Siliciumeisen (ca. 3 Gew.-% Si), das krit. gereckt u. mehrere Std. bei ca. 1000° in $H_2$ geglüht war. Die Beobachtungen der Elementarbereichsstruktur waren, bes. in der Umgebung von eingegrabenen Vertiefungen, in vollständiger Übereinstimmung mit schon bekannten Befunden u. mit den theoret. Erwartungen nach NÉEL. (Ann. Physik [6] **11.** 45—47. 1952. Jena, Univ., Phys. Inst.) V. HARLEM. 137

**R. W. Telessnin,** *Über einige Gesetzmäßigkeiten der magnetischen Viscosität.* Bei der Unters. von *Ni* bei verschied. Belastung von 0—22,5 kGauß/mm² wurde ermittelt, daß die Viscosität nicht von der Größe des magnet. Feldes, sondern von der Beschaffenheit des Ferromagnetikums abhängt. Die Relaxationszeit für den magnet. Strom in Ni ist für die verschied. Belastungen annähernd gleich, nur bei 0,3 Oe ist sie geringer. (Доклады Академии Наук СССР [Ber. Akad. Wiss. UdSSR] [N. S.] **75.** 659—60. 11/12. 1950. Moskau, Lomonossow-Univ., Wiss. Forschungsinst. für Phys.) A. KUNZE. 137

**R. W. Telessnin** und **Je. F. Kuritzyna,** *Über die Temperaturabhängigkeit der magnetischen Viscosität.* Nach einer früheren Arbeit von TELESSNIN (vgl. vorst. Ref.) ist die Relaxationszeit eines neuen magnet. Zustands der differentiellen magnet. Susceptibilität direkt u. der absol. Temp. umgekehrt proportional. In der vorliegenden Arbeit wird die magnet. Viscosität von *Ni* zwischen 86 u. 615° K untersucht. Die Relaxationszeiten sinken anfangs zwischen 86 u. 300° K nahezu linear von 30 Sek. auf etwa den 10. Teil ab, bleiben dann aber bis 600° K nahezu konstant. Nach Durchlaufen der Hystereseschleife wird bei 86° ein Anfangswert von nur 22 Sek. gemessen, hingegen der gleiche Endwert erreicht. Die differentielle Susceptibilität hat sowohl vor als auch nach Durchlaufen der Hystereseschleife zwischen 300 u. 400° K ein Minimum. Das benutzte Ni besaß eine Reinheit von 99,99% u. war 3 Std. bei 900° in $H_2$ geglüht. (Доклады Академии Наук СССР [Ber. Akad. Wiss. UdSSR] [N. S.] **75.** 797—98. 21/12. 1950. Moskau, Lomonossow-Univ., wiss. Forschungsinst. für Physik.) SACHSE. 137

**André J.-P. Meyer** und **Pierre Taglang,** *Über das magnetische Verhalten des Kupfers in fester Lösung in Kobalt und in der Legierung FeNi.* Gemessen werden die CURIE-Punkte u. die Atommomente von Lsgg. des Cu in Co u. in FeNi (50 At.-% Fe u. Ni). FeNi ist dabei isoelektron. mit Co. Es zeigt sich, daß sich die Lsgg. von Cu in FeNi ähnlich wie die Lsgg. von Cu in Ni verhalten. Abnahme des Atommoments mit wachsendem Cu mit einer Neigung von ca. 1 $\mu_B$/Elektron. Anders verhalten sich die Co–Cu-Legierungen. Abnahme des Atommoments mit wachsendem Cu um 0,71 $\mu_B$/Elektron. Letztere Anomalität wird auf die hexagonale Struktur des Co zurückgeführt. (C. R. hebd. Séances Acad. Sci. **231.** 956—58. 6/11. 1950. Strasbourg, Labor. de Magnetisme.) FAHLENBRACH. 137

**Cesare Brisi**, *Magnetische Eigenschaften der Calciumferrite.* Durch Erhitzen eines äquimol. Gemisches von CaO u. $Fe_2O_3$ in $O_2$ auf Tempp. bis 1150° erhaltenes rhomb. *$CaO \cdot Fe_2O_3$* (I) ist paramagnet. mit einer Susceptibilität (je g) $\chi = 39{,}2 \cdot 10^{-6}$; ferromagnet. Verh. tritt nur bei Ggw. von FeO ein, dabei werden CURIE-Punkte beobachtet, die gesätt. festen Lsgg. von *Magnetit* (II) in I u. von I in II entsprechen. Geht man bei der Darst. des I von gefällten Hydroxyden aus, dann tritt ein instabiles ferromagnet. Zwischenprod. mit tetragonaler Symmetrie ($a_0 = 5{,}48$, $c_0 = 19{,}4$) auf. Durch Sintern von $Fe_2O_3$ u. CaO bei 1250° wird 2 $CaO \cdot Fe_2O_3$ erhalten, das, obwohl frei von FeO, ferromagnet. ist ($\chi \cdot 10^6$ nimmt mit der Feldstärkeerhöhung von 950—1880 Oe von 22,7 auf 17,2 ab), mit CURIE-Punkt etwas über 400°. Gemische 2 CaO + 3 $Fe_2O_3$ u. CaO + 2 $Fe_2O_3$ stellen Mischungen von I u. $Fe_2O_3$ dar mit einem dem $Fe_2O_3$-Geh. entsprechenden CURIE-Punkt. (Ann. Chimica **43.** 40—47. Jan. 1953. Torino, Politecn., Ist. di Chim. gen. e appl. e di Metallurgia.) R. K. MÜLLER. 137

**Roald K. Wangsness**, *Austauschkopplung und das Curie-Weißsche Gesetz.* Vf. zeigt, daß die Temperaturabhängigkeit der Susceptibilität eines Paars von austausch-gekoppelten Spins bei hohen Tempp. auf Grund der heutigen Theorie angenähert durch das CURIE-WEISS-Gesetz $\chi(T - \Theta) = C$ dargestellt werden kann. Das ist der Fall bei gewissen organ. Biradikalen. (J. chem. Physics **20.** 1656. Okt. 1952. White Oak, Md., U. S. Naval Ordnance Labor.) FAHLENBRACH. 137

**Marie-Louise Josien** und **Gabriel Sourisseau**, *Beitrag zur Untersuchung der Stärke der unterjodigen Säure.* Vff. versuchten, aufbauend auf früheren Unterss. (C. **1950.** I. 1182) über eine $p_H$-Diskontinuität im Verlauf der Rk. AgR + $J_2$ + $H_2O$ → AgJ + HOJ + HR, die ungefähre Stärke der HOJ durch potentiometr. Verfolgung der folgenden Rkk. zu bestimmen: 2 $J_2$ + 2 $H_2O$ + $Ag_2SO_4$ → 2 AgJ + $H_2SO_4$ + 2 HOJ; $Ba(OH)_2$ + $H_2SO_4$ → $BaSO_4$ + 2 $H_2O$ bzw. $Ba(OH_2)$ + 2 HOJ → $Ba(JO)_2$ + 2 $H_2O$. In Übereinstimmung mit einer 2. Meth., bei der ohne Zusatz von $Ag_2SO_4$ gearbeitet wurde, ließ sich aus den Versuchsergebnissen ableiten, daß die Größenordnung der Dissoziationskonstante der HOJ ca. $10^{-10}$ beträgt. (Bull. Soc. chim. France, Mém. [5] **17.** 255—58. März/April 1950. Nashville, Tenn., Fisk Univ., u. Bordeaux, Fac. de Sci.) NIEMITZ. 139

**H. J. V. Tyrrell** und **G. L. Hollis**, *Thermische Diffusionspotentiale in nichtisothermen Elektrolytsystemen.* 2. Mitt. *Eine teilweise experimentelle Verifizierung der thermodynamischen Gleichungen.* (1. vgl. Trans. Faraday Soc. **45.** [1949.] 411.) Vff. bestimmte die Anfangs-EMK, die von einfachen nichtisothermen elektrolyt. Systemen (*$AgNO_3$*, *$KNO_3$*, *$HNO_3$*) entwickelt wird, mittels Zellen mit Ag u. Ag–AgCl-Elektroden mit einem geschätzten Fehler von nicht mehr als ±5 μV pro Grad. Es wird gezeigt, daß der Teil der beobachteten EMK., der mit dem Temperaturgradienten verknüpft ist (therm. Diffusionspotential), im allg. unabhängig von der Verdünnung ist in einer Reihe von Lsgg., in denen die Ionenverhältnisse konstant gehalten werden. Änderungen in den Ionenverhältnissen führen zu Änderungen der anfänglichen therm. Diffusionspotentiale, die mit von DE GROOT aus dem mkr. Reversibilitätsprinzip abgeleiteten Gleichungen, sowie mit verfügbaren Messungen des SORET-Koeff. gut übereinstimmen. Schließlich wird in einzelnen Fällen die erwartete Änderung der EMK. dieser therm. Zellen mit der Zeit beobachtet, die im allg. in Größe u. Vorzeichen der Theorie entsprechend gefunden wird. (Trans. Faraday Soc. **48.** 893—904. Okt. 1952. Sheffield, Univ., Dep. of Chem.) NIEMITZ. 140

**M. v. Stackelberg**, **M. Pilgram** und **V. Toome**, *Bestimmung von Diffusionskoeffizienten einiger Ionen in wässeriger Lösung in Gegenwart von Fremdelektrolyten.* 1. Mitt. Die Diffusionskoeffizienten von $Ag^+$, $Tl^+$, $Cd^{2+}$, $Pb^{2+}$, $Zn^{2+}$, $Zn(OH)_4{}^{2-}$, $JO_3{}^-$, $Fe(CN)_6{}^{3-}$ $Fe(CN)_6{}^{4-}$ u. *Chinon* in Konzz. unterhalb 0,001 mol. werden in bis zu 3 mol. Lsgg. von *NaCl*, *KCl*, u. *$KNO_3$* bestimmt. Die Messungen werden mit Hilfe der polarograph. Diffusionsstrommeth. mit der Tropfelektrode u. zur Kontrolle mit dem von COTTRELL (Z. physik. Chem. **42.** [1902.] 385) angegebenen Verf. mit linearer Diffusion an eine ruhende feste Elektrode ausgeführt. Die COTTRELL-Meth. wurde verbessert u. ist ausführlich beschrieben. Der sehr verschiedenartige Einfl. der Fremdsalzkonz. auf den Diffusionskoeff. wird Interionenkräften, Komplexbldg. u. Viscositätsänderungen durch das Leitsalz zugeschrieben. (Z. Elektrochem., Ber. Bunsenges. physik. Chem. **57.** 342—50. 1953.) R. LEVI. 140

**Ju. K. Delimarski** und **A. A. Kolotti**, *Elektrodenpotential des Aluminiums in geschmolzenen Halogeniden.* Es werden experimentell die Elektrodenpotentiale des Al in verschied. geschmolzenen Halogeniden ($AlCl_3$–NaCl, $AlBr_3$–NaBr, $AlJ_3$–NaJ) gegenüber einer auf Nullpotential gehaltenen Na-Elektrode ermittelt. Aus der Abhängigkeit zwischen der Höhe des Elektrodenpotentials des Al u. der Natur der Anionen ergibt sich, daß im geschmolzenen Elektrolyten beim Übergang von Chloriden zu Bromiden u. Jodiden das Elektrodenpotential des Al positiver wird. (Украинский Химический Журнал [Ukrain. chem. J.] **16.** Nr. 1. 119–27. 1950. Inst. für allg. u. anorgan. Chem. der Akad. der Wiss. der UdSSR.) A. KUNZE. 140

**Waldemar Menzel,** *Über Organoaluminiumverbindungen und ihre Anwendung zur elektrolytischen Aluminiumabscheidung.* (Aus dem Nachlaß veröffentlicht von **H. Scheibler** und **Hans Zimmer.**) Vf. untersucht die Reaktionsprodd. zwischen Al-Trialkylen bzw. -Triarylen u. Al-Halogeniden in aromat. KW-stoffen auf ihre Eignung als Elektrolysierbäder u. prüft ihr elektrolyt. Verh. sowie die Al-Abscheidungen in Abhängigkeit von der Stromdichte, der Versuchsdauer u. der Konzentration. So bildet sich aus 100 ml einer 10%ig. Lsg. von *Al-Triäthylätherat* in Xylol bei Zugabe von insgesamt 80 g $AlCl_3$ nach kurzem Sieden ein dunkelbraunes Öl, aus dem sich bei einer kathod. Stromausbeute von ca. 65% u. einer anod. Stromausbeute von >90% auf einer Cu-Kathode je nach der verwendeten Stromdichte ein hellglänzender (0,8 bis 1,6 A/dm²) oder dunkler Al-Belag (3,3 A/dm²) niederschlägt. Durch Dest. bei 18 mm Hg erhält man daraus ein Öl mit den gleichen elektr. Eigg., das die analyt. bestimmte Zus. $(C_2H_5AlCl_2)_2 \cdot C_8H_{10}$ hat. In ähnlicher Weise erhält man aus *Al-Triphenyl* — aus Hg-Diphenyl + Al bzw. aus $AlCl_3 + C_6H_5MgBr$ hergestellt — in einer Lsg. von Toluol oder Xylol bei Zusatz von $AlCl_3$ eine als Elektrolysierbad geeignete rotbraune Fl., deren Zersetzungsspannung ca. 0,08 V beträgt. Die Abscheidungen erfolgen bei kleineren Stromdichten (0,15–0,33 A/dm²), auch ist die kathod. Stromausbeute besser. Beim Eintragen von 14 g $AlCl_3$ in 75 ml Xylol erfolgt ebenfalls eine Umsetzung unter Abscheidung eines rotbraunen, zur Elektrolyse geeigneten Öles, das bei Tempp. von 110–120° bes. gut arbeitet, aber an Luft stark raucht u. sich im Vakuum nicht ohne Zers. destillieren läßt. Die analyt. Unters. ergibt eine der Äthylverb. analoge Zus. $(C_8H_9AlCl_2)_2 \cdot C_8H_{10}$. Diese Mol.-Verb. läßt sich auch beim Eintragen von 6,7 g Al in 75 ml Xylol unter Einleiten von HCl-Gas erhalten. Die Ergebnisse der Elektrolyseverss. werden tabellar. mitgeteilt u. die Reaktionsmechanismen für die Bldg. dieser Organoaluminiumhalogenverbb. diskutiert. (Z. anorg. allg. Chem. **269.** 52–66. Aug. 1952. Berlin-Charlottenburg, Techn. Univ., Organ. chem. Inst. u. Inst. für allg. u. techn. Chem.) WEITBRECHT. 141

**Garbis H. Keulegan,** *Hydrodynamik von Kathodenfilmen.* Unter der Annahme einer einheitlichen Dichte- oder Konzentrationsabnahme an einer Kathodenoberfläche entwickelt Vf. eine hydrodynam. Theorie der Diffusionsschicht an einer Kathode. Näherungslösungen der Strömungs- u. Diffusionsgleichungen führen zu der Gleichung $y_s = 3{,}33\ (\varrho_1\ \nu^2/g\ \Delta\varrho_m\ \gamma)^{1/4}\chi^{1/4}$ für die Dicke der Diffusionsschicht an der Kathode, die von 0 am unteren Ende bis zu einem Maximum am oberen Kathodenende ansteigt ($\varrho$ = Dichte an der Kathode, $\nu$ = kinemat. Viscosität u. $\gamma = \nu$/D). Wenn die Abnahme der D. an der Kathodenoberfläche proportional der Stromdichte ist, wird eine Abnahme der letzteren eine Zunahme der Dicke der Diffusionsschicht zur Folge haben. Für die Geschwindigkeitsverteilungen parallel u. senkrecht zur Kathode, u u. $v$, erhält Vf. die Beziehungen $u/u_m = 0{,}77\ [\sin\pi\ y/y_s + {}^1/_2 \sin 2\pi\, y/y_s]$ u. $v/v_m = {}^5/_8 - {}^1/_2 \cos\pi\vartheta - {}^1/_8 \cos 2\pi\vartheta - {}^1/_8\, \pi\vartheta \sin\pi\vartheta - {}^1/_{12}\, \pi\vartheta \sin 2\pi\vartheta$. Diese Ergebnisse werden auf die experimentellen Ergebnisse von BRENNER für Cu- u. Ni-Bäder angewendet u. mit ihrer Hilfe die Dichteabnahme an der Kathode, die maximale Ausdehnung der Diffusionsschicht, die mittlere D. in einem gegebenen Abstand von der Kathode sowie die Beweglichkeiten der Kationen berechnet. Die Übereinstimmung ist zufriedenstellend. (J. Res. nat. Bur. Standards **47.** 156–69. Sept. 1951. Washington.) WOELK. 142

**J. Heyrovsky,** *Der Grad der Polarisation und Depolarisation.* Vf. diskutiert auf Grund des OHMschen Gesetzes den Polarisationsgrad als Verhältnis Polarisation P/EMK. E u. den Depolarisationsgrad als (E — P)/E. Der Verlauf der partiellen Polarisation u. Depolarisation wird für eine allg. polarograph. Kurve, für Konzentrationspolarisation, z. B. Zers. von $Hg_2^{2+}$, u. für die chem. Polarisation, z. B. *Amalgam*-Bldg. in Abhängigkeit von der EMK., graph. dargestellt u. besprochen. (Radiometer Polarographics **1.** 109–10. Juni 1952.) WEITBRECHT. 142

**Heinz Wiele** und **Norbert Gerlich,** *Beitrag zur Unterdrückung polarographischer Maxima durch einwertige Alkohole in Alkohol–Wasser-Gemischen.* Es wird gezeigt, daß in Gemischen von W. mit einwertigen Alkoholen der Alkohol eine Dämpfung des Maximums hervorrufen kann. Die Messungen werden in Lsgg. mit 2 cm³ n/100 $CoCl_2$, 1 cm³ n$NH_4Cl$ u. 1 cm³ n$NH_4OH$ u. verschied. Mengen an *Methyl-*, *Äthyl-*, *n-* u. *Isopropylalkohol* durchgeführt. Die Dämpfung tritt nicht plötzlich bei einer bestimmten Konz. auf, sondern nimmt kontinuierlich mit steigender Alkoholkonz. zu. Die zur vollständigen Dämpfung führende Konz. hängt von dem betreffenden Alkohol ab.

Sie beträgt für $CH_3OH$ 28 Vol.-%, für $C_2H_5OH$ 38 Vol.-%. Die erste meßbare Dämpfung tritt bei diesen beiden Alkoholen bei ca. 5,4 Vol.-% auf. Bei den Propylalkoholen ist sie schon bei sehr viel kleineren Konzz. bemerkbar. Eine bei größeren Konzz. ausgeprägter werdende Stufe im aufsteigenden Ast der Kurve bei Methyl- u. Äthylalkohol wird auf die Bldg. beständiger Komplexverbb. zurückgeführt. Bei Zusatz von *Cystein* ändert sich das allg. Verh. nicht, lediglich die Grenzkonzz. werden etwas verändert. Außerdem fehlt die beschriebene Stufe beim Methyl- u. Äthylalkohol. Es wird eine graph. Auswertung der Ergebnisse mit Hilfe von Polarkoordinaten gegeben. Die Abhängigkeit von Alkoholkonz. u. Maximaunterdrückung ist nicht linear. (Z. Elektrochem., Ber. Bunsenges. physik. Chem. **57.** 351—53. 1953. Bielefeld, Chem.-pharmazeut. Fabrik Dr. Aug. Wolff, Wiss. Abt.) R. LEVI. 142

---

**René Audubert**, Électrolyse. Paris: Presses universitaires de France. (VIII + 356 S.) fr. 2400.—

## $A_4$. Thermodynamik. Thermochemie.

**George Antonoff**, *Gleichgewichte in Flüssigkeiten.* 2. Mitt. *Flüssigkeits-Dampfsysteme.* (Sitzungsbericht.) Vf. diskutiert die Bldg. von Aggregaten in Fll., die, von VAN DER WAALSschen Kräften zusammengehalten, nur unter Gleichgewichtsbedingungen existieren, sich nicht abtrennen lassen u. sich bei Auftragung der Eigg. der Fl. gegen die Temp. in „Schleifen" äußern, die unter Gleichgewichtsbedingungen immer an den gleichen Stellen auftreten, so daß es sich bei der Aggregatbldg. — obwohl es keine Verbb. von chem. Stabilität sind — um ein echtes Naturgesetz handelt. Dieses Gleichgewicht läßt sich in ganz frisch gereinigten Fll. wegen der Übersättigungserscheinungen nur schwer erhalten, während Fll. mit gelösten Gasen oder auch anderen gelösten Stoffen für solche Experimente gut geeignet sind. (Physic. Rev. [2] **87.** 185. 1/7. 1952.) NIEMITZ. 147

**George Antonoff**, *Gleichgewichte in flüssigen Systemen.* (Sitzungsbericht.) (Vgl. vorst. Ref.) Ergänzende Bemerkung betreffend das Gleichgewicht in fl. Systemen zwischen 2 Substanzen mit merklicher Abweichung vom RAOULTschen Gesetz, die die Fähigkeit haben, Komplexverbb. zu bilden. Innerhalb des Lösungsm. verhält sich dieser Komplex dann wie ein ideales Gas, jedoch kann er bei sich ändernder Temp. mit sich selbst in Stufen assoziieren. Diese Eigg. führen ebenfalls zu „Schleifen", wie man am besten erkennt, wenn man die Dichten gegen die Temp. aufträgt. Bestes Beispiel hierfür ist Phenol-W. mit einer krit. Temp. bei 70°. (Physic. Rev. [2] **87.** 242. 1/7. 1952.) NIEMITZ. 147

**R. P. Shukla** und **W. V. Bhagwat**, *Parachor von Quecksilber(II)-chlorid.* Der Parachor von $HgCl_2$ in $H_2O$ ist wesentlich kleiner als der theoret. Wert (180), während in organ. Lösungsmitteln wie Methylalkohol u. Äthylacetat die Übereinstimmung gut ist. Abweichungen des Parachors von $HgCl_2$ in Pyridin vom theoret. Wert (zu hoch) führen Vff. auf die Bldg. von Komplexen, wie $HgCl_2 \cdot 2\,Py$, $HgCl_2 \cdot 4\,Py$ u. a. zurück, während sie die zu kleinen Werte in $H_2O$ auf die Ionisation des $HgCl_2$ zurückführen. Messungen des Parachors bei höherer Temp. bestätigen diese Auffassung. (J. Indian chem. Soc. **27.** 271—72. Juni 1950. Indore, Ujjin Madho Coll., u. Holkar Coll. Chem. Labors.) WOELK. 148

**F. M. Kelly** und **D. K. C. MacDonald**, *Über die Θ-Werte in Metallen.* Als Ergebnis einer Diskussion der Theorien über die spezif. Wärmen wird festgestellt, daß die Theorie von DEBYE trotz ihrer Begrenzungen die beste Darstellung für eine allg. Analyse abgibt. Vier Methoden, die charakterist. DEBYE-Temp. $\Theta_D$ zu berechnen, werden gegeben. Die Daten der spezif. Wärmen für *Li*, *Na* u. *K* werden dann analysiert u. verglichen mit ähnlichen Berechnungen von $\Theta_R$ aus Widerstandsmessungen (vgl. C. **1953.** 1924), die über ein weites Temperaturgebiet durchgeführt worden sind. Es wird gezeigt daß ein mehr den realen Verhältnissen entsprechender Wert von $\Theta$ erhalten wird, wenn $\Theta$ als temperaturabhängiger Parameter in den mathemat. Ableitungen der betreffenden Gleichungen aufgefaßt wird. (Canad. J. Physics **31.** 147—64. Jan. 1953. Ottawa, Can., Nat. Res. Labor., Div. of Phys.) V. HARLEM. 151

**J. A. Morrison**, **J. M. Los** und **L. E. Drain**, *Die Wärmekapazität, integrale Adsorptionswärme und Entropie von an Titandioxyd adsorbiertem Argon.* Vff. berichten über direkte calorimetr. Messungen der Wärmekapazität (Wk.) von Ar, das bei drei geringen Konzz. an $TiO_2$ adsorbiert wird. Derartige Messungen werden im Temperaturbereich 14—105° K ausgeführt, während bei höheren Tempp. bis 130° K die Wk. des adsorbierten Ar aus dem Temperaturkoeff. der vollständigen Adsorptionswärme bestimmt wird. Zwischen 14° u. 25° K scheint die Wk. derjenigen eines dreidimensionalen Oscillators in Übereinstimmung mit der Vorstellung der Lokalisierung (nach

HILL, C. **1948**. I. 1282) zu entsprechen. Bei höheren Tempp. steigt die Wk. auf viel größere Werte an, als auf der Grundlage eines einfachen Modells der adsorbierten Phase berechnet werden können. Die Nullpunktentropie des adsorbierten Ar wird bei drei Konzz. berechnet, u. es wird gefunden, daß sie innerhalb des experimentellen Fehlers Null ist. Eine vernünftige Erklärung dieses Resultates ergibt sich aus der Annahme, daß die feste Oberfläche energet. heterogen ist. (Trans. Faraday Soc. **47**. 1023–30. Sept. 1951. Ottawa, Can., Nat. Res. Labor., Div. of Chem.) FREIWALD. 151

**Klaus Clusius** und **Liselotte Schachinger,** *Ergebnisse der Tieftemperaturforschung.* 9. Mitt. *Die Atomwärme des Kobalts zwischen 15 und 270° K.* (8. vgl. Z. Naturforsch. **4a.** [1949.] 549.) An einem Co-Block, der als größte Verunreinigung 2,5% Fe enthielt, wurde die Atomwärme zwischen 15 u. 270° K gemessen. Die Standardentropie bei 25° ergab sich auf graph. Wege zu 7,18 cal/Grammatom. Unterhalb von 20° K fanden Vff. gute Übereinstimmung der gemessenen Atomwärmen mit der von DUYCKAERTS angegebenen Gleichung für Co, $C_v = 12{,}0 \cdot 10^{-4}\ T + 464{,}5\ (T/443)^3$ cal/Grammatom, wobei der lineare Term der Elektronenwärme, der kub. dem Beitrag des Gitters zur Atomwärme entspricht. Oberhalb von 20° K berücksichtigen Vff. die mit steigender Temp. hervortretenden Abweichungen der gemessenen $C_p$-Werte von den theoret. besser zugänglichen $C_v$-Werten. Am Verlauf der DEBYEschen charakterist. Temp., zeigten Vff., daß der für die Elektronenwärme bei tiefsten Tempp. verantwortliche lineare Term sich in unverminderter Stärke bei Zimmertemp. nachweisen läßt. Die anderen ferromagnet. Metalle Ni u. Fe verhalten sich bis in alle Einzelheiten analog. Der Grund für die abnorm große Elektronenwärme ist nach SLATER u. MOTT in der energet. Überlappung hoher, dicht liegender Terme des nur partiell aufgefüllten 3d-Bandes mit dem 4s-Band, das die Leitungselektronen enthält, zu sehen. Mit steigender Temp. können die obersten Niveaus des 3d-Bandes zunehmend besetzt werden, wodurch die hohe Elektronenwärme zustande kommt. (Z. Naturforsch. **7a.** 185–91. Febr. 1952. München, Univ., Phys.-chem. Inst.) E. HEINRICH. 151

**D. ter Haar** und **C. D. Green,** *Der statistische Gesichtspunkt von Boltzmanns H-Theorem.* An 2 einfachen Modellen betrachten Vff. den 2. Hauptsatz der Thermodynamik von der Statistik aus. Für beide Fälle wird das wahrscheinlichste Verh., die mittlere Lebensdauer u. die durchschnittliche Rückkehrzeit verschied. Schwankungszustände ermittelt u. diskutiert. (Proc. physic. Soc., Sect. A **66.** 153–59. 1/2. 1953. St. Andrews, Univ., Dep. of Nat. Phil.) CRAMER. 154

**N. Trappeniers,** *Mehratomige Moleküle und das Gesetz der korrespondierenden Zustände.* Das klass. Gesetz der korrespondierenden Zustände ist auf die Schmelz- u. Umwandlungskurven von mehratomigen Moll. nicht genau anwendbar. Durch Einführen eines geometr. Parameters u. Berücksichtigung des zwischenmol. Potentials läßt sich ein exakterer Ausdruck für das Gesetz angeben. Die Ergebnisse stehen in guter Übereinstimmung mit den experimentell bestimmten Phasendiagrammen von $CCl_4$ u. $CBr_4$ (auch für Drucke bis 5000 at). (Physica **17.** 501–10. Mai 1951. Bruxelles, Univ. Libre Fac. des Sci.) FUCHS. 155

**N. L. Jarym-Agajew, N. N. Feodossjew** und **K. G. Skorikow,** *Die integralen Verdampfungswärmen von flüssigen Gemischen.* 3. Mitt. *Integrale Verdampfungswärmen normaler binärer flüssiger Gemische.* (2. vgl. C. **1951.** I. 3461.) Vff. bestimmen experimentell die integralen Verdampfungswärmen der Systeme *Bzl.*–$C_2H_4Cl_2$ (**I**) (20°); *Bzl.–Toluol* (20 u. 40°) u. **I**–$CCl_4$ (20 u. 40°). Letzteres Syst. zeigt eine bedeutende Abweichung von der Additivität mit einem Maximum der Abweichung bei 80 Mol-% **I**. Ausgehend von der Best. des idealen Syst., bei dem in dem betrachteten Temperaturintervall der Molenbruch der Komponente $N_1$ gleich ihrer Aktivität $a_1$ ist, leiten Vff. die Isothermengleichung des idealen Syst. für die integrale Verdampfungswärme ab, die experimentell bestätigt wird. Vff. leiten ferner für die integrale Verdampfungswärme die Gleichung des n. Syst. ab, bei dem die Mischungsentropie der Komponenten die gleiche ist wie bei einem idealen Syst. derselben Zusammensetzung. (Журнал Физической Химии [J. physik. Chem.] **24.** 1061–67. Sept. 1950. Rostow/Don, Molotow-Univ., Lehrstuhl für physikal. u. Kolloidchem., Labor. für Thermochem.) AMBERGER. 155

## $A_5$. Grenzschichtforschung. Kolloidchemie.

**R. E. Neiman** und **R. I. Ssuchorukowa,** *Volumeneffekte bei Sol–Gel-Umwandlungen und bei der Alterung von $Fe(OH)_3$-Gelen.* Mittels dilatometr. Methoden wird festgestellt, daß Volumeneffekte bei der Sol–Gel-Umwandlung von $Fe(OH)_3$-Ndd. nicht auftreten. Die Messungen wurden bei der Fällung von $Fe(OH)_3$, bei der Peptisierung u. bei der Koagulierung durchgeführt. Demnach sind Sol–Gel-Umwandlungen nicht als Phasenumwandlungen zu betrachten. Bei der Alterung von $Fe(OH)_3$-Gelen in der Mutterlsg.

tritt dagegen eine Volumenkontraktion ein, die in ca. 5—7 Std. abgeklungen ist u. mit Ordnungsvorgängen in den amorphen Teilchen in Verbindung gebracht wird. In $Fe(OH)_3$-Solen wird eine entsprechende Volumenkontraktion nicht beobachtet. (Коллоидный Журнал [Colloid J.] **12.** 363—66. Sept./Okt. 1950. Woronesh, Univ., Chem. Fakultät.) REINBACH. 164

**Sydney Ross,** *Die Löslichmachung von Farbstoffen in Mineralöl und ihre Anwendung auf das Modell einer biologischen Zellmembran.* Das von NIRENSTEIN (1920) als Modell einer biolog. Zelle empfohlene Gemisch aus Olivenöl, Ölsäure u. Diamylamin wird vereinfachend durch reines Paraffinöl mit *1% Di-n-butylaminoleat* bzw. einigen anderen Netz- u. Dispergiermitteln (*Span 20* u. *85, Glyceryloleat, G 954* u. *2000, Tween 81* u. *Arlacel B*) ersetzt, u. es wird die Löslichmachung einiger organ. Farbstoffe, wie sie nach den amerikan. Bestimmungen für Nahrungs- u. Arzneimittel zulässig sind, gemessen. Aus den bes. für Arlacel B (Hauptbestandteil *Mannitanmonooleat*) u. Methylenblau, Guineagrün u. Orange I wiedergegebenen Löslichkeitskurven ergibt sich für alle Farbstoffe ein ähnliches Verh., indem die „Löslichkeit" mit steigender Konz. an oberflächenakt. Stoff erst allmählich, dann steiler ansteigt u. aus dem Wendepunkt der Kurve auf das Vorhandensein einer krit. Micellkonz. (bei ca. 0,05% Arlacel) zu schließen ist. In diesen öligen Lsgg. der assoziierten Netzmittelkoll. besteht ein Gleichgewicht zwischen den verschied. in der gleichen Lsg. vorhandenen Micellen, das sich mit der Konz. u. Temp. verschiebt. (J. Colloid Sci. **6.** 497—507. Dez. 1951. Troy, N. Y., Rensselaer Polytechn. Inst.) HENTSCHEL. 166

**John K. Backus** und **Harold A. Scheraga,** *Dynamo-optische Eigenschaften bei Netzmittel-Micellen.* Messungen des Extinktionskoeff. u. der Strömungsdoppelbrechung an n-Alkyltrimethylammoniumbromid (mit 14, 16 u. 18 C-Atomen in der Alkylkette), gelöst in W. oder in einem Wasser–Glycerin-Gemisch u. bei Zusatz von KBr variabler Konz., führen zu folgenden Schlüssen: Die in wss. Salzlsg. gebildeten stäbchenförmigen Micellen dieser oberflächenakt. Stoffe nehmen mit steigender KBr-Konz. sowie zunehmender Länge der KW-stoffkette zu. Dabei sind die $C_{14}$-Micellen zu klein, um in der strömenden Fl. eine Orientierung zu erfahren, während die größeren $C_{16}$- u. $C_{18}$-Micellen ausgerichtet werden. Die hohe Doppelbrechung kommt hauptsächlich infolge der Stäbchenform u. des hohen Orientierungsgrades der Teilchen zustande, während die der Substanz ohne den Einfl. des Lösungsm. zukommende („intrinsic") Anisotropie negativ u. von der Salzkonz. oder der Länge der KW-stoffkette unabhängig ist. Ein Zusatz von Glycerin zu der Netzmittelsg. verringert die Micellengröße u. damit die Doppelbrechung, ändert aber nicht die „intrinsic" Anisotropie der Micellen. Mit dieser Verkleinerung scheint keine andere Änderung in der Struktur der Micelle verbunden zu sein. Diese Beobachtungen stehen in guter Übereinstimmung mit der Orientierungstheorie von PETERLIN u. STUART (C. **1939.** II. 607), die eine Erklärung für die Größe Gestalt u. opt. Eigg. der koll. Teilchen gibt. (J. Colloid Sci. **6.** 508—21. Dez. 1951. Ithaca, N. Y., Cornell Univ.) HENTSCHEL. 166

**Fausto W. Lima,** *Über die Viscosität binärer Flüssigkeitsgemische.* Von ähnlichen Überlegungen wie bei den Beziehungen für Parachor u. Refraktion ausgehend, wird für die Viscosität $\eta$ eines Gemisches zweier Fll. folgende Formel aufgestellt: $\log\log\eta = d(x_1 I_1 + x_2 I_2)/(x_1 M_1 + x_2 M_2) - k$. Hierin bedeuten $x_1$ u. $x_2$ die Molenbrüche der Komponenten mit dem Mol.-Gew. $M_1$ u. $M_2$, d die D., $I_1$ u. $I_2$ die sogenannte SOUDERSschen Viscositätskonstanten u. k eine allg. Konstante ( = 2,90). Wie am Beispiel der Gemische *Toluol–Nitrobenzol, Brombenzol*–Nitrobenzol u. Toluol–Brombenzol für die Tempp. 25, 30 u. 35° gezeigt wird, ist für nichtassoziierte Fll. die Gleichung recht gut erfüllt. Für Gemische mit Alkoholen u. Säuren ist die Übereinstimmung zwischen berechnetem u. gefundenem $\eta$-Wert weniger gut, läßt sich aber durch geeignete Wahl von k verbessern. (J. physic. Chem. **56.** 1052—54. Dez. 1952. São Paolo, Univ.) HENTSCHEL. 172

**P. A. Briscoe, W. J. Dunning** und **R. C. Seymour,** *Die Rheologie plastischer Dispersionen.* Ein Syst. mit 80 Vol.-% pulverförmigen festen Anteilen in einem schmierölartigen Medium zeigt zwar plast. Deformation, entspricht aber weder der FREUNDLICHschen noch der BINGHAMschen Definition der Plastizität; für derartige Systeme mit einem geringen Absetz-Vol., die Dilatanz, aber keine Thixotropie zeigen, sich verformen lassen u. sich bei Scherbeanspruchung verfestigen u. die ferner je nach ihrer Vorgeschichte eine Reihe von Fließwerten aufweisen, wird die Bezeichnung „dilatante Plastizität" vorgeschlagen. Unter der Wrkg. einer über einem Fließpunkt liegenden Kraft erfolgt die Deformation nicht kontinuierlich, sondern nähert sich einem Grenzwert. Die Deformationsverhältnisse eines solchen Syst. lassen sich durch zwei Parameter charakterisieren: k als Maß für die Scherverfestigung infolge der Änderungen der geometr. Form u. Struktur der festen dispergierten Teilchen u. c als Beziehung zwischen der Grenzkompression u. der zu ihrer Erreichung erforderlichen Gewichtsbelastung. Beim Auswalzen ändern sich diese Parameter in umgekehrtem Verhältnis zueinander, aber ihr Prod. k·c bleibt annähernd konstant. (Brit. J. appl. Physics **3.** 193—96. Juni 1952. Bristol, Univ.) Hentschel. 173

**A. A. Trapesnikow,** *Über die Methoden zur Untersuchung der elastisch-viscosen Eigenschaften von Monoschichten und Volumenkolloiden und ihrer rheologischen Charakteristik.* Zusammenfassende Übersicht über die stat. Unters. der rheolog. Eigg., elast. Nachwrkg., momentan-elast. Deformation, dynam. Messung des Schubmoduls, irreversible Relaxationsdeformation, Grenzschubspannung, Festigkeit u. das Modellschema. (Академия Наук СССР. Труды Института Физической Химии [Akad. Wiss. UdSSR, Arb. Inst. physik. Chem.] **1950.** Nr. 1. 20—38.) Lebtag. 173

**A. A. Trapesnikow** und **Je. M. Schlossberg,** *Apparat zur komplexen Untersuchung der elastisch-viscosen Eigenschaften von Volumenkolloiden.* Vff. beschreiben ein Gerät zur komplexen Best. der verschied. Kennzahlen für Elastizität u. Viscosität unter Anwendung von dynam. u. stat. Verfahren. Der Drehwinkel des an einem Draht aufgehängten Innenzylinders kann doppelt abgelesen werden u. ermöglicht die Ablesung geringer u. großer Deformationen. Die Anwendung des Gerätes wird an der **6%**ig. Lsg. von *Al-Naphthenat* in der unpolaren KW-stoff-Fraktion Kp. 200° u. an *Solidolen* gezeigt. Der dynam. ermittelte Schubmodul ist höher als bei stat. Bestimmung, bedingt durch die Verfestigung u. Relaxation. Hieraus folgt, daß bei großen Geschwindigkeiten der period. Deformation ein Schmieröl ein anderes Verh. zeigen kann als bei der stat. Einwirkung. (Академия Наук СССР. Труды Института Физической Химии (Akad. Wiss. UdSSR, Arb. Inst. physik. Chem. **1950.** Nr. 1. 39—52.) Lebtag. 173

**N. I. Smirnow** und **W. L. Ruban,** *Geschwindigkeit der Bewegung von Tropfen im laminaren Gebiet.* 7. Mitt. *zur Bewegung von Körpern in einem Medium.* (6. vgl. C. **1952.** 2634.) Im Anschluß an die Unterss. im Turbulenzgebiet (C. **1950. II.** 1096) u. im Übergangsgebiet (C. **1951. II.** 786) wird die Fallgeschwindigkeit von Tropfen im laminaren Gebiet (erzielt durch hochviscoses Medium: Zuckerlsg., Zylinderöl) untersucht. Als tropfenbildende Fll. werden verwendet: Bzl., Toluol, Nitrobenzol, Dichloräthan, W., Kerosin, Zylinderöl u. Zuckerlösung. Bei der theoret. Behandlung wird zweckmäßig die Archimedes-Zahl durch die Galilei-Zahl Ga ersetzt. Dann ist (mit Re = Reynolds-Zahl, $d_m$, $d_t$ = D. des Mediums bzw. der Tropfen): $Re = 0{,}005\ Ga\ \Gamma^{-3}[(d_m - d_t)/d_m]^{0,8}$. Die Bewegungsgeschwindigkeit der Tropfen ist proportional dem Quadrat ihres Durchmessers u. hängt nur von der Viscosität des Mediums, nicht von derjenigen der tropfenbildenden Fl. ab. (Журнал Прикладной Химии [J. angew. Chem.] **25.** 1305—09. Dez. 1952. Leningrad, Technol. Lensowjet-Inst., Lehrstuhl für Technol. synthet. Kautschuke.) R. K. Müller. 173

**G. Herdan,** *Beziehung der harmonischen mittleren Teilchengröße zu der spezifischen Oberfläche einer bestimmten Substanz.* Da sowohl die harmon. mittlere Teilchengröße eines Pulvers $M_h$ als auch die mittlere Teilchengröße M Funktionen von $1/d_i$ ($d_i$ = Äquivalentdurchmesser) sind, wurde zuweilen angenommen, daß die reziproken Werte $1/M_h$ u. 1/M mehr oder weniger ident. sind. Dies ist jedoch nur der Fall, wenn alle Teilchen genau die gleiche Größe besitzen u. somit ein streng monodisperses Pulver bilden. Es wird bewiesen, daß die beiden reziproken Werte nicht ident. u. von der Veränderlichkeit der Teilchengröße abhängig sind. (Nature [London] **165.** 858—59. 27/5. 1950. Bristol, Univ., Dep. of Preventive Medicine.) Gottfried. 174

**Eiji Suito** und **Masafumi Arakawa,** *Sedimentometrische Analyse zur Bestimmung der Teilchengrößenverteilung von Pulvern. Selbstschreibende Sedimentationswaage.* Überblick über die Grundlagen der sedimentometr. Analyse u. andere Verff. zur Best. der Teilchengröße. Von der Odénschen Sedimentationswaage ausgehend, wird eine Konstruktion beschrieben, bei der jede Ablagerung von 50 mg auf der einen Waagschale durch ein selbsttätig auf die andere fallendes Gewicht ausgeglichen u. durch die damit ruckweise verbundene Bewegung einer Scheibe infolge Übertragung auf einen Schreibstift auf einer gleichmäßig bewegten Trommel aufgezeichnet wird, deren Umdrehungszeit der Sedimentationsgeschwindigkeit der Suspension angepaßt wird. Aus der aufgezeichneten Kurve, Sedimentgewicht gegen Zeit, wird in bekannter Weise auf Grund des Stokesschen Gesetzes die Kurve der Teilchengrößenverteilung erhalten. Nach beendeter Sedimentierung werden koll. Teilchen durch Abdampfen eines aliquoten Teils der Fl. gewogen u. bestimmt. Der Meßbereich von 40—0,5 μ in verschied. wss. Lsgg. könnte durch Wahl anderer Fll. noch erweitert werden. Die peptisierende Wrkg. von *Wasserleitungswasser, dest. W.*, 0,005 mol. *Na-Citrat-*, 0,005 mol. $Na_4P_2O_7$- u. 0,003 mol. $NaPO_3$ (**I**)-Lsg. wurde gegenüber $CaCO_3$ (**II**), *Zn-Blüte*, $TiO_2$, *Talk* (**III**),

*Quarz-* u. *Feldspat*-Pulver, verschied. *Bleicherden* u. anderen anorgan. techn. Pulvern geprüft u. darunter die der I-Lsg. als beste erkannt. Am Beispiel von verschied. konz. II-Suspensionen wird gezeigt, daß 5% Suspensoid die zur Messung geeignetste Konz. ist, während bei 10% eine stärkere Zusammenballung der Teilchen erfolgt, bei 2,5% aber die Genauigkeit infolge der geringeren Sedimentmenge kleiner wird. Die Abhängigkeit der Sedimentationsgeschwindigkeit von der Temp. wurde zwischen 5 u. 25° in reinem W. an einem Pulver mit der D. 2 vom durchschnittlichen Teilchenradius 1 $\mu$ gemäß dem STOKESschen Gesetz festgestellt. Bei weiteren Verss. mit dem App. wurde gefunden, daß beim gleichen Probematerial (*$BaCO_3$*, **IV**) die Kurven der Teilchengrößenverteilung sich um so mehr nach kleineren Werten verschieben, je größer das Sedimentvol. ist. Bei der Prüfung von *$CaWO_4$* (**V**) zeigte sich, daß der Einfl. der Homogenität der Teilchengröße auf die Fluorescenzstärke noch größer als der ihrer Kleinheit ist. Der zeitliche Verlauf der Zerkleinerung von Quarz u. Feldspat in einer Kugelmühle zeigte, daß die Teilchengrößenverteilung 2 Maxima hat, ein kleineres bei den größeren Teilchen. Beide Maxima verschieben sich im Laufe der Zeit zu kleineren Teilchengrößen, wobei das der kleineren immer höher ansteigt. Ein Vgl. der sedimentometr. Analyse mit der mkr. Messung, der Permeabilitäts- u. der Adsorptionsmeth. ergab gute Übereinstimmung des mittleren Teilchenradius bei 8 Sorten **II**, **III**, **IV**, **V** u. *Kaolin*. (Bull. Inst. chem. Res., Kyoto Univ. [Kagaku Kenkyusho Hokoku] **22.** 7—17. Sept. 1950. [Orig.: japan., Auszug: engl.]) METZENER. 174

**J. M. Honig,** *Analyse der Mehrschicht-Gasadsorptions-Isothermen mit Hilfe des Modells der Oberflächenheterogenität.* In der vorliegenden Arbeit wird das von WALKER u. ZETTLEMOYER (J. physic. Colloid Chem. **52.** [1948.] 47) entwickelte Modell der Oberflächenheterogenität für die Mehrschicht-Gasadsorption erweitert. Die Anwendbarkeit der Theorie auf die Adsorption von *$N_2$* an *Rutil* bei 77° K wird diskutiert. (J. physic. Chem. **57.** 349—51. März 1953. Minneapolis, Minn., Univ. of Minnesota, Dep. of Chem.) G. HEINRICH. 176

**B. P. Bering** und **W. W. Sserpinski,** *Neue Methode zur Untersuchung der Adsorption von Gasen und Dämpfen.* Beschreibung des als „unabhängige Wägung" bekannten, von Vff. bereits früher (C. **1948.** E. 365 u. **1947.** 1600) beschriebenen Verf. zur Best. der Adsorption von Dämpfen u. Gasen an festen Adsorbenten. Durch ergänzende Verss. wurde gezeigt, daß die Meth. der unabhängigen Wägung im Vgl. zu dem maßanalyt. Verf. bei der Adsorption von Substanzen mit geringer Dampfspannung eine vervielfachte Genauigkeit aufweist, während bei Stoffen mit großer Dampfspannung eine vergleichbare, in einzelnen Fällen eine geringere Genauigkeit erzielt wird. Die Empfindlichkeit der Meth. ist um 2—3 Größenordnungen größer als bei der gravimetr. Bestimmung. Das Gerät wurde dahin verbessert, daß alle Hähne in dem vom Vakuumapp. getrennten Gerät entfallen u. seine verschied. Teile einer verschied. Temp. ausgesetzt werden können. Die Gleichgewichtsdrucke werden bei geringen Werten mit dem PIRANI-Manometer gemessen, im Gebiet der hohen Drucke mit dem Membranmanometer. (Академия Наук СССР. Труды Института Физической Химии [Akad. Wiss. UdSSR, Arb. Inst. physik. Chem.] **1950.** Nr. 1. 184—86.) LEBTAG. 176

**L. P. Twerdowski** und **Sh. L. Wert,** *Adsorption und Lösung von Wasserstoff durch disperse Nickel—Palladiumlegierungen.* Es werden Ladungskurven an Ni-Schwarz-, Pd- u. Pd—Ni-Elektroden in 0,8nKOH aufgenommen. Ni nimmt ca. 9—10 (Atom-)% H auf, also 250mal mehr als durch Adsorption möglich. Eine scharfe Abgrenzung von kathod. u. anod. Gebiet ist auf den Kurven nicht erkennbar. In den Pd—Ni-Legierungen nimmt die Löslichkeit des H mit steigendem Ni-Geh. ab, u. die Bindung zwischen Metall u. H wird schwächer. Bei 6,6—15% Ni treten in den Kurven Coulomb (Abszisse)—mV(Ordinate) noch waagerechte Teile auf, die auf zweiphasige H-Lsg. deutende Hysteresisschleife noch bis 22% Ni. Die Löslichkeit des H (mg/100 g) beträgt bei 0% Ni 663, bei 15% 375, bei 21,2% 204, bei 22,3% 97, bei 24,7% 35,0 (bei 20°). Susceptibilitätsmessungen ergeben, daß reines Pd ca. 45% neutrale Pd-Atome u. 55% $Pd^+$ enthält; letztere werden durch H neutralisiert unter Bldg. von Protonen. Bei [H]/[Pd] = 0,55 verschwindet die $\alpha$-Phase, die $\beta$-Phase löst weiter H. Wird die in dem Teil der Ladungskurve zwischen dem ersten gradlinigen Stück ($\beta$-Phase) u. dem Beginn des senkrechten Anstiegs desorbierte H-Menge = $[H]_2$ gesetzt, dann ergibt sich $[H]_2$ + 1,74 [Ni]/[Pd] konstant mit Mittelwert 0,54. Die Unterss. zeigen, daß ebenso wie durch Einführung von H auch durch Zusatz von Ni die Menge der $Pd^+$ linear abnimmt. (Доклады Академии Наук СССР [Ber. Akad. Wiss. UdSSR] [N. S.] **88.** 305—08. 11/1. 1953. Staatl. Inst. für angew. Chem.) R. K. MÜLLER. 176

**Hiroshi Fujita,** *Eine Theorie der Perkolation für den Fall von zwei gelösten Stoffen.* Für den Fall von 2 gelösten Stoffen, die nicht miteinander reagieren, wird unter der

Annahme irreversibler Adsorption das Gleichgewicht zwischen der Fl. u. einem festen Körper durch mathemat. Beziehungen ausgedrückt. Die Ergebnisse zeigen die zu erwartende chromatograph. Trennung der beiden adsorbierten Stoffe. (J. physic. Chem. **56**. 949—53. Nov. 1952. Maizuru, Kyoto Univ., Fac. of Agriculture, Dep. of Fisheries.) WESLY. 176

## $A_6$. Strukturforschung.

**V. E. Cosslett,** *Das Elektronenmikroskop und seine Anwendungen.* Es werden die Grundlagen der Elektronenmikroskopie u. einige moderne Geräte beschrieben. Die Präparationsmethoden für Anwendungen in der Biologie werden an Hand von Bildbeispielen besprochen. Auch metallurg. Unterss. werden erwähnt. Abschließend werden Möglichkeiten zur Verbesserung der Auflösung angedeutet. (Discovery **11**. 245—52. Aug. 1950.) C. REUBER. 181

**A. B. Schechter, I. I. Tretjakow** und **A. I. Jetscheisstowa,** *Methode zum wiederholten Auffinden eines gegebenen Blickfeldes im Elektronenmikroskop.* Bei elektronenopt. Unterss. undurchsichtiger Objekte mittels Abdruckverf. wird das Wiederauffinden vorgegebener Stellen auf folgende Weise erleichtert: Nach Markierung des gewählten Schliffbereiches auf dem Objekt durch feine Striche oder Punkte u. Herst. des Abdruckfilms wird der Film mittels eines gläsernen Objektträgers auf ein Lichtmikroskop gebracht u. nun die Blende des Elektronenmikroskops so auf den Film gelegt, daß die Markierung in der Mitte des Gesichtsfeldes der Blende sichtbar ist, wonach die Blende mit dem Film vom Objektträger gelöst wird. Zur Verstärkung der Kontrastwrkg. kann der Film zuvor in üblicher Weise bedampft werden. Die Anwendung der Meth. wird am Beispiel der Unters. eines Pd-Katalysators vor u. nach der Katalyse der $H_2$-Oxydation dargestellt. (Академия Наук СССР. Труды Института Физической Химии [Akad. Wiss. UdSSR, Arb. Inst. physik. Chem.] **1950**. Nr. 1. 132—33.) REINBACH. 181

**P. D. Dankow** und **D. W. Ignatow,** *Elektronographische Apparatur.* Beschreibung eines senkrecht angeordneten Elektronographen mit elektromagnet. Fokussierung. (Академия Наук СССР. Труды Института Физической Химии [Akad. Wiss. UdSSR, Arb. Inst. physik. Chem.] **1950**. Nr. 1. 134—39.) REINBACH. 181

**D. C. Phillips,** *Eine Vorrichtung zur Berechnung komplexer Röntgenstrukturfaktoren.* Beschreibung der Vorr., die etwas einfacher ist als die von VAND (vgl. J. sci. Instruments **25**. [1948.] 352) beschriebene Rechenvorrichtung. (J. sci. Instruments **29**. 299. Sept. 1952.) GOTTFRIED. 181

**Arrigo Addamiano,** *Bemerkungen zur „relativen Abweichung" in der Strukturanalyse.* Die „relative Abweichung" („disagreement factor, reliability index") der gemessenen Strukturfaktoren ($F_0$) von den berechneten ($F_b$), also $R = \Sigma[|F_0| - |F_b|] / \Sigma|F_0|$, eignet sich, wie an Beispielen aus der Literatur gezeigt wird, nicht zum Vgl. verschied. Strukturanalysen u. stellt keinen sicheren Maßstab für die Richtigkeit einer vorgeschlagenen Struktur dar. Man verwendet besser andere mathemat. Ausdrücke (z. B. $R_2$ nach BOOTH) oder verschied. physikal. Kriterien, um die Genauigkeit der Atomkoordinaten abzuschätzen. (Ricerca sci. **22**. 2134—38. Nov. 1952. Roma, Centro di studio p. l. chim. generale). R. K. MÜLLER. 181

**Per-Olov Löwdin,** *Über die quantenmechanische Berechnung der Bindungsenergie von Molekeln und Kristallen.* 1. Mitt. *Eine allgemeine Energieformel für den Grundzustand.* Vf. berechnet allg. die Energie des Grundzustandes eines Mol. oder eines Kristalls. Als Gesamtwellenfunktion dient dabei die SLATER-Determinante aus Molekel-Spin-Eigenfunktionen, die ihrerseits linear aus Atom-Eigenfunktionen aufgebaut werden. Durch das neue Verf. der „kombinierten Atom-Eigenfunktionen" läßt sich die Energie auf numer. auswertbare Zweizentren-Integrale über Atom-Eigenfunktionen zurückführen. Die Bindungsenergie, die man hieraus durch Abzug der Energie der freien Atome erhält, wird bes. für den Fall angegeben, in dem die Atom-Eigenfunktionen durch die „self-consistent fields" mit Austausch der freien Atome dargestellt werden. (J. chem. Physics **19**. 1570—78. Dez. 1951. Uppsala, Inst. of Mechanics and Math. Phys.) TELTOW. 182

**Per-Olov Löwdin,** *Über die quantenmechanische Berechnung der Bindungsenergie von Molekeln und Kristallen.* 2. Mitt. *Behandlung der Alkalimetalle mit numerischen Anwendungen auf Natrium.* (1. vgl. vorst. Ref.) In Alkalimetallen sind dank der Kristallsymmetrie die kombinierten Atom-Eigenfunktionen nahezu reine s-Funktionen. Im Gegensatz zu früheren Berechnungen, bei denen immer nur die Wechselwrkg. zwischen nächsten Nachbarn berücksichtigt wurde, tut Vf. dies bis zu Nachbarn 9. Ordnung. Allein auf der Basis der HARTREE-Funktionen für Na findet er für die Gitterkonstante

3,69 Å den Minimalwert der Bindungsenergie —24,7 kcal/Mol. Die experimentellen Werte sind 3,67 bzw. —26. Diese Übereinstimmung ist zufällig besser als erwartet, doch sollte die Meth. auch für die Berechnung anderer Kristalleigg. leistungsfähig sein. (J. chem. Physics **19.** 1579—91. Dez. 1951.) TELTOW. 182

**Otto Emersleben,** *Das Selbstpotential einer endlichen Reihe neutraler äquidistanter Punktepaare.* In Ergänzung der C. **1952.** 650 referierten Arbeit berechnet Vf. das Selbstpotential $\Phi$ einer Reihe aus 2 n Punkten, die abwechselnd mit den Ladungen +1 u. —1 belegt sind. Die Abstände benachbarter Punkte sind abwechselnd x u. 1—x. Bis auf ein für große n verschwindendes Restglied hängt $\Phi$ linear von n ab. Die beiden Koeffizienten sind Funktionen von x u. s, dem Exponenten des Potentialansatzes $r^{-s}$. Für s = 1 (NEWTON-Potential) werden sie explizite angegeben. Die Trennarbeit beim Zerteilen in kleinere neutrale Punktreihen wird berechnet. (Math. Nachr. **6.** 155—70. Nov./Dez. 1951. Berlin.) TELTOW. 190

**K. M. Gorbunowa** und **T. W. Iwanowskaja,** *Methode zur Bestimmung des Reliefs von Mikrokristallflächen mit Hilfe der Interferenz von mehrfach reflektierten Strahlen.* Unter Anwendung des von TOLANSKY (Proc. Roy. Soc. [London] Ser. A **184.** [1945.] 41) beschriebenen Prinzips der mehrfach reflektierten Strahlen wird ein Verf. zur Best. der Abhängigkeit des Mikrokristallreliefs von den Kristallisationsbedingungen vorgeschlagen, das die Feststellung von Struktureinzelheiten der akt. Wachstumszone ermöglicht. Am *Ag*-Kristall wird hiermit festgestellt, daß die Stufen der einzelnen gleichzeitig wachsenden Schichten denselben Neigungswinkel zur Fläche aufweisen u. in vielen Fällen die Wachstumsfront aus mehreren Stufen besteht. Die Flächenkanten sind zu jedem Zeitpunkt des Wachstums durch Stufen derselben Größe u. Neigung zur Fläche abgestumpft wie die Kanten der Wachstumsschichten. Die gewellten Interferenzlinien zeigen zahlreiche Wachstumsstufen von 40—50 Å an. Gegenüber dem Interferometer von LINNIK besitzt das vorgeschlagene Verf. den Vorteil, daß Wachstumsfronten unter 20 mμ Höhe bestimmt werden können. (Академия Наук СССР. Труды Института Физической Химии [Akad. Wiss. UdSSR, Arb. Inst. physik. Chem.] **1950.** Nr. 1. 142—44.) LEBTAG. 190

**I. I. Schafranowski,** *Natürliche Formen der Auflösung von Topasen.* Erörterungen über die verschied. Formen, die Topaskristalle bei ihrer Auflösung annehmen. Nach Maßgabe des Fortschreitens der Auflösung bilden die Topase pyramidenförmige Bildungen mit steigender Flächenzahl. (Записки Всесоюзного Минералогического Общества [Schr. Allunions mineralog. Ges.] [2] **79.** 5—14. 1950.) v. MICKWITZ. 190

**L. Ebert** und **R. Fiala,** *Ein neuer anorganischer Faserkristall. (Ein Beitrag zu den Gesetzen der Fasertextur.)* Bei der Unters. des Syst. $Na_2S$–$Sb_2S_3$–$H_2O$ beobachten Vff., daß die Verb. $Na_2Sb_4S_7 \cdot 2H_2O$ (I) zusätzlich ca. 0,4 Mol $Na_2S$ aufnehmen kann, so daß der gesätt. Mischkristall die ungefähre Zus. $Na_{2,8}Sb_4S_{7,7} \cdot aq$ hat. Während das reine I ziegelrot u. seidenglänzend ist, verliert die Verb. mit zunehmendem $Na_2S$-Geh. zuerst den Glanz, wird dann dunkler u. schließlich schmutzigbraun. Die mkr. Unters. zeigt, daß I in Nadeln krist., die Mischkristalle mit steigendem $Na_2S$-Geh. aber allmählich in gekrümmte Faserkristalle übergehen mit einem elektronenmkr. erkennbaren Faserdurchmesser von ca. 100 Å. Vff. diskutieren diese Verhältnisse im Vgl. zu dem Aufbau der faserartigen Silicate mit Hilfe der Systematik der Isopolykomplexe von EBERT (vgl. Mh. Chem. **81.** [1950.] 61) u. kommen dabei zu dem Ergebnis, daß in O- u. S-haltigen Polykomplexen dann Fasertextur zu erwarten ist, wenn der O- bzw. S-Geh. gegenüber der einfachen unendlichen Metakette um $^1/_{12}$ vermindert ist. (Mh. Chem. **81.** 414—18; S.-B. österr. Akad. Wiss., math.-naturwiss. Kl., Abt. IIb **159.** 414—18. 1950. Wien, Univ., I. Chem. Labor.) B. REUTER. 190

**H. Krebs,** *Die Gitterstörungen im hexagonalen Selen.* Untersucht wurde auf röntgenograph. Wege die Umwandlung des schwarzen, fest oder fl. amorphen in das hexagonale schwarze oder metall. Se. Es wurden zunächst Se-Proben, die ½ Std. auf 215° vorerhitzt waren, bei den Tempp. 195, 200, 210 u. 215° weitererhitzt u. die auftretende Veränderung des Achsenverhältnisses c/a bestimmt. Beobachtet wurde, daß mit steigender Erhitzungstemp. u. Dauer c/a zunimmt; gleichzeitig beobachtet man eine Abnahme der Untergrundschwärzung u. eine Zunahme der Linienschärfe. Beide Effekte beruhen auf einer Abnahme der Gitterstörungen. Weitere Unterss. erstreckten sich auf das Verh. des Se bei der erhöhten Temp. des Formierungsprozesses. Ganz allg. ergaben die Unterss., daß im wesentlichen zwei Störungsursachen das röntgenograph. Verh. des Se charakterisieren, u. zwar 1. der irreversible Abbau der Störungen, die in einer falschen Lagerung der Ketten bestehen; diese Störungen bedingen die starke Linienbreite des bei tiefen Tempp. auskrist. Se, u. 2. die reversiblen Gitterdeformationen, die durch therm. Spannungszustände hervorgerufen werden. Diese sind wesentlich verantwortlich für die Linienbreite gut formierter Proben. (Fortschr. Mineralog. **26.** 74—78. 1947, ausg. 1950. Bonn.) GOTTFRIED. 195

**Heinz Jagodzinski,** *Zur Frage der kristallchemischen Bedeutung der verschiedenen Carborundstrukturen.* Alle bisher bekannten Strukturtypen des SiC haben eine ausgesprochen homöopolare Bindung. Wenn man daher gemäß der von BORN entworfenen Theorie der Kristallgitterenergie diese in die Anteile der nächsten, übernächsten usw. Nachbarn aufspaltet, kommt man zu der Feststellung, daß bei diesen Typen die Beiträge sehr weit entfernter Nachbarn entscheidend sein müssen, während die der näherliegenden durch die verschied. Typen kaum geändert werden. Eigene Röntgenunterss. des Vf. lieferten neben den bisher bekannten Typen eine Fülle völlig anderer Typen, bei denen sich jedoch eine Bevorzugung symm. Anordnungen erkennen ließ. Vf. glaubt, daß die Vielzahl dieser bekannten SiC-Typen mehr einem Zufall als einem kristallchem. Bauprinzip zuzuordnen ist. (Fortschr. Mineralog. **28.** 32—33. 1949, ausg. Dez. 1950. Marburg.) GOTTFRIED. 195

**Erwin Hellner,** *Die Struktur des CaSi.* 1. Mitt. Inhaltlich ident. mit der C. **1952.** 3617 referierten Arbeit. (Fortschr. Mineralog. **28.** 28—29. 1949, ausg. Dez. 1950. Marburg.) GOTTFRIED. 195

**William N. Lipscomb,** *Die Struktur des Quecksilberamidochlorids, $HgNH_2Cl$.* Es wurden Pulveraufnahmen gemacht u., da sich das Gitter nicht kub., tetragonal oder hexagonal indizieren ließ, eine radiale Verteilungsfunktion angewandt. Aus dem einzigen aufgelösten Maximum wurde auf Hg–N–Hg-Konfiguration geschlossen. Es liegen unendliche parallele Ketten dieser Art vor, die sich einer rhomb. Zelle mit den Gittertranslationen a = 5,167 Å, b = 4,357 Å u. c = 6,690 Å zuordnen lassen. Aus der beobachteten D. 5,70 folgt für Z = 2 die theoret. D. 5,56. Die Hg-Atome liegen in 0, 0, 0 u. 0, 0, $^1/_2$ mit Abständen Hg–Hg = 3,345 Å u. Hg–N = 2,05 Å mit Tetraederbindungen um N. Die Hg–N–Hg-Ketten liegen in der a·c-Fläche mit darüberbefindlichen Cl-Zickzackketten mit den Parametern 0,32, $^1/_2$, $^3/_4$ u. 0,68, $^1/_2$, $^1/_4$. Die Raumgruppe ist $C_v^1$–P 2 m m. Die gefundenen Atomabstände u. Winkel ordnen sich gut in die Reihe ähnlicher Hg–N–Cl-Verbb. ein, deren Struktur untereinander verglichen wird. (Acta crystallogr. [London] **4.** 266—68. Mai 1951. Minneapolis, Minn., Univ. of Minnesota, School of Chem.) KRÖNERT. 195

**N. C. Baenziger,** *Die Kristallstruktur von $NaAlCl_4$.* Einkristalle von $NaAlCl_4$ wurden durch Zusammenschmelzen äquimol. Mengen NaCl u. frisch sublimiertem $AlCl_3$ unter völligem Ausschluß von Feuchtigkeit erhalten. Die Elementarzelle des primitiven rhomb. Gitters wurde durch WEISSENBERG-Aufnahmen um die drei kristallograph. Achsen zu a = 10,36 Å, b = 9,92 Å u. c = 6,21 Å bestimmt. Aus der beobachteten D. 2,013 errechnet sich für Z = 4 die D. 2,00. Die Raumgruppe ist $P\,2_1\,2_1\,2_1$. Die Koordinaten der Atome wurden nach dem Trial-and-error-Verf. unter Zuhilfenahme von FOURIER-Projektionen auf (1 0 0), (0 1 0) u. (0 0 1) bestimmt. Die Struktur baut sich aus $Na^+$ u. $AlCl_4^-$-Ionen auf. Die 4 $AlCl_4^-$-Tetraeder liegen so in der Zelle, daß von jedem eine Fläche annähernd parallel zu (0 0 1) ist. Die Cl-Atome liegen angenähert in 2 Schichten senkrecht zur c-Achse mit einem Abstand Cl–Cl von 3,80—3,87 Å. Der mittlere Abstand der Cl-Atome im Tetraeder beträgt nur 3,48 Å u. ist kleiner als der Ionenabstand. Ebenfalls ist der Abstand Al–Cl im Tetraeder kleiner (2,25 Å) als der theoret. Wert (2,13 Å). Die Na-Atome sind auf die Lücken zwischen den Tetraedern verteilt. Jedes Na-Atom ist von 7 Cl-Atomen umgeben mit Abständen von 2,79—3,29 Å u. einer Bindung Na–Cl mit 3,72 Å. (Acta crystallogr. [London] **4.** 216—19. Mai 1951. Pittsburgh, Pa., Mellon Inst., Dep. of Res. in Chem. Phys.) KRÖNERT. 195

**N. C. Stephenson** und **D. P. Mellor,** *Die Kristallstruktur von Indiummonobromid.* $InBr_3$, mit einem In-Überschuß bei 200° behandelt, gibt eine orangerote polykristalline M. von InBr. Aus den Schichtlinienabständen von Drehkristallaufnahmen nach den 3 Achsen ergibt sich die Elementarzelle mit a = 4,46 ± 0,005 Å; b = 12,39 ± 0,02 Å; c = 4,73 ± 0,01 Å. Aus der D. 4,96 errechnet sich Z = 4. Aus den systemat. Auslöschungen u. dem negativen pyroelektr. Verh. ergibt sich die Raumgruppe $D_{2h}^{17}$—C m c m. Die Atomlagen sind 0, y, $^1/_4$; 0, $\bar{y}$, $^3/_4$; $^1/_2$, y + $^1/_2$, $^1/_4$; $^1/_2$, $^1/_2$ — y, $^3/_4$ mit y = 0,386 für In u. y' = 0,160 für Br. Atomabstände: 4 In–Br 3,29 Å; 1 In–Br 2,80 Å; 2 Br–Br 4,61 Å; 2 In–In 3,68 Å. Es handelt sich um eine Schichtenstruktur, isomorph mit der von TlJ. Jedes In-Atom ist von 5 Br-Atomen umgeben, die auf der Ecke einer Pyramide mit rechteckiger Grundfläche liegen. Das In-Atom liegt senkrecht über der Ebene der 4 Br-Atome mit einem Abstand von 0,57 Å. Die In-Atome sind ähnlich um die Br-Atome verteilt. (Austral. J. sci. Res., Ser. A **3.** 581—86. Dez. 1950. Sydney, Univ., Dep. of Chem.) KRÖNERT. 195

**Cesare Brisi** und **Aurelio Burdese,** *Untersuchungen über die Kristallstruktur des Wüstits.* Bei Unters. der Debyeogramme von Wüstit mit verschied. Verhältnis O/Fe mittels eines Spektrometers mit GEIGER-MÜLLER-Zähler wird systemat. Abschwächung einiger Linien bei zunehmendem O/Fe beobachtet. Vff. nehmen das Vorliegen eines flächenzentrierten kub. Gitters vom NaCl-Typ an, in dem durch Fehlen von FeO in statist. Verteilung Lücken bestehen u. in jeder Ebene eine Herabsetzung des proportionalen Diffusionsfaktors bewirken; außerdem können je 2 $Fe_2O_3$ für jedes fehlende Fe-Atom vorhanden sein. Die unter diesen Annahmen bei Ersatz eines Teiles von FeO durch O für O/Fe = 1,058 u. 1,107 berechneten Strukturfaktoren stimmen mit den gefundenen ($a_0$ = 4,303 bzw. 4,281 Å) gut überein. Die Linien (2 0 0), (2 2 0) u. (2 2 2) sind in ihrer Intensität unverändert, die Linien (1 1 1) u. (3 1 1) deutlich geschwächt, (1 1 1) immer schwächer als (2 2 0), die Intensitätsänderungen sind deutlich größer als die Versuchsfehler. (Ann. Chimica **43.** 69—75. Febr. 1953. Torino, Politecn., Ist. di Chim. gen. e appl. e di Metallurgia.) R. K. MÜLLER. 195

**H. M. Rice, R. C. Turner** und **J. E. Brydon,** *Röntgendiagramm von Ammoniumfluoferrat.* Von $(NH_4)_3FeF_6$, das kub. mit $a_0$ = 9,10 Å krist., wurden Pulver- u. Spektrometeraufnahmen gemacht. In einer beigefügten Tabelle werden die Netzebenenabstände, die relativen Intensitäten u. die Indices der Reflexe erfaßt. Beobachtete u. errechnete Netzebenenabstände werden einander gegenübergestellt. (Nature [London] **169.** 749. 3/5. 1952. Ottawa, Can., Dep. of Agric., Sci. Serv., Div. of Chem.) KRÖNERT. 195

**Charles Fulton Tufts,** *Bestimmung der Oberflächengeometrie und -struktur durch Mikroskopie und Beugung.* Die Methoden zur Unters. der Oberflächenbeschaffenheit, speziell von Metallen, werden beschrieben. Es handelt sich hierbei um Unterss. mit dem Lichtmikroskop, dem Elektronenmikroskop sowie mit Hilfe von Elektronenbeugung. (Analytic. Chem. **24.** 1700—04. Nov. 1952. Bayside, N. Y., Sylvania Electric Products, Inc., Metallurg. Labor.) GOTTFRIED. 196

**Shigeto Yamaguchi,** *Eine Bemerkung zu der Arbeit „Elektronenmikroradiographie von elektrolytisch abgeschiedenen Metallen".* WEIL u. READ (vgl. J. appl. Physics **21.** [1950.] 1068) untersuchten elektrolyt. abgeschiedene dünne Ni-Überzüge auf Cu u. Zn mit dem Elektronenmikroskop. Durch Elektronenbeugungsunterss. weiß man, daß Metalle, die man elektrolyt. auf Metalleinkristallen abscheidet, kristallograph. orientiert sind, entsprechend den Bezugsflächen des Einkristalls. Vf. hält es deshalb für möglich, daß die elektrolyt. abgeschiedenen Metallfilme Abbilder der Cu- u. Zn-Oberflächen darstellen u. schlägt vor, sie mit vorher hergestellten Kollodiumüberzügen zu vergleichen. (J. appl. Physics **23.** 288—89. Febr. 1952. Bunkyo-ku, Tokyo, Sci. Res. Inst.) KRÖNERT. 196

**Ss. W. Awakjan, Je. N. Kissljakowa** und **N. F. Laschko,** *Über die Natur der eutektischen Legierungen.* 4. Mitt. *Monokristallinität der Phasen in binären Eutektika.* (3. vgl. C. **1950.** I. 686.) Vff. untersuchen erstarrende eutekt. *Ni–Al-*, *Bi–Sn-* u. *Sn–Cd*-Proben an der Oberfläche ihrer Schmelzen. Beim Eintritt der eigentlichen eutekt. Kristallisation spaltet sich die schneller aus einem stabilen eutekt. Keim wachsende „führende" Phase in ein Gebilde mit verschied. kristallograph. Gitterorientierung im eutekt. Korn auf. Die Möglichkeit, daß unter besonderen kristallograph. Bedingungen die führende Phase monokristallin ist, ist nicht ausgeschlossen. Die langsamer wachsende „geführte" Phase ist bei der eutekt. Kristallisation im eutekt. Korn monokristallin. (Журнал Физической Химии [J. physik. Chem.] **24.** 1057—60. Sept. 1950. Moskau, Allunions Inst. für Flugzeugmaterialien.) AMBERGER. 197

**F. Hund,** *Darstellung pulverförmiger Nickel–Eisen-Legierungen bei tiefer Temperatur und ihre Untersuchung auf wärmeschwingungsartige Gitterstörungen.* Pulverförmige Fe–Ni-Legierungen wurden durch Zers. von Mischkristallen aus $FeC_2O_4$ u. $NiC_2O_4$ bei 350° im $N_2$-Strom u. darauffolgende Red. bei 350 oder 500° im $H_2$-Strom erhalten. Die so gewonnenen Präpp. wurden noch 2 Std. im $H_2$-Strom bei 500° getempert. Die Analysen ergaben einen Geh. an Fe + Ni, der nie unter 99,1% lag, das Defizit wird durch einen H-Geh. der Präpp. erklärt. Röntgenograph. Unterss. zeigen, daß bereits bei einem Ni-Geh. von 10 At.-% neben der $\alpha$-Phase des Fe die $\gamma$-Phase des Ni vorliegt. Dieses Zweiphasengebiet reicht bis zu ca. 48 At.-% Ni, von da an wird nur noch die $\gamma$-Phase beobachtet. Die Gitterkonstante der $\gamma$-Phase nimmt von 3,519 Å für reines Ni bis zu 3,582 Å für eine Legierung mit 52 At.-% Fe linear zu, im Zweiphasengebiet bleibt sie dann annähernd konstant. Die Gitterkonstante des reinen $\alpha$-Fe beträgt $2{,}860_3$, die einer Legierung mit 10 At.-% Ni $2{,}863_1$ Å, um dann im Zweiphasengebiet konstant zu bleiben. Die Grenzkonz. des $\alpha$-Mischkristalls soll bereits bei 5 At.-% Ni liegen. Die Gitterkonstanten der 20 At.-% Ni enthaltenden Legierungen zeigen sowohl in der $\alpha$- als auch in der $\gamma$-Phase unerklärbare Abweichungen vom regelmäßigen Verlauf nach zu kleinen Werten. Sämtliche genannten Gitterkonstanten beziehen sich auf eine Reduktionstemp. von 350°, bei 500° liegen sie im allg. niedriger, was auf einen geringeren H-Geh. der Präpp.

zurückgeführt wird. Es werden Temperaturstörungen aus dem nach der Mischungsregel erhaltenen mittleren At.-Gew. u. der ebenso erhaltenen charakterist. Temp. berechnet u. röntgenograph. nach dem Absolutverf. von HUND u. FRICKE (vgl. C. **1951.** II. 2157) ermittelt. Die gefundene Störung zeigt bei einem Präp. mit 68,6 At.-% Ni ein ausgeprägtes Minimum, das von der Berechnung nicht geliefert wird. Als Erklärung wird eine beginnende Ordnung der bisher statist. verteilten Fe- u. Ni-Atome in der $\gamma$-Mischphase angenommen, zumal das Minimum in der Nähe der durch physikal. Effekte nachgewiesenen Ordnungsphase $Ni_3Fe$ liegt. Röntgenograph. läßt sich diese Phase nicht nachweisen. (Z. Elektrochem., Ber. Bunsenges. physik. Chem. **56.** 609—12. 1952. Stuttgart, TH, Labor. für anorgan. Chemie.) H. W. LEVI. 197

**W. I. Archarow, Ss. G. Ignatjewa** und **Ju. D. Kosmanow,** *Über die thermische Ermüdung von Aluminiumeinkristallen.* An Drahtproben von 1,9; 1,3 u. 0,8 mm Durchmesser, die aus Al-Einkristallen hergestellt waren, werden die Strukturveränderungen durch die vielfach wiederholte Wärmebehandlung, Ablöschen von 600° in W., röntgenograph. verfolgt. Es wird festgestellt, daß die Verwaschungen der LAUE-Flecken um so eher auftreten, je größer der Durchmesser der Probe ist (bei 1,9 mm Durchmesser nach 50, bei 1,3 mm nach 100, bei 0,8 mm nach 500 Behandlungen). Die hierdurch gek. „therm. Ermüdung“ des Metalls beginnt an der Probenoberfläche u. nimmt nach innen mit zunehmender Zahl der Behandlungen zu. Eine Erklärung für die strukturellen Veränderungen wird in plast. Verformungen durch Temperaturspannungen innerhalb des Kristalls, die sich mit zunehmender Zahl der Behandlungscyclen aufspeichern, gesehen. Die Art u. Verteilung der Verformungen wird mit der mosaikartigen Struktur der Einkristalle in Zusammenhang gebracht. (Доклады Академии Наук СССР [Ber. Akad. Wiss. UdSSR] [N. S.] **88.** 439—40. 21/1. 1953. Uraler Gorki-Univ.) EHMCKE. 200

**A. W. Crook** und **W. Hirst,** *Adhäsion von Indium unter statischer und dynamischer Belastung.* Es wurde das mechan. Verh. von Metallen während eines Stoßes durch piezoelektr. Messung der Stoßkraft in Abhängigkeit von der Zeit untersucht. Bei den Verss. mit In fiel ein frei aufgehängter Hammer von 450 g Gewicht, der einen In-Zylinder (Durchmesser 0,6 cm) trug, auf einen ähnlichen Zylinder mit dem piezoelektr. Kristall. Die Geschwindigkeit der Annäherung der Zylinder betrug 80 $cm \cdot Sek.^{-1}$; die Achsen der beiden Zylinder lagen senkrecht zueinander, so daß das Kontaktgebiet kreisförmig war. Die Stoßkraft stieg zunächst steil an, wurde nach Abfall negativ u. erreichte hierauf den Wert Null. Die maximal erreichte Kraft betrug $11 \cdot 10^6$ Dyn, die Adhäsion betrug $1,3 \cdot 10^6$ Dyn u. der erzeugte Einbeulungsbereich war $8,2 \cdot 10^{-2}$ $cm^2$. In einem stat. Vers. wurde ein Gewicht von $3,3 \cdot 10^6$ Dyn benutzt; der getroffene Zylinder widerstand hierauf einem Druck von $3,6 \cdot 10^6$ Dyn u. die eingebeulte Fläche betrug $7,0 \cdot 10^{-2}$ $cm^2$. Die beiden Oberflächen wurden hierauf mkr. u. mit einem Profilometer untersucht. Die Oberflächen der stat. belasteten Zylinder erschienen zerrissen u. zeigten, daß metall. Bindungen gebrochen waren; nach Stoß waren die Oberflächen noch glatt. Aus den Verss. ergab sich allg., daß für gleiche Kontaktgebiete die eingebeulte Fläche unter dynam. Bedingungen kleiner ist als unter stat. Bedingungen. (Research **3.** 432—33. Sept. 1950. Aldermaston, Berkshire, Assoc. Electr. Industr. Ltd., Res. Labor.) GOTTFRIED. 200

**J. R. Whitehead,** *Oberflächendeformation und Reibung von Metallen bei leichten Belastungen.* Untersucht wurde die Reibung von *Cu* auf Cu, von *Stahl* auf Cu, *Ag* auf Ag, *Al* auf Al u. Stahl auf Al. Die Unters. der Oberflächen erfolgte licht- u. elektronenmkr., die Belastungen lagen zwischen 0,010 u. 100 g u. teilweise höher. Gemessen wurde die Reibung zwischen einem halbkugelförmigen oberen Gleiter u. einer unteren ebenen Oberfläche. Bei Cu–Cu (elektrolyt. polierte Cu-Oberfläche) folgt der Reibungskoeff. bei Belastungen von 4 kg bis 40 g dem AMONTONschen Gesetz (Proportionalität zwischen Reibung u. Belastung). Zwischen 40 u. 1 g fällt die Reibung auf etwa ein Viertel des Wertes bei höheren Belastungen. Es wird dies auf eine dünne Oxydschicht auf dem Cu zurückgeführt. Wurde die Cu-Schicht durch Erhitzen auf eine Dicke von 400—600 Å oxydiert, dann verlief die Reibung entsprechend, nur daß der anfängliche Reibungskoeff. etwas tiefer lag als bei reinem Cu. Bei Stahl–Cu ist der Verlauf wie bei Cu–Cu; der Anfangskoeff. betrug 1,1 gegenüber 1,8 bei Cu–Cu. Aufrauhen der Cu-Oberfläche hatte keinen Einfl. auf den Reibungsprozeß. Bei den übrigen Systemen gehorcht die Reibung streng dem Gesetz von AMONTON. — Einige Verss. wurden über die Reibung von *Diamant* auf Diamant sowie von synthet. *Sapphir* auf synthet. Sapphir bei kleinen Belastungen angestellt. In beiden Fällen war das Gesetz von AMONTON erfüllt. Der Reibungskoeff. für Diamant bei Belastungen zwischen 100 u. 0,1 g beträgt ca. 0,12, der von Sapphir 0,3. — Zum Schluß wurden noch einige Verss. mit elektrolyt. polierten Cu-Flächen angestellt, die mit einer Einfachschicht von Laurinsäure oder Oktakosansäure bedeckt waren. In diesem Fall nimmt der Reibungskoeff. mit abnehmender Belastung zu. (Proc. Roy. Soc. [London], Ser. A **201.** 109—24. 7/3. 1950. Cambridge, Univ., Dep. of Phys. Chem., Res. Labor. on the Phys. and Chem. of Rubbing Solids.) GOTTFRIED. 200

**F. P. Bowden,** *Reibungseigenschaften von porösem Metall, das mit Kunststoffen imprägniert ist.* Poröses *Cu,* das mit Teflon (Polytetrafluoräthylen) imprägniert ist, ergibt bei 250° einen sehr niedrigen Reibungskoeff. $\mu = 0,05$. Bei 330° beginnt die Zers. von Teflon, u. der Reibungskoeff. steigt auf $\mu = 0,12$, bei der Abkühlung wird aber wieder $\mu = 0,05$ erreicht. Die Oberfläche von derart imprägniertem Cu zeigt keinerlei Verschleiß. (Research **3.** 147—48. März 1950. Cambridge, Univ., Dep. of Phys. Chem., Labor. for the Phys. and Chem. of Rubbing Solids.) KLEFFNER. 200

**W. Kleber,** *Über eine neue Methode zur Elastizitätsmessung an Kristallen.* Es wird zuerst das von LE ROLLAND u. SORIN (Publ. sci. techn. Ministère Air [1934]) entwickelte Verf. zur Ermittlung der Elastizitätsmoduln von isotropen Prüfstäben beschrieben. Hierauf wird die von LIEBOLD (Wiss. Veröff. Siemens-Werke **21.** [1943.] 224) gebrachte Abänderung des obigen Verf. zur Torsionsmessung auseinandergesetzt. (Fortschr. Mineralog. **26.** 73—74. 1947, ausg. 1950. Bonn.) GOTTFRIED. 200

**Armand de Gramont,** *Über die Änderung des Elastizitätsmoduls einer Quarzplatte in Abhängigkeit von ihrer Dicke.* Da auf Grund theoret. Betrachtungen eine Änderung des Elastizitätsmoduls krist. Plättchen in Abhängigkeit ihrer Dicke zu erwarten ist, wurde der Modul von Quarzplättchen verschied. Dicke bestimmt, u. zwar durch Messung der Durchbiegung belasteter Plättchen. Nach Unters. von Plättchen mit parallelen Flächen schien sich der Modul mit der Dicke zu vermindern. Da die Ergebnisse nicht eindeutig waren, was auf das Vorhandensein einer amorphen Schicht auf den Flächen zurückgeführt wurde, wurden die Flächen mit Ammoniumdifluorid behandelt. Eine Unters. der so behandelten Plättchen, die in ihrer Dicke zwischen 98 u. 50 $\mu$ schwankten, wurde dagegen eine kontinuierliche Zunahme des Elastizitätsmoduls festgestellt. Der Modul stieg von $3,91 \cdot 10^8$ für eine Dicke von 98 $\mu$ auf $7,35 \cdot 10^8$ für eine Dicke von 50 $\mu$. (C. R. hebd. Séances Acad. Sci. **231.** 1186—88. 27/11. 1950.) GOTTFRIED. 200

## $A_7$. Gleichgewichte. Kinetik.

**Z. Klemensiewicz,** *Zu den nichtorthodoxen Fassungen des Le Chatelier-Braunschen Prinzips.* Die Widersprüche, die zwischen der Wirklichkeit u. den Folgerungen aus dem LE CHATELIER-BRAUNschen Prinzip in den Fassungen von EHRENFEST, PLANCK u. a. bestehen, rühren nach Ansicht des Vf. daher, daß diese Autoren die Systeme nicht streng genug nach dem Gesichtspunkt unterschieden, wie die Änderungen der Zustandsgrößen voneinander abhängen. Wendet man die ursprüngliche Fassung des Prinzips an, so gerät man bei stabilen Systemen in keinerlei Widersprüche. (Physica **16.** 795—804. Okt. 1950.) KIRSCHSTEIN. 221

**Erik Högfeldt,** *Einfluß von Verbindungsbildung auf die Kurven der Aktivitätskoeffizienten in binären Gemischen.* Vf. knüpft an die Theorie DOLEZALEKs (Z. physik. Chem. **64.** [1908.] 727) an, daß die Abweichungen vom RAOULTschen Gesetz in fl. Mischungen, z. B. dem aus A u. B zusammengesetzten bin. Syst., durch Bldg. von Übermoll. $A_2$ (Assoziation) bzw. Mol.-Verbb. (= Mv.) AB erklärt werden können. Nachdem HILDEBRAND u. EASTMAN (J. Amer. chem. Soc. **37.** [1915.] 2452) die Theorie auf den Fall $AB_2$ ausdehnen konnten, gelingt Vf. die Verallgemeinerung für $A_uB_v$ auf der Grundlage des Massenwirkungsgesetzes u. der strengen Gültigkeit des RAOULTschen Gesetzes, d. h. der Annahme, daß die scheinbaren Aktivitäten $a_i$ mit den wahren Molenbrüchen $x_i$ u. die Aktivitätskoeffizienten $g_i$ mit den Quotienten $x_i/X_i$ aus wahren u. scheinbaren Molenbrüchen übereinstimmen. Für den Fall $g_1 = g_2$ ergibt die Rechnung $X_2 = v/(u + v)$, wobei i = 1 zu A, i = 2 zu B u. i = 3 zu der gebildeten Mv. gehört. Trägt man also die $g_i$ gegen $X_2 = (x_1 + v x_3)/(x_1 + x_2 + [u + v]\, x_3)$ auf, so erlaubt der $X_2$-Wert des Schnittpunktes von $g_1$- u. $g_2$-Kurve, das Verhältnis $v/(u + v)$ u. damit die Zus. der Mv. $A_uB_v$ zu bestimmen. Die von KIELLAND (J. Soc. chem. Ind. **54.** [1935.] 232 T) auf Grund von Abweichungen von der DUHEM-MARGULESschen Gleichung vorgeschlagene Anwendung auf Ionengleichgewichte der Art $u B^{v+} + v AR_u \rightleftharpoons v A^{u+} + u BR_v$ zeigt, daß die durch Auftragung von $K_{12} \cdot (g_1^v/g_2^u)$ gegen $x_i$ gewonnenen Kurven ($K_{12}$ = Gleichgewichtskonstante) dann, wenn nur die symm. Mv. $AR_u \cdot BR_v$ gebildet wird, stetig fallen, während sie für die unsymm. Mv. $(AR_u)_n BR_v$ bzw. $AR_u(BR_v)_n$ Minima bzw. Maxima besitzen. Die Richtigkeit dieser Überlegungen weist Vf. an Messungen von MARINSKY (Diss. Report to the Off. of Naval Res. Nr. 026-001 [1949.]) nach, bei denen $g_1 = g_2$ für $X_2 = 0,17$ eintritt, woraus u = 5 u. v = 1 u. damit die Bldg. der Mv. $(HR)_5 \cdot BaR_2$ folgt, auf deren Vorliegen MARINSKY schon rein empir.

geschlossen hatte. (Acta chem. scand. 5. 1400—02. 1951. Stockholm, Royal Inst. of Technol., Dep. of Inorg. Chem.; Univ., Inst. of Inorgan. and Phys. Chem.)

R. WOLFF. 221

**David Garvin** und **G. B. Kistiakowsky,** *Die Kinetik der Bildung von koordinativen Bindungen.* Es wird die Kinetik der Komplexbldg. zwischen $BF_3$ (**I**) u. *Methylamin, Dimethylamin* bzw. *Trimethylamin* nach einer neuen Meth. (Best. des Temperaturgradienten in einem Strömungssyst.) gemessen; Theorie der Messung u. Auswertung sowie die App. sind genau beschrieben. Für die Geschwindigkeitskonstanten k [$cm^3$/Mol·Sek.] ergeben sich die Werte für die Bldg. von $BF_3 \cdot NH_2CH_3$ zu $10^{13}/k = 12{,}6 + 1{,}16/P$, für $BF_3 \cdot NH(CH_3)_2$ zu $10^{13}/k = 0{,}31 + 0{,}444/P$ u. für $BF_3 \cdot N(CH_3)_3$ zu $10^{13}/k = 2{,}68 + 0{,}041/P$ [P = Gesamtdruck in mm Hg]. Die Komplexbldg. verläuft mit einer zu vernachlässigenden Aktivierungsenergie; die Rk. ist druckabhängig u. läßt die Diskussion eines Reaktionsmechanismus mit ziemlich langlebigen angeregten Zwischenprodd. yz* nach $y + z \rightleftharpoons yz^*$ u. $yz^* + m \rightarrow yz + m^*$ zu. (J. chem. Physics **20.** 105—13. Jan. 1952. Cambridge, Mass., Harvard Univ., Gibbs Chem. Labor.)

ZIMMER. 223

**F. P. Dwyer** und **E. C. Gyarfas,** *Darstellung der optischaktiven Formen des Tris-2.2'-dipyridyleisen(III)- und des Tris-1.10-phenanthrolinosmium(III)-perchlorats.* Durch Oxydation von d- u. l-Tris-dipyridyleisen(II)-perchlorat (**I**) mit $(NH_4)_2Ce(NO_3)_6$ in $HNO_3$ u. von Tris-1.10-phenanthrolinosmium(II)-salz (**II**) mit $Cl_2$ zu den entsprechenden Fe(III)- bzw. Os(III)-Verbb. [(**Ia**) bzw. (**IIa**)] erhielten Vff. erstmalig die enantiotropen Formen von Fe(III)-Kationenkomplexen sowie die d- u. l-**IIa**-Perchlorate. Für **Ia** ist $[\alpha]^{15}_{5461}$ ±260°, für **IIa** $[\alpha]^{20}_{5461}$ ±400°, für $Na_D$ konnte hier keine Drehung beobachtet werden. In Lsg. beträgt die Halbwertszeit von **Ia** nur wenige Min., während die feste Form über Wochen akt. bleibt. Die **IIa**-Perchlorate sind in Lsg. bei Zimmertemp. stabil. — dl-**IIa**-Perchlorat u. -Chlorid wurden krist. erhalten; in festem Zustand variiert ihre Farbe von Rot nach Blaugrün, verd. Lsgg. erscheinen blau, während konz. Lsgg. rot sind. — Die den **IIa** entsprechenden opt.-akt. Fe-Verbb. konnten nicht isoliert werden.

V e r s u c h e: *d-Tris-2.2'-dipyridyleisen(III)-perchlorattrihydrat* (d-**Ia**), blauer Nd., aus 0,5 g d-**I** mit 0,4 g trockenem $(NH_4)_2Ce(NO_3)_6$ unter Eiskühlung, Vermengen, schnelle Zugabe von 12 $cm^3$ 0,5n$HNO_3$, 10—15 Sek. Rühren u. Fällen des leuchtendblauen Filtrats mit 2 $cm^3$ 20%ig. $NaClO_4$-Lsg. (Gesamtdauer der Darst. soll 1 Min. nicht überschreiten); ebenso *l*-**Ia**. — *dl-Tris-1.10-phenanthrolinosmium(III)-chloridmonohydrat* (**IIa**-*Chlorid*), aus dl-**II**-Chlorid in Methanol bei 0° mit $Cl_2$, bis die dunkelbraune Lsg. blaurot geworden ist, u. Abfiltrieren; mikrokrist. dunkelrote Nadeln; in Lsg. erfolgt schnell Reduktion. — *dl-Tris-1.10-phenanthrolinosmium(III)-perchloratmonohydrat* (**IIa**-*Perchlorat*), durch Behandeln einer Suspension von 0,5 g dl-**II**-Perchlorat in W. bei 0° mit $Cl_2$ bis zur Bldg. einer tiefrotbraunen Lsg. u. Versetzen bei 20° mit 10%ig. $NaClO_4$-Lsg.; tiefrote monokline Prismen mit blaugrauen Reflexen; ebenso *d*- u. *l*-**IIa**-*Perchlorat.* Die akt. Formen sind löslicher als das Racemat. (J. Amer. chem. Soc. **74.** 4699—4700. 20/9. 1952. Sydney, Australien, Univ., School of Chem.) PLUST. 223

**Arthur W. Adamson** und **Jean M. Grunland,** *Das Verbleiben von $^{80}Br$ in komplexen Bromiden nach isomerem Übergang.* Das 18'-Isotop $^{80}Br$ geht aus dem 4,4 Std.-$^{80}Br$ hervor. Aus mit $^{80}Br$ markierten Komplexlsgg. $[Co(NH_3)_5Br]^{2+}$ bzw. $[PtBr_6]^{2-}$ wurde der Komplex als $[Co(NH_3)_5Br](NO_3)_2$ bzw. $(NH_4)_2PtBr_6$ gefällt u. der Einschluß des 18'-Br bestimmt. Im anion. Pt-Komplex wurde sehr viel, im kation. Co-Komplex wenig Br zurückgehalten. Jeder Br-Zerfall spaltete auch das $[Co(NH_3)_5Br]^{2+}$ auf. Rückbldg. bzw. Wiedereintritt des Br in ein anderes Mol. erscheint unwahrscheinlich. Vff. vermuten auf Grund dieser Ergebnisse, daß die Beständigkeit des Komplexes nach dem isomeren Übergang von der Ladung des Ions abhängig ist. (J. Amer. chem. Soc. **73.** 5508. Nov. 1951. Los Angeles, Calif., Univ. of Southern California, Dep. of Chem.)

WOELK. 223

**V. Stubičan** und **B. Težak,** *Grenzen des Fällungsprozesses.* 3. Mitt. *Die „komplexe" Löslichkeit des Silberrhodanids in wässerigen Lösungen von Kaliumrhodanid und Silbernitrat.* Es wurde die Löslichkeit des AgCNS in wss. KCNS- u. $AgNO_3$-Lsgg. nach dem tyndallometr. Verf. bestimmt, u. zwar mit einem PULFRICH-Photometer sowie ZEISS-Nephelometer bei 20±0,1° mit Grünlichtfilter (530 m$\mu$). Die Messungen erfolgten in 8 verschied. zeitlichen Abständen nach dem Zusammengießen der Lsgg. (30 Sek., 1, 2, 4, 5, 10, 20, 60 Min.) u. wurden als „relative Trübung"/log der Zeit oder Konz. dargestellt. Sie umfaßten die AgCNS-Konzz. 0,1 bis $7 \cdot 10^{-6}$ Mol/Liter für die 1—0,01 mol. KCNS- sowie $7 \cdot 10^{-4}$ bis $5{,}0 \cdot 10^{-5}$ Mol/Liter für die 1,02—0,301 mol. $AgNO_3$-Lösungen. Die Best. der relativen Trübung, ihre Extrapolation auf den Nullwert sowie die Analyse des chem. Gleichgewichtes ergab, daß nur eine „komplexe" Löslichkeit die Meßergebnisse befriedigend deuten kann, d. h. die $Ag^+/CNS^-$-Ionen erscheinen nicht im Verhältnis 1:1. Die Löslichkeit des AgCNS in KCNS übertrifft jene in $AgNO_3$ erheblich, sowie jene der Ag-Halogenide in wss. K-Halogenidlsgg., deren Reihe, wie folgt, ansteigt: AgCl/KCl < AgBr/KBr < AgJ/KJ < AgCNS/KCNS. (Arhiv Kemiju [Arch. Chim.] **22.** 75—84. 1950. Zagreb, Kroatien, Prirodoslovno-mat. Fakultet, Labor. za fiz. Kem.) v. WILPERT. 224

**A. Dobry-Duclaux,** *Über Lyotropie.* Bei der Überprüfung der lyotropen Reihen von HOFMEISTER wurde an Hand zahlreicher Verss. festgestellt, daß das lyotrope Verh. sowohl vom Salz als auch von der Substanz bestimmt wird u. sich additiv aus empir. Zahlen berechnen läßt (lyotroper Index). Zur Charakterisierung des lyotropen Verh. führt Vf. die Meth. der Dampfdruckänderung ein: Wird zu einer Mischung von W. u. einem organ. flüchtigen Lösungsm. ein Mineralsalz zugesetzt, so ändert sich der Dampfdruck des Gemisches. Ionen, die lösend wirken (diese stehen links in den lyotropen Reihen), erniedrigen u. die Ionen, die organ. Stoffe ausfällen, erhöhen den Dampfdruck. Eine theoret. Erklärung dieses Verh. kann nicht gegeben werden. Vf. erwartet eine theoret. Deutung des Problems von der Unters. der Elektronenkonfiguration der Salze. (Chemiker-Ztg. **76.** 805—09. 5/12. 1952. Paris.) G. HEINRICH. 224

**Juan Carlos Müller,** *Inhibitoren für die Auflösung des Aluminiums in Natriumhydroxydlösungen.* Nach Übersicht über bekannte Inhibitoren wird die Wrkg. von *Mannit* (I), *Fleischpepton* (II) u. *Traganthgummi* (III) auf die Auflösbarkeit von 99,5%ig. Al durch NaOH-Laugen geprüft. Der Gewichtsverlust von Platten gleicher Oberfläche während 1 Std. wurde festgestellt. 0,3%ig. II-Lsg. verringert den Angriff von 0,3 n NaOH bei 23° um 70%. Niedrig-%ig. I-Lsgg. erhöhen sogar die Auflösungsgeschwindigkeit des Al bei 23°; mit steigender I-Konz. wird sie geringer, so daß 10%ig. I-Lsg. den Angriff von 0,3nNaOH um 60%, 17%ig. I-Lsg. um 80% verringert. 0,43%ig. III-Lsg. bietet gegenüber 0,3nNaOH zwischen 23 u. 40° (einen Schutz von) 82—87%; 0,37%ig. III-Lsg. gegenüber nNaOH bei 23 u. 30° 80%, bei 40° 50%. (Rev. Fac. Quím. ind. agríc., Santa Fé, Argentina **19.** 92—96. 1950.) METZENER. 224

**A. Rosen** und **Ss. Karpatschewa,** *Über die Rolle der Diffusion im Gitter von Oxyden bei Reaktionen mit Oxydations–Reduktions-Mechanismus und Sauerstoffaustausch.* (Vgl. C. **1951.** I. 3158.) Der O-Austausch zwischen Wasserdampf u. Oxyden ($Fe_2O_3$, $Cr_2O_3$–$Al_2O_3$, $Cr_2O_3$), die $^{18}O$ enthalten, wird durch Zusatz von $H_2$ stark beschleunigt, geht aber zurück, wenn die Oberflächenschicht an O erschöpft ist u. die Nachlieferung des O nur durch Diffusion im Gitter erfolgt. Wenn dem Oxyd Gelegenheit zur „Erholung" gegeben wird, indem in Abständen von 10 Min. je 10 $cm^3$ Wasserdampf portionsweise zugeführt werden, zeigt sich bei jeder neuen Zugabe ein Anstieg des O-Austausches, wodurch die den Austausch einschränkende Rolle der Diffusion im Gitter bewiesen erscheint. (Доклады Академии Наук СССР [Ber. Akad. Wiss. UdSSR] [N. S.] **88.** 507—10. 21/1. 1953.) R. K. MÜLLER. 225

**A. van Itterbeek, L. de Greve** und **M. François,** *Messungen über die Oxydation dünner Metallfilme (Ni, Fe und Pb).* Der Oxydationsvorgang wird durch Messung der elektr. Widerstandsänderung an Schichten von 30—400 mμ Dicke bei 75, 20, —23° u. der Temp. der fl. Luft untersucht. Die verwendeten Schichten sind aufgespritzt u. zeigen im Elektronenmikroskop stark körnige Struktur. Die Änderung der Leitfähigkeit wird über 2 Std. unter $O_2$ von 5 cm Hg Druck verfolgt. Eine Abhängigkeit des Oxydationsverlaufes von der Gasart (Ne, $H_2$ u. $N_2$), unter der die Schichten aufgespritzt wurden, läßt sich nicht feststellen. Die stärkste Oxydation wurde bei Pb-Schichten beobachtet, die bei Zimmertemp. eine Abnahme der Leitfähigkeit um ca. 80% zeigen. Bei Fe-Filmen beträgt die Änderung ca. 50% u. bei Ni-Filmen nur ca. 15%. Die Leitfähigkeitsänderung der Pb-Schichten beträgt bei 75° 150% u. bei —23° ca. 40%. Bei der Temp. der fl. Luft, bei der keine VAN DER WAALSsche Adsorption mehr stattfindet, wird auch keine Oxydation beobachtet. Bei Fe u. Ni ist die Temperaturabhängigkeit nicht so stark ausgeprägt. Die Form der Oxydationskurven wird erörtert, beim Fe u. Ni zeigen sie eine gewisse Ähnlichkeit mit der LANGMUIRschen Adsorptionsisotherme. Die Dicke der Oxydschicht kann bei Pb 25 mμ, bei Fe 7 mμ u. bei Ni 3 mμ erreichen. (Meded. Kon. vlaamse Acad. Wetensch., Letteren schone Kunsten België, Kl. Wetensch. **12.** Nr. 16. 1—17. 1950.) R. LEVI. 225

**O. M. Todess** und **T. I. Andrianowa,** *Oxydation von Äthylen und Äthylenoxyd an verschiedenen Katalysatoren.* Die Oxydation von $C_2H_4$ u. $C_2H_4O$ mit Luft führt bei oxyd. *Mg–Cr-* u. *Cu–Cr*-Katalysatoren (auf Asbest) zur Bldg. von $CO_2$ u. W., wobei der Umsetzungsgrad mit steigender Anfangskonz. abnimmt. Mit steigender Temp. nimmt die Oxydationsgeschwindigkeit zu. An *Ag*-Katalysatoren wird im Gegensatz zu den oxyd. Katalysatoren $C_2H_4$ rascher oxydiert als $C_2H_4O$. Daher bleibt nach Verbrauch des

$C_2H_4$ noch eine erhebliche Menge von nichtoxydiertem $C_2H_4O$ erhalten, das vermutlich in jedem Falle als Zwischenprod. der Oxydation des $C_2H_4$ entsteht. Die Spezifität des Ag-Katalysators ist also rein kinet. zu erklären. (Доклады Академии Наук СССР [Ber. Akad. Wiss. UdSSR] [N. S.] **88.** 515—18. 21/1. 1953.) R. K. MÜLLER. 227

# B. Anorganische Chemie.

**T. E. Brehmer,** *Über Isotopenanreicherung beim Löwenstein-Riedel-Verfahren und Austauschreaktionen.* (Vorl. Mitt.) $H_2O_2$-Lsgg. bestimmter Konz. haben keine bestimmte Dichte. Wasser aus dem aus dem Kathodenraum in den Anodenraum gelangenden Elektrolyten hat eine höhere D. als dest. Wasser. Das dest. Restwasser aus mit Pt zers. $H_2O_2$ hat eine höhere D. als reines W.; der freigemachte O, der mit $H_2$ zu W. red. wurde, hat eine anomale Dichte. — Diese Anomalien können nicht anders erklärt werden als durch die Annahme von Austausch-Rkk. $R^{16}O \longleftrightarrow R^{18}O$ bei den Vorgängen des LÖWENSTEIN-RIEDEL-Verfahrens. (Finska Kemistsamfundets Medd. **59.** 44. 1950. Helsingfors, TH, Chem. Labor.) BECKMANN. 241

**Roland Kiessling,** *Die Boride des Mangans.* Vf. untersucht das binäre Syst. Mn–B röntgenograph. u. findet dabei 4 Zwischenphasen — $\delta$, $\varepsilon$, $\zeta$ u. $\eta$ —, die sämtlich metall. Eigg. haben. Die Strukturen dieser Phasen werden bestimmt. Die $\delta$-Phase mit einem B-Geh. von ca. 20 At.-%, also der Formel $Mn_4B$ entsprechend, hat wahrscheinlich einen breiten Homogenitätsbereich. Die orthorhomb. Zelle (Raumgruppe Fddd) hat die Dimensionen a = 14,53, b = 7,293 u. c = 4,209 Å. Aus der gefundenen D. 6,60 ergibt sich Z = 8 $Mn_4B$ u. $D._{röntg.}$ 6,87. Die 32 Mn-Atome nehmen die Lage (0 0 0; 0 ½ ½; ½ 0 ½; ½ ½ 0) + 16 (e): x 0 0; $\bar{x}$ 0 0; $^1/_4$ + x, $^1/_4$, $^1/_4$; $^1/_4$ — x, $^1/_4$, $^1/_4$ u. 16 (f): 0 y 0; 0 $\bar{y}$ 0; $^1/_4$, $^1/_4$ + y, $^1/_4$; $^1/_4$, $^1/_4$ — y, $^1/_4$ mit x = 0,083 u. y = 0,333 ± 0,004 ein. Sie bilden parallele Schichten von Mn-Tetraedern. Die B-Atome liegen ebenfalls in 16 (e) mit x = 0,375, wobei nur ca. 50% dieser Plätze besetzt sind. Die obere Grenze der $\delta$-Phase dürfte danach bei 33$^1/_3$ At.-% B, entsprechend der vollständigen Besetzung dieser Punktlage, liegen. Die B-Atome sind zwischen benachbarten Schichten von Mn-Tetraedern untergebracht. Jedes B ist von 8 Mn in 2,19 Å Abstand umgeben. Die $\varepsilon$-Phase hat die definierte Zus. $Mn_2B$. Sie bildet harte u. spröde, oft plattenförmige Kristalle mit rötlichbraunem Glanz. Sie krist., wie andere Boride, im $CuAl_2$-Typ (C 16) mit einer tetragonalen Zelle mit a = 5,148 u. c = 4,208 Å. $D._{gef.}$ 7,20; $D._{röntg.}$ 7,19 bei Z = 4. Raumgruppe I 4/mcm. Atomlagen: 8 Mn in 8 (h) mit x = 0,163. Die B-Atome liegen in 4 (a) oder 4(c). — Die $\zeta$-Phase tritt bei 50 At.-% B auf u. hat einen schmalen Homogenitätsbereich. Die stabförmigen Kristalle von rötlichbraunem Glanz krist. im FeB-Typ (B 27) mit einer orthorhomb. Zelle mit a = 5,560, b = 2,977 u. c = 4,145 Å. Aus der gemessenen D. von 6,45 folgt für Z = 4 MnB $D._{röntg.}$ 6,37. Raumgruppe Pnma mit 4 Mn in 4(c) mit x = 0,180 u. z = 0,125 u. 4 B ebenfalls in 4(c) mit x = 0,031 u. z = 0,614. Die Struktur besteht aus trigonalen Prismen aus Mn-Atomen mit Ketten aus B-Atomen in den dazwischenliegenden Kanälen. — Die $\eta$-Phase enthält 57 At.-% B u. hat wahrscheinlich die definierte Zus. $Mn_3B_4$. Sie bildet nadel- oder plattenförmige Kristalle mit rötlichbraunem, metall. Glanz. Die orthorhomb. Zelle hat die Dimensionen a = 3,032, b = 12,86 u. c = 2,960 Å. Aus $D._{gef.}$ 5,90 folgt für Z = 2 $Mn_3B_4$. $D._{röntg.}$ 5,99. $Mn_3B_4$ krist. isomorph mit $Ta_3B_4$ in der Raumgruppe Immm mit den Parametern y = 0,186 für Mn in 4 (g), y = 0,371 für B in 4 (g) u. y = 0,443 für B in 4 (h). Die B-Atome bilden Doppelketten in dem Metallgitter mit B—B-Abständen von 1,75 Å in der gleichen Hälfte u. von 1,47 Å zwischen verschied. Hälften der Doppelkette. Da die Radiensumme 2 $r_B$ = 1,74 Å ist, haben die B-Atome offenbar die Neigung, B—B-Paare mit starken Bindungen zu bilden. (Acta chem. scand. **4.** 146—59. 1950. Uppsala, Univ., Inst. of Chem.) B. REUTER. 258

**Lars-Henrik Andersson** und **Roland Kiessling,** *Untersuchungen über die binären Systeme von Bor mit Chrom, Niob, Nickel und Thorium, einschließlich einer Diskussion der Phase „TiB" im System Titan–Bor.* Ergänzungen zu früheren Unterss. von KIESSLING (vgl. C. **1950.** I. 848 u. **1951.** I. 1844 u. vorst. Ref.). Im Syst. Cr—B geben Vff. zusätzliche Daten über die $\delta$- u. $\eta$-Phase: Die $\delta$-Phase mit einem B-Geh. von 33 At.-% ist orthorhomb. oder nahezu orthorhomb. mit a = 14,7, b = 7,34 u. c = 4,29 Å u. gehört der Raumgruppe Abmm oder Abm an. Die Achsen sind fast die gleichen wie bei der $\delta$-Phase im Syst. Mn—B, doch sind die Phasen nicht isomorph. Die $\eta$-Phase krist. in der Raumgruppe Immm u. ist isomorph mit $Ta_3B_4$ u. $Mn_3B_4$ (vgl. vorst. Ref.). Die orthorhomb. Zelle hat die Dimensionen a = 2,984, b = 13,02 u. c = 2,953 Å. Atomlagen: Cr in 4 (g) mit y = 0,186 u. 2 (c); B in 4 (g) mit y = 0,372 u. in 4 (h) mit y = 0,442. — Im Syst. Nb—B stellen Vff. die Existenz von wahrscheinlich 6 Zwischenphasen fest, von denen bei Zimmertemp. $\beta$ u. $\gamma$ (*NbB*), $\delta$ (*$Nb_3B_4$*) u. $\varepsilon$ (ausgedehnter Homogenitätsbereich, ideale Zus. *$NbB_2$*) stabil sind. 2 weitere Phasen, $\beta'$ u. $\beta''$, existieren wahrscheinlich, sind aber nur bei höheren Tempp. stabil. Im Bereich von 10 At.-% B existieren offenbar die beiden Phasen $\beta$ u. $\beta'$, die jedoch nicht rein erhalten werden. Aus dem Vgl. von Proben, die von verschieden hohen Tempp. abgeschreckt worden sind, schließen Vff., daß $\beta'$ offenbar ein nichtzentriertes kub. Metallgitter mit a = 4,210 Å hat. Im Bereich von 25—35 At.-% B tritt manchmal bei abgeschreckten Proben ein drittes Interferenzsyst. auf, das auf eine ebenso wie $\beta'$ nur bei höheren Tempp. stabile Phase $\beta''$ hindeutet. Die $\gamma$-Phase, isomorph mit CrB u. TaB, ist orthorhomb., Raumgruppe Cmcm, mit a = 3,298, b = 8,724 u. c = 3,166 Å. Atomlagen für Nb u. B: 4 (c) mit $y_{Nb}$ = 0,146 u. $y_B$ = 0,444. Die $\delta$-Phase ist isomorph mit $Ta_3B_4$, $Cr_3B_4$ u. $Mn_3B_4$, Raumgruppe Immm, mit der orthorhomb. Zelle a = 3,305, b = 14,08 u. c = 3,137 Å. Atomlagen: Nb in 4 (g) mit y = 0,180 u. 2 (c), B in 4 (g) mit y = 0,376 u. 4 (h) mit y = 0,444. Die $\varepsilon$-Phase mit der idealen Zus. $NbB_2$ krist. im $AlB_2$-Typ (C 32) mit den hexagonalen Achsen a = 3,089 u. c = 3,303 Å. — Eine kurze Phasenanalyse im Syst. Ni—B zeigt, daß eine bisher noch unbekannte $\gamma$-Phase mit einem geringeren B-Geh. als $Ni_2B$ ($\delta$) existiert. — Im Syst. Th—B beobachten Vff. eine Löslichkeit von B in dem flächenzentrierten Th-Gitter, sowie eine neue Phase mit ca. 50 At.-% B, die ein kompliziertes u. bisher nicht zu identifizierendes Pulverdiagramm gibt. — Im Syst. Ti—B existiert u. a. eine Phase TiB, die nach EHRLICH (C. **1950**. I. 1332) Zinkblendestruktur (B 3-Typ) hat. Vff. weisen darauf hin, daß die Größe der Tetraederlücken im Ti-Gitter für die B-Atome nicht ausreicht u. daß man daher annehmen muß, daß die B-Atome in den großen Oktaederlücken untergebracht sind. Eine Entscheidung auf Grund der Intensitäten ist jedoch nicht möglich. Die von EHRLICH beobachtete Tatsache, daß TiB nicht rein erhalten werden kann, deuten Vff. dadurch, daß auch die Oktaederlücken bei Zimmertemp. noch etwas zu klein für die B-Atome sind, so daß das Gitter nur bei höheren Tempp. stabil ist. Daher zerfällt beim Abkühlen ein Teil des TiB in $\alpha$-Ti u. $TiB_2$. (Acta chem. scand. **4**. 160—64. 1950. Uppsala, Univ., Inst. of Chem.) B. REUTER. 258

**Ja. Ja. Jarshemski,** *Zur Schönitisierung von Langbeinit in Wasserdampf.* Durch Laboratoriumsverss. wurden bereits an der Natur gemachte Beobachtungen bestätigt, daß der *Langbeinit* ($K_2SO_4 \cdot 2\,MgSO_4$) sich durch den Einfl. n. Luftfeuchtigkeit, entsprechend stärker von konzentrierterem Wasserdampf, verhältnismäßig rasch in Schönit (*Pikromerit*, $K_2SO_4 \cdot MgSO_4 \cdot 6\,H_2O$) umwandelt. (Доклады Академии Наук СССР [Ber. Akad. Wiss. UdSSR] [N. S.] **74**. 1015—17. 11/10. 1950. Allunions Wiss. Forschungsinst. für Halurgie.) v. MICKWITZ. 282

**Gunnar O. Assarsson,** *Gleichgewichte in dem wässerigen System $Sr^{2+}$, $K^+$, $Na^+$ und $Cl^-$.* (Vgl. C. **1950**. II. 2408.) Vf. untersuchte das bin. Syst. *$SrCl_2$—$H_2O$* (**A**), die tern. Systeme *$SrCl_2$—KCl—$H_2O$* (**B**) u. *$SrCl_2$—NaCl—$H_2O$* (**C**) u. das quatern. Syst. *$SrCl_2$—KCl—NaCl-$H_2O$* (**D**) analog l. c. Die Löslichkeitskurve von **A** wurde gezeichnet (18—114°), der Umwandlungspunkt Hexahydrat zum Dihydrat liegt bei 61,3° (46,65 Gew.-% $SrCl_2$). Ein Monohydrat wurde nicht gefunden. Die kub. Wärmeausdehnung des Dihydrates beträgt $8 \cdot 10^{-5}$ pro Grad. Für die Systeme **B**, **C**, **D** wurden die Isothermen bei 18, 60 u. 100° bestimmt. Als Bodenkörper treten keine Doppelsalze auf, nur KCl, NaCl, $SrCl_2$-Hexa- u. Dihydrat. Der Umwandlungspunkt Hexa- zu Dihydrat liegt in **B** bei 58,5 ± 0,5°, in **C** bei 59,5 ± 0,5°, in **D** bei 56,0 ± 0,5°. Das $SrCl_2 \cdot 2\,H_2O$ geht bei 5 mm Wasserdampfdruck zwischen 53—59° in ein Monohydrat über, das aber mit keiner Lsg. im Gleichgewicht steht. (J. physic. Chem. **57**. 207—10. Febr. 1953. Stockholm, Geol. Survey Chem. Labor.) MOSLÉ. 284

**R. Heimgartner,** *Über die Subhalogenidbildung bei der Umsetzung von Aluminiumchlorid bei hohen Temperaturen.* Vf. untersuchte zwischen 880 u. 1380° K die Temperaturabhängigkeit der Al-Subhalogenidbldg. aus $AlCl_3$ + Al. Dazu wird $AlCl_3$ im $H_2$-Strom bei 160° C verdampft, über Al bei Reaktionstemp. geleitet u. aus dem Gewichtsverlust von $AlCl_3$ u. Al der Umsetzungsgrad bestimmt. Daraus lassen sich die Gleichgewichtskonstanten $K_p$ für die Rk. $AlCl_3 + 2\,Al = 3\,AlCl$ berechnen, wobei lg $K_p$ eine lineare Funktion von 1/T ist. Die theoret. $K_p$-Werte werden aus thermodynam. u. spektroskop. Werten errechnet u. zeigen eine starke Abweichung von den experimentellen Ergebnissen. Nimmt man jedoch als Reaktionsschema $AlCl_3 + Al = AlCl_2 + AlCl$, $AlCl_2 + Al = 2\,AlCl$ u. $AlCl_3 + AlCl = 2\,AlCl_2$ an, so stimmen die theoret. berechneten Werte für das verflüchtigte Al mit den experimentell gefundenen überein bei Annahme der Bildungsenthalpie ${}^{298}H^0_{AlCl_2} = -76{,}0$ kcal/Mol u. ${}^{298}H^0_{AlCl} = -10{,}28$ kcal/Mol. Die theoret. $K_p$-Werte werden mitgeteilt u. die Ergebnisse auf Grund des neuen Reaktionsschemas diskutiert. Auf die Bedeutung des spektroskop. Nachw.

von $AlCl_2$ wird hingewiesen. (Schweiz. Arch. angew. Wiss. Techn. **18.** 241—55. Aug. 1952. Zürich, Eidg. Materialprüfungs- u. Versuchsanstalt für Ind., Bauwesen u. Gewerbe.) WEITBRECHT. 294

**Rolando Rigamonti** und **Elena Spaccamela,** *Oxydierbarkeit und Alterung der Suspensionen von Chromhydroxyd.* Bei der Unters. der Oxydationsgeschwindigkeit (OG) u. der Peptisation von alkal. $Cr(OH)_3$-Suspensionen wird der Einfl. von in Form von Hydroxyden zugesetzten Fremdmetallen geprüft. Die Rk. erfolgt in 2 Stufen: 1. $Cr(OH)_3 + 3\,NaOH \rightleftharpoons Cr(ONa)_3 + 3\,H_2O$; 2. $2\,Cr(ONa)_3 + H_2O + 1\frac{1}{2}\,O_2 \rightarrow 2\,Na_2 \cdot CrO_4 + 2\,NaOH$. Dabei katalysieren Metalle mit veränderlicher Valenz (Mn, Fe, Cu, Ag) die Oxydation, während andere (Ni, Co) die Rk. hemmen. Mit dem Redoxpotential des Zusatzes nimmt die OG, wenn auch nicht direkt proportional, ab. Das an sich unwirksame Al erhöht als Zusatz zu anderen Metallen die OG. Bei Mn u. Ag nimmt die OG mit abnehmender Konz. ab. Bei Verminderung des NaOH-Überschusses (mit Mn-Zusatz) nehmen OG u. Peptisation ab. Die OG ist bei frischem $Cr(OH)_3$ durchweg höher als nach 14 Std. Alterung; Ag ergibt auch mit gealtertem Präp. beim Rühren rasch eine klare Lsg., außer bei Anwendung sehr geringer Ag-Mengen, u. gleiche OG wie mit frischem $Cr(OH)_3$. (Ann. Chimica **43.** 3—10. Jan. 1953. Torino, Politecn., Ist. di Chim. ind.) R. K. MÜLLER. 335

**Adolfo Ferrari, Luigi Cavalca** und **Mario Nardelli,** *Untersuchungen über die Salze der Heteropolysäuren.* 4. Mitt. *Chemische Zusammensetzung und Kristallstruktur der Silicododekamolybdänsäure und der Silicododekamolybdate der zweiwertigen Kationen.* (3. vgl. C. **1949.** E. 520.) *Silicododekamolybdänsäure,* $H_4(SiO_4 \cdot 12\,MoO_3) \cdot 31\,H_2O$, wird nach der Literatur aus dem Na-Salz mit $H_2SO_4$ hergestellt u. nach Ausäthern, Verdampfen des Ae., Zusatz von konz. $HNO_3$ bis zum Umschlag von Grün nach Gelb durch Eindampfen im Vakuum über KOH als grobe oktaedr. gelbe Kristalle der D. 2,58 (pyknometr. bestimmt) erhalten. Sie wird durch Sättigen mit der erforderlichen Menge des betreffenden Carbonates u. Eindampfen der Lsg. im Vakuum bei gewöhnlicher Temp. in Ggw. von KOH in folgende Silicododekamolybdate übergeführt: $Mg_2(SiO_4 \cdot 12\,MoO_3) \cdot 31\,H_2O$, gelbe Oktaeder, D. 2,61; $Ni_2(SiO_4 \cdot 12\,MoO_3) \cdot 31\,H_2O$, gelbgrüne oktaedr. Kristalle, D. 2,68; $Co_2(SiO_4 \cdot 12\,MoO_3) \cdot 31\,H_2O$, einfachbrechende rotbraune Oktaeder, D. 2,68; $Cu_2(SiO_4 \cdot 12\,MoO_3) \cdot 31\,H_2O$, einfachbrechende grüne Oktaeder, D. 2,70; $Zn_2(SiO_4 \cdot 12\,MoO_3) \cdot 31\,H_2O$ einfachbrechende gelbe Oktaeder, D. 2,71; $Mn_2 \cdot (SiO_4 \cdot 12\,MoO_3) \cdot 31\,H_2O$, bräunlichgelbe Oktaeder, D. 2,70; $Cd_2(SiO_4 \cdot 12\,MoO_3) \cdot 22\,H_2O$, triklin, prismat., D. 3,18; $Ca_2(SiO_4 \cdot 12\,MoO_3) \cdot 24\,H_2O$, trigonal, doppelbrechend, D. 2,83; $Sr_2(SiO_4 \cdot 12\,MoO_3) \cdot 24\,H_2O$, trigonal, D. 2,86 sowie $Ba_2(SiO_4 \cdot 12\,MoO_3) \cdot 24\,H_2O$, gelbe, trigonale, opt.-negative Kristalle, D. 3,14. Mit Ausnahme des Mg-, Zn-, Cd- u. Ba-Salzes sind sie an der Luft zerfließlich. — Vom Cu-, Mn-, Sr- u. Ba-Salz konnte keine Röntgenanalyse gemacht werden. Silicododekamolybdänsäure ist isomorph mit Silicododekawolframsäure ($a = 12{,}93$ Å, $c = 18{,}45$ Å, $Z = 2$, $\sigma_x = 2{,}56$). Von den monometr. krist. Salzen lieferten die Verbb. $Me_2(SiO_4 \cdot 12\,MoO_3) \cdot 31\,H_2O$ des Mg, Ni, Co u. Zn auswertbare Drehkristallaufnahmen, aus denen folgende Konstanten bestimmt wurden: Mg (-Salz) $a = 23{,}40$ Å, $\sigma_x = 2{,}518$, Ni $a = 23{,}44$ Å, $\sigma_x = 2{,}58$; Co $a = 23{,}20$ Å, $\sigma_x = 2{,}66$; Z für alle = 8. Zn liefert annähernd gleiche Werte, wahrscheinlich auch Mn u. Cu. Die Struktur steht der der entsprechenden Phosphordodekamolybdate nahe; auch die Zahl der Kristallwassermoll., die zwischen 29 u. 31 liegt, dürfte die gleiche sein, wahrscheinlich 30. — Das Cd-Salz mit 22 $H_2O$ nimmt eine Sonderstellung ein u. hat trikline Struktur wie verschied. Silicododekawolframate mit gleicher Zahl Kristallwasser. Die Konstanten des Elementarkörpers konnten nicht bestimmt werden. — Von den Salzen des Ca, Sr u. Ba, die die gleiche trigonale Struktur haben wie die Phosphordodekawolframate mit gleicher Zahl $H_2O$ (24), konnte das $Ca_2(SiO_4 \cdot 12\,MoO_3) \cdot 24\,H_2O$ untersucht werden: $a = 15{,}43$ Å, $c = 41{,}28$ Å, $Z = 6$, $\sigma_x = 2{,}77$. Der gleiche Gittertyp liegt bei den Silicododekawolframaten 2wertiger Metalle mit gleicher Zahl Kristall-$H_2O$ vor. Ein Zusammenhang zwischen Kristallwassergeh. u. Gittertyp wird hervorgehoben. (Gazz. chim. ital. **80.** 352—65. Juni 1950. Parma, Univ., Ist. di Chim. generale e Ist. di Mineralogia.) v. DECHEND. 336

**W. Hieber** und **E. O. Fischer,** *Über Metallcarbonyle.* 52. Mitt. *Über den Mechanismus der Kohlenoxydreaktion von Nickel(II)- und Kobalt(II)-Salzen bei Gegenwart von Dithionit.* (51. vgl. SEEL, C. **1953. 6445.**) Es wird die Rk. von *Ni(II)*- u. *Co(II)*-Salzen in ammoniakal. Lsg. mit *CO* bei Ggw. von $Na_2S_2O_4$ (I) quantitativ untersucht. Ni(II)- u. Co(II)-Salze liefern in ammoniakal. Lsg. mit CO bei Ggw. von I unter n. Bedingungen $Ni(CO)_4$ bzw. $[Co(CO)_4]^-$, u. zwar prakt. vollständig. Die Rk. beruht auf der Oxydation des I zu Sulfit: $Ni^{2+} + S_2O_4^{2-} + 4\,OH^- \xrightarrow{CO} Ni^0(CO)_4 + 2\,SO_3^{2-} + 2\,H_2O$ u. $2\,Co^{2+} + 3\,S_2O_4^{2-} + 12\,OH^- \xrightarrow{CO} 2[Co^{1-}(CO)_4]^- + 6\,SO_3^{2-} + 6\,H_2O$. Vff. diskutieren den Mechanismus dieser Rkk., für deren Verlauf sowohl ein Sulfidionenmechanismus als auch das Auftreten von $Ni^{1+}$ denkbar wäre. Jedoch erfolgt die Red. von $Ni^{2+}$ zu $Ni^0$ bzw. von $Co^{2+}$ zu $Co^{1-}$ nachweislich direkt. Dieser Red. geht eine I-Spaltung voraus, z. B. für $Ni^{2+}$: $Ni^{2+} + S_2O_4^{2-} + 2\,OH^- \xrightarrow{NH_3} [O_2S \rightarrow Ni(NH_3)_x] + SO_3^{2-} + H_2O$. Die Anlagerungsverb. $[(H_3N)_xNiSO_2]$, die den Rest $SO_2^{2-}$ in nichtionogener Bindung mit dem Metallatom enthält ($x < 6$) u. im Gleichgewicht mit dem gegenüber CO beständigen Einlagerungskomplex, dem Hexamminion, vorliegt, ist für den Ablauf der CO-Rk. entscheidend. Zum Unterschied von $CoSO_2 \cdot xNH_3$ ist sie jedoch bedeutend instabiler. Wie qualitative Verss. zeigen, wird die im Verlauf der Rk. auftretende rote Lsg., die alsbald Subsulfid abscheidet, durch $NH_3$-Zugabe rasch blau, u. zwar ohne Auftreten einer Gasentw. ($H_2$), wie sie bei einem Übergang von $Ni^{2+}$ in $Ni^{1+}$ zu erwarten wäre. Damit ist gezeigt, daß die rote Lsg. $Ni^{2+}$ enthält; die anomale Farbe ist lediglich durch die direkte Bindung des $SO_2^{2-}$-Restes, d. h. eine Ni—S-Bindung, verursacht. Verss. mit dem stärker komplexbildenden *Äthylendiamin* (*en*) bestätigen diese Anschauung. Die in diesem Fall bei Ggw. von nur 3 Mol Diamin pro Ni-Ion noch leidlich beständige rosafarbene Lsg. liefert im CO-Strom nach 30 Min. ca. 90% Carbonyl, mit 2,5 Mol Diamin/Ni erhält man bereits nach 25 Min. eine fast quantitative Carbonylausbeute. Bei einem Überschuß an en, d. h. mehr als 3 en/Ni, tritt die CO-Rk. infolge der großen Beständigkeit des Komplexes $[Ni(en)_3]^{2+}$ erheblich in den Hintergrund. Indem das $NH_3$ schrittweise durch CO substituiert wird, letzten Endes bis zum Zustandekommen der CO-Verb. mit abgeschlossener Schale, wird noch eine erhebliche Verschiebung des Redoxpotentials, wie sonst oft bei Komplexbldg., herbeigeführt. Beim Co tritt im Syst. $Co^{2+}/I/NH_3/H_2O$ eine tiefbraunrote Farbe auf, welche dem nicht unmittelbar isolierbaren Neutralkomplex $[(H_3N)_xCo(SO_2)]^0$ zuzuschreiben ist; dieser ist erheblich stabiler als der des Ni, dies bringt es mit sich, daß er in einem weiteren Existenzbereich u. in größerer Konz. auftreten kann u. die CO-Rk. bei Co von der $NH_3$-Konz. prakt. unabhängig ist. Es wird auf Grund struktureller Überlegungen diskutiert, ob sowohl das Dithionit- wie das Sulfoxylation oder etwa nur letzteres die Rk. leistet, u. es werden Gründe dafür angeführt, daß nur das Sulfoxylat die Rk. ermöglicht. Verss. mit *Rongalit* oder $CoSO_2$ an Stelle von I bestätigen, daß bei der Carbonylbldg. ein Reaktionsvorgang über Sulfoxylation die entscheidende Rolle spielt. Ni-Salz liefert bei Ggw. von 3 Mol Rongalit in schwach ammoniakal. Lsg. mit CO in 72 Std. 60% Carbonyl. Bei entsprechenden Verss. mit Co-Salzen in konz. $NH_3$ konnten bereits nach 24 Std. aus der Reaktionslsg. 75% des Metalles mittels ammoniakal. $Hg(CN)_2$ als $Hg[Co(CO)_4]_2$ isoliert werden. Bei Ggw. von 5 Mol Rongalit pro Co-Ion erhöhte sich schließlich in derselben Zeit die Ausbeute bis auf über 80%. Die bei diesem Metall bereits nach wenigen Min. auftretende Verfärbung der Lsg. nach Tieforangerot deutet dabei auf im Gleichgewicht entstehendes $CoSO_2 \cdot xNH_3$ hin. Um dem Einwand zu begegnen, daß Rongalit vielleicht als Sulfinsäure bereits die Red. zu leisten imstande sei, wurde zum Vgl. auch *Benzolsulfinsäure* mit ammoniakal. Ni-Salzlsg. der CO-Rk. unterworfen. In 72 Std. entstand dabei kein $Ni(CO)_4$. Zur quantitativen Unters. dieser Rkk. wurde eine bekannte Menge I in einem Glasfilterrohr im gleichmäßig verteilten CO-Strom mit einem geringen Überschuß einer schwach ammoniakal. $NiSO_4$-Lsg. zur Rk. gebracht. Die Carbonylbldg. setzt bei gewöhnlicher Temp. sofort ein u. ist prakt. in wenigen Std. beendet. Das gebildete Carbonyl wurde durch Ni-Best. nach therm. Zers. ermittelt u. die Zus. der nach Ablauf der Rk. vorliegenden Lsg. jodometr. bestimmt. Beim Co wurde der Reaktionsverlauf durch Messung der CO-Absorption einer ammoniakal., I enthaltenden wss. $Co(NO_3)_2$-Lsg. ermittelt, zur Ausfällung des $[Co(CO)_4]^-$ wurde eine Lsg. von 105 mg $NiCl_2 \cdot 6\,H_2O$ u. 310 mg *o-Phenanthroliniumchlorid* in 10 $cm^3$ 1 n $NH_3$ verwendet u. das orangefarbige $[Ni(Phen)_3][Co(CO)_4]_2$ nach Trocknen im Vakuum gewogen. (Z. anorg. allg. Chem. **269.** 292—307. Sept. 1952. München, TH, Anorgan.-chem. Labor.)

SPARMANN. 356

**W. Hieber, E. O. Fischer** und **E. Böckly,** *Über Metallcarbonyle.* 53. Mitt. *Neue Laboratoriumsmethoden zur Darstellung der Carbonyle von Nickel und Kobalt.* (52. vgl. vorst. Ref.) Auf Grund der vorst. beschriebenen CO-Rkk. von Ni- u. Co-Salzen bei Ggw. von $Na_2S_2O_4$ (I) werden rationelle Laboratoriumsmethoden zur Darst. der Carbonyle von Ni u. Co unter n. Bedingungen entwickelt, die den bisher bekannten Bildungsweisen auf trockenem oder nassem Weg weit überlegen sind. Die Darst. von $Ni(CO)_4$ erfolgt zweckmäßig im Durchströmverf., hierzu werden in eine 1 Liter-Intensivwaschflasche eine Lsg. von 14 g $NiSO_4 \cdot 7\,H_2O$ in 400 $cm^3$ W. u. 60 $cm^3$ 25%ig. $NH_3$ gebracht, zu dieser Lsg. werden unter Einleiten von CO mittels der von SEEL (C. **1953. 6445**) beschriebenen App. eine Lsg. von 12,5 g I (ca. 80%ig) in 30 $cm^3$ konz. $NH_3$ u. 80 $cm^3$ W. während 20 Min. langsam zugegeben. Der abgehende, stark carbonylhaltige CO-Strom wird nach Trocknung mit $CaCl_2$ u. $P_2O_5$ in Kondensationsgefäße, mit Aceton–$CO_2$ gekühlt, geleitet, wobei $Ni(CO)_4$ in schneeweißen Kristallen ausfriert; Ausbeute 85—90%. Darst. von *Kobaltcarbonylquecksilber, Hg·*$[Co(CO)_4]_2$ (**II**): Zu einer Lsg. von 17,5 g $Co(NO_3)_2 \cdot 6\,H_2O$ in 40 cm³ W. u. 400 cm³ ca. 12%ig. $NH_3$ werden unter CO-Atmosphäre 20 g **I**, in 230 cm³ 12%ig. $NH_3$ gelöst, während 3 Std. (5 Tropfen/Min.) bei starkem Rühren (2000 Umdrehungen/Min.) bei ca. 10—15° gegeben. Nach Überführung von überschüssigem **I** durch 1 cm³ 35%ig. Formaldehydlsg. in Rongalit versetzt man das Reaktionsgemisch mit einer Lsg. von 10 g $Hg(CN)_2$ in 50 cm³ 12%ig. $NH_3$, dabei scheidet sich **II**, mit wenig Hg vermischt, als gelblichgrauer Nd. ab. Nach Filtrieren an der Luft wird **II** mit wenig Aceton ausgezogen u. anschließend durch Fällen mit W. in orangefarbenen Nadeln erhalten; Ausbeute 91%. Nach dieser Meth. kann auch *Kobaltcarbonylsilber*, $Ag[Co(CO)_4]$ (**III**) dargestellt werden, indem die Kobaltcarbonylammoniumlsg. mit ammoniakal. $AgNO_3$-Lsg. umgesetzt wird. Das so erhaltene **III** ist frei von Kristallwasser u. Kristall-CO u. gibt mit α.α'-Dipyridyl das leuchtendgelbe $[Ag(\alpha.\alpha'\text{-}Dipyr.)][Co(CO)_4]$ (vgl. Hieber u. Schulten, Z. anorg. allg. Chem. **232**. [1937.] 25). Verwendet man bei dem für die Darst. von **III** beschriebenen Verf. **I** in schwachem Überschuß, unterläßt die Zugabe von Formaldehyd nach beendeter Absorption u. gibt nun ammoniakal. $AgNO_3$ zu, so liegt im abgesaugten u. ausgewaschenen Rückstand nur *Kobaltcarbonyl*, $[Co(CO)_4]_2$ (**IV**), vor. Durch Extraktion mit PAe. (Kp. <45°) u. Absaugen des Lösungsm. kann **IV** in großen, tiefrotbraunen Kristallen erhalten werden. Vorteilhafter aber ist die Darst. von **IV** über **II** u. das Natriumsalz $[Co(CO)_4]Na$ (**V**). Das wasserunlösl. **II** löst sich in einer gesätt. KCN-Lsg. fast farblos u. ohne CO-Entw. auf (KJ verhält sich ähnlich). Dies ist auf die Bldg. der betreffenden, bes. stabilen Hg-Komplexe zurückzuführen: $[Co(CO)_4]_2Hg + 4\,CN^- \rightarrow 2\,[Co(CO)_4]^- + [Hg(CN)_4]^{2-}$. Beim Ansäuern wird wieder **II** ausgefällt. Versetzt man **II** mit $H_2S$–W., so erhält man unter Ausfällung von HgS eine wss. Lsg. von *Kobaltcarbonylwasserstoff*, $Co(CO)_4H$ (**VI**), neben $H_2S$. In einer im Original beschriebenen App. werden einige Rkk. von **II** durchgeführt. Durch Umsetzung von 2 g **II** mit 0,74 g $Na_2S \cdot 9\,H_2O$ in 20 cm³ W. u. anschließendem Wasserentzug im Hochvakuum wird festes **V** als farbloses Salz erhalten, analog wird *Kobaltcarbonylkalium*, $Co(CO)_4K$, dargestellt. Die durch Umsetzung von 2 g **II** mit 0,74 g $Na_2S \cdot 9\,H_2O$ in 30 cm³ W. erhaltene Lsg. von **V** ergibt durch Filtrieren in eine 1,3 g $AgNO_3$ enthaltende Lsg. **III**. Durch Eintropfen einer methanol. Lsg. von **V** in eine solche von $Cd(NO_3)_2$ wird *Kobaltcarbonylcadmium*, $[Co(CO)_4]_2Cd$, als feste Verb. erhalten. Die Verb. kann aus Bzl. umkrist. werden. Durch Einw. von 2 n HCl auf die Lsg. von **V** entsteht **VI**, das nach Trocknung u. Ausfrieren mit Aceton–$CO_2$ in fast farblosen Kristallen anfällt. Oberhalb —20° erhält man hieraus infolge Selbstzers.: $2\,Co(CO)_4H \rightarrow [Co(CO)_4]_2 + H_2$ reinstes **IV**. Versetzt man eine **V**-Lsg. mit einer $NaNO_2$-Lsg. im geeigneten Mengenverhältnis, so entsteht beim Eintropfen in 2 n $H_2SO_4$ *Kobaltnitrosylcarbonyl*. (Z. anorg. allg. Chem. **269**. 308—16. Sept. 1952.) Sparmann. 356

## C. Mineralogische und geologische Chemie.

**M. A. Condon**, *Nomenklatur klastischer Silicatgesteine*. Vf. schlägt eine schärfere Definition in der Nomenklatur klast. Silicatgesteine vor. Als Grundlage wird die Teilung in Sandstein u. Grauwacke genommen. Das Bindemittel soll als adjektiv. Bezeichnung hinzugesetzt werden. (Austral. J. Sci. **15**. 53—55. 21/10. 1952.) Hiller. 370

**Rudolf Mosebach**, *Methodisch wichtige Beziehungen zwischen Gangunterschieden und optischen Konstanten in Dünnschliffen anisotroper Mineralien*. An Hand eines Beispiels eines opt. einachsigen Minerals werden auf theoret. Wege Beziehungen zwischen Gangunterschieden u. opt. Konstanten in Dünnschliffen anisotroper Mineralien hergeleitet. Die Messung der Gangunterschiede erfolgt bei dieser Meth. mit dem Universaldrehtisch mit verschieden brechenden Segmenten. (Fortschr. Mineralog. **28**. 50—57. 1949; ausg. Dez. 1950. Tübingen.) Gottfried. 372

**I. I. Schafranowski** und **K. M. Malkowa**, *Über die Kristallographie der Mineralien der Kupfergruppe*. Aus der tabellar. Gegenüberstellung der Formensymbole nach der Reihenfolge ihrer Netzdichte, der retikularen D. u. der Häufigkeit des Auftretens der kristallograph. Formen von *Cu*, *Ag* u. *Au* geht hervor, daß bei den ersten 4 Formen (111), (010), (011), (113) die statist. Reihenfolge der Häufigkeit mit der theoret. übereinstimmt, daß aber später die Formen mit großer u. kleiner D. sprunghaft einander ablösen. (Записки Всесоюзного Минералогического Общества [Schr. Allunions mineralog. Ges.] [2] **79**. 294—97. 1950.) • Lebtag. 372

**Graham Oldham**, *Übersicht über Geochemie*. Besprechung einiger in den letzten Jahren erschienener Arbeiten. (Mining J. [London] Ann. Rev. **1950**. 71. Mai.) Ensslin. 378

**D. P. Maljuga,** *Über die biogeochemischen Provinzen im südlichen Ural.* Durch vergleichende Unters. des Ni-, Co- u. Cu-Geh. in Böden, Gewässern, Pflanzen u. Tieren des südlichen Ural wird festgestellt, daß in der Nähe der Erzlagerstätten ihr Geh. stark erhöht ist. Durch den hohen Ni-Geh. der Böden wurden die Pflanzen ökolog. verändert (vorwiegend Krüppelformen). Dies ist so scharf ausgeprägt, daß hierauf ein Schürfverf. begründet werden kann. Da die Gräser weniger Ni aufnehmen als die übrigen Pflanzen, treten hier Krankheitserscheinungen u. Krüppelformen nicht auf. Bei den Tieren werden durch Ni verursachte bösartige Organveränderungen beobachtet, bei der Bevölkerung eine bisher ungeklärte Hautkrankheit. (Доклады Академии Наук СССР [Ber. Akad. Wiss. UdSSR] [N. S.] **70.** 257—59. 11/1. 1950. Vernadsky-Inst. für Geochem. u. analyt. Chem. der Akad. der Wiss. der UdSSR.) Lebtag. 378

**K. R. Mehnert,** *Stoffhaushalt und Aggregatzustand als Kriterien für die Entstehung anatektischer und magmatischer Gesteine des mittleren Schwarzwaldes.* Bezüglich der Entstehung granit. u. ähnlicher Gesteinskomplexe werden 2 Merkmalsgruppen herausgegriffen, nämlich der Stoffhaushalt u. der Aggregatzustand während der Bildung. Im ersten Falle spielen Intrusion, Palingenese, Injektion u. Exsudation eine Rolle, im zweiten Falle sind bes. die Mobilisationstemp., die Viscosität u. die Ggw. leichtflüchtiger Bestandteile, bes. von $H_2O$, zu beachten. (Fortschr. Mineralog. **28.** 47—50. 1949; ausg. Dez. 1950. Freiburg/Br.) Zedlitz. 378

**A. P. Lebedew** und **W. A. Wachruschew,** *Die Erscheinung der Kontamination in Ader-Hyperbasiten des südlichen Ferghana.* Nach Struktur u. Zus. sind die Hauptgesteine der Hyperbasitinjektionen homogene feinkörnige *Pyroxenite,* die strukturell dem n. magmat. Gestein völlig ähnlich sind. Es wird hier das für n. magmat. Gesteine typ. Vorherrschen von Na gegenüber K beobachtet. Die untersuchten Gesteine sind wahrscheinlich magmat. Ursprungs. (Известия Академии Наук СССР, Серия Геологическая [Nachr. Akad. Wiss. UdSSR, geol. Ser.] **1953.** Nr. 1. 114—31. Jan./Febr.) Lebtag. 378

**N. P. Ssemenenko,** *Probleme des Metamorphismus.* Auf Grund der Betrachtung der verschied. Metamorphismustypen u. der Beziehungen zwischen den metamorph. tekton. u. magmat. Erscheinungen lehnt Vf. die Theorie der Tiefengürtel des regionalen Metamorphismus als nicht den geolog. Tatsachen entsprechend ab. Der Metamorphismus ist durch die magmat. u. tekton. Prozesse bedingt, wodurch eine qualitative Veränderung in der stofflichen Zus. der Gesteine erfolgt. (Известия Академии Наук СССР, Серия Геологическая [Nachr. Akad. Wiss. UdSSR, geol. Ser.] **1953.** Nr. 1. 98—113. Jan./Febr.) Lebtag. 378

**A. W. Kasakow,** *Geotektonik und Entstehung der Phosphoritlagerstätten.* Im Gegensatz zur früheren formal-biolith. Theorie wird die Bldg. der Phosphorite durch Transgression ozean. Wässer auf den Kontinent nachgewiesen u. experimentell bestätigt; es handelt sich hierbei um Verlagerung chem. Ndd. der Tiefsee: zuerst erfolgt eine prim. Chemosedimentation der koll.-dispersen Phosphate, wobei Makro- u. Mikrokonkretionen (*Phosphorite, Glaukonit* u. a.) entstehen, die in einem späteren diagenet. Stadium unter $O_2$-Abschluß zur Bldg. der hierfür kennzeichnenden Mineralien (*Siderit, Markasit* u. a.) führt. Es folgt Auswaschung der Konkretionen, sodann nach der Regression des Meeres eine Epigenese, endlich eine Thermodynamometamorphose: Umwandlung von Mineralien. Von diesem Gesichtspunkt der genet. Etappen wird sodann die Lokalisation der Phosphoritfundstätten der russ. Gesamtebene betrachtet, weiter der sibir. u. USA-Fundorte. Ein speziell entwickeltes „granulometr." Verf. bestätigt die auf anderen Wegen gefundene Rhythmik im Vorrücken u. Zurückweichen des Meeres: mit Königwasser u. NaOH werden die Phosphorite gelöst u. die „mittlere Mediane" (Korngröße) der Restkörner (Quarz) gemessen: es spiegelt dieselbe Transgressionsrhythmik wider. (Известия Академии Наук СССР, Серия Геологическая [Nachr. Akad. Wiss. UdSSR, geol. Ser.] **1950.** 42—68. Sept./Okt.) v. Wilpert. 378

**Ss. P. Popow,** *Neue Daten durch den Aluschtit.* Der *Aluschtit* (**I**) tritt in Form von feinen Adern, häufig zusammen mit Quarz, in den Tonschiefern der taur. Formation am Südufer der Krim auf; $n_g$ 1,562, $n_p$ 1,556, $n_g—n_p$ 0,006, $cn_p$ 5,7°, schräge Auslöschung. Opt. ist **I** dem *Nakrit* sehr ähnlich. Aus der chem. Analyse ergibt sich die Formel (Mg, Ca)O·3 (Al, Fe)$O_3$·6 $SiO_2$·6 $H_2O$ + n aq. Das Auftreten von **I** u. Nakrit allein in jenen taur. Schiefern, die von Eruptivgesteinen durchsetzt sind, sowie ihre enge Beziehung zum Quarz beweisen ihren hydrothermalen Ursprung. (Записки Всесоюзного Минералогического Общества [Schr. Allunions mineralog. Ges.][2] **79.** 298—300. 1950.) Lebtag. 380

**M. S. Kantor,** *Über den Datolith und Datolithgesteine der Turjinsk-Skarne im Ural. Datolith* (**I**) tritt in den *Wollastonit* (**II**)-*Granat*-(**III**)-Skarnen auf. Die Skarne enthalten

(in %) 15,3 **I**, 31,5 **II**, 35,5 **III**, 17,7 *Apophyllit* (**IV**) + *Klinopyroxen*, außerdem manchmal *Calcit* u. *Quarz*. **I** besitzt keine Spaltbarkeit, $n_m = 1{,}652 \pm 0{,}002$, Doppelbrechung ca. 0,040, Dispersion $r > v$, negativer opt. Achsenwinkel. Daneben tritt **I** in Hornsteinen auf. Im Gebiet der **I**-Bldg. sind *Hedenbergit* u. *Ilvait* weit verbreitet. Es ist anzunehmen, daß **I** später als **II**, **III** u. *Epidot* entstanden ist. Nach der Bldg. ähnelt **I** vom Turjinsk-Fundort sowohl dem Vork. von Tetjuche (Ggw. von Hedenbergit u. Ilvait) als auch dem Vork. im Nordkaukasus (Ggw. von **III** u. **IV**). (Записки Всесоюзного Минералогического Общества [Schr. Allunions mineralog. Ges.] [2] **79.** 302—04. 1950.)
LEBTAG. 380

**A. I. Ginsburg,** *Kryshanowskit — ein neues Mineral aus der Phosphatgruppe.* Beschreibung eines im Kalbinski-Bergrücken gefundenen neuartigen Phosphatgesteines, das Kryshanowskit benannt wurde. Es stellt ein umgewandeltes *Triphylin*-Mineral dar u. findet sich in enger paragenet. Assoziation mit anderen, ähnlichen Phosphaten. Es enthält: 35,30(%) $P_2O_5$, 34,62 $Fe_2O_3$, 16,39 MnO, 1,30 MgO, 1,50 CaO, 8,75 $H_2O^+$, 0,95 $H_2O^-$, 0,56 unlösl. Bestandteile. Als Formel nimmt Vf. $(MnCaMg)O \cdot Fe_2O_3 \cdot P_2O_5 \cdot 2\,H_2$ Oan. (Доклады Академии Наук СССР [Ber. Akad. Wiss. UdSSR] [N. S.] **72.** 763—66. 1/6. 1950. Mineralog. Museum der Akad. der Wiss. der UdSSR.)
v. MICKWITZ. 380

**Victor Charrin,** *Sedimentäre metallhaltige Minerallager in Frankreich.* Überblick. (Génie civil **127.** 148—49. 15/4. 1950.) HOCHSTEIN. 383

**Phillip L. Merritt,** *Uranfunde in den Vereinigten Staaten.* Inhaltsgleich mit der C. **1951.** I. 1712 referierten Arbeit. (Trans. Canad. Inst. Mining Metallurgy Mining Soc. Nova Scotia **53.** 289—94. 1950.) PAHL. 384

**W. Petrascheck,** *Die Bodenschätze der Erde und ihr Verbrauch.* Der Bericht umfaßt die Lagerstätten u. Vorräte von *Erdöl, Kohle, U, Pb, Zn, Au, Quecksilber, Platinmetallen, Mangan, Wolfram, Nickel, Cr, Mo, Leichtmetallen, Pyrit, Anhydrit, Phosphor, Salzen, Glimmer, Diamant* u. *Erden* bis zum Jahre 1948. (Z. dtsch. geol. Ges. **100.** 181—87. 1948; ausg. 25/10. 1950. Leoben.) ZEDLITZ. 384

**N. D. Ssobolew,** *Zur Charakteristik der kaukasischen Ultrabasite.* Aus der Geologie der kaukas. *Ultrabasite* (**I**), ihrer gesteinsbildenden Mineralien, chem. Zus. u. Petrographie, ferner aus der Mikrotextur der *Serpentinite* (**II**), den Phasen der Serpentinisierung sowie aus Metamorphose u. Verwitterung von **II** wird geschlossen, daß die Serpentinisierung von **I** ein intermittierender Prozeß ist, der je nach den geolog. Verhältnissen abklingt oder auflebt. Die Serpentinisierung ist vorwiegend allomorpher, teilweise automorpher Natur. (Известия Академии Наук СССР, Серия Геологическая [Nachr. Akad. Wiss. UdSSR, geol. Ser.] **1953.** Nr. 1. 140—57. Jan./Febr.)
LEBTAG. 385

**F. A. Paneth,** *Die Häufigkeit des Meteoritenfalls.* Histor. Übersicht. (Proc. Roy Instn. Great Britain **34.** 375—81. 1950.) GEHLEN-KELLER. 397

# D. Organische Chemie.

## $D_1$. Allgemeine und theoretische organische Chemie.

**G. D. Watkins** und **R. V. Pound,** *Die rein elektrische Kernquadrupolresonanz von* $^{14}N$ *in drei Feststoffen mit Molekülgitter.* Es wurde die reine Quadrupolresonanz des $^{14}N$ in *Jodcyan* (**I**), *Bromcyan* (**II**) u. *Hexamethylentetramin* (**III**) mittels eines von Vff. früher beschriebenen (C. **1952.** 4720) rf-Spektrometers bei —196, —74, 0° u. Zimmertemp. gemessen. Außerdem wurden nach der Sättigungsmeth. die Relaxationszeiten gemessen; sie betrugen bei 0° für **I** 7,4, für **II** 2,7 u. für **III** 0,17 Sek.; für **III** bei —74° 1,7 u. bei —196° 11 Sekunden. (Physic. Rev. [2] **85.** 1062. 15/3. 1952. Cambridge, Mass., Harvard Univ.) ZIMMER. D 95

**Gustav Kortüm** und **Günter Dreesen,** *Über die Konstitutionsabhängigkeit der Schwingungsstruktur im Absorptionsspektrum von aromatischen Kohlenwasserstoffen.* Die mehrfachen Verss., die Konstitutionsabhängigkeit der Schwingungsstruktur im Absorptionsspektr. aromat. KW-stoffe zu deuten (Stoßverbreiterung, inter- u. intramol. STARK-Effekt), erweisen sich bei näherer Unters. durchweg als unbefriedigend. Rein phänomenolog. wurde die Konstitutionsabhängigkeit der Schwingungsstruktur mit der ebenen Anordnung der Moll. bzw. mit der Verkürzung der Lebensdauer angeregter Zustände durch Energieübertragung auf schwingungsfähige Substituenten in Zusammenhang gebracht. An Hand früherer u. eigener Messungen wird gezeigt, daß für ein starres Molekülmodell das Auftreten von Schwingungsstruktur notwendig ist. Sie geht dagegen stets mehr oder weniger verloren, wenn durch Torsionsschwingungen einzelner Molekülteile gegeneinander Anregungszustände verschied. Chromophore in Konkurrenz treten können. Die hierdurch bedingte verkürzte Lebensdauer eines angeregten Zustandes verursacht den Verlust an Schwingungsstruktur. Gemessen wurde die UV-Absorption von *Toluol, Di-* (I), *Tri-* u. *Tetraphenylmethan, Tetraphenyläthan, Triphenylamin* (II), *Diphenyl* (III), *α.ω-Tetraphenyläthylen, -butadien, -octatetraen, -decapentaen* u. *-dodecahexaen,* sämtlich in Cyclohexan, sowie von I u. III in der Dampfphase u. von II in konz. $H_2SO_4$. (Chem. Ber. **84.** 182—203. 1951. Tübingen, Univ.) WISSEROTH. D 118

**W. D. Kumler, L. A. Strait** und **Edward L. Alpen.** *Die Ultraviolettabsorptionsspektren von α-Phenylcarbonylverbindungen.* Die Absorptionsspektren der α-Phenylcarbonylverbb.: *Phenylacetaldehyd* ($Kp._5$ 70—71°), *Phenylaceton* ($Kp._3$ 69—71°, *Semicarbazon,* aus A., F. 186—187°), *Phenylmethylaceton* (I), *Phenyldimethylaceton* (II), *dl-Methadonhydrochlorid* (aus A., F. 241—242°) u. *3.3-Diphenylbutanon-(2)* ($Kp._1$ 132°, F. 39—40°; *Semicarbazon,* F. 177—178° korr.) sowie von *β-Phenylpropionaldehyd, γ-Phenylbutyraldehyd, Phenylessigsäure* (aus Isopropanol, F. 76—77°), *Diphenylessigsäure* (aus 60%ig. A., F. 143—144°) u. *Dibenzyl* (aus A., F. 52°) wurden gemessen. Alle α-Phenylcarbonylverbb. haben eine Bande bei 290—310 mμ von unerwartet hoher Extinktion, die nur auf einer Wechselwrkg. zwischen der Phenyl- u. der CO-Gruppe über das gesätt. C-Atom hinweg beruhen kann. Es wird damit gezeigt, daß zwei chromophore Gruppen nicht ganz unabhängig voneinander absorbieren, wenn sie durch ein gesätt. C-Atom getrennt sind. Der Effekt kann durch Hyperkonjugation erklärt werden.

Versuche: *β-Phenylpropionaldehyd,* $Kp._{11}$ 118,5—119°, aus Hydrozimtsäure u. Thionylchlorid (→ Hydrozimtsäurechlorid, $Kp._{2-3}$ 77—78°) u. Red. nach ROSENMUND; 62% (Ausbeute). — *γ-Phenylbutyraldehyd,* F. 46—48° (korr.), aus γ-Phenylpropyl-MgBr in Ae. mit Äthylorthoformiat, 6 Std. unter Rückfluß, u. Zers. des gebildeten Acetals durch Dest. mit 10%ig. $H_2SO_4$. *2.4-Dinitrophenylhydrazon,* F. 106—107° (korr.), nach Sintern bei 104°. *3-Phenylbutanon-(2)* (I), $Kp._{1,5}$ 78—78,5°, $Kp._{22}$ 106 bis 108°, aus Phenylmethylacetonitril u. $CH_3MgJ$; 28%, $n_D^{25}$ 1,5085. *Semicarbazon,* F. 156 bis 158° (korr.). *3-Methyl-3-phenylbutanon-(2)* (II), $Kp._2$ 72—74°, $Kp._{15}$ 76—77° (?), aus Phenyldimethylacetonitril u. $CH_3MgJ$ analog; 61%; $n_D^{25}$ 1,5074. *Semicarbazon,* F. 184,5 bis 186,5° (korr.) (J. Amer. chem. Soc. **72.** 1463—66. April 1950. San Francisco, Calif., Coll. of Pharmac., u. Univ.. Spectrograph. Labor.) D. BRÜCK. D 118

**Tadao Sugita, Ichiro Nakagawa** und **Kazuo Kurosaki,** *Die Ultrarotspektren von Acetylprolin-N-methylamid und die Konfiguration eines Prolinrestes in einer Polypeptidkette.* Das an einer stark verd. $CCl_4$-Lsg. aufgenommene Ultrarotspektr. von *Acetylprolin-N-methylamid* (I) zeigt nur eine NH-Valenzschwingungsbande bei 3350 $cm^{-1}$, die der über eine Wasserstoffbrücke gebundenen NH-Gruppe zugeordnet wird. Die Frequenz dieser Bande bleibt bei Änderung der Konz. u. Temp. konstant. Das *Acetylglycin-N-methylamid* (II) zeigt unter gleichen Untersuchungsbedingungen dagegen zwei Banden bei 3440 u. 3350 $cm^{-1}$, von denen die erste der „unassoziierten" u. die zweite der „gebundenen" NH-Gruppe zugehört. Das Intensitätsverhältnis dieser beiden Banden variiert stark mit der Temp. (MIZUSHIMA u. Mitarbeiter, C. **1952.** 3498 u. J. Amer. chem. Soc. **74.** [1952.] 270). Aus diesen Ergebnissen schließen Vff., daß I ausschließlich in „gefalteter" Konfiguration I, II dagegen in „gefalteter" u. in „offener" Form vorkommen kann. Dies zeigt sich auch an der viel größeren Löslichkeit von I im unpolaren $CCl_4$, die in der inneren Wasserstoffbrücke begründet ist. Analoge Ergebnisse werden an der C=O-Valenzschwingung gefunden: Hier hat I zwei Banden bei 1635 u. 1690, von denen die erste dem in der inneren Wasserstoffbrücke gebundenen u. die zweite dem freien Carbonyl entspricht. Auch das relativ kleine Dipolmoment von 3,3 D spricht für eine gefaltete Konfiguration von I. (Nature [London] **169.** 1058—59. 21/6. 1952. Hongo, Tokio, Fac. of Sci., Chem. Labor.) LÜTTKE. D 120

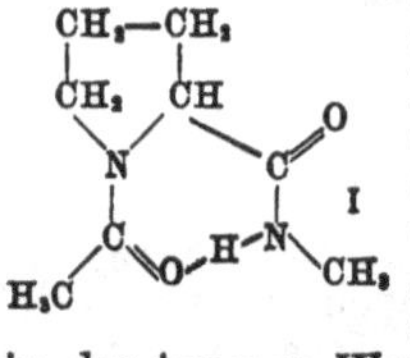

I

**D. Barnard, L. Bateman, A. J. Harding, H. P. Koch, N. Sheppard** und **G. B. B. M. Sutherland,** *Eine infrarotspektroskopische Untersuchung der Doppelbindungsstruktur in einfachen acyclischen Terpenen und ihren Derivaten.* Die Infrarotspektren von 25 gereinigten acycl. Monoterpenen werden beschrieben u. diskutiert, unter besonderer Berücksichtigung von Lage u. Konfiguration der Doppelbindung. Ein halbquantitatives Verf. zum Nachw. von Isopropenylendgruppen wird angegeben, eigene u. von THOMPSON u. WHIFFEN (J. chem. Soc. [London] **1948.** 1412) gefundene Werte werden diskutiert. Vff. weisen nach, daß einige der charakterist. Schwingungsfrequenzen der Alkohol-, Äther- u. Vinylgruppen verändert werden, wenn sie in der Nachbarschaft von Allylgruppen auftreten. Es wird durch Infrarotanalyse der durch Hochvakuumdest. erhaltenen Fraktionen des Geranylchlorids (VI) gezeigt, daß dieses ein Isomerengemisch aus prim. u. tert. Verb. ist. In Tabellen werden die Gruppenfrequenzen von $CH_2 : CR_2$, $CHR:CR_2$, $CH_2:CHR$, $CH_2$ u. C·O oder C:O gegeben, die Spektren werden aufgeführt. Nach Angabe der Vff. besitzen gereinigte Proben der natürlich vorkommenden acycl. Terpene im Gegensatz zu chem. Angaben Isopropylidenendgruppen. Untersucht wurden: *Geraniolen*, *α-Lupen* ($C_{30}H_{50}$), *Lupeol* ($C_{30}H_{50}O$), *2-Methylpenten-(1)-on-(4)*, *2.3.3-Trimethylbuten-(1)* [aus tert.-Butyl-MgCl u. Aceton u. Dehydratation des gebildeten 2.3.3-Trimethylbutanol-(2)], *2.4.4-Trimethylpenten-(1)*, *2-Methylpenten-(2)* [$Kp._{751}$ 66,6°, durch Dehydratation von 2-Methylpentanol-(2) u. Trennung vom 2-Methylpenten-(1) durch Kolonnendest.], *2-Methylbuten-(2)* [aus 2-Methylbutanol-(2); $n_D^{15,5}$ 1,3908], *2-Methylhepten-(2)-on-(6)* (I; $Kp._{12}$ 58°, $n_D^{12,5}$ 1,4414, *Semicarbazon*, aus Bzl.–PAe. [Kp. 60—80°], F. 135,5—136°), (±)-*2-Methylhepten-(2)-ol-(6)* ($Kp._{14}$ 76,5—77°, aus I mit Al-Isopropylat in Isopropanol, $n_D^{11,5}$ 1,4515, $n_D^{20}$ 1,4481), *Citronellol* ($Kp._{14}$ 113,8—114.2°, $n_D^{21}$ 1,4561), *Citronellal* (II; $Kp._{17}$ 89,0—89,5°, $n_D^{20}$ 1,4500), II-*Semicarbazon* (aus PAe. [Kp. 60—80°], F. 82,5°), *Geraniol* (V; $Kp._{13}$ 114°, $n_D^{11}$ 1,4806, $n_D^{14}$ 1,4782, Reinigung über das $CaCl_2$-Addukt oder das *Diphenylurethan* [III], F. 80,5 bis 81°), *Nerol* ($Kp._{12}$ 105°, $n_D^{11}$ 1,4795, *Tetrabromid*, F. 116—118°, *Diphenylurethan*[IV], F. 50—51°), Mischung von *cis-* u. *trans-Geraniumsäureamid*, *3.7-Dimethyloctadien-(2.6)*, *Dihydromyrcen*, *Digeranyl* [*2.6.11.15-Tetramethylhexadecatetraen*], *Isodigeranyl*, *Homogeraniumsäure* u. *-säureamid*, *Digeranyläther*, *Geranylaminhydrochlorid* (F. 146°), *Geranylchlorid* (VI; $C_{10}H_{17}Cl$, $Kp._{0,2}$ 45—70°, aus V), *Linalool* ($Kp._{14}$ 86°, $n_D^{19}$ 1,4630) u. *Isohomogeraniumsäureamid*. Eigg. der Mischkristallreihe III—IV sind angegeben. (J. chem. Soc. [London] **1950**. 915—25. März. Cambridge, Labor. of Coll. Sci., u. Welwyn Garden City, Herts., British Rubber Producers' Res. Assoc.) STRAUSS. D 120

**Richard H. Wiley** und **Richard P. Davis**, *Molekularrefraktionen der $SO_3$- und $SO_2Cl$-Gruppen in p-Äthylbenzolsulfochlorid und den Methyl-, Äthyl- und n-Butylestern der p-Äthylbenzolsulfonsäure.* *p-Äthylbenzolsulfochlorid* (I) sowie die *p-Äthylbenzolsulfonsäuremethyl-* (II), *-äthyl-* (III) u. *-n-butylester* (IV) wurden dargestellt u. ihre Mol.-Refr. bestimmt. Das Inkrement der $SO_2Cl$-Gruppe in I ist mit 16,77 erheblich höher als in anderen Verbb. mit der gleichen Gruppe. Als Inkremente der $SO_3$-Gruppe wurden erhalten in II 10,72, in III 9,95, in IV 10,54.

Versuche: *p-Äthylbenzolsulfochlorid* (I), $Kp._{16}$ 143°, aus p-Äthylbenzolsulfonsäure (aus Äthylbenzol u. konz. $H_2SO_4$) mit $PCl_5$; $n_D^{20}$ 1,5469, $D.^{20}_{20}$ 1,268; 47% (Ausbeute). — *p-Äthylbenzolsulfamid*, F. 108°, aus I; 89%. — *p-Äthylbenzolsulfonsäuremethylester* (II), $C_9H_{12}O_3S$, $Kp._2$ 128°, aus I, $CH_3OH$ u. NaOH; $n_D^{20}$ 1,5181, $D.^{20}_{20}$ 1,193; 61%. — Analog: *p-Äthylbenzolsulfonsäureäthylester* (III), $C_{10}H_{14}O_3S$, $Kp._4$ 142—150°, $n_D^{20}$ 1,5150, $D.^{20}_{20}$ 1,178; 67%. — *p-Äthylbenzolsulfonsäure-n-butylester* (IV), $C_{12}H_{18}O_3S$, $Kp._4$ 159°, aus I, n-Butanol u. Pyridin, $n_D^{20}$ 1,5051, $D.^{20}_{20}$ 1,114; 71,6%. — Verss., analoge Ester mit Isopropyl-, n-Amyl-, sek.-Butyl-, Benzyl- u. 2-Äthylhexylalkohol herzustellen, scheiterten. — UV-Absorptionsmaxima von I—IV in 95%ig. A.: 264 ± 2 mμ. (J. Amer. chem. Soc. **74**. 6142—44. 5/12. 1952. Louisville, Ky., Univ., Dep. of Chem.) J. ROTHE. D 122

**Margaret M. Moodie** und **C. Reid**, *Inter- und intramolekulare Energieübertragungsprozesse.* 2. Mitt. *Kohlenwasserstoff–Kohlenwasserstoff-Systeme.* (1. vgl. C. **1952**. 2143.) Die mit dem Hg-Bogen erregten Emissionen verschied. KW-stoffe in Lösungsmitteln verschied. Polarität in Form von wahren Lsgg. oder Suspensionen wurden bei 20° sowie bei tiefen Tempp. (—70 u. —180°), bei denen die Lösungsmittel klare glasige Massen bilden, gemessen. Untersucht wurden: *Naphthacen* (I), *Anthracen* (II), *Chrysen* (III), *1.2;5.6-Dibenzanthracen* (IV), *9.10-Dichloranthracen* u. *Pyren* bzw. ihre Gemische. Als Lösungsmittel dienten Mischungen von *Ae.–Isopentan–A.*, *Ae.–Isopentan*, *Methanol–A.–Isopropanol*, *Ae.–Methylcyclohexan–Isopentan* u. *Isopentan–Methylcyclohexan*. Es wird gezeigt, daß zwischen zwei Moll. in Lsg. keine intermol. Energieübertragungen über größere Entfernungen auftreten. In heterogenen Systemen, in denen eine Komponente in mikrokristalliner Form vorhanden ist, die andere dagegen gelöst ist, werden jedoch sehr wirksame Energieübertragungen vom gelösten zum festen, suspendierten Stoff beobachtet. So wird durch Zusatz einer II-Lsg. zu einer I-Suspension bei —180° eine breite, intensive Emissionsbande bei 5330 Å erzeugt, deren Intensität der II-Konz. proportional ist. Bei Zusatz einer III-Lsg. an Stelle der II-Lsg. liegt die Bande bei 5440 Å, bei der IV-Lsg. indessen um 5500 Å. Das Auftreten der neuen Emission hängt von der Polarität des Lösungsm. ab. Absorptionsmessungen bei —180° an den verschied. KW-stoffsystemen u. den getrennten Komponenten zeigen charakterist. Veränderungen der Absorptionsbanden für die Systeme, bei denen Energieübertragungsprozesse erfolgen. Bei —70° sind die Erscheinungen abgeschwächt, bei Raumtemp. nicht vorhanden. Die Diskussion der Meßergebnisse führt zu der Annahme der Bldg. von Komplexen zwischen den KW-stoffmoll. des Kristalls u. den an den Kristalloberflächen adsorbierten Moll. der Lsg., wobei die Bindungsenergie dieser Komplexe wenigstens 300 cal/Mol betragen dürfte. Als wahrscheinlichster Mechanismus der Energieübertragung wird Resonanzübertragung zwischen den Moll. angenommen, bevor das angeregte Mol. seine Schwingungsenergie verliert. (J. chem. Physics **20.** 1510—15. Okt. 1952. Vancouver, Brit. Columbia, Can., Univ.) RUDOLPH. D 125

**J. G. Powles,** *Dielektrische Relaxation im d-Campher.* Die Unters. des dielektr. Verh. von *d-Campher* im Temperaturgebiet von —54 bis +118° bei 9330 MHz ergab eine Sprungstelle der DK. bei Erwärmung bei —30°, bei Abkühlung bei —40°. Das anomale Verh. zeigt sich insofern, als sich die DK. bei 97° (Umkristallisationspunkt des d-Camphers) stetig mit der Temp. ändert. (J. chem. Physics **20.** 1648—49. Okt. 1952. Princeton, N. J. Univ., Frick Chem. Labor.) H. JACOB. D 132

**H. S. Gutowsky, D. W. McCall, B. R. McGarvey** und **L. H. Meyer,** *Elektronenverteilung in Molekülen. 1. Mitt. Magnetische Abschirmung beim $^{19}F$-Kern und Substituenteneinfluß bei einigen Benzolderivaten.* Die magnet. Kernabschirmung bei $^{19}F$ in *Fluorbenzol* wird mit der in einer Anzahl mono- u. polysubstituierter Fluorbenzole verglichen, um einen $\delta$-Parameter als Änderung der Abschirmung durch den Substituenten zu bestimmen (vgl. C. **1952.** 6020); allg. sollen der Einfl. von Substituenten auf die Elektronenverteilung u. deren Einfl. auf den Kernspin untersucht werden. Zwischen den $\delta$-Werten u. den HAMMETTschen $\sigma$-Konstanten besteht bei den m-substituierten Derivv. die Beziehung $\sigma_m = 1{,}69\ \delta_m$, bei den p-substituierten gilt $\sigma_p = 0{,}560\ \delta_p + 0{,}271$. Eine eingehende Analyse der $\delta$- u. $\sigma$-Werte erlaubt Aufschlüsse über die Natur der wirksamen elektron. Effekte. Bei o-Substitution ist der Effekt stärker u. zum Teil qualitativ anders als bei m- u. p-Substitution. Bei polysubstituierten Fluorbenzolen sind die $\delta$-Werte häufig additiv. Im einzelnen wurden untersucht: *o-, m-* u. *p-Nitro-, -Cyan-, -Jod-, -Brom-, -Chlor-, -Methyl-* u. *-Äthoxyfluorbenzol, o-, m-* u. *p-Fluorbenzoesäure, -phenol* u. *-anilin, -Difluorbenzol* sowie *o-* u. *p-Fluoracetanilid* u. *-anisol, p-Fluorbenzolsulfochlorid, -benzotrichlorid, -diphenyl, -diphenylamin, -dimethylanilin, m.m'-* u. *p.p'-Difluordiphenyläther, o-Fluorzimtsäure, α-m-Fluorphenyläthylalkohol, m-Fluorbenzotrifluorid, 2-* u. *3-Nitro-4-fluoranilin, 1.3.5-* u. *1.2.4-Trifluorbenzol, 1.3-Difluor-5-jodbenzol, 2.4-Dinitrofluorbenzol, 2-Amino-1.4-* u. *-1.5-, 2-Nitro-1.4-* u. *-1.5-, 2-Chlor-1.4-* u. *-1.5-, 2-Brom-1.4-, 2-Jod-1.4-* u. *-1.5-* sowie *2-Trifluormethyl-1.4-difluorbenzol, Fluormesitylen, 2.5-Dichlor-* u. *-Dibrom-1.4-difluorbenzol, 1.2.4.5-Tetrafluorbenzol, 5-Brom-* u. *6-Trifluormethyl-1.2.4-trifluorbenzol, 1.3-Di-* u. *1.3.5-Trifluormesitylen.* (J. Amer. chem. Soc. **74.** 4809—17. 5/10. 1952. Urbana, Ill., Univ., Noyes Chem. Labor.) K. L. WOLF. D 137

**Paul Arthur** und **Harold Lyons,** *Polarographie in wasserfreien organischen Lösungsmitteln. Säurehalogenide in Aceton.* In einer H-Typzelle (Skizze) mit kleinem Hg-Teich als Anode wird die zu untersuchende Lsg. (Elektrolyt LiCl) mit bes. gereinigtem $N_2$ 10—15 Min. entgast (Entfernung des $O_2$, der unechte Potentialstufen verursacht). Lösungsm. wasserfreies Aceton. Der Abstand von der Hg-Tropfelektrodenspitze zur Hg-Teichoberfläche beträgt 5—6 mm, damit der innere Widerstand der Zelle 8000 $\Omega$ nicht übersteigt. Als Bezugselektrode zur Vermeidung von Wasserzutritt zur Analyse u. zur Kontrolle des Schwankungen um 0,1 V unterlegenen Potentials der Hg-Teichanode vor u. während der Best. entwickeln Vff. eine acetongesätt. Kalomelelektrode (A. S. C. E.). Eine Paste bestehend aus LiCl, Kalomel u. Hg ist mit Acetonlsg. überschichtet. Letztere enthält 6 g Kalomel u. 1,5 g LiCl in 100 ml Aceton. — Testanalysen von Pb u. Cd in Methanol, A. bzw. Eisessig geben gut ausgebildete, reproduzierbare Polarogramme. — Folgende Säurehalogenide werden untersucht: *Acetyl-* (**I**), *Propionyl-* (**V**), *Butyryl-, Isovaleryl-* (**VI**), *Benzoyl-* (**III**), *β-Phenylpropionylchlorid, Acetyl-, Propionyl-* (**II**) u. *Benzoylbromid* (**IV**). Wenn der Zutritt von Feuchtigkeit peinlichst vermieden wird, geben die Messungen brauchbare Werte; konstant bei **I** im Konzentrationsbereich von 0,0034—0,014 mol oder **II** zwischen 0,005 u. 0,017 molar. Die aliphat. Säurechloride unterscheiden sich polarograph. kaum voneinander, wohl aber gegenüber **III.** Die Best. von **II, III** u. **IV** ist schwierig, weil die Spannung während der Analyse bis zu —1,2 V steigt, so daß schließlich das Hg in ununterbrochenem Strahl aus der Tropfelektrode fließt. Vff. nehmen an, daß Spuren von W. Benzoylhalogenid verseifen u. die entstehende Benzoesäure die Schwierigkeiten verursacht. Auf Grund eines Diagrammes E gegen $i/i_d - i$ für **V** u. **VI** sehen Vff. den Vorgang bei der Elektrolyse als 1-Elektronen-Rk. an, bei der freie Radikale entstehen. (Analytic. Chem. **24.** 1422—25. Sept. 1952. Stillwater, Okla., Oklahoma Agric. and Mechan. Coll., Dep. of Chem.) BARCHET. D 142

**James A. Beattie, Donald R. Douslin** und **Samuel W. Levine,** *Kompressibilität und Zustandsgleichung von gasförmigem Neopentan.* Vff. bestimmten die Kompressibilität von 2.2-Dimethylpropan im Temperaturintervall von 160,60° (krit. Temp.) bis 275° u.

im Dichte-Intervall von 1—7 Mol/Liter, wobei der maximale Druck ca. 300 at betrug. Die Konstanten der BEATTIE-BRIDGEMANschen Zustandsgleichung ergaben sich zu $R = 0,08206$, $A_0 = 23,3300$, $a = 0,15174$, $B_0 = 0,33560$, $b = 0,13358$, $c = 400 \cdot 10^4$ (in Einheiten: Normalatmosphären, Liter/Mol, °K), wobei für das Mol.-Gew.72,0924 g/Mol gesetzt wurde. Aus dem Diagramm $V[(pV/RT) - 1]$ gegen $1/V$ wurde der 2. Virialkoeff. des Neopentans in Abständen von 25° graph. ermittelt. (J. chem. Physics **20.** 1619—20. Okt. 1952. Cambridge, Mass., Massachusetts Inst. of Technol., Dep. of Chem.) E. HEINRICH. D 148

**W. A. Kirejew, Ju. N. Scheinker** und **Je. M. Peressleni,** *Phasengleichgewicht Flüssigkeit–Dampf in einigen binären Systemen.* Vff. beschreiben ein Ebullioskop für die Unters. der Phasengleichgewichte Fl.–Dampf im Druckbereich 20—760 mm u. Temperaturbereich 30—200°. Aus der Unters. des Phasengleichgewichtes von *Toluol* (I)–*Cyclohexanon,* I-*Isobutylalkohol* (II) u. I-*Isopropylalkohol* (III) bei 760 mm Hg geht hervor, daß in I–II der azeotrope Punkt dem Kp. 100,7° u. 51,7 Mol.-% I entspricht. In I–III entspricht er 15,5 Mol-% I u. dem Kp. 81,2°. (Журнал Физической Химии [J. physik. Chem.] **26.** 352—57. März 1952. Moskau, Allunions Wiss. Chem.-Pharmazeut. Ordshonikidse-Inst.) LEBTAG. D 150

**G. E. Coates, F. Glockling** und **N. D. Huck,** *Dimethylberyllium.* 1. Mitt. *Dampfdruck und Assoziation in der Dampfphase.* Der Dampfdruck von Dimethylberyllium wurde zwischen 100 u. 180° u. die Dampfdichte zwischen 160 u. 200° gemessen. Es ergab sich von 100—155°: $\log p_{mm} = 12,530 - 4771/T$ u. von 155—180°: $\log p_{mm} = 13,292 - 5100/T$. Die extrapolierte Sublimationstemp. ist 217°. Aus der Druckabhängigkeit wird geschlossen, daß der Dampf Monomere, Dimere, Trimere u. nahe der Sättigungsgrenze noch höhere Polymere enthält. Für die di- u. trimere Form werden Strukturen angegeben. Entropien u. Energien für die Gleichgewichte Monomer–Dimer u. Monomer–Trimer werden angegeben. Die Entropieänderung bei der Dimerisation wird untersucht bzgl. einer möglichen Teilnahme der 3d-Schale des C. (J. chem. Soc. [London] **1952.** 4496—4501. Nov. Bristol, Univ.) W. KAUFMANN. D 150

**Raymond A. Nelson** und **Ralph S. Jessup,** *Die Verbrennungs- und Bildungswärme des flüssigen Äthylenimins.* Die Verbrennungswärme des fl. $C_2H_5N$ wird in einem mit Benzoesäure geeichten Verbrennungscalorimeter bestimmt; für $T = 300°$ K u. $P = 0$ ergibt sich $-1591,36 \pm 0,57$ kJ. Daraus folgt die Standardbildungswärme zu $91,90 \pm 0,59$ kJ/Mol. Die Bildungswärme des $C_2H_5N$ (g) berechnet sich daraus mit Hilfe einer geschätzten Verdampfungswärme von 4 kcal/Mol zu 26 kcal/Mol, während die Summe der Bindungsenergien 12 kcal/Mol beträgt. Die Differenz (= Spannungsenergie) ist demnach 14 kcal/Mol; bei Cyclopropan, Äthylenoxyd u. Äthylensulfid erhält man 25, 13 u. 9 kcal/Mol. (J. Res. nat. Bur. Standards **48.** 206—08. März 1952. Washington, D. C., Nat. Bur. of Standards.) WITTIG. D 155

**Simon H. Herzfeld,** *Kritische Konzentrationen von Kaliumsalzen der n-Fettsäuren, wie sie durch Änderung von Farbe und Spektrum des Pinacyanols bestimmt werden.* Die für die Micellenbldg. krit. Konzz. ($C_\mu$) der K-Salze von n-Fettsäuren (Hexanoat bis Tetradecanoat), die titrimetr. unter Verwendung von Pinacyanol (I)-chlorid (J. chem. Physics **14.** [1946.] 216, 480) als Indicator bestimmt werden, entsprechen der Gleichung $\log C_\mu = 1,70 - 0,301$ N, wobei N die Zahl der C-Atome im Alkylradikal bedeutet. Aus der der Seifenkonz. proportionalen opt. D. werden bei mittleren Wellenlängen von 3 Absorptionsbanden in Ggw. von I die gleichen $C_\mu$-Werte für Seifen von 9—14 C-Atomen erhalten wie bei dem visuellen Verfahren. Für Seifen kürzerer Kettenlänge liegen die spektrophotometr. bestimmten Werte für die krit. Konzz. bedeutend tiefer als die visuell ermittelten Werte. Nach DEBYE bedeutet der Koeff. von N in der genannten Gleichung die Energieänderung während der Micellisation je $CH_2$-Gruppe, geteilt durch $2,303 \cdot (3 \cdot k \cdot T)$. CORRIN drückt beide Konstanten in Termen der Standard-Freie-Energieänderungen, die die Micellisation begleiten, aus. Die Lichtabsorptionswerte frisch bereiteter Seifen–I-Lsgg. ändern sich mit der Zeit, so daß man geneigt ist, die Micellenbldg. nicht als einen augenblicklich verlaufenden Vorgang anzusehen. Die zur stärksten Micellenbldg. nötige Zeit scheint mit der Kettenlänge abzunehmen. (J. physic. Chem. **56.** 953—59. Nov. 1952. Chicago, Ill., Univ., Dep. of Chem.) WESLY. D 163

**Simon H. Herzfeld,** *Wirkung von Salzen auf die kritischen Konzentrationen von Kaliumsalzen der n-Fettsäuren, wie sie durch die Farbänderung von Pinacyanol bestimmt werden.* (Vgl. vorst. Ref.) Die krit. Konz. $C_\mu$ u. die Geschwindigkeit, mit der diese sich mit zunehmender Konz. von zugeführtem KCl ändert, nimmt für die untersuchten K-Salze von n-Fettsäuren (Heptanoat bis Undecanoat u. Tridecanoat) mit der Salzkonz. ab. Die gefundenen Werte genügen der Gleichung $\log C_\mu = a + b \log C_i$, wobei $C_\mu$ die krit. Molarität u. $C_i$ die Gesamtvolumennormalität des Gegenions darstellen. Die Neigung dieser Kurve ist weitgehend unabhängig von der Kettenlänge. Die Größe a der genannten Gleichung wird von HOBBS (C. **1952.** 1614) als eine Funktion der Wärmeenergie u. der Arbeit der Micellenbldg., b von CORRIN (J. Colloid Sci. **3.** [1948.] 333) als das Verhältnis der Zahl der Gegenionen zu der der Langkettenionen in der Micelle bei der krit. Konz. gedeutet. Man folgert, daß dieses Verhältnis unabhängig von der Konz. des zugesetzten Salzes ist. HOBBS u. CORRIN kommen zu Gleichungen der gleichen Art wie die oben genannte. (J. physic. Chem. **56.** 959—63. Nov. 1952.) WESLY. D 163

**I. G. Ross,** *Berechnung der Energieniveaus im Acetylen mittels der Methode antisymmetrischer Molekülbahnen unter Berücksichtigung von σ-π-Wechselwirkung.* Es wird eine vollständige Berechnung der Energieniveaus des *Acetylens* (I) mittels der Meth. der asymm. Molekülbahnen (ASMO) einschließlich vollständiger Konfigurationswechselwirkungen gegeben. Der Berechnung ist ein C—C-Abstand im **I** von 1,203 Å zugrunde gelegt. Vf. kommt zu dem Schluß, daß eine σ-π-Wechselwrkg. in den niedrigen Energieniveaus von mehrfach gebundenen KW-stoffen, wie es ALTMAN (Proc. Roy. Soc. [London], Ser. A. **210.** [1952.] 327. 343) annimmt, unwahrscheinlich ist. Als die niedrigsten angeregten Zustände werden $^3\Sigma_u^+$ u. $^3\Delta_u$ gefunden, während der niedrigste Singulettzustand $^1\Sigma_u^-$ ist. Diese Ergebnisse stehen mit experimentellem Material im Einklang. (Trans. Faraday Soc. **48.** 973—91. Nov. 1952. London, Univ. Coll., William Ramsay and Ralph Forster Labors.) ZIMMER. D 182

**P. W. Allen, H. J. M. Bowen, L. E. Sutton** und **O. Bastiansen,** *Die Molekularstruktur von Aceton.* Mit Hilfe von Elektronenbeugung wurde die Molekularstruktur von *Aceton* nach der visuellen Meth. u. der Sektormeth. untersucht. Die erhaltenen Daten der beiden Methoden stimmten innerhalb der Fehlergrenzen überein. Die folgenden Abstände ergaben sich aus der Sektormeth.: C=O = 1,22 ±0,03 Å; C—C = 1,55 ±0,02 Å u. ∢ C—C—O = 119,6 ±3°. (Trans. Faraday Soc. **48.** 991—95. Nov. 1952. Oxford, Phys. Chem. Labor.) GOTTFRIED. D 182

**Vernon Myers,** *Die Kräfte zwischen Acetonmolekülen.* (Sitzungsbericht.) Vf. berichtet über die Berechnung der Fernwirkungskräfte zwischen Acetonmoll. aus dem Dipolmoment u. opt. Dispersionsdaten, die sich durch die Gleichung $V = 4{,}69 \cdot (R^{-3} + R^{-5})(2\cos\Theta_1 \cos\Theta_2 - \sin\Theta_1 \sin\Theta_2 \cos\varphi) - (533\,R^{-6} + 1210\,R^{-8})$ wiedergeben lassen, wobei R der Abstand zwischen den Mol.-Schwerpunkten, $\Theta_1$ u. $\Theta_2$ die Winkel zwischen den entsprechenden Dipolen u. R, u. $\varphi$ das relative Azimut für die Dipole bedeutet. Der Ausdruck hinter $R^{-5}$ soll annähernd der Dipol-Quadrupol-Wechselwrkg. Rechnung tragen. Die abstoßenden Nahewirkungskräfte können aus dem 2. Virialkoeff. geschätzt werden, wobei unter der Annahme eines streng kugelförmigen Modells ein Mol.-Durchmesser von 4,35 Å am besten mit den experimentellen Ergebnissen übereinstimmt. Schließlich werden auch Resultate für eine exponentielle Abstoßung gegeben. (Physic. Rev. [2] **87.** 185—86. 1/7. 1952. Pennsylvania State Coll.) NIEMITZ. D 182

**O. Hassel, E. Wang Lund** und **K. Lunde,** *1.2.4.5.-Tetrahalogencyclohexane und ihre Strukturprobleme.* Die Addition von $Cl_2$ an 1.2-Dichlorcyclohexen-(4) (I) liefert neben dem bekannten *1ε.2ε.4κ.5κ-Tetrachlorcyclohexan* vom F. 176° eine Tetrachlorverb. **IV** vom F. 226°, deren oberhalb 60—65° stabile β-Modifikation mit dem von WIBAUT u. HAAK (Recueil Trav. chim. Pays-Bas **67.** [1948.] 85) dargestellten Tetrabromcyclohexan (**VI**) isomorph ist, u. der die *1κ.2κ.4κ.5κ*-Konfiguration zugeschrieben werden kann. Die Umwandlung α → β erfolgt bei **IV** am Umwandlungspunkt nur langsam. Die Addition von $Br_2$ an **I** liefert neben *1ε.2ε-Dichlor-4κ.5κ-dibromhexan* (**II**; F. 171°) eine Dichlordibromverb. **V** vom F. 240°, deren bei höheren Tempp. beständige β-Modifikation gleichfalls mit **VI** isomorph ist. Danach besitzt **V** eine 1κ.2κ.4κ.5κ-Konfiguration. — Bei der Addition von Jodmonochlorid an Cyclohexadien-(1.4) (**III**) entstand *1.4-Dichlor-2.5-dijodcyclohexan* u. bei der Addition an **I** *1.2.4-Trichlor-5-jodcyclohexan*; die Umsetzung von „Brommonochlorid" ($Br_2 + Cl_2$) mit **III** ergab **II** u. **V**. — Kristallograph. Daten: Raumgruppe aller 1κ.2κ.4κ.5κ-Verbb. (**IV, V, VI**) ist $C^5_{2h} - P\,2_1/c$, mit (a =) 6,13 (Å); (b =) 6,74; (c =) 10,72 u. (β =) 97,8° für α-**IV**; 6,29; 6,93; 10,81 u. 98° für α-**V**; 6,40; 11,41; 6,20 u. 110° für β-**IV**; 6,79; 11,75; 620 u. 110° für β-**V** sowie 7,23; 12,32; 6,36 u. 110,5° für **VI**. — In Berührung mit ihrer gesätt. Lsg. in Essigester geht eine Mischung der α- u. β-Form von **V** im Verlauf mehrerer Tage in die bei niederen Tempp. stabile α-Form über; bei 90—95° geht diese schnell in die bei höheren Tempp. stabilere β-Form über.

Versuche: *1.2-Dichlorcyclohexen-(4)* (I), $C_6H_8Cl_2$, Kp.$_{0,5}$ 45°, F. 42° (wss. A.), aus **III** mit 1 Mol. $Cl_2$ in $CCl_4$ bei 0°. — *1.2.4.5-Tetrachlorcyclohexan,* $C_6H_8Cl_4$, aus **I** mit 1 Mol $Cl_2$ in $CCl_4$ bei 0°, a) vom F. 226° (**IV**), als in $CCl_4$ schwerlösl. Anteil, aus Essigester, b) vom F. 176°, Nadeln. — *1.2-Dichlor-4.5-dibromcyclohexan,* $C_6H_8Cl_2Br_2$, aus I mit 1 Mol $Br_2$ in $CCl_4$, a) vom F. 240° (beim schnellen Erhitzen; V), b) vom F. 171° (II), große Kreuze. — *1.4-Dichlor-2.5-dijodcyclohexan*, $C_6H_8Cl_2J_2$, F. 121°, aus III mit JCl in Ae. bei Zimmertemp. als Nd., aus Chlf. rhomb. Tafeln. — *1.2.4-Trichlor-5-jodcyclohexan*, $C_6H_8Cl_3J$, F. 128°, ebenso aus I, aus wss. A. Nadeln. (Acta chem. scand. **6.** 426—32. 1952. Blindern, Oslo, Univ., Chem. Inst.) GOLD. D 184

**Robert L. Clarke** und **John Krc jr.**, *Pseudotropin.* Zur opt. u. röntgenograph. Unters. geeignete Kristalle von *Pseudotropin* wurden durch Sublimation erhalten. Die rhomb. Kristalle bilden Täfelchen, Stäbchen oder Nadeln u. haben das Achsenverhältnis a:b:c = 0,888:1:0,760. Die Spaltbarkeit ist ausgezeichnet parallel {1 1 0}, gut parallel {1 0 0} u. schlecht parallel {0 1 0}. Die Elementarzelle hat die Dimensionen a = 9,36 Å; b = 10,55 Å; c = 8,020 Å; Z = 4. — Die Brechungsindices (5893 Å; 25°) sind $\alpha = 1{,}549 \pm 0{,}001$; $\beta = 1{,}566 \pm 0{,}001$; $\gamma = 1{,}583 \pm 0{,}001$; 2 V = 90°. Opt. Achsenebene (0 0 1). Dispersion stark, wenn (—), r > v, u. wenn (+), v > r. Auslöschung parallel u. symmetrisch. (Analytic. Chem. **24.** 1516—17. Sept. 1952. Rensselaer, N. Y., Sterling-Winthrop Res. Inst., u. Chicago, Ill., Inst. of Technol., Armour Res. Found.) GOTTFRIED. D 195

**W. Drenth** und **E. H. Wiebenga**, *Struktur von α.ω-Diphenylpolyenen.* 1. Mitt. *Kristalldaten von 1.4-Diphenylbutadien-(1.3), 1.6-Diphenylhexatrien-(1.3.5) und 1.8-Diphenyloctatetraen-(1.3.5.7).* Es wurden opt. u. röntgenograph. *1.4-Diphenylbutadien-(1.3)* (I), *1.6-Diphenylhexatrien-(1.3.5)* (II) u. *1.8-Diphenyloctatetraen-(1.3.5.7)* (III) untersucht. I krist. aus A. oder Chlf. in dünnen monoklinen Plättchen mit $\beta = 91°$. Die Ebene der opt. Achsen ist senkrecht zu (0 1 0) u. angenähert parallel (1 0 0). 2E ist ca. 80°, die b-Achse der stumpfe Bisektor. Brechungsindices (für Na-Licht) $\alpha = 1{,}520$; $\beta > 1{,}739$; $\gamma > 1{,}739$. Die Elementarzelle hat die Dimensionen a = 5,86 Å; b = 7,66 Å; c = 53,1 Å; $\beta = 91°$; Raumgruppe ist $P\,2_1/n$; Z = 8. Beim Sublimieren im Hochvakuum bei 145° gibt I rhomb. Kristalle mit den Formen (0 0 1) u. (1 1 1). Die opt. Achsen sind parallel zu (0 0 1). Brechungsindices $\alpha = 1{,}566$; $\beta > 1{,}739$; $\gamma > 1{,}739$. Die Zelle hat a = 8,89 Å; b = 8,22 Å; c = 16,68 Å; Raumgruppe P c a b; Z = 4. — II krist. aus Chlf. entweder in sehr dünnen monoklinen Platten oder in Rhomben. Der monokline Winkel ist $\beta = 97°$. In der monoklinen Form liegt die Ebene der opt. Achsen senkrecht zu (0 1 0), die spitze Bisektrix halbiert angenähert den Winkel $\beta$, $\alpha = 1{,}523$; $\beta = 1{,}604$; $\gamma > 1{,}739$. Die monokline Zelle hat a = 6,25 Å; b = 7,43 Å; c = 14,52 Å; $\beta = 97°$; Raumgruppe ist $P\,2_1/a$; Z = 2. In der rhomb. Form, die auch durch Sublimation im Hochvakuum bei 195° erhalten werden kann, liegen die opt. Achsen parallel (0 0 1). Brechungsindices $\alpha = 1{,}537$; $\beta > 1{,}739$; $\gamma > 1{,}739$. Die rhomb. Zelle hat a = 9,92 Å; b = 7,71 Å; c = 18,06 Å; Raumgruppe P c a b; Z = 4. — III krist. aus Lsg. in dünnen monoklinen oder rhomb. Platten. Der monokline Winkel $\beta$ ist 89°, die opt. Achsenebene ist senkrecht zu (0 1 0); Brechungsindices $\alpha = 1{,}531$; $\beta = 1{,}621$; $\gamma > 1{,}739$. Die monokline Zelle hat die Dimensionen a = 6,25 Å; b = 7,39 Å; c = 16,05 Å $\beta = 89°$; Raumgruppe ist $P\,2_1/a$; Z = 2. Gute rhomb. Kristalle wurden aus Äthylacetat oder durch Sublimation im Hochvakuum bei 210° erhalten. Die opt. Achsen sind parallel zu (0 0 1). Brechungsindices $\alpha = 1{,}537$; $\beta > 1{,}739$; $\gamma > 1{,}739$. Die Elementarzelle hat a = 10,06 Å; b = 7,62 Å; c = 19,88 Å; Raumgruppe ist P c a b; Z = 4. Die rhomb. Kristalle von I, II u. III zeigen beim Erhitzen keine Phasenumwandlung u. schm. bei 153, 200 bzw. 232°. Die monoklinen Kristalle gehen beim Erhitzen bei ca. 100° unterhalb der FF. in die rhomb. Formen über. Bei Zimmertemp. gehen die monoklinen Kristalle von II u. III in Berührung mit einer gesätt. Lsg. in Chlf. allmählich in die rhomb. Formen über. Infolgedessen sind die rhomb. Formen von II u. III von Zimmertemp. bis zum F. stabil; die rhomb. Form von I ist bei höheren Tempp. stabil. (Recueil Trav. chim. Pays-Bas **72.** 39—43. Jan. 1953. Groningen, Univ., Labor. of Inorgan. and Phys. Chem.) GOTTFRIED. D 195

**N. E. Duncan** und **G. J. Janz**, *Die thermische Dimerisation von Butadien und das Gleichgewicht zwischen Butadien und Vinylcyclohexen.* Die Gleichgewichtskonstante der Dimerisations-Rk. *Butadien* (I) ⇌ *3-Vinylcyclohexen* (II) von DOUMANI, DEERING u. MCKIMIS (vgl. C. **1947.** 1042) ist nach Ansicht der Vff. nur für 800° K zutreffend u. nicht für einen größeren Temperaturbereich. Auch andere kinet. Unterss. der Rk. stimmen nicht mit der thermodynam. Berechnung der Gleichgewichtskonstanten überein. Den Grund hierfür sehen Vff. in der Schwierigkeit, eine Gleichung für die therm. Dissoziation von II anzusetzen. Für die Dissoziationsgeschwindigkeit von II erhalten Vff. $k_s = 5{,}02 \cdot 10^{15} \exp(-61800/RT)\ \text{Sek}^{-1}$, für die Gleichgewichtskonstante der Rk. 2 I ⇌ II ergibt sich dann der Ausdruck $k_p = 2{,}76 \cdot 10^{-5}/RT \exp(35000/RT)$. (J. chem. Physics **20.** 1644—45. Okt. 1952. Troy, N. Y., Rensselaer Polytechn. Inst., Walker Labor., Dep. of Chem.) ZIMMER. D 221

**A. G. Brook** und **George F. Wright,** *Über die Bedeutung des „Mercurinium-Ions" bei der Oxymercurierung.* Cyclohexen bildet nach Vff. auf Grund von Auflösungsverss. in W. mit $Hg(NO_3)_2$ einen Komplex, der zum Unterschied von ähnlichen Komplexen mit Ag(I)-, Cu(I)- u. Pt(II)-Salzen durch $HNO_3$ stabilisiert wird. Da die $HNO_3$ die Hydrolyse des $Hg(NO_3)_2$ verhindert, scheint es sinnvoll, den Verlauf der Koordinierung über die Nitratgruppe anzunehmen. Zers. des Komplexes mit überschüssigem $Hg(NO_3)_2$

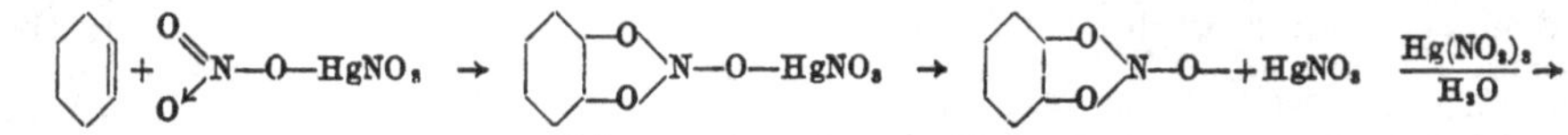

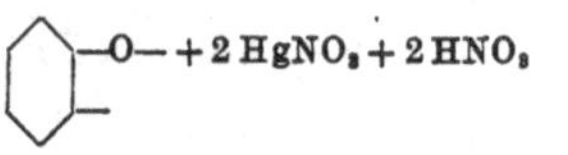

erfolgt nach nebenst. Formel. Das entstehende *Formylcyclopentan* ($Kp._{124}$ 80—81°, $D.^{20}{}_4$ 0,927, $n_D^{20}$ 1,44211; *2.4-Dinitrophenylhydrazon,* $C_{12}H_{14}O_4N_4$, aus A., F. 163 bis 164°; *Semicarbazon,* aus W., F. 123—123,5°) liegt teilweise polymer vor. Die polymere Verb. wurde als *2.4.6-Tricyclopentyl-1.3.5-trioxan,* $C_{18}H_{30}O_3$, aus A., F. 128—129° (korr.), erkannt. Daneben wurden 5% *Cyclopentancarbonsäure* ($Kp._8$ 65°, $n_D^{20}$ 1,4563) gebildet. LUCAS, HEPNER u. WINSTEIN (J. Amer. chem. Soc. **61.** [1939.] 3102) hatten das Endprod. als *1-Oxy-2-nitratomercuricyclohexan* angesehen. Vff. bewiesen die Nichtexistenz dieser Verb. unter den angegebenen Bedingungen. Wie mit wss. Lsgg. von $Hg(NO_3)_2$ trat auch mit wss. Hg(II)-Acetatlsg. u. Cyclohexen Auflösung des letzteren ein. Mit NaCl-Lsg. wurde daraus 1-Oxy-2-chlormercuricyclohexan erhalten. Oxymercurierung erfolgte auch leicht in Methanol bzw. Methanol-W.-Mischungen (1:1 bzw. 1:9) mit $Hg(NO_3)_2$ in Ggw. von wenig $HNO_3$, durch Fällen mit NaCl-Lsg. wurde dabei in 80, 70 bzw. 10% Ausbeute *trans-1-Methoxy-2-chlormercuricyclohexan,* F. 113—114°, erhalten. Das Auftreten des von LUCAS u. Mitarbeitern angenommenen „*Mercurinium-*" oder „*Oxymercuriniumions*" wird als zweifelhaft hingestellt u. umfassend diskutiert. (Canad. J. Chem. **29.** 308—19. April 1951. Toronto, Can., Univ., Dep. of Chem.) PLUST. D 223

**Eugene A. Talley** und **Ann S. Hunter,** *Die Löslichkeit der Lactose und ihrer Hydrolysenprodukte.* In einem Raumdiagramm werden die Löslichkeiten von *Lactose, D-Glucose* u. *D-Galaktose* in W. bei 25° dargestellt. Die Konzz. wurden mit Hilfe des opt. Drehvermögens bestimmt, welches sich für die drei Zucker rein additiv verhält, sowie mit einer Verdampfungsmethode. Die Ergebnisse sind in guter Übereinstimmung. (J. Amer. chem. Soc. **74.** 2789—93. 5/6. 1952. Philadelphia, Pa., Eastern Reg. Res. Labor.) v. SCHIESZL. D 224

**M. T. Jaquiss, J. S. Roberts** und **M. Szwarc,** *Die Reaktion von Methylradikalen mit Aceton.* Vff. untersuchten nach der Meth. von MURAWSKI, ROBERTS u. SZWARC (J. chem. Physics **19.** [1951.] 698) die Kinetik der Rk. zwischen Methylradikalen u. Aceton (I). Die Methylradikale wurden durch therm. Zers. von Di-tert.-butylperoxyd erzeugt, sie können nach $2\,CH_3\cdot = C_2H_6$ (1) Äthan bilden, aber auch nach $CH_3COCH_3 + \cdot CH_3 = CH_3COCH_2\cdot + CH_4$ (2) mit I reagieren. Die Aktivierungsenergie der Rk. (2) wurde zu 9,5 ± 1,5 kcal/Mol bestimmt. Dieser Wert u. der Wert für $k_2/k_1{}^{1/2}$ stimmt gut mit den Werten von TROTMAN-DICKENSON u. STEACIE (C. **1952.** 503. 504) überein. (J. Amer. chem. Soc. **74.** 6005—07. 5/12. 1952. Manchester, Univ., Chem. Dep.) J. MATTNER. D 225

**V. Gold** und **Mary Whittaker,** *Die Kinetik der Reduktion von aromatischen Jodverbindungen durch Jodwasserstoffsäure in Lösung.* Die Kinetik des Ersatzes von Jod in substituierten p-Jodphenolen durch Wasserstoff nach der Gleichung $RJ + HJ \rightarrow RH + J_2$ wird in Essigsäure-W.-Mischungen bei Tempp. von 20—50° unter Titration des freien Jods mit Thiosulfat untersucht. Die Abhängigkeit der Anfangsgeschwindigkeit der Rk. von den Reaktionspartnern u. dem Molenbruch des W. im Lösungsm. wird durch die Gleichung $v_0 = k_0[RJ][HJ]^3/[H_2O]^{3,5}$ wiedergegeben. Die Geschwindigkeit wird durch die Anwesenheit von freiem Jod oder durch Vergrößern der Glasoberfläche (Füllen des Reaktionsgefäßes mit Glaswolle) nicht beeinflußt. Die Ggw. von Essigsäureanhydrid in einem wasserfreien Lösungsm. setzt die Geschwindigkeit herab. Es werden folgende relativen Reduktionsgeschwindigkeiten gefunden (Werte in Klammern = Aktivierungsenergien in kcal/Mol bei einer Wasserkonz. von 5,9 Mol/Liter): *4-Jodphenol* 1 (22—22,8); *4-Jod-2-methyl-* (**I**) 2,4 (22,2); *-2-chlor-* (**II**) 0,08; *-3-methyl-* 48 (20,7); *-3-methyl-6-isopropylphenol* 160 (19). Bei **II** beträgt die Aktivierungsenergie in wasserfreiem Medium 15,7 kcal. Bei *4-Jod-2-nitrophenol* findet eine rasche Red. der Nitrogruppe statt, so daß die Geschwindigkeit der Jodred. nicht meßbar ist. *Jodbenzol* u. *p-Chlorjodbenzol* reagieren unter den obigen Bedingungen prakt. nicht. Bei der obigen Reihenfolge der Geschwindigkeiten ist bemerkenswert, daß Cl u. $CH_3$ in der 2-Stellung des p-Jodphenols (in welcher Stellung ster. Einfl. von geringerer Bedeutung sein sollte) die Geschwindigkeit im entgegengesetzten Sinne beeinflussen, wie z. B. bei der aromat. Nitrierung. Es wird angenommen, daß die Red. in einem elektrophilen Ersatz des Jods nach dem Schema $R- \vdots J + H \vdots -X \rightarrow R-H + J^+X^-$ besteht. Das wirksame Reagens HX ist dabei wahrscheinlich HJ oder $H_2J^+$, zwischen welchen beiden auf Grund der Verss. nicht entschieden werden kann. Die Wrkg. des W. beruht auf der Herabsetzung der Konz. von HX. — I, $C_7H_7OJ$, F. 64° (PAe., Kp. 60—80°), aus o-Kresol durch Nitrosierung, Red. der Nitrosoverb. mit $NH_4HS$ u. GATTERMANN-Reaktion. (J. chem. Soc. [London] **1951.** 1184—90. Mai. London, King's Coll.) REITZ. D 225

**R. J. Gillespie** und **D. G. Norton,** *Kinetik und Mechanismus der aromatischen Nitrierung.* 10. Mitt. *Änderung der Geschwindigkeit der aromatischen Nitrierung in schwefelsaurem Medium mit der Zusammensetzung des Lösungsmittels.* (9. vgl. C. **1953.** 2901.) Um den Lösungsmitteleinfl. zu untersuchen, verfolgten Vff. die Nitrierung der nichtbas. Aromaten *Trimethylphenylammoniumnitrat* (I) u. *Trimethyl-p-chlorphenylammoniumnitrat* (II) bei Konz. von 0,025 mol in 0—12% W. u. 0—13% $SO_3$ enthaltender $H_2SO_4$ sowie zum Vgl. von *p-Chlornitrobenzol* (III) in bis zu 19% $SO_3$ enthaltender $H_2SO_4$ bei 25°; **II** auch bei 35 u. 45°, durch Best. des $HNO_3$-Geh. nach TREADWELL u. VONTOBEL (Helv. chim. Acta **20.** [1937.] 573). Die Rk. verläuft nach der 2. Ordnung. Die Reaktionskonstanten $k_2$ zeigen bei ca. 90%ig. wss. $H_2SO_4$ ein Maximum (I 2,08; II 0,348 Liter/Mol·Min.). Während $k_2$ von I (0,57) u. von II (0,065) in 100%ig. $H_2SO_4$ ein Minimum zeigen, fallen die $k_2$ von III bei Zugabe von $SO_3$ weiter ($k_2$ in 100%ig. $H_2SO_4$ 0,0577; in 19,7%ig. $SO_3$ 0,0040). Bes. I wurde bei den höchsten Gehh. an $SO_3$ langsam sulfoniert, was durch geringes Abweichen von der Reaktionsordnung zu Ende der Rk. angezeigt wurde. Die Werte für I stimmen mit denen von BONNER, BOWYER u. WILLIAMS (J. chem. Soc. [London] **1952.** 3274) überein. Der für alle bisher untersuchten Aromaten gefundene Abfall von $k_2$ in über 90%ig. $H_2SO_4$ kann nicht oder nur zum Teil auf ihre bas. Eigg. zurückgeführt werden, während die Abwesenheit dieser in I u. II für das Ansteigen der $k_2$-Werte in $SO_3$-haltiger $H_2SO_4$ mit der $[SO_3]$ zur Erklärung herangezogen wird. Die Annahme, daß $NO_2$-Gruppen den aromat. Kern weniger als die quaternäre Ammoniumgruppe desaktivieren, ist im Einklang mit dem Verhältnis für $k_2$ III > II in bis zu 80%ig. wss. $H_2SO_4$. Da III in $SO_3$–$H_2SO_4$ aber langsamer als II nitriert wird, vermuten Vff., daß III wenigstens zum Teil Protonen aufnimmt u. die protonisierte $NO_2$-Gruppe den Kern mehr als die $-\overset{+}{N}R_3$-Gruppe desaktiviert. — Vff. berechneten die $k_2$-Werte von nichtionisiertem III ($k_2'$) in $H_2SO_4$–$SO_3$ unter der Annahme, daß die Nitrierungsgeschwindigkeit des protonisierten Mol. vgl. mit der freien Base zu vernachlässigen ist, u. unter Verwendung der von BRAND (vgl. C. **1950.** II. 2299) u. von BRAND, HORNING u. THORNLEY (C. **1953.** 2253) spektroskop. ermittelten $pK_a$-Werte. Hierzu glauben Vff., daß die zuerst von BRAND ermittelten Werte wegen ihrer besseren Übereinstimmung mit kryoskop. Messungen richtiger sind. Das überraschende Verhältnis $k_2'$ von III < $k_2$ von II in $H_2SO_4$–$SO_3$ wird damit erklärt, daß die III-Moll. nicht frei, sondern durch H-Brückenkomplexe an $H_2SO_4$ (vgl. GILLESPIE u. MILLEN, Quart. Rev. [chem. Soc., London] **2.** [1948.] 277) gebunden vorliegen u. $-NO_2\cdots H-$ stärker als die freie $NO_2$-Gruppe bzw. $-\overset{+}{N}R_3$ den Kern desaktiviert. Die Annahme wird unterstützt durch die Tatsache, daß in 90%ig. $H_2SO_4$ III 1,3mal schneller als II, in 94%ig. $H_2SO_4$ ebenso schnell wie II u. in höher konz. $H_2SO_4$ langsamer als II nitriert wird; sowie daß die Abnahme von $k_2$ bei anderen bas. Aromaten (Ergebnisse von MARTINSEN [1907.] u. von LAUER u. ODA, J. prakt. Chem. **144.** [1936.] 176) bei Übergang von 95%ig. zu 100%ig. $H_2SO_4$ größer ist (18—2,8fache Abnahme) als bei I u. II (2,5fache Abnahme) mit Ausnahme von 2.4-Dinitrophenol (2,2fache Abnahme). Im Gegensatz zu BONNER, JAMES, LOWENS u. WILLIAMS (Nature [London] **163.** [1949.] 955) zeigen Vff., daß die relative Nitrierungsgeschwindigkeit wahrscheinlich nur bei nichtbas. bzw. nicht vom Medium ionisierten Aromaten, wie I u. II, von diesem unabhängig ist. Vff. bezweifeln auch die Annahme von BRAND u. PATON (C. **1953.** 32), daß die relative Nitrierungsgeschwindigkeit von Aromaten von der Temp. unabhängig ist, u. deren theoret. Erklärungen. Vff. nehmen an, daß das Verh. nichtbas. Aromaten bzgl. der Abhängigkeit ihrer Nitrierungsgeschwindigkeit vom Lösungsm. durch Einfl. von dessen DK. auf den Übergangszustand des aromat. Kerns zu erklären ist, wobei mit abnehmender DK. die Nitrierung begünstigt wird. Vff. nehmen an, daß Ionen einen strukturverändernden Einfl. auf die solvatisierten $H_2SO_4$-Moll. ausüben u. deren hohe DK. herabsetzen, d. h. die Ionen werden ihrerseits durch $H_2SO_4$ solvatisiert, wodurch die $H_2SO_4$-Solventmoll. ihre Rotationsfreiheit einbüßen u. im elektr. Feld sich nicht mehr orientieren können. Das beobachtete Ansteigen der Nitrierungsgeschwindigkeit bei Zusatz der Ionen erzeugenden Moll. $H_2O$ bzw. $SO_3$ ist hiermit im Einklang. Vff. vermuten, daß entsprechend auch die DKK. sinken. — Vff. betrachten ferner den Einfl. der Solvation auf die Aktivierungsenergie E

u. -entropie S u. nehmen an, daß die Solvation des Übergangszustandes u. daher seine Solvationsenergie geringer ist als im Zustand vor der Reaktion. Da Zugabe von W. oder $SO_3$ die Solvatisierungskraft von $H_2SO_4$ herabsetzt, muß entsprechend E abnehmen, d. h. in 100%ig. $H_2SO_4$ muß $k_2$ ein Minimum haben, wie auch beobachtet. Da Vff. ferner annehmen, daß die Solvation eine Abnahme der Gesamtentropie der Lsg. zur Folge hat, muß auch S bzw. der Häufigkeitsexponent A in 100%ig. $H_2SO_4$ ein Maximum haben. Die Daten von **II** bestätigen dies: [in ( ) E u. $10^{-9}$ A] in 90,25%ig. $H_2SO_4$ (16,3; 4,3), in 98,70%ig. $H_2SO_4$ (17,4; 9,5), in 1,8%ig. $SO_3$ (17,5; 6,8) u. in 7,9%ig. $SO_3$ (15,8; 0,68). — **I**, F. 119,5° (durch Zugabe von Aceton zur heißen A.-Lsg.), aus Dimethylanilin u. $CH_3J$ u. Einw. von $AgNO_3$ in wss. Lösung. — **II**, F. 195° (absol. A.) analog **I**. — **III**, F. 83° (absol. A.). (J. chem. Soc. [London] **1953**. 971—79. März. London, Univ., Coll., William Ramsay u. Ralph Forster Labors.) GNAUCK. D 225

**J. C. D. Brand** und **W. C. Horning,** *Aromatische Sulfonierung.* 3. Mitt. *Beziehung zwischen der Geschwindigkeit der Sulfonierung und der J-Funktion der Schwefelsäure.* (2. vgl. C. **1950**. II. 2300.) Vff. dehnen frühere Messungen (l. c.) über die Kinetik der Sulfonierung (S) in rauchender $H_2SO_4$ auf weniger reaktionsfähigere Moll. u. konzentriertere Lsgg. aus u. berichten über Geschwindigkeitsmessungen der S des *Nitrobenzols* u. von *p-Fluor-*, *-Chlor-* u. *-Bromphenyltrimethylammoniummethylsulfat* in rauchender $H_2SO_4$. Diese Geschwindigkeit wächst stark an mit steigender $SO_3$-Konz., es wird gezeigt, daß dieses Verh. dem Mechanismus: $ArH + SO_2 \cdot OH^+ = Ar \cdot SO_2 \cdot OH + H^+$ entspricht. Die Konz. der $SO_2 \cdot OH^+$-Ionen in $H_2SO_4$ wird ausgedrückt in Termen der J-Funktion, wobei $J = H_0 - \log p_{SO_3}$ ($H_0$ Säurefunktion, $p_{SO_3}$ Partialdruck des $SO_3$ in dem betr. Medium). Die S in ortho-Stellung zum Halogensubstituenten wird sichtlich verzögert durch ster. Faktoren. (J. chem. Soc. [London] **1952**. 3922—27. Okt. Glasgow, Univ.) NIEMITZ. D 225

**J. C. D. Brand** und **A. Rutherford,** *Aromatische Sulfonierung.* 4. Mitt. *Isomerenverhältnisse bei der Sulfonierung der Trimethylphenyl- und -p-tolylammoniummethylsulfate.* (3. vgl. vorst. Ref.) Vff. untersuchen die Sulfonierung (S) der *Trimethylphenylammonium-*(**I**) u. *Trimethyl-p-tolylammonium-*(**II**)-Ionen durch rauchende $H_2SO_4$. Die Ionen reagieren verhältnismäßig glatt, der $SO_3$-Verbrauch entspricht dem theoret., u. es werden quantitative Ausbeuten erhalten. **II** wird quantitativ in m-Stellung zur quaternären Ammoniumgruppe sulfoniert. Die S von **I** liefert eine inhomogene Mischung von wenigstens 3 Komponenten, darunter bestimmt die S-Prodd. in m- u. p-Stellung. Eine quantitative Analyse auf der Grundlage von Löslichkeitsmessungen läßt den Schluß zu, daß etwa 78% m-, 14% p- u. 8% (wahrscheinlich) o-Verbb. gebildet werden. (J. chem. Soc. [London] **1952**. 3927—31. Okt.) NIEMITZ. D 225

**R. A. V. Raff** und **B. H. Silverman,** *Einfluß von Alkoholen auf die unkatalysierte Reaktion zwischen Resorcin und Formaldehyd.* (Vgl. RAFF u. SILVERMAN, C. **1951**. II. 2889.) Vff. untersuchten den Einfl. von Alkoholen auf die unkatalysierte Rk. äquimol. Mengen von *Resorcin* mit *Formaldehyd* (**I**) in W. bei 60° durch Verfolgung der **I**-Abnahme. Die Kondensation ist eine Rk. 1. Ordnung, die Reaktionsgeschwindigkeitskonstanten $k \cdot 10^4$ (Liter/Mol·Min) betrugen bei Ggw. von *Methanol* ($D.^{20}_4$ 0,791) 2,7 (Anfangs-pH 3,52), *A.* ($D.^{20}_4$ 0,789) 4,7 (3,45), *n-Propylalkohol* ($D.^{20}_4$ 0,803) 5,3 (3,55), *Allylalkohol* ($D.^{20}_4$ 0,855) 5,7 (3,62), *Isopropylalkohol* ($D.^{20}_4$ 0,783) 7,5 (3,51), *tert.-Butylalkohol* ($D.^{20}_4$ 0,789) 8,6 (4,00) u. in reinem W. 25,0 (3,48). Da bei Ersatz von **I** durch Methylal keine Rk. beobachtet wurde, aber mit dem Halbacetal von **I** mit Methanol („*Methyl Formcel*") die k gleich der mit **I** war, nehmen Vff. an, daß die Halbacetale aus **I** u. den Alkoholen Zwischenprodd. der Rk. sind. Die Verzögerung der Rk. durch Alkohole ist invers zu deren Veresterungs- u. Acetalisierungsgeschwindigkeit. — Die Viscositäten der Alkohole bei 25° werden angegeben. (Canad. J. Chem. **29**. 857—62. Okt. 1951. Pittsburgh, Pa., Mellon Inst. of Ind. Res.) GNAUCK. D 225

**A. R. Ingram,** *Elektronische Deutung der unkatalysierten Reaktion zwischen Resorcin und Formaldehyd in Alkoholen und Dioxan.* (Vgl. vorst. Ref.) Vf. diskutiert die unkatalysierte Kondensation von *Resorcin* (**I**) mit *Formaldehyd* (**II**), den Einfl. von Alkoholen u. Dioxan sowie die Wrkg. des pH auf die Rk. unter Anwendung von polaren Formeln für **I** u. **II** analog HULTZSCH. Im Gegensatz zu MÜLLER (Helv. chim. Acta **19**. [1936.] 225) nimmt Vf. zum Mechanismus der Halbacetalbldg. an, daß die C=O-Gruppe zuerst ein $H^+$ anlagert, u. das entstandene Carboniumion unter Bldg. eines locker gebundenen Oxoniumions **III** eine alkoh. OH-Gruppe angreift, wodurch schließlich unter Abspaltung eines $H^+$ das Halbacetal gebildet wird. Vf. schließt daraus, daß die Acetalbildungstendenz von Alkoholen ihren elektronenabziehenden Effekten von der OH-Bindung a in **III** umgekehrt proportional sein muß. Dies ist in Übereinstimmung mit der beobachteten Folge $(CH_3)_3 \cdot C- > (CH_3)_2CH- > CH_2{=}CH{-}CH_2- > CH_3{-}CH_2{-}CH_2- > C_2H_5- > CH_3$. Die

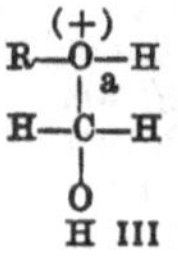
III

Verzögerung durch tert.-Butylalkohol, der kein Acetal bildet, wird, wie l. c. für Dioxan angenommen, der Bldg. eines III entsprechenden Oxoniumions zugeschrieben. (Canad. J. Chem. **29.** 863—70. Okt. 1951. Pittsburgh, Pa., Mellon Inst. of Ind. Res.)

GNAUCK. D 225

**Myron L. Bender,** *Sauerstoffaustausch als Beweis für die Existenz eines Zwischenprodukts bei der Esterhydrolyse.* Vf. untersucht kinet. die Hydrolyse von *Benzoesäureäthylester* (I), *-isopropylester* (II) u. *-tert.-butylester* (III), die in ihrer Carbonylgruppe ein $^{18}O$ enthalten, in W. u. in 33% wss. Dioxan u. bestimmen den $^{18}O$-Austausch während der Umsetzung. Während der Hydrolyse tritt O-Austausch zwischen Ester u. Lösungsm. ein. Vf. schließt daraus auf das Vorhandensein eines symm. Zwischenproduktes. In 33%ig. Dioxan beträgt das Verhältnis der Geschwindigkeitskonstanten von Hydrolyse $k_h$ u. Austausch $k_e$ für I 10,6, für II 3,7 u. für III 7,6. Die Ähnlichkeit des Verhältnisses $k_h/k_e$ bei allen drei Estern macht ein ähnliches intermediäres Prod. in allen Fällen wahrscheinlich, ebenso die Tatsache, daß $k_h/k_e$ für die saure u. für die alkal. Hydrolyse von I ungefähr gleich ist. Vf. formuliert dies Zwischenprod. als $C_6H_5 \cdot C(OH)_2OR$.

Versuche: *Benziminoäthylätherhydrochlorid*, F. 117—120° (Zers.), aus Benzonitril, absol. A. u. HCl-Gas. — *Benzoesäureäthylester mit* $^{18}O$ *in der Carbonylgruppe* (I) $Kp._{14}$ 90°, aus vorst. Verb. durch Lösen in $^{18}O$-haltigem W.; $n_D^{25}$ 1,5053, 81% (Ausbeute). — *Benzoesäure mit* $^{18}O$, durch Auflösen von Benzoesäure (IV) in $^{18}O$-haltigem Wasser. Ansäuern der Lsg. mit HCl auf 0,1 n u. 24 std. Kochen am Rückfluß. — *Benzoesäureisopropylester mit* $^{18}O$ *in der Carbonylgruppe* (II), $Kp._5$ 71—72°, aus vorst. Verb. u. $SOCl_2$ u. Versetzen des rohen $^{18}O$-Benzoylchlorids mit Isopropylalkohol (Kp. 82,3°), 12 std. Kochen am Rückfluß, $n_D^{20}$ 1,4949, 85%. — *Benzoesäure-tert.-butylester mit* $^{18}O$ *in der Carbonylgruppe* (III), $Kp._1$ 67—68°, aus $^{18}O$-Benzoylchlorid (s. o.) u. tert.-Butylalkohol in Pyridin. — $k_h$-Werte, alkal. Hydrolyse: bei 25,12° in W. I $3,0 \cdot 10^{-2}$ [Liter/Mol·Sek.], II $0,62 \cdot 10^{-2}$; bei 25,12° in 33%ig. Dioxan I $8,7 \cdot 10^{-3}$; bei 62,5° II $1,8 \cdot 10^{-2}$, III $1,3 \cdot 10^{-3}$. Saure Hydrolyse (1 n Säure), bei 99° in W. I $3,9 \cdot 10^{-4}$ $Sek.^{-1}$. (J. Amer. chem. Soc. **73.** 1626—29. April 1951. Chicago, Univ., Georg Herbert Jones Labor.)

J. MATTNER. D 225

**Masaya Okano** und **Yoshiro Ogata,** *Kinetik der Kondensation von Melamin mit Formaldehyd.* Vff. bestimmten die Kondensationsgeschwindigkeit von *Melamin* (I) mit *Formaldehyd* (II) bei 35°, 40° u. 70° in wss. Medium im $p_H$-Bereich von 3 bis 10,6. Zur analyt. Best. diente die Sulfit-Meth. u. die jodometr. Methode. Das erste Reaktionsprod. ist *Methylolmelamin* (III). Es verbraucht ebenso wie II $J_2$, reagiert aber nicht mit Sulfit. So ist es möglich, die Bildungsgeschwindigkeit von III u. des sek. entstehenden *Methylen-bis-melamin* (IV) zu bestimmen. Bei 35—40° erfolgt (außer in saurer Lsg.) nur Bldg. von III. Diese Rk. ist über den ganzen $p_H$-Bereich reversibel. Die Geschwindigkeit der Vorwärts-Rk. ist proportional dem Prod. aus der Konz. von I u. II, I u. der konjugierten Säure von II bzw. II u. der konjugierten Base von I, je nach dem $p_H$ des Mediums. Die Geschwindigkeit der irreversiblen Kondensation von III mit I zu IV im neutralen u. sauren Medium bei 70° wird durch das Prod. $[I]^2 \cdot [II]$ gegeben. Die Bldg. von III verläuft dabei sehr rasch. Vff. stellen einen Reaktionsmechanismus auf, der in Einklang mit den experimentellen Ergebnissen gefunden wird. (J. Amer. chem. Soc. **74.** 5728—31. 20/11. 1952. Kyoto, Japan, Univ., Fac. of Engen., Dep. of Ind. Chem.)

J. MATTNER. D 225

**F. E. Blacet** und **R. K. Brinton,** *Die Photolyse aliphatischer Aldehyde.* 13. Mitt. *Acetaldehyd-d.* (12. vgl. BLAEDEL u. BLACET, C. **1947.** 14.) Zur Klärung der sek. Radikal-Rkk. bei der Photolyse von *Acetaldehyd* (I) wurde diese mit einer Mischung von $CH_3CDO$ u. $CH_3CHO$ ausgeführt. Bestrahlung (3130—2380 Å) während 40—70 Std. bei 30°, 6 Std. bei 150° oder 0,4 Std. bei 250° lieferte ca. 3% Spaltungsprodukte. Die nichtkondensierbaren Prodd., Methan, Wasserstoff u. Äthan, wurden auf ihren Geh. an deuterierten Verbb. im Massenspektrographen untersucht. Der Geh. an $CH_4$ war, verglichen mit dem an $CH_3D$, unter allen Bedingungen viel höher, als er aus der Zus. der Aldehydmischung (78,2% $CH_3CDO$, 17,1% $CH_3CHO$, Rest höher deuteriert) zu erwarten war, vorausgesetzt, daß D-Verbb. ebenso schnell reagierten wie H-Verbindungen. Das Verhältnis von $CH_3D/CH_4$ variierte bei 30° vom 0,63 (bei 3130 Å) bis 1,46 (bei 2380 Å) u. bei 250° von 1,19 bis 1,15. Ob die $CH_3$-Radikale zur Bldg. von $CH_4$ das H-Atom aus der CHO- oder aus der $CH_3$-Gruppe von I entnehmen, konnte nicht entschieden werden; die Bldg. von Äthan-d u. Äthan-$d_2$ deutet auf die letztere Möglichkeit. Bewiesen wurde, daß die beiden Mechanismen nicht gleichzeitig ablaufen. Die Zus. des gebildeten Wasserstoffs war 50% HD, 25% $H_2$ u. 25% $D_2$. Offenbar bildet sich bei der Photolyse der $H_2$ aus der CHO-Gruppe des I. Photolysen bei 30° u. langen Wellenlängen liefern mehr CO als $CH_4$. Es wird angenommen, daß $CH_3$-Radikale mit I-Moll. kondensierte Radikale bilden, die mit CHO-Radikalen weiterreagieren zu CO u. Isopropanol.

Versuche: *Acetaldehyd-d*, aus Butin-(2) in Ae. durch Hydrierung mit $D_2$ unter 2 at in Ggw. von RANEY-Ni, während 4 Std., dann Addition von HOBr an das Buten-(2)-$d_2$, Überführen mit KOH in Butylenoxyd-$d_2$ u. mit verd. Säure in Butandiol-$d_2$ u. Oxydation mit Perjodsäure, (Ausbeute) 27%. – *Methan-d*, aus $D_2O$ (99,9%ig.) u. $CH_3HgBr$, 97,5% $CH_3D$ u. 2,5% $CH_4$. (J. Amer. chem. Soc. **72.** 4715–19. Okt. 1950. Los Angeles, Calif., Univ. of California.) CLEVE. D 226

**R. Rigamonti** und **L. Bernardi,** *Der Mechanismus der Vinylierungsreaktion.* Bei der durch Alkoholat katalysierten Umsetzung von $C_2H_2$ mit Alkoholen (I) entstehen Vinyläther nach dem von REPPE angegebenen Schema ROK + CH≡CH → RO–CH =CHK (II); II + ROH → RO–CH=$CH_2$ + ROK. Die Rk. ist von der I-Konz. unabhängig, linear von der Alkalikonz. u. stark von der $C_2H_2$-Konz. abhängig. Die 1. Stufe ist langsamer u. daher bestimmend für die gesamte Reaktionsgeschwindigkeit. Die Wirksamkeit der Katalysatoren nimmt ab in der Reihenfolge KOR > KOH > NaOR > NaOH; dem entsprechen die Aktivierungsenergien: K 16000, KOH 17000, Na 18000 cal/Mol. Die Bldg. von II wird durch Rk. von $C_2H_2$ mit Alkoholat allein bestätigt; II kann dabei ein zweites Mol. $C_2H_2$ anlagern, wobei wahrscheinlich eine Dienverb. entsteht, z. B. RO–CH = CHK + CH≡CH → RO–CH=CH–CH =CHK. Analog der Rk. mit I führt die Rk. zwischen $C_2H_2$ mit Fettsäuren (Katalysator ZnO) zur Bldg. von Vinylestern, ebenfalls in 2 Stufen, von denen die erste die langsamere ist. (Chim. e Ind. [Milano] **34.** 561–68. Okt. 1952. Torino, Politecn., Ist. di Chim. ind.) R. K. MÜLLER. D 227

**A. P. Lien, E. L. d'Ouville, B. L. Evering** und **H. M. Grubb,** *Isomerisierungsgeschwindigkeit von Cyclohexan. Wirkung von Aluminiumchlorid und Chlorwasserstoff.* Unter Verwendung handelsüblicher Substanzen untersuchten Vff. die Wrkg. der Konzz. von $AlCl_3$ u. HCl auf die Isomerisierungsgeschwindigkeit v von KW-stoffen am Beispiel *Cyclohexan* (I, $n_D^{20}$ 1,4262) → *Methylcyclopentan* (II) bei 100° u. 600 lb./sq.in. $H_2$ (Drucke bei n. Temp. gemessen) u. bestimmten nach 10 Min. Reaktionsdauer die Mengen an I u. II durch fraktionierte Dest. oder refraktometrisch. Ferner wurde die Wrkg. verschied. $H_2$-Drucke ermittelt, ohne Ggw. von $H_2$ wurden keine reproduzierbaren Ergebnisse erhalten. Die Isomerisierung ist eine Rk. 1. Ordnung, v nimmt mit steigendem $H_2$-Druck (von 0–1000 lbs./sq.in.), vermutlich linear, ab. Erhöhung der $[AlCl_3]$ wie der [HCl] vergrößert v in gleicher Weise, v ist offenbar proportional $\sqrt{[AlCl_3]}$ bzw. $\sqrt{[HCl]}$. Vff. bestimmten ferner bei 100, 160 u. 167° das Gleichgewicht I ⇌ II. Während bei 100° fast keine Nebenprodd. entstehen, bilden sich bei 160 u. 167° größere Mengen höher u. tiefer als I bzw. II sd. Stoffe. Die gefundenen Gleichgewichtswerte stimmen mit denen anderer Autoren überein. Da v auch von im Reaktionsgemisch nicht gelösten Mengen $AlCl_3$ abhängt, nehmen Vff. an, daß der geschwindigkeitsbestimmende Schritt an der Oberfläche des Katalysators abläuft. Da techn. Prodd. verwendet wurden, wird Ggw. von Spuren von W., $O_2$ usw. angenommen, die als Protonenacceptoren wirken u. das Gleichgewicht HCl + $AlCl_3$ ⇌ $[HAlCl_4]$ ⇌ $H^+$ $AlCl_4^-$ nach rechts verschieben. Das dabei entstehende Prod. stellt den wirksamen Katalysator dar. Die katalyt. Wrkg. wird durch gleichzeitigen Protonen- u. Anionenangriff, ähnlich dem Mechanismus von SWAIN (C. **1949.** I. 668) für Verdrängungs-Rkk. an Organohalogenverbb., auf eine $CH_2$-Gruppe erklärt, der eine Elektronenverschiebung unter Bldg. eines akt. Komplexes u. folgende Umlagerung des KW-stoffs bewirkt. (Ind. Engng. Chem. **44.** 351–53. Febr. 1952. Whiting, Ind., Standard Oil Co. (Indiana), Res. Dep.) GNAUCK. D 227

## $D_2$. Präparative organische Chemie. Naturstoffe.

**Hershel L. Herzog,** *Pentaerythrityltetrabromid.* Aus Pentaerythrit u. Benzolsulfonylchlorid u. Erhitzen des erhaltenen Pentaerythritylbenzolsulfonats mit NaBr in Diäthylenglykol: $C_5H_8Br_4$, F. 159–160°, glänzende Blättchen aus Aceton; Ausbeute 68 bis 78%. (Org. Syntheses **31.** 82–84. 1951. Pasadena, Calif., Calif. Inst. of Technol.) TROFIMOW. 510

**J. B. Armitage, E. R. H. Jones** und **M. C. Whiting,** *Untersuchungen über Acetylenverbindungen.* 33. Mitt. *Darstellung monosubstituierter Derivate von Diacetylenen.* (32. vgl. HAMLET u. Mitarbeiter, C. **1953.** 211.) 1.4-Dichlorbutin-(2) (III) gibt mit 3 Äquivalenten $NaNH_2$ in fl. $NH_3$ das Mononatriumderiv. des Diacetylens, das man in n. Weise alkylieren kann. Mit $CH_3J$ entsteht so *Pentadiin-(1.3)*, das jedoch ein azeotropes Gemisch mit $NH_3$ bildet u. daher mit Butan extrahiert werden muß. Analog entstehen

*Hexadiin-(1.3)* (**IV**) u. *Octadiin-(1.3)*. p-Toluolsulfonsäureäthylester geht unter diesen Bedingungen keine Rk. ein, Allylbromid liefert in geringer Ausbeute einen KW-stoff ($Kp._{150}$ 42°, $n_D^{19}$ 1,4038), bei dem es sich möglicherweise um *Hepten-(1)-diin-(4.6)* handelt, doch war die nähere Unters. wegen der raschen Zers. nicht möglich. Mono-Na-Diacetylen reagiert mit Carbonylverbb. zu *Diacetylenalkoholen,* dabei entstanden als Nebenprodd. in erheblicher Menge *Diacetylenglykole.* Halbquantitative Verss. mit Aceton u. Mono- oder Di-Na-Diacetylen lieferten Ergebnisse, die in keine Reaktionsordnung eingeordnet werden konnten. Es scheinen sich zunächst schnell 0,65 Mol des Alkohols (**I**) u. 0,18 Mol des Diols (**II**) zu bilden, anschließend findet in einer langsamen Rk. die Umwandlung von **I** in **II** statt. Daß die 2. Phase der Rk. durch die langsame Dissoziation des aus $NH_3$ + Aceton möglicherweise gebildeten *2-Aminoisopropanols* verzögert wird, konnte durch einen Vers. ausgeschlossen werden, bei dem Aceton vor Beginn der Rk. zugefügt wurde u. auf die schnelle Primär-Rk. ohne Einfluß blieb. Vielmehr nehmen Vff. an, daß das am Anfang gebildete Na-Deriv. des *2-Methylhexadiin-(3.5) ols-(2)* (**I**) unter Disproportionierung langsam mit Aceton *2.7-Dimethyloctadiin-(3.5)-diol-(2.7)* (**II**) bildet. Gestützt wird diese Annahme durch die Tatsache, daß bei einem Vers., aus der Di-Na-Verb. von **I** mittels $J_2$ *2-Methyl-6-jodhexadiin-(3.5)-ol-(2)* darzustellen, lediglich **II** gebildet wurde; die Jodverb. ist aus der GRIGNARD-Verb. erhältlich. Bei Behandlung von Di-Na-Diacetylen mit einem Gemisch von $CH_3J$ u. HCHO bzw. Aceton entstanden *Hexadiin-(2.4)-ol-(1)* u. *2-Methylheptadiin-(3.5)-ol-(2)*. Durch Behandlung der entsprechenden Na-Verbb. mit $J_2$ wurden einige *4-Alkyl-1-joddiacetylene* dargestellt. Obwohl diese auch aus Alkylhalid, Mono-Na-Diacetylen u. $J_2$ gewonnen werden konnten, erwiesen sich die Endprodd. bei dieser Meth. spektroskop. als heterogen [Ausnahme hiervon *1-Jodpentadiin-(1.3)*]. *1-Jodoctadiin-(1.3)* explodierte bei der Destillation.

Versuche (Rkk. bei oder unterhalb Zimmertemp., Destillationen unter $N_2$; Aufbewahrung der Reagentien bei −70°): *Pentadiin-(1.3)*, $C_5H_4$, $Kp._{742}$ 76,5°, durch Zufügen von **III** u. nach 5 Min. $CH_3J$ zur Suspension von $NaNH_2$ in fl. $NH_3$, 3std. Rühren, Abdampfen u. Extrahieren mit Butan; $n_D^{15}$ 1,4790; 25% Ausbeute). — *Hexadiin-(1.3)* (**IV**), $C_6H_6$, $Kp._{200}$ 59°, wie vorst. mit $C_2H_5J$ u. Ae.-Extraktion; $n_D^{16,5}$ 1,4772; 45%; nimmt bei Hydrierung in Essigester mit *Adams*-Katalysator 4 Mol $H_2$ auf. — *Octadiin-(1.3)*, $C_8H_{10}$, $Kp._{47}$ 49°, mit Butylbromid; $n_D^{19}$ 1,4755; 47%. — *Pentadiin-(2.4)-ol-(1)* $C_5H_4O$, F. 26—28°, durch 2std. Rk. mit Paraformaldehyd in Ae.; $Kp._{0,1}$ 33°, $n_D^{26}$ 1,5230, Nadeln aus Pentan; leicht zersetzlich. — *Hexadiin-(3.5)-ol-(2)*, $C_6H_6O$, $Kp._{11}$ 70°, aus Acetaldehyd wie vorst.; $n_D^{17}$ 1,5050; 46%; wird bei Stehen rot. — *Octadiin-(5.7)-ol-(4)*, $C_8H_{10}O$, $Kp._{0,1}$ 45°, aus Butyraldehyd; $n_D^{20}$ 1,4968. — *2-Methylhexadiin-(3.5)-ol-(2)* (**I**), $C_7H_8O$, $Kp._{0,5}$ 39,5°, F. 8—9°, a) durch langsames Zufügen von **III** zu einer mit fl. $N_2$ auf −62° gekühlten Suspension von $NaNH_2$ in fl. $NH_3$, dann Zufügen von Aceton u. nach 6 Sek. $NH_4NO_3$ in fl. $NH_3$; $n_D^{19}$ 1,4938; 65%, b) wie vorst. bei −33°; 52%. Daneben bei beiden Rkk. *2.7-Dimethyloctadiin-(3.5)-diol-(2.7)* (**II**), F. 133°, Nadeln aus W.; 18% bzw. 34%. — *1.1-Diphenylpentadiin-(2.4)-ol-(1)*, $C_{17}H_{12}O$, F. 55—56°, wie vorst. mit Benzophenon u. PAe., Rhomben. — *1-Jodpentadiin-(1.3)*, $C_5H_3J$, F. 34—35° (Pentan), durch Zufügen von **III** zu $NaNH_2$ + $NH_3$, dann $CH_3J$ u. nach 3std. Rk. $J_2$; 63%. — *1-Jodhexadiin-(1.3)*, $C_6H_5J$, $Kp._{0,01}$ 30°, wie vorst. aus **IV** u. $J_2$; $n_D^{20}$ 1,6158; 76%. — *1-Jodoctadiin-(1.3)*, $C_8H_9J$, $Kp._{10^{-3}}$ 74°, analog; $n_D^{16}$ 1,5878; 74%. — *6-Jod-2-methylhexadiin-(3.5)-ol-(2)*, $C_7H_7OJ$, F. 53—54°, $Kp._{10^{-3}}$ 50°, durch 1std. Kochen von **I** + $C_2H_5MgBr$ in Ae. unter $N_2$ u. weiteres 1½std. Kochen mit $J_2$; $n_D^{20}$ 1,6095; 34%. — *Hexadiin-(2.4)-ol-(1)*, $C_6H_6O$, F. 42—43°, $Kp._{0,1}$ 55° aus **III**, $NaNH_2$ + $NH_3$ u. $CH_3J$ + Paraformaldehyd u. 18std. Stehen vor der $NH_4Cl$-Zugabe; Stäbchen aus PAe.; 11%; wird bereits durch 1 Min. lange Lichteinw. rosa. — *2-Methylheptadiin-(3.5)-ol-(2)*, $C_8H_{10}O$, $Kp._{11}$ 84—94°, F. 42—43°, a) durch Zufügen einer Mischung von Aceton + $CH_3J$ zur Mischung von **III**, $NaNH_2$ + $NH_3$ 1 Min. nach Zugabe von **III**; 33%; ist gegenüber Licht u. Zimmertemp. stabil; b) durch Zufügen von Pentadiin-(1.3) zu $NaNH_2$ + $NH_3$, dann nach 5 Min. Aceton u. nach 1std. Stehen $NH_4Cl$; Nadeln aus PAe.; 33%. (J. chem. Soc. [London] **1952.** 1993—98. Juni. Manchester, Univ.) LEHWALD. 530

**J. B. Armitage, C. L. Cook, N. Entwistle, E. R. H. Jones** und **M. C. Whiting,** *Untersuchungen über Acetylenverbindungen.* 34. Mitt. *Weitere Untersuchungen über die Synthese der Diacetylenglykole.* (33. vgl. vorst. Ref.) Zur Klärung der oxydativen Kupplung von Acetylenalkoholen führen Vff. die Rk. bei verschied. $p_H$ durch. Die normalerweise verwendete Lsg. von $Cu_2Cl_2$ + $NH_4Cl$ vom $p_H$ 3 kann durch $NH_3$ auf $p_H$ 5 abgestumpft werden (darüberhinaus fällt der Cu-Komplex aus) oder durch HCl stärker angesäuert werden. Unter den für Äthinylmethylcarbinol (**IV**) optimalen Kupplungsbedingungen gaben Propin-(2)-ol-(1) 88%, **IV** 94%, Butin-(3)-ol-(1) 82%, Pentin-(4)-ol-(2) 98%,

Äthinylphenylcarbinol 88% u. Penten-(2)-in-(4)-ol 84% Kupplungsprodukt. — Äthinylpropenylcarbinol reagierte bei $p_H$ 6,5 zu *Dodecadien-(2.10)-diin-(5.7)-diol-(4.9)* (I; 93%) u. bei $p_H$ 1 zu *Dodecadien-(3.9)-diin-(5.7)-diol-(2.11)* (II) 81%. Daneben ließ sich spektroskop. *Dodecadien-(2.9)-diin-(5.7)-diol-(4.11)* (III) nachweisen. Hexen-(3)-in-(5)-ol-(2) gab bei $p_H$ 3 einen nicht krist. Sirup, der ein II ähnliches Spektr. aufweist u. wahrscheinlich ein Gemisch der cis-trans- oder meso-rac.-Isomeren von II darstellt. I läßt sich in 10%ig. schwefelsaurem A. umlagern. Die Umlagerungsgeschwindigkeiten I → III → II wurden durch spektroskop. Messungen ermittelt, als Mittelwerte ergaben sich $k_1$ (I → III) $\sim 4{,}0 \cdot 10^{-3}$ u. $k_2$ (III → II) $\sim 3{,}0 \cdot 10^{-3}$. Durch photoelektr. Spektrophotometrie wurde die Absorption einer Anzahl Diacetylene gemessen. Monoalkylsubstitution bewirkt bei den Diacetylenen nur eine bathochrome Verschiebung um höchstens 20 Å. gegenüber 50 Å bei Dienen. α-Oxysubstitution verschiebt die Absorption im Mittel um + 15 Å. Ferner wurden die spektroskop. Daten der *Isansäure* u. *Erythrogensäure* neu festgelegt u. diskutiert.

Versuche: *Dodecadien-(2.10)-diin-(5.7)-diol-(4.9)* (I), $C_{12}H_{14}O_2$, F. 125°, durch Zufügen von Äthinylpropenylcarbinol zu einer mit $NH_3$ auf $p_H$ 6,5 eingestellten wss. Lsg. von $NH_4Cl$ + $Cu_2Cl_2$ u. Einleiten von $O_2$ unter Schütteln, Ausäthern u. Abdampfen bei 50°/0,1 mm; Nadeln aus Bzl.; 93% (Ausbeute). — *Dodecadien-(3.9)-diin-(5.7)-diol-(2.11)* (II), F. 95° (Bzl.), wie vorst. bei $p_H$ 1 (durch HCl eingestellt); 81%. — *Octadiin-(3.5)-diol-(2.7)*, als photolabile Form, F. 67,5—68,5°, u. als stabile Form in Nadeln, F. 103—106°, analog vorst. Verb.; wird durch Sublimation weitestgehend in die labile Form umgewandelt. — UV-Maxima [in Å; ε in ( )] in A. von $R—C≡C—C≡C—R'$: $R = CH_3$, $R' = H$, 2270, 2365 u. 2490 (370, 390 u. 210). — $R = C_2H_5$, $R' = H$, 2280, 2375 u. 2505 (300, 340 u. 210). — $R = C_4H_9$, $R' = H$, 2295, 2380 u. 2510 (300, 300 u. 200). — $R = R' = CH_3$, 2185, 2265, 2360 u. 2500 (300, 360, 330 u. 160). — $R = R' = C_2H_5$, $\lambda_{max}$ 2275, 2385 u. 2530 (360, 340 u. 230). — $R = R' = C_4H_9$, 2280, 2395 u. 2540 (440, 390 u. 240). — $R = CH_2OH$, $R' = H$, 2280, 2390 u. 2530 (415, 415 u. 230). — $R = CH(CH_3)OH$, $R' = H$, 2300, 2390 u. 2515 (280, 300 u. 190). — $R = CH(C_3H_7)OH$, $R' = H$, 2275, 2385 u. 2525 (305, 325 u. 200). — $R = C(CH_3)_2OH$, $R' = H$, 2290, 2355 u. 2520 (360, 300 u. 170). — $R = CH_2OH$, $R' = CH_3$, 2305, 2415 u. 2550 (395, 385 u. 245). — $R = C(CH_3)_2OH$, $R' = CH_3$, 2290, 2395 u. 2530 (310, 330 u. 190). — $R = R' = CH_2OH$, 2205, 2320 u. 2240, 2575 (295, 410, 440 u. 260). — $R = R' = CH(CH_3)OH$, *α-Form*, F. 103—106°, 2205, 2305, 2425 u. 2560 (225, 320, 330 u. 210); *β-Form*, F. 67,5 bis 68,5°, 2320, 2425 u. 2560 (320, 330 u. 210). — $R = R' = CH(C_3H_7)OH$, 2330, 2435 u. 2565 (430, 470 u. 290). — $R = R' = C(CH_3)_2OH$, 2230, 2315, 2420 u. 2550 (230, 330, 365 u. 215). — $R = R' = C(CH_3)(C_2H_5)OH$, 2315, 2420 u. 2556 (290, 330 u. 190). — $R = R' = C(CH_3)(OH)C_9H_{19}$, 2320, 2420 u. 2560 (390, 405 u. 265). — $R = R' = C(CH_3)$ (*tert.*- $C_4H_9$)$OH$, 2325, 2430 u. 2560 (300, 325 u. 195). — $R = R' = C(OH)$ $[CH_2]_5$, 2325, 2430 u. 2570 (320, 345 u. 220). — $R = R' = CH_2 \cdot CH_2OH$, 2155, 2280, 2395 u. 2540 (330, 450, 490 u. 330). — $R = R' = CH_2 \cdot CH(CH_3)OH$, 2165, 2285, 2405 u. 2550 (300, 420, 455 u. 295). — $[HO \cdot C(R)(R') \cdot C ≡ C]_2$: I, 2325, 2450 u. 2590 (830, 790 u. 495). — $R = H$, $R' = C_6H_5$, 2475 u. 2605 (1300 u. 920). — $R = CH_3$, $R' = C_6H_5$, 2445 u. 2580 (1020 u. 900). — $R = R' = C_6H_5$, 2485 u. 2610 (2240 u. 1660). — *Erythrogensäure*, 2275, 2400, 2530, 2666 u. 2820 (1167, 870, 700, 870 u. 700). — *Propenyldiacetylen*, 2300, 2380, 2510, 2640 u. 2800 (2250, 5000, 10000, 14000 u. 11000). (J. chem. Soc. [London] **1952**. 1998—2005. Juni.) LEHWALD. 530

**J. B. Armitage** und **M. C. Whiting**, *Untersuchungen über Acetylenverbindungen.* 35. Mitt. *Einfluß von Substituenten in Propargylstellung auf die Ultraviolettabsorption von Diacetylenen.* (34. vgl. vorst. Ref.) Die in der vorst. Mitt. gewonnenen spektroskop. Ergebnisse veranlaßten Vff., genauere Unterss. über den Einfl. von α-Substituenten auf den Diacetylenchromophor durchzuführen. Sie stellten daher einige *1.6-disubstituierte Derivv.* von *Hexadiin-(2.4)* (I) nach üblichen Methoden dar, deren spektroskop. Unters. ergab, daß die Frequenz in folgender Reihe ab- u. die Intensität zunimmt: H < OH, $OCH_3$ < O-Acetyl < O-Tosyl < Cl < Br < J. Die Größe der Abnahme der Frequenz wird als Maß für die Änderung der Energie des Elektronenüberganges angesehen, während die Größe der Intensitätsänderung das Maß für die Verzerrung des π-Elektronensyst. des Chromophors angibt. Beide Effekte lassen sich zueinander durch die Gleichung $\Delta \log \varepsilon = k \Delta \bar{\nu}$ in Beziehung setzen. Zum Vgl. synthetisierte *Octadiine-(3.5)* mit 1.8-Substituenten (β-Stellung zum Chromophor) ergaben erwartungsgemäß eine erhebliche Verminderung des Substituenteneinfl. auf die Absorption. Das Spektr. der *1.6-Bisdimethylaminoverb.* von I ließ sich nicht in vorst. Schema einordnen, da durch diese Substitution das Gesamtspektr. verändert wird.

Versuche: *1.6-Diacetoxyhexadiin-(2.4)*, $C_{10}H_{10}O_4$, Kp.$_{10^{-4}}$ 60° (Bad), F. 14—16°, aus Hexadiin-(2.4)-diol-(1.6)(II), Acetanhydrid u. Pyridin bei —5°; $n_D^{22}$ 1,5145; 80% (Ausbeute). — *1.6-Dimethoxyhexadiin-(2.4)*, $C_8H_{10}O_2$, Kp.$_{0,01}$ 60°, aus II u. Dimethylsulfat in NaOH; $n_D^{20}$ 1,5000; 40%. — II-*Di-p-toluolsulfonat* (III), $C_{20}H_{18}O_6S_2$, F. 96°, durch langsames Zufügen von KOH zu einer Lsg. von II u. p-Toluolsulfonylchlorid in Aceton; Plättchen aus Methanol; 77%; wird bei Lichteinw. rosa. — *1.6-Dichlorhexadiin-(2.4)*, $C_6H_4Cl_2$, Kp.$_{0,1}$ 54°, aus II u. $SOCl_2$ in Pyridin; $n_D^{20}$ 1,5750, $\lambda_{max}$ 2260, 2390, 2530 u. 2670 Å ($\varepsilon$ = 1080, 1810, 2090, u. 1360 in A.); 80%. — *1.6-Dibromhexadiin-(2.4)*, $C_6H_4Br_2$, Kp.$_{10^{-4}}$ 50° (Bad), F. 16—18°; a) aus III u. $CaBr_2$ in A.; $n_D^{20}$ 1,6432; 50%; b) aus II u. $PBr_3$ in Bzl.; $n_D^{22}$ 1,6420; 65%. — *1.6-Dijodhexadiin-(2.4)*, $C_6H_4J_2$, F. 64°, wie vorst. a); blaßgelbe Plättchen; 71%. — *1.6-Bis-[dimethylamino]-hexadiin-(2.4)*, $C_{10}H_{16}N_2$, F. 29—30°, Kp.$_{0,01}$ 65°, durch 18std. Behandlung des Dibromids bzw. Dichlorids mit Dimethylamin in W.; $n_D^{20}$ 1,5085; 50%. *Dipikrat*, $C_{22}H_{22}O_{12}N_8$, Prismen aus A., F. 262°. — *1.8-Dichlorocta-diin-(3.5)*, $C_8H_8Cl_2$, F. 45°, durch dehydratisierende Dest. von LiCl in 2-Äthoxyäthanol bis zum Erreichen eines Kp. von 127° u. Behandeln bei 50° mit Octadiin-(3.5)-diol-(1.8)-di-p-toluolsulfonat u. kurzes Kochen; $\lambda_{max}$ 2290, 2410 u. 2550 Å ($\varepsilon$ = 440, 490 u. 2550 in A.); 57%. — *1.8-Dibromoctadiin-(3.5)*, $C_8H_8Br_2$, F. 65°, analog mit $CaBr_2$; $\lambda_{max}$ 2310, 2420 u. 2570 Å ($\varepsilon$ = 895, 895 u. 475; A.); 80%. (J. chem. Soc. [London] **1952.** 2005—10. Juni.) LEHWALD. 530

**J. B. Armitage, C. L. Cook, E. R. H. Jones** und **M. C. Whiting,** *Untersuchungen über Acetylenverbindungen.* 36. Mitt. *Synthese symmetrischer, konjugierter Triacetylenverbindungen.* (35. vgl. vorst. Ref.). Bei Einw. von 4 $NaNH_2$ auf 1.6-Dichlorhexadiin-(2.4) bei —77° in $NH_3$ bildet sich unter Abspaltung von 2 HCl *1.6-Dinatriumtriacetylid* (I). Zers. mit $NH_4Cl$ liefert hieraus *Hexatriin-(1.3.5)* (II), dessen Abtrennung aus dem Reaktionsgemisch durch Extraktion mit Butan bei möglichst tiefer Temp. gelang. Einw. von Alkylhaliden auf I liefert *1.6-Dialkylderivv.* von II, von Carbonylverbb. die erwarteten *Triacetylenglykole.* Die UV-Spektren der Verbb. werden diskutiert.

V e r s u c h e (FF. auf dem KOFLER-Block, UV-Spektren in A.): *Hexatriin-(1.3.5)* (II), durch Zutropfen von 1.6-Dichlorhexadiin-(2.4) zu einer auf —70° gekühlten Suspension von $NaNH_2$ (4 Äquivalente) in $NH_3$ unter $N_2$ u. Rühren, Zers. mit $NH_4Cl$ bei —33° u. Extrahieren bei dieser Temp. mit Butan; zers. sich nach wenigen Min. an der Luft bei 0° explosionsartig. *Oktabromid* [*1.1.2.3.4.5.6.6-Oktabromhexadien-(2.4)*?], $C_6H_2Br_8$, F. 157°, aus II mit $Br_2$ in $CCl_4$; Nadeln, $\lambda_{max}$ 2510 Å 2510 Å ($\varepsilon$ = 4700). — *Octatriin-(2.4.6)*, $C_8H_6$, F. 128°, wie II, Zufügen von $CH_3J$ u. 3std. Rühren vor der Zers.; nach Abblasen des $NH_3$ mit $N_2$ u. Zufügen von Pentan Abdampfen unter $N_2$ bei 20° u. Sublimation bei 80°/0,01 mm (Bad); $\lambda_{max}$ <2070, 2390, 2530, 2680, 2860 u. 3060 Å ($\varepsilon$ = 135000, 105, 130, 200, 200 u. 120); 28%. — *Decatriin-(3.5.7)*, $C_{10}H_{10}$, Kp.$_{10^{-2}}$ 65° (Bad), analog vorst. Verb. mit Äthyljodid; $n_D^{17}$ 1,5858, $\lambda_{max}$ <2110, 2400, 2550, 2690, 2865 u. 3070 Å ($\varepsilon$ = 165000, 105, 155, 220, 220 u. 130); 40%. — *Octatriin-(2.4.6)-diol-(1.8)*, $C_8H_6O_2$, F. 138—140°, wie vorst. mit Paraformaldehyd, Platten aus PAe.; $\lambda_{max}$ 2125, 2470, 2610, 2750, 2930, 3120 Å ($\varepsilon$ = >140000, 190, 245, 320, 320 u. 190); 17%. — *Octandiol-(1.8)*, F. 57—60°, aus vorst. Verb. durch Hydrierung in Essigester mit $PtO_2$. Hieraus durch $CrO_3$ Oxydation in $H_2SO_4$ *Korksäure*, F. 138—140°. — *2.9-Dimethyldecatriin-(3.5.7)-diol-(2.9)*, $C_{12}H_{14}O_2$, F. 154—155°, wie vorst. mit Aceton u. Sublimation bei 90°/$10^{-4}$ mm (Bad); $\lambda_{max}$ 2135, 2450, 2570, 2740, 2920 u. 3120 Å ($\varepsilon$ = 190000, 70, 130, 200, 230 u. 145); 47%. — *1.1.8.8-Tetraphenyloctatriin-(2.4.6)-diol-(1.8)*, F. 158—160°, wie vorst. mit Benzophenon; aus Bzl. + PAe. Nadeln, $\lambda_{max}$ 2770, 2790, 2955 u. 3180 Å ($\varepsilon$ = 98000, 670, 680 u. 540). (J. chem. Soc. [London] **1952.** 2010 bis 2014. Juni.) LEHWALD. 530

**J. B. Armitage, E. R. H. Jones** und **M. C. Whiting,** *Untersuchungen über Acetylenverbindungen.* 37. Mitt. *Die Synthese konjugierter Tetraacetylenverbindungen.* (36. vgl. vorst. Ref.) Bei der Rk. von Pentadiin-(1.3) mit $O_2$ in $NH_4Cl$-Lsg. bei Ggw. von $CuCl_2$ oder aus der entsprechenden GRIGNARD-Verb. bei Ggw. von $CuBr_2$ oder $J_2$ entsteht *Decatetrain-(2.4.6.8)*, eine stark lichtempfindliche Verbindung. Analog lassen sich Hexadiin-(1.3) u. Octadiin-(1.3) durch oxydative Kupplung in die entsprechenden *Tetraine* überführen. Desgleichen werden eine Anzahl 2-Alkylalkadiinole-(2) in die entsprechenden *Alkatetraindiole* verwandelt. Der Konstitutionsnachw. gelingt durch Hydrierung, Oxydation zu den entsprechenden *Dionen* bzw. *Dicarbonsäuren.* Die UV-Spektren werden diskutiert.

V e r s u c h e (UV-Spektren in A.): *Decatetrain-(2.4.6.8)*, $C_{10}H_6$, Zers. >80°, durch 1std. Kochen von $C_2H_5MgBr$ u. Pentadiin-(1.3) in Ae. u. weiteres 1½std. Kochen nach Zufügen von $J_2$, Gießen in Eis + HCl u. Ausäthern; lange Nadeln aus PAe.; 66% (Ausbeute); $\lambda_{max}$ 2050, 2150, 2260, 2340, 2860, 3060, 3280 u. 3540 Å ($\varepsilon$ = 24300, 91500, 198000, 281000, 140, 180 u. 105); wird an der Luft rosa; nimmt bei Hydrierung 8 Mol $H_2$ auf. — *Dodecatetrain-(3.5.7.9)*, $C_{12}H_{10}$, Kp.$_{10^{-3}}$ 60° (Bad), F. 26°, aus Hexadiin-(1.3) wie vorst., aber mit $CuBr_2$ an Stelle von $J_2$; Nadeln aus PAe.; $\lambda_{max}$ 2280, 2380, 2870, 3080, 3300 u. 3550 Å ($\varepsilon$ = 192000, 282000, 160, 185, 185 u. 120); 47%; wird an der Luft blau; nimmt 8 Mol $H_2$ auf. — *Hexadecatetrain-(5.7.9.11)*, $C_{16}H_{18}$, $Kp._{10^{-5}}$ 80° (Bad), a) aus $C_2H_5MgBr$ + Octadiin-(1.3) wie vorst.; 50%; b) durch 15 Min. langes Erwärmen einer Mischung von Octadiin-(1.3), $NH_4Cl$, $Cu_2Cl_2$, etwas konz. HCl u. A. auf 65°, 3std. Stehen unter Einleiten von Luft, Verdünnen mit HCl u. Extrahieren mit Pentan; $\lambda_{max}$ 2300, 2400, 2870, 3070, 3300 u. 3560 Å ($\varepsilon$ = 176000, 277000, 265, 260, 215 u. 190); 23%. — *Decatetrain-(2.4.6.8)-diol-(1.10)*, $C_{10}H_6O_2$, aus Pentadiin-(2.4)-ol-(1) wie vorst. b); hellgelbe Platten; $\lambda_{max}$ 2070, 2170, 2270, 2380, 2875, 3065, 3295 u. 3550 Å ($\varepsilon$ = 23100, 67000, 178000, 257000, 480, 440, 290 u. 190); 74%; nimmt bei Hydrierung 7,5 Mol $H_2$ auf unter Bldg. von *Decandiol-(1.10)* (F. 68—70°), das bei anschließender $CrO_3$-Oxydation *Sebacinsäure*, F. 131—133°, gibt. — *Dodecatetrain-(3.5.7.9)-diol-(2.11)*, $C_{12}H_{10}O_2$, cremefarbene Nadeln, aus Hexadiin-(3.5)-ol-(2) wie vorst.; $\lambda_{max}$ 2070, 2180, 2280, 2390, 2860, 3080, 3300 u. 3550 Å ($\varepsilon$ = 38800, 76300, 188000, 266000, 205, 225, 240 u. 195); 78%; wird bei Zimmertemp. braun. — *Dodecandiol-(2.11)*, F. 54—55°, durch Hydrierung vorst. Verb. mit $PtO_2$ in Essigester. — *Dodecandion-(2.11)*, F. 67°, durch $CrO_3$-Oxydation vorst. Verb.; aus PAe. Blättchen. — *Hexadecatetrain-(5.7.9.11)-diol-(4.13)*, $C_{16}H_{18}O_2$, F. 98° (Zers.), aus Octadiin-(5.7)-ol-(4); $\lambda_{max}$ 2100, 2200, 2300, 2410, 2870, 3090, 3310 u. 3560 Å ($\varepsilon$ = 28300, 78100, 184000, 273000, 180, 220, 240 u. 160°; Nadeln aus Bzl. + PAe.; 50%. — *2.11-Dimethyldodecatetrain-(3.5.7.9)-diol-(2.11)*, $C_{14}H_{14}O_2$, F. 150—152° (Zers.), aus 2-Methylhexadiin-(3.5)-ol-(2); $\lambda_{max}$ 2090, 2190, 2280, 2400, 2910, 3110, 3320 u. 3600 Å ($\varepsilon$ = 19250, 75000, 197000, 274000, 235, 280, 245 u. 180); sublimiert bei 100° (Bad)/$10^{-5}$ mm; große Platten aus Bzl.; 89%. Hydrierung liefert *2.11-Dimethyldodecandiol-(2.11)*, Nadeln, F. 58°. (J. chem. Soc. [London] **1952.** 2014 bis 2018. Juni.) Lehwald. 530

**G. Eglinton, E. R. H. Jones** und **M. C. Whiting,** *Untersuchungen über Acetylenverbindungen.* 38. Mitt. *Eine neue Methode zur Einführung von Acetylenbindungen.* (37. vgl. vorst. Ref.) *Tetrahydrofurfurylchlorid* (**II**) geht bei Einw. von $NaNH_2$ in fl. $NH_3$ unter Ringspaltung in *Pentin-(4)-ol* (**III**) über. Diese Rk. erproben Vff. an einigen analogen Derivaten. Epichlorhydrin liefert ein Gemisch aus *Propargylalkohol* (**I**), *Hexamethylentetramin* u. *Penten-(2)-in-(4)-ol-(1)*, die letzteren beiden wahrscheinlich entstanden durch Dissoziation des Mono-Na-Propargylalkohols in Formaldehyd u. Na-Acetylid u. Rk. des Acetylids mit Epichlorhydrin. — *2-Chlormethyltetrahydropyran* liefert bei Einw. von $NaNH_2$ + $NH_3$ *Hexin-(5)-ol-(1)*. Dagegen blieben Verss., Heptin-(4)-ol-(1) darzustellen, vergeblich, da das als Ausgangsmaterial benötigte 2-[1-Chlorpropyl]-tetrahydrofuran aus dem 2-[1-Oxypropyl]-deriv. nur schwer zugänglich ist u. die $NaNH_2$ + $NH_3$-Rk. an 3-Brom-2-äthyltetrahydropyran unvollkommen verläuft. Einw. von $NaNH_2$ + $NH_3$ auf 3-Chlor-2-äthyltetrahydrofuran liefert das erwartete *Hexin-(3)-ol.* Als Nebenprodd. entstehen hier die beiden *isomeren 2-Äthyldihydrofurane.* — Analoge Rk. mit 2-Äthoxyhexylbromid ergibt *Hexin-(1)* u. *2-Äthoxyhexen-(1).* Entsprechend liefert 4-Äthoxyoctyl-(3)-bromid *4-Äthoxyocten-(3)*, aber kein Alkin. — Bei der Darst. von **III** aus **II** mit $NaNH_2$ müssen mindestens 3 Äquivalente hiervon vorhanden sein, mittelstarke Basen, wie z. B. Na-Acetylid, ermöglichen die Rk. nicht. Vff. nehmen an, daß die Rk. eine doppelte Eliminierungs-Rk. ist; die gleichfalls mögliche 2-Stufen-Rk., die über das *2-Methylenderiv.* (HCl-Abspaltung) verlaufen müßte, scheidet aus, da aus **II** mit 1 Mol $NaNH_2$ nur ein Gemisch von **II** u. **III** entsteht u. da auf anderem Wege dargestelltes *2-Methylentetrahydrofuran* mit $NaNH_2$ + $NH_3$ *4.5-Dihydro-2-methylfuran* (**IV**) liefert u. kein **III**. Vff. diskutieren ferner den Einfl. von Alkylsubstituenten auf die Absorption des Vinylätherchromophors —O—CR'=CR''R'''.

Versuche: *Propargylalkohol* (**I**), $Kp._{95}$ 53—55°, durch langsames Zutropfen von Epichlorhydrin zu einer turbinierten Suspension von $NaNH_2$ in fl. $NH_3$, nach 12std. Rühren vorsichtiges Zufügen von $NH_4Cl$, Einengen unter $H_2O$-Ausschluß, Zufügen von Ae., Filtrieren, Abdampfen des Ae. u. Rektifikation der oberen Schicht nach Zufügen von etwas Bernsteinsäure; $n_D^{20}$ 1,4317; 46% (Ausbeute). *Phenylurethan*, F. 63—64°. Aus dem Rückstand durch erneute Rektifikation *Hexamethylentetramin*, $C_6H_{12}N_4$. Daneben *Penten-(2)-in-(4)-ol-(1)*, $Kp._{10}$ 65—67°, $n_D^{17}$ 1,4935, $\lambda_{max}$ 2195 Å ($\varepsilon$ = 10820); 0,6%; *α-Naphthylurethan*, F. u. Misch-F. 109—111°. — *Tetrahydrofurfuryl-p-toluolsulfonat*, F. 38°, nach Tipson (J. org. Chemistry **9.** [1944.]235); 80%. — *Tetrahydrofurfurylbromid*, $Kp._{17}$ 63—64°, nach Smith (C. **1946.** 1227); $n_D^{21}$ 1,4869; 44%. — *Tetrahydro-2-methylenfuran*, $Kp._{764}$ 100—102°, durch Dest. vorst. Verb. über KOH; $n_D^{19}$ 1,4490. — *4.5-Dihydro-2-methylfuran* (**IV**), Kp. 78—80°, a) durch 4std. Kochen vorst. Verb. unter $N_2$ (absinkender Kp.) u. Dest. über etwas Hydrochinon; $n_D^{23}$ 1,4323; 62%; b) durch 4std. Kochen von **III** mit $NaNH_2$; $n_D^{18}$ 1,4340—1,4352; 48%. — *Tetrahydrofurfurylchlorid* (**II**), $Kp._{20}$ 55—56°, $Kp._{40}$ 64°, a) nach Brooks u. Snyder (C. **1946.**

1205); $n_D^{20}$ 1,4552; 67—77%; b) durch Zufügen des p-Toluolsulfonats zu $CaCl_2$ in in 2-[2'-Äthoxyäthoxy]-äthanol, 1½std. Erhitzen auf 160° u. Abdampfen bei 60 mm bis zum Kp. 105°; $n_D^{20}$ 1,4551; 60%. — *Penten-(4)-ol-(1)*, $Kp._{55}$ 73—81°, durch Zufügen von 12,1 g **II** in Ae. zu $NaNH_2$ u. fl. $NH_3$ (aus 4,8 g Na) u. 3std. Rühren; $n_D^{18}$ 1,4320 bis 1,4330; 76%. — *Pentin-(4)-ol-(1)* (**III**), $Kp._{37}$ 77°, a) aus 242 g **II** u. $NaNH_2$ in $NH_3$ (aus 161 g Na) u. 12std. Rühren; $n_D^{15}$ 1,4464; 85%. *α-Naphthylurethan*, $C_{16}H_{15}O_2N$, F. 79—80°, aus PAe. Nadeln. b) Durch Bromierung von Penten-(4)-ol-(1) in $CCl_4$ <20° u. Rk. des entstandenen *4.5-Dibrompentanols-(1)* mit $NaNH_2$ + $NH_3$ wie vorst.; $n_D^{19}$ 1,4471; 56%. *Phenylurethan*, F. 56°. Daneben als höhersd. Material wahrscheinlich *4-Brompenten-(4)-ol-(1)*. — *5-[Tetrahydropyranyl-(2)-oxy]-pentin-(1)*, $C_{10}H_{16}O_2$, $Kp._{19}$ 89—91°, aus **III** u. 2.3-Dihydropyran in Ggw. von etwas $POCl_3$ unter Eiskühlung; $n_D^{20}$ 1,4575; 90%. — *5-[Tetrahydro-2-methylfuranyl-(2)-oxy]-pentin-(1)*, $C_{10}H_{16}O_2$, $Kp._7$ 70—75°, durch 6std. Kochen von **III** in 0,5n$H_2SO_4$, Neutralisieren, Sättigen mit NaCl u. 24std. Extraktion mit Ae.; $n_D^{16}$ 1,4505; 16%. — *5-Oxypentanon-(2)*, $Kp._7$ 82 bis 86°, a) wie vorst. bei 13std. Kochen; $n_D^{14}$ 1,4402; 37%; b) durch Hydrolysieren von **IV** mit $H_2SO_4$. *2.4-Dinitrophenylhydrazon*, F. 154—155°. — *Tetrahydropyranyl-(2)-methyl-p-toluolsulfonat*, $C_{13}H_{18}O_4S$, F. 72.5°, durch langsames Zufügen von Tetrahydro-2-oxymethylpyran ($Kp._{17}$ 75—83°, $n_D^{24}$ 1,4612—1,4572) zu p-Toluolsulfonylchlorid in Pyridin < 25°; nach 20std. Stehen Gießen in W. u. Extrahieren der neutralisierten Lsg. mit Ae.; rhomb. Platten aus $CCl_4$; 40%. — *2-Chlormethyltetrahydropyran*, $C_6H_{11}$·OCl, $Kp._{22}$ 62—64°, $Kp._{170}$ 120°, a) aus der 2-Oxymethylverb. mit $SOCl_2$ + Pyridin, nach 16std. Rühren Zufügen von Eis u. Ausäthern; $n_D^{18}$ 1,4620; 48%; b) aus vorst. Verb. u. $CaCl_2$ in 2-[2'-Äthoxyäthoxy]-äthanol wie oben; $n_D^{20}$ 1,4580—1,4600; 68%. — *Hexin-(5)-ol-(1)*, $C_6H_{10}O$, $Kp._{16}$ 75°, aus vorst. Verb. u. $NaNH_2$ + $NH_3$ wie oben; $n_D^{16}$ 1,4510; 80%; enthält wahrscheinlich etwas *Tetrahydro-2-oxymethylpyran*. *3.5-Dinitrobenzoat*, $C_{13}H_{12}O_6N_2$, F. 58°; Plättchen aus PAe.; gibt ein *α-Naphthylaminaddukt*, $C_{23}H_{21}O_6N_3$, F. 89,5°, aus A. rote Nadeln. *Phenylurethan*, $C_{13}H_{15}O_2N$, F. 55°, aus PAe. Nadeln. — *Hexin-(3)-ol*, $Kp._{52}$ 93—94°, aus 3-Chlor-2-äthyltetrahydrofuran u. $NaNH_2$ + $NH_3$ wie oben; $n_D^{16}$ 1,4561; 30%. *3.5-Dinitrobenzoat*, F. 77°, aus PAe. federartige Nadeln. *α-Naphthylurethan*, $C_{17}H_{17}O_2N$, F. 107°, aus PAe. Plättchen. Der Alkohol wird durch Hydrierung in Essigester in *n-Hexanol* (*3.5-Dinitrobenzoat*, F. 59—60°) u. durch Oxydation mit alkal. $KMnO_4$-Lsg. in *Propionsäure* (*p-Phenacylester*, F. 101°, Plättchen aus A.) verwandelt. — *2-Äthyldihydrofuran*, $Kp._{751}$ 95—97°, als Vorlauf; $n_D^{15}$ 1,4392—1,4406; 30%. *Phenylurethan*, F. 86°, aus PAe. Nadeln. Gibt durch Hydrolyse in 2n$H_2SO_4$ *6-Oxyhexanon-(3)*, $Kp._{10}$ 130° (Bad). — *Hexin-(1)*, $Kp._{755}$ 72—76°, durch Rk. von 1-Brom-2-äthoxyhexan mit $NaNH_2$ + $NH_3$, nach 20std. Stehen Zufügen von fl. Butan u. dann $NH_4Cl$, nach Abdampfen des $NH_3$ u. Zufügen von W. Rektifikation; $n_D^{18}$ 1,4008; 45%. Daneben *2-Äthoxyhexen-(1)*, $C_8H_{16}O$, $Kp._{100}$ 78°, $n_D^{17}$ 14172, gibt durch Hydrolyse *Hexanon-(2)*; *2.4-Dinitrophenylhydrazon*, F. 107°, aus A. orangefarbene Nadeln; *Semicarbazon*, F. 123°, aus A. prismat. Nadeln. — *4-Äthoxyocten-(3)*, $C_{10}H_{20}O$, $Kp._{31}$ 74—76°, aus 3-Brom-4-äthoxyoctan u. $NaNH_2$ + $NH_3$ wie oben; $n_D^{19}$ 1,4240; 67% [verunreinigt durch *4-Äthoxyocten-(2)*, durch UV-Spektr. nachgewiesen]. Hieraus durch Hydrolyse *Octanon-(4)*, $Kp._{97}$ 98°, $n_D^{20}$ 1,4172; *2.4-Dinitrophenylhydrazon*, $C_{14}H_{20}O_4N_4$, F. 37—38°, orangefarbene Kristalle aus PAe.; *Semicarbazon*, F. 96—96,5° (Methanol). (J. chem. Soc. [London] **1952**. 2873—82. Juli.)

LEHWALD. 530

**C. L. Cook, E. R. H. Jones** und **M. C. Whiting,** *Untersuchungen über Acetylenverbindungen*. 39. Mitt. *Allgemeine Wege zu aliphatischen Polyacetylenkohlenwasserstoffen und -glykolen*. (38. vgl. vorst. Ref.) Vff. versuchen zunächst die Darst. von Polyalkinen auf dem Wege $OHCH_2-(C\equiv C)_{n-1}-CH_2OH$ (**I**) → $ClCH_2-(C\equiv C)_{n-1}-CH_2Cl$ (**II**) → $H(C\equiv C)_nH$ (**III**). Hierbei erfolgt der Schritt **I** → **II** mit $SOCl_2$ + Pyridin, **II** → **III** durch $NaNH_2$ + fl. $NH_3$. Höhere Glieder von **III** (n = 4—5) können nur als Lsgg. von geringer Konz. erhalten werden. Sie lassen sich nicht isolieren, sondern lediglich durch Aceton in $(CH_3)_2C(OH)-(C\equiv C)_n-C(OH)(CH_3)_2$ verwandeln. Wegen der geringen Ausbeuten ist die Darst. auf diesem Wege ungeeignet. Eine weitere Meth., $CH_3CH$·$(OH)-(C\equiv C)_{n-1}-CH(OH)CH_3$ (**IV**) → Dichlorid → $CH_3(C\equiv C)_nCH_3$ (**V**) erwies sich bei niederen Verbb. gegenüber anderen bekannten Methoden als wenig vorteilhaft, jedoch konnte so **V** (n = 5) dargestellt werden, eine durch Licht leicht zersetzliche Verbindung. Rk. von 1.6-Dichlorhexadiin-(2.4) (**II**, n = 3) mit $NaNH_2$ in Ggw. von $CH_3J$ lieferte das bei 0° u. selbst bei Luftausschluß zersetzliche *Heptatriin-(1.3.5)*, das durch $Cu_2Cl_2$ + $O_2$ in das ebenfalls durch Licht zersetzliche *Tetradecahexain-(2.4.6.8.10.12)* (**V**, n = 6) verwandet wurde. Das entsprechende *Diäthylhexaacetylen*, das in Lsg. erhalten wurde, ließ sich nicht zur Kristallisation bringen. Kondensation von Mono-Na-Triacetylen mit Aceton lieferte ein Gemisch von *2-Oxy-2-methyloctatriin-(3.5.7)* u.

*2.9-Dioxy-2.9-dimethyldecatriin-(3.5.7)* (vgl. 36. Mitt.), in dem der Alkohol durch oxydative Kupplung nachgewiesen wurde. — Ferner wurde die Reaktionsfolge $CH_3 \cdot CH(OH)-(C{\equiv}C)_{n-1}CH_2OH$ → Dichlorid → $CH_3(C{\equiv}C)_nH$ untersucht. Mit n = 2 verlief die Synth. glatt, die Isolierung jedoch schwierig. Bei den höheren Gliedern war die Darst. der als Ausgangsmaterial verwendeten Glykole unbefriedigend. — Es wurden die UV-Spektren der dargestellten Verbb. aufgenommen u. mit denen der früher untersuchten Verbb. verglichen.

Versuche (FF. auf dem KOFLER-Block; Spektren in A.): *1.6-Dichlorhexadiin-(2.4)* (**II**, n = 3), Kp.$_{0,5}$ 61°, durch langsames Zufügen von $SOCl_2$ zu Hexadiin-(2.4)-diol-(1.6) (**I**, n = 3) in Pyridin bei 30°, 18std. Stehen bei 20° u. Ausäthern; $n_D^{16}$ 1,5770; 80% (Ausbeute). — *1.8-Dichloroctatriin-(2.4.6)* (**II**, n = 4), $C_8H_4Cl_2$, F. 30°, wie vorst. aus Octatriin-(2.4.6)-diol-(1.8) (**I**, n = 4); flache Nadeln aus PAe.; 80%; wird an der Luft braun; $\lambda_{max}$ 3180, 2990, 2800, 2650, 2510 u. 2190 Å (ε = 990, 1650, 1230, 840, 520, >140000). — *Octatetrain-(1.3.5.7)* (**III**, n = 4) aus vorst. Verb. mit $NaNH_2$ + fl. $NH_3$ bei −77°; in 200facher Verdünnung $\lambda_{max}$ 2270, 2170 u. 2070 Å ($E_{2mm}$ 0,425, 0,305, 0,155), entspricht 12%. — *2.11-Dimethyldodecatetrain-(3.5.7.9)-diol-(2.11)*, analog vorst. Verb. bei Ggw. von Aceton; ca. 30%. — *1.10-Dichlordecatetrain-(2.4.6.8)* (**II**, n = 5), $C_{10}H_4Cl_2$, F. 73°, aus **I** (n = 5) wie oben; nimmt am Licht blaugrüne Färbung an; $\lambda_{max}$ 3650, 3390, 3150, 2970, 2790, 2450, 2335, 2220, 2080 Å (ε = 700, 1210, 1710, 1600, 1260, 202000, 150000, 71000 u. 26000). — *Decapentain-(1.3.5.7.9)* (**III**, n = 5), aus **II** (n = 5) mit $NaNH_2$ + $NH_3$; in 10facher Verdünnung $\lambda_{max}$ 2540, 2400 u. 2270 Å ($E_{2mm}$ 0,320, 0,288 u. 0,175), entspricht 1%. — *Dodecapentain-(2.4.6.8.10)* (**V**, n = 5), $C_{12}H_6$, cremefarbene Nadeln, a) aus **II** (n = 5) wie vorst. bei Ggw. von $CH_3J$; b) aus **VI** u. $NaNH_2$ + $NH_3$; 3%; wird durch Luft ohne Licht bei −5° verfärbt; $\lambda_{max}$ 2150, 2240, 2335, 2470, 2605, 3245, 3475, 3735 u. 3940 Å (ε = 10000, 29000, 95000, 243000, 352000, 230, 210, 150 u. 120). — *2.13-Dimethyltetradecapentain-(3.5.7.9.11)-diol-(2.13)*, $C_{16}H_{14}O_2$, aus **II** (n = 5) mit $NaNH_2$ u. Aceton; hellgelbe Plättchen aus Bzl. + PAe.; wird an der Luft orangefarben; <1%; $\lambda_{max}$ 2180, 2280, 2390, 2520, 2650, 3140, 3375, 3635 u. 2930 Å (ε = 15000, 44000, 116000, 240000, 355000, 785, 670, 640 u. 525). — *2.5-Dichlorhexin-(3)*, $C_6H_8Cl_2$, Kp.$_{10}$ 55°, aus dem Hexin-(3)-diol-(2.5) (**IV**, n = 2), $SOCl_2$ u. Pyridin; $n_D^{20}$ 1,4802; 76%. — *Hexadiin-(2.4)* (**V**, n = 2), F. 64°, aus vorst. Verb. wie oben; rhomb. Kristalle; 70%. — *2.7-Dichloroctadiin-(3.5)*, $C_8H_8Cl_2$, Kp.$_{0,01}$ 58 bis 60°, aus Octadiin-(3.5)-diol-(2.7) (**IV**, n = 3); 68%. — *Octatriin-(2.4.6)* (**V**, n = 3), F. 128°, aus vorst. Verb.; 75%. — *2.11-Dichlordodecatetrain-(3.5.7.9)* (**VI**, aus **IV**, n = 5) wie üblich u. Chromatographie; $\lambda_{max}$ 2460, 2340 u. 2230 Å (ε = 160000, 120000 u. 60200); 37% (80%ig. rein). — *Heptatriin-(1.3.5)*, aus **II** (n = 3), $NaNH_2$ + $NH_3$ u. $CH_3J$, wiederholtes Ausziehen mit Butan, Abdünsten des $NH_3$ u. Abtrennen des ebenfalls entstandenen Hexatriins-(1.3.5) (**III**, n = 3) in einer Spezialapp.; explodiert leicht bei 0°. — *Tetradecahexain-(2.4.6.8.10.12)* (**V**, n = 6), $C_{14}H_8$, durch vorsichtiges Zufügen vorst. Verb. zu einer Lsg. von $Cu_2Cl_2$ + $NH_4Cl$ in W. + $CH_3OH$ u. Schütteln mit $O_2$ bei 0°, Ausäthern u. Rekristallisation bei −40° aus PAe.; gelbe Kristalle; 5%; wird schon bei −5° in diffusem Licht braun; $\lambda_{max}$ 2210, 2310, 2420, 2550, 2685 u. 2840 Å (ε = 11000, 17500, 47000, 128000, 317000 u. 445000). — *2.15-Dimethylhexadecahexain-(3.5.7.9.11.13)-diol-(2.15)*, aus **III** (n = 3), $NaNH_2$ + $NH_3$ u. Aceton, nach Chromatographie Zufügen zu $Cu_2Cl_2$ + $NH_4Cl$-Lsg., Schütteln mit $O_2$ u. Chromatographie; 10%ig. Lsg.; $\lambda_{max}$ 2350, 2450, 2580, 2720 u. 2890 Å (ε = 28000, 30000, 34000, 40000 u. 48000). — *Pentin-(2)-diol-(1.4)*, Kp.$_{0,5}$ 86—88°, aus $C_2H_5MgBr$ u. Propargylalkohol in Bzl. bei 0°, 1 Std. Rühren bei Raumtemp., Zufügen von Acetaldehyd u. kontinuierliche Extraktion nach 16std. Stehen; $n_D^{19}$ 1,4762; 37%. *Bis-3.5-dinitrobenzoat*, F. 139° (Bzl.). — *1.4-Dichlorpentin-(2)*, $C_5H_6Cl_2$, Kp.$_{12}$ 58—60°, aus vorst. Verb., $n_D^{18}$ 1,4880; 76%. — *Pentadiin-(1.3)*, Kp. 76°, aus vorst. Verb.; $n_D^{18}$ 1,4750; 50%. — *Heptadiin-(4.6)-ol-(3)*, $C_7H_8O$, Kp.$_{0,05}$ 57°, aus 1.4-Dichlorbutin-(2) (**II**, n = 2) mit $NaNH_2$ u. Propionaldehyd; $n_D^{18}$ 1,5005; 26%. — *Octadiin-(2.4)-diol-(1.6)*, $C_8H_{10}O_2$, Kp.$_{0,01}$ 120°, aus vorst. Verb., $NaNH_2$ + $NH_3$ mit Paraformaldehyd, nach 16std. Stehen u. Zufügen von $NH_4Cl$ Abdampfen; Ausäthern; $n_D^{21,5}$ 1,5335; 52%. — *Hexadecahexain-(3.5.7.9.11.13)*, a) durch Verwandlung vorst. Verb. in *1.6-Dichloroctadiin-(2.4)* ($C_8H_8Cl_2$, Kp.$_{0,01}$ 67°, $n_D^{23}$ 1,5540; 42%) u. Behandeln mit $NaNH_2$ + $NH_3$; b) aus **II** (n = 3) mit $NaNH_2$ + $NH_3$ u. $C_2H_5J$; $\lambda_{max}$ 2220, 2295, 2450, 2580, 2710 u. 2860 Å (ε = 9000, 14000, 14000, 26000, 55000, 75000); $\lambda_{max}$ in Hexan 2315, 2435, 2700 u. 2850 (ε = 15000, 22000, 50000, 74000 u. 90000). (J. chem. Soc. [London] **1952**. 2883—91. Juli.) LEHWALD. 530

**A. H. Ford-Moore** und **B. J. Perry**, *Triäthylphosphit*. In Anlehnung an die Methode von MCCOMBIE, SAUNDERS u. STACEY (vgl. C. **1946**. I. 1206) aus absol. A. u. Diäthylanilin in PAe. u. $PCl_3$ in PAe. Abfiltrieren von Diäthylanilinhydrochlorid u. Fraktionieren des Filtrats: $C_6H_{15}O_3P$, Kp.$_{10}$ 43–44°, Kp.$_{13}$ 51–52°, Kp.$_{16}$ 57–58°, $n_D^{25}$ 1,4104 bis 1,4106, D.$^{20}{}_4$ 0,963; Ausbeute 83%. (Org. Syntheses **31.** 111–13. 1951. Porton, Salisbury, Wilts., Chem. Defence Exp. Stat.) TROFIMOW. 590

**J. C. Sauer,** *Lauron.* Aus Lauroylchlorid in Ae. u. Triäthylamin, Extrahieren des entstandenen Gemisches aus Decylketen u. Triäthylaminhydrochlorid mit $H_2SO_4$ u. Aufarbeiten der Ätherlsg. entweder durch Behandeln des Ätherrückstandes mit KOH oder durch Versetzen der Ätherlsg. mit $H_2SO_4$: *Lauron* (*12-Tricosanon*), $C_{23}H_{46}O$, Ausbeute [F. 68–69° (Aceton)] 46–55%. (Org. Syntheses **31.** 68–71. 1951. Wilmington, Del., E. I. du Pont de Nemours & Co.) TROFIMOW. 710

**Eugene P. Oliveto und Corinne Gerold,** *N-Bromacetamid.* Aus Acetamid u. $Br_2$ in Ggw. von KOH, F. 102–105° (98–100%ig); 41–51% Ausbeute. (Org. Syntheses **31.** 17–18. 1951. Bloomfield, N. J., Schering Corp.) TROFIMOW. 810

**A. C. Neish und R. U. Lemieux,** *Die Darstellung von p-Bromphenacylestern und die Charakterisierung von p-Bromphenacylformiat.* Bei dem Vers., $H^{14}COONa$ als *p-Bromphenacylformiat* (I) nach HURD u. CHRIST (J. Amer. chem. Soc. **57.** [1935.] 2007) zu charakterisieren, wurde zwar eine Verb. vom angegebenen F. (140 bzw. 142°) erhalten, die sich aber als nichtradioakt. erwies u. tatsächlich *p-Bromphenacylalkohol* (II; F. 142°) war. Das unter abgeänderten Bedingungen dargestellte wirkliche I schm. bei 92° u. wird sehr leicht zu II hydrolysiert, diese Hydrolyse wird durch Salze von Carbonsäuren katalysiert. Die Synth. von Brenztraubensäure-p-bromphenacylester gelang überhaupt nicht, unter den n. Bedingungen der Darst. von p-Bromphenacylestern (l. c.) entstand II, unter den Bedingungen der Darst. von I wurden nur II u. unverändertes p-Bromphenacylbromid (III) isoliert, woraus geschlossen wird, daß sich der gewünschte Ester schwerer bildet u. noch leichter hydrolysiert wird als I.

Versuche (FF. korr.): *p-Bromphenacylformiat* (I), $C_9H_7O_3Br$, F. 92°, a) aus Na-Formiat u. III in HCl-haltigem A. durch 30 minütiges Kochen; aus A./Bzn. Blättchen; 86% (Ausbeute); b) aus $H^{14}COONa$ (durch Hydrierung von $NaH^{14}CO_3$ über Pd-Schwarz) wie vorst. u. Best. des $^{14}C$ durch Oxydation zu $Ba^{14}CO_3$. – *p-Bromphenacylalkohol* (II), $C_8H_7O_2Br$, F. 142°, a) durch 1 std. Kochen von Na-Formiat u. III in HCl-haltigem A.; aus Toluol/PAe. Nadeln; 70%. Verwendung von $H^{14}COONa$ gab inakt. II; b) nach JUDEFIND u. REID (J. Amer. chem. Soc. **42.** [1920.] 1043); F. u. Misch-F. 142°. (Canad. J. Chem. **30.** 454–59. Mai 1952. Saskatoon, Sask., Nat. Res. Council, Prairie, Reg. Labor.) ROSDORFF. 810

**Walter T. Smith und Gerald L. McLeod,** *β.β-Dimethylglutarsäure.* Nach WALKER und WOOD (J. chem. Soc. [London] **89.** [1906.] 598) aus Methon u. KOH in Hypochlorit-Lsg.: $C_7H_{12}O_4$, F. 100–102° (Bzl.), 81–91% Ausbeute. (Org. Syntheses **31.** 40–42. 1951. Iowa, Io., State Univ. of Iowa.) TROFIMOW. 820

**Raymond Paul und Olivier Riobé,** *Über eine Synthese der Sebacinsäure aus Penten-(4)-ol-(1).* Durch Behandlung einer äther. Suspension von *Penten-(4)-ol-(1)* (I)-*Na* (aus Tetrahydrofurfurylchlorid u. Na) mit Dimethylsulfat wird *1-Methoxypenten-(4)* (II), Kp. 97°, mit einer Ausbeute von 63% (bezogen auf das Chlorid) erhalten. – Bei –10° nimmt II 1 Mol $Br_2$ unter Bldg. von *1-Methoxy-4.5-dibrompentan* auf, Kp.$_8$ 100°, D.$^{25}{}_4$ 1,631, $n_D^{25}$ 1,5040; 80% (Ausbeute). – Durch Erhitzen des Dibromids mit einer KOH-Lsg. in Glykol erhält man *1-Methoxypentin-(4)* (III), Kp. 109–110°, D.$^{23}{}_4$ 0,842, $n_D^{23}$ 1,4223; 54%, das bei der Rk. gleich abdestilliert. Daneben wird eine ungesätt. Monobromverb., vermutlich *1-Methoxy-4-brompenten-(4)*, Kp. 175°, erhalten. – Es wird festgestellt, daß man bedeutend leichter von II zu III gelangt als von I zu *Pentin-(4)-ol-(1)*, da das intermediäre 4.5-Dibrompentanol mit Alkali wesentlich mehr Tetrahydrofurfurylbromid als 4-Brompenten-(4)-ol-(1) liefert. – Durch Behandlung von III mit einer konz. ammoniakal. Lsg. von CuCl wird die *Cu-Verb.* $C_6H_9OCu$, gelbes Kristallpulver, F. 130° (Zers.), 80%, erhalten. – III kann nicht wie Propinol nach REPPE oxydiert werden; jedoch wird durch 12std. Rühren der Cu-Verb. mit der 4fachen Gewichtsmenge $K_3[Fe(CN)_6]$ in konz. Lsg. bei gewöhnlicher Temp. u. nachherige Extraktion mit Ae. das *1.10-Dimethoxydecadiin-(4.6)* erhalten; Fl. mit unangenehmem Geruch, Kp.$_{13}$ 151°, D.$^{12}{}_4$ 0,950, $n_D^{12}$ 1,4965; 60%. – Durch Hydrierung mit RANEY-Ni in Äthylacetat bei 15° u. 100 at gelangt man zum *1.10-Dimethoxydecan*, Kp.$_{20}$ 136 bis 137°, D.$^{23}{}_4$ 0,853, $n_D^{23}$ 1,4282; 93%. Wird ein Teil dieses Diäthers mit 4,5 Teilen 65%ig. $HNO_3$ bei 25–30° gerührt, dann erhält man *Sebacinsäure*, F. 122°; 84%. (C. R. hebd. Séances Acad. Sci. **230.** 1185–86. 20/3. 1950.) ROTTER. 820

**G. D. Zuidema, E. van Tamelen und G. Van Zyl,** *α-Acetyl-δ-chlor-γ-valerolacton.* Durch Kondensation von Epichlorhydrin (aus Glycerindichlorhydrin nach Org. Syntheses **1.** [1941.] 233) mit Acetessigester nach TRAUBE u. LEHMAN (Ber. dtsch. chem. Ges. **34.** [1901.] 1980): $C_7H_9O_3Cl$, Kp.$_{11}$ 164–168°, Kp.$_8$ 151–156°; $n_D^{25}$ 1,4815 bis 1,4830; 61–64% (Ausbeute). Die angeführte Rk. ist charakterist. für die Umsetzung folgender Epoxyde mit Acetessigester: *Butadienmonooxyd* gibt ein Lacton mit 54% (Ausbeute) u. Kp.$_{32}$ 148—151°; *Propylenoxyd*, 49%, Kp.$_{26}$ 138—141°; *Styroloxyd*, 60%, Kp.$_{3}$ 164—167°; *Äthylglycidyläther*, 46%, Kp.$_{14-15}$ 160—163°; *Phenylglycidyläther*, 77%, Kp.$_{1}$ 195—197°. (Org. Syntheses **31.** 1—3. 1951. Holland, Mich., Hope Coll.) TROFIMOW. 850

**Reuben G. Jones,** *Reaktionen von Orthoestern mit aktiven Methylenverbindungen.* Für die Rk. von *Orthoameisensäuretriäthylester* (I) mit Verbb., die eine akt. $CH_2$-Gruppe enthalten, zu *Äthoxymethylenverbb.* kann nicht nur der von POST u. ERICKSON (C. **1938.** I. 1107) u. von FUSON u. Mitarbeitern (C. **1946.** I. 450) vorgeschlagene Mechanismus gelten, da sie auch ohne Ggw. von Acetanhydrid eintritt: I gibt mit Äthylacetoacetat bei 150° *Äthyläthoxymethylenacetoacetat* neben *A.*; desgleichen reagiert I mit Cyanessigsäureäthylester zu *Äthyläthoxymethylencyanacetat*, mit Äthyloxalacetat (II) zu *Äthyläthoxymethylenoxalacetat*, mit Malonitril zu *Äthoxymethylenmalonitril*. Bei letzterer Rk. werden außer A. große Mengen von *Ae.* u. *Äthylformiat* gebildet. Diäthylmalonat reagiert nicht mit I. Da Ggw. von Acetanhydrid eine Verbesserung der Ausbeuten bewirkt, nahm CLAISEN (1897) eine Gleichgewichts-Rk. an; Vf. beweist aber durch Kochen der Endprodd., daß die Rk. nicht reversibel ist; ihr wird wahrscheinlich ein ion. Mechanismus zugrunde liegen. Zusatz von $H_2SO_4$ zur Reaktionslsg. (Vf. vermutete hier zunächst eine Erleichterung der Rk. durch Polarisierung von I) führt zu niedrigeren Ausbeuten, Zusatz von $NaOCH_3$ anscheinend zu etwas höheren, obwohl die Rk. hier unübersichtlich verläuft (Harzbldg.). Wie I reagiert *Äthyltriäthoxyacetat*, das mit II *Triäthyl-α-äthoxy-γ-ketoaconitat* bildet.

Versuche: Durch 8std. Kochen von 0,25 Mol Äthylacetoacetat mit 0,35 Mol. I u. Rektifikation entsteht neben 4,5 g *A. Äthyläthoxymethylenacetoacetat*, Kp.$_{14}$ 140 bis 145°; 18% (Ausbeute). *Cu-Salz*, F. 154—155°. — Bei 4std. Kochen von I mit 0,5 Mol Malonitril bei 140° (Badtemp.) entstehen 28 g eines Gemisches von *Ae.* u. *Äthylformiat* u. 66% *Äthoxymethylenmalonitril*, Kp.$_{10}$ 140—145°, F. 67°; die gleiche Ausbeute entsteht bei Rk. unter Abdest. der flüchtigen Bestandteile; bei Rk. in Ggw. von Acetanhydrid 98,5% Ausbeute des umgesetzten Ausgangsmaterials. — 8std. Rk. von I mit 0,5 Mol. Äthylcyanoacetat ergibt 12 g *A.* u. 19 g *Äthyläthoxymethylencyanacetat*, Kp.$_{5}$ 150—155°, F. 51—53°; bei Wiederholung des Vers. mit 1 g konz. $H_2SO_4$ nur 12,8 g, mit 1 g $NaOCH_3$ 20,1 g. — Rk. von 0,25 Mol II mit I wie vorst. liefert 18 g *A.* u. 29 g *Äthyläthoxymethylenoxalacetat*, Kp.$_{7}$ 155°. *Cu-Salz*, F. 230—231°. Ein anderer Vers. bei nur 2std. Kochen ergibt 32%. — Analoge Rk. von I u. Diäthylmalonat (auch mit $H_2SO_4$) negativ, desgleichen von I mit Äthyl-β-acetoxycrotonat; in Ggw. von $BF_3$ bei letzterer Rk. *Ae.* u. *Äthylformiat*. — Rk. von je 0,25 Mol II u. Äthyltriäthoxyacetat wie vorst. gibt 8 g *A.* u. 20% *Triäthyl-α-äthoxy-γ-ketoaconitat*, Kp.$_{1}$ 166—168°, nachgewiesen durch Verwandlung in das *Cu-Salz* von *Äthyldioxalacetat* (F. 172—173°) u. Rk. mit Hydrazinhydrochlorid zu *Pyrazol-3.4.5-tricarbonsäuretriäthylester*, $C_{12}H_{16}O_6N_2$, F. 90—91° (Bzl. + PAe.); 95% (roh) bzw. 70% (rein). (J. Amer. chem. Soc. **74.** 4889—91. 5/10. 1952. Indianapolis, Ind., Lilly Res. Labors.) LEHWALD. 870

**L. I. Sacharkin** und **N. A. Preobrashenski,** *Untersuchungen in der Reihe der Isochinolinverbindungen.* 6. Mitt. *Synthese von γ-Äthyl-δ-valerolacton-β-essigsäure und β-[α'-Brommethylpropyl]-glutarsäure.* (5. vgl. C. **1953.** 5506.) Es wird eine Meth. zur Darst. von *γ-Äthyl-δ-valerolacton-β-essigsäure* (*γ-Äthyl-β-carboxymethyl-δ-valerolacton*) u. *β-[α'-Brommethylpropyl]-glutarsäure* (IV) — Ausgangsprodd. für die Synth. von Emetin — angegeben. Durch Kondensation von Äthylmalonsäurediäthylester mit Chlormethyläthyläther, Verseifen des erhaltenen *[Äthoxymethyl]-äthylmalonsäurediäthylesters* zur *Dicarbonsäure* u. Decarboxylierung entsteht *α-Äthoxymethylbuttersäure* (I) neben *α-Äthylacrylsäure*. Kondensation von α-Äthoxymethylbuttersäurechlorid (II) mit Natracetessigester ergibt *α-Aceto-β-keto-γ-äthoxymethylcapronsäureäthylester*, der beim Behandeln mit $NH_3$ *β-Keto-γ-äthoxymethylcapronsäureäthylester* (III) liefert, während aus der Enolform von Acetessigester gleichzeitig entstehende O-Acylverb. durch KOH unter Bldg. von I hydrolysiert wird. Verss., III durch Kondensation des Äthylesters von I mit Essigester oder von II mit Äthoxy-Mg-malonsäurediäthylester zu erhalten, wurden wegen der geringen Ausbeute im 1. Fall bzw. der Schwierigkeit der Decarboxylierung im 2. Fall aufgegeben. Red. von III, zur entsprechenden *Oxyverb.*, Übergang zur *Acetoxyverb.* u. Abspaltung von $CH_3COOH$ ergab *γ-Äthyl-γ-äthoxymethylcrotonsäureäthylester*, aus dem durch Kondensation mit Na-Malonester *α-Carbäthoxy-β-[α'-äthoxymethylpropyl]-glutarsäurediäthylester* erhalten wird, der nach Verseifung u. Decarboxylierung in *β-[α'-Äthoxymethylpropyl]-glutarsäure* übergeht, die mit HBr über das eingangs angegebene Valerolacton IV liefert.

Versuche: *[Äthoxymethyl]-äthylmalonsäurediäthylester*, Kp.$_{9}$ 114—117°. Zu 12 g Na in 200 ml Bzl., 1 ml absol. A. u. 94 g Äthylmalonsäurediäthylester werden nach eingetretener Lsg. unter Rühren 50 g Chlormethyläthyläther bei höchstens 2° zugefügt; nach Einw. über Nacht wird 20 Min. auf 60—65° erwärmt.; 94 g (Ausbeute). Hieraus die *freie Dicarbonsäure*, $C_8H_{14}O_5$, F. 69—70°, durch Verseifen mit methylalkoh. KOH; aus Bzl. + Ligroin Kristalle; 97,5%. — *α-Äthoxymethylbuttersäure* (I), $C_7H_{14}O_3$, Kp.$_9$ 113 bis 115°; aus vorst. Dicarbonsäure durch Erhitzen auf 155—160° (Ölbad; 40 Min.) u. Fraktionierung im Vakuum; $n_D^{10}$ 1,4278; 69%, neben *α-Äthylacrylsäure* (Kp. 178—180°). *Chlorid* (II), Kp$_8$ 57—78°; aus der Säure u. $SOCl_2$; 92,5%. — *α-Carbäthoxy-β-keto-γ-äthoxymethylcapronsäureäthylester*, $C_{14}H_{24}O_6$, Kp.$_6$ 143—145°. 17 g II in 20 ml Ae. werden langsam zu einer Lsg. von $(H_5C_2OOC)_2CHMgOC_2H_5$ (2,5 g Mg u. 16 g Malonester in absol. A. + Ae. + wenig $CCl_4$) hinzugegeben, wonach 1 Std. auf dem Wasserbad erhitzt wird; $n_D^{20}$ 1,4511; 21 g. Gibt mit alkoh. $FeCl_3$ eine dunkelrote Lösung. — *α-Aceto-β-keto-γ-äthoxymethylcapronsäureäthylester*, $C_{13}H_{22}O_5$, Kp.$_9$ 130—132°; aus Natracetessigester (4,8 g Na u. 28 g Acetessigester in 150 ml Ae.) u. 33 g II bei —5 bis —3°; 1 Std. Rühren, 30 Min. auf dem Wasserbad erhitzen, dann W. zugeben, Ae.-Lsg. abtrennen, Ae. abdampfen, Rückstand zur Trennung von der O-Acylverb. unter Kühlen mit Eis–Kochsalz mit 7%ig. KOH extrahieren, mit verd. HCl ansäuern u. das Öl mit Ae. aufnehmen. $n_D^{20}$ 1,4691; 24,2 g. — *β-Keto-γ-äthoxymethylcapronsäureäthylester* (III), $C_{11}H_{20}O_4$, Kp.$_8$ 115—117°; durch Sättigen von 38 g vorst. Verb. in 60 ml Ae. mit trockenem $NH_3$ bei 0° u. Einw. über Nacht; das sich ausscheidende *Acetamid* wird in W. gelöst; $n_D^{20}$ 1,4395; 27 g. — *β-Oxy-γ-äthoxymethylcapronsäureäthylester*, $C_{11}H_{22}O_4$, Kp.$_8$ 120—121°. Durch Hydrieren von 27 g III in 30 ml absol. A. in Ggw. von 6 g Ni (125 bis 130°; 150—160 at; 2 Std.); $n_D^{20}$ 1,4395; 26 g. *Acetylderiv.*, $C_{13}H_{24}O_5$, Kp.$_9$ 131—133°; $n_D^{20}$ 1,4337. — *γ-Äthyl-γ-äthoxymethylcrotonsäureäthylester*, $C_{11}H_{20}O_3$, Kp.$_9$ 103—106°; aus 30,2 g vorst. Acetylderiv. durch Erhitzen mit 1,5 g geschmolzenem K-Acetat auf 150—155°; $n_D^{20}$ 1,4465; 20,1 g. — *α-Carbäthoxy-β-[α'-äthoxymethylpropyl]-glutarsäurediäthylester*, $C_{18}H_{32}O_7$, Kp.$_2$ 146—148°. Zu einer sd. Lsg. von 2,3 g Na in 40 ml absol. A. u. 32 g Malonester werden 20 g vorst. Verb. zugefügt; man erhitzt 6 Std. auf dem Wasserbad, dest. A. im Vakuum ab u. nimmt mit Bzl. u. verd. HCl auf; $n_D^{20}$ 1,4519; 28,5 g. — *β-[α'-Äthoxymethylpropyl]-glutarsäure*, $C_{11}H_{20}O_5$, Kp.$_3$ 190—194°. 27 g vorst. Verb. werden 3 Std. mit 12,6 g KOH in 80 ml W. u. 160 ml $CH_3OH$ auf dem Wasserbad erhitzt; das Verseifungsprod. wird 40 Min. auf 155—160° (Badtemp.) erhitzt; dickes Öl; 16,5 g. — *γ-Äthyl-β-carboxymethyl-δ-valerolacton.* 25 g vorst. Verb. werden mit 250 g 48%ig. HBr 6 Std. gekocht; HBr wird im Vakuum auf dem Wasserbad abdest.; man nimmt mit W. auf, extrahiert mit Ae. u. dest. im Vakuum; Kp.$_3$ 170 bis 173°; 16,3 g; nach einiger Zeit krist. das ölige Prod. zum Teil, neben dem fl. Lacton, $C_9H_{14}O_4$, werden 5,65 g krist. Lacton, $C_9H_{14}O_4$, F. 102,5—103,5°, gewonnen. — *β-[α'-Brommethylpropyl]-glutarsäure* (IV), $C_9H_{15}O_4Br$, F. 132,5—133,5°; 5 g vorst. Lactons (fl. oder krist.) in 50 ml Eisessig werden bei 0° mit HBr gesätt.; nach 2 Tagen wird im Vakuum bei 40° abdest., der Rückstand in Bzl. gelöst u. die Lsg. im Vakuum zur Trockne gebracht; nach Zugabe von etwas Ae. erfolgt Kristallisation; aus Bzl. Kristalle; 3,2 g. (Журнал Общей Химии [J. allg. Chem.] **22** (**84**). 1890—95. Okt. 1952. Moskau, Lomonossow-Inst. für feinmech. Technologie.) H. FRÖHLICH. 870

**H. Gault** und **M. Suquet**, *Über die Harnstoffenolate einiger β-Ketoester. Harnstoff* (I) verbindet sich mit Estern von Ketodicarbonsäuren, deren Ketogruppe gleichzeitig α- u. β-ständig ist, unter Bldg. von Verbb., die die Eigg. echter *Enolate* besitzen. — Vff. beschreiben Verbb., die durch Kondensation von I mit *Ketoparaconsäureestern* (*Ketobutyrolactoncarbonsäureestern*) (II) einerseits u. *Oxalessigester* andererseits erhalten u. als Enolate

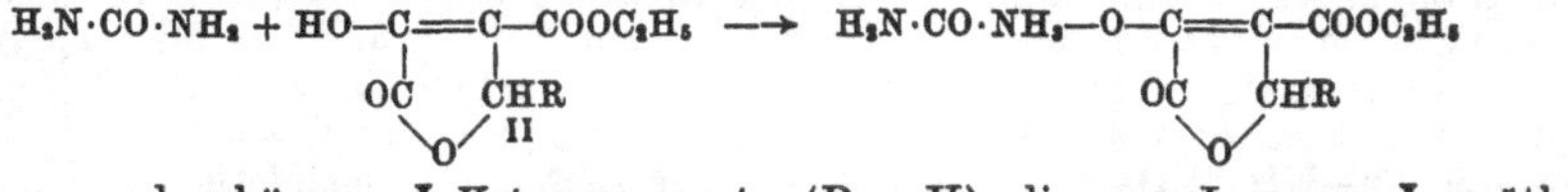

angesehen werden können. I-*Ketoparaconester* (R = H), die wss. Lsg. von I u. äther. Lsg. von II in äquimol. Mengen werden gerührt. Der entstehende Nd. besitzt aus W., dann aus A. einen F. 144—145°. Das Prod. ist in festem Zustand beständiger u. besteht aus einer mol. Vereinigung der beiden Verbb.; es dissoziiert in Ggw. von W. oder Ae.; durch Extraktion mit Ae. können variable Mengen II gewonnen werden. Verd. Mineralsäuren spalten die Verb. vollkommen. — I-*Phenylketoparaconester* (R = $C_6H_5$), wie oben, aus A. Kristalle, F. 131—132°. Die Eigg., sind die gleichen wie vorher. — I-*Oxalessigester*, wie oben, aus A. Kristalle, F. 104°. (Bull. Soc. chim. France, Mém. [5] **17**. 598. Mai/Juni 1950.) ROTTER. 880

**R. Riemschneider**, *Thiocarbamate.* 2. Mitt. Vf. erhält bei der Einw. von 90%ig. $H_2SO_4$ auf Aryl- bzw. Alkylthiocyanate durch mehrstd. Kochen u. darauffolgende Behandlung mit eisgekühltem W. die entsprechenden Thioester der Carbaminsäure nach der Rk.: R·S·C ⋮ N → R·S·C(OH):NH (I) ⇌ R·S·CO·NH$_2$ (II). Die Rk. gelingt nicht mit

73% oder 85%ig. $H_2SO_4$. Bei nur kurzer Einw. der $H_2SO_4$ werden die Ausgangsstoffe zurückerhalten. Vf. erklärt die Bldg. der Carbamate mit dem Eingreifen eines 2. Mol. der $H_2SO_4$ u. nachfolgender Hydrolyse. Aus Thymolthiocyanaten u. o-substituierten Arylthiocyanaten ließen sich die entsprechenden Thiocarbamate auf diese Weise nicht gewinnen. Über das Gleichgew. der tautomeren Formen **I** u. **II** kann noch nichts Definitives gesagt werden. $P_2O_5$ bewirkt $NH_3$-Abspaltung unter Bldg. von Ar·S·C(OH)= N—CO·S·Ar bzw. $[Ar\cdot S\cdot CO]_2\cdot NH$. Alkoh. $NH_3$ spaltet in Biuret u. Thiophenol. (Chim. e Ind. [Milano] **33.** 483—85. Aug. 1951. Berlin, Freie Univ., Chem. Inst.)

ENDRASS. 890

**R. Riemschneider, F. Wojahn** und **G. Orlick,** *Thiocarbamate.* 3. Mitt. *Arylthiocarbamate aus Arylthiocyanaten* (2. vgl. vorst. Ref.). Die im vorst. Ref. beschriebene Rk. ergibt *Arylthiocarbamate* in guter Ausbeute. Nur bei einigen o-Carboxyl-, o-Methoxy- u. o-Nitro-Derivv. u. Arylthiocyanaten, die empfindlich gegenüber konz. $H_2SO_4$ sind, erwies sie sich als ungünstig. Die erhaltenen Thiocarbamate geben Ndd. mit alkoh. $AgNO_3$-Lösung.

Versuche: Folgende *Arylthiocarbamate* $X—C_6H_4—S—CONH_2$ wurden dargestellt: X = *H*, $C_7H_7ONS$, F. 98° (Bzl.); 87% (Ausbeute). — X = *2-Methyl-*, $C_8H_9ONS$, F. 139°, Nadeln aus Bzl., 88%. — X = *4-Methyl-*, $C_8H_9ONS$, F. 175° (Zers.), Kristalle aus Bzl.; 89%. — X = *2-Chlor-*, $C_7H_6ONClS$, F. 145°. Nadeln aus Toluol; 88%. — X = *3-Chlor-*, $C_7H_6ONClS$, F. 145,5° (Toluol); 87%. — X = *4-Chlor-*, $C_7H_6ONClS$, F. 176° (Zers.), Kristalle aus Bzl.; 95%. — X = *4-Brom-*, $C_7H_6ONBrS$, F. 184° (Zers.), Kristalle aus Bzl. oder Toluol; 100%. — X = *4-Jod-*, $C_7H_6ONJS$, F. 187° (Zers.), Kristalle aus Toluol; 94%. — X = *4-Cyan-*, $C_8H_6ON_2S$, F. 165°, Kristalle aus Toluol; 85%. — X = *3-Nitro-*, $C_7H_6O_3N_2S$, F. 124°, gelbe Nadeln aus Toluol; 98%. — X = *4-Nitro-*, $C_7H_6O_3N_2S$, F. 157° (Zers.), Nadeln aus Toluol; 100%. — X = *4-Oxy-*, $C_7H_7O_2NS$, F. 172,5°; 45%. — X = *4-Methoxy-*, $C_8H_9O_2NS$, F. 131°, Nadeln aus Bzl. oder Toluol; 59%. — X = *4-Äthoxy-*, $C_9H_{11}O_2NS$, F. 127° (Bzl.); 73%. — X = *3-Carboxy-*, $C_8H_7O_3\cdot NS$, F. 184° (Zers.), mikrokrist. Nd. aus Phenetol; 87%. — X = *4-Carboxy-*, $C_8H_7O_3NS$, F. 275—308°; 77%. — X = *4-Amino-*, $C_7H_8ON_2S$, F. 131°, Nadeln aus Bzl. oder Toluol; 67%. — X = *4-Methylamino-*, $C_8H_{10}ON_2S$, F. 135°, Nadeln aus Bzl. oder Toluol; 73%. — X = *4-Dimethylamino-*, $C_9H_{12}ON_2S$, F. 131,5°, Nadeln aus Bzl.; 86%. — X = *4-Äthylamino-*, $C_9H_{12}ON_2S$, F. 144°, Nadeln aus Bzl.; 80%. — X = *4-Diäthylamino-*, $C_{11}H_{16}ON_2S$, F. 108,5°, Nadeln aus Bzl. oder PAe.; 87%. — X = *3-Methyl-4-amino-*, $C_8H_{10}ON_2S$, F. 136,5°, Kristalle aus Bzl. oder Toluol; 72%. — X = *2-Chlor-4-amino-*, $C_7H_7ON_2ClS$, F. 145,5°, Kristalle aus Toluol; 82%. — X = *3-Chlor-4-amino-*, $C_7H_7O\cdot N_2ClS$, F. 159,5°, Nadeln aus Bzl. oder Toluol; 77%. — X = *3-Nitro-4-amino-*, $C_7H_7O_3\cdot N_3S$, F. 176° (Zers.), rote Kristalle aus Bzl. oder Nitrobenzol; 93%. — X = *3-Methoxy-4-amino-*, $C_8H_{10}O_2N_2S$, F. 136°; 54%. — X = *4-Thiocyan-*, F. 199° (Zers.); 93%. — Folgende *Arylthiocarbamate* der Zus. $X—C_{10}H_6—S—CO\cdot NH_2$ wurden dargestellt: X = *H*, $C_{11}H_9ONS$, F. 135,5°, Nadeln aus Bzl. oder Toluol; 94%. — X = *4-Amino-*, $C_{11}H_{10}ON_2S$, F. 165°, Nadeln aus Toluol; 72%. (J. Amer. chem. Soc. **73.** 5905—07. Dez. 1951.)

ULRICH. 890

**R. Riemschneider,** *Thiocarbamate.* 4. Mitt. (3. vgl. vorst. Ref.) Durch Einw. konz. $H_2SO_4$ auf hydroaromat., aliphat. prim. u. sek. Rhodanverbb. bei 0° u. folgender Hydrolyse erhielt Vf. die entsprechenden *Thiocarbamate* (**I**), $R—SCONH_2$. Tert. Rhodanide werden unter den gleichen Bedingungen zersetzt. Thiocyanate vom Typ $NCS—(CH_2)_n\cdot —SCN$ ergeben **I**, wenn $n > 2$; die höheren Glieder, n = 5, 6 usw., sind jedoch schwierig rein zu gewinnen. Um den Mechanismus der Rk. zu klären, läßt Vf. $H_2SO_4$, $H_2SO_4 + SO_3$ u. $SO_3$ in verschied. Lösungsmitteln mit Verbb. des Typs R—SCN, R—CN u. R—NC reagieren. Durch Rk. von $SO_3$ in Dioxan auf letztere (R = Aryl) wurden N.N'-Bis-aryl-oxamide Ar—NH—CO—CO—NH—Ar gewonnen. Nach dieser Meth. wurden folgende *Thiocarbamate* $R\cdot S\cdot CONH_2$ erhalten: R = *Methyl-*, F. 107,5°; *Äthyl-*, F. 108,0°; *n-Propyl-*, F. 93,0°; *Isopropyl-*, F. 128,5°; *n-Butyl-*, F. 102,0°; *Isobutyl-*, F. 103,5°; *n-Amyl-*, F. 103,5°; *Isoamyl-*, F. 113,5°; *Cyclopentyl-*, F. 139,5°; *n-Hexyl-*, F. 105,0°; *Cyclohexyl-*, F. 115,0°; *n-Heptyl-*, F. 105,0°; *n-Octyl-*, F. 105,0°; *n-Nonyl-*, F. 105,5°; *n-Decyl-*, F. 106,5°; *n-Undecyl-*, F. 107,0°; *n-Dodecyl-*, F. 109,0°; *n-Tetradecyl-*, F. 111,0°; *n-Hexadecyl-*, F. 111,5°; sowie $H_2NOC\cdot S\cdot R\cdot S\cdot CONH_2$ : R = $(CH_2)_3$, $C_5H_{10}O_2N_2S_2$, F. 176,5°, u. R = $(CH_2)_4$, F. 209,0°. (Chim. e Ind. [Milano] **34.** 353. Juni 1952.) ENDRASS. 890

**E. V. McCollum** und **Agatha A. Rider,** *Trennung der Aminosäuren von anorganischen Verunreinigungen.* Aus einem mit HCl hergestellten Protein-Hydrolysat können die Aminosäuren nach Abdest. eines großen Teiles der HCl, Neutralisieren mit wss. $NH_3$ ($p_H$ 4—5) u. Eindampfen zur Trockene mittels verschied. organ. Säuren (am besten dl-Camphersulfonsäure) in Aceton herausgelöst werden. Einleiten von trockenem $NH_3$

in die Aceton-Lsg. regeneriert die Aminosäuren quantitativ u. prakt. frei von anorgan. Verunreinigungen. (Arch. Biochem. Biophysics **40**. 20—21. Sept. 1952. Baltimore, Md., Johns Hopkins Univ.) WÖRFFEL. 950

**Charles D. Hurd** und **J. M. Longfellow**, *Darstellung und Reaktionen von α-Oxyaminonitrilen.* Butyraldehydoxim (**I**) u. Heptanaloxim (**II**) reagieren mit HCN zu *2-Oxyaminovaleronitril* (**III**) u. *2-Oxyaminocaprylonitril* (**IV**). Die Rkk. laufen mit mäßigen Ausbeuten u. sind sehr empfindlich. Vff. finden eine neue verbesserte Darst. von **III** u. *2-Oxyaminobutyronitril* (**V**) aus Butyraldehyd (**VI**) u. Propionaldehyd (**VII**), doch darf die Rk. nicht verallgemeinert werden. Die Ausbeute von **IV** läßt sich durch Zugabe von Pyridin stark erhöhen. Vff. untersuchen ferner die Hydrolyse der erhaltenen Nitrile u. einige Rkk. der dabei gefundenen Produkte.

Versuche: *2-Oxyaminovaleronitril* (**III**), F. 102°; a) aus **I** u. HCN nach 26std. Stehen bei 20°; das halbfeste gelbliche Prod. wird in Ae. gelöst u. auf —10° gekühlt, die Mischung filtriert u. der feste Rückstand mit Pentan gewaschen u. getrocknet. Aus der Mutterlauge wird durch Verdünnen mit PAe. weiteres Prod. erhalten; aus Ae.–PAe. Kristalle; 64% (Ausbeute); b) aus **I** u. HCN in eiskaltem Pentan unter Rühren u. Abtrennen des festen faserigen Anteils nach 60 Std.; aus Ae.–PAe. Kristalle, F. 95,5 bis 98,5°; 75%; c) durch tropfenweise Zugabe einer wss. Lsg. von NaCN u. $Na_2CO_3$ zu einer eiskalten gerührten wss. Lsg. von **VI** u. $NH_2OH \cdot HCl$; nach 3 Std. wird festes NaCN u. eine wss. Aufschlämmung von $KH_2PO_4$ zugegeben, das Eis von dann ab nicht mehr erneuert; nach 9 Std. wird erneut gekühlt u. der feste Anteil abgetrennt; aus der Mutterlauge läßt sich durch Extraktion mit Ae. weiteres Prod. gewinnen; 70,6%. d) Aus **I** u. HCN in $CH_3COOH$ nach 36std. Stehen bei 25° u. Abtrennung u. Reinigung des festen Produktes. — *2-Oxyaminovaleriansäure,* F. 166—167°, aus **III** u. konz. HCl beim Stehen bei 25°; 29%. — *2-Oxyaminobutyronitril* (**V**), F. 84—86°, aus **VII** nach der Meth. c); 50%. — *2-Oxyaminocaprylonitril* (**IV**), a) aus **II** u. HCN durch 30std. Schütteln; nach Verdampfen des Lösungsm. wird der wachsartige Anteil in Ae. aufgenommen u. mit PAe. gefällt, F. 76—78°; 30%. b) Aus **II** u. HCN in Pyridin durch 29std. Stehen; HCN wird durch Evakuieren entfernt, der feste Anteil abgetrennt u. getrocknet; aus Ae.–Hexan Kristalle, F. 86—87,5°. — *2-Oxyaminocaprylsäureamidhydrochlorid* (**VIII**), $C_8H_{19}O_2N_2Cl$, F. 131—135° (Zers.), aus **IV** u. HCl; das Gemisch wird bei 0° hergestellt u. bleibt 3 Std. bei Raumtemp. stehen. Dann läßt man in einem DEWAR-Gefäß auf einem auf 40° erwärmten Wasserbad abkühlen; aus Eisessig–Ae. Kristalle; 77%. — *2-Oxyaminocaprylsäureamid* (**IX**), $C_8H_{18}O_2N_2$, F. 91—92°, aus **VIII** mit konz. $NH_3$, aus Essigester Kristalle; 65%. — *2-Oximinocaprylsäureamid* (**X**), $C_8H_{16}O_2N_2$; a) aus **VIII** mit einer wss. Lsg. von $KMnO_4$; aus heißem W. Kristalle, F. 136—137°; 66%. b) Aus **IV** u. konz. $H_2SO_4$; nach 2 Tagen wird in W. eingetragen, mit $BaCO_3$ neutralisiert, mit W. verdünnt u. heiß filtriert, F. 138—139°. — *Phenyl-N-[1-carbamylheptyl]-nitron,* $C_{15}H_{22}O_2N_2$, F. 115—116°, aus **IX** u. Benzaldehyd durch Erhitzen auf dem Wasserbad u. Extraktion mit Ae., aus Bzl.–PAe. Kristalle. — *2-Oxyaminocaprylsäure,* $C_8H_{17}O_3N$, F. 160 bis 162°, eine wss. Lsg. von **VIII** wird mit HCl versetzt u. bleibt in einer verschlossenen Flasche eine Woche bei 80—85° stehen; aus A. Kristalle. —*α-Oxyaminoisobutyronitril,* F. 95—97°, aus Acetonoxim u. HCN in Pyridin; nach 28 Std. wird durch die orangerote Lsg. 2 Std. lang Luft durchgesaugt, der Rückstand in Ae. aufgenommen, auf —78° gekühlt, von ausfallendem Öl abgetrennt, eingeengt u. mit PAe. versetzt; Kristalle; 38%. (J. org. Chemistry **16**. 761—66. Mai 1951. Evanston, Ill., Northwestern Univ., Chem. Labor.) BRÜCKNER. 950

**Elizabeth Work** und **R. F. Denman**, *Die Verwendung einer Bakterienkulturlösung als Quelle für α.ε-Diaminopimelinsäure.* Das Kulturzentrifugat einer *Lysin* (**I**)-abhängigen *E. coli*-Mutante (Stamm Nr. 26—26) (37°, 44 Std., Belüftung, Minimalmedium nach DAVIS u. MINGIOLI, Glucosekonz. 0,5%, 0,001% *L*-I-Hydrochlorid) wurde bei $p_H$ 3 (HCl) durch Kochen enteiweißt, das im Vakuum 10fach konz. Filtrat zur Entfernung von Kohlenhydraten mit viel Aktivkohle behandelt, mit HCl auf 1,5 n gestellt u. an *Zeocarb 225* (sulfoniertes Polystyrolharz), das mit 1,5 n HCl behandelt war, adsorbiert. Asparaginsäure, Glutaminsäure, Glykokoll, Alanin u. Valin wurden getrennt mit 1,5 n HCl u. anschließend *α.ε-Diaminopimelinsäure* (**II**) mit 2,5 n HCl eluiert. Aus dem **II**-haltigen Eluat kristallisierte nach Vakuumkonz. u. Aktivkohlebehandlung **II**-*Hydrochlorid* aus. Zur Überführung in **II** wurde das Konzentrat mit *Deacidite* behandelt u. **II** mit A. gefällt (Ausbeute 250 mg aus 2,25 Liter Kulturfl.) (Biochim. biophysica Acta [Amsterdam] **10**. 183. Jan. 1953. London, Univ. Coll. Hospital, Med. School, Dep. of Chem. Pathol.) K. MAIER. 950

**Lamberto Malatesta** und **Adriano Sacco**, *Äthylphosphonsäureester des Triäthylzinnhydroxyds und des Diäthylzinndihydroxyds.* (Vgl. Gazz. chim. ital. **80**. [1950.] 527.) Bei der Rk. zwischen Triäthylphosphit (**I**) u. Triäthylzinnjodid (**II**) bzw. Diäthylzinndijodid

(III) entstehen die Ester $(H_5C_2)_3Sn-O-P(O)\ (C_2H_5)\ (OC_2H_5)$ bzw. $(H_5C_2)_2Sn[$-O-$P(O)C_2H_5(OC_2H_5)]_2$. Die Struktur der Prodd. wurde durch Umesterung von Äthylphosphonsäurediäthylester (IV) mit II bzw. III bewiesen.

Versuche (mit **L. Ormezzano**): *$(H_5C_2)_3Sn$-O-P(O) $(C_2H_5)(OC_2H_5)$*, $C_{10}H_{25}O_3PSn$, aus I (aus absol. A., Dimethylanilin u. $PCl_3$, l. c.) u. II (aus Tetraäthylzinn mit der berechneten Menge Jod) durch Erhitzen im Ölbad unter gleichzeitiger Abdest. des gebildeten $C_2H_5J$, viscose Fl., $n_D^{14}$ 1,4902. Gibt bei Hydrolyse mit konz. HCl (D. 1.19) bei 100° im Rohr hauptsächlich Äthylphosphonsäure neben wenig $H_3PO_4$. Beim Schmelzen mit KOH + $KClO_4$ (450—500°) entsteht viel $H_3PO_4$. Die Verb. wird auch durch Erhitzen von IV u. II erhalten. — *$(H_5C_2)_2Sn[$-O-P-(O)$C_2H_5(OC_2H_5)]_2$*, $C_{12}H_{30}O_6P_2Sn$, F. 234,5°, aus I u. III [F. 44°, aus $(C_2H_5)_4Sn$ mit der berechneten Menge Jod durch Erhitzen auf 140—150° unter gleichzeitigem Abdest. des entstandenen $C_2H_5J$]; Kristalle aus Isopropanol. Gibt bei Hydrolyse mit konz. HCl im Rohr Äthylphosphonsäure neben Spuren von $H_3PO_4$. Die Verb. wird auch aus IV u. III erhalten. (Gazz. chim. ital. **80.** 658—62. Aug./Okt. 1950. Milano, Univ., Ist. di Chim. industr.) K. FABER. 980

**Bengt Lindberg,** *Untersuchungen über Chinone und Hydrochinone.* 2. Mitt. *Monohalogenderivate von 2.5- und 2.6-Dimethoxyhydrochinon.* (1. vgl. C. **1951.** II. 2865.) *3-Chlor-2.6-dimethoxyhydrochinon,* aus dem Chinon durch Red. erhältlich, ist zwar etwas stabiler als die 3-Bromverb. (vgl. l. c.), spaltet aber in verd. HCl langsam in der Kälte, schnell beim Erwärmen HCl ab zu *2.6-Dimethoxychinon* (F. 248—249°). Dagegen sind *3-Chlor-* u. *3-Brom-2.5-dimethoxyhydrochinon* auch in sd. 2 n HCl beständig.

Versuche: *3-Chlor-2.6-dimethoxyhydrochinon,* $C_8H_9O_4Cl$, F. 98—99° (Bzl.), durch Red. von *3-Chlor-2.6-dimethoxychinon* (F. 146—147°) in sd. $CH_3COOH$ mit Zn-Staub. *Diacetat,* $C_{12}H_{13}O_6Cl$, F. 111—112° (A.). — *3-Brom-2.5-dioxychinondiimid,* $C_6H_5O_2N_2Br$, Zers. bei ~ 360°, aus 2.6-Dibromchinon mit konz. alkoh. $NH_3$; metall. glänzende, braune Kristalle. — *3-Brom-2.5-dioxychinon,* $C_6H_3O_4Br$, F. 190° (Zers.), durch Erwärmen vorst. Verb. mit 20%ig. KOH u. Ansäuern mit HCl; aus $CH_3COOH$ ziegelrote Kristalle. — *3-Brom-2.5-dimethoxyhydrochinon,* $C_8H_9O_4Br$, F. 95—96°, Kristalle aus Bzl.-Ligroin (1:1). *Diacetat,* $C_{12}H_{13}O_6Br$, F. 77—78°, Kristalle aus 70%ig. $CH_3OH$. *3-Chlor-2.5-dimethoxychinon,* $C_8H_7O_4Cl$, F. 123—124° (A.), aus 3-Chlor-2.5-dioxychinon mit Diazomethan. — *3-Chlor-2.5-dimethoxyhydrochinon,* $C_8H_9O_4Cl$, F. 95—96°. *Diacetat,* $C_{12}H_{13}O_6Cl$, F. 70—71°. (Acta chem. scand. **6.** 1048—51. 1952. Stockholm, TH, Organ.-kem. Inst.) ALTPETER. 1060

**Norman Kharasch** und **Thomas C. Bruice,** *Derivate von Sulfensäuren.* 5. Mitt. *1-Fluorenonschwefelverbindungen.* (4. vgl. BUESS u. KHARASCH, C. **1952.** 992.) Vff. versuchten in Analogie zur Bldg. der Anthrachinonsulfensäure-(1) durch Verseifung des Esters mit KOH nach FRIES (Ber. dtsch. chem. Ges. **45.** [1912.] 2965) Fluorenonsulfensäure-(1) (I) darzustellen. Sie erhielten jedoch, bedingt durch die leichte Disproportionierung von I gemäß 3 $ArSOCH_3$ + 2 $H_2O$ → $ArSO_2H$ + ArSSAr + 3 $CH_3OH$ quantitativ *Difluorenonyl-(1)-disulfid* (II) u. 88% *Fluorenonsulfinsäure-(1)* (III). Diese Säure, die durch modifizierten HOFMANNschen Abbau von Fluorenoncarboxamid-(1) zum *1-Aminofluorenon* (IV) u. dessen Diazotierung mit $SO_2$ gewonnen wurde, ließ sich nicht, wie die Anthrachinonsulfensäure, mit HCl bzw. HBr in das Fluorenonsulfenylchlorid-(1) (V) bzw. -bromid-(1) (VI) überführen. V u. VI sowie der Methylester (IX) von I konnten aus IV über die 1-Chlorverb. (VII) u. II erhalten werden.

Versuche: *1-Aminofluorenon* (IV), F. 118°, durch Behandeln von Fluorenoncarboxamid-(1) [erhältlich durch Oxydation von Fluoranthen nach HUNTRESS u. Mitarbeitern (J. Amer. chem. Soc. **64.** [1942.] 2846) über die Carbonsäure] mit NaOCl-Lsg. unter 1 std. Rühren bei 40°, Zugabe von 10%ig. NaOH, ½ std. Kochen u. Äthylätherextraktion; aus Isopropylalkohol u. wenig W.; 60—70% (Ausbeute). — *Fluorenonsulfinsäure-(1)* (III), $C_{13}H_8O_3S$, F. 170° [nur bei Eintauchen der Substanz bei 160° u. langsamem (1°/Min.) Erhitzen, sonst Zers. bei 162—163°], durch Diazotierung einer auf 5° abgekühlten u. stark gerührten Suspension von IV, Eisessig + W. + 96%ig. $H_2SO_4$ (9:1:2) u. Dioxan, nach 15 Min. Sättigen der Lsg. mit $SO_2$ (1 Std. bei 5°), Zugabe von Cu-Pulver (20 Min. bei 5°), nach 10 Min. langem Stehen langsames Erhitzen (Temperaturerhöhung 1°/Min.) zum Sd., Alkalisieren der wss. Aufschlämmung mit NaOH u. Fällen mit Essigsäure; Reinigung durch mehrmaliges Lösen u. Fällen mit konz. HCl bzw. Essigsäure; 70%. Gibt in sd. Eisessig unter Einleiten von trockenem, bromfreiem HBr II u. dieses durch Red. mit NaSH *Fluorenonthiol-(1)* (VIII). — *1-Chlorfluorenon* (VII), F. 137—137,8°, durch Diazotieren (3,61 g $NaNO_2$ in 40 $cm^3$ W., 10 Min.) einer Lsg. von 7,8 g IV in 160 $cm^3$ Eisessig, 24 $cm^3$ konz. HCl (½ std. Rühren) u. 40 $cm^3$ W. bei 2°; nach 8 Min. langem Rühren Zugabe von 0,8 g Harnstoff unter weiterem Rühren (8 Min.), dann Eingießen der Lsg. in eine kochende Lsg. von 15,6 g CuCl in 160 $cm^3$ 6 n HCl u. Stehen über Nacht; aus wss. A., u. dann Vakuumsublimation; 80—90% (Rohprod.).

— *1-Jodfluorenon*, F. 147—148°; **IV** (7,8 g) wurde wie oben diazotiert u. das Gemisch langsam zu einer Lsg. von 66,4 g KJ in 200 cm³ W. gegeben, 1 Std. stehen gelassen u. langsam auf 90° erwärmt, das Rohprod. in Dioxan gelöst u. mit alkoh. KJ-Lsg. wieder gefällt; Vakuumsublimation, Lösen in Methanol–Dioxan-Gemisch u. Ausfällen mit W.; 97,5% (Rohprod.). — *Difluorenonyl-(1)-disulfid* (**II**), $C_{26}H_{14}O_2S_2$, F. 335—336° (Zers.), durch 60std. Erhitzen von **VII** oder 1-Jodfluorenon u. $Na_2S_2$ in wss. 50%ig. Dioxanlsg. auf 90—100°, Oxydation von etwas gebildetem **VIII** mit $J_2$-KJ-Lsg. u. 6std. Extraktion mit Aceton; der nicht extrahierte Rückstand wurde aus wenig heißem Nitrobenzol umkrist; 70%, oder aus Fluorenonsulfensäure-(1)-methylester (**IX**) u. **VIII** in Bzl./absol. Methanol (1:1); 100%. — *Na-Salz des Fluorenonthiols-(1)* (**VIII**). 0,19 g NaOH in 3 cm³ absol. A. wurde zu einer Suspension von 1 g **II** in 50 cm³ Äthylcellosolve gegeben u. in das Gemisch unter langsamem Erhitzen zum Sieden mehrmals $H_2S$ eingeleitet; nach Abkühlen u. Filtrieren Einengen auf 25 cm³, Verd. mit 200 cm³ Ligroin, Lösen des Rückstands in wenig heißem 95%ig. A. u. Fällen mit Ligroin; ziegelrote Tafeln, Zers. bei 135—140°; 0,89 g; Ansäuern der wss. Lsg. gibt *Fluorenonthiol-(1)* (**VIII**), $C_{13}H_8OS$, F. 117—118°, auch durch Red. von **II** mit NaSH, Eindampfen zur Trockne, Aufnehmen in W. u. Ansäuern mit konz. HCl, Lösen des Nd. in Kalilauge u. erneutes Ansäuern, Lösen des Rohprod. (88—90%) in wenig heißem Bzl. u. Verdünnen mit n-Hexan; oder durch 1std. Rückflußkochen einer Suspension von **II** u. KOH in Diäthylcellosolve u. A. (8:1), Ansäuern u. mehrmalige Extraktion des Rohprod. mit Skellysolve C u. Bzl. (1:1); 60%. — *Fluorenonsulfenylchlorid-(1)* (**V**), $C_{13}H_7OClS$, F. 189,5—190°, durch allmähliches Zugeben des Na-Salzes von **VIII** zu einer bei 0° mit $Cl_2$ gesätt. $CCl_4$-Lsg., Austreiben des überschüssigen $Cl_2$ durch Kochen, Extraktion des Rückstands mit $CCl_4$, Gefrieren der Extrakte bei —65° u. Auftauen bei —10°; 50%, oder durch Lösen von **VIII** in überschüssigem $CCl_4$, Trocknen durch azeotrope Dest., Abkühlen auf 0°, dann langsame Zugabe einer bei 0° mit $Cl_2$ gesätt. $CCl_4$-Lsg. unter Rühren, Erwärmen bis zum Beginn des Sd. u. Abkühlen; gelbe Nadeln aus $CCl_4$; 93—95%. Wird durch ½std. Erwärmen mit überschüssigem Aceton in benzol. Lsg. auf 50° in *Acetonylfluorenonyl-(1)-sulfid*, $C_{16}H_{12}O_2S$, F. 159,5° (aus Aceton gelbe Nadeln), übergeführt. *Fluorenonsulfenylbromid-(1)* (**VI**), aus **VIII** u. $Br_2$ in $CCl_4$ wie vorst., orange Nadeln; die sich bei 155—160° unter Gelbfärbung zers. (Bldg. von **II** u. $Br_2$); Zers. des Rückstandes bei 325—335°; 85%. — *Fluorenonsulfonylchlorid-(1)*, $C_{13}H_7O_3ClS$, F. 209—210°, aus einer Lsg. von **II** oder **III** oder **V** oder **VIII** in bei 0° mit $Cl_2$ gesätt. Lsg. in Eisessig unter Erwärmen, Verdunsten des Lösungsm. bei Zimmertemp., Aufnehmen des gelben Rückstandes in 4 Voll. heißen Dioxans u. Verdünnen mit 2 Voll. A.; aus Bzl.–Dioxan (1:1). — *Fluorenonsulfensäure-(1)-methylester* (**IX**), $C_{14}H_{10}O_2S$, F. 79—80°, aus **V** in trockenem Bzl. u. $NaOCH_3$ in Methanol, Erwärmen bis fast zum Kochen, Verdunsten der Lösungsmittel, Extraktion des Rückstandes mit heißem Bzl. u. Verdünnen mit n-Hexan; aus Bzl./n-Hexan; 92%. Verseifung mit KOH gibt nur **II**. — *Fluorenonsulfen-(1)-morpholid*, $C_{17}H_{15}O_2NS$, F. 172—173°, aus **V** oder **VI** oder **IX** in trockenem Bzl. u. Morpholin unter Erwärmen, Abdampfen des Bzl. u. Extraktion des Rückstandes mit Bzl. u. Verdünnen mit PAe.; aus Dioxan–W.; 80—90%. — *Fluorenonsulfensäure-(1)-phenylester* (**X**), $C_{19}H_{12}O_2S$, u. *Fluorenonyl-(1)-p(?)-oxyphenylsulfid* (**XI**), $C_{19}H_{12}O_2S$, aus **IX** u. Phenol in absol. Bzl. durch 8std. Kochen, Abdampfen des Lösungsm. u. des überschüssigen Phenols bei 90°, Behandeln des Rückstandes mit überschüssiger verd. KOH-Lsg., Entfernen des ungelösten **X** u. Ansäuern des Filtrats mit HCl; **XI**, aus Bzl., verd. mit n-Hexan, F. 237 bis 238°; 45%. **X**, F. 250—252°; 39%. **X** geht durch mehrstd. Kochen in Bzl. teilweise in **XI** über (vermutlich durch eine Art FRIESscher Verschiebung). **XI** wird auch erhalten durch 20std. Kochen einer Lsg. von **V** u. Phenol in Bzl., Filtrieren, Einengen u. Abkühlen; Lösen des Rohprod. in verd. KOH u. Fällen durch Ansäuern; 72%. (J. Amer. chem. Soc. **73**. 3240—44. Juli 1951. Los Angeles, Calif., Univ. of Southern California, Dep. of Chem.) MENZEL. 1090

**Norman Kharasch** und **James Lorne Cameron**, *Derivate von Sulfensäuren*. 6. Mitt. *Die Synthese von α-Nitrosulfiden*. (5. vgl. vorst. Ref.) Im Gegensatz zu den Nitroalkanen reagieren ihre Na-Salze mit Sulfenylchloriden, -bromiden oder -thiocyanaten in absol. Ae. oder Bzl. unter Bldg. von *α-Nitrosulfiden*. Nebenst. Struktur wurde unter anderem durch Oxydation eines derartigen Sulfides in das entsprechende, auch auf anderem Wege darstellbare Sulfon bewiesen. Auch die saure Rk. der Verbb. u. die damit verbundene Fähigkeit, in 10%ig. Alkali in Lsg. zu gehen, sprechen für die Richtigkeit der angegebenen Konstitution. Nitromethan (**I**)-Na lieferte sowohl mit o-Nitro- als auch mit 2.4-Dinitrobenzolsulfenylchlorid geringe Ausbeuten, was durch Selbstkondensation von **I**-Na erklärt werden könnte. Während Anthrachinon-1-sulfenylchlorid mit 1-Nitropropan-Na das gesuchte Sulfid lieferte, konnte mit Triphenylmethansulfenylchlorid keine Rk. beobachtet werden.

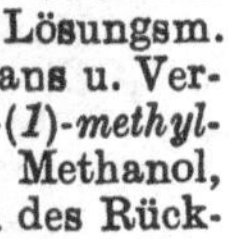

Versuche: *Nitromethan* (I), Kp. 101,5—102°. — *Nitroäthan* (IV), Kp. 113,5 bis 114°. — *1-Nitropropan*, Kp. 130—131°. — *2-Nitropropan*, Kp. 120—120,5°. — *2-Chlor-2-nitropropan* (VII), Kp. 132—133°. — *1-Chlor-1-nitroäthan* (V), Kp. 125 bis 126°. — *[2.4-Dinitrophenyl]-[1-nitropropyl]-sulfid*, $C_9H_9O_6N_3S$, durch Zutropfen von 1-Nitropropan zu Na-Methylat in absol. A., kurzes Schütteln, Zugabe von absol. Ae., Abtrennen des Na-Salzes, Zugabe desselben zu 2.4-Dinitrobenzolsulfenylchlorid in Ae. bei —5°, ½std. Rühren bei Zimmertemp., ½std. Kochen, Abdest. des Ae. u. Aufnehmen in $CH_3OH$; gelbe Kristalle, F. 81,5—82,5° ($CCl_4$); 85% (Rohausbeute); der in $CH_3OH$ unlösl. Rückstand war *2.4-Dinitrophenyldisulfid* (II), Zers. bei ca. 250°. Die Reihenfolge der Addition kann auch umgekehrt werden. — Nachst. Sulfide wurden ebenso dargestellt: *[2.4-Dinitrophenyl]-[nitromethyl]-sulfid*, $C_7H_5O_6N_3S$, F. 129 bis 129,5° ($CH_3OH$ u. $CCl_4$); 10%. — *[2.4-Dinitrophenyl]-[1-nitroäthyl]-sulfid* (VI), $C_8H_7$·$O_6N_3S$, F. 117—118° (absol. A. u. $CCl_4$ [ebenso alle folgenden Verbb.]); 74%; daneben 15% II. — *[2.4-Dinitrophenyl]-[1-methyl-1-nitroäthyl]-sulfid*, $C_9H_9O_6N_3S$, F. 101—101,5°; 40%. — Aus 2-Nitrobenzolsulfenylchlorid wurden erhalten: *[o-Nitrophenyl]-[nitromethyl]-sulfid*, $C_7H_6O_4N_2S$, F. 70—71° ($CH_3OH$ u. $CCl_4$); 12%. — *[o-Nitrophenyl]-[1-nitroäthyl]-sulfid*, $C_8H_8O_4N_2S$, F. 57—58°; 56%. — *[o-Nitrophenyl]-[1-nitropropyl]-sulfid* (III), $C_9H_{10}O_4N_2S$, F. 72,5—73°; 84%; 70% bei Verwendung von o-Nitrobenzolsulfenylbromid, 77% bei Anwendung des -thiocyanats. — *[o-Nitrophenyl]-[1-methyl-1-nitroäthyl]-sulfid* (VIII), $C_9H_{10}O_4N_2S$, F. 81—82°; 36%; unlösl. in 10%ig. NaOH. — Aus Anthrachinon-1-sulfenylchlorid *[1-Anthrachinonyl]-[1-nitropropyl]-sulfid*, $C_{17}H_{14}$·$O_4NS$, durch Rk. in Bzl., Extraktion des Reaktionsprod. mit Bzl. u. Kristallisation aus $CCl_4$, F. 158° (Zers.); 64%. — **VI** konnte nicht aus 1-Brom-1-nitroäthan u. 2.4-Dinitrothiophenol oder seiner Na-Verb. in absol. A., Bzl. oder Toluol gewonnen werden; mit der Na-Verb. entstand hauptsächlich **II**. Ebenso entsteht bei Rk. von o-Nitrothiophenol-Na mit **VII** kein **VIII**, sondern *o-Nitrophenyldisulfid*, F. 190—192°. — *[o-Nitrophenyl]-[1-nitropropyl]-sulfon*, $C_9H_{10}O_6N_2S$, durch Oxydation von **III** mit 30%ig. $H_2O_2$ in heißem Eisessig; F. 74,5—75,5° ($CH_3OH$); 37% (rein). — *[1-Nitroäthyl]-[p-tolyl]-sulfid*, $C_9H_{11}O_2NS$, durch Zutropfen von **IV** zu Na-Methylat u. absol. A., Zugabe des Nd. zu p-Toluolsulfenylchlorid in Ae. bei —5°, je 20 Min. langes Rühren bei Zimmer- u. Siedetemp., Entfernung des Ae. aus dem Filtrat bei 40 mm u. Reinigung des Öles durch Molekulardest; 80—90%. *Sulfon*, $C_9H_{11}O_4NS$, a) durch Oxydation in Eisessig mit 30%ig. $H_2O_2$, Erhitzen, Entfernung der Essigsäure im Vakuum, F. 47—48° (wss. $CH_3OH$); 71%; b) durch Zugabe von p-Thiokresol zu KOH in absol. A., dann von **V** bei 0°, 15std. Stehen bei 0°, Verdünnen des Filtrates u. Oxydation des Öles; 15%; daneben viel *p-Tolyldisulfid*; c) durch 3std. Kochen von Na-p-Toluolsulfonatdihydrat mit **V** in $CH_3OH$ u. Entfernung des Lösungsm. aus dem Filtrat. (J. Amer. chem. Soc. **73**. 3864—67. Aug. 1951.) HILDEGARD BAGANZ. 1090

**A. G. Brook,** *Die Darstellung substituierter Chinone mit einem neuen Oxydationsmittel.* Ein Gemisch von Stickoxyden, hauptsächlich $N_2O_4$ (I), oxydiert substituierte Hydrochinone zu den entsprechenden Chinonen mit Ausbeuten über 90% ohne Bldg. von Nebenprodukten. **I**, dargestellt aus rauchender $HNO_3$, konz. $H_2SO_4$ u. $As_2O_3$, kann auch als Fl. (Kp. 20—30°) verwendet werden, zur Oxydation von Hydrochinon ist es nicht brauchbar.

Versuche: *2.3-Dichlor-5.6-dicyanbenzochinon-(1.4)*, aus Chlf.-Bzl., F. 203° (Zers.) aus 20 g des entsprechenden Hydrochinons in $CCl_4$ bei Zimmertemp. durch langsame Zugabe (5 Min.) von 6 cm³ **I** unter Rühren u. Abfiltrieren nach weiteren 5 Min., 93% (Ausbeute). — Analog aus 0,5—50 g Dioxyverb.: *2.3-Dicyanbenzochinon-(1.4)*, F. 178—180°; 92%. — *5-Chlor-2.3-dicyanbenzochinon-(1.4)*, F. 154°; 95%. — *Tetrachlorbenzochinon-(1.4)*, F. 290°; 97%. — *2.5-Dimethylbenzochinon-(1.4)*, F. 124—125°; 97%. — *Tetrabrombenzochinon-(1.2)*, F. 148—150°; 92%. — *Tetrachlorbenzochinon-(1,2)*, F. 131—132°; 88%. — *3.3'.5.5'-Tetrabromdiphenochinon*, F. >360°; 94%. (J. chem. Soc. [London] **1952**. 5040—41. Dez. London, Imp. Coll. of Sci. and Technol.) CLEVE. 1190

**P. T. Charlton, G. K. Maliphant, P. Oxley** und **D. A. Peak,** *Antituberkulöse Verbindungen. 7. Mitt. Einige weitere N-substituierte Amidine und Analoge.* (6. vgl. COOPER u. PARTRIDGE, C. **1951**. II. 676.) Eine Anzahl N-substituierter aromat. Amidine wurde dargestellt. Der N-Substituent war in fast allen Fällen ein Arylrest, an dessen Stelle nur gelegentlich ein N.N'-Cyclus trat. Dagegen wurde der aromat. Amidinkern durch alicycl. u. aliphat. Radikale ersetzt. Die so erhaltenen Verbb. wurden in vitro als wss. Salzlsgg. auf ihre Wirksamkeit gegen *Mycobacterium tuberculosis* geprüft u. ihre Eigg. miteinander verglichen.

Versuche: Die Darst. der Amidine erfolgte nach folgenden Methoden: Meth. A: durch 2—6std. Erhitzen von Cyanid u. substituiertem Ammoniumbenzolsulfonat unter Rühren auf 180—220° u. Isolierung als Benzolsulfonat oder als freie Base durch Lösen in W. oder A., Zugabe von überschüssiger 5nNaOH, Reinigung durch Kristallisation oder Aufnehmen in Bzl., Extraktion der bzl. Lsg. mit $CH_3COOH-CH_3COONa$ ($p_H$ 4,6) u. Alkalisieren. Meth. B benutzt substituiertes Ammonium-p-toluolsulfonat. Meth. C zur Darst. der cycl. Amidine durch Schmelzen des Cyanids mit Diaminmonobenzolsulfonat oder -p-toluolsulfonat. Meth. D durch 20—60 Min. langes Erhitzen von Cyanid u. Amin mit wasserfreiem $AlCl_3$ auf 160—200° u. Freimachen mit wss. NaOH. Meth. E durch Oxydation von Arylaldehyd u. o-Phenylendiamin mit Cu-Acetat in wss. A. oder $CH_3OH$. Meth. F durch Red. der entsprechenden Nitroverb. mit $(NH_4)_2S$. Meth. G durch 6—24tägiges Stehen von 2 Mol Acetimidoäther u. 1 Mol Amin u. Entfernung des Ae. im Vakuum. — *p-Butoxyanilino-p-toluolsulfonat*, $C_{17}H_{23}O_4NS$, Nadeln aus Isopropylalkohol, F. 189°. — *4.4'-Diaminodiphenylätherdibenzolsulfonat*, F. 285°. — *1.2-Bis-[p-aminophenoxy]-äthandibenzolsulfonat*, $C_{26}H_{28}O_8N_2S_2$, aus 1.2-Bis-[p-aminophenoxy]-äthan ($C_{14}H_{16}O_2N_2$, fahle Nadeln aus verd. A., F. 170—172°), Platten, F. 280—281° (W.). — *1.3-Bis-[p-aminophenoxy]-propandibenzolsulfonat*, Platten, F. 236—238° (A.). — *1.4-Bis-[p-aminophenoxy]-butandibenzolsulfonat*, $C_{28}H_{32}O_8N_2S_2$, Platten, F. 262° (A.). — *3-Aminodiphenylbenzolsulfonat*, $C_{18}H_{17}O_3NS$, Nadeln, F. 187—188° (W.). — *p-Phenylendiamindibenzolsulfonat*, $C_{18}H_{20}\cdot O_6N_2S_2$, Nadeln aus A., F. 158° (Zers.). — Die nachst. Amidine wurden nach der jeweils in [] angegebenen Meth. dargestellt: *N-[p-Methansulfonylphenyl]-benzamidin*, $C_{14}H_{14}\cdot O_2N_2S$, [D], Nadeln, F. 177,5—178° (wss. A.); 92% (Ausbeute). *Hydrochlorid*, $C_{14}H_{15}\cdot O_2N_2ClS$, Würfel aus A., F. 263—265° (Zers.). *Pikrat*, $C_{20}H_{17}O_9N_5S, H_2O$, Blätter aus $CH_3OH$, F. 137—138°. — *p-Methansulfonyl-N-[p-methansulfonylphenyl]-benzamidin*, $C_{15}H_{16}O_4N_2S_2$, [A], Nadeln aus wss. Äthoxyäthanol, F. 286—287° (Zers.); 60%. *Hydrochlorid*, $C_{15}H_{17}O_4N_2ClS_2$, Rosetten feiner Nadeln aus W., F. 270—271° (Zers.). — *N-Octyl-N-phenylbenzamidinreineckat*, $C_{25}H_{29}N_8S_4Cr$, [D], F. 116° (W.); 85%. — *N-[2-Diäthylaminoäthyl]-N-phenylbenzamidindipikrat*, $C_{31}H_{31}O_{14}N_9$, [D], Nadeln aus $CH_3OH$, F. 109°; 16%. — *N-Diphenylyl-(3)-benzamidin*, $C_{19}H_{16}N_2$, [A], Prismen aus 80%ig. A., F. 135—136°; 54%. — *N-Diphenylyl-(4)-benzamidin*, $C_{19}H_{16}N_2$, [A], Nadeln aus A., F. 182°; 57%. — *N-Naphthyl-(1)-benzamidin*, $C_{17}H_{14}N_2$, [A], Nadeln aus 80%ig. A., F. 145°; 77%. — *N-Naphthyl-(2)-benzamidin*, $C_{17}H_{14}N_2$, [A], hellgelbe Platten, F. 123° (80%ig. A.); 77%. — *Bis-[p-benzimidamidophenyl]-ätherdihydrochlorid*, $C_{26}H_{24}\cdot ON_4Cl_2$, [A], Platten, F. 206° (W.); 40%. — *1.2-Bis-[p-benzimidamidophenoxy]-äthandihydrochlorid*, $C_{28}H_{28}O_2N_4Cl_2$, [A], Platten aus W., F. 280° (Zers.); 41%. — *1.3-Bis-[p-benzimidamidophenoxy]-propandihydrochlorid*, $C_{29}H_{30}O_2N_4Cl_2$, [A], Platten aus W., F. 163—165°; 59%. — *1.4-Bis-[p-benzimidamidophenoxy]-butandihydrochlorid*, $C_{30}H_{32}\cdot O_2N_4Cl_2$, [A], kleine Prismen aus W., F. 179—180°; 33%. — *2-p-Tolylbenzimidazol*, [C], Prismen aus 60%ig. A., F. 269°; 47%. *Hydrochlorid*, $C_{14}H_{13}N_2Cl$, Nadeln, F. 275° (A.). — *2-p-Oxyphenylbenzimidazol*, $C_{13}H_{10}ON_2$, [C], Prismen, F. 279° (60%ig. A.); 60%. *Hydrochlorid*, $C_{13}H_{11}ON_2Cl$, Prismen, F. 346° (A.). — *2-[p-Methoxyphenyl]-benzimidazol*, $C_{14}H_{12}ON_2$, [E], Nadeln, F. 227° (wss. $CH_3OH$); 56%. *Hydrochlorid*, $C_{14}H_{13}ON_2Cl$, Nadeln, F. 267° (A). — *2-[p-Nitrophenyl]-benzimidazolsesquihydrat*, $C_{13}H_9O_2N_3\cdot 1,5\,H_2O$, [E], Nadeln, F. 298—299° (80%ig. A.); 51%. — *2-[p-Aminophenyl]-benzimidazol*, [F], F. 239°; 90%. *Dihydrochlorid*, $C_{13}H_{13}N_3Cl_2$, Prismen, F. 351° (50%ig. A.-wss. HCl). — *2-[p-Sulfamylphenyl]-benzimidazol*, $C_{13}H_{11}O_2N_3S$, [A], Prismen, F. 321° (wss. A.); 44%. *Hydrochlorid*, $C_{13}H_{12}O_2N_3ClS\cdot H_2O$, Prismen aus A., F. 335°. — *2-α-Furylbenzimidazol*, $C_{11}H_8ON_2$, [E], Nadeln, F. 284° (A.); 60%. — *Hydrochlorid*, $C_{11}H_9ON_2Cl\cdot H_2O$, Nadeln, F. 292° (50%ig. A.). — *4-Nitro-2-phenylbenzimidazolhydrochlorid*, $C_{13}H_{10}O_2N_3Cl$, [E], Prismen aus A., F. 252° (Zers.); 44,5%. — *4-Amino-2-phenylbenzimidazoldihydrochlorid*, $C_{13}H_{13}N_3Cl_2$, [F], Prismen aus 80%ig. A., F. 264°; 39%. — *5-Amino-2-phenylbenzimidazoldihydrochlorid*, $C_{13}H_{13}N_3Cl_2$, [F], Prismen aus wss. A.-HCl, F. 322°; 81%. — *N-[p-Butoxyphenyl]-carbamidinocyclohexan*, $C_{17}H_{26}ON_2$, [B], Platten, F. 90° (PAe.); 52%. *p-Toluolsulfonat*, $C_{24}H_{34}O_4N_2S$, Platten aus Isopropylalkohol, F. 168,5—169°. — *N-[p-Methoxyphenyl]-1-carbamidinocyclohexenbenzolsulfonat*, $C_{20}H_{24}O_4N_2S$, [A], Prismen, F. 171° (W.); 57%. — *N-[p-Äthoxyphenyl]-1-carbamidinocyclohexen*, $C_{15}H_{20}ON_2$, [B], F. 95° (PAe.); 62%. *Pikrat*, $C_{21}H_{23}O_8N_5$, F. 136° (Isopropylalkohol). — *N-[p-Butoxyphenyl]-1-carbamidinocyclohexen*, $C_{17}H_{24}ON_2$, [B], Prismen, F. 69° (PAe.); 65%. *Hydrochlorid*, $C_{17}H_{25}ON_2Cl$, Platten, F. 143° (W.). — *N-[p-Chlorphenyl]-1-carbamidinocyclohexen*, $C_{13}H_{15}N_2Cl$, [A], Prismen, F. 131° (Bzl.); 92%. *Pikrat*, $C_{19}H_{18}O_7N_5Cl$, F. 193° (Isopropylalkohol). — *N-[o-Chlorphenyl]-1-carbamidinocyclohexen*, $C_{13}H_{15}N_2Cl$, [A], Prismen, F. 77° (PAe.); 41%. *Pikrat*, $C_{19}H_{18}O_7N_5Cl$, F. 185° (Isopropylalkohol). — *N-Cyclohexyl-1-carbamidinocyclohexenhydrochlorid*, $C_{13}H_{23}N_2Cl$, [D], F. 291° (Zers.) (W.); 91%. — *1-[N-Phenylcarbamidino]-propan*, $C_{10}\cdot H_{14}N_2$, [A], Rhomben, F. 67° (PAe.); 66%. *Pikrat*, $C_{16}H_{17}O_7N_5$, rhomb. Kristalle aus

Propylalkohol, F. 142—142,5°. — *1-[N-Phenylcarbamidino]-butan*, $C_{11}H_{16}N_2$, [A], flache Nadeln, F. 59° (PAe.); 69%. *Pikrat*, $C_{17}H_{19}O_7N_5$, rhomb. Prismen, F. 139,5—140° (Isopropylalkohol). — *1-[N-Phenylcarbamidino]-pentan*, $C_{12}H_{18}N_2$, [A], flache Nadeln, F. 58° (PAe.); 60%. *Pikrat*, $C_{18}H_{21}O_7N_5$, F. 97° (Isopropylalkohol). — *1-[N-Phenylcarbamidino]-heptan*, $C_{14}H_{22}N_2$, [A], lange Nadeln, F. 54° (PAe.); 80%. *Pikrat*, $C_{20}H_{25}$·$O_7N_5$, Platten, F. 92—93° (Ae.). *Benzolsulfonat*, $C_{20}H_{28}O_3N_2S$, Platten, F. 96° (Aceton). — *1-[N-Phenylcarbamidino]-octan*, $C_{15}H_{24}N_2$, [A], flache Nadeln, F. 61° (PAe.); 64%. *Pikrat*, $C_{21}H_{27}O_7N_5$, kleine Platten, F. 93° (Isopropylalkohol). *Benzolsulfonat*, $C_{21}H_{30}$·$O_3N_2S$, Platten, F. 102° (Aceton). — *1-[N-Phenylcarbamidino]-nonan*, $C_{16}H_{26}N_2$, [A], Nadeln, F. 70° (PAe.); 62%. — *1-[N-2'-Diphenylylcarbamidino]-octan*, $C_{21}H_{28}N_2$, [A], Nadeln, F. 97,5—98° (PAe. oder wss. Aceton); 37%. — *N-2'-Naphthylacetamidin*, $C_{12}H_{12}N_2$, [A], Prismen, F. 82° (PAe.); 68%. *Benzolsulfonat*, $C_{18}H_{18}O_3N_2S$, Prismen, F. 142° (Isopropylalkohol). — *1-[N-2'-Naphthylcarbamidino]-äthan*, $C_{13}H_{14}N_2$, [A], lange Prismen, F. 79—80° (PAe.); 50,5%. — *1-[N-2'-Naphthylcarbamidino]-propan*, $C_{14}H_{16}N_2$, [A], Prismen, F. 64—66° (PAe.); 86%. *Benzolsulfonat*, $C_{20}H_{22}O_3N_2S$, Platten, F. 133—134° (wss. A.). — *1-[N-2'-Naphthylcarbamidino]-butan*, $C_{15}H_{18}N_2$, [A], Platten, F. 62—64° (PAe.); 22%. — *1-[N-2'-Naphthylcarbamidino]-pentan*, $C_{16}H_{20}N_2$, [A], Platten, F. 72—74° (PAe.); 35%. — *1-[N-2'-Naphthylcarbamidino]-hexan*, $C_{17}H_{22}N_2$, [B], Prismen, F. 59° (PAe.); 79%. *Toluol-p-sulfonat*, $C_{24}H_{30}O_3N_2S$, Platten, F. 138° (wss. A.). — *1-[N-2'-Naphthylcarbamidino]-heptan*, $C_{18}H_{24}N_2$, [B], Prismen, F. 61° (Ae.-PAe.); 69%. *Toluol-p-sulfonat*, $C_{25}H_{32}O_3N_2S$, Platten, F. 151° (wss. A.). — *1-[N-2'-Naphthylcarbamidino]-octan*, $C_{19}H_{26}N_2$, [B], Platten, F. 74° (PAe.); 83%. *Toluol-p-sulfonat*, $C_{26}H_{34}O_3N_2S$, Platten, F. 156° (wss. A.). — *1-[N-2'-Naphthylcarbamidino]-nonan*, $C_{20}H_{28}N_2$, [B], Platten, F. 75° (PAe.); 67%. *Toluol-p-sulfonat*, $C_{27}H_{36}O_3N_2S$, Platten, F. 158° (Isopropylalkohol). — *1-[N-1'-Naphthylcarbamidino]-nonanbenzolsulfonat*, $C_{26}H_{34}O_3N_2S$, [A], Platten, F. 70—72° ($CCl_4$); 45%. — *1-[N.N-Diphenylcarbamidino]-nonanpikrat*, $C_{28}H_{33}O_7N_5$, [D], Prismen, F. 118,5° (A.); 63%. *Pikrolonat*, $C_{32}H_{38}O_5N_6$, Ruten, F. 142—143° (A.). — *1-Carbamidinononanbenzolsulfonat*, $C_{16}H_{28}O_3N_2S$, [A], Platten, F. 92—94° (80%ig. A.); 41%. — *4.5-Dihydro-2-nonylglyoxalin*, $C_{12}H_{24}N_2$, [C], Platten, F. 74—76° (Ae.-PAe.); 60%. — *3.4.5.6-Tetrahydro-2-nonylpyrimidinreineckat*, $C_{17}H_{33}N_8S_4Cr$ [C], federige Nadeln, F. 147—148° (Aceton + Chlf.); 90%. — *4.5-Dihydro-2-nonyl-1-phenylglyoxalin*, $C_{18}H_{28}N_2$, [C]; 18%. — *2-Nonylbenzimidazol*, $C_{16}H_{24}N_2$, [C], F. 124—126° (wss. A.); 52%. — *2-Nonyl-1.3-diaza-4.5.6.7-dibenzocycloheptatrien*, $C_{22}H_{28}N_2$, [C], F. 73—75° (PAe.); 45%. — *1-Carbamidinoheptadecanbenzolsulfonat*, $C_{24}H_{44}O_3N_2S$, [A], F. 92—95° ($CH_3OH$); 26%. — *2-Heptadecyl-4.5-dihydroglyoxalin*, $C_{20}H_{40}N_2$, [C], Platten, F. 94° (Aceton). 73%. — *N-Octylacetamidinreineckat*, $C_{14}H_{29}N_8S_4Cr$, [G], F. 137° (W.); 67%. — *N.N'-Dioctylacetamidinhydrochlorid*, $C_{18}H_{39}$·$N_2Cl$, [D], F. 265—268° (A. + Aceton); 8%. — *N.N-Dioctylacetamidinpikrat*, $C_{24}H_{41}$·$O_7N_5$, [G], Prismen, F. 89° (Ae.); 85%. — *N-Hexadecylacetamidin*, $C_{18}H_{38}N_2$, [G], F. 71,5° (Ae.); 13%. *Pikrat*, $C_{24}H_{41}O_7N_5$, winzige Nadeln, F. 114° (Ae.). (J. chem. Soc. [London] **1951**. 485—92. Febr. Nottingham, Boots Pure Drug Co. Ltd., Res. Labors.)

HILDEGARD BAGANZ. 1210

**Alberto Spada**, *Untersuchung über einige Salze der o-Nitrobenzoylbrenztraubensäure.* (Vgl. MUSAJO, C. **1950**. II. 2667.) Vf. beschreibt die Darst. verschied. Salze u. Doppelsalze der *o-Nitrobenzoylbrenztraubensäure* (I). Das Be-Brucin-I-Doppelsalz zeigt im Gegensatz zu dem von MILLS u. GOTTS (J. chem. Soc. [London] **1926**. 3021) dargestellten Doppelsalz der Benzoylbrenztraubensäure keine Mutarotation.

Versuche: *Mononatriumsalz* von I, $C_{10}H_6O_6NNa$, aus I u. $NaOC_2H_5$ in absol. A., glänzende gelbe Kristalle aus W. oder Aceton. — *Na-Be-Doppelsalz von* I, $C_{20}H_{10}$·$O_{12}N_2Na_2Be$, aus vorst. Mono-Na-Salz u. frisch gefälltem bas. Be-Carbonat in W., citronengelbe Kristalle aus W. oder 50%ig. Aceton. — *Be-Brucin-Doppelsalz von* I, $C_{66}H_{64}O_{20}N_6Be$, F. 270°, aus I durch Erwärmen mit Brucin in A. auf 50°, Verdünnen mit W. u. Zugeben von frisch gefälltem bas. Be-Carbonat, gelbe Kristalle aus A. + 1 Tropfen Eisessig, $[\alpha]^{20}_{5461}$ in Chlf. —62,5°. Das Salz zeigt auch nach 3 Tagen keine Mutarotation. — *Cu-Brucin-Doppelsalz von* I, $C_{66}H_{64}O_{20}N_6Cu \cdot 4\ H_2O$, analog; Kristalle aus Äthanol. Nach 6std. Erwärmen auf 80° über $P_2O_5$ bei 1 mm wird das wasserfreie *Salz*, $C_{66}H_{64}O_{20}N_6Cu$, F. 196—197°, erhalten. — *Cu-Strychnin-Doppelsalz von* I, $C_{62}H_{56}$·$O_{16}N_6Cu \cdot 4\ H_2O$, durch Eintropfen von Cu-Acetat in eine alkoh. Lsg. von I u. Strychnin bei 50°, hellgelbe Prismen aus Äthanol. Beim Entwässern wie oben entsteht das *wasserfreie Salz*, $C_{62}H_{56}O_{16}N_6Cu$, F. 203—204°. — *Zn-Brucin-Doppelsalz von* I, $C_{66}H_{64}O_{20}N_6Zn$·$4\ H_2O$, durch Eintragen von $ZnCO_3$ in eine sd. alkoh. Lsg. von I u. Brucin, gelbe Kristalle aus Äthanol. Beim Trocknen wie vorst. entsteht das *wasserfreie Salz*, $C_{66}H_{64}O_{20}$·$N_6Zn$, F. 250—251° (Zers.). (Gazz. chim. ital. **80**. 635—41. Aug./Okt. 1950. Modena, Univ., Ist. di Chim. farmaceut.) K. FABER. 1270

**James F. Kerwin, Grisella C. Hall, Edward Macko, Richard A. McLean, Edwin J. Fellows** und **Glenn E. Ullyot,** *Adrenalinantagonisten.* 4. Mitt. *β-Haloäthylammoniumverbindungen.* (3. vgl. C. **1952.** 2824.) Aus strukturellen Erwägungen über die Beziehungen zwischen Hemmwrkg. u. Konst. werden die nachst. quaternären β-Chloräthylammoniumsalze (I) dargestellt u. physiol. geprüft:

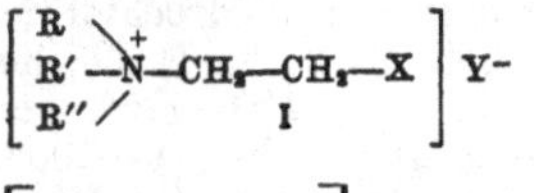

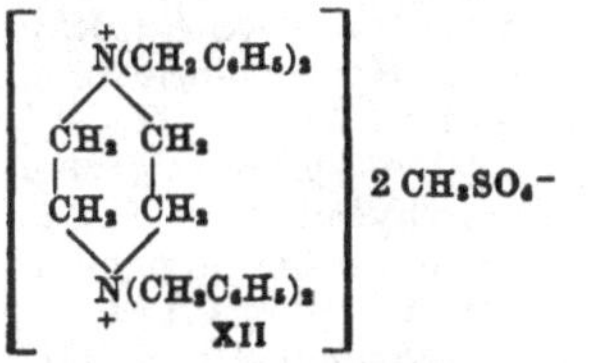

II R = R′ = $CH_2C_6H_5$, R″ = $CH_3$, X = Cl, Y = J
III R = R′ = $CH_2C_6H_5$, R″ = $CH_3$, X = Y = Br
IV R = R′ = $CH_2C_6H_5$, R″ = $CH_3$, X = Cl, Y = $CH_3SO_4$
V R = R′ = $CH_2C_6H_5$, R″ = $C_2H_5$, X = Y = Cl
VI R = R′ = $CH_2C_6H_5$. R″ = $C_2H_5$, X = Y = Br
VII R = 9-Fluorenyl, R′ = R″ = $C_2H_5$, X = Y = Cl
VIII R = α-$C_{10}H_7CH_2$, R′ = $C_2H_5$, R″ = $CH_3$, X = Cl Y = $CH_3SO_4$
IX R = α-$C_{10}H_7CH_2$, R′ = $C_2H_5$, R″ = $CH_3$, X = Cl, Y = J
X R = 2-$CH_3 \cdot C_6H_4 \cdot O \cdot CH_2 \cdot CH_2$, R′ = $CH_2C_6H_5$, R″ = $CH_3$ X = Cl, Y = $CH_3SO_4$.

Keines der dargestellten quaternären Ammoniumsalze zeigte eine dibenaminähnliche Wirkung. Das von NYMAN u. PLANTIN (Acta physiol. scand. **19.** [1949.] 1) aus N.N-Dibenzyl-β-chloräthylamin u. Äthylbromid erhaltene *Dibenzyl-[β-chloräthyl]-äthylammoniumbromid,* das wirksamer als Dibenamin ist, ist, wie eine Nachprüfung ergab, ein Gemisch aus 8% *N.N-Dibenzyl-β-chloräthylaminhydrobromid* u. 92% *N.N-Dibenzyl-β-bromäthylaminhydrobromid.* Letzteres zeigte die gleiche dibenaminähnliche Wirkung. — Um Neben-Rkk. bei der Darst. der quaternären Derivv. von *N.N-Dibenzyl-β-chloräthylamin* (**XI**) zu vermeiden, wurden die N-Benzyl-N-alkylaminoäthanole mit Benzylhalogeniden quaternisiert u. die Oxygruppe durch Halogen ersetzt. Die Umsetzung von **XI** mit Dimethylsulfat in sd. A. ergab einen in Ae. unlösl. Sirup, der im wesentlichen **XI** u. nur 9% **IV** enthielt, die als **II** isoliert werden konnten. In Bzl. entstand **IV** als Hauptreaktionsprod. neben 18—23% eines Dimerisationsprod. **XII**, dessen Konst. sich aus dem Abbau zu *N.N.N′.N′-Tetrabenzyläthylendiamin* (**XIII**) ergab; in Ae. war die Ausbeute an **XII** wesentlich geringer. **VIII** konnte nur in Bzl. in 28%ig. Ausbeute erhalten werden.

V e r s u c h e: *Dibenzyl-[β-oxyäthyl]-methylammoniumchlorid* (**XIV**), $C_{17}H_{22}ONCl$, F. 153,5—155°, aus N-Benzyl-N-methyläthanolamin (**XV**) u. Benzylchlorid bei 140°, dann 100° (1 Std.), aus A. u. Ae.; 66% (Ausbeute). — *Dibenzyl-[β-oxyäthyl]-methylammoniumjodid,* $C_{17}H_{22}ONJ$, F. 135—136°, aus Dibenzylaminoäthanol u. Jodmethyl in Bzl. auf dem Wasserbad, aus A.; 74%. Liefert mit AgCl in wss. Suspension 65% **XIV**. — *Dibenzyl-[β-chloräthyl]-methylammoniumjodid* (**II**), $C_{17}H_{21}NClJ$, F. 151—152°, aus **XIV** mit $SOCl_2$ in sd. Chlf. u. Fällen der wss. Lsg. des rohen Chlorids mit NaJ, aus A.; 73%. — *Dibenzyl-[β-oxyäthyl]-methylammoniumbromid,* $C_{17}H_{22}ONBr$, F. 158,5—159,5°, aus **XV** u. Benzylbromid in sd. Bzl., nach dem Abkühlen als Nd., aus A.; 77%. — *Dibenzyl-[β-bromäthyl]-methylammoniumbromid* (**III**), $C_{17}H_{21}ONBr_2$, F. 164° (Zers.), aus dem Vorst. mit $SOBr_2$ in sd. Chlf. in Ggw. von wenig Pyridin, aus Aceton mit Ae. u. A. Kristalle; 19%. — *Dibenzyl-[β-oxyäthyl]-äthylammoniumchlorid,* $C_{18}H_{24}ONCl$, F. 140,5—142,5°, aus N-Benzyl-N-äthyläthanolamin u. Benzylchlorid bei 150° (10 Min.), aus A. u. Ae.; 36%. — *Dibenzyl-[β-chloräthyl]-äthylammoniumchlorid* (**V**), $C_{18}H_{23}NCl_2$, F. 177—178° (Zers.), aus dem Vorst. mit $SOCl_2$ in sd. Chlf., aus Aceton u. Chlf.; 58%. — *Dibenzyl-[β-oxyäthyl]-äthylammoniumbromid,* $C_{18}H_{24}ONBr$, F. 129,5—131,5°, aus N-Benzyl-N-äthyläthanolamin mit Benzylbromid in sd. Bzl., aus A. u. Ae.; 50%. — *Dibenzyl-[β-bromäthyl]-äthylammoniumbromid* (**VI**), $C_{18}H_{23}NBr_2$, F. 154,5—156,5°, aus dem Vorst. mit $SOBr_2$ in sd. Chlf. (+ Pyridin), aus Aceton mit Ae. u. A.; ca. 10%. — *[9-Fluorenyl]-[β-oxyäthyl]-diäthylammoniumbromid,* $C_{19}H_{24}ONBr$, F. 154—155° (Zers.), aus 9-Bromfluoren u. Diäthylaminoäthanol in sd. A.; 70%. — *[9-Fluorenyl]-[β-oxyäthyl]-diäthylammoniumchlorid,* $C_{19}H_{24}ONCl$, F. 152,5—153,5° (Zers.), aus dem Vorst. mit $AgNO_3$ u. HCl; 88%. — *[9-Fluorenyl]-[β-chloräthyl]-diäthylammoniumchlorid* (**VII**), $C_{19}H_{23}NCl_2$, F. 150,5—152,5°, aus dem Vorst. mit $SOCl_2$ in sd. Chlf. (+ Pyridin), aus A. Kristalle; 30%. — *N.N-Dibenzyl-[β-bromäthyl]-aminhydrobromid,* $C_{16}H_{19}NBr_2$, F. 178—179,5°, entstand aus **XI** u. Bromäthyl in sd. n-Butanol, aus A. u. Ae.; 50%. Enthält 8% *N.N-Dibenzyl-[β-oxyäthyl]-aminhydrobromid,* $C_{16}H_{20}ONBr$, F. 163—165° (Zers.); entstand analog aus Dibenzylaminoäthanol u. Bromäthyl. Eine gleichteilige Mischung von **II** u. *Dibenzyl-[β-jodäthyl]-methylammoniumjodid,* $C_{17}H_{21}NJ_2$, vom F. 155,5 bis 157,5°, entstand aus **XI** u. Jodmethyl in Dioxan bei Zimmertemp. (2 Wochen), aus A. Kristalle. — *N.N.N′.N′-Tetrabenzylpiperaziniumdimethylsulfat* (**XII**), $C_{32}H_{42}O_8N_2S_2$, F. 205—207° (Zers.), aus **XI** u. Dimethylsulfat in sd. Bzl. (15 Std.) (in 2,2%ig. Ausbeute in sd. Ae.) als in Aceton unlösl. Anteil des Nd., aus W. Kristalle; 23%. Liefert beim Debenzylieren in W. mit Pd-Kohle bei 70—80° u. anschließendem Benzoylieren *N.N'-Dibenzoylpiperazin*, aus A. F. 192—194°. — *Dibenzyl-[β-chloräthyl]-methylammoniummethylsulfat* (**IV**), aus **XI** in Ae. nicht kristallisierbarer dicker Sirup. *Jodid* (**II**), F. 151,5—152,5° (Zers.), gelbe Nadeln. — *N.N.N'.N'-Tetrabenzyläthylendiamin* (**XIII**), F. 93,5—94,5°, aus **XI** u. Dibenzylamin in sd. Xylol u. Spalten des Hydrochlorids, aus A.; 52%, oder aus **XII** mit sd. verd. NaOH. *Dihydrochlorid*, $C_{30}H_{34}N_2Cl_2$, F. 198 bis 199° (Zers.). — *N-[α-Naphthylmethyl]-N-äthyl-β-oxyäthylamin*, Kp.$_2$ 170—176°, aus α-Chlormethylnaphthalin u. Äthylaminoäthanol unter Kühlen, später bei 90—100°; 55%. *Hydrochlorid*, $C_{15}H_{20}ONCl$, F. 144—146°, aus A. u. Aceton. — *N-[α-Naphthylmethyl]-N-äthyl-β-chloräthylamin*, Kp.$_1$ 155—157°, aus dem vorst. Hydrochlorid in sd. Chlf. mit $SOCl_2$ u. Spalten des Hydrochlorids, gelbes Öl. *Hydrochlorid*, $C_{15}H_{19}NCl_2$, F. 174—175°, aus A. Nadeln. — *[α-Naphthylmethyl]-äthyl-[β-chloräthyl]-methylammoniummethylsulfat* (**VIII**), F. 213—223°, aus dem Vorst. u. Dimethylsulfat in Ae. bei Zimmertemp. (13 Tage) oder in sd. Bzl. (3 Std.), zunächst als Sirup, neben wenig einer krist. Verb. vom F. 230—235° (Zers.), als in Aceton u. in W. lösl. Anteil, aus Aceton + wenig Äther. — *[α-Naphthylmethyl]-äthyl-[β-chloräthyl]-methylammoniumjodid* (**IX**), $C_{16}H_{21}NClJ$, F. 120,5—122°, aus dem vorst. Sulfat mit NaJ in W. als Nd., aus A. Nadeln; 78%. — *[o-Tolyloxyäthyl]-benzyl-[β-chloräthyl]-methylammoniummethylsulfat* (**X**), $C_{20}H_{28}O_5NClS$, F. 94,5—96,5°, aus *[o-Tolyloxyäthyl]-N-benzyl-β-chloräthylamin* vom Kp.$_1$ 140—142°, u. Dimethylsulfat in sd. Bzl., aus A. u. Ae. Kristalle, neben 2 in Aceton schwerer lösl. chlorfreien Prodd. vom F. 213—214° u. 178,5—180,5° (J. Amer. chem. Soc. **73**. 5681—86. Dez. 1951. Philadelphia, Pa., Smith, Kline & French, Labor., Res. Div.) GOLD. 1310

**E. Campaigne, W. M. Budde** und **G. F. Schaefer**, *p-Aminobenzaldehyd*. Durch Einw. von Na-Polysulfid auf p-Nitrotoluol: $C_7H_7ON$, goldgelbe Kristalle, F. 68—70°; 40 bis 50% Ausbeute. (Org. Syntheses **31**. 6—8. 1951. Bloomington, Ind., Indiana Univ.) TROFIMOW. 1330

**B. Buchner** und **L. B. Lockhart jr.**, *Phenyldichlorphosphin*. Aus Bzl. u. $PCl_3$ + $AlCl_3$ 3 Std. unter Rückfluß u. Zugabe von $POCl_3$ zu dem heißen Gemisch: $C_6H_5Cl_2P$, Kp.$_1$ 68—70°, Kp.$_{10}$ 90—92°, $n_D^{25}$ 1,5962; Ausbeute 72—78%. In gleicher Weise können hergestellt werden: *p-Tolyldichlorphosphin*, *p-Äthylphenyldichlorphosphin* u. *p-Isopropylphenyldichlorphosphin* mit Ausbeuten von 66, 69 u. 64%. (Org. Syntheses **31**. 88—90. 1951. Washington, D. C., Naval Res. Labor.) TROFIMOW. 1380

**K. Herrmann**, *Die Dehydrierung der Kaffeesäure*. Vf. dehydriert *Kaffeesäure* (I, *3.4-Dioxyzimtsäure*) durch o-Polyphenolasen aus der Kartoffel oder durch $K_3Fe(CN)_6$ in phosphatgepufferter Lsg. zu einem kondensierten Gerbstoff: Der erste Schritt der Gerbstoffbldg. besteht in einer Oxydation des o-Diphenols zum o-Chinon. Nach 5 Min. war die Chinonbldg. 75%ig. $^3/_4$ Mol O werden pro Mol I aufgenommen. Da der Chinongeh. schnell zurückgeht, nimmt Vf. an, daß mehrere Moll. unter Rückbldg. der Diphenole kondensiert werden. Es wird eine Formel entsprechend 4 Moll. I minus 3 Moll. $H_2$ aufgestellt. Der oxydative Abbau der Methylierungsprodd. mit $KMnO_4$ lieferte *Veratrumsäure* u. *Oxalsäure*. Ein ähnlich aufgebauter Gerbstoff ist in den getrockneten Blättern der *Melisse* u. wahrscheinlich auch in denen des *Salbeis* u. der *Pfefferminz* enthalten. (Pharmazie **7**. 431. Juli 1952. Halle-Wittenberg, Martin-Luther-Univ., Pharmazeut. Inst.) J. MATTNER. 1650

**Herman Stone** und **Harold Shechter**, *Jodcyclohexan*. Aus Cyclohexen u. KJ in Orthophosphorsäure: $C_6H_{11}J$, Kp.$_4$ 48—49,5°, $n_D^{20}$ 1,551, D.$^{20}_4$ 1,625; 88—90%, Ausbeute. (Org. Syntheses **31**. 66—67. 1951. Columbus, O., Ohio State Univ.) TROFIMOW. 1810

**Harold Wittcoff**, *2.2.6.6-Tetramethylolcyclohexanol*. Durch Kondensation von Cyclohexanon mit Formaldehyd in Ggw. von CaO als Katalysator: $C_{10}H_{20}O_5$, F. 129—130° (Methanol); Ausbeute 73—75%. (Org. Syntheses **31**. 101—04. 1951. Minneapolis, Minn., General Mills Inc.) TROFIMOW. 1870

**Thomas L. Jacobs, Russell Reed** und **Eva Pacovska**, *2.6-Dimethylcyclohexancarbonsäuren*. *2.6-Dimethylcyclohexancarbonsäure* existiert in 4 stereoisomeren Formen. Beim Hydrieren von 2.6-Dimethylbenzoesäure (**I**) in Ggw. von ADAMS-Katalysator entsteht die *meso-cis-Säure* (**II**) in guter Ausbeute (vgl. SMITH u. STANFIELD, C. **1949**. II. 1061), die sich mit Eisessig + HCl zu der *meso-trans-Säure* (**III**) isomerisieren läßt. Die Red. von **I** mit Na in Isoamylalkohol liefert ein Gemisch zweier *enantiomerer Säuren* (**IV** u. **V**), das durch Kristallisation aus Aceton getrennt werden kann (vgl. HUFFORD u. NOYES, J. Amer. chem. Soc. **43**. [1921.] 925). **II** war ident. mit der Säure, die bei der katalyt. Red. von 2.6-Dimethylcylcohexen-(1)-carbonsäure (**VI**) gebildet wurde. — **II** u. **III** konnten auch auf einem anderen Wege, ausgehend von Acetaldehyd u. Acetessigester über *Äthyliden-bis-acetessigester* (VII), 2.6-Dimethyl-$\Delta^2$-cyclohexenon-(4)-carbonsäureäthylester u. *2.6-Dimethyl-1-carbäthoxycyclohexanon-(4)* (VIII), dargestellt werden. Die Isomerisation von II erfolgt schon bei der Darst. des Säurechlorids mit $SOCl_2$, so daß die aus den Chloriden von II u. III erhaltenen Derivv. ident. sind.

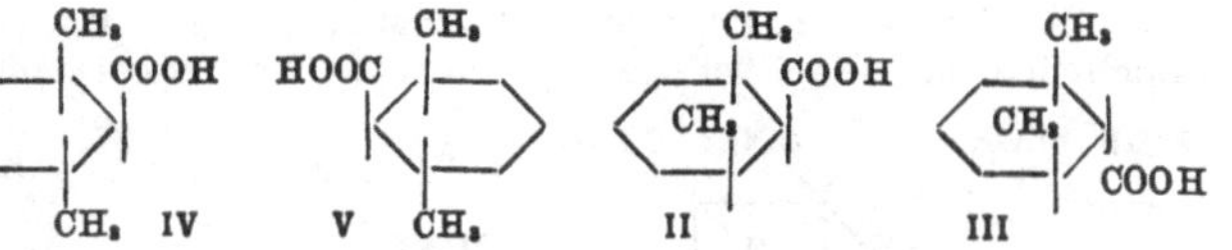

IV V II III

Versuche: *2.6-Dimethyljodbenzol*, $C_8H_9J$, Kp.$_{0,5}$ 58—59°, aus 2.6-Dimethylanilin (Kp.$_8$ 84°) durch Diazotieren u. Behandeln des Diazoniumsalzes mit überschüssigem KJ; D.$^{25}_4$ 1,6250; $n_D^{25}$ 1,6002; 63% (Ausbeute). — *2.6-Dimethylbenzoesäure* (I), $C_9H_{10}O_2$, F. 115,5—116°, aus der GRIGNARD-Verb. der vorst. Verb. oder nach NOYES [1898] aus Cyclohexan Kristalle; 73% bzw. 33%. — *rac.-2.6-Dimethylcyclohexancarbonsäure*, $C_9H_{16}O_2$, F. 80,8—81,3°, nach NOYES (l. c.) durch Red. von I mit Na u. Isoamylalkohol unter $N_2$, aus PAe.; 30%. — *(—)-2.6-Dimethylcyclohexancarbonsäure* (IV oder V), F. 82,3—83°, aus dem in Aceton schwerer lösl. Anteil des Chinchinoniummethylsalzes der rac. Säure; $[\alpha]_D^{28,7}$ —16,18° (in Aceton). — *(+)-2.6-Dimethylcyclohexancarbonsäure* (IV oder V), F. 82,1 — 83,1°, aus dem leichter lösl. Anteil, $[\alpha]_D^{24}$ +8,26°. — *Äthyliden-bis-acetessigsäureäthyl-ester* (VII), F. 77—79°, aus Acetaldehyd u. Acetessigester nach KNOEVENAGEL; 60—68%. — *2.6-Dimethyl-1-carbäthoxycyclohexanon-(4)* (VIII), $C_{11}H_{18}O_3$, Kp.$_5$ 110 — 111°, aus vorst. Ester durch Cyclisieren, Decarboxylieren u. Hydrieren; 57—61%; neben 3,5-Dimethylcyclohexanon u. einem dunklen viscosen Polymeren. *Semicarbazon*, $C_{12}H_{21}O_3N_3$, F. 180—181°, aus Wasser. — *2.6-Dimethylcyclohexancarbonsäureäthylester*, durch Red. des vorst. Esters mit amalgamiertem Zn in sd. verd. HCl nach CLEMENSEN (mehr als 30 Std.), gelbe, angenehm riechende Fl.; 87—93%. — *2.6-Dimethylcyclohexancarbonsäure* (II + III), $C_9H_{16}O_2$, F. 55—90°, aus dem rohen Estergemisch mit 96,5%ig. $H_2SO_4$ bei 0 bis —2° (15 Std.), Zers. mit Eis u. fester $CO_2$; 89%; oder ohne zu kühlen unter Entw. von $SO_2$; 80%. — *meso-trans-2.6-Dimethylcyclohexancarbonsäure* (III), F. 103—104°, bei der Kristallisation des II + III-Gemisches aus PAe. (Kp. 60—70°) als schwerer lösl. Anteil oder durch Extrahieren des Säuregemisches in Ae. mit gesätt. $NaHCO_3$-Lsg. als Na-Salz (80%) oder durch Isomerisieren von II in Eisessig + 2% HCl bei 130°, 24 Std. (quantitativ). *p-Phenylphenacylester*, $C_{23}H_{26}O_3$, F. 79—80°, aus Methanol + Dioxan. *Phenacylester*, $C_{17}H_{22}O_3$, F. 95—96°, aus Methanol. *Methylester*, $C_{10}H_{18}O_2$, Kp.$_{59}$ 104—105°, mit Diazomethan, $n_D^{25}$ 1,4393. *Chlorid*, $C_9H_{15}OCl$, Kp.$_5$ 64°, mit $SOCl_2$, beständig gegen Wasser. *Anilid*, $C_{15}H_{21}ON$, F. 201 bis 202°, aus Bzl.; 95%. *Amid*, $C_9H_{17}ON$, F. 216,5—217,5°, aus Methanol, sublimiert bei 100°/2 mm; 96%. — *meso-cis-2.6-Dimethylcyclohexancarbonsäure* (II), F. 87,5—88°, als in PAe. leichter lösl. Anteil des II + III-Gemisches oder aus der Ae.-Lsg. des Gemisches nach der Extraktion von III durch Extrahieren mit 5%ig. NaOH (15%) oder durch Hydrieren von I in Ggw. von RANEY-Ni oder Ammoniumchloroplatinat in geringer Ausbeute. *Methylester*, $C_{10}H_{18}O_2$, Kp.$_{58}$ 104—105°, mit Diazomethan, Fl. mit campherähnlichem Geruch, $n_D^{25}$ 1,4410. *p-Phenylphenacylester*, $C_{23}H_{26}O_3$, F. 79—80,5°, Nadeln aus Methanol. *Chlorid*, Kp.$_5$ 64—65°. *Anilid*, F. 201—202°. *Amid*, $C_9H_{17}ON$, F. 183—184°, aus II in Pyridin mit $SOCl_2$ bei 0° u. mit $NH_3$ bei 0°, Nadeln, sublimiert bei 100°/3 mm; liefert mit Isoamylnitrit u. konz. HCl bei 100° 3% III, mit Nitrosylchlorid bei 70° (30 Std.) im Rohr 30% III u. mit 100%ig. $H_3PO_4$ bei 150° (30 Min.) 50% III; $NaNO_2$ u. $H_2SO_4$ bzw. Essigsäure oder konz. $H_2SO_4$ bei 90—100° bleiben ohne Einwirkung. III-Amid ist unter den gleichen Bedingungen noch reaktionsträger. — *1-Brom-2.6-dimethylcyclohexancarbonsäure*, $C_9H_{15}O_2Br$, F. 141—142,3°, aus II oder III nach HUFFORD u. NOYES (l. c.), aus PAe. Kristalle; 47 bzw. 82%. — *2.6-Dimethyl-$\Delta^1$-cyclohexencarbonsäure* (VI), $C_9H_{14}O_2$, F. 88,2—89,7°, aus vorst. Säure mit sd. methanol. KOH, aus PAe. Kristalle. Liefert beim Hydrieren in Ggw. von ADAMS-Katalysator (120 at) 30% II. — *2.6-Dibromheptan*, Kp.$_{10}$ 94—94,5° nach v. BRAUN (vgl. LEONARD u. NOMMENSEN, J. Amer. chem. Soc. **71**. [1949.] 2808); 35%. (J. Amer. chem. Soc. **73**. 4505—09. Okt. 1951.) GOLD. 2010

**Milton N. Donin, Sherman L. Burson jr., Johannes H. Müller, Chiadao Chen, Walter E. Behnke** und **Klaus Hofmann**, *Untersuchungen in der Cyclopentanreihe*. 2. Mitt. *Die Synthese zweier isomerer 3-[4'-Phenoxybutyl]-cyclopentan-1.2-dicarbonsäuren*. (1. vgl. MÜLLER u. Mitarbeiter, C. **1952**. 2161.) Die Darst. der *3-[4'-Phenoxybutyl]-cyclopentan-1.2-dicarbonsäure* (I), von der theoret. 4 geometr. Isomere existieren können, wird beschrieben u. 2 Säuren isoliert, bei denen die Carboxylgruppen in *cis-* (**Ia**) bzw. *trans*-Stellung (**Ib**) stehen. Sie erfolgte aus *Adipinsäurediäthylester* (II) über den Triäthylester (**X**) der 3-Carboxypropylketobernsteinsäure u. weiter, wie aus dem Versuchsteil ersichtlich ist. Die Cyclisierung des *α-[4-Phenoxybutyladipinsäuredimethylesters* (**III**) mit Na-Methylat in Ae. läßt theoret. außer der Bldg. von *5-[4'-Phenoxybutyl]-cyclopentanon-2-carbonsäuremethylester* (**IV**) die des isomeren *2-[4'-Phenoxybutyl]-cyclopentanon-2-carbonsäuremethylesters* (**V**) erwarten, der beim Verseifen u. Decarboxylieren gleichfalls in *2-[4'-Phenoxybutyl]-cyclopentanon* (**VI**) übergeht. Diese Möglichkeit der Bldg. von **V** konnte durch eine vergleichende Synth. aus *Cyclopentanon-2-carbonsäuremethylester* (**VII**) ausgeschlossen werden. Beim Hydrieren der durch eine Cyanhydrinsynth. erhältlichen *Cyclohexendicarbonsäure* (**VIII**) entstand eine Säure der Konst. **I a**; das aus ihr erhältliche Anhydrid ergab bei der Hydrolyse die gleiche Säure zurück. Durch Behandeln des Dimethylesters von **I a** mit sd. methanol. Methylat konnte der Dimethylester der isomeren Säure **I b** erhalten werden. Während **I a** mit Hydrazinhydrat nicht isomerisiert werden konnte, liefern die Methylester von **I a** u. **I b** mit Hydrazinhydrat unter den verschied. Bedingungen das gleiche Hydrazid, dem die *trans*-Konfiguration zugeschrieben wird (vgl. l. c.).

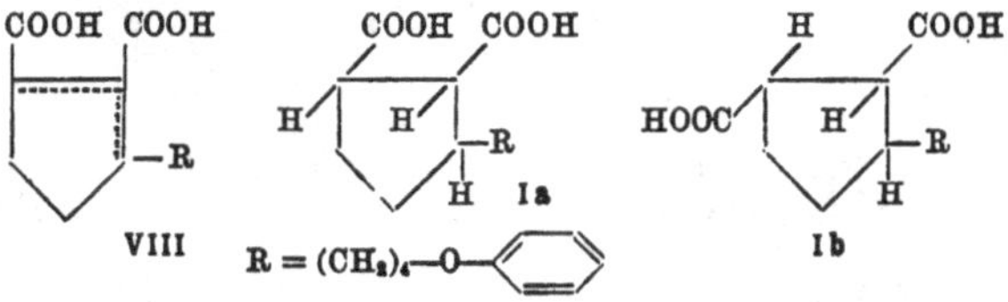


V e r s u c h e : *3-Carbäthoxypropylmalonsäurediäthylester* (**IX**), $C_{13}H_{22}O_6$, Kp.$_{0,6}$ 155 bis 162°, aus **II** u. Oxalester in Ae. in Ggw. von Na-Äthylat u. Erwärmen des erhaltenen Triesters **X** mit Glaspulver auf 190—200° unter Entw. von $CO_2$; 33% (Ausbeute); liefert beim Verseifen mit sd. 6 n HCl *Adipinsäure* vom F. 151—152°. — *4-Phenoxybutyljodid* (**XI**), $C_{10}H_{13}OJ$, Kp.$_{0,1}$ 123—125°, F. 38—41°, aus 4-Phenoxybutylchlorid u. NaJ in sd. absol. Aceton; 74%. — *4-Phenoxybutyl-3-carbäthoxypropylmalonsäurediäthylester* (**XII**), $C_{23}H_{34}O_7$, Kp.$_{0,1}$ 191—192°, aus der Na-Verb. von **IX** u. **XI** in sd. Bzl. u. Ausäthern; 43%. — *4-Phenoxybutyl-3'-carboxypropylmalonsäure*, $C_{17}H_{22}O_7$, F. 143—144°, durch Verseifen mit sd. 5 n NaOH, aus Bzl. + Aceton. — *α-[4-Phenoxybutyl]-adipinsäure*, $C_{16}H_{22}O_5$, F. 137—138°, aus Vorst. bei 160°; aus Bzl. + Aceton. *Dimethylester* (**III**), $C_{18}H_{26}O_5$, Kp.$_{0,3}$ 181—190°, durch Kochen von **XII** in wss.-alkoh. KOH (18 Std.), Erwärmen der mit Ae. extrahierten Säure auf 160° u. Verestern der Dicarbonsäure mit Methanol + $H_2SO_4$; 84%. — *5-[4'-Phenoxybutyl]-cyclopentanon-2-carbonsäuremethylester* (**IV**), $C_{17}H_{22}O_4$, F. 51—53°, Kp.$_{0,6}$ 184—186° (Zers.), aus **III** mit Na-Methylat in sd. Ae., Behandeln des isolierten Reaktionsprod. mit wss. Cu-Acetat u. Zers. des erhaltenen Cu-Komplexes in äther. Suspension mit 2 n $H_2SO_4$, aus Ae. + PAe.; 74%. *Cu-Komplex*, $C_{34}H_{42}O_8Cu$, F. 118—120°; Ausbeute aus **III** 82%; *Oxim*, $C_{17}H_{23}O_4N$, Kp.$_{0,01}$ 175—180°; 58%. — *Cyclopentanon-2-carbonsäuremethylester* (**VII**), Kp.$_{19}$ 117—120°, aus Adipinsäuremethylester mit Na in Bzl.; 57%. — *2-[4'-Phenoxybutyl]-cyclopentanon-2-carbonsäuremethylester* (**V**), Kp.$_{0,08}$ 178—181°, aus **VII** u. Dimethyläthylcarbinol-Na in Xylol u. **XI** bei 110° unter $N_2$ (45 Std.); 67%. — *Semicarbazon*, $C_{18}H_{25}O_4N_3$, aus Methanol, F. 138—140°. — *2-[4'-Phenoxybutyl]-cyclopentanon* (**VI**), $C_{15}H_{20}O_2$, Kp.$_{0,01}$ 120—122°, aus **IV** oder **V** mit konz. HCl in sd. Eisessig; $n_D^{25}$ 1,5196—1,5198; 72% bzw. 50%. *Semicarbazon*, aus Methanol, F. 176—178°. — *1-Carbomethoxy-2-cyan-3-[4'-phenoxybutyl]-cyclopenten*, $C_{18}H_{21}O_3N$, Kp.$_{0,2}$ 187—195°, durch Cyanhydrinsynth. von **IV** in sd. A. u. Behandeln des Cyanhydrins mit $POCl_3$ in sd. Pyridin als gelbes viscoses Öl, 62%. — *3-[4'-Phenoxybutyl]-cyclopenten-1.2-dicarbonsäure* (**VIII**), $C_{17}H_{20}O_5$, F. 154—156°, aus Vorst. mit sd. 5 n KOH u. Fällen mit HCl; aus wss. A.; 44%. *Dianilid*, $C_{29}H_{30}O_3N_2$, F. 139—140°, durch Überführen von **VIII** in das Chlorid mit $PCl_5$ u. Umsetzung des Säurechlorids mit Anilin in Ae., aus Methanol; 56%. — *cis-3-[4'-Phenoxybutyl]-cyclopentan-1.2-dicarbonsäure* (**I a**), F. 119—122°, durch Hydrieren von **VIII** in A. in Ggw. von Pd-Kohle mit 1 Mol. $H_2$; aus 25%ig. Essigsäure; 94%. *Anhydrid*, mit sd. Propionsäureanhydrid, Kp.$_{0,3}$ 184—186°; 85%. *Dimethylester* (**XIII**), $C_{19}H_{26}O_5$, Kp.$_{0,3}$ 182 bis 185°, aus dem Anhydrid mit Acetylchlorid in sd. Methanol; 95%, oder aus **I a** mit $CH_2N_2$ in Ae., Kp.$_{0,01}$ 162—165°, $n_D^{25}$ 1,5070; 95%. — *trans-3-[4'-Phenoxybutyl]-cyclopentan-1.2-dicarbonsäuredimethylester* (**XIV**), $C_{19}H_{26}O_5$, Kp.$_{0,005}$ 162—165°, aus dem *cis*-Ester mit Methylat in sd. Methanol u. Verestern der nach dem Ansäuern mit 2 n $H_2SO_4$ erhaltenen Säure mit äther. $CH_2N_2$; $n_D^{26}$ 1,5038; 87%. — *trans-3-[4'-Phenoxybutyl]-cyclopentan-1.2-dicarbonsäure* (**I b**), $C_{17}H_{22}O_5$, F. 136—139°, aus 25%ig. Essigsäure; *Dihydrazid*, $C_{17}H_{26}O_3N_4$, aus **XIII** oder **XIV** mit Hydrazinhydrat in sd. Methanol bzw. A.; aus A. F. 179—181°; 77% bz. 70%. (J. Amer. chem. Soc. **73**. 4286—89. Sept. 1951. Pittsburgh, Pa., Univ., Dep. of Chem.) GOLD. 2050

**J. C. Charlton, I. Dostrovsky** und **E. D. Hughes**, *Triphenylchloräthylen, Tritylmethylchlorid und verwandte Halogenide.* Bei der von CONE u. ROBINSON [1907] erhaltenen

Verb. (vgl. auch WOOSTER u. MITSCHELL, C. **1930**. I. 3184) aus 1.1.1-Triphenyläthan (III) u. $PCl_5$ handelt es sich um *Triphenylchloräthylen* u. nicht um *Tritylmethylchlorid* (I). Folgender Reaktionsmechanismus wird angenommen: $Ph_3CCH_3 \rightarrow Ph_3CCH_2Cl \rightarrow [Ph_2 \cdot CCl \cdot CH_2Ph] \rightarrow Ph_2C = CHPh \rightarrow Ph_2C = CClPh$. I stellt einer bimol. nucleophilen Substitution ($S_{N^2}$) eine beträchtliche ster. Hinderung entgegen. Die Rk. in hydroxylhaltigen Lösungsmitteln, die *Triphenyläthylen* liefert, rechnet nicht zu diesem Reaktionstyp. Die Eigg. von I, die kurz aufgezählt werden, lassen den Schluß zu, daß Umlagerungen vom WAGNER-Typ mit der Bldg. von Kationen, aber nicht von Anionen bestimmter Struktur verbunden sind, stellen aber keinen Beweis für die Bldg. eines neutralen Tritylmethylradikals dar.

Versuche: *Tritylmethylchlorid* (I), F. 101,5°, aus Triphenylmethylnatrium u. Methylenchlorid in Äther. — *Tritylmethylbromid* (II), F. 93°, analog, in geringer Ausbeute; ein Vers., auf analogem Wege das Jodid zu erhalten, lieferte *Triphenylmethan* u. *Triphenyläthylen* (IV). *β-Tritylätylchlorid*, F. 113°, u. *γ-Tritylpropylchlorid*, F. 130°, wurden bei Verwendung von $Cl(CH_2)_2Cl$ bzw. $Cl(CH_2)_3Br$ erhalten. — Das UV-Spektr. von I ähnelt dem von 1.1.1-Triphenyläthan (III). Die GRIGNARD-Verb. von I gab mit W. III, mit $Br_2$ II u. mit Jod ein unbeständiges Jodid. I lieferte mit Na in fl. $NH_3$ III. In der Nähe des F. wurde HCl abgespalten unter Bldg. von IV. Als Katalysator dienten $FeCl_3$ oder $SnCl_4$. Bzl. u. I in Ggw. von $AlCl_3$ lieferten symm.-Tetraphenyläthan. Mit Na wurden Harze erhalten u. in PAe. bei 120° konnte IV isoliert werden. (Nature [London] **167**. 986—87. 16/6. 1951. Bangor, North Wales, Univ. Coll. London, Univ. Coll.)

FAASS. 2210

**Saul Patai** und **Abraham Patchornik**, *Über die Reaktion von 1.1-Diaryläthylenen mit Thionylchlorid.* 2. Mitt. *Darstellung von 2.2-Diaryläthylen-1-sulfinsäuren und einigen N-Aryl-2.2-diphenyläthylensulfinamiden.* (1. vgl. C. **1950**. II 2064.) Eine Anzahl neuer *2.2-Diaryläthylen-1-sulfinsäuren* wurde von Vff. aus 1.1-Diaryläthylen u. $SOCl_2$ (I) hergestellt. Bei der Unters. des Reaktionsmechanismus wurde festgestellt, daß Licht verschied. Wellenlänge keinen Einfl. auf den Reaktionsverlauf hatte u. die Anwesenheit von Benzoylchlorid die Ausbeute herabsetzt. 2 Phasen der Rk. werden unterschieden: In der 1. Phase tritt unmittelbar nach Zugabe von $SOCl_2$ Grünfärbung (Bldg. eines Carboniumions), in der 2. Phase unter HCl-Entw. Gelb- bis Braunfärbung ein. Am Endpunkt der HCl-Entw. ist die höchste Konz. an 2.2-Diaryläthylensulfinylchlorid vorhanden. Größere Mengen I vermindern die Reaktionszeit u. die Ausbeute. — Je schneller ein Diaryläthylen mit I reagiert, um so zersetzlicher ist das entstehende Sulfinylchlorid bzw. die Sulfinsäure. Eine p-Substitution der Diaryläthylene mit $-CH_3$ oder $-OCH_3$ erhöht ihre Reaktionsfähigkeit, eine solche mit —Cl u. —Br setzt sie herab. — Aus dem *2.2-Diphenyläthylensulfinylchlorid* wurden mit den entsprechenden Aminen verschied. *N-Aryl- amide* hergestellt.

Versuche: *2.2-Diphenyläthylen-1-sulfinsäure* (II), F. 98° (Zers.), a) durch Lösen von 1.1-Diphenyläthylen in trockenem Ae., Hinzufügen von I u. 48 std. Stehen (s. 1. Mitt.); Nadeln, 30—33% (Ausbeute); b) durch 4 std. Erhitzen der Reaktionsmischung im Wasserbad auf 56—59°, 28—30%. — *2.2-Diphenyläthylen-1-sulfinylchlorid*, durch Hinzufügen von I zu einer Lsg. von II in trockenem Bzl. unter Eiskühlung u. Abdest. von Bzl. u. I im Vakuum nach 40 Min.; 90—95%. — *N-Phenyl-2.2-Diphenyläthylen-1-sulfinamid*, $C_{20}H_{17}ONS$, F. 148—149°; aus vorst. Verb. u. Phenylamin, Abfiltrieren des Nd. u. Herauslösen des Aminhydrochlorids mit $H_2O$; Nadeln aus A., 30%. — Analog mit ca. 30%ig. Ausbeute folgende *2.2-Diphenyläthylen-1-sulfinamide*: *N-p-Anisyl-*, $C_{21}H_{19}O_2NS$, F. 137—138°, aus A. Nadeln. — *N-o-Tolyl-*, $C_{21}H_{19}ONS \cdot H_2O$, F. 138 bis 142° (Butanol). — *N-α-Naphthyl-*, $C_{24}H_{19}ONS \cdot H_2O$, F. 139—140°, aus A. Nadeln. — *2.2-Di-[p-tolyl]-äthylen-1-sulfinsäure*, $C_{16}H_{16}O_2S$, F. 86° (Zers.), durch Hinzufügen von I zu einer Lsg. von 1.1-Di-[p-tolyl]-äthylen in trockenem Benzol. Reinigung durch Lösen in verd. $NaCO_3$, Ausfällen mit HCl u. Umkristallisation aus Bzl./PAe.; Nadeln; 30%. *Anilinsalz*, $C_{22}H_{23}O_2NS$, F. 150° (Zers.) (A./Ae.). — Analog folgende *Äthylen-1-sulfinsäuren*: *2.2-Di-[p-anisyl]-*, gummiartige Substanz, Reinigung über das *Anilinsalz*, $C_{22}H_{23}O_4NS$, F. 130—135° (Zers.), Kristalle aus A. u. anilinhaltigem Äther. — *2.2-Di-[p-fluorphenyl]-*, $C_{14}H_{10}O_2F_2S$, F. 96—98° (Zers.), Nadel-Büschel aus Bzl./PAe.; 25%. — *2.2-Di[p-chlorphenyl]-*, $C_{14}H_{10}O_2Cl_2S$, F. 98—99° (Zers.), Nadeln aus Bzl./Ligroin; 21%. — *2.2-Di-[p-bromphenyl]-*, $C_{14}H_{10}O_2Br_2S$, F. 102°; 20%. (J. Amer. chem. Soc. **74**. 4494—96. 20/9. 1952. Jerusalem, Hebrew Univ., Dep. of Organ. Chem., Israel.)

FRANCK. 2290

**Stanley Wawzonek** und **Edwin M. Smolin**, *Darstellung von α.β.β-Triphenyläthylamin und β.γ.γ-Triphenylpropylamin. α.β.β-Triphenyläthylaminhydrochlorid* wurde aus Phenylbenzhydrylketon mit Hilfe einer LEUCKART-Rk., *β.γ.γ-Triphenylpropylaminhydro-*

*chlorid* bei der Red. von α.β-Diphenylzimtsäurenitril mit platiniertem RANEY-Ni erhalten. Nur bei bereits tox. Dosis zeigen die beiden Amine analget. Wirkung.

Versuche: *N-Formyl-α.β.β-triphenyläthylamin*, $C_{21}H_{19}ON$, F. 184—185°, aus Phenylbenzhydrylketon u. $HCOONH_4$ bei 180—190°; aus A. Nadeln. — *α.β.β-Triphenyläthylaminhydrochlorid*, $C_{20}H_{20}NCl$, F. 271,5—273°, durch Kochen vorst. Verb. mit konz. HCl u. Reinigen durch Ätherextraktion der alkoh. wss. Lsg. nach Alkalisieren; 75% (Ausbeute). Beim Erhitzen auf 275—280° fand Zers. in *Triphenyläthylen*, (F. 64 bis 67°, aus $CH_3OH$) u. $NH_4Cl$ statt. — *β.γ.γ-Triphenylpropylaminhydrochlorid*, $C_{21}H_{22}$·NCl, F. 269—272° [absol. A., $CH_3COOC_2H_5$, Ae. (1:2:3)], durch Hydrieren von *α.β-Diphenylzimtsäurenitril* in Dioxan in Ggw. von platiniertem RANEY-Ni bei 3 at; 76%. — *α.β.β-Triphenyläthylisocyanat*, $C_{21}H_{17}ON$, F. 122—123° (A.), α.β.β-Triphenylpropionsäure wurde mit $SOCl_2$ in das *Säurechlorid* u. dieses in Aceton mit $NaN_3$ quantitativ in das *Azid* [F. 55—56° (Zers.)] übergeführt u. 4 Std. in Bzl. gekocht; 75%. — *symm.-Bis-[α.β.β-Triphenyläthyl]-harnstoff*, $C_{41}H_{36}ON_2$, F. 246—247° (A.), aus vorst. Verb. durch Kochen mit 40%ig. KOH oder konz. HCl. (J. org. Chemistry **16.** 746—48. Mai 1951. Iowa City, Iowa.) FAASS. 2510

**Ahmed Mustafa** und **Mustafa Kamal Hilmy**, *Reaktion von Diazomethan und seinen Derivaten.* 3. Mitt. *Einwirkung von Diazoverbindungen auf 2-Arylidenindandione-(1.3) und Methylenanthron.* (2. vgl. C. **1953.** 2275.) 2-Arylidenindandione-(1.3) (I) bilden mit $CH_2N_2$ in Ae. in Ggw. oder Abwesenheit von $CH_3OH$ farblose oder fast farblose *4'-substituierte 4'.5'-Dihydrofurano-[3'.2':2.3]-indenone* (II). Die Bldg. von 2-Spirocyclopropanderivv. des Indandions-(1.3) erscheint unwahrscheinlich, da die Reaktionsprodd. nur Monoxime u. bei der Behandlung mit Alkali keine Phthalsäure geben. 9-Methylenanthron (III) gibt mit $CH_2N_2$, $CH_3CHN_2$ bzw. $(C_6H_5)_2CN_2$ *Anthron-9-spirocyclopropan*, dessen *2-'Methyl-* bzw. *2'.2'-Diphenylderivat.*

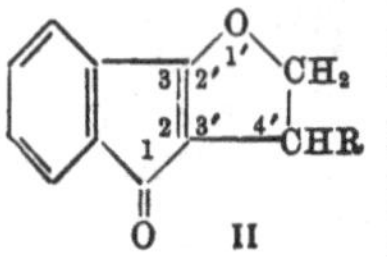

II

Versuche: *4'-Substituierte 4'.5'-Dihydrofurano-[3'.2':2.3]-indenone* (**II**), aus 1 g **I** in 2 cm³ $CH_3OH$ u. $CH_2N_2$ [aus 8 g $CH_3(NO)NCONH_2$] in Ae. durch 48std. Stehen bei 0° u. Umlösen des Nd. oder Eindampfrückstandes (E.); in konz. $H_2SO_4$ violette Lsgg.: *R* = $C_6H_5$, $C_{17}H_{12}O_2$, F. 91—92°; E. aus PAe.; 40% (Ausbeute); in konz. $H_2SO_4$ wie bei **IV** Umschlag nach Grün. — *R* = $p$-$CH_3OC_6H_4$ (**IV**), $C_{18}H_{14}O_3$, F. 119°; Nd. mit A. gewaschen, aus Bzn.; 85%. *Oxim*, $C_{18}H_{15}O_3N$, F. 163—164°, aus A. fast farblose Kristalle. *HCl Verb.*, $C_{18}H_{15}O_3Cl$, F. 110—111° (Bzl.), durch 2std. Kochen von **IV** mit A.-konz. HCl (2:1 Vol.) u. Gießen in Eis + W.; Öl, mit A. fest werdend (die Verb. kann das 1'-Oxoniumsalz, das $\Delta^2$-Addukt oder das Addukt unter Aufspaltung der 1'.5'-Bindung sein); in konz. $H_2SO_4$ violett; in A. mit $FeCl_3$ bei 60° rötlichviolett; **IV** gibt mit sd. Pyridin (einige Min.), Gießen in W. u. Ausäthern **IV** zurück. *HBr-Verb.*, $C_{18}H_{15}O_3Br$, F. 177 bis 178°, aus **IV** u. mit HBr gesätt. $CH_3COOH$ über Nacht bei Zimmertemp., Gießen in Eis + W.; blaßgelbe Kristalle aus Bzl.; lösl. in wss. KOH; in konz. $H_2SO_4$ violett. — *R* = $m$-$O_2NC_6H_4$, $C_{17}H_{11}O_4N$, F. 162—163°; Nd. aus PAe, blaßgelb 80%. *R* = $p$-$O_2NC_6H_4$, $C_{17}H_{11}O_4N$, F. 168°; Nd. aus A., dann Bzl-PAe, blaßgelb; 82%. — *R* = $p$-$(CH_3)_2NC_6H_4$, $C_{19}H_{17}O_2N$, F. 102—103°; E. aus absol. A.; 50%. — *R* = $p$-$(C_2H_5)_2NC_6H_4$, $C_{21}H_{21}O_2N$, F. 75°; E. mit A. ausgekocht u. eingedunstet; 30%. — *R* = $p$-$ClC_6H_4$, $C_{17}H_{11}O_2Cl$, F. 92°; E. mit PAe. extrahiert; 40%. — *R* = 3.4-$CH_2$·$O_2$:$C_6H_3$, $C_{18}H_{12}O_4$, F. 110°; E aus Bzn.; 50%. — *2-[p-Diäthylaminobenzyliden]-indandion-(1.3)*, $C_{20}H_{19}O_2N$, F. 14 5°(A.), aus je 0,1 Mol. Indandion-(1.3) u. $(C_2H_5)_2NC_6H_4CHO$ (1/2 Std, 130—140° im Bad), violettrote Kristalle; 82%. — *Anthron-9-spirocyclopropan*, $C_{16}H_{12}O$, F. 154° (Bzl-PAe.), aus **III** u. $CH_2N_2$ analog **II**; fast 100%; in konz. $H_2SO_4$ gelb mit grüner Fluorescenz; wurde in 5 Std. auf dem Wasserbade mit $CrO_3$ in $CH_3COOH$ zu *Anthrachinon* (F. 278°) oxydiert. — *10-Phenylanthranol-9-spirocyclopropan*, $C_{22}H_{18}O$, F. 185—186° (Bzl.), aus $C_6H_5MgBr$ in Ae. + Bzl. mit vorst. Verb. durch 2std. Kochen, Stehen über Nacht, Gießen in wss. $NH_4Cl$ u. Ausäthern; in $H_2SO_4$ dunkelbraun, in Bzl. blauviolette Fluorescenz. — *2'-Methylanthron-9-spiro-1'-cyclopropan*, $C_{17}H_{14}O$, F. 82° (A.); aus **III** u. $C_2H_4N_2$; in konz. $H_2SO_4$ grün. — *2'.2'-Diphenylanthron-9-spiro-1'-cyclopropan*, $C_{28}H_{20}O$, F. 206° (Schmelze gelborange), durch 1/2std. Kochen von **III** u. $(C_6H_5)_2CN_2$ in Bzl.; E. mit Ae. u. sd. PAe. gewaschen u. aus Bzl. umkrist.; in konz. $H_2$·$SO_4$ orangefarben. (J. chem. Soc. [London] **1952.** 1434—36. Apr. Cairo, Egypt., Fouad I Univ., Fac. of Sci.) LEHMSTEDT. 2600

**Alain Horeau** und **Sylvestre Julia**, *Künstliche Östrogene: Neue Derivate in der Allenolsäurereihe.* Durch Chromatographie der mit $CH_2N_2$ erhaltenen rohen Methylester gelang es, aus den Mutterlaugen der durch Hydrierung der Dimethyläthylallenolsäure I erhaltenen *Tetralinsäure* II (vgl. JULIA, JAQUESS u. HOREAU C. R.

hebd. Séances Acad. Sci. **230.** [1950.] 660) die gesuchte *Oxysäure* **IV** ($C_{17}H_{24}O_3 \cdot {}^1/_2\,H_2O$, F. 100—102°, unter Verlust des Kristall-W.) zu isolieren, in der die in **I** vorhandene OH-Gruppe erhalten geblieben ist. **IV** wurde auch noch durch Red. von **I**-Methyläther mit Na u. A. zur *Ketosäure* **III** (F. 120°; *Methylestersemicarbazon,* F. 206°) u. deren Hydrierung in Ggw. von Ni–Pt erhalten. — Die Oxydation von **II**-Methylester mit $CrO_3$

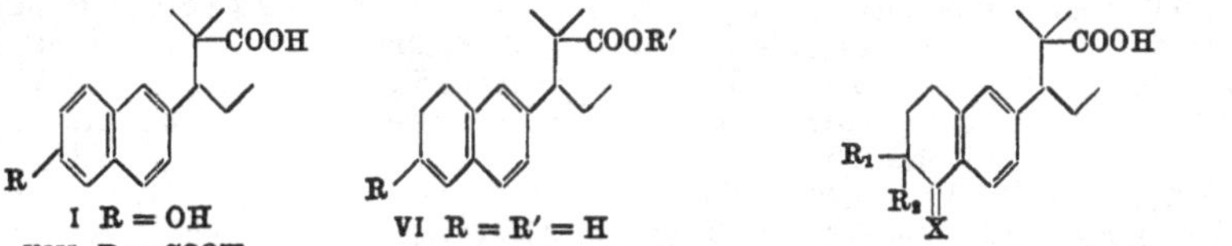


I R = OH
VIII R = COOH

VI R = R' = H
VIIa R = CN, R' = $CH_3$
VIIb R = COOH, R' = H

II $R_1 = R_2 = H$, $X = H_2$
III $R_1 + R_2 = O$, $X = H_2$
IV $R_1 = OH$, $R_2 = H$, $X = H_2$
V $R_1 = R_2 = H$, $X = O$

in Essigsäure führt zu einer weiteren *Ketosäure* **V** (*Methylestersemicarbazon,* F. 237°), die zu einem *Carbinol* hydriert werden kann; daraus oder aus **IV** durch Dehydratisierung mit $POCl_3$ in Pyridin die *ungesätt. Säure* **VI** (F. 91—92°). — **III**-Methylester wurde ferner über das *Cyanhydrin,* das *Nitril* **VII a** u. die *Dicarbonsäure* **VII b** (F. 219°) durch Aromatisierung mit S in die *Naphthalindicarbonsäure* **VIII** (F. 233°; *Dimethylester,* F. 80°) übergeführt. (C. R. hebd. Séances Acad. Sci. **230.** 2029—30. 5/6. 1950.)
SPAETH. 2700

**Eric Illingworth** und **Arnold T. Peters,** *Acenaphthenreihen.* 6. Mitt. *Die drei kernsubstituierten Äthylacenaphthene.* (5. vgl. C. **1952.** 4918; vgl. auch NÜRSTEN u. PETERS, C. **1951.** I. **3333.**) *1-Chlormethyl-2-äthylnaphthalin,* F. 69—70° (korr. wie alle übrigen FF.), konnte von Vff. in Tafeln kristallisiert erhalten (vgl. BUU-HOI u. CAGNIANT, Rev. Sci. **80.** [1942.] 271, u. BACHMANN u. SHEEHAN, J. Amer. chem. Soc. **63.** [1941.] 2599) u. über *1-Äthylacenaphthenon* (I) (vgl. 5. Mitt. l. c.) in *1-Äthylacenaphthen,* F. 29—30°, *Pikrat,* F. 104—105°, übergeführt werden. — *2-Äthylnaphthalsäureanhydrid,* $C_{14}H_{10}O_3$, F. 165—166°, durch Oxydation von I mit $Na_2Cr_2O_7$ in sd. Eisessig, anschließend 3 std. Kochen, Gießen in W., Extraktion des

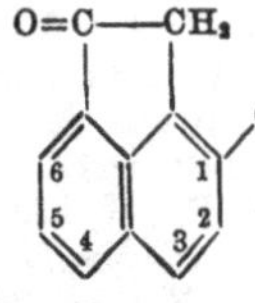


I

Nd. mit kochender 5%ig. $Na_2CO_3$-Lsg. u. Ansäuern des gekühlten Extrakts; aus A. Nadeln; 73%; Misch-F. mit 3-Äthylnaphthalsäureanhydrid (F. 192—193°) 140—150°, Misch-F. mit 4-Äthylnaphthalsäureanhydrid (F. 164—164,5°) 128—132°. — *2-Äthylnaphthalimid,* $C_{14}H_{11}O_2N$, F. 221,5—222,5°, aus Vorst. mit wss. $NH_3$ bei 100° im Rohr, aus A. prismat. Nadeln; Misch-F. mit 3-Äthylnaphtalimid (F. 217—218,5°), mit 4-Äthylnaphthalimid (F. 195—196°) F. 175—180°. — *2-Äthyl-N-methylnapthalimid,* $C_{15}H_{13}O_2N$, F. 117—118°, analog mit Methylamin, aus A. prismat. Nadeln; Misch-F. mit 3-Äthyl-N-methylnaphthalimid (F. 113—114°) 84—95° Misch-F. mit 4-Äthyl-N-methylnaphthalimid (F. 140°) 85—96°. — *1'-Äthyl-3-thionaphthen-7'* (oder *8'*)*-acenaphthenylindigo,* $C_{22}H_{14}O_2S$, F. 206,5—207°, aus 1-Äthyl-acenaphthenchinon u. 2-Oxythionaphthen in sd. Eisessig mit HCl; aus Toluol scharlachrote prismat. Nadeln; Lsg. in konz. $H_2SO_4$ grün; wird beim Verdünnen gelb; Küpe violett; Misch-F. mit dem 2'- (oder 5')-Isomeren (F. 204—206°) 170—185°, Misch-F. mit dem 3'- (oder 4')-Isomeren (F. 216—217°) 174—190°. (J. chem. Soc. [London] **1951.** 2508—09. Sept. Leeds, Univ., Clothworkers Res. Labor.)
GOLD. 2750

**Eric Illingworth** und **Arnold T. Peters,** *Acenaphthenreihen.* 7. Mitt. *Die drei isomeren tert.-Butylacenaphthene. Wanderung von tert.-Butylgruppen und Disproportionierung. Darstellung und Orientierung von 1.3.6-Tri-tert.-butylacenaphthen.* (6. vgl. vorst. Ref.) Die n. tert.-Butylierung von *Acenaphthen* (**I**) mit tert.-Butylchlorid in Ggw. von $FeCl_3$ liefert durch Substitution in o- u. p-Stellung zur $CH_2$-Gruppe *1-*(**II**) u. *3-tert.-Butylacenaphthen* (**III**) bzw. *1.6-Di-tert.-butylacenaphthen* (**IV**) (Zählung vgl. vorst. Ref.). In Ggw. von $AlCl_3$ bildet sich dagegen in anomaler Substitution *2-tert.-Butylacenaphthen* (**V**) bzw. *2.5-Di-tert.-butylacenaphthen* (**VI**) (vgl. 5. Mitt. C. **1952.** 4918). Die Prodd. der anomalen $AlCl_3$-Substitution **V** u. **VI** bilden sich auch durch Isomerisation bzw. Disproportionierung, wenn **II**, **III** oder **IV** mit $AlCl_3$ in $CS_2$ behandelt werden. $FeCl_3$ zeigt diese Isomerisationstendenz nicht. Dagegen entstanden unter den Isomerisationsbedingungen aus **II** u. **V** mit $FeCl_3$ durch Oxydation die Substitutionsprodd. von *Diacenaphthyl-(3.3')*. — Die $AlCl_3$-Butylierung von **I** unter milden Bedingungen bei —10° bis —5° lieferte jedoch als n. Substitutionsprodd. **II** u. **IV** neben dem teilweise n. Substitutionsprod. *1.5-Di-tert.-butylacenaphthen* (**VIII**) u. **V.** Eine Substitution in

3-Stellung wurde unter diesen Bedingungen nicht beobachtet. Die Konst. von **VIII** ergab sich aus einer unabhängigen Synth. aus **V** durch Butylierung in Ggw. von $FeCl_3$ (vgl. 5. Mitt., l. c.). — *1.3.6-Tri-tert.-butylacenaphthen* entstand bei der Butylierung von **I**, **II**, **III** u. **IV** in Ggw. von $FeCl_3$.

Versuche: *2.5-Di-tert.-butylacenaphthen* (**VI**), F. u. Misch-F. 162—163°, a) aus 5 g **II** u. 0,6 g $AlCl_3$ in 50 cm³ sd. $CS_2$ (40 Min.); 0,7 g, neben 0,4 g **I** vom F. u. Misch-F. 96° (*Pikrat*, F. 159—161°, orange M.), u. 0,5 g **V**, F. u. Misch-F. 87—88° (*Pikrat*, F. 118 bis 121°, orange); b) ebenso aus 5 g **V** 0,7 g **VI** neben 0,5 g **I**, c) aus 5 g **III** 0,8 **VI** neben **I** (0,4 g Pikrat) u. 0,3 g **V**, d) aus 5 g **IV** 1,4 g **VI**, neben einem nicht näher untersuchten Gemisch; aus absol. A. Nadeln. — *1.1'-Di-tert.-butyldiacenaphthyl* (?), $C_{32}H_{34}$, F. 229 bis 230°, aus 10 g **II** (Kp.₂ 144°, F. 65—66°) u. 2,2 g wasserfreiem $FeCl_3$ in 30 cm³ sd. $CS_2$ (3 Std.), aus Essigester 0,4 g hellgelbe, im UV stark blau fluorescierende Prismen, neben 7,8 g unverändertem **II**. — *2.2'-Di-tert.-butyldiacenaphthyl-(3.3')*, $C_{32}H_{34}$, F. 230 bis 232° (aus Essigester) analog aus 7,6 g **V** (F. 87—88°), cremefarbene Nadeln; fluoresciert in Essigester im UV stark blau. — *1.5-Di-tert.-butylacenaphthen* (**VIII**), $C_{20}H_{26}$, F. 97,5—98°, a) aus 2 Mol. **I** in 750 cm³ $CS_2$ mit 0,2 Mol. $AlCl_3$ bei —10° bis —5° (4 Std.) u. Abdampfen des Lösungsm.; anschließende fraktionierte Dest. des Rückstands gab Nadeln; als Nebenprodd. 26 g **V** (F. u. Misch-F. 90°, aus A. Tafeln), 9,5 g **II** ($C_{16}H_{18}$, F. u. Misch-F. 65—66°, aus A. Tafeln), 64 g eines Gemisches von **V** + **II** vom F. 46—54° u. **I** (Kp. 274°). Aus der alkoh. Mutterlauge von **VIII** 8,2 g *1.6-Di-tert.-butylacenaphthen* (**IV**), F. 135—136,5°, prismat. Nadeln. b) aus 10 g **V** u. 7,3 cm³ tert.-Butylchlorid in 30 cm³ $CS_2$ in Ggw. von wasserfreiem $FeCl_3$ bei 10—15° (5 Std.) als Fraktion vom $Kp._{0,7}$ 150—165°, aus Essigester u. Methanol; 4 g, neben 4,5 g Ausgangsmaterial. *Pikrat*, $C_{20}H_{26} \cdot C_6H_3O_7N_3$, F. 113—114°, aus A. scharlachrote Nadeln. *Trinitrobenzolkomplex*, $C_{20}H_{26} \cdot C_6H_3O_6N_3$, F. 132—133°, aus A. orange Nadeln. — *3-tert.-Butylnaphthalimid*, F. 254—256° (aus A. prismat. Nadeln) u. *2-tert.-Butylnaphthalsäureanhydrid*, F. 162—173° (aus Essigsäure Nadeln), aus vorst. Gemisch von **V** + **II** (F. 46—54°) durch Oxydation mit $Na_2Cr_2O_7$ in sd. Eisessig (5 Std.), Behandeln des Naphthalsäuregemisches vom F. 145—146° mit alkoh. $NH_3$ u. fraktionierte Kristalisation aus Alkohol. — *x-Brom-1-tert.-butylacenaphthen*, $C_{16}H_{17}Br$, F. 89,5—90,5°, aus **II** mit $Br_2$ in Chlf., aus A. prismat. Nadeln; 51%. — *x-Brom-1.6-di-tert.-butylacenaphthen*, $C_{20}H_{25}Br$, F. 138—139°, durch Bromieren von **IV**, aus A. Prismen; 82%. Als Nebenprod. eine *isomere Bromverb.* vom F. 212—213°; 9%. — *1.3.6-Tri-tert.-butylacenaphthen*, $C_{24}H_{34}$, Kp. ca. 390°, F. 133,5—134°, a) durch Butylieren von **I** mit $FeCl_3$ in sd. $CS_2$, als Fraktion vom $Kp._{0,6}$ 210—220° (gelbes Glas); b) ebenso aus 5 g **II**, 5 g **III** bzw. 20 g **IV**, jeweils 5,1 g, 3,4 g bzw. 13,8 g; aus A. Tafeln. Bildet kein Pikrat. (J. chem. Soc. [London] **1952**. 2730—35. Juli.) GOLD. 2750

**P. A. S. Smith** und **J. H. Boyer**, *Synthese heterocyclischer Verbindungen aus Arylaziden.* 2. Mitt. *Carboline und Thienoindol.* (1. vgl. **1952**. 4923.) Es wird versucht, die therm. Zers. von o-Azidobiphenyl zu Carbazol (vgl. 1.Mitt., l. c.) auf *o-[α-Thienyl]-phenylazid* (**I**), *α-*(**II**), *β-*(**III**) u. *γ-[o-Azidophenyl]-pyridin* zu übertragen. Zur Darst. von **I** wurde Thiophen mit diazotiertem o-Nitranilin (**IV**) zu *α-[o-Nitrophenyl]-thiophen* gekuppelt, dessen Konst. durch Red. zu *α-[o-Aminophenyl]-thiophen* (**V**) u. Desaminierung zum bekannten α-Phenylthiophen bewiesen wurde. Behandlung von diazotiertem **V** mit $NaN_3$ u. HCl ergab **I** u. dessen therm. Zers. unter $N_2$-Abspaltung- u. Ringschluß das gewünschte *4-Thieno-[3.2:b]-indol* (**VI**). Da die Kupplung von Pyridin mit diazotiertem **IV** *γ-[o-Nitrophenyl]-pyridin* nur in Spuren liefert, konnten nur **II** u. **III**, nicht aber das γ-Isomere, dargestellt werden. Die therm. Zers. von **III** lieferte ein Gemisch von α- u. *γ-Carbolin*, **II** erlitt dagegen keinen Ringschluß zu *δ-Carbolin*, sondern unter Abspaltung von 2 H-Atomen aus dem Lösungsm. oder aus ähnlichen Moll. Red. zu *α-[o-Aminophenyl]-pyridin* (**VII**). Eine ähnliche Red. wurde auch beim Erhitzen von *α-Naphthylazid* in Dekalin beobachtet.

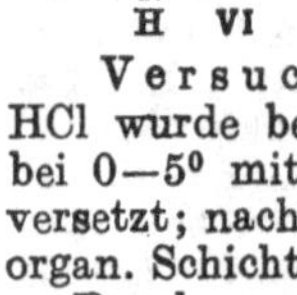
VI

Versuche: *α-[o-Nitrophenyl]-thiophen*, $C_{10}H_7O_2NS$, F. 51—52°. **IV** in verd. HCl wurde bei 0—5° mit $NaNO_2$ in W. diazotiert, die filtrierte Diazoniumsalzlsg. bei 0—5° mit Thiophen (großer Überschuß) u. dann mit $NaOCOCH_3 \cdot 3\,H_2O$ in W. versetzt; nach 3std. Rühren bei 5—10° u. 48 Std. bei Raumtemp. wurde filtriert, die organ. Schicht abgetrennt u. dest.; nach Abtreiben des überschüssigen Thiophens unter n. Druck wurde das Prod. als zunächst rotes, bei Redest. hellgelbes Öl, erhalten; $Kp._{0,8}$ 152—154°, aus $CH_3OH$ gelbe Nadeln; 51% (Ausbeute). — *α-[o-Aminophenyl]-thiophen* (**V**), $C_{10}H_9NS$, F. 35—36°, durch Red. vorst. Verb. in sd. $CH_3OH$ durch tropfenweise Zugabe von $Na_2S \cdot 9\,H_2O$ + $NaHCO_3$ in warmem W., 12std. Kochen, Filtrieren u. Ätherextraktion; gelbes Öl, $Kp._{0,2}$ 123—126°, beim Abkühlen mit festem $CO_2$ feine gelbe Nadeln; 82% (kleine Ansätze geben höhere Ausbeuten als große). *Hydrochlorid*, $C_{10}H_9NS \cdot HCl$, F. 210—212°, aus HCl u. W. hellgelbe bis farblose Plättchen. *Pikrolonat*, $C_{20}H_{17}O_5N_5S$, F. 193—194° (Zers.), aus $CH_3OH$ strohgelbe nadelartige Kristalle. — *α-Phenylthiophen*, F. 40—41°, durch Diazotierung von **V** in 20%ig. HCl bei 5—10° u. Zugabe von 50%ig. unterphosphoriger Säure; 100%. — *α-[o-Azidophenyl]-thiophen* (**I**), $C_{10}H_7N_3S$, durch Diazotierung von **V** in 20%ig. HCl mit $NaNO_2$ unter Eis–Salz-Kühlung u. tropfenweise Zugabe von $NaN_3$ in W., ½ std. Stehen bei Raumtemp. u. Abtrennen des dunkelroten Öles, das durch Dest. in kleinen Portionen gereinigt werden kann; hellgelbes Öl, das an der Luft schnell dunkel wird; 87% (roh). — *4-Thieno-[3.2:b]-indol* (**VI**), $C_{10}H_7NS$, F. 175°, durch Erhitzen von **I** in Dekalin auf 180° (10 Min.) unter lebhafter $N_2$-Entw.; aus A.–W., Bzl. u. A.–W. Platten; 93%. *Pikrat*, $C_{16}H_{10}O_7N_4S$, F. 174—175° (A.). — *α-[o-Azidophenyl]-pyridin* (**II**), $C_{11}H_8N_4$, F. 46°, aus **VII** analog **I**; aus wss. $CH_3OH$ Nadeln; 67%. An Stelle der unbefriedigenden N-Best. durch Verbrennung wurde die Best. mit konz. $H_2SO_4$ angewandt, die $^2/_3$ des Azid-N in Freiheit setzt. **II** gab beim Erhitzen in Dekalin auf 180° (10—15 Min.) **VII**; *Dipikrat*, $C_{23}H_{16}O_{14}N_8$, F. 214—216° (Zers.), aus wss. A. orangefarbene Nadeln. — *β-[o-Azidophenyl]-pyridin* (**III**), $C_{11}H_8N_4$, wie vorst. aus β-[o-Aminophenyl]-pyridin gelbgrünes Öl, $Kp._{0,5}$ 140—145° (Bad); 48%. — α-Naphthylazid lieferte analog **II** beim Erhitzen in Dekalin auf 180° *α-Naphthylamin*; *Pikrat*, F. 182—183° (nach Schwarzwerden bei 170°), aus wss. A. gelbgrüne Nadeln; 29,4%. — Beim Erhitzen von **III** in Dekalin auf 170—180° (10—15 Min.) u. Abkühlen wurde ein Gemisch (F. 175 bis 190°) erhalten, das durch fraktionierte Kristallisation aus 30%ig. wss. $CH_3OH$ u. Bzl.–PAe., besser aber durch Chromatographie, in *α-Carbolin* [F. 215—216°, aus wss. $CH_3OH$ lange Nadeln; *Pikrat*, F. 266—270° (A. u. Bzl.)] u. *γ-Carbolin* [F. 225—227°, aus Bzl.–PAe., lange Nadeln; *Pikrat*, F. 262—264° (wss. A.)] getrennt wurde; 94% Gesamtausbeute, davon hatte der Ringschluß zu 65—70% in α-Stellung des Pyridinringes stattgefunden. (J. Amer. chem. Soc. **73**. 2626—29. Juni 1951. Ann Arbor, Mich., Univ. of Michigan, Dep. of Chem.) SPAETH. 3071

**C. A. Grob** und **K. Camenisch,** *Eine neue Pyrrolring-Synthese.* Vff. beschreiben eine neue Pyrrolsynth. unter Verwendung des 1-Nitro-2-methylaminopropans (**I**) (vgl. GROB u. CAMENISCH, Helv. chim. Acta **36**. [1953.] 37). **I** reagiert nämlich mit Acetessigester nicht zu dem erwarteten N-Methyl-N-[1-nitropropyl-(2)]-β-aminocrotonsäureäthylester (**II**), sondern zum *1.2.4-Trimethyl-3-carbäthoxypyrrol* (**III**), was durch Vgl. des UV-Spektr. u. des Misch-F. mit anderweitig dargestelltem **III** sichergestellt werden konnte. Mit 1-Nitro-2-aminopropan (**IV**) lieferte der Acetessigester ebenfalls nicht das erwartete Deriv. des β-Aminocrotonsäureesters, sondern *1-[1'-Nitropropyl-(2')]-2.4-dimethyl-3-carbäthoxypyrrol* (**V**). Zur Erklärung dieser Ergebnisse nehmen Vff. folgenden Reaktionsweg an: **I** u. **IV** sind als 1.2-Nitroamine als freie Basen instabil (vgl. auch HEATH u. ROSE, C. **1949**. I. 491) u. zerfallen in *1-Nitropropen-(1)* (**VI**) u. $CH_3NH_2$ bzw. $NH_3$. Diese Amine reagieren schneller mit Acetessigester als **I** oder **IV** unter Bldg. von *β-Methylamino-* (**VII**) bzw. *β-Aminocrotonsäureäthylester* (**VIII**). In **VII** weist das α-C-Atom nucleophile Reaktivität auf, **VII** reagiert dementsprechend mit **VI** nach Art einer MICHAEL-Kondensation unter Bldg. von *α-[1-Nitropropyl-(2)]-β-methylaminocrotonsäureäthylester*, der spontan $HNO_2$ unter Bldg. von *1.2.4-Trimethyl-3-carbäthoxy-4.5-dihydropyrrol* (**IX**) abspaltet. Die entstandene $HNO_2$ wirkt dehydrierend auf **IX** unter Bldg. von **III** ein. In **VIII** hingegen weist sowohl das α-C-Atom als auch die Aminogruppe nucleophile Aktivität auf (vgl. GROB, Helv. chim. Atca **33**. [1950.] 1787), so daß **VIII** 2 Mol **VI** unter Bldg. von *α-[1-Nitropropyl-(2)]-β-[1-nitropropyl-(2)]-aminocrotonsäureäthylester* addiert, der ebenfalls $HNO_2$ zum Dihydropyrrol abspaltet u. darauf zu **V** dehydriert wird. Zur Stützung dieses Reakionsmechanismus konnte **III** auch durch Rk. zwischen **VII** u. **VI** in Ae. wie auch durch Rk. des aus Acetessigester u. **VI** zugänglichen *α-Acetyl-β-methyl-γ-nitrobuttersäureäthylesters* (**X**) mit $CH_3NH_2$ in Ae. erhalten werden. **V** ließ sich durch Hydrieren mit RANEY-Ni in *1-[1'-Aminopropyl-(2')]-2.4-dimethyl-3-carbäthoxypyrrol* (**XI**) überführen. Durch Methylierung mit $CH_3J$ zur quartären Verb. u. HOFMANN-Abbau wurde *1-[Propan-(1')-yl-(2')]-2.4-dimethyl-3-carboxypyrrol* (**XII**) erhalten, daß schließlich mit Pt-Kontakt zum *1-Isopropyl-2.4-dimethyl-3-carboxypyrrol* (**XIII**) hydriert wurde. Da dieses sich nicht auf den bekannten Wegen synthetisieren ließ, wurde es, auch zur Stütze des Reaktionsmechanismus, aus Acetessigester u. *Isopropylamin*, Rk. des gebildeten *β-Isopropylaminocrotonsäureäthylesters* (**XIV**) mit **VI** in Ae. u. Hydrolyse des Pyrrolcarbonsäureesters dargestellt. Da unsubstituierter *β-Aminocrotonsäureester* (**VIII**) nur träge mit **VI** reagiert, wurde an Stelle **VI** *1-Nitro-2-acetoxypropan* (**XVI**) verwendet, das auf Grund seiner leichten Essigsäureabspaltung ein potentielles **VI** darstellt. Die Rk. lieferte jedoch nur wenig *α-[1-Nitropropyl-(2)]-β-aminocrotonsäureäthylester* (**XV**) u. wenig **V** neben überwiegend **X**, das wahrscheinlich aus **XV** durch Hydrolyse während der Aufarbeitung entstand u. durch $NH_3$ in **XV** zurückverwandelt werden konnte. Dagegen wurde das am N unsubstituierte Pyrrol bei dieser Rk. nicht aufgefunden. Wahrscheinlich ist also am N nicht substituierter **XV** nicht zum Ringschluß befähigt. Mit überschüssigem $CH_3NH_2$ lieferte **XV** erwartungsgemäß **III**.

V e r s u c h e (FF. korr.): *1.2.4-Trimethyl-3-carbäthoxypyrrol* (**III**), $C_{10}H_{15}O_2N$, F. 60–61° (Isopropyläther), Kp.$_{0,06}$ 80–85°, $\lambda_{max}$ 239,5 m$\mu$, log $\varepsilon$ 4,04, mit EHRLICHs Reagens intensiv violette Färbung; aus 0,025 Mol **I**-Hydrochlorid in A. mit Natriumacetat u. 0,025 Mol Acetessigester, Stehen der orangebraunen Lsg. für 2 Tage bei 20°, dann im Vakuum zur Trockne eindampfen, das rotbraune Öl unter Kühlung mit 2 n NaOH schütteln u. mit Ae. extrahieren; Hochvakuumdest.; 31% (Ausbeute), oder aus **VII** in Ae. u. **VI** unter Kühlung, 20 Std. Stehen bei 22° u. Eindampfen im Vakuum; Abkühlen auf –10° bedingt Kristallisation des Rückstands; Hochvakuumdest. der Mutterlaugen (Kp.$_{0,01}$ 78–83°) gibt eine weitere Kristallfraktion; 70%. — *1-[1'-Nitropropyl-(2')]-2.4-dimethyl-3'-carbäthoxypyrrol* (**V**), $C_{12}H_{18}O_4N_2$, F. 117–118° (A.), $\lambda_{max}$ 237 m$\mu$, log $\varepsilon$ 4,06, mit EHRLICHs Reagens keine Färbung; 0,055 Mol **XVI** werden in absol. Dioxan durch trockenes $NH_3$ in **IV** übergeführt, das Ammonacetat entfernt u. 0,05 Mol Acetessigester zugefügt; nach 24 std. Stehen bei 20° 2 Std. auf 60° erwärmen u. das Lösungsm. im Vakuum abdest.; rotbrauner, öliger Rückstand krist. nach dem Anreiben mit A. u. Kühlen auf –10°; 55%. — *1-[1'-Nitropropyl-(2')]-2.4-dimethylpyrrolcarbonsäure-(3)*, $C_{10}H_{14}O_4N_2$, F. 156–157° (A.), mit EHRLICHs Reagens violette Färbung; durch Verseifen vorst. Verb. mit 10%ig. alkoh. KOH; 83%. — *1-[1'-Aminopropyl-(2')]-2.4-dimethyl-3-carbäthoxypyrrol* (**XI**), durch Hydrierung von **V** mittels RANEY-Ni; nach Absaugen u. Eindampfen im Vakuum krist. der Rückstand nach Anreiben mit Ae.–PAe. u. Kühlen auf –10° zu zerfließlichen Nadeln. *Pikrat*, $C_{18}H_{23}O_9N_5$, F. 187 bis 194°. — *1-[Propen-(1')-yl-(2')]-2.4-dimethylpyrrolcarbonsäure-(3)* (**XII**), $C_{10}H_{13}O_2N$, F. 152–153° (Aceton), mit EHRLICHs Reagens purpurrote Färbung; durch Versetzen mit $CH_3J$ in absol. Methanol u. $Na_2CO_3$ wird **XI** nach 30 std. Erwärmen auf 60–65° u. Verdampfen bei 30 mm u. 40° in die quartäre Verb. übergeführt, diese mit wss. KOH 7 Std. in Äthylenglykol erhitzt, dann zwischen Ae.–W. (2 : 1) verteilt, die wss. Phase angesäuert u. mit Ae. extrahiert. — *1-Isopropyl-2.4-dimethylpyrrolcarbonsäure-(3)* (**XIII**), $C_{10}H_{15}O_2N$, F. 172–173° (A.), mit EHRLICHs Reagens purpurrote Färbung; durch Hydrieren vorst. Verb. in A. mit Pd-Kohle. — *$\alpha$-Acetyl-$\beta$-methyl-$\gamma$-nitrobuttersäureäthylester* (**X**), $C_9H_{15}O_5N$, Kp.$_{10}$ 146–147°, mit $FeCl_3$-Lsg. blaustichige bordeauxrote Färbung, mit den üblichen Ketonreagentien kein krist. Deriv.; aus Acetessigester in absol. Ae. mit 2%ig. alkoh. Natriumäthylat u. Zutropfen von 0,05 Mol **VI** unter Rühren, weiteres 2 std. Rühren u. dann 15 std. Stehen; nach Ansäuern mit Essigsäure Lösungsm. im Vakuum abdest. u. Rückstand zwischen Ae. u. W. verteilen; aus der Ätherlsg. nach Waschen gelbes Öl, das fraktioniert wird; 31%. Liefert in äther. Lsg. mit $CH_3NH_2$ u. 6 tägigem Stehen 45% **III**. — *$\beta$-Isopropylaminocrotonsäureäthylester* (**XIV**), $C_9H_{17}O_2N$, Kp.$_9$ 103–103,5°, $n_{20}$ 1,4893; durch Hineindest. von Isopropylamin in eine äther. Lsg. von Acetessigester unter Rühren u. 2½ tägigem Stehen; 98%. — *1-Isopropyl-2.4-dimethyl-3-carbäthoxypyrrol*, $C_{12}H_{19}O_2N$, F. 58° (Isopropyläther), Kp.$_{0,05}$ 85–95°, $\lambda_{max}$ 240 m$\mu$, log $\varepsilon$ 4,07, mit EHRLICHs Reagens keine Färbung; aus den äther. Lsgg. von **XIV** u. **VI** unter Kühlen, dann 18 std. Stehen bei 23°, 2 std. schwaches Kochen, mit $KHCO_3$-Lsg. u. W. waschen; das orangerote Öl nach dem Verdampfen im Vakuum erstarrt teilweise bei –10°; aus den Mutterlaugen durch Hochvakuumdest. eine weitere Fraktion erhältlich; 54%. Liefert durch Verseifung mit 10%ig. alkoh. KOH 58% **XIII**. — Rk. zwischen **VIII** u. **XVI** in Ae. nach 6 tägigem Stehen, Waschen mit Bicarbonat u. W., Eindampfen im Vakuum liefert ein braunrotes Öl, das durch Dest. vier Fraktionen gibt: **II**, Kp.$_9$ 55–65°; 48% **X**, Kp.$_{0,05}$ 97–103° (liefert mit $CH_3NH_2$ **III**); 15% **VIII**, Kp.$_{0,05}$ 112–118°; 4% **V**, Kp.$_{0,05}$ 125–135°, F. 117–118° (A.). — *$\alpha$-[1-Nitropropyl-(2)]-$\beta$-aminocrotonsäureäthylester* [*1-Nitro-2-methyl-3-carbäthoxy-4-aminopenten-(3)*] (**XV**), $C_9H_{16}O_4N_2$, F. 56–58° (A.), mit EHRLICHs Reagens keine Färbung; durch 12 std. Einleiten von trocknem $NH_3$ in **X**, Aufnehmen in Ae. u. Eindampfen im Vakuum; das gelbbraune Öl krist. bei 0°; 85%. Mit 1 n HCl wird **X** zurückgeliefert. Ringschlußversuche durch Erhitzen in Dioxan auf 60–80° oder Pyridin auf 90° führen zu keiner einheitlichen Verb., mit $CH_3NH_2$ in äther. Lsg. entsteht **III**. (Helv. chim. Acta **36**. 49–58. 1953. Basel, Univ., Organ.-chem. Anst.) RUSKE. 3081

**John D. Bu'Lock** und **John Harley-Mason**, *Melanin und seine Vorstufen*. 2. Mitt. *Modellversuche über die Reaktionen zwischen Chinonen und Indolen und eine Betrachtung über eine mögliche Struktur des Melaninpolymeren.* Nach MASON (Vgl. C. **1949**. I. 611) wird Indol-5.6-chinon (**I**) die erste Zwischenstufe bei der oxydativen Polymerisation von 5.6-Dioxyindol (**XV**) zu Melanin (**XIV**) sein. Vff. haben, um festzustellen, in welcher Weise **I** polymerisieren kann, die Rkk. von einfachen Indolen mit Chinonen untersucht. Die von Mohlau u. Redlich (Ber. dtsch. chem. Ges. **44**. [1911.] 3605) bereits durchgeführte Rk. von p-Benzochinon (**II**) mit 2-Methylindol (**IV**), die zu dem intensiv violett gefärbten *[2'-Methylindolyl-(3')]-1.4-benzochinon* (**XIII**) führt, wird schon durch Spuren von Säure katalysiert. In sd. Eisessig tritt teilweise Weiterkondensation ein zu *2.5-Bis-[2'-methylindolyl-(3')]-1.4-benzochinon.* Das unsubstituierte Indol (**III**) läßt sich nur in schlechter Ausbeute zu *[Indolyl-(3')]-1.4-benzochinon* kondensieren; undefinierbare Nebenprodd. treten dabei auf. In sd. Eisessig kondensieren 2 Moll. **II**, wobei wahrscheinlich *2.3-Bis-[p-benzochinonyl]-indol* entsteht. 2.5- u. 2.6-Dimethyl-1.4-benzochinon kondensieren nicht. — Mit o-Benzochinon bzw. 4-Methyl-1.2-benzochinon (**V**) gibt **III** glatt *4-[Indolyl-(3')]-1.2-benzochinon* (**XI**) bzw. *-5-methyl-1.2-benzochinon,* ebenso führt **IV** glatt zu *4-[2'-Methylindolyl-(3')]-1.2-benzochinon;* **IV** reagiert dagegen, wahrscheinlich wegen ster. Hinderung, nicht mit **V**. o-Chinone reagieren glatter u. schneller als p-Chinone. 4.5-Dimethyl-1.2-benzochinon läßt sich weder mit **III** noch mit **IV** umsetzen. — Bei Wiederholung der von Herter (J. biol. Chemistry **1**. [1904.] 247) bereits beschriebenen Rk. von **III** mit 1.2-naphthochinon-4-sulfonsaurem Na konnten Vff. *4-[Indolyl-3')]-1.2-naphthochinon* (**XII**) isolieren, ebenso die *2'-Methylverb.* (**X**) bei Umsetzung von **IV**, die allerdings in geringerer Ausbeute entsteht, ebenfalls wahrscheinlich wegen ster. Hinderung. 1.2-Naphthochinon gibt dieselben Ergebnisse wie das sulfonsaure Salz. — Während **IV** mit 1.4-Naphthochinon (**VI**) ausschließlich zu dem fast schwarzen *2-[2'-Methylindolyl-(3')]-1.4-naphthochinon* (**VII**) reagiert, liefert **III** die analoge, in organ. Lösungsmitteln ebenfalls mit tiefvioletter Farbe lösl. Verb. **VIII** neben dem weniger lösl., roten *2.3-Bis-[1.4-naphthochinonyl-(2)]-indol,* das auch aus **VIII** durch weitere Rk. mit **VI** erhalten werden kann; in Übereinstimmung mit der Konst. steht, daß **VII** nicht mit **VI** weiterreagieren kann. **VIII** u. die Bis-Verb. entstehen auch unter milden Bedingungen stets nebeneinander. 2-Methyl-1.4-naphthochinon konnte nicht mit **III** umgesetzt werden. — Im 2-Methyl-5.6-methylendioxyindol beeinflußt die Anwesenheit der am Benzolkern substituierten Gruppe die Rk. mit **II** nicht. 5.6-Methylendioxyindol-2-carbonsäure u. ihr Äthylester reagieren gar nicht mit Chinonen; durch die 2-ständige COOH-Gruppe ist die Reaktionsfähigkeit des in 3-Stellung stehenden H-Atoms offenbar sehr herabgesetzt. — 5.6-Dioxy-1-methylindol läßt sich mit allen Chinonen außer **VI** zu melaninähnlichen Prodd. oxydieren; mit **VI** entsteht glatt *2-[5'.6'-Dioxy-1'-methylindolyl-(3')]-1.4-naphthochinon,* mit überschüssigem **VI** *5.6-Dioxy-1-methyl-2.3-bis-[1.4-naphthochinonyl-(2)]-indol.* Daraus geht hervor, daß die OH-Gruppen die Rk. erheblich beeinflussen, denn **VI** u. **III** reagieren wesentlich träger miteinander. — Alle bisher erwähnten, aus Indolen u. Chinonen gewonnenen Verbb. geben blaue oder violette Lsgg. in A., die mit Alkali grün oder bläulichgrün werden. Solche Verbb. entstehen nur aus Indolen, die in 3-Stellung nicht substituiert sind. 3-Methylindol (Skatol) (**IX**) gibt mit **II** beim Stehen eine violettrote Lsg., aus der sich eine farblose Verb. der empir. Zus. $(C_{12}H_{10}ON)_2$ abscheidet u. die aus 2 Moll. **IX** u. 1 Mol. **II** unter Abspaltung von 2 H-Atomen entstanden sein kann. Ebenso verhält sich 2.3-Dimethylindol. Die entstandenen Verbb. haben hohe FF., sind in allen Lösungsmitteln kaum lösl., werden durch wss. Alkali nicht angegriffen, so daß phenol. OH-Gruppen wahrscheinlich nicht vorliegen, geben aber mit sd. Acetanhydrid Diacetylderivv., deren Acetylgruppen wahrscheinlich an N gebunden sind; das Mol. enthält demnach wahrscheinlich 2 Dihydroindolringe. — Der Reaktionsmechanismus für die Rk. von Indolen mit Chinonen wird diskutiert; in Übereinstimmung mit Mohlau u. Redlich (l. c.) wird das entsprechende Indolylchinol Zwischenprod. sein, welches durch ein zweites Mol. Chinon zu dem entsprechenden Chinon oxydiert wird. In Übereinstimmung mit dieser Vorstellung steht die Katalyse der Rk. durch Säure; die konjugierte Säure des Chinons wird in Rk. treten, u. zwar an 3-Stellung des Indols, weil dort die Elektronendichte am höchsten ist. — Aus den (für fast alle Verbb. angegebenen) Absorptionskurven geht hervor, daß die erhaltenen Verbb. als Vinyloge von Aminochinonen aufgefaßt werden können, wobei das Indol-N-Atom mit dem Chinonring konjugiert ist. Diese Konjugation bewirkt das wichtigste Absorptionsmaximum zwischen 5200 u. 600 Å u. das Vorhandensein von zwitterion. mesomeren Strukturen wie **A** (für **XIII**), ferner bedingt sie eine coplanare Anordnung des Indol- u. Chinonringes, mit der auch zu erklären ist, daß **X** in geringerer Aus-

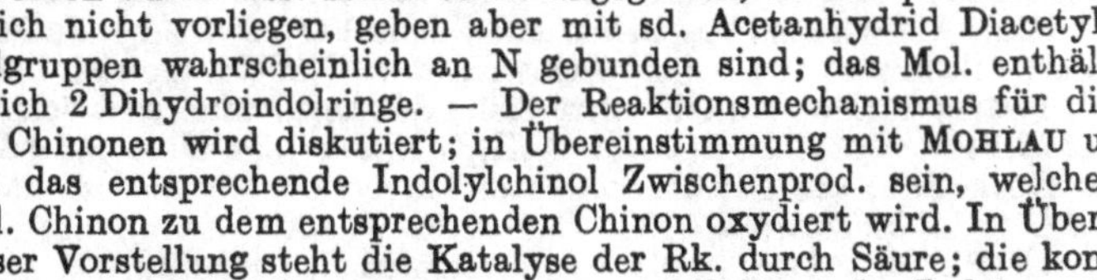

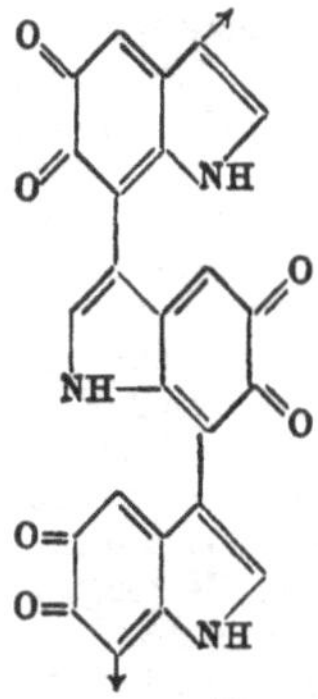

D

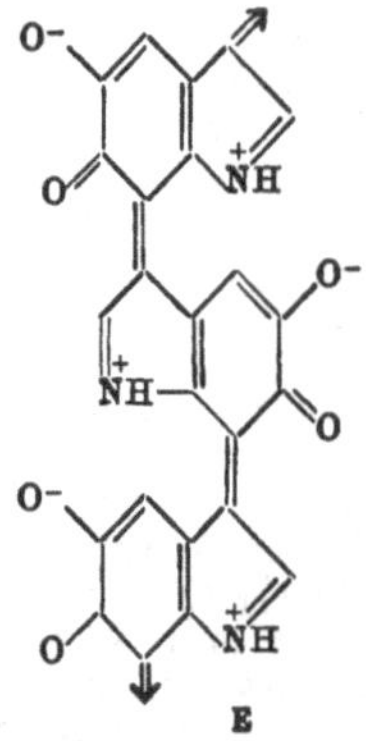

E

beute entsteht (ster. Hinderung), u. ferner, daß die Intensitäten der Absorptionsbanden bei 4000 u. 5600 Å von **X** wesentlich geringer sind als die entsprechenden von **XII**. — Alle gewonnenen Verbb. verhalten sich wie schwache Säuren u. bilden Ionen mit intensiver blauer oder grüner Farbe; die Absorptionskurven von **VII**, **X**, **XI** u. **XII** in alkoh. NaOH zeigen alle eine starke Absorption bei langen Wellenlängen (ca. 6500 Å), was für eine Resonanz zwischen den Strukturen **B** u. **C** (für (**XIII**) spricht; hier unterscheiden sich die Intensitäten bei den Maxima der Anionen von **X** u. **XII** noch mehr als bei den neutralen Molekülen. — Die erwähnten nicht durchzuführenden Rkk. scheitern daran, daß die erwarteten Verbb. nicht coplanar sein können. — Zur Bldg. von **XIV** muß nach diesen u. früheren Ergebnissen angenommen werden, daß die oxydative Kondensation in 3-Stellung des Indolkernes stattfindet u. daß sie ebenso verläuft wie die Indol–Chinon-Reaktionen. Die Polymerisation von **I** könnte durch wiederholte oxydative Kondensation zwischen der 3-Stellung des einen u. der 4- oder 7-Stellung des anderen Mol. verlaufen. Bei Kondensation in 4-Stellung des zweiten Mol. würden Verbb. entstehen, die nicht coplanar sein können; demnach wird wahrscheinlich in 7-Stellung die Rk. stattfinden unter Bldg. von Prodd. der allg. Konst. **D**, in denen die Chinonringe im Sinn der Formulierung **E** mit den Indol-N-Atomen konjugiert sein können, womit die intensive Lichtabsorption von **XIV** über weite Bereiche von Wellenlängen erklärt werden kann. Die große Unlöslichkeit von **XIV** kann durch weitere Kondensation an freien 2-Stellungen mit den 4- u. 7-Stellungen anderer Moll. erklärt werden. Die Grundeinheit $C_8H_3O_2N$ in **D** steht im Einklang mit anderen Arbeiten über die Struktur von **XIV**. Wenn die Polymerisations-Rk. zu **XIV** einem Radikalkettenmechanismus folgt, wird dieses Radikal das aus **XV** durch Verlust eines H-Atoms gebildete Semichinon sein. — Die Oxydation von Tyrosylglycin mit Tyrosinase liefert eine rote Lsg. mit einem Absorptionsspektr., das dem des durch die gleiche Oxydation von Tyrosin (**XVI**) erhaltenen Chinons fast ident. ist. Weitere Oxydation führte zu einer braunen Lsg., ohne daß **XIV** abgeschieden wurde. Unter $N_2$ entfärbte sich die rote Lsg. langsam, wonach durch Ausäthern eine äther. Lsg. gewonnen wurde, die im UV blauviolett fluorescierte u. mit $FeCl_3$ eine Grünfärbung gab. Offenbar verläuft die Oxydation des Dipeptids zunächst in der gleichen Weise wie die von **XVI** über das rote Chinon **XVII** zu der Dioxyverb. **XVIII**. In ihr ist die 3-Stellung desaktiviert, so daß die oxydative Bldg. eines Melanins nicht stattfinden kann, jedoch kann die 7-Stellung oxydativ kuppeln.

V e r s u c h e : *2.5-Bis-[2'-methylindolyl-(3')]-1.4-benzochinon*, $C_{24}H_{18}O_2N_2$, F. 294 bis 296°, aus überschüssigem **IV** u. **II** durch 5std. Erhitzen in Essigsäure; aus Nitrobenzol kleine bräunlich-violette Platten. — *[Indolyl-(3')]-1.4-benzochinon*, $C_{14}H_9O_2N$, aus 1 g **III** u. 2 g **II** in A. durch Zutropfen von sehr wenig konz. HCl, Verdünnen nach 10 Min., Abfiltrieren, Ausziehen des Gemisches mit 2%ig. NaOH u. Umkristallisieren des Rückstandes aus A.; tiefviolettschwarze Nadeln, die sich bei ca. 140° zers.; in A., Essigsäure u. Bzl. rötlichviolett lösl.; die Lsgg. zers. sich schnell beim Erhitzen. — *2.3-Bis-[p-benzochinonyl]-indol*, $C_{20}H_{11}O_4N$, aus 1,2 g **III** u. 3,5 g **II** durch 2std. Kochen in Essigsäure; aus Nitrobenzol rotes Pulver, das bis 360° nicht schmilzt. — *4-[Indolyl-(3')]-1.2-benzochinon* (**XI**), $C_{14}H_9O_2N$, F. 160° (Zers.), aus Brenzcatechin in Ae. durch Rk. mit $Ag_2O + Na_2SO_4$, Abkühlen des Filtrats auf $-40°$, Abfiltrieren von o-Benzochinon, Lösen in wss. A., Zugabe von **III** in wss. A., Lösen des Nd. in Aceton u. Kühlen auf $-40°$; kleine violette Nadeln; die tiefvioletten Lsgg. in A. u. Aceton zers. sich beim Erwärmen; mit alkoh. NaOH gibt **XI** eine grünblaue Lsg.; die Red. mit $Na_2S_2O_4$ liefert eine farblose Lsg. mit intensiv violetter Fluorescenz. — Ebenso *4-[2'-Methylindolyl-(3')]-1.2-benzochinon*, $C_{15}H_{11}O_2N$, F. 171° unter Zers. (A.), aus **IV**; die Verb. ist in Lsg. stabiler als die vorstehende. — *4-[Indolyl-(3')]-5-methyl-1.2-benzochinon*, $C_{15}H_{11}O_2N$, F. 158°, a) aus 4-Methylbrenzcatechin durch Oxydation zu **V** u. Umsetzung mit **III** in A.; aus A. violette Prismen; b) aus 4-Methylbrenzcatechin in W. u. **III** u. A. durch Zugabe von K-Ferricyanid u. $NaHCO_3$ in $H_2O$. — *4-[Indolyl-(3')]-1.2-naphthochinon* (**XII**), $C_{18}H_{11}O_2N$, F. 272—275° (Zers.), aus 1.2-naphthochinon-4-sulfonsaurem Na in W. durch Zugabe zu **III** in W. u. wenig A. bei 100°; aus Nitrobenzol purpurfarbene Nadeln; wenig lösl. in Aceton, A. u. Essigsäure. — *4-[2'-Methylindolyl-(3')]-1.2-naphthochinon* (**X**), $C_{19}H_{13}O_2N$, F. 200—205° (Zers.), wie **XII** aus **IV**; die Rk. tritt wesentlich langsamer ein; Reinigung durch Chromatographie an $Al_2O_3$ in Chlf.; aus Nitrobenzol purpurfarbene Nadeln. — *2.3-Bis-[1.4 naphthochinonyl-(2)]-indol,* $C_{28}H_{15}O_4N$, F. 356—360° (Zers.), aus **III** u. **VI** in Essigsäure durch 7tägige Rk. bei n. Temp.; aus Nitrobenzol scharlachfarbene Nadeln; Kochen mit NaOH liefert **III**; Red. mit $Na_2S_2O_4$ gibt eine Lsg. mit intensiv gelber Fluorescenz. Aus der Mutterlauge durch Verdünnen mit W. *2-[Indolyl-(3')]-1.4-naphthochinon* (**VIII**), $C_{18}H_{11}O_2N$, F. 176°, aus A. violette Platten, die sich in A., Aceton u. Essigsäure mit violettroter Farbe lösen. — *2-[2'-Methylindolyl-(3')]-1.4-naphthochinon* (**VII**), $C_{19}H_{13}O_2N$, F. 176—178°, aus **IV** u. **VI** durch 5std. Kochen in Essigsäure enthaltendem A.; aus Nitrobenzol tiefviolette Prismen. — *2-[5'.6'-Dioxy-1'-methylindolyl-(3')]-1.4-naphthochinon,* $C_{19}H_{13}O_4N$, F. 290—293° (Zers.), aus 0,2 g 5.6-Dioxy-1-methylindol in 20%ig. Essigsäure u. 0,3 g **VI** in Essigsäure; aus A. tiefviolette Nadeln; mit blauvioletter Farbe lösl. in organ. Lösungsmitteln. — *5.6-Dioxy-1-methyl-2.3-bis-[1.4-naphthochinonyl-(2)]-indol,* $C_{29}H_{17}O_6N \cdot C_6H_5NO_2$, aus 0,1 g Dioxymethylindol u. 0,3 g **VI** durch 2std. Kochen in Essigsäure; aus Nitrobenzol bräunlichrote Nadeln, die sich bei 345° ohne zu schm. zersetzen. — *2-[2'-Methyl-5'.6'-methylendioxyindolyl-(3')]-1.4-benzochinon,* $C_{16}H_{11}O_4N$, F. 191° (Zers.), aus 2-Methyl-5.6-methylendioxyindol u. **II** in Essigsäure enthaltendem A. durch 2std. Kochen; aus Bzl. tiefviolette Prismen. — *Verb.* $C_{24}H_{20}O_2N_2$, F. 250—252°, aus **IX** u. **II** in Essigsäure durch 24std. Rk., Waschen des Abfiltrierten mit A., dann mit sd. W. u. Umkristallisieren aus Nitrobenzol; Platten. *Diacetylderiv.*, $C_{28}H_{24}O_4N_2$, F. 360°, durch Rk. mit Essigsäure–Acetanhydrid (1 : 1); aus Nitrobenzol Platten. — Ebenso *Verb.* $C_{26}H_{24}O_2N_2$, F. 345—348°, aus 2.3-Dimethylindol u. **II** in Essigsäure; aus Nitrobenzol Platten. *Diacetylverb.*, $C_{30}H_{28}O_4N_2$, F. 352—354°, aus Nitrobenzol Platten. — *4.5-Dimethylbrenzcatechin,* F. 80—82°, aus 15 g o-4-Xylenol in wss. NaOH durch 4tägige Rk. mit $Na_2S_2O_8$, Sättigen der Lsg. mit $CO_2$, Ausäthern, ½std. Kochen der wss. Lsg. mit HCl, Ausäthern u. Vakuumsublimation des Rohprod.; Nadeln; Ausbeute 1,8 g. — *4.5-Dimethyl-1.2-benzochinon,* F. 101—102°, aus vorst. Verb. in Ae. durch Schütteln mit $Ag_2O$ u. $Na_2SO_4$; orangefarbene Nadeln. — *5.6-Methylendioxyindol-2-carbonsäure,* $C_{10}H_7O_4N$, F. 250—251° unter Zers.; Platten aus Benzol. *Äthylester,* $C_{12}H_{11}O_4N$, aus A. kleine gelbliche Prismen, F. 180°. (J. chem. Soc. [London] **1951**. 703—12. März. Cambridge, Univ., Chem. Labor.) NITZSCHKE. 3081

**Pierre Petitcolas** und **Robert Sureau,** *Untersuchung über Indazol- und Aminoindazolsulfonsäuren.* Vff. teilen Methoden mit, zur Darst. von Indazolmono- u. -disulfonsäuren. Die Einführung der Sulfogruppe wird am besten durch Sulfonierung von Aminoindazolverbb. bewerkstelligt, wobei die erste Sulfogruppe immer in o- oder p-Stellung zur Aminogruppe u. immer in 4- oder 7-Stellung eintritt. Es ist weder durch Änderung der Konz. des Oleums noch der Reaktionstemp. möglich, die $SO_3H$-Gruppe in 5- oder 6-Stellung zu dirigieren. Für die *Derivv. der Indazolsulfonsäure-(4)* ergeben sich 6 Wege: 1. u. 2.: Die Sulfonierung des *5-Aminoindazols* (**II**) oder des *7-Aminoindazols* (**III**) zu *5-Aminoindazolsulfonsäure-(4)* (**IV**) oder *7-Aminoindazolsulfonsäure-(4)* (**V**) bzw. *7-Aminoindazoldisulfonsäure-(4.6)* (**VI**). 3. **V** bzw. **VI** können auch durch Behandlung von *7-Nitroindazol* mit heißer konz. $NaHSO_3$-Lsg. erhalten werden. Diese Rk. scheint über die Zwischenstufe einer Sulfaminsäure zu gehen, denn die Säuren **V** u. **VI** können erst nach einem kurzen Kochen in Ggw. von HCl, die die Gruppe $-NH-SO_3H$ hydrolysiert, isoliert werden. Die Reaktionsfolge wird auf mehrere Arten erklärt. 4.: In 4-Stellung läßt sie die Sulfogruppe ebenfalls durch Kochen von *4-Chlor-5-nitroindazol* (**VII**) mit einer wss. $NaHSO_3$-Lsg. einführen. Nach Auskristallisieren von *5-Nitroindazolsulfosäure-(4)* (**VIII**) wird zu **IV** reduziert. 5.: Zur Darst. von **V** wird in ähnlicher Weise ver-

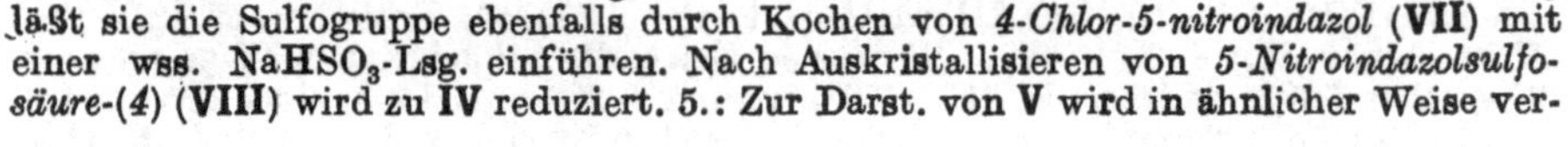


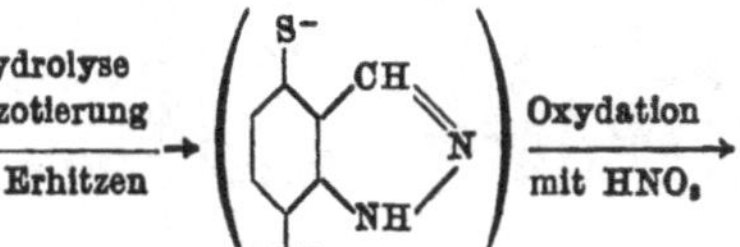


fahren wie unter 4., entsprechend nach nebenst. Schema. 6. *6-Aminoindazolsulfonsäure-(4)* (**XXIX**) wurde als Nebenprod. bei der Darst. von **XXX** erhalten. — Aus den Säuren **IV**, **V** u. **XXIX** können Diazoverbb. erhalten werden, die gelbe, sehr gut krist. innere Diazosulfonate geben, die durch Verkochen mit A. u. Zn zur *Indazolsulfonsäure-(4)* (**I**) selbst führen. Die Stellung der Sulfogruppe kann durch die unter 5. beschriebene Rk. als bewiesen angenommen werden sowie durch das Ergebnis der Alkalischmelze, die zu *4-Oxyindazol* (**IX**) führt. — Die *Indazolsulfonsäure-*(*7*) (**X**) ist die einzige Säure, die durch direkte Sulfonierung des Indazols erhalten wird; Alkalischmelze führt zu *7-Oxyindazol* (**XI**). **X** besitzt mit **I** ident. physikal. Eigenschaften. Sie kann gleichfalls auf mehrere Arten gewonnen werden: 1.: Durch direkte Sulfonierung. 2.: Durch Sulfonierung von *6-Aminoindazol* (**XII**) zur *6-Aminoindazolsulfosäure-*(*7*) (**XIII**) u. *6-Aminoindazoldisulfonsäure-*(*5.7*) (**XIV**); **XIII** wird diazotiert u. mit kochendem A. u. Zn in **X** umgewandelt. 3.: *5.6-Dinitroindazol* (**XV**) gibt mit einer kochenden konz. Lsg. von $NaHSO_3$ mit guter Ausbeute ein Nitroindazolnatriumsulfonat, das auf dem üblichen Wege zur Aminoverb. red. u. über die Diazoverb. mit A. u. Zn zu 5- oder 6-Sulfonsäure umgewandelt werden sollte. Die isolierte Säure war jedoch **X**. Eine weitere aus den Mutterlaugen der Red. isolierte *Aminoindazolsulfonsäure* gab bei gleicher Behandlung **I**. Das ursprüngliche Prod. aus der Behandlung von **XV** war also *5-Nitroindazolsulfonsäure-*(*7*), begleitet von einer geringen Menge *6-Nitroindazolsulfonsäure-*(*4*). — Beim Vers., aus *5-Chlor-6-nitroindazol* (**XVI**) mit K-Phenolat das *5-Phenoxy-6-nitroindazol* herzustellen, wurde wider Erwarten das *5-Chlor-6-phenoxyindazol* (**XVII**) erhalten, eine bisher in der Benzolreihe unbekannte Rk., da sonst immer das in o- oder p-Stellung zur Nitrogruppe befindliche Cl eliminiert wird. Es ist anzunehmen, daß der Indazolkern eine starke Dissymmetrie in das Mol. bringt, wodurch die in 6-Stellung befindliche elektronegative Gruppe bes. „mobilisiert" wird. Wenn also die 5-Stellung gleichfalls mit einer Nitrogruppe besetzt ist, wird jene in 6 noch mobiler. 4.: Beim Vers., ein weiteres o-Dinitroderiv. des Indazols zu erhalten, wurde aus *3.4-Dinitro-2-aminotoluol* (**XVIII**) durch Verdrängung einer Nitrogruppe durch Cl infolge der Häufung elektronegativer Substituenten das *6-Nitro-7-chlorindazol* (**XIX**) erhalten. In Ermangelung des Dinitroderiv. wurde diese Verb. mit Sulfit behandelt, aber an Stelle der erwarteten **XIII** ein durch seine Eigg. von dieser verschiedenes Prod. erhalten, das sich als *6-Aminoindazolsulfonsäure-*(*1*) (**XX**) erwies; die Labilität der $SO_3H$-Gruppe wird durch die Sulfaminnatur erklärt analog der 3-Methylindazolsulfonsäure-(2) (Fischer, Liebigs Ann. Chem. **227**. 316). — Um zur *Indazolsulfonsäure-*(*6*) (**XXI**) zu gelangen, wurde die Nitrogruppe in 6-Stellung durch eine weniger elektronegative ersetzt, indem durch Behandlung von **XV** mit $Na_2S$ *5.5'-Dinitrodiindazolyl-6.6'-disulfid* (**XXII**) hergestellt wurde. Durch Oxydation mit $Cl_2$ in Essigsäure wurde jedoch ein Gemisch aus *5-Nitroindazolsulfochlorid-*(*6*) (**XXIII**) u. *3-Chlor-5-nitroindazolsulfochlorid-*(*6*) (**XXIV**) erhalten. Dagegen ergab Oxydation mit $HNO_3$ *5-Nitroindazolsulfonsäure-*(*6*) (**XXV**), die nach Red. u. Desaminierung zu **XXI** führt. — Die *Indazolsulfonsäure-*(*5*) (**XXVI**) wurde auf folgendem Wege erhalten: *7-Acetylaminoindazol* → *4-Nitro-7-acetylaminoindazol* → *4-Amino-7-acetylaminoindazol* → *4-Amino-7-acetylaminoindazolsulfonsäure-*(*5*) (**XXVII**) → **XXVI**. Auf nachst. etwas abgewandelte Weise wurde **XXVII** hergestellt, um die Stellung der $SO_3H$-Gruppe in **XXVI** zu erhärten: *7-Acetamido-5-chlorindazol* → *4-Nitro-7-acetamido-5-chlorindazol* → *4-Nitro-7-aminoindazolsulfonsäure-5* **XXXI** → **XXVII**. Es ist zu bemerken, daß hier die Sulfit-Rk. nicht mit einer Wanderung der $SO_3H$-Gruppe verbunden ist, ebenso wie bei **VIII**.

Versuche: *5-Aminoindazolsulfonsäure-*(*4*) (**IV**), $C_7H_7O_3N_3S$, aus **II** in $H_2SO_4$-Monohydrat + Oleum (65%ig.) durch Erhitzen (3 Std.) auf 115—120°; nach Abkühlen Gießen auf Eis. — *7-Aminoindazolsulfonsäure-*(*4*) (**V**), $C_7H_7O_3N_3S$, wie vorst. aus **III**; 95% (Ausbeute); neben geringen Mengen **VI**. — *7-Aminoindazoldisulfonsäure-*(*4.6*) (**VI**), *Na-Salz*, $C_7H_6O_6N_3S_2Na$, aus **III** wie bei **IV** durch 2½ std. Erhitzen auf 125—130°, Kristalle aus W.; 89%. — **V** u. **VI** werden gleichfalls auf folgendem Wege erhalten: 20 g rohes 7-Nitroindazol (F. 176—177°) werden 6 Std. mit 150 g einer 35%ig. Lsg. von $NaHSO_3$ u. 100 $cm^3$ W. gekocht; dabei entstehen 2 g einer unlösl. *Verb.* $C_{14}H_{10}O_4N_6$, die wahrscheinlich der Formel **A** entspricht, F. 258—259°.

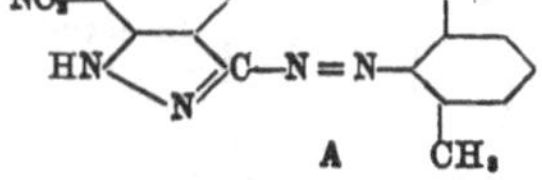

A

Durch Kochen mit HCl erhält man **V**, aus den Mutterlaugen **VI**. — *2-Methyl-3-chlor-4-nitranilin*, durch Nitrierung von 2-Methyl-3-chloracetanilid mit $HNO_3$ von 48° Bé. — *4-Chlor-5-nitroindazol* (**VII**), $C_7H_4O_2N_3Cl$, 11 g vorst. Verb. werden in essigsaurer Lsg. diazotiert, eine Std. sich selbst überlassen u. dest., aus Essigsäure beigefarbene Kristalle, F. 243°; 10 g. — *5-Nitroindazolsulfonsäure-*(*4*) (**VIII**), $C_7H_7O_6N_3S$, durch Kochen von 7,5 g vorst. Verb. mit $NaHSO_3$ u. Ansäuern mit HCl, aus W. Nadeln mit 1 Mol Kristallwasser; 6 g; durch Red. mit Fe-Pulver entsteht **IV** (*Benzoylguanidiniumsalz*, F. 210—211°). — *3.3'-Diacetylamino-2.2'-dimethyl-4.4'-dinitrodiphenyldisulfid*, aus 350 g 3-Chlor-6-nitro-2-methylacetanilid in 1500 $cm^3$ A. u. 165 g $Na_2S \cdot 9H_2O$, 22 g S u. 75 $cm^3$ W., F. 310°; 260 g. — *7.7'-Dinitrodiindazolyl-4.4'-disulfid*, durch Erhitzen von 70 g vorst. Verb. mit $H_2SO_4$ auf dem Wasserbad, anschließendes Diazotieren u. Erwärmen mit W. auf 80—85°, gelbes Prod.; 52 g. — *7-Nitroindazolsulfonsäure-*(*4*) (**XXVIII**), $C_7H_5O_5N_3S$, aus 36 g vorst. Disulfids durch Behandeln mit $HNO_3$ von 48° Bé bei 65—70°, cremefarbenes Kristallpulver; 29 g. Red. führt zu **V**. — *Indazolsulfonsäure-(4)* (**I**), $C_7H_6O_3N_2S \cdot 1/2 H_2O$. 21,3 g **V** (oder **IV**) werden zu gut krist., goldgelben Diazosulfat (23 g) diazotiert; dieses wird in A. mit Zn verkocht hellbeige Kristalle aus sd. Wasser. *Benzoylguanidinuimsalz*, F. 164—165° (nach Wasserverlust bei 110—115°). *Chlorid*, mit $PCl_5$–$POCl_3$, aus Bzl. Kristalle, F. 119—120°. *Ag-Salz*, prismat. Nadeln. — *4-Oxyindazol* (**IX**), a) durch 20 Min. Erhitzen von **I** mit KOH auf 230—240°, oder b) aus dem entsprechenden Amin durch 4std. Erhitzen im Autoklaven auf 200—205° mit $H_2SO_4$, aus sd. W. lange Nadeln oder große Prismen, F. 177—178° (Wasserverlust bei 155°); daneben geringe Mengen *Indazol*, Nadeln, F. 150 bis 151°. — *5-, 6- u. 7-Oxyindazol* (**XI**), $C_7H_6ON_2$, analog vorst. Meth. b); FF. der Reihe nach: 184, 215 u. 179°. — *Indazolsulfonsäure-(7)* (**X**), $C_7H_6O_3N_2S$, durch 1std. Erhitzen von Indazol, $H_2SO_4$-Monohydrat u. 65%ig. Oleum auf 100°; krist. aus sd. W. wasserfrei, F. über 300° (im Gegensatz zur Literatur: 269—270°). *Benzoylguanidinium-salz*, F. 177—178°. *Chlorid*, $C_7H_5O_2N_2SCl$, aus Bzl., F. 152°. *Ag-Salz*. — *6-Aminoindazol-sulfonsäure-(7)* (**XIII**), $C_7H_7O_3N_3S$, aus 100 g **XII** wie oben durch 6std. Erhitzen auf 120—125°, grauweißes Kristallpulver; 132 g; gibt ein *inneres Diazoniumsulfonat*. — *6-Aminoindazoldisulfonsäure-(5.7)* (**XIV**), durch Sulfonierung von **XII** bei 160—165°; 98%. *Monobariumsalz*, $C_7H_6O_6N_3S_2 \cdot Ba/2 \cdot H_2O$. — *5.6-Dinitroindazol* (**XV**), aus 6-Nitroindazol (F. 179°) in $H_2SO_4$-Monohydrat u. $H_2SO_4$–$HNO_3$ bei 5—10° (5 Std.), F. 225 bis 226°; 96%; keine F.-Depression mit **XV** aus 2-Amino-4.5-dinitrotoluol. — *5-Nitro-indazolsulfonsäure-(7)*, *Na-Salz*, $C_7H_4O_5N_3SNa$, aus **XV** u. $NaHSO_3$. — *5-Aminoindazol-sulfonsäure-(7)* (**XXX**), $C_7H_7O_3N_3S$, aus vorst. Verb. durch Red. mit Fe-Pulver; 72%; aus den Mutterlaugen wird die sehr stark lösl. *6-Aminoindazolsulfonsäure-(4)* (**XXIX**), $C_7H_7O_3N_3S$, gewonnen. **XXX** gibt beim Erhitzen mit konz. $H_2SO_4$ auf 210—215° *5-Oxy-indazol* u. durch Diazotierung u. Kochen mit Zn + A. **X**. **XXIX** gibt analog **I**. — *5-Chlor-6-phenoxyindazol* (**XVII**), $C_{13}H_9ON_2Cl$, aus **XVI** (Herst. wie **VII**; F. 199°) u. Phenol + KOH bei 160°, aus Chlorbenzol Kristalle, F. 211—212°. — *6-Nitro-7-chlorin-dazol* (**XIX**), $C_7H_4O_2N_3Cl$, aus **XVIII** durch Diazotierung u. Stehenlassen bis zum Verschwinden der Diazoverb., aus Chlorbenzol, F. 222°. — *6-Nitroindazolsulfonsäure-(1)*, *Na-Salz*, $C_7H_4O_5N_3SNa$, durch Behandeln von **XIX** mit $Na_2SO_3$-Lsg., Kristalle aus sd. Wasser. — *6-Aminoindazolsulfonsäure-(1)* (**XX**), $C_7H_9O_4N_3S$, durch Red. vorst. Verb. mit Fe u. Essigsäure, Kristalle aus Wasser. Gibt durch längeres Erhitzen auf 150—170° *6-Aminoindazol*, F. 207—208°, durch 6std. Erhitzen mit W.–$H_2SO_4$ auf 200—205° *6-Oxyindazol*, F. 215°, u. durch Diazotieren u. Zn + A. **X**. — *5.5'-Dinitrodiindazolyl-6.6'-disulfid* (**XXII**), $C_{14}H_8O_4N_6S_2$, aus **XV** u. A. u. $Na_2S$, S u. W. durch 2std. Erhitzen, aus Essigsäure gelbe Kristalle. — *5-Nitroindazolsulfochlorid-(6)* (**XXIII**), $C_7H_4O_4N_3SCl$, durch Behandlung von **XXII** mit einem kalten $Cl_2$-Strom in essigsaurer Suspension bis zur vollkommenen Lösung (2 Std.), aus Essigsäure Kristalle, F. 156°. Durch längeres Einleiten von $Cl_2$ entsteht *3-Chlor-5-nitroindazolsulfochlorid-(6)* (**XXIV**), aus Essigsäure u. Bzl. cremeweiße Schuppen, F. 198°. — *5-Nitroindazolsulfonsäure-(6)* (**XXV**), $C_7H_5 \cdot O_5N_3S$, durch 2std. Oxydation von **XXII** mit $HNO_3$ bei 60°, aus W. Kristalle. — *5-Aminoindazolsulfonsäure-(6)*, $C_7H_7O_3N_3S$, durch Red. von **XXV** mit Fe u. HCl, aus sd. W. große Prismen; in alkal. Lsg. starke blaue Fluorescenz. — *Indazolsulfonsäure-(6)* (**XXI**), $C_7H_6O_3N_2S \cdot 1/2 H_2O$, durch Desaminierung des Na-Salzes der vorigen Verb. in beschriebener Weise, glänzende Plättchen. *Na-Salz*, stark blaue Fluorescenz. *Ag-Salz*, feine prismat. Nadeln. *Chlorid*, F. 167—168° (Zers.), mit dem Sulfochlorid der **X** Misch-F. 137°; *Benzoylguanidiniumsalz*, Kristalle, F. 224—225°. — *7-Acetylamino-indazol*, aus 7-Aminoindazol, F. 162—163°. — *4-Nitro-7-acetylaminoindazol*, aus vorst. Verb. mit $HNO_3$–Eisessig, F. über 300°. — *4-Amino-7-acetylaminoindazol*, durch Red. der vorst. Verb. mit Fe-Essigsäure. leicht rosafarbene Kristalle mit Kristallwasser, F. 112—113°, dann F. 160°. — *4-Amino-7-acetylaminoindazolsulfonsäure-(5)* (**XXVII**), aus vorst. Verb. mit $H_2SO_4$–Oleum; ohne diese Verb. zu isolieren, wird daraus *7-Amino-indazolsulfonsäure-(5)*, durch Diazotierung u. Verkochen mit A.–Zn erhalten, spiegelnde Plättchen. — *Indazolsulfonsäure-(5)* (**XXVI**), $C_7H_6O_3N_2S \cdot 1/2 H_2O$, wie beschrieben, aus sd. W. Kristalle, F. über 300°. *Benzoylguanidinsalz*, F. 185°. *Chlorid*, F. 146—147°; *Ag-Salz*, hexagonale Plättchen gemischt mit Bündeln langer Nadeln. — *5-Chlor-7-acetylaminoindazol*, aus 5-Chlor-7-aminoindazol, F. 229—230°. — *4-Nitro-5-chlor-7-acetylaminoindazol*, durch Nitrierung der vorst. Verb. mit $HNO_3$–Eisessig, F. 273°. — *4-Nitro-7-aminoindazolsulfonsäure-(5)* (**XXXI**), durch Behandlung der vorst. Verb. mit $Na_2SO_3$ neben etwas ziegelrotem *4-Nitro-5-chlor-7-aminoindazol*, $C_7H_5O_2N_4Cl$, F. über 300°, wird die Säure in Form orangefarbener Kristalle erhalten; aus den Mutterlaugen gewinnt man als Nebenprod. *4-Nitro-7-oxyindazolnatriumsulfonat-(5)*, lebhaft orangefarbener Nd.; *Säure* daraus gelb. — **XXVII**, durch Red. des Na-Salzes von **XXXI** mit Fe–HCl, neben etwas *4.7-Diaminoindazolsulfonsäure-(5)* (grauer Nd.); aus **XXVII** wird auf dem üblichen Wege die *7-Aminoindazolsulfonsäure-(5)* mit 64% Ausbeute, bezogen auf **XXXI**, erhalten. (Bull. Soc. chim. France, Mém. [5] **17.** 466—78. Mai/Juni 1950. Werk Oissel, Etabl. Francolor, Serv. de Rech.) ROTTER. 3122

**Alessandro Ballio,** *Aminolyse des 2-Methylmercaptobenzthiazols.* (Vorl. Mitt.) Durch Erwärmen mit aromat. Aminen erfährt 2-Methylmercaptobenzthiazol eine Spaltung, die zu 2-Arylaminobenzthiazolen u. $CH_3SH$ führt. So entstehen mit Anilin *2-Anilinobenzthiazol,* mit den Toluidinen, Anisidinen u. m- u. p-Chloranilin die entsprechenden Derivv., dagegen geben o-Chloranilin u. die 3 Nitroaniline die Rk. nicht, was bei den o-Verbb. mit ster. Hinderung erklärt werden könnte. Die Rk. ist ein neues Beispiel für die Beweglichkeit des Substituenten in 2-Stellung im Benzthiazol. — Keine experimentellen Daten. (Ricerca sci. **21.** 537. April 1951. Rom, Univ., Labor. di chim. organ.) v. DECHEND. 3142

**Charles Mentzer, Darius Molho** und **Paul Vercier,** *Über eine neue Art der Kondensation von β-Ketoestern und Phenolen zu Chromonen.* Beim 48 std. Erhitzen von äquimol. Mengen Resorcin (**I**) u. Benzylacetessigsäureäthylester ohne Dehydratationsmittel entsteht *2-Methyl-3-benzyl-7-oxychromon* ($C_{17}H_{14}O_3$, F. 282°; *Acetylderiv.*, F. 119—121°), dessen Identität aus dem Vgl. mit einem nach CRABTREE u. ROBINSON (J. chem. Soc. [London] **113.** [1918.] 867) synthetisierten authent. Prod. u. aus der Verschiedenheit von dem nach BAKER (J. chem. Soc. [London] **127.** [1925.] 2353) dargestellten 3-Benzyl-4-methyl-7-oxycumarin folgt. Ebenso entsteht aus n-Propylacetessigsäureäthylester u. **I** bei 2 std. Kochen *2-Methyl-3-n-propyl-7-oxychromon* (F. 160°; *Acetylderiv.*, F. 72°), das sich auch nach KOSTANECKI aus 2.4-Dioxy-n-butyrophenon mit Acetanhydrid u. Na-Acetat synthetisieren läßt; bei der Acetylierung des Rohprod. wurde in geringer Menge *3-n-Propyl-4-methyl-7-acetoxycumarin* (F. 115°) als in A. schwererlösl. Prod. erhalten. Kondensation von Cyclohexanon-(2)-carbonsäureäthylester mit **I** in der Wärme lieferte als einziges Reaktionsprod. das bisher nicht erhältliche *2.3-Cyclohexeno-7-oxychromon* ($C_{13}H_{12}O_3$, F. 277°). Die beschriebenen Verss. zeigen, daß die Kondensation von β-Ketoestern mit **I** ohne Dehydratationsmittel hauptsächlich zu Chromonen u. nur gelegentlich zu Cumarinen als Nebenprodd. führt. (C. R. hebd. Séances Acad. Sci. **232.** 1488—90. 16/4. 1951.) SPAETH. 3211

**Ch. Mentzer, D. Molho** und **P. Vercier,** *Neue Verfahren zur Gewinnung des Benzopyronringes.* (Bericht vor dem 12. Internationalen Kongreß für reine u. angewandte Chemie in New York, 10.—13. September 1951.) Überblick über die theoret. möglichen Verff., Verbb. mit *Benzopyronstruktur* (*Cumarine* u. *Chromone*) zu gewinnen, u. die in der Literatur beschriebenen Synthesen, wobei bes. auf die C. **1950.** II. 408, **1952.** 2838 u. vorst. referierten Arbeiten eingegangen wird. (Bull. Soc. chim. France, Mém. [5] **19.** 91—93. Jan./Febr. 1952. Lyon, Fac. des Sci., Labor. de Chim. Biol.) ROTTER. 3211

**I. N. Nasarow, Ss. G. Matzojan** und **W. A. Rudenko,** *Acetylenderivate.* 128. Mitt. *Heterocyclische Verbindungen.* 23. Mitt. *Einwirkung von primären aromatischen Aminen und α-Aminopyridin auf Vinylallylketone. Synthese von arylsubstituierten γ-Piperidonen und 1-[α-Pyridyl]-piperidonen-(4).* (127. vgl. Известия Академии Наук, Отделение Химических Наук [Nachr. Akad. Wiss. UdSSR, Abt. chem. Wiss.] **1952.** 703; vgl. auch **1948.** 610 u. C. **1949.** E. 551; 126. vgl. C. **1953.** 5492). Bei der Einw. von $NH_3$ auf 3-Phenylheptadien-(2.6)-on-(4) (**I**) {im Gemisch mit 6-Methoxy-3-phenylhepten-(2)-on-(4) (**II**); vgl. Журнал Общей Химии [J. allg. Chem.] **18** (**80**). [1948.] 912} wurde *2.6-Dimethyl-5-phenylpiperidon-(4)* (**III**) erhalten; mit $CH_3NH_2$ u. $C_2H_5NH_2$ bildete sich entsprechend *1.2.6-Trimethyl-* (**IV**) bzw. *1-Äthyl-2.6-dimethyl-5-phenylpiperidon-(4)* (**V**). Die unter den Reaktionsbedingungen durch weitere Einw. von $NH_3$ ($CH_3NH_2$, $C_2H_5NH_2$) entstehenden 4-Iminoderivv. lassen sich durch Säuren zu den Piperidonen **III**, **IV** u. **V** verseifen. Die Kondensation von Allylisopropenylketon (**VI**) mit Anilin in Ggw. von W. lieferte *1-Phenyl-2.5-dimethylpiperidon-(4)*; diese Verb. entstand auch, wenn statt **VI** das Gemisch der Anlagerungsprodd. von $CH_3OH$ an **VI** {β-Methoxypropylisopropenylketon (**VII**), Allyl-β-methoxyisopropylketon (**VIII**) u. β-Methoxypropyl-β'-methoxyisopropylketon (**IX**); vgl. Известия Академии Наук СССР, Отделение Химических Наук [Nachr. Akad. Wiss. UdSSR, Abt. chem. Wiss.] **1941.** 211} angewendet wurde. Analog wurden mit o- u. p-Toluidin, p-Anisidin u. p-Phenetidin die entsprechenden *1-Aryl-2.5-dimethylpiperidone-(4)* gewonnen. Weitere Kondensationen dieser Art sind: Allyl-$\Delta^1$-cyclohexenyl-(1)-keton (**X**) + Anilin (p-Anisidin) → *1-Phenyl-(p-methoxyphenyl)-2-methyl-4-ketodekahydrochinolin,* α-Aminopyridin (**XI**) + **VI** → *1-[α-Pyridyl]-2.5-dimethylpiperidon-(4),* **X** + **XI** → *1-[α-Pyridyl]-2-methyl-4-ketodekahydrochinolin.* Anders verliefen die Rkk. im Falle der prim. aromat. Amine bei Ausschluß von W.; hierbei entstanden Anlagerungsprodukte. Z. B. lieferte die Kondensation von Anilin mit **VI** *β-Phenylaminopropylisopropenylketon* (**XII**), mit

**VII** + **VIII** + **IX**-Gemisch ebenfalls **XII**, außerdem *β-Phenylaminopropyl-β'-methoxyisopropylketon*, die Kondensation von **VI** mit **XI** *β-[Pyridyl-(2)-amino]-propylisopropenylketon*. — Es wird darauf hingewiesen, daß die Ausbeute an Piperidonderivv. bei den 5 angewendeten aromat. Aminen mit der elektrolyt. Dissoziationskonstante der letzteren ansteigt.

V e r s u c h e: *2.6-Dimethyl-5-phenylpiperidon-(4)* (**III**), $C_{13}H_{17}ON$, F. 108—109°; $Kp._{0,17}$ 112°, durch 4std. Erhitzen von 14 g eines **I** + **II**-Gemisches ($Kp._1$ 95—115°) mit 23,2 ml wss. $NH_3$ (D. 0,93) u. 45 ml $CH_3OH$ im geschlossenen Gefäß auf 60—70°; nach Verdampfen von $NH_3$ u. $CH_3OH$ wurde mit verd. HCl (1:3) neutralisiert, mit Ae. zur Entfernung nichtbas. Prodd. extrahiert u. aus der wss. Lsg. in üblicher Weise die Base frei gemacht; aus 50%ig. A. Kristalle; 9 g (Ausbeute). *Hydrochlorid*, $C_{13}H_{18}ONCl$, F. 208—209° (Zers.); aus A. + Ae. Kristalle. *Pikrat*, F. 192—193°; aus Alkohol. *Hydrochlorid* des *2.4-Dinitrophenylhydrazons*, F. 237—238° (Zers.); aus $CH_3OH$ gelbe Kristalle. — *1.2.6-Trimethyl-5-phenylpiperidon-(4)* (**IV**), $C_{14}H_{19}ON$, $Kp._1$ 119—121°; aus **I** + **II**-Gemisch u. $CH_3NH_2$ in wss. $CH_3OH$, 1 Std. im geschlossenen Gefäß bei 70°; zur Entfernung der 4-Iminoverb. wurde 4 Std. mit 10%ig. HCl auf dem Wasserbad erhitzt; $D.^{20}_4$ 1,0515; $n_D^{20}$ 1,5420; Mol.-Refr. ($[MR]_D$) 65,22; 4,5 g aus 10 g **I** + **II**. *Pikrat*, $C_{20}H_{22}O_8N_4$, F. 140—141°; aus A. + Aceton. — *1-Äthyl-2.6-dimethyl-5-phenylpiperidon-(4)* (**V**); aus **I** + **II**-Gemisch u. $C_2H_5NH_2$ analog Vorst.; aus der Fraktion vom $Kp._{0,2}$ 90—100° wurde durch alkoh. Pikrinsäurelsg. das *Pikrat*, $C_{21}H_{24}O_8N_4$, F. 150 bis 151°, abgeschieden; aus A. + Aceton Kristalle; 2,7 g. — *1-Phenyl-2.5-dimethylpiperidon-(4)*, $C_{13}H_{17}ON$, $Kp._1$ 116—117°, a) aus 110 g **VI** u. 93 g Anilin in 250 ml Dioxan + 60 ml W. bei 23std. Kochen; die Basenfraktion vom $Kp._1$ 115—130° wurde in verd. HCl (1:1) gelöst, die Lsg. im Vakuum zur Trockne verdampft u. die sich abscheidenden Kristalle des *Hydrochlorids* mit warmem Aceton gewaschen; hieraus die freie Base; 102 g; aus der Acetonmutterlauge sehr wenig **XII**. b) 130 g **VII** + **VIII** + **IX**-Gemisch ($Kp._{13}$ 65—85°) u. 150 g Anilin in 160 ml $CH_3OH$ + 200 ml W. wurden 22 Std. gekocht; 82 g. Öl; $D.^{21}_4$ 1,0650; $n_D^{21}$ 1,5519; $[MR]_D$ 60,98. *Hydrochlorid*, $C_{13}H_{18}ONCl$, F. 157 bis 157,5° (im geschlossenen Röhrchen); aus A. + Aceton Kristalle. *Pikrat*, $C_{19}H_{20}O_8N_4$, F. 137—138°. *Hydrochlorid* des *2.4-Dinitrophenylhydrazons*, $C_{19}H_{22}O_4N_5Cl$, F. 183 bis 183,5°; aus Alkohol. — *β-Phenylaminopropylisopropenylketon* (**XII**); aus der vorst. erhaltenen Acetonmutterlauge als *Pikrat*, $C_{19}H_{20}O_8N_4$, F. 125—126°, isoliert; aus A. + Methyläthylketon Kristalle. — *β-Phenylaminopropyl-β'-methoxyisopropylketon*; aus 70 g **VII** + **VIII** + **IX**-Gemisch u. 60 g Anilin in 75 ml wasserfreiem Dioxan bei 25std. Kochen; die Fraktion vom $Kp._1$ 122—126° gab das *Pikrat*, $C_{20}H_{24}O_9N_4$, F. 104 bis 105°; 4,5 g. Die freie Base dest. unter teilweiser Zersetzung. — *1-[p-Tolyl]-2.5-dimethylpiperidon-(4)*, $C_{14}H_{19}ON$, $Kp._1$ 128°; aus p-Toluidin u. **VI** + **VII** + **VIII** + **IX**-Gemisch ($Kp._{12}$ 55—80°) in $CH_3OH$ + W. bei 24 std. Kochen; Isolierung als *Hydrochlorid*, $C_{14}H_{20}ONCl$, F. 158,5—160° (Zers.); aus verd. A. Kristalle; 42 g aus 100 g p-Toluidin. Die freie Base ist ein Öl; $D.^{20}_4$ 1,0420; $n_D^{20}$ 1,5419. — *1-[o-Tolyl]-2.5-dimethylpiperidon-(4)*, $C_{14}H_{19}ON$, $Kp._{0,5}$ 107°; aus o-Toluidin u. **VI** + **VII** + **VIII** + **IX**-Gemisch; $D.^{20}_4$ 1,0231; $n_D^{20}$ 1,5288. *Hydrochlorid*, $C_{14}H_{20}ONCl$, F. 132,5—133,5°; aus 90%ig. A.; 50,5 g aus 100 g o-Toluidin. — *1-[p-Methoxyphenyl]-2.5-dimethylpiperidon-(4)*, $C_{14}H_{19}O_2N$, F. 51,5—52,5°; $Kp._{0,5}$ 124—125°; aus p-Anisidin analog Vorst.; aus Bzn. Kristalle. *Hydrochlorid*, $C_{14}H_{20}O_2NCl$, F. 152,5—153,5°; aus A. + Aceton; 175 g aus 160 g p-Anisidin. *Hydrochlorid* des *2.4-Dinitrophenylhydrazons*, $C_{20}H_{24}$·$O_5N_5Cl$, F. 188—188,5°. — *1-[p-Äthoxyphenyl]-2.5-dimethylpiperidon-(4)*, $C_{15}H_{21}O_2N$, F. 87—88°; aus p-Phenetidin; aus A. Kristalle; 37 g aus 35 g p-Phenetidin. *Hydrochlorid*, $C_{15}H_{22}O_2NCl$, F. 129—130°; aus Methyläthylketon Kristalle. — *1-[α-Pyridyl]-2.5-dimethylpiperidon-(4)*, $C_{12}H_{16}ON_2$, F. 70—71°; $Kp._{0,5}$ 112°. 100 g **XI** wurden mit 100 g **VII** + **VIII** + **IX**-Gemisch u. 400 ml W. 5 Std. gekocht; Isolierung als *Monohydrochlorid*, $C_{12}H_{17}ON_2Cl$, F. 149—150°; aus A. + Ae. Kristalle; 55 g. Die freie Base krist. aus Benzin. — *β-[Pyridyl-(2)-amino]-propylisopropenylketon*, $Kp._{2,5}$ 129—131°; aus **XI** u. **VI** (oder **VII** + **VIII**-Gemisch) unter Ausschluß von W. bei kurzem Erhitzen auf dem Wasserbad; gelbes, schnell dunkel werdendes Öl; $D.^{20}_4$ 1,0554; $n_D^{20}$ 1,5575; $[MR]_D$ 62,27; ca. 8 g aus 12 g **XI**. Zerfällt bei der Vakuumdest. teilweise in **VI** u. **XI**. *Pikrat*, F. ca. 230° (Zers.). — *β-[Pyridyl-(2)-amino]-propylisopropylketon*, $Kp._4$ 125—126°; durch Hydrieren vorst. Verb. (4,5 g; Pd; A.): hellgelbe Fl.; $D.^{20}_4$ 1,0243; $n_D^{20}$ 1,5280; $[MR]_D$ 61,98; 1,3 g. *Pikrat*, F. 130—131°. — *1-Phenyl-2-methyl-4-ketodekahydrochinolin*, $C_{16}H_{21}ON$, F. 101—103°; $Kp._1$ 140—146°; aus **X** u. Anilin in wss. Dioxan bei 15std. Kochen; aus Bzn. Kristalle; 15,3 g aus 28 g **X**. *Hydrochlorid*, $C_{16}H_{22}ONCl$, F. 142—143°; aus A. + Äther. — *1-[p-Methoxyphenyl]-2-methyl-4-ketodekahydrochinolin*, $C_{17}H_{23}O_2N$, F. 98—99°; aus **X** u. p-Anisidin in wss. $CH_3OH$; Isolierung als *Hydrochlorid*, $C_{17}H_{24}O_2NCl$, F. 150—151°; aus A. + Methyläthylketon Kristalle; 16,5 g aus 20 g **X**. Die freie Base bildet geruchlose Kristalle. — *1-[α-Pyridyl]-2-methyl-4-ketodekahydrochinolin*, $Kp._1$ 155 bis 160°; aus **X** u. **XI** in W.; wurde als *Monopikrat*, $C_{21}H_{23}O_8N_5$, F. 145—146°; 5,2 g, aus 10 g **X** isoliert. (Известия Академии Наук СССР, Отделение Химических Наук [Nachr. Akad. Wiss. UdSSR, Abt. chem. Wiss.] **1952.** 1057—68. Nov./Dez. Inst. für organ. Chem. der Akad. der Wiss. der UdSSR.) R. KNOBLOCH. 3231

**I. N. Nasarow, Ss. G. Matzojan** und **W. A. Rudenko,** *Acetylenderivate.* 129. Mitt. *Heterocyclische Verbindungen.* 24. Mitt. *Umwandlungen von 1-Phenyl-2.5-dimethylpiperidon-(4).* (128. bzw. 23. vgl. vorst. Ref.) 1-Phenyl-2.5-dimethylpiperidon-(4) (**I**) wurde mit $HNO_2$ in *1-[p-Nitrosophenyl]-2.5-dimethylpiperidon-(4)* (**II**) u. dieses durch Red. in das entsprechende *Amin* umgewandelt. Ebenfalls in p-Stellung der Phenylgruppe erfolgte die Kupplung mit p-Diazobenzolsulfonsäure zur Azoverbindung. Das Oxim von **I** wurde zum entsprechenden *Amin* reduziert. Dessen *N-Methylderiv.* ließ sich aus **I** mit $CH_3NH_2$ u. Red. der entstehenden *4-Methyliminoverb.* gewinnen. Die Druckhydrierung von **I** führte zu dem bekannten *1-Cyclohexyl-2.5-dimethylpiperidol-(4).* Nebenprod. hierbei war *Propylisopropylcarbinol*, dessen Bldg. auf Spaltung des Piperidinringes zurückzuführen ist.

Versuche: *1-[p-Nitrosophenyl]-2.5-dimethylpiperidon-(4)* (**II**), $C_{13}H_{16}O_2N_2$, F. 130—130,5°; aus 24 g **I** in 98 ml verd. HCl (1:1) bei tropfenweisem Zusatz von 9,5 g $NaNO_2$ in 40 ml W. unter Kühlung mit Eis; nach 1 Std. wird das ausfallende *Hydrochlorid* (23,2 g) abfiltriert. Die Base wird durch $Na_2CO_3$-Lsg. in Ggw. von Ae. frei gemacht; aus A. + Bzn. grüne, metallglänzende Kristalle. Wird durch Alkalilauge sofort unter Bldg. von *p-Nitrosophenol* u. *2.5-Dimethylpiperidon-(4)* hydrolysiert (*Hydrochlorid*, F. 152—153°; orangegelbe Kristalle). — *1-[p-Aminophenyl]-2.5-dimethylpiperidon-(4)*, $C_{13}H_{18}ON_2$, F. 135,5—136,5°; durch Red. von **II**-Hydrochlorid (aus 18 g **I**) mit $SnCl_2$ + HCl bei 40—60°, zum Schluß auf dem Wasserbad; man macht mit 50%ig. KOH alkal. u. extrahiert die ausfallende M. mit Ae.; aus A. schnell dunkel werdende Kristalle; 13,6 g. *Hydrochlorid* des *2.4-Dinitrophenylhydrazons*, F. 115—116°; aus Alkohol. — *1-[p-Benzylidenaminophenyl]-2.5-dimethylpiperidon-(4)*, $C_{20}H_{22}ON_2$, F. 130,5—131,5°; aus vorst. Verb. u. Benzaldehyd in A., 1 Std. bei 60—70°; aus absol. A. gelbe Kristalle. — *4-[2''.5''-Dimethyl-4''-ketopiperidino]-azobenzol-4'-sulfonsäure*; aus **I** (5 g) u. diazotierter Sulfanilsäure in verd. HCl bei —4°; auf Zusatz von NaOH scheiden sich 6,5 g braunes *Na-Salz*, $C_{19}H_{20}O_4N_3SNa$, aus; seine gelben Lsgg. werden beim Ansäuern rot. — **I**-*Oxim*, $C_{13}H_{18}ON_2$; das Gemisch von syn- u. anti-Form schm. bei 70—83°; aus 50%ig. A. Kristalle. — *1-Phenyl-2.5-dimethyl-4-aminopiperidin*, $C_{13}H_{20}N_2$, $Kp._1$ 114—115°; durch Red. vorst. Oxims mit Na in sd. Isoamylalkohol; Fl. von starkem Amingeruch; $D.^{20}{}_4$ 1,0035; $n_D^{20}$ 1,5425; 18 g aus 25 g Oxim. An der Luft bildet sich ein *Carbonat*, F. > 100°. *Dihydrochlorid*, $C_{13}H_{22}N_2Cl_2$, F. 204—206°; aus absol. Alkohol. *Acetylderiv.*, $C_{15}H_{22}ON_2$, F. 146—148°; aus A. + Benzin. — *1-Phenyl-2.5-dimethyl-4-methylaminopiperidin*, $Kp._1$ 119—121°. 9 g **I** werden mit 11,5 g wasserfreiem $CH_3NH_2$ im geschlossenen Gefäß 3 Std. auf 50—65° erwärmt; überschüssiges $CH_3NH_2$ wird im Vakuum entfernt u. der Rückstand in alkoh. Lsg. in Ggw. von Pt nach ADAMS hydriert; Öl; $n_D^{20}$ 1,5522; 6,5 g. *Dihydrochlorid*, $C_{14}H_{24}N_2Cl_2$, F. 195,5—197° (im geschlossenen Röhrchen); aus Aceton + Ae. Kristalle. — *1-Cyclohexyl-2.5-dimethylpiperidol-(4)*. F. 85—86°; durch Hydrieren von **I** in alkoh. Lsg. (46 g; RANEY-Ni; 200—250°; 90 at $H_2$-Anfangsdruck); Isolierung als *Hydrochlorid*, F. 305—307°, aus der Fraktion (13 g) vom $Kp._1$ 115—125°. Nebenprod. ist *Propylisopropylcarbinol*, Kp. 140—143°; $n_D^{20}$ 1,4190; 2,1 g, das durch Oxydation mit $K_2Cr_2O_7$ in 30%ig. $H_2SO_4$ *Propylisopropylketon* (*Semicarbazon*, F. 116—118°) gibt. (Известия Академии Наук СССР, Отделение Химических Наук [Nachr. Akad. Wiss. UdSSR, Abt. chem. Wiss.] **1952.** 1069—74. Nov./Dez.) R. KNOBLOCH. 3231

**G. B. Marini-Bettòlo** und **S. Chiavarelli,** *Synthese von Bis-chinolinderivaten nach dem Vorbild natürlicher Alkaloide.* 1. Mitt. *Isochinolinderivate des Diphenyläthers. p-Phenoxyphenylessigsäure* u. *Phenoxyphenyl-4.4'-diessigsäure* werden nach der Meth. von WILLGERODT-KINDLER dargestellt u. aus den Amiden dieser Säuren mit β-Phenyläthylamin bzw. Homoveratrylamin die entsprechenden Iso- u. Bisisochinolinderivv. erhalten.

Versuche: *4-Phenoxyphenylthioessigsäuremorpholid*, $C_{18}H_{19}O_2NS$, F. 87° (A.), $Kp._{0,6}$ 253°, aus 159 g p-Phenoxyacetophenon, 67,5 $cm^3$ Morpholin u. 24 g S durch 15std. Kochen; 215 g (Ausbeute). — *p-Phenoxyphenylessigsäure*, F. 78° (PAe.), aus vorst. Verb. u. 20%ig. KOH durch 13std. Kochen; 117 g. — *p-Phenoxyphenylessigsäure-β-phenyläthylamid*, $C_{22}H_{21}O_2N$, F. 84—85° (PAe.), $Kp._{0,4}$ 229°, aus 23 g vorst. Verb. u. 12 g β-Phenyläthylamin; 20 g. — *1-[p-Phenoxybenzyl]-3.4-dihydroisochinolin* (**I**), $C_{22}H_{19}ON$, $Kp._{0,6}$ 204—214°, aus 20 g vorst. Verb. u. 20 g $P_2O_5$ in Xylol durch 1std.

Kochen; 6,4 g. — *1-[p-Phenoxybenzyl]-isochinolinhydrochlorid*, $C_{22}H_{17}ON \cdot HCl$, F. 207° (A.), aus 1g I in Tetralin durch 4std. Kochen mit 0,3 g 5%ig. Pd-Kohle u. Ansäuern mit HCl; 0,6 g; UV-Absorptionskurve vgl. Original. — *1-[p-Phenoxybenzyl]-1.2.3.4-tetrahydroisochinolin*, aus 1,5 g I in A. durch Hydrieren bei n. Druck in Ggw. von 0,5 g Pd-Mohr; viscoses Öl; 1,1 g. *Pikrolonat*, $C_{22}H_{21}ON \cdot C_{10}H_8O_5N_4$, F. 230° (A.). — *Phenoxyphenyl-4.4'-bis-[thioessigsäuremorpholid]* (II), $C_{24}H_{28}O_3N_2S_2$, F. 154° ($CH_3OH$), aus 380 g 4.4'-Diacetyldiphenyläther, 221 g Morpholin u. 78,5 g S, 19 Std. bei 170—180°; 371 g. — *Phenoxyphenyl-4.4'-diessigsäure*, F. 207°, aus 371 g II in konz. $CH_3COOH$ u. verd. $H_2SO_4$ durch 8std. Kochen; 195 g. — *Phenoxyphenyl-4.4'-diessigsäurebishomoveratrylamid*, $C_{36}H_{40}O_7N_2$, F. 99° (Chlf.–PAe.), durch Erwärmen von 12 g vorst. Verb. mit 20 g Homoveratrylamin in Tetralin unter azeotroper Abdest. des sich bildenden W. im $N_2$-Strom u. anschließendes Erhitzen auf 220—230°; 27 g. — *Bis-[ω-(6.7-dimethoxy-3.4-dihydroisochinolyl-(1)-p-tolyl]-äther* (III), F. 150—155°, aus 19 g vorst. Verb. in Chlf. mit 19 g $PCl_5$ zunächst unter Kühlung, dann 6 Std. bei 30° u. 6 Std. bei 40° u. Zers. mit Eiswasser; 7 g. III red. $AgNO_3$-Lsg. u. wird durch Luft oxydiert. — *p.p'-Bis-[6.7-dimethoxy-3.4-dihydroisochinaldoyl]-diphenyläther*, $C_{36}H_{32}O_7N_2$, F. 167—168°, aus III in Ae. durch Lufteinw.; aus A. gelbe Drusen; UV-Absorptionskurve vgl. Original. — *Bis-[ω-(6.7-dimethoxyisochinolyl-(1))-p-tolyl]-äther*, aus III in Tetralin mit 2 g 5%ig. Pd-Kohle im $N_2$-Strom (6 Std.). *Hydrochlorid*, 166—167° (Zers.; A.). *Pikrat*, $C_{36}H_{32}O_5N_2 \cdot 2C_6H_3O_7N_3$, F. 230° (A.). — *Bis-[ω-(6.7-dimethoxy-1.2.3.4-tetrahydroisochinolyl-(1))-p-tolyl]-äther*, F. 145—148° (Zers.; A.), aus vorst. Verb. in verd. HCl (1:1) in Ggw. von Pd-Mohr durch ca. 4std. Hydrieren bei n. Druck. *Hydrochlorid*, F. 205—207°. *Pikrat*, $C_{36}H_{40}O_5N_2 \cdot 2C_6H_3O_7N_3$, F. 177—178° (wss. Alkohol). — *p.p'-Bis-[β-morpholinoäthyl]-diphenyläther*, F. 207—208°, aus II in Dioxan mit $LiAlH_4$ durch Kochen während 18 Std. u. Zers. mit Wasser. *Pikrat*, $C_{24}H_{32}O_3N_2 \cdot 2C_6H_3O_7N_3$, F. 177°. (Rend. Ist. super. Sanità **15.** 1041—53. 1952. Roma, Ist. Super. di Sanità, Labor. di Chim. Terapeutica.) V. PILINSZKY. 3231

**Nelson J. Leonard** und **William J. Middleton**, *Reduktive Cyclisierung. Eine Methode zur Synthese tricyclischer Verbindungen mit einem N-Atom als Brückenglied.* (Vgl. C. **1952.** 6860.) Nach der allg. Meth. der reduktiven Cyclisierung von Oximinoestern werden aus cycl. Vertretern des Typs I durch Hochdruckhydrierung über Cu-Chromit bei hohen Tempp. *1-Azatricycloverbb.* der allg. Formel II dargestellt. Die den Verbb. I zugrundeliegenden *Ketondiester* wurden nach OPENSHAW u. ROBINSON (C. **1937.** II. 2178) u. CHATERJEE u. Mitarbeiter (Sci. and Cult. **6.** [1941.] 724 u. C. **1941.** II. 3186) dargestellt. Z. B. ergab das Na-Deriv. von Cyclohexanon-2-carbonsäureäthylester mit β-Brompropionsäureäthylester *β-[1-Carbäthoxycyclohexanon-(2)-yl-(1)]-propionsäureäthylester*. Die durch Kochen mit alkoh. Alkoholat daraus erhaltene Na-Verb. des isomeren *β-[3-Carbäthoxycyclohexanon-(2)-yl-(1)]-propionsäureäthylesters* lieferte mit Bromessigsäureäthylester den Tricarbonsäureester III, der verseift, decarboxyliert, verestert u. schließlich in den Oximester I (x = 1, y = z = 2) übergeführt werden konnte. — Das aus *2.6-Bis-[β-carbäthoxyäthyl]-cyclohexanon* (IV) erhaltene *Hexahydrojulolidin, 1-Azatricyclo-[7.3.1.0]-tridecan* (V), ist die *rac.* (*cis-trans*)-Form (Isomeres A von PROTIVA u. PRELOG [C. **1949.** E. 238]) u. IV somit die *trans*-Form. Die chromatograph. Trennung von rac. V in PAe. an d-Lactosehydrat ergab eine deutliche Trennung in ein (+)- u. ein (—)-V-Präp., von denen (—)-V stärker adsorbiert wurde. Dem B-Isomeren von V (vgl. PROTIVA u. PRELOG, l. c., erhalten durch katalyt. Hydrierung von Julolidin) wird die *meso*-Form, u. zwar *cis–cis*-Konfiguration zugeschrieben. *1-Azatricyclo-[6.3.1.0]-dodecan* (II, x = y = 2, z = 1) liegt ebenfalls in der *rac.* (*cis–trans*)-Form vor, das als Ausgangsprod. dienende Oxim I (x = y = 2, z = 1) also in der trans-Form. Bei *Hexahydrolilolidin, 1-Azatricyclo-[7.2.1.0]-dodecan* (II, x = 1, y = z = 2), läßt sich die chromatograph. Meth. nicht zur Konfigurationsbest. heranziehen, da alle 4 möglichen Formen rac. sind. Wahrscheinlich hat das Ausgangsprod. I (x = 1, y = z = 2) die trans- u. das Cyclisationsprod. die trans–cis-Konfiguration ($C_{(12)}$—H cis, $C_{(9)}$—H trans in bezug auf $C_{(5)}$—H). Ebenso wird *1-Azatricyclo-[6.2.1.0]-hendecan* (II, x = z = 1,

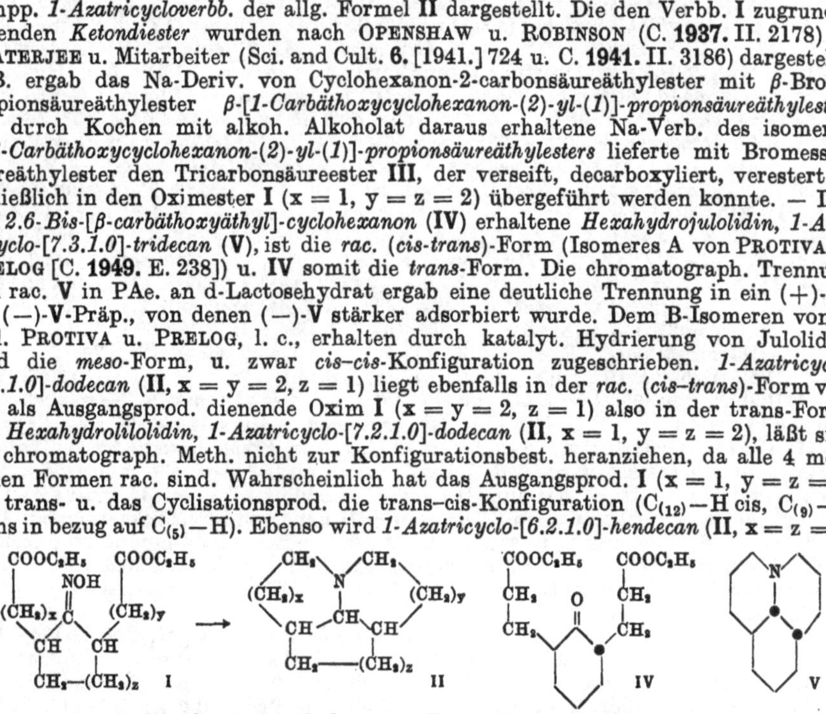


y = 2) trans–cis-Konfiguration haben. — Die reduktive Cyclisierung von 2.5-Bis-[carbäthoxymethyl]-cyclopentanonoxim (I, x = y = z = 1) zu *1-Azatricyclo-[5.2.1.0]*-

*decan* (II, x = y = z = 1) gelang nicht; die Bldg. des cis–trans-Isomeren dürfte ster. kaum möglich sein. Ebenso konnte bei der Red. von 2.6-Bis-[carbäthoxymethyl)-cyclohexanonoxim (I, x = y = 1, z = 2) kein *1-Azatricyclo-[6.2.1.0]-hendecan* (II, x = y = 1, z = 2) erhalten werden.

Versuche (FF. korr.): *[1-Carbäthoxycyclopentanon-(2)-yl-(1)]-essigsäureäthylester*, Kp.$_{0,5}$ 110—112°; $n_D^{20}$ 1,4559; 83% (Ausbeute). — *β-[1-Carbäthoxycyclopentanon-(2)-yl-(1)]-propionsäureäthylester*, Kp.$_{18}$ 187—190°; $n_D^{20}$ 1,4591; 75%. — *[1-Carbäthoxycyclohexanon-(2)-yl-(1)]-essigsäureäthylester*, Kp.$_1$ 130—132°; $n_D^{20}$ 1,4613; 72%. — *β-[1-Carbäthoxycyclohexanon-(2)-yl-(1)]-propionsäureäthylester*, Kp.$_1$ 150—152°; $n_D^{20}$ 1,4633; 65%. — *[3-Carbäthoxycyclopentanon-(2)-yl-(1)]-essigsäureäthylester*, Kp.$_{1,1}$ 148 bis 150°; $n_D^{20}$ 1,4567; D.$^{20}_4$ 1,1150; 78%. — *β-[3-Carbäthoxycyclopentanon-(2)-yl-(1)]-propionsäureäthylester*, Kp.$_1$ 150—153°; $n_D^{20}$ 1,4558; D.$^{20}_4$ 1,0926; 90%. — *[3-Carbäthoxycyclohexanon-(2)-yl-(1)]-essigsäureäthylester*, $C_{13}H_{20}O_5$, Kp.$_3$ 165—167°; $n_D^{20}$ 1,4656; D.$^{20}_4$ 1,1121; 60%. — *β-[3-Carbäthoxycyclohexanon-(2)-yl-(1)]-propionsäureäthylester*, Kp.$_2$ 165—170°; $n_D^{20}$ 1,4490; D.$^{20}_4$ 1,0646; 77%. — *2-Carbäthoxy-2.5-bis-[carbäthoxymethyl]-cyclopentanon*, Kp.$_{0,5}$ 162—167°; $n_D^{20}$ 1,4601; D.$^{20}_4$ 1,1386; 50%. — *β-[3-Carbäthoxy-3-carbäthoxymethyl-cyclopentanon-(2)-yl-(1)]-propionsäureäthylester*, Kp.$_{1,3}$ 185 bis 186°; $n_D^{20}$ 1,4594; D.$^{20}_4$ 1,1194; 56%. — *2-Carbäthoxy-2.5-bis-[β-carbäthoxyäthyl]-cyclopentanon*, Kp.$_{1,5}$ 196—198°; $n_D^{20}$ 1,4632; D.$^{20}_4$ 1,1133; 60%. — *2-Carbäthoxy-2.6-bis-[carbäthoxymethyl]-cyclohexanon*, Kp.$_{2,8}$ 193—198°; $n_D^{20}$ 1,4595; D.$^{20}_4$ 1,1200; 64%. — *β-[3-Carbäthoxy-3-carbäthoxymethylcyclohexanon-(2)-yl-(1)]-propionsäureäthylester* (III), $C_{18}H_{28}O_7$, Kp.$_{1,1}$ 190—192°; $n_D^{20}$ 1,4744; D.$^{20}_4$ 1,1365; 58%. —. *2-Carbäthoxy-2.6-bis-[β-carbäthoxyäthyl]-cyclohexanon*, Kp.$_{2,8}$ 213—214°; $n_D^{20}$ 1,4700; D.$^{20}_4$ 1,1180; 61%. Aus vorst. Triestern wurden durch HCl-Hydrolyse die nachst. Dicarbonsäuren gewonnen: *Cyclopentanon-2.5-diessigsäure*, F. 177°; 75%. *Diäthylester*, Kp.$_{0,4}$ 135—137°; $n_D^{20}$ 1,4628; D.$^{25}_4$ 1,1113; 75%. — *β-[3-Carboxymethylcyclopentanon-(2)-yl-(1)]-propionsäure*, F. 126—127°; 80%. *Diäthylester*, Kp.$_{0,8}$ 163—165°; $n_D^{20}$ 1,4608; D.$^{20}_4$ 1,0905; 81%. — *2.5-Bis-[β-carboxyäthyl]-cyclopentanon*, F. 122°; 90%. *Diäthylester*, Kp.$_{0,4}$ 161 bis 162°; $n_D^{20}$ 1,4633; D.$^{20}_4$ 1,0831; 91%. — *Cyclohexanondiessigsäure-(2.6)*; F. 188°; 60%. *Diäthylester*, $C_{14}H_{22}O_5$, Kp.$_{0,4}$ 161—162°; $n_D^{20}$ 1,4633; D.$^{20}_4$ 1,0831; 91%. — *β-[3-Carboxymethylcyclohexanon-(2)-yl-(1)]-propionsäure*, $C_{11}H_{16}O_5$, F. 167—168°; 91%. *Diäthylester*, $C_{15}H_{24}O_5$, Kp.$_{3,5}$ 184—190°; $n_D^{20}$ 1,4697; D.$^{20}_4$ 1,0905; 92%. — *2.6-Bis-[β-carboxyäthyl]-cyclohexanon*, F. 145°; 95%. *Diäthylester* (IV), Kp.$_1$ 189—192°; $n_D^{20}$ 1,4670; D.$^{20}_4$ 1,0840; 80%. — *1-Azatricyclo-[7.3.1.0]-tridecan* (V) (*A-Isomeres*), $C_{12}H_{21}N$, Kp.$_{0,8}$ 80°, durch Überführen von IV in das Oxim in sd. 50%ig. A. u. Hydrieren des rohen Oxims in Dioxan bei 265° u. 350 at $H_2$ in Ggw. von Cu-Chromit (4 Std.); Öl; $n_D^{20}$ 1,5034; D.$^{20}_4$ 0,9601; 38%. *Pikrat*, F. 185—186°. *Pikrolonat*, F. 264—265° (Zers.).— V-*Pikrat* (*B-Isomeres*), F. 222—223°, nach PROTIVA u. PRELOG (l. c.) u. fraktionierte Kristallisation des Pikratgemisches aus A., neben V-*Pikrat* (*A-Isomeres*). — V (*B-Isomeres*), Kp.$_{0,4}$ 75°, aus dem Pikrat mit verd. HCl; Öl; $n_D^{20}$ 1,5132. *Pikrolonat*, $C_{22}H_{29}O_5N_5$, F. 245—246° (Zers.), aus A. ockerfarbene Prismen. — *1-Azatricyclo-[6.2.1.0]-hendecan* (II, x = z = 1, y = 2), $C_{10}H_{17}N$, Kp.$_{0,2}$ 45°; $n_D^{20}$ 1,4982; D.$^{20}_4$ 0,9657; 19%. *Pikrat*, F. 242—243° (Zers.). *Pikrolonat*, F. 183—184°. — *1-Azatricyclo-[6.3.1.0]-dodecan* (II, x = y = 2, z = 1), $C_{11}H_{19}N$, Kp.$_{0,5}$ 56°; $n_D^{20}$ 1,5037; D.$^{20}_4$ 0,9671; 26%, *Pikrat*, F. 211—212°. *Pikrolonat*, F. 232—233°. — *1-Azatricyclo-[7.2.1.0]-dodecan* (II, x = 1, y = z = 2), $C_{11}H_{19}N$, Kp. $_{0,8}$ 56°; $n_D^{20}$ 1,4988; D.$^{20}_4$ 0,9606; 25%. *Pikrat*. F. 210—211°. *Pikrolonat*, F. 205—206° (Zers.). (J. Amer. chem. Soc. **74**. 5114—18, 20/10. 1952. Urbana, Ill., Univ., Noyes Chem. Labor.) GOLD. 3231

**Arthur P. Phillips**, *Die Rolle von Phenol bei der Reaktion von 2-Amino-4-chlor-6-methylpyrimidin mit Piperidin.* Die Rk. zwischen *2-Amino-4-chlor-6-methylpyrimidin* (I) u. *Piperidin* (II) in wss. Lsg. liefert in Ggw. von *Phenol* bessere Ausbeuten; dies könnte dadurch erklärt werden, daß als Zwischenprod. *2-Amino-4-phenoxy-6-methylpyrimidin* (III) auftritt. Vf. hat nun III dargestellt u. dessen Rk. mit II unter verschied. Bedingungen untersucht; in allen Fällen wurde III unverändert zurückgewonnen. Aus I u. Phenol wurde unter den Bedingungen der Darst. von 2-Amino-4-piperidino-6-methylpyrimidin kein III gebildet. Die Verss. zeigen, daß III nicht als Zwischenprod. auftritt, sondern daß die reaktionserleichternde Wrkg. des Phenols auf einer rein solvolyt. Wrkg. auf das Cl-Atom in I beruht.

Versuche: *2-Amino-4-phenoxy-6-methylpyrimidin* (III), $C_{11}H_{11}ON_3$, F. 194—195° ($CH_3OH$), aus äquimol. Mengen I u. KOH mit 5 Äquivalenten Phenol bei 2 std. Erhitzen auf 100°, dann überschüssige 10%ig. KOH zugeben; 98% Ausbeute. (J. org. Chemistry **17**. 1456—58. Nov. 1952. Tuckahoe, N. Y., Wellcome Res. Labors.) GOEBEL. 3272

**Allison Maggiolo** und **George H. Hitchings**, *Untersuchungen über kondensierte Pyrimidinsysteme.* 6. Mitt. *Einige 2-Aminothiazolo-[4.5:d]-pyrimidine.* (5. vgl. SCHRAGE u.

HITCHINGS, C. **1953**. 2924.) Die Einführung einer Thiocyangruppe in Pyrimidine in 5-Stellung gelingt, wenn diese außer einer Aminogruppe an $C_{(4)}$ noch mindestens eine $H_2N$- oder HO-Gruppe in 2- oder 6-Stellung tragen. Die entstehenden *4-Amino-5-thiocyanpyrimidine* erleiden leicht, meist schon bei der Aufarbeitung, Ringschluß zu den entsprechenden *2-Aminothiazolo-[4.5:d]-pyrimidinen* nebenst. Struktur. In einem Falle wurde ein weiterer Weg zu *Thiazolo-[4.5:d]-pyrimidinen* eingeschlagen: Chlorierung von *2-Äthylmercapto-6-methyl-4-oxypyrimidin* (I) gab das entsprechende *4-Chlorpyrimidin* u. daraus mit KSCN das *4-Thiocyanderiv.*, aus dem durch Umlagerung zum *Isothiocyanat* u. dessen Rk. mit $NH_3$ *2-Äthylmercapto-6-methyl-4-thioureidopyrimidin* entstand, das sich zu *2-Amino-5-äthylmercapto-7-methylthiazolo-[4.5:d]-pyrimidin* cyclisieren ließ. Diese Meth. ist aber nicht allg. anwendbar, da 2- u. 6-Amino-4-chlorpyrimidin mit Na oder KSCN nicht zur Rk. gebracht werden konnten. — Die Thiazolo-[4.5:d]-pyrimidine werden durch Alkalibehandlung nicht verändert, während die Thiocyanpyrimidine Spaltung der Thiocyangruppe unter Disulfidbldg. erleiden. — Die UV-Maxima u. -Minima der dargestellten Thiazolo-[4.5:d]-pyrimidine bei $p_H$ 1 u. $p_H$ 11 werden angegeben. — Über die biol. Unters. soll getrennt berichtet werden.

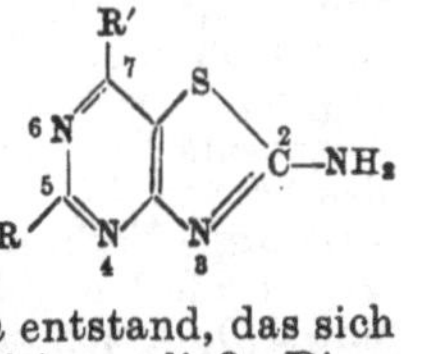

V e r s u c h e: *2.5-Diamino-7-methylthiazolo-[4.5:d]-pyrimidin*, $C_6H_7N_5S \cdot H_2O$, F. 249—250° (A.). Die Lsg. von 2.4-Diamino-6-methylpyrimidin u. KSCN in 96%ig. $CH_3COOH$ wurde unter Kühlung mit $Br_2$ in Eisessig im Dunkeln während ½ Std. versetzt, weitere 40 Min. ohne Kühlung gerührt, auf 70° erwärmt, heißes W. zugefügt u. zur Polymerisation des überschüssigen Rhodans belichtet; die heiß filtrierte Lsg. wurde nach Kühlung mit konz. $NH_4OH$ alkalisiert u. über Nacht bei 5° stehengelassen; 52% (Ausbeute). — *2.7-Diamino-5-methylthiazolo-[4.5:d]-pyrimidin*, $C_6H_7N_5S \cdot {}^1/_3H_2O$, F. > 300° (A.), analog; 63%. — *2.5.7-Triaminothiazolo-[4.5:d]-pyrimidin*, $C_5H_6N_6S$, F. > 300° (W.); 75%. — *2-Amino-5.7-dioxythiazolo-[4.5:d]-pyrimidin*, $C_5H_4O_2N_4S \cdot H_2O$, F. > 310° (W.); 45%. — *2.7-Diamino-5-methylmercaptothiazolo-[4.5:d]-pyrimidin*, $C_6H_7N_5S_2$, F. 208—209° (50%ig. A.); 79%. — *2.5-Diamino-7-oxythiazolo-[4.5:d]-pyrimidin*, $C_5H_5ON_5S$, F. > 310°; 72%. — *2.7-Diaminothiazolo-[4.5:d]-pyrimidin*, $C_5H_5N_5S \cdot H_2O$, F. 245—247°; 54%. — *2-Amino-5-äthylmercapto-7-methylthiazolo-[4.5:d]-pyrimidin*, $C_8H_{10}N_4S_2 \cdot H_2O$, F. 187—189° (50%ig. A.). I wurde mit $POCl_3$ 1 Std. auf dem Dampfbad erwärmt, überschüssiges $POCl_3$ unter vermindertem Druck entfernt u. das verbleibende Öl mit Eis, Ae. u. $NH_4OH$ bis $p_H$ 8—9 versetzt; die Ätherschicht wurde mit KSCN in A. auf dem Dampfbad unter Entfernung des Ae. erwärmt u. Toluol zugefügt; A. u. W. wurden durch Eindampfen entfernt; nach Zugabe von Xylol wurde die Mischung 2 Std. unter Rückfluß gekocht, heiß filtriert u. das noch warme Filtrat vorsichtig mit konz. $NH_4OH$ versetzt, wobei *2-Äthylmercapto-6-methyl-4-thioureidopyrimidin* ($C_8H_{12}N_4S_2$, F. 235—236°; 45%) ausfiel; dieses wurde in Chlf. unter Schütteln zu $Br_2$ in Chlf. während 15 Min. < 30° zugefügt, die Lsg. auf dem Dampfbad zur Trockne eingedampft, der Rückstand zur Entfernung von überschüssigem $Br_2$ mit $NaHSO_3$-Lsg. u. das erhaltene Öl mit überschüssigem $NH_4OH$ behandelt, nach 2 Std. wurde das krist. Prod. abfiltriert; 87%. — *2-Amino-4-oxy-6-phenyl-5-thiocyanpyrimidin*, $C_{11}H_8ON_4S$, F. 287—289° (Zers.). 2-Amino-4-oxy-6-phenylpyrimidin u. KSCN in $CH_3OH$ (gesätt. mit KBr) u. Eisessig wurden bei 5° unter Rühren während 20 Min. mit $Br_2$ in Eisessig versetzt; nach weiterem 1 std. Rühren ohne Kühlung, Erhitzen zum Sieden, Zugabe von heißem W., Filtrieren, Zugabe von 10%ig. $NH_4OH$ bis $p_H$ 6 u. Entfernung des $CH_3OH$ im Vakuum wurde das Prod. beim Abkühlen erhalten; aus A. gelbe Kristalle; 66%. — *Bis-[2-amino-4-oxy-6-phenylpyrimidyl-(5)]-disulfid*, $C_{20}H_{16}O_2N_6S_2$, F. >300°, durch Stehen vorst. Verb. in 10%ig. NaOH über Nacht, Verdünnen mit W., Filtrieren u. Versetzen mit 10%ig. $CH_3COOH$ bis $p_H$ 6; 100%. (J. Amer. chem. Soc. **73**. 4226—28. Sept. 1951. Tuckahoe, N. Y., Wellcome Res. Labors.) SPAETH. 3272

**Frederick G. Mann** und **F. C. Barker**, *Darstellung und Eigenschaften von 1.4-Dimethyläthylen-o-phenylendiarsin und von Diäthylen-o-phenylendiarsin. o-Phenylen-bis-dimethylarsin* (I) gibt mit $CH_3Br$ bzw. $CH_3J$ unter milden Bedingungen nur das *Monomethobromid* bzw. *-jodid*, dagegen können bei 100° im Rohr die *bis-quaternären Salze* erhalten werden, die leicht wieder 1 Mol $CH_3Br$ bzw. $CH_3J$ abspalten, so daß es sich bei den beobachteten FF. um die FF. der Monosalze handeln dürfte. — Das aus I u. Äthylendibromid bei 125—130° erhältliche *1.1.4.4-Tetramethyläthylen-o-phenylendiarsoniumdibromid* (II; *1.1.4.4-Tetramethyl-1.2.3.4-tetrahydro-1.4-diarsonianaphthalindibromid*) (vgl. GLAUERT u. MANN, C. **1951**. I. 3490) liefert bei der therm. Zers. *1.4-Dimethyläthylen-o-phenylendiarsin* (**III**) u. *1-Brom-4-methyläthylen-o-phenylendiarsin* (**IV**), von denen bei der fraktionierten Dest. nur **III** rein erhalten werden konnte. **III** verhält sich gegenüber $CH_3Br$ bzw. $CH_3J$ wie **I**: Unter milden Bedingungen entstehen die *Mono-*

*methohalogenide,* bei 100° wird **II** bzw. das entsprechende *Dijodid* erhalten; die bisquaternären Salze von **III** sind aber stabiler als die von **I**. Mit $H_2O_2$ liefert **III** das *Dioxyd,* mit $PdBr_2$, eine Koordinationsverb. aus 2 Mol **III** u. 1 Mol $PdBr_2$. **IV** gibt mit $CH_3Br$ oder $CH_3J$ bei 100° die *Monomethohalogenide,* mit $CH_3MgJ$ geht **IV** in **III** über, so daß zur Darst. von **III** die Abtrennung von **IV** nicht erforderlich ist, es genügt die Behandlung des Rohprod. mit $CH_3MgJ$. **III** liefert mit Äthylendibromid seinerseits *Diäthylen-o-phenylendiarsindimethobromid* (**VI**), aus dem durch therm. Zers. das tricycl. *Diäthylen-o-phenylendiarsin* (**V**) erhältlich ist; die sich daneben bildende Br-haltige Verb. konnte ihrer geringen Menge wegen nicht identifiziert werden. Auch **V** gibt wie **I** u. **III** mit $CH_3Br$ in der Kälte das *Monomethobromid,* in der Hitze **VI**; mit $H_2O_2$ entsteht aus **V** das *Dioxyd.* In der Reihe **I, III, V** nehmen Geruchsintensität u. Empfindlichkeit gegenüber Luft–$O_2$ merklich ab. **V** gehört demselben Typ an wie *Tri-o-phenylendiarsin* (**VII**; vgl. MCCLEVLAND u. WHITWORTH, J. chem. Soc. [London] **1927.** 2753), **VII** läßt sich aber viel schwerer quaternisieren als **V**, nur mit p-Toluolsulfonsäuremethylester bei 180° konnte das *Monometho-p-toluolsulfonat* erhalten werden, anscheinend vermindern die 3 o-Phenylengruppen die n. Reaktionsfähigkeit der beiden tert. Arsingruppen beträchtlich; die Reaktivität der 2. Arsingruppe wird durch die positive Ladung der quaternisierten 1. so weit herabgesetzt, daß die Bldg. bis-quaternärer Salze überhaupt nicht mehr möglich ist.

Versuche: *o-Phenylen-bis-dimethylarsin* (**I**), *Monomethobromid,* $C_{11}H_{19}BrAs_2$, F. 225–226° (Aceton + etwas $CH_3OH$), durch 12std. Stehen von **I** mit $CH_3Br$ im Rohr unter gelegentlichem Schütteln; *Dimethobromid,* $C_{12}H_{22}Br_2As_2$, F. 222–223° nach Verpuffen bei ca. 150°, aus **I** u. $CH_3Br$ mit etwas $CH_3OH$ während 3 Std. im Rohr bei 100°; *Monomethojodid,* $C_{11}H_{19}JAs_2$, F. 228–230° (A.), durch 1std. Kochen von **I** mit überschüssigem $CH_3J$ unter $N_2$ oder durch Stehen bei Raumtemp.; *Dimethojodid,* $C_{12}H_{22}J_2As_2$, F. 222–224°, aus **I** u. $CH_3J$ in $CH_3OH$ während 4 Std. bei 100° im Rohr. — *1.4-Dimethyläthylen-o-phenylendiarsin* (**III**), $C_{10}H_{14}As_2$, Kp.$_{0,3}$ 106–108°, Kp.$_{0,015}$ 94–97°, u. *1-Brom-4-methyläthylen-o-phenylendiarsin* (**IV**), $C_9H_{11}BrAs_2$, Kp.$_{0,3}$ 120° (unrein), durch vorsichtiges Erwärmen von 65 g **II** unter 0,03 mm mit freier Flamme unter Durchleiten von $N_2$ u. Fraktionierung des Destillats; 10,6 g **III** u. 22,9 g **IV** (roh). Zur Reindarst. von **III** wurde das rohe Destillat unter Rühren zu $CH_3MgJ$ unter $N_2$ zugetropft u. das Prod. mit wss. $NH_4Cl$-Lsg. hydrolysiert. — Derivv. von **III**: *Monomethobromid,* $C_{11}H_{17}BrAs_2$, F. 228° (A.). *Dimethobromid* (**II**), F. 254°. *Monomethojodid,* $C_{11}H_{17}JAs_2$, F. 250° ($CH_3OH$). *Dimethojodid,* $C_{12}H_{20}J_2As_2$, F. 245–246° ($CH_3OH$). *Dioxydpikrat,* $C_{22}H_{20}O_{16}N_6As_2$, F. 179–180°, durch 4std. Stehen von **III** mit $H_2O_2$ in Aceton bei 35°, Eindampfen auf dem Wasserbad u. Zugabe von Pikrinsäure; aus $CH_3OH$ gelbe Kristalle. *Dibrom-bis-1.4-dimethyläthylen-o-phenylendiarsinpalladium,* $C_{20}H_{28}Br_2As_4Pd$, F. 360° (Zers.), aus **III** mit wss.-alkoh. $PdBr_2$-Lsg.; aus $CH_3OH$ tieforangefarbene Kristalle. — Derivv. von **IV**: *Monomethobromid,* $C_{10}H_{14}Br_2As_2$, F. 240° ($CH_3OH$). *1-Jod-4-methyläthylen-o-phenylendiarsinmonomethojodid,* $C_{10}H_{14}J_2As_2$, F. 199 bis 200°, durch Kochen von **IV** mit $CH_3J$; aus $CH_3OH$ tiefgelbe Kristalle. *4-Methyl-1-[N-pentamethylenthiocarbamylmercapto]-äthylen-o-phenylendiarsin,* $C_{15}H_{21}NS_2As_2$, F. 101–101,5°, durch Erwärmen von **IV** u. Piperidin-N-pentamethylendithiocarbamat in A.; aus A. cremefarbene Kristalle. — *Diäthylen-o-phenylendiarsin, Dimethobromid* (**VI**), $C_{12}H_{18}Br_2As_2$, F. 240° ($CH_3OH$), durch 3std. Erhitzen von **III** u. Äthylendibromid auf 120–125° unter $N_2$; hygroskop.; *Dimethojodid,* $C_{24}H_{22}O_{14}N_6As_2$, F. 230°, aus W. blaßgelbe Nadeln. Aus **III** u. Trimethylendibromid wurde analog **VI** eine spröde Substanz erhalten, die nicht krist. werden konnte. — *Diäthylen-o-phenylendiarsin* (**V**), $C_{10}H_{12}As_2$, Kp.$_{0,01}$ 95–96°, durch Erhitzen von 12,8 g **VI** auf 270°/0,5 mm unter Durchleiten eines $N_2$-Stromes u. Fraktionierung des Destillats; daneben ein Br-haltiges Gemisch, Kp.$_{0,014}$ 105–107°. — Derivv. von **V**: *Monomethobromid,* $C_{11}H_{15}BrAs_2$, F. 244° (A.). *Dimethobromid* (**VI**), F. 239–240° (A.). *Monomethojodid,* $C_{11}H_{15}JAs_2$, F. 240° ($CH_3OH$). *Dimethojodid,* $C_{12}H_{18}J_2As_2$, F. 260° ($CH_3OH$). *Dioxydpikrat,* $C_{22}H_{18}O_{16}N_6As_2$, F. 184°, aus W. gelbe Kristalle. — **VII**-*Monometho-p-toluolsulfonat, Monohydrat,* $C_{26}H_{22}O_3SAs_2 \cdot H_2O$, F. 238° (W.), durch 4std. Erhitzen von **VII** u. p-Toluolsulfonsäuremethylester auf 180° u. Rühren des erkalteten viscosen Prod. mit Ae.; *Monomethopikrat,* $C_{25}H_{17}O_7N_3As_2$, F. 226–227° (Zers.; $CH_3OH$). (J. chem. Soc. [London] **1952.** 4142–47. Nov. Cambridge, Univ., Chem. Labor.) SPAETH. 3292

**Nathan N. Crounse,** *Isolierung und Identifizierung eines Stoffwechselprodukts des Chlorguanids.* Die Unterss. über die Veränderungen, die *$N^1$-[p-Chlorphenyl]-$N^5$-isopropylbiguanid* (*Chlorguanid*) (**I**) im tier. Körper erfährt, zeigten, daß die Antimalariawirksamkeit nicht auf **I**, sondern auf ein daraus gebildetes Stoffwechselprod. zurückzuführen ist. Aus dem Urin von Menschen u. Affen konnten nach **I**-Gaben zwei Stoffe isoliert werden, die sich als *$N^1$-[p-Chlorphenyl]-biguanid* (**II**) u. *2-Amino-4.4-dimethyl-*

*6-[p-chlorphenylamino]-3.4-dihydro-1.3.5-triazin* (III) erwiesen. Vf. beschreibt die Rkk., die zur Aufstellung der genannten Strukturformel für III führten u. die Synth. von III aus Aceton u. II.

Versuche: *2-Amino-4.4-dimethyl-6-[p-chlorphenylamino]-3.4-dihydro-1.3.5-triazin* (III)-*Methanolat*, $C_{12}H_{18}ON_5Cl$, F. 128—129°, durch Extraktion des Urins mit Dichloräthylen u. Trennung der gewonnenen Basen durch Verteilungschromatographie; anschließend fraktionierte Kristallisation aus Methanol (Einzelheiten vgl. Original). Die schwerlösl. Komponente ist das III-*Methanolat*, die leichtlösl. II. III-*Hydrat*, $C_{11}H_{16}ON_5Cl$, F. 130—131°, durch Umkristallisieren aus Wasser. Titrationskurven u. UV-Absorptionsspektren werden mitgeteilt. III-*Di-p-toluolsulfonat*, $C_{25}H_{30}O_6N_5ClS_2$, F. 232° (A.). III-*Pikrat*, $C_{17}H_{17}O_7N_8Cl$, F. 238°, gelbe Nadeln aus Methanol. — *2-Benzoylamino-4.4-dimethyl-6-[p-chlorphenylamino]-3.4-dihydro-1.3.5-triazin*, $C_{18}H_{18}ON_5Cl$, F. 147 bis 148°, Nadeln aus Äthylendichlorid, aus III-Methanolat in Dioxan–Äthylendichlorid mit Benzoylchlorid u. NaOH. — *2-Acetylamino-4.4-dimethyl-6-[p-chlorphenylamino]-3.4-dihydro-1.3.5-triazin*, $C_{13}H_{16}ON_5Cl$, F. 148,5° (Dioxan), analog vorst. Verb. mit Acetanhydrid in Dioxan. — Als Vergleichspräpp. für die Identifizierung der Hydrolysenprodd. von III wurden dargestellt: *p-Phenylazobenzamid*, F. 228°. *N-Methyl-p-phenylazobenzamid*, $C_{14}H_{13}ON_3$, F. 157° (Bzl.), rote Nadeln. *N-Isopropyl-p-phenylazobenzamid*, $C_{16}H_{17}ON_3$, F. 192°, aus Bzl., dann $CH_3OH$ rote Nadeln. *N-[p-Chlorphenyl]-p-phenylazobenzamid*, $C_{19}H_{14}ON_3Cl$, F. 247° (Toluol). — Saure oder alkal. Hydrolyse von III-Methanolat lieferte $NH_3$ u. p-Chloranilin, während aus I auch Isopropylamin entstand. Bei der sauren Hydrolyse von III-Hydrat ließ sich die Bldg. von Aceton nachweisen. — Die Synth. von III-Methanolat u. -Hydrat aus Aceton u. II durch 3½std. Kochen in Eisessig wird beschrieben; 18% (Ausbeute). (J. org. Chemistry **16.** 492—500. April 1951. Cincinnati, O., Christ. Hosp. Inst. of Med. Res.) RUSKE. 3313

**Hans v. Euler** und **Hans Hasselquist**, *Untersuchungen in der Reduktonreihe. Trioseredukton* (I)-*monoacetat* (II), $C_5H_6O_4$, F. 99—101°, entsteht aus dem I-Na-Salz in Bzl. u. Acetylchlorid; Prismen, lösl. in A., Aceton, Bzl., wenig in W.; braunrote Farbe mit $FeCl_3$ in A.; mit TILLMAN's Reagens wird in alkal. Lsg. bei 20° durch Titration die Anwesenheit einer Endiolgruppe pro Mol. verseiftes II festgestellt. *Methylreduktonmonoacetat*, aus II durch $CH_2N_2$-Methylierung; Öl, leicht lösl. in A., Ae., Aceton, $CHCl_3$. II reagiert mit alkoh. o-Phenylendiaminlsg. zu einem *Chinoxalinderiv.*, gelbe mkr. Kristalle, F. 132—133° (A.); wenig lösl. in $CH_3OH$, A., Bzl., Essigester, besser in verd. HCl. — I-*Monochloracetat*, $ClCH_2 \cdot COOCH{=}C(OH){-}CHO$ (vgl. Arkiv Kemi **1.** [1949.] 60), aus Chloracetylchlorid. *Chinoxalinderiv.*, $C_{11}H_9O_2N_2Cl$, kleine gelbe Prismen, lösl. in Chlf. u. Essigsäure; *Hydrochlorid*, dunkelgrüne Prismen, F. 220° (Zers.). Oxydation des vorst. Deriv. mit $KMnO_4$ führt zu *Pyrazintricarbonsäure*, isoliert als *Ag-Salz*. — Bei Rk. von I mit p-Aminobenzoesäure in gleichmol. Mengen in 30%ig. $CH_3COOH$ entsteht das Kondensationsprod. *p-HOOC·C₆H₄·N=CH—C(OH)=CHOH*, $C_{10}H_9O_4N$, gelb, F. 264°, das Vff. auch bei Wiederholung der Verss. von FORREST u. WALKER (C. **1949.** I. 895) erhalten; letztere Autoren formulierten die von ihnen aus 1 Mol I u. 2 Mol Aminosäure erhaltene Verb. als $p\text{-}HOOC \cdot C_6H_4 \cdot N{=}CH \cdot C(OH){=}CH \cdot NH \cdot C_6H_4 \cdot COOH(p)$. — Die I-*5-Aminosalicylsäure-Verb.*, $C_{10}H_9O_5N$, entsteht aus 230 mg I u. 960 mg 5-Aminosalicylsäurechlorid in W.; 600 mg gelbe Nadeln, Dunkelfärbung bei 234°, später Zers.; alkalimetr. u. reduktometr. Titration beweisen das Vorliegen der 1 : 1-Verbindung. — Ebenso I-*4-Aminosalicylsäure-Verb.*, $C_{10}H_9O_5N$, aus 440 mg I u. 765 mg 4-Aminosalicylsäure (PAS) in W.; aus Aceton rotbraune Prismen, F. 235—237° (Zers.). (Recueil Trav. chim. Pays-Bas **69.** 402—09. März 1950. Stockholm, Univ., Inst. for Res. in Organ. Chem.) NITZSCHKE. 3400

**C. S. Hudson, M. L. Wolfrom** und **T. Y. Shen**, *Berichtigung bezüglich einiger früher als Derivate des D-Talits beschriebener Verbindungen.* Die früher von HANN, HASKINS u. HUDSON (C. **1948.** II. 38) als 2.4;3.5-Dimethylen-D-talit angesehene Verb. erwies sich nach Misch-F. u. Röntgendiagramm als ident. mit *2.4;3.5-Dimethylenallit* (vgl. WOLFROM, LEW u. GOEPP, J. Amer. chem. Soc. **68.** [1946.] 1443). Ebenso sind die nachst. Verbb. Allit- u. nicht D-Talitderivv.: *1.6-Dibenzoyl-2.4;3.5-dimethylenallit*, F. 188—189°; *1.6-Didesoxy-2.4;3.5-dimethylenallit*, F. 165—166°, u. *1.6-Didesoxy-1.6-dijod-2.4;3.5-dimethylenallit*, F. 219—220°. (J. Amer. chem. Soc. **74.** 4456. 5/9. 1952. Washington, D. C., u. Columbus, O., State Univ.) ROSSOW. 3400

**Jean Le Men**, *Katalytische Dehydrierung einiger Alkaloide.* Um allgemeingültige Regeln für das Verh. einer Verbindungsreihe bei der Dehydrierung zu finden, untersuchte Vf. die katalyt. Dehydrierung von *Cicutin* (I; *α-n-Propylpiperidin*) u. der *Hauptalkaloide der Chinarinde.* — Die Dehydrierung von I in fl. Phase mit Pd-Kohle führt mit 74% Ausbeute zum *Conhydrin* (II; *α-n-Propylpyridin*). Die Propylgruppe erleidet unter diesen Bedingungen keine Spaltung oder Umlagerung. — Werden die folgenden Alkaloide, *Chinin* (**III**), *Dihydrochinin* (**IV**), *Chinidin* (**V**), *Dihydrochinidin* (**VI**), *Cinchonin* (**VII**), *Dihydrocinchinin* (**VIII**), *Cinchonidin* (**IX**) u. *Dihydrocinchonidin* (**X**) bei 250—310° der Dehydrierung mit Pd-Kohle unterworfen, so wird zuerst eine Dehydrierungsphase erreicht, der eine Spaltungsphase unter Bldg. fl. Stoffe folgt. Diese werden durch F. oder Analyse ihrer Pikrate identifiziert. — Eine Tabelle zeigt, daß als Spaltprodd. bei allen erwähnten Alkaloiden *4-Methyl-6-methoxychinolin* (**XI**) u. *3.4-Diäthylpyridin* (**XII**) auftreten, während nur bei den nichthydrierten Verbb. **III, V, VII** u. **IX** *3-Methyl-4-äthylpyridin* (**XIII**) entsteht; diese Tatsache läßt den Schluß zu, daß Spaltung der Doppelbindung der Vinylkette, u. zwar nach folgendem Schema, eintritt:

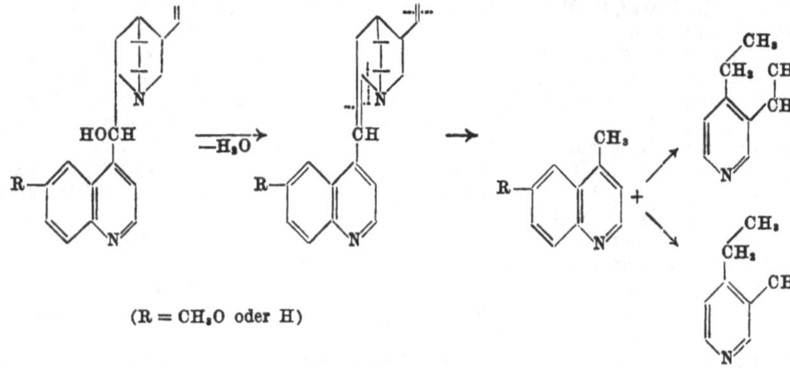

Es ist zu bemerken, daß bei dieser Umwandlung die Spaltungen der Bindungen C=C u. =C—N= von Hydrierungen begleitet sind, was auch die festgestellte schwache $H_2$-Abgabe erklärt. — Die bei **I** beobachtete Stabilität der Propylgruppe in α-Stellung kommt jener einer Äthylenkette in β- oder γ-Stellung gleich, während eine solche zwischen 2 Ringen oder in einer Seitenkette sehr empfindlich ist u. entweder gespalten oder hydriert wird. Auch die am Chinolinkern stehende Methoxygruppe erleidet weder Umwandlung noch Stellungsänderung.

Versuche: Dehydrierung von **I**: 5 g **I** ($Kp._{760}$ 166—167°) werden 5 Std. unter Rückfluß in Ggw. von 0,85 g Pd-Kohle erhitzt. Dabei werden 1610 cm³ $H_2$ frei. Bei der Dest. gehen zwischen 164 u. 169° 3,7 g einer Fl. über, deren *Pikrat*, aus A. goldgelbe Nadeln, einen F. 68—69° (MAQUENNE-Block) besitzt (**II**-*Pikrat*, F. 70°). *Chloroplatinat*, $(C_8H_{11}N)_2 \cdot PtCl_4 \cdot 2\,HCl$, aus A.-HCl kleine gelborange Plättchen, F. 136° (Zers. [Block]). — Dehydrierung von **III**: 5 g **III** {F. 173,5°, $[\alpha]_D^{15}$ —283° [c = $^1/_{40}$ mol.; 0,1 n$H_2SO_4$]} werden 1 Std. mit 1 g Pd-Kohle mit 30% Pd auf 310° erhitzt. Bei 180° Wasserbldg., bei 230° Bldg. von 190 cm³ $H_2$, hierauf Dest. von 1,45 g einer gelben Fl., aus der auf sehr umständlichem Wege 3 *Pikrate* gewonnen werden: 1. $C_{14}H_{14}O_7N_4$, hellgelbe Nadeln aus A., F. 118° (Block), vermutlich das *Pikrat von* **XIII**. 2. **XII**-*Pikrat*, $C_{15}H_{16}O_7N_4$, hellgelbe Nadeln aus A., F. 139° (Block). 3. **XI**- oder *p-Methoxylepidin-Pikrat*, $C_{17}H_{14} \cdot O_8N_4$, citronengelbe feine Nadeln aus A., F. 222° (Block). — Die Dehydrierung der weiteren Alkaloide ist der von **III** analog; die Ausgangssubstanzen besaßen folgende Eigg.: **V**, F. 171°, $[\alpha]_D^{15}$ +333° (c = $^1/_{40}$ mol.; 0,1 n$H_2SO_4$); **VII**, F. 262°, $[\alpha]_D^{15}$ +262° (c wie vorher); **IX**, F. 206°, $[\alpha]_D^{15}$ —180°; für **V** wurden die gleichen Derivv. wie bei **III** gefunden, während für **VII** u. **IX** die gleichen Pyridine, jedoch das *Lepidin* selbst festgestellt wurde. *Pikrat*, $C_{16}H_{12}O_7N_4$, feine hellgelbe Nadeln, F. 209° (Block). — **IV**, F. 173°, $[\alpha]_D^{15}$ —237°; **VI**, F. 170°, $[\alpha]_D^{15}$ +298°; **VIII**, F. 267°, $[\alpha]_D^{15}$ +222°; **X**, F. 233°, $[\alpha]_D^{15}$ —146°. Die Reinigung der Pikrate ist hier viel einfacher; es werden in jedem Fall nur die von **XI** u. **XII** festgestellt. (Bull. Soc. chim. France, Mém. [5] **17**. 599—601. Mai/Juni 1950. Paris, Univ., Fac. de Pharm., Labor. de Pharm. galén.)

ROTTER. 3500

**T. Pavolini, F. Gambarin** und **F. Barettin,** *Isonitrile aus einigen Alkaloiden mit Alkyliminogruppen.* Vff. beobachteten beim Erhitzen einer größeren Zahl von Alkaloiden mit Alkali u. Perhydrol die Entw. von Isonitrilen, die durch ihren charakterist. Geruch leicht nachweisbar sind. Und zwar geben diejenigen Alkaloide eine positive Rk., die eine tert. Aminogruppe enthalten, die an mindestens ein C gebunden ist, das keinen oder wenig H trägt, aber leicht oxydiert werden kann. Dementsprechend werden von folgenden Alkaloiden mit tert. N beim Erhitzen mit Perhydrol u. Alkali Isonitrile gebildet: *Cocain, Ricinin, Eserin, Coffein, Theobromin,*

*Theophyllin, Pilocarpin, Ergometrin* u. *Ergotamin*, während *Atropin, Homatropin, Scopolamin, Lobelin, Pelletierin, Morphin, Codein, Narcotin, Hydrastin, Hydrastinin, Cotarnin* u. *Aconitin* diese Rk. nicht geben. Vff. sehen in dieser Rk. eine Möglichkeit zur Synth. von Isonitrilen, da die Rk. auch von synthet. leicht zugänglichen Verbb. (z. B. Indulin- u. Safraninfarbstoffen) gegeben wird, u. ein Hilfsmittel bei der Konstitutionsaufklärung neuer Alkaloide, sowie zur Identifizierung bereits bekannter Alkaloide. Die Rk. wird so durchgeführt, daß einige mg der zu prüfenden Substanz mit 1—2 ml 2nNaOH u. 2—3 Tropfen 30%ig. $H_2O_2$ erhitzt werden. Positiver Ausfall ist am charakterist. Geruch des entweichenden Isonitrils leicht erkennbar. (Boll. chim. farmac. **91.** 92—99. März 1952. Padova, Univ., Ist. Chim. Farmaceut. e Tossicol.) IPPEN. 3500

**A. Stoll** und **E. Seebeck,** *Veratrum-Alkaloide.* 3. Mitt. *Veratrobasin und Geralbin, zwei neue Alkaloide von Veratrum album.* (2. vgl. C. **1953.** 5184.) Aus der Mutterlauge des Protoveratrins, Veralbidins, Jervins u. Rubijervins werden nach Aufteilung in eine stärker bas. (I) u. eine schwächer bas. Fraktion (II) durch Kristallisation aus Äthylacetat 2 neue Alkaloide, *Veratrobasin* (**III**; aus **I**) u. *Geralbin* (**IV**; aus **II**), isoliert. **III**, $C_{24}H_{37}O_3N$, Prismen aus $CH_3OH$, F. 285—288°, Zers. nach Gelbfärbung ab 270°, $[\alpha]_D^{20}$ —76,6° (A.) bzw. —126° (Pyridin), enthält eine $NCH_3$-Gruppe u. 2 akt. H-Atome, bildet ein in W. wenig lösl. Hydrochlorid u. zeigt in 84%ig. $H_2SO_4$ intensiv orangefarbene Fluorescenz. In seinem UV-Spektr. tritt bei 252 mμ ein ausgesprochenes Maximum auf, während im Infrarotspektr. keine Ketonbande erkennbar ist. **IV**, $C_{22}H_{33}O_2N$, Prismen aus wss. Aceton oder rechteckige Tafeln aus Äthylacetat–Ae., F. 221—223° unter leichter Gelbfärbung, ohne meßbare opt. Drehung in A., Chlf. oder Pyridin, enthält eine $NCH_3$-Gruppe u. nach Ausweis des Infrarotspektr. eine Ketongruppe, löst sich in 84%ig. oder konz. $H_2SO_4$ mit hellgelber Farbe u. färbt sich in A. oder Chlf. allmählich gelb; *Hydrochlorid*, $C_{22}H_{34}O_2NCl$, Nadeln aus $CH_3OH$–Ae., F. 270°. (J. Amer. chem. Soc. **74.** 4728—29. 20/9. 1952. Basel, Sandoz A.-G., Forschungslabors.) BOIT. 3500

**A. D. Kusowkow** und **G. P. Menschikow,** *Untersuchung der Alkaloide von Nanophyton erinaceum.* Aus den oberird. Teilen der Pflanze wurden *l-2.6-Dimethylpiperidin* (I) u. *l-1.2.6-Trimethylpiperidin* (II) isoliert. I ließ sich durch Erhitzen mit 30%ig. $CH_2O$-Lsg. + $HCO_2H$ auf dem Wasserbad in II überführen. Da aus I-Acetat durch Dehydrierung mittels $CH_3CO_2Ag$-Lsg. im Rohr bei 180° *2.6-Dimethylpyridin* entsteht, ist die Konst. der 2 Alkaloide bewiesen. Die opt. Aktivität läßt auf *trans*-Konfiguration schließen, da die cis-Konfiguration als meso-Form opt. inakt. sein müßte.

Versuche: Durch Behandeln von 15 kg lufttrockner oberird. Pflanzenteile mit 5%ig. NaOH u. Dest. mit Wasserdampf wurden 16 g Basen gewonnen, die in die Fraktionen Kp. 132—140° (12 g) u. 140—154° (4 g) zerlegt wurden. Aus ersterer wurde durch Lösen in Ae., Fällen mit alkoh. HCl u. 2maliges Umkristallisieren aus absol. A. das *Hydrochlorid* von I isoliert; 6 g. Die 2. Fraktion lieferte in analoger Weise ein Gemisch von Hydrochloriden, das mit dem Gemisch von Hydrochloriden aus den vorst. erhaltenen alkoh. Mutterlaugen vereinigt wurde. Durch Einw. von $NaNO_2$-Lsg. auf dem Wasserbad ließ sich das *N-Nitrosoderiv.* von I abtrennen; 6,5 g. Die Mutterlauge hiervon enthielt das *Hydrochlorid* von II, das nach einigen Reinigungsoperationen aus Aceton krist. wurde; 2,5 g. — *l-2.6-Dimethylpiperidin* (I), Kp. 133—135°; $D.^{20}{}_4$ 0,8409; $n_D^{20}$ 1,4442; Mol.-Refr. 35,76; $[\alpha]_D$ —13,8° (ohne Lösungsm.). *Hydrochlorid*, $C_7H_{15}N \cdot HCl$, F. 253—254°; $[\alpha]_D$ +15,1° (0,2073 g in 1 cm³ W.). *N-Nitrosoderiv.*, $C_7H_{14}ON_2$, $Kp._8$ 102—103°. — *l-1.2.6-Trimethylpiperidin* (II), Kp. 153—154°; $D.^{20}{}_4$ 0,8448; $n_D^{20}$ 1,4485; Mol.-Refr. 40,34; $[\alpha]_D$ —43,02° (ohne Lösungsm.). *Hydrochlorid*, $C_8H_{17}N \cdot HCl$, F. 162,5—164°; $[\alpha]_D$ —10,8° (0,2471 g in 1 cm³ W.). In A. leichter lösl. als das Hydrochlorid von I. (Журнал Общей Химии [J. allg. Chem.] **20** (**82**). 1524—27. Aug. 1950. Moskau, Allunions Wiss. Chem.-pharmazeut. Ordshonikidse-Forschungsinst., Phytochem. Labor.) v. PEZOLD. 3500

**Georges Dupont, Raymond Dulou** und **Geneviève Clèment,** *Über die Addition von Organohalogenverbindungen an einige Terpene unter dem Einfluß von ultravioletten Strahlen.* Bei 45std. Belichtung mit einer 200 W-Hg-Dampflampe bei 70° oder 24std. Belichtung beim Kochen unter $N_2$ wird aus Nopinen (I) u. $CCl_4$ in 85% Ausbeute *1-Trichlormethyl-8-chlormenthen-(2)* (F. 45°, $[\alpha]_D$ —63°), aus I u. Chlf. in 60 Std. 25% *1-Trichlormethylmenthen-(2)*, Öl, gewonnen. α-Pinen addiert unter den gleichen Bedingungen kein $CCl_4$, Limonen gibt nach 50 Std. 75% *8-Chlor-9-trichlormethylmenthen-(2)*, das zu *3-Methyl-3-[Δ³-4-methylcyclohexenyl-(1)]-acrylsäure* (F. 95—96°, $[\alpha]_D$ +100°) hydrolysiert werden kann. Aus Camphen entstehen bei der Rk. 6—10% schwarze Polymere. — Die Prodd. sind ident. mit den bei Peroxyd-katalysierten Rkk. erhaltenen (vgl. DUPONT, DULOU u. CLÈMENT, C. **1952.** 4616); unter den gewählten Bedingungen wird jedoch die endocycl. Doppelbindung nicht angegriffen. (C. R. hebd. Séances Acad. Sci. **236.** 2512—13. 29/6. 1953.) KRESZE. 3600

**Marius Badoche,** *Durch Chromsäureanhydrid katalysierte Oxydation von d-Pinen zu d-Verbenon, Untersuchung der Semicarbazone von d-Verbenon.* Die Oxydation von d-Pinen mit $O_2$ zu *d-Verbenon* (**I**) bei n. Druck u. 17° wird durch $CrO_3$ (5 Gew.-%) katalysiert; bei Ggw. von $CrO_3$ beträgt die Ausbeute an **I** (Kp.$_{13}$ 99,5°, F. +6°, $n_D^{20}$ 1,4953, $[\alpha]_D$ +259° als Fl.) in 9 Std. 34%. — **I** bildet 2 *Semicarbazone,* $C_{11}H_{17}ON_3$; das in Methanol u. A. schwerer lösl. (**IIa**) hat F. 234°, $[\alpha]_D$ +23° (Methanol; c = 0,021), $[\alpha]_D$ +53,5° (Essigsäure; c = 0,035). Aus der Mutterlauge von **IIa** kann nach Eindunsten mit Ae. das 2. Isomere (**IIb**), F. 224°, $[\alpha]_D$ +99° (Methanol; c = 0,022), $[\alpha]_D$ +127,5° (Essigsäure, c = 0,034) gewonnen werden. In Essigsäure wandeln sich **IIa** u. **IIb** in ein Gleichgewichtsgemisch um, das ~50% jedes Isomeren enthält. Aus beiden Formen kann **I** regeneriert werden. Vf. hält die beiden **I**-Semicarbazone für syn-anti-Isomere. (Bull. Soc. chim. France, Mém. [5] **20.** 764—66. Juli/Aug. 1953. Paris, Coll. de France, Labor. de Chim. Organ.) KRESZE. 3600

**M. E. Herr** und **F. W. Heyl,** *„Enamin"-Derivate von Steroid-Carbonyl-Verbindungen.* **1.** Mitt. Die von MANNICH u. DAVIDSEN (Ber. dtsch. chem. Ges. **69 B** [1936.] 2106) ausgearbeitete Meth. zur Darst. von α.β-ungesätt. Aminen (Enaminen) aus Aldehyden mit sek. Aminen, wurde auf Carbonylverbb. der Steroidreihe übertragen. Aus den entsprechenden Aldehyden wurden dargestellt: *22-Piperidino-bis-nor-Δ$^{5,20,22}$-choladien-3β-ol,* dessen Acetat (**I**), das 3-Keto-Δ$^{4,20,22}$-Deriv. (**III**) u. die entsprechende 22-Morpholinoverb. (**IV**). Durch diese Rkk. wurde ein verbesserter Abbau der Seitenkette von Bis-norcholenaldehyden zu 20-Ketopregnenen geschaffen. Bei der Hydrolyse von **III**-Hydrochlorid durch Lösen in W. entstand ein mit dem n. („β") 3-Keto-bis-nor-Δ⁴-cholenaldehyd (**V**) an $C_{(20)}$ epimerer *„α"-Aldehyd* (**VI**), der ebenfalls aus **V** durch Kochen mit methanol. $H_2SO_4$ erhalten wurde. **VI** wurde mit $CrO_3$ zu einem Gemisch von „α"- u. *„β"-3-Keto-bis-nor-Δ⁴-cholensäure* (**VIII**) u. (**VII**) oxydiert; dagegen lieferte **V** mit $CrO_3$ nur **VII**.

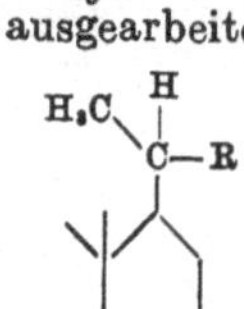

V R = CHO
VII R = COOH

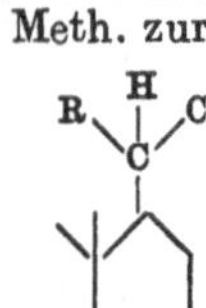

VI R = CHO
VIII R = COOH

Versuche (FF. auf dem FISHER-JOHNS-Block, Drehungen in Chlf.): *3β-Oxy-bis-nor-Δ⁵-cholenaldehyd,* $C_{22}H_{34}O_2$, F. 150—152°; 3β-Acetoxy-bis-nor-Δ⁵-cholenaldehyd (**II**) wurde in Methanol mit $K_2CO_3$ in W. 25 Min. gekocht; aus Methanol Nadeln, $[\alpha]_D^{25}$ —59,3°. *Semicarbazon,* $C_{23}H_{37}O_2N_3$, F. 250° (Zers.), aus A. Prismen. — *22-Piperidino-bis-nor-Δ$^{5,20,22}$-choladien-3β-ol,* $C_{27}H_{43}ON$, F. 97—100° (Zers.). Vorst. Aldehyd wurde in Bzl. unter $N_2$ mit 1,2 Äquivalenten Piperidin 3 Std. gekocht (mit Wasserabscheider); aus Aceton hexagonale Platten, $[\alpha]_D^{25}$ —65°. — *22-Piperidino-bis-nor-Δ$^{5,20,22}$-choladien-3β-olacetat* (**I**), $C_{29}H_{45}O_2N$, F. 132—138° (Zers.), a) aus **II** in Bzl. mit 10%ig. Überschuß an Piperidin wie vorst.; aus Aceton große Platten, $[\alpha]_D^{24}$ —62°; 84% (Ausbeute); b) **II**, Piperidin u. $K_2CO_3$ wurden unter $N_2$ 3 Std. bei 50—52° gerührt; 59%. — *Δ⁵-Pregnen-3β-ol-20-onacetat.* **I** in absol. Ae. wurde auf —35° gekühlt u. 16 Min. ein $O_3$–$O_2$-Gemisch durchgeleitet; die Lsg. wurde auf Zimmertemp. erwärmt, mit Essigsäure versetzt u. das Ozonid mit Zn-Staub zers.; 54%. *Semicarbazon,* $C_{24}H_{37}O_3N_3$, F. 240—242° (Zers.). — *Δ⁵-Pregnen-3β-ol-20-on,* F. 185—187°. — *22-Piperidino-bis-nor-Δ$^{4,20,22}$-choladien-3-on* (**III**), $C_{27}H_{41}ON$, F. 133—136° (Zers.), aus **V** mit Piperidin sowohl durch azeotrope Dest. des W. als auch durch Zugabe wasserbindender Verbb. wie BaO oder $K_2CO_3$; $[\alpha]_D^{25}$ +90°; 86%. — *Progesteron,* F. 127—129° (verd. Methanol), aus **III** durch Ozonolyse wie oben; 76%. — *22-Morpholino-bis-nor-Δ$^{4,20,22}$-choladien-3-on* (**IV**), $C_{26}H_{39}O_2N$, F. 160—161° (Zers.). **V** wurde in Toluol mit einem 10%ig. Überschuß Morpholin gekocht, wobei das W. durch azeotrope Dest. entfernt wurde; $[\alpha]_D^{24}$ +87°; 84%. — *„α"-3-Keto-bis-nor-Δ⁴-cholenaldehyd* (**VI**), $C_{22}H_{32}O_2$, F. 140—142°. a) **III** in Bzl. wurde in HCl-haltigen absol. Ae. gegossen, das *Hydrochlorid* [F. 126—130° (Zers.)] in W. gelöst u. der Nd. nach 16 Std. abgesaugt; aus verd. Aceton oder Ae.-Methylenchlorid lange Prismen; $[\alpha]_D^{24}$ +106°. b) **V** wurde in A. unter $N_2$ mit 50%ig. wss. $H_2SO_4$ 10 Min. am Rückfluß erhitzt, auf Eis gegossen u. mit Ae. extrahiert. — *„β"-3-Keto-bis-nor-Δ⁴-cholensäure* (**VII**), F. 268—270° (Methylenchlorid–Methanol). **V** in Bzl.-Eisessig wurde auf 0 bis —4° abgekühlt u. mit $CrO_3$ in Eisessig tropfenweise versetzt, nach einer Std. wurde mit Methanol u. W. versetzt u. mit Ae. extrahiert; $[\alpha]_D^{24}$ +60°. *Methylester,* $C_{23}H_{34}O_3$, F. 178°, mit Diazomethan; aus Aceton lange Prismen, $[\alpha]_D^{24}$ +72°. — *„α"-3-Keto-bis-nor-Δ⁴-cholensäure* (**VIII**), $C_{22}H_{32}O_3$, F. 220—222° (Bzl.-Skellysolve C), aus **VI** mit $CrO_3$ wie vorst.; aus $CH_3OH$ als 2. Fraktion nach **VII**; $[\alpha]_D^{24}$ +109°. *Methylester,* $C_{23}H_{34}O_3$, F. 119—121°, aus verd. Aceton Nadeln, $[\alpha]_D^{22}$ +98°.

(J. Amer. chem. Soc. **74.** 3627—30. 20/7. 1952. Kalamazoo, Mich., Upjohn Co., Res. Labors.) SCHORRE. 3700

**W. M. Beresowski** und **L. I. Streltschunass,** *Umwandlungsmechanismus von Diaceton-2-keto-l-gulonsäure in l-Ascorbinsäure.* Die Umwandlung von Diaceton-2-keto-*l*-gulonsäure (**I**) in *l-Ascorbindäure* (**II**) in Ggw. von A. u. HCl verläuft über 2-Keto-*l*-gulonsäureäthylester (**III**). In Ggw. organ. Säuren statt HCl bildet sich **II** nicht, da keine Veresterung stattfindet. Die Umwandlung von **III** in **II** wird dagegen durch Mineralsäuren u. durch organ. Säuren katalysiert; die Reaktionsgeschwindigkeit ist im 2. Fall geringer. Die Verwendung von Propyl-, Butyl- u. Isobutylalkohol setzt die Ausbeute an **II** nicht herab. Die Rk. kann auch zur Gewinnung von 2-Keto-l-gulonsäurealkylestern dienen; z. B. läßt sich der Methylester mit guter Ausbeute erhalten.

Versuche: *2-Keto-l-gulonsäuremethylester,* $C_7H_{12}O_7$, F. 156—157°; durch 1std. Erhitzen von 20 g **I** (Monohydrat) in 40 cm³ Dichloräthan u. 15 cm³ 7%ig. Lsg. von HCl in absol. $CH_3OH$ auf 65°; der Nd. wird aus $CH_3OH$ umkrist.; 11,7 g (Ausbeute). — *l-Ascorbinsäure* (**II**), durch 13std. Erhitzen von 20 g **I** in 40 cm³ Dichloräthan u. 6 cm³ 18%ig. alkoh. HCl auf 70° u. Waschen des Nd. mit dem Lösungsm.; 9,8—9,9 g. (Журнал Общей Химии [J. allg. Chem.] **20.** (**82.**) 2072—75. Nov. 1950. Allunions Wiss. Vitaminforschungsinst.) G. FROELICH. 3800

**R. B. Woodward** und **Gurbakhsh Singh,** *Die Konstitution von Patulin.* In einer ausführlichen Übersicht der eigenen (vgl. C. **1950.** I. 1366) u. fremder Arbeiten über *Patulin* (**I**) begründen Vff. die Richtigkeit ihrer für **I** angenommenen Konstitution. (Experientia [Basel] **6.** 238—40. 15/6. 1950. Cambridge, Mass.) LEHMSTEDT. 3900

**M. M. Schemjakin** und **A. Ss. Chochlow,** *Struktur und chemische Besonderheiten von Patulin.* Von den im Laufe der Unterss. über die Konst. von *Patulin* diskutierten Formulierungen wird allein **I** den experimentellen Ergebnissen gerecht. Da **I** ein asymm. C-Atom enthält, sollte das natürliche Patulin opt.-akt. sein. Dieser Widerspruch ist nur scheinbar, da **I** als inneres Halbacetal des γ-Lactons (**II**) der 2-Formylpentadien-(1.3)-diol-(3.5)-carbonsäure-(1) in wss. Lsg. mit **II** im Gleichgewicht stehen muß u. die Umwandlung **I** → **II** das Asymmetriezentrum vernichtet. Deswegen muß sich Patulin unmittelbar nach seiner Bldg. durch die Lebenstätigkeit der Mikroorganismen racemisieren. Mit der angenommenen Konst. scheint die Bldg. von $HCO_2H$ u. Tetrahydrokomansäure (**III**) aus Patulin in saurem Medium nicht im Einklang zu stehen. Auch dieser Widerspruch ist nur scheinbar. Denn es ist anzunehmen, daß sich in saurem Medium nicht nur der Pyron- sondern auch der Lactonring öffnet, wobei die Verb. $HOCH_2CH_2COC(CHO){=}CHCO_2H$ entsteht, die ausgesprochene Neigung haben muß, in α-Carboxy-β-formyltetrahydro-γ-pyron überzugehen, u. diese, in $HCO_2H$ u. **III** zu zerfallen. (Доклады Академии Наук СССР [Ber. Akad. Wiss. UdSSR] [N. S.] **75.** 47—50. 1/11. 1950. Inst. für biol. u. med. Chem. der Akad. der Med. Wiss. der UdSSR.) v. PEZOLD. 3900

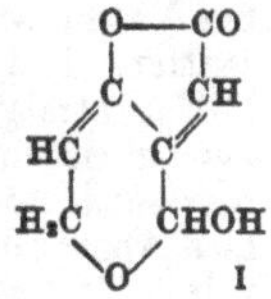

I

**W. M. McLamore, Walter D. Celmer, Virgil V. Bogert, Frank C. Pennington** und **I. A. Solomons,** *Struktur und Synthese eines neuen Thiazolidonantibioticums.* Die Konst. des von SOBIN (C. **1953.** 1821) isolierten neuen Antibioticums aus Streptomyces als (—)-*2-[5-Carboxypentyl]-thiazolidon-(4)* (**I**) wird bewiesen. **I** gibt mit $CH_2N_2$ den *Methylester* [**II**; $C_{10}H_{17}O_3NS$, F. 53—54°, aus Ae.-Hexan Nadeln, $[\alpha]_D^{25}$ —50,9° (c = 1 in $CH_3OH$)]. Das Infrarotspektr. von **I** zeigt 2 Carbonylbanden bei 1640 u. 1710 cm⁻¹, das von **II** bei 1680 u. 1720 cm⁻¹; NH-Banden mit Wasserstoffbrückenbindung liegen bei 3140 cm⁻¹ (**I**) bzw. 3170 cm⁻¹ (**II**), eine freie NH-Bande bei 3450 cm⁻¹ (**II**). In verd. Alkali racemisiert sich **I** leicht, das Racemat (**Ia**) wurde aus W. als Nadeln vom F. 122 bis 123° u. aus Chlf. als Nadeln vom F. 116—117° erhalten. Oxydation von **I** mit verd. alkal. Permanganatlsg. lieferte *Pimelinsäure,* F. 104°. Durch Hydrolyse von **I** mit $HgCl_2$ entstand *Pimelinaldehydsäure* (**III**; *Oxim,* F. 110—111°). Während Desulfurierung von **I** außer Acetamid nur ein Gemisch lieferte, wurde aus **II** *ω-Acetamidoheptansäuremethylester* ($C_{10}H_{19}O_3N$, F. 31—32°, aus PAe. Nadeln) u. daraus durch alkal. Hydrolyse *ω-Aminoheptansäure* ($C_7H_{15}O_2N$, F. 193—194°, aus Aceton–$CH_3OH$–W. Platten) erhalten. Das aus **I** durch Oxydation in $CH_3COOH$ mit $H_2O_2$ erhaltene *Sulfon* [$C_9H_{15}O_5NS$, F. 143°, Nadeln aus W., $[\alpha]_D^{25}$ +43° (c = 1 in $CH_3OH$), Infrarotbanden bei 1120—1160 cm⁻¹] ist mikrobiol. inakt. u. wird durch n NaOH bei 27° weitgehend hydrolysiert, mit verd. HCl entstehen $SO_2$, $NH_4Cl$ u. **III**. Saure Hydrolyse von **I** führte ebenfalls zu $NH_4Cl$, **III** u. *$HOOC\cdot CH_2\cdot S\cdot CH{:}CH\cdot(CH_2)_4\cdot COOH$* [*Dimethylester,* $C_{11}H_{18}O_4S$, $Kp._{0,4}$ 162—168°, $n_D^{25}$ 1,4850, $D.^{25}_4$ 1,128, $\lambda_{max}$ 226 mμ (ε = 4600 in 2.2.4-Trimethylpentan)]. Die Synth. von **I** gelang durch Kondensation von **III**-Methylester ($Kp._{0,5}$ 70°, $n_D^{25}$ 1,4310) mit Mercaptoacetamid in Bzl. in Ggw. von p-Toluolsulfonsäure zu **Ia**-Methylester, Verseifung zu **Ia** u. Spaltung über das Brucinsalz; synthet. I, F. 139—140°, $[\alpha]_D^{25}$ —51,4°. (J. Amer. chem. Soc. **74.** 2946—47. 5/6. 1952. Brooklyn, N. Y., Chas. Pfizer and Co., Inc., Res. Labors.) SPAETH. 3900

**D. Kostermans,** *Über Kawain, eine Droge, bei der Suchtgefahr besteht.* Vortrag über die Konst. von *Kawain* (I), seine Synth. (vgl. KOSTERMANS, Nature [London] **166.** [1950.] 788 u. JONES, C. **1950.** II. 2053) sowie die Synth. von *Dihydrokawain* (F. 76°) u. Ausführungen über die widersprechenden Literaturangaben über die physiol. Wrkg. von I. Madjalah Ilmu Alahi Untuk Indonesia [Indones. J. natur Sci.] **107.** 46—50. Jan./Juni 1951. Djakarta, Eijkman Inst.) SPAETH. 3950

## D₃. Makromolekulare Chemie.

**W. W. Korschak,** *Über die Systematik der hochmolekularen Verbindungen (Nomenklatur und Klassifikation der hochmolekularen Verbindungen).* Ausführlicher Bericht über Nomenklaturvorschläge, die der 7. Allunionskonferenz über hochmol. Verbb. (Moskau, 12/6. 1952) vorgelegt wurden. Als Grundlage der vorgeschlagenen rationellen Klassifikation dient die Struktur der Grundkette, weiterhin das Vorliegen vertretender Gruppen oder Elemente, ihre Menge, Natur u. Lage. Unter Anführung zahlreicher Beispiele wird die Unterteilung der Kohlenstoffkettenverbb. u. der Heterokettenverbb. behandelt. (Известия Академии Наук СССР, Отделение Химических Наук [Nachr. Akad. Wiss. UdSSR, Abt. chem. Wiss.] **1953.** 321—35. März/April. Inst. für organ. Chem. der Akad. der Wiss. der UdSSR.) ULMANN. 4000

**J. J. Hermans, M. S. Klamkin** und **Robert Ullman,** *Das notwendige Volumen von Polymerisatketten.* Eine Theorie für das notwendige (excluded) Vol. eines unverzweigten Kettenmol. wurde entwickelt u. dafür eine statist. Ableitung gegeben. Dabei wurden weitreichende Wechselwirkungen zwischen Polymerisatsegmenten beachtet. Effekte des Valenzwinkels u. der verhinderten Rotation wurden ebenfalls bei der Definition des statist. Kettenelements berücksichtigt, dagegen nicht Konzentrationseffekte. Die Differentialgleichung für die Verteilungsfunktion (random flight) für die relative Lage zweier Segmente, die sich auf die Annahme stützt, daß der von einem einzigen Polymerisatsegment eingenommene Raum relativ klein u. zu vernachlässigen ist, das mittlere Abstandsquadrat u. der mittlere reziproke Abstand zweier Kettensegmente wurden mit Hilfe einer verallgemeinerten FOKKER-PLANCK-Gleichung berechnet. Es wurde gefunden, daß das mittlere Abstandsquadrat dem Mol.-Gew. proportional ist, daß aber die Proportionalitätskonstante größer ist als für eine Kette mit regelloser Bewegung (random flight). Die D. des Polymerisatsegments wurde erörtert u. ein Vgl. der theoret. u. experimentellen Befunde angegeben. Die Übereinstimmung mit vorhandenen Lichtstreuungsdaten ist gut, mit Daten über die Viscositätszahl ebenfalls in einigen Fällen gut, in anderen Fällen aber schlecht. Es wird darauf hingewiesen, daß die Befunde nicht direkt verglichen werden können, da die hier entwickelte Theorie von der Richtigkeit der gegenwärtigen Viscositäts- u. Lichtstreuungstheorien abhängt. (J. chem. Physics **20.** 1360—68. Sept. 1952. Groningen, Niederlande, Univ., Dep. of Chem., u. Brooklyn, Polytechn. Inst., Dep. of Mathematics.) SCHÄFF. 4000

**Samuel Krimm,** *Orientierung von Kristalliten in gedehntem Polyäthylen.* Nach den Unterss. von BROWN (vgl. C. **1950.** II. 1700) sollte die Hauptachse der Polyäthylenketten nach einer Dehnung bis zu 200% nicht mit der Streckrichtung zusammenfallen, sondern mit dieser einen Winkel von ca. 64° bilden. In der vorliegenden Arbeit wird gezeigt, daß der Neigungswinkel in Wirklichkeit ca. 26° beträgt. Die falsche Ausdeutung des Diagramms wird dadurch erklärt, daß der Winkel im reziproken Gitter zwischen den Vektoren zu den Punkten [0 0 1] u. [0 1 1] gleich 27° 12′ mit dem Winkel zwischen den Achsen [0 0 1] u. [0 1 1] im tatsächlichen Gitter gleich 62° 48′ verwechselt wurde. (J. appl. Physics **23.** 287. Febr. 1952. Ann Arbor, Mich., Univ. of Michigan, Dep. of Phys.) KRÖNERT. 4010

**Alexander Brown,** *Antwort auf Samuel Krimms Mitteilung.* (Vgl. vorst. Ref.) Vf. bestätigt die Richtigkeit von KRIMMs Ausführungen u. gibt den Winkel zwischen der Streckrichtung u. der Hauptachse der Polyäthylenketten mit 26° bzw. 27° an. (J. appl. Physics **23.** 287. Febr. 1952. South Chaleston, W. Va., Carbide and Carbon Chem. Co.) KRÖNERT. 4010

**R. M. Adams** und **F. A. Bovey,** *Fluorhaltige Polymere.* 1. Mitt. *Mischpolymere von Perfluorolefinen.* Die Perfluorolefine *Perfluorpropen* (**I**), *-buten-(1)* (**II**), *-buten-(2)* (**III**), *-isobuten* (**IV**), *-penten-(1)* u. *-nonen-(1)* polymerisieren allein nicht, geben aber mit *Vinylacetat* (**V**), *Vinylchlorid* (**VI**), einigen Vinylalkyläthern u. *Äthylen* Mischpolymerisate, die zum Teil 50 u. mehr Mol.-% Perfluorolefin enthalten. Die Polymerisationsverss. wurden in Schüttelautoklaven aus rostfreiem Stahl u. in Bombenrohren aus Glas durchgeführt. Die Blockpolymerisation erfolgte in Ggw. von 2 Gew.-% eines Initiators (Acetylperoxyd, Benzoylperoxyd). Zur Emulsionspolymerisation wurden 100 (Gewichtsteile) Monomeres, 180 W., 3 Duponol ME, 1 $K_2S_2O_8$ oder $Na_2S_2O_8$ u. 2 Borax angesetzt. Die Versuchsbedingungen u. Ergebnisse sind in Tabellen zusammengestellt. — Aus **I** u. $C_2H_4$ erhält man ein kautschukartiges Prod., das in den meisten üblichen Lösungsmitteln unlösl., aber in Xylol bei 50° lösl. ist. — Die Mischpolymerisate aus den Perfluorolefinen u. **V** variieren in ihren Eigg. zwischen durchscheinenden spröden Materialien u. Prodd., aus denen sich klare, biegsame Filme herstellen lassen. Je höher der F-Geh. des Mischpolymerisats ist, desto spröder u. opaker ist das Produkt. Am reaktionsfähigsten gegenüber **V** ist **II**; **III** u. **IV** sind weniger akt. als **I** u. **II**. Alle Mischpolymerisate mit **V** sind in Äthylacetat, Aceton, Butanon u. Methylisobutylketon löslich. Die Emulsionspolymerisation von **I** u. **V** liefert ein fluorärmeres, spröderes u. schwerer lösl. Prod. als die Blockpolymerisation mit demselben Monomerenverhältnis. — Die Mischpolymerisate von **I** u. **II** mit **VI** enthalten nur sehr wenig Fluor. Mit den anderen Perfluorolefinen u. **VI** wurden keine Verss. gemacht. — Bei der Blockpolymerisation der Perfluorolefine mit Vinyläthern (z. B. Vinylisopropyläther) tritt gleichzeitig auch Homopolymerisation der Vinyläther ein, die durch saure Verunreinigungen der Olefine ausgelöst wird u. ausbleibt, wenn man das Perfluorolefin zuvor durch NaF-Tabletten u. NaOH-Lsg. leitet. In Emulsion lassen sich nur **I** u. **II** mit Vinyläthern copolymerisieren, aber nicht die höheren Perfluorolefine. Die Prodd. sind in Aceton, Äthylacetat u. Bzl. löslich. Die Blockpolymerisate sind im allg. weiß, durchscheinend u. klebrig, einige aber braun u. ölig. Die Emulsionspolymerisate sind weiße, biegsame, nichtklebrige Stoffe. Die Mol.-Geww. sind niedrig. — Die schwierige Homopolymerisation u. die leichte Copolymerisation der Perfluorolefine wird auf Grund der Elektronenverteilung an der Doppelbindung gedeutet. Nach dem Einteilungsschema von ALFREY u. PRICE (vgl. J. Polymer Sci. **2.** [1947.] 101) gehören die Polyfluorolefine in das Gebiet mit stark positivem e-Wert u. niedrigem Q-Wert. (J. Polymer Sci. **9.** 481—92. Dez. 1952. St. Paul, Minn., Minnesota Mining and Manufacturing Co.) FORCHE. 4010

**Calvin Calmon,** *Anwendung der charakteristischen Volumenänderungen eines sulfonierten, wenig vernetzten Styrolharzes.* Das Vol. von sulfoniertem, mit 1% Divinylbenzol vernetztem Polystyrol (Permutit QX) hängt von der Valenz des Kations im Austauschzustand des Harzes ab. Je höher die Valenz, desto geringer ist das Vol. des Harzes (mit Ausnahme weniger Kationen, die unlösl. Sulfonate bilden). Ferner ändert sich das Vol. des Harzes mit der Konz., u. zwar wird es mit steigender Konz. geringer. Es wird gezeigt, daß sich diese charakterist. Volumenänderungen analyt. zur Best. der Konzz. bestimmter Lsgg., der Ionenarten bestimmter Valenz u. der Endpunkte von Rkk., wo Konzentrations- oder Valenzänderungen stattfinden, auswerten lassen. Mit einer einzigen Polymerisatperle (mkr. Best. der Volumenänderung) können wiederholt Analysen ausgeführt werden. Bei Verwendung des Harzes in einer Säule dauert eine Analyse nur wenige Minuten. Weitere Anwendungsbeispiele u. Vorschläge werden aufgezeigt. (Analytic. Chem. **24.** 1456—58. Sept. 1952. New York, N. Y., Permutit Co., Res. Labor.) SCHÄFF. 4010

**R. F. Boyer,** *Eine neue Methode zur Bestimmung der Molekulargewichtsverteilung von Polystyrol.* 2. Mitt. *Experimentelle Befunde.* (1. vgl. C. **1952.** 5583.) (Sitzungsbericht.) Die Mol.-Gew.-Verteilungskurve eines polymerhomologen, lösl. *Polystyrols* (**I**) kann man durch Beobachtung des kumulativen Vol. des gefällten Anteils erhalten, das den wachsenden Mengen an Nichtlöser entspricht, die zu einer verd. Polymerisatlsg. hinzugefügt werden. Man kann entweder täglich wachsende Mengen an Fällungsmittel zu derselben Polymerisatlsg. oder wechselnde Mengen an Fällungsmittel gleichzeitig zu 12 gleichen Polymerisatlsgg. hinzufügen. Die 2 Methoden ergaben prakt. übereinstimmende Resultate, wenn die Anfangskonz. des **I** ca. 0,1% betrug. Da die meisten der untersuchten **I**-Proben mehrere Maxima in ihren Mol.-Gew.-Verteilungskurven zeigten, wurden die früheren Befunde von GRALÉN u. LAGERMALM (C. **1950.** I. 300) im wesentlichen bestätigt. (Physic. Rev. [2] **86.** 658. 15/5. 1952. Dow Chem. Co.) SCHÄFF. 4010

**P. Alexander,** *Nichtnewtonsche Viscosität von Polymethacrylsäure.* Von *Polymethacrylsäure* vom Mol.-Gew. $M = 2 \cdot 10^6$, die zu 1 bzw. 10 bzw. 60% als Na-Salz (**I**) vorlag, wurde die Abhängigkeit der Viscosität $\eta$ vom Geschwindigkeitsgradienten $\beta$ (bis 1100 Liter/Sek.) gemessen. Während $\eta$ mit 1% **I** unabhängig von $\beta$ ist, fällt $\eta$ mit 10% **I** stark u. mit 60% **I** sehr stark mit steigendem $\beta$ ab u. nähert sich bei höheren $\beta$-Werten einem Grenzwert. Der Effekt ist um so geringer, je niedriger M; er ist eine Folge der gestreckten Gestalt der hochionisierten Makromoll. u. nimmt daher auch bei Elektrolytzusatz ab. Eine Best. der $\eta$–M- oder $\eta$–Konz.-Beziehung ist daher nicht möglich. (J. Polymer Sci. **8.** 446—47. April 1952. London, Imp. Coll., Royal Cancer Hosp., u. Dep. of Chem., Chester Beatty Res. Inst.) FUCHS. 4010

**P. Herrent,** *Polydispersität von Polyacrylonitril.* Unter Verwendung von Dimethylformamid als Lösungsm. u. eines aus gleichen Teilen Heptan u. Ae. bestehenden Gemisches als Fällungsmittel wurde *Polyacrylonitril* in 18 Fraktionen zerlegt; Fraktionierdauer 2 Tage. Die Reproduzierbarkeit ist gut. Einzelheiten des Verf. sind nicht angegeben. (J. Polymer Sci. **8.** 346—49. März 1952. Tubize, Belgien, Fabelta, Centre de Rech.) FUCHS. 4010

**P. W. Allen,** *Umwandlungen in Polyamiden.* Durch Messung der spezif. Wärme von Polyhexamethylenadipinsäureamid (I) bzw. Polycapronsäureamid (II) im Temperaturbereich von 40—300° wurden im wesentlichen die Ergebnisse von Röntgenunterss. von BRILL (J. prakt. Chem. **161.** [1942.] 49) bestätigt (Umwandlung der monoklinen Zelle in eine symm. hexagonale Zelle infolge verstärkter Rotation um die lange Achse mit steigender Temp.). Die Schmelzwärme von **I** (F. 261°) bzw. von **II** (F. 216°) beträgt 22 bzw. 19 cal/g. (Research **5.** 492. Okt. 1952. Pontypool, Monmouths., Brit. Nylon Spinners Ltd., Res. Dep.) SCHÄFF. 4010

**John A. Coffman,** *Stark vernetztes Polybutadien. Herstellung und mechanisches Verhalten.* Kautschukelast. Polybutadien (I) (Emulsionspolymerisat) wird beim Erhitzen auf ca. 250° nach mehreren Tagen zu einem harten, spröden Material umgewandelt. Dabei findet eine wahrscheinlich durch 2 Doppelbindungen als Radikalquelle aktivierte therm. Polymerisation unter Aufspaltung von C—C-Bindungen u. inter- u. intramol. Rkk. (Vernetzung u. Cyclisierung) statt. Bei dieser Verhärtung nimmt die D. von 0,91 bis 1,01 zu. Die Quellbarkeit in Lösungsmitteln fällt von ca. 200 auf 0 %. Die Kerbzähigkeit nimmt laufend ab, die Druck- u. Biegefestigkeit zeigen Maxima nach 4tägigem Erhitzen auf 255°. Die Einfriertemp. steigt von —85° auf ca. 160° u. verschwindet dann. Der lineare Ausdehnungskoeff. bei 25° nimmt von $22{,}5 \cdot 10^{-5}$ auf $7{,}5 \cdot 10^{-5}$ ab. Durch die Beobachtung, daß der Biegemodul direkt proportional zur absol. Temp. bei Tempp. > Einfriertemp. ist, bestätigt die Anwendbarkeit der kinet. Theorie der Kautschukelastizität. Segmente der Polymerisatkette scheinen noch bei mehr als 100° unterhalb der Einfriertemp. beweglich zu sein. Mit Na als Katalysator hergestelltes **I** ändert seine physikal. Eigg. beim Erhitzen 4 mal schneller als **I**-Emulsionspolymerisat. Das Verhältnis der Vernetzung zu Cyclisierung ist beim **I**-Na-Polymerisat größer. Diese Unterschiede hängen vermutlich mit dem höheren Geh. an Vinylseitengruppen im **I**-Na-Polymerisat zusammen. (Ind. Engng. Chem. **44.** 1421—28. Juni 1952. Erie, Pa., Gen. Electric Co., Locomotive & Car Equipment Labor.) SCHÄFF. 4030

**Charles Legrand,** *Über die zwei Hydrate der mercerisierten Cellulose.* Vf. zeigt, daß die Aufweitung der Zelle der wasserhaltigen mercerisierten Cellulose nicht als Grundlage zur Best. des stöchiometr. Verhältnisses im Syst. Cellulose—W. dienen kann. Röntgenograph. Verfolgung der langsamen Entwässerung zeigte, daß ein Austritt von W. ohne Änderung der Gitterdimensionen möglich ist. Aus den Unterss. ergibt sich, daß man röntgenograph. über die Bindung des W. in der Zelle keine genauen Angaben machen kann. (C. R. hebd. Séances Acad. Sci. **234.** 2207—09. 26/5. 1952.) GOTTFRIED. 4050

**I. Iwanow, E. D. Kawersnjewa** und **S. I. Kusnjetzowa,** *Primäre oxydative Umwandlungen der Cellulose unter dem Einfluß von Wasserstoffsuperoxyd.* Inhaltlich ident. mit der C. **1953.** 3734 referierten Arbeit. (Faserforsch. u. Textiltechn. **4.** 172—74. April 1953.) P. ECKERT. 4050

**G. Schmidt,** *Zur viscosimetrischen Polymerisationsgradbestimmung von Pektinstoffen in wässeriger Lösung.* Eine Messung der Viscosität wss. Pektinlsgg. (Capillarviscosimeter) in Abhängigkeit vom $p_H$-Wert u. vom Aschengeh. des Pektins führt zu dem Ergebnis, daß eine viscosimetr. Best. des Polymerisationsgrades dann möglich ist, wenn die Messungen in Pufferlsgg. bei konstantem $p_H$ u. einem Überschuß von einwertigen Kationen ($H^+$ oder $Na^+$) durchgeführt werden. Man mißt die n. veresterten Pektine in n/10 HCl bei $p_H$ 1,2 u. die niedrig veresterten in Na-Citratlsg. bei $p_H$ 6,5. Die Berechnung der Polymerisationsgrade aus den $Z\eta$-Werten wird angegeben. Man erhält nach dieser Meth. reproduzierbare Polymerisationsgrade, die bei Rübenpektin zwischen 300 u. 500, bei Apfelpektin zwischen 400 u. 800 u. bei Sonnenblumenpektin über 600 liegen. Diese Best. der Kettenlänge ermöglicht auf einfache Weise (ohne den Umweg über die Nitrierung) eine eindeutige Klassifizierung der Pektine hinsichtlich ihrer Güteeigenschaften. (Kolloid-Z. **121.** 151—54. März. 1951. Düren-Birkesdorf.) HENTSCHEL. 4050

**G. Török,** *Die Struktur der gelbildenden Pektine und der Vorgang der Gelierung.* Vf. bestätigt durch seine Versuchsergebnisse, daß während des Gelierungsvorgangs des *Pektins* (I) eine Hydrathülle von 6 Moll. W. gebildet wird. 1 g **I** kann 24 g Hydratwasser aufnehmen. Bei der Bldg. der **I**-Zucker-W.-Gele spielten Saccharosehydrate eine entscheidende Rolle. Außerdem wird festgestellt, daß Ca-Ionen die Ketten der I-Moll. verlängern. Der Hydratationsgrad der I u. dessen Beziehung zum Gelierungsgrad wird gemessen durch die Viscositätsänderung, die bei steigendem A.-Zusatz zu wss. I-Lsgg. eintritt. Bei einem optimalen $p_H$-Wert ist die Festigkeit der I-Zucker-W.-Gele proportional dem Polymerisations- u. Veresterungsgrad des I. (Acta chim. Acad. Sci. hung. **3.** 173—75. 1953. Budapest, Res. Inst. for Canning.) FAHRNLAENDER. 4050

**R. Hosemann,** *Bestimmung der statistischen Strukturparameter der Micellgitter hochmolekularer Faserstoffe.* Hochmol. Faserstoffe zeigen bei sehr kleinen Streuwinkeln Röntgenreflexe, deren höhere Ordnungen oft sehr diffus sind. Aus der quantitativen Unters. derartiger „zusammengewachsener" Reflexe kann man die statist. Schwankungen der Gitterparameter der Micellgitter dieser Fasern berechnen. Zwischen den einzelnen natürlichen oder synthet. Fasern bestehen charakterist. Unterschiede dieser Schwankungsgrößen, aber auch gewisse gemeinsame Merkmale, die einzeln diskutiert werden ($\beta$-Keratin des Kieles einer Seemövenfeder, Kollagen der Känguruhschwanzsehne, $\alpha$-Keratin des Stachelschweinkiels, verstreckte u. getemperte Polyurethanfäden). Neben quasi-krist. Micellgittern beobachtet man solche mit partiell gelartigen oder röntgenamorphen Merkmalen. Die genannten Beispiele zeigen, daß hochmol. Stoffe neuartige Gittersysteme aufweisen, wie sie etwa durch die Gittertheorie des „idealen Parakristalls" im Sinne der Arbeiten des Vf. beschreibbar sind. (Kolloid-Z. **125.** 149—56. März 1952. Berlin, AEG, Röntgenlabor.) ZAHN. 4070

**R. H. Hall,** *Einfluß von Energie- und Entropieeffekten auf die Elastizität von Kollagenfasern.* Die an acetongetrockneten Kollagenfasern ausgeführten Unterss. haben gezeigt, daß man durch Anwendung der WIEGAND-SNYDER-Gleichung Entropie- u. Energieeffekte auf die Kräfte im gestreckten Material berechnen kann. Es wurde nun gefunden, daß die Elastizität der Kollagenfasern bei $p_H$ 7,0 in W. die Folge von Änderungen der inneren Energie darstellt. Beim Quellen der Kollagenfasern in HCl von $p_H$ 1,75 wird kautschukartige Elastizität mit gleichzeitiger Abnahme der Entropie erhalten. Nach dem Kälken benötigt man eine größere Energiemenge zum Dehnen der Fasern. Hieraus wird geschlossen, daß sich durch das Kälken zusätzliche Salzbrücken durch das Freiwerden von COOH-Gruppen gebildet haben. Der lineare Ausdehnungskoeff. (ohne Belastung) hat bei $p_H$ 7,0 einen Wert von $1,57 \cdot 10^{-4}$ pro Grad u. bei $p_H$ 1,75 einen solchen von $-6,14 \cdot 10^{-4}$ pro Grad. (J. Soc. Leather Trades' Chemists **36.** 137—48. Mai 1952. Egham, Surrey, Milton Park, Brit. Leather Manufactures Res. Assoc.) H. G. FRÖHLICH. 4070

**Kurt H. Meyer, A. J. A. van der Wyk, W. Gondon** und **C. Haselbach,** *Die weitreichende Elastizität von Haarkeratin.* Die bei der Dehnung von *Keratin* (I)-Fasern auftretenden Spannungen sind größtenteils plast. u. rühren von Kohäsionskräften her. Die Elastizitätsspannung nimmt bei Entspannung langsam zu u. wird nach sehr langer Zeit vorherrschend; gleichzeitig nimmt die plast. Spannung langsam ab. Thermodynam. Überlegungen zeigen, daß die elast. Dehnung in gequollenen Fasern der von Kautschuk u. Elastomeren im allg. sehr ähnlich ist. Die weitreichende Elastizität von I rührt von Wärmebewegungen der Kettensegmente in der gequollenen Faser her. Nichtgequollene I-Fasern zeigen ebenso wie gefrorener Kautschuk keine weitreichende Elastizität. Ebenso wie I weisen auch Guttapercha u. gewisse verschied. Polyamide 2 krist. Modifikationen auf. — Die Umlagerung von $\alpha$- zu $\beta$-I hat keinen Einfl. auf dessen weitreichende Elastizität. (Trans. Faraday Soc. **48.** 669—74. Juli 1952. Genf, Univ., Labor. für Anorgan. u. Organ. Chem.) WESLY. 4070

**E. Mihályi** und **K. Laki,** *Jodierung von Fibrinogen.* Bei der Jodierung von Fibrinogen zeigt sich, daß Jod teils bestimmte Gruppen (Tyrosin- u. Tryptophanreste) des Proteins oxydiert, teils organ. gebunden wird. Daraus resultiert eine Änderung der Löslichkeit, das Auftreten einer Gelbfärbung der Lsg. u. eine Veränderung des UV-Spektrums. (Arch. Biochem. Biophysics **38.** 97—103. Juli 1952. Stockholm, Med. Nobel Inst.) REICHLE. 4070

**J. K. Backus, M. Laskowski jr., H. A. Scheraga** und **L. F. Nims,** *Die Verteilung der Zwischenpolymeren bei der Fibrinogen-Fibrin-Umwandlung.* (Vgl. C. **1953.** 1343.) Vff. untersuchten mittels Strömungsdoppelbrechung u. Messung der Sedimentationsgeschwindigkeit den Einfl. von $p_H$ u. *Hexamethylenglykol* (I) auf den Anfangsverlauf der Thrombin-Fibrinogen-Rk. bei 25°. Der Verlauf der Polymerisation u. damit die Verteilung u. Haltbarkeit der Zwischenpolymeren (**ZP**) ist abhängig vom $p_H$ u. findet Ausdruck in: 1. $F(y) \overset{T}{\rightleftharpoons} f + P$; 2. $nf \rightleftharpoons f_n$; 3. $mf_n \rightleftharpoons$ Fibrin [F = Fibrinogen (**II**), P = LORANDs Fibrinopeptid, T = Thrombin, f = aktiviertes **II**, $f_n$ = **ZP** mit verschied. n). Der 2. Schritt ist bei Ggw. von I u. $p_H$ 6,5 reversibel. Außerhalb des Gelpunktes im $p_H$-Bereich 6—10 sind **ZP** längere Zeit haltbar. Die durchgeführten Verss. geben keinen Aufschluß über den 3. Schritt der Reaktion. **I** scheint auf die **ZP** spaltend zu wirken. **II**-Lsg., durch Plasmafraktionierung als 1. Fraktion mit 95%ig. gerinnbaren Protein. Aufbewahrung bei $+2^0$. (Arch. Biochem. Biophysics **41**. 354—66. Dez. 1952. Ithaca, N. Y., Cornell Univ., Dep. of Chem.) Bratfisch. 4070

E. H. Rodd, Chemistry of carbon compounds. A modern comprehensive treatise. Vol. 2. Part A. Alicyclic compounds. Amsterdam: Elsevier Publishing Cy. (XX + 487 S.) fl. 45.00.

# E. Biologische Chemie. Physiologie. Medizin.

## $E_1$. Allgemeine Biologie und Biochemie.

**George Scholes** und **Joseph Weiss,** *Die chemische Wirkung von Röntgenstrahlen auf Nucleinsäuren und verwandte Substanzen in wässeriger Lösung.* In wss. Lsg. wurden folgende Nucleinsäuren mit Röntgenstrahlen behandelt: *Adenin, Guanin, Xanthin, Uracil, Adenosin, Uridin, Adenylsäure, Cytidylsäure, Desoxyribonucleinsäure* (**I**) u. *Ribonucleinsäure.* Die bestrahlten Proben wurden chem. sowie papierchromatograph. analysiert. Die Bestrahlung erfolgte mit Röntgenstrahlen von 200 kV u. 15 mA mit einer Dosisleistung von 3000 r/Minute. Dosen von $10^6$ r führen zu einer Fragmentierung der Polynucleinsäuren, außerdem zu einer Abspaltung von anorgan. Phosphat u. in geringer Menge auch von freien Purinbasen. Die Purin- u. Pyrimidinbasen werden desaminiert, u. die konstituierende Ringstruktur wird aufgespalten. Prinzipiell ähnliche Beobachtungen wurden bei Behandlung der Lsgg. mit Fentons Reagens ($H_2O_2$ + Eisensalz) gemacht, der Mechanismus der Röntgenwrkg. wird daher prim. auf die Bldg. freier oxydativer Radikale aus dem W. zurückgeführt. Weitere Unterss. mit kleineren Dosen sowie unter verschied. Bedingungen (in Luft, in $O_2$-, $H_2$-Atmosphäre oder im Vakuum) ergaben, daß die Abspaltung von Ammoniak vorwiegend auf den Einfl. von OH u. $O_2H$ zurückzuführen ist. Der bei **I** als Bestrahlungswrkg. auftretende Verlust an Viscosität wird durch die Abtrennung einiger Aminogruppen verursacht. Weitere Beobachtungen an den bestrahlten Substanzen werden beschrieben u. krit. diskutiert. (Exp. Cell. Res., Suppl. **1952**. 219—44. Newcastle-upon-Tyne, King's Coll., Univ. of Durham.) Reusse. 4150

**A. H. Sparrow, M. J. Moses** und **R. J. Dubow,** *Beziehungen zwischen ionisierender Bestrahlung, Chromosomenbrüchen und gewissen anderen Kernschäden.* Kulturen von *Trillium erectum* u. *Tradescantia paludosa* wurden mit Röntgenstrahlen behandelt (160 kV, 10 mA, HWS 0,3 mm Cu, Dosisleistung 60 r/Min.) u. die Zahl der Chromosomenbrüche geprüft. Diese ist stark abhängig von dem Entwicklungsstadium der bestrahlten Organismen. Diese Unterschiedlichkeit zeigt keine direkte Beziehung zu dem für die jeweilige Entwicklungsstufe typ. Geh. der Kerne an *Desoxypentosenucleinsäure.* Das Ergebnis weiterer biol. Unterss. fassen Vff. dahin zusammen, daß der Prozeß des strahlungsinduzierten Chromosomenbruches nicht aus einem direkten physikal. zu deutenden Eingriff am Gefüge des Kernes resultiert, sondern daß vielmehr ein oder auch mehrere kleine Schäden gesetzt werden, die sich dann weiter ausbreiten. Dabei ist ein Kettenmechanismus wirksam, ähnlich dem einer enzymat. Hydrolyse. (Exp. Cell. Res., Suppl. **1952**. 245—67. Upton, Long Island, N. Y., Brookhaven Nat. Labor., Biol. Dep.) Reusse .4150

**E. R. King, L. W. Brady** und **H. C. Dudley,** *Therapeutische Versuche mit Radiogallium* (*$^{72}$Ga*). Vff. berichten über 4 unheilbare Carcinomfälle (Harnblasen-, Prostata-, Brust-, Synovialcarcinom). Sämtliche Patienten hatten Knochenmetastasen u. wurden aus diesem Grunde intravenös mit *$^{72}$Ga*-Citrat behandelt. Die Überwachung der Patienten ergab, daß bei den verabfolgten Dosen von 121—317 mC eine Heilwrkg. nicht zu erzielen war. Größere Intensitäten, die möglicherweise positive Resultate gezeitigt hätten, sind wegen der tox. Eigg. des Ga undiskutabel. (A. M. A. Arch. intern. Med. **90**. 785—89. Dez. 1952. Bethesda, Md., U. S. Naval Hosp., Radioisotope Labor., u. U. S. Naval Med. Res. Inst.) Reusse. 4160

**Edwin E. Osgood** und **Arthur J. Seaman,** *Die Behandlung chronischer Leukämien. Therapeutische Resultate mit abgemessenen Totalbestrahlungen in bestimmten Abständen mit radioaktivem Phosphor oder Röntgenstrahlen.* Vff. haben ein Behandlungssyst. für Leukämien mit Röntgen- u. *$^{32}$P*-Bestrahlungen ausgebildet, dessen Wesen in einer schwachdosierten, wiederholten Anwendung besteht (vgl. A. M. A. Arch. intern. Med. **87**. [1951.] 329.). Zwischen je zwei Behandlungen bzw. Injektionen wird eine einwöchige Pause eingelegt, um die Rk. des Patienten auf die Totalbestrahlungen zu prüfen u. den Fortgang der weiteren Behandlung anzupassen. Dosis: 10—25 r Röntgenstrahlung oder 0,5—2,5 mC $^{32}$P. In der vorliegenden Veröffentlichung wird ein Behandlungsmaterial von 163 Fällen eingehend statist. ausgewertet, sowohl nach auftretenden Komplikationen als nach Heilerfolgen. Ein sorgfältiger Vgl. mit 1978 in der Literatur beschriebenen Fällen zeigt die Überlegenheit der Meth. der Verfasser. Eine Heilung der chron. Leukämie ist zwar nicht zu erzielen, die voraussichtliche Überlebensdauer wird jedoch sehr günstig beeinflußt. (J. Amer. med. Assoc. **150.** 1372—79. 6/12. 1952. Portland, Oreg., Univ. of Oregon, Med. School, Div. of Exp. Med.) REUSSE. 4160

**J. H. Müller** und **C. Brunner,** *Normaler Partus eines gesunden Mädchens nach erfolgreicher Behandlung einer metastasierenden Struma maligna der Mutter mittels radioaktiven Jods* (${}^{131}J$). (Vgl. auch NÜRNBERGER u. Mitarbeiter, C. **1953.** 6715.) Vff. bringen den Krankenbericht einer Patientin, die mit einer metastasierenden Struma maligna mehrfach operiert wurde, so daß schließlich die Thyreoidea total entfernt war. Die dadurch bedingten Mangelerscheinungen wurden durch laufende Gaben von *Thyrakrin* kompensiert. Zur Ausschaltung restlicher Metastasen im Gebiet der Schilddrüse u. der Lymphknoten im Halsgebiet erhielt Patientin per os 95 mC ${}^{131}J$ über mehrere Monate verteilt, als deren Folge über 3½ Jahre völlige Symptomfreiheit festgestellt werden konnte. Eine danach ausgetragene Gravidität verlief völlig n., das Kind zeigte keinerlei Strahlenschäden. (Schweiz. med. Wschr. **83.** 54—55. 17/1. 1953. Zürich, Univ., Frauenklinik, u. Winterthur, Kantonsspital.) REUSSE. 4160

**Leonell C. Strong,** *Unterschiedliche Reaktion von Mäusen aus 15 Inzuchtstämmen auf subcutane Injektion von Methylcholanthren.* 3374 männliche u. weibliche Mäuse aus 15 Inzuchtstämmen mit den verschiedensten Genmerkmalen erhielten 1 mg *Methylcholanthren* in 0,1 cm³ Sesamöl injiziert. Bei den Tieren entwickelte sich an der Injektionsstelle verschieden schnell ein Fibrosarkom. Die Stämme mit einer relativen Resistenz gegenüber Fibrosarkomen besitzen alle das Gen s. Es zeigten sich geringe Unterschiede in der Geschwindigkeit der Fibrosarkombldg. je nach Geschlecht der Tiere. (Yale J. Biol. Med. **25.** 34—43. Sept. 1952. Yale Univ., Dep. of Anatomy.) H. SCHEURLEN. 4160

**Samuel Graff, William Antopol, Gerard Zagal** und **Fay Agate,** *Einfluß von Sarkom 180 auf Adenocarcinom 755 in der Maus.* Der Einfl. zweier verschied. implantierter Tumoren aufeinander wurde untersucht. Sarkom 180 scheint das Wachstum von Carcinom 755 zu inhibieren u. wird darin durch *8-Azaguanin* unterstützt, Carcinom 755 vergrößert die Wachstumsrate von Sarkom 180 u. wird darin durch 8-Azaguanin nicht gehemmt. (Cancer Res. **12.** 383—84. Mai 1952. New York, N. Y., Francis Delafield Memorial Hosp., u. Beth Israel Hosp.) LUDOLPHY. 4160

**Mario Fiore,** *Untersuchungen über die mucinolytische Wirksamkeit von menschlichem neoplastischem Gewebe.* Im Gegensatz zu den Ergebnissen anderer Autoren fanden die Vff. durch viscosimetr. Messungen, daß Extrakte von Carcinomen, u. vor allem von Sarkomen, eine deutliche mucinolyt. Aktivität zeigen. Vff. schließen aus ihren Ergebnissen, daß zumindest 80% der bösartigen Tumoren gegenüber *Hyaluronsäure* mucinolyt. Wirksamkeit besitzen. (Tumori **38.** 285—88. 1952. Roma, Ist. Regina Elena per lo Studio e la Cura dei Tumori.) H. SCHEURLEN. 4160

**Antonio Caputo,** *Die durch Testosteron bedingten Änderungen der aeroben Glykolyse von Tumoren.* Verss. mit Tumoren des Menschen u. experimentellen tier. Tumoren zeigten, daß *Testosteronpropionat* (I) im WARBURG-App. eine deutliche Hemmung der aeroben Glykolyse von Schnitten maligner Tumoren (vor allem bei Adenocarcinomen der Brust) bewirkt. Bei gutartigen Tumoren (ohne Zellatypie, aber mit unreifen Gewebsbestandteilen) wird dagegen durch I eine Zunahme der aeroben Glykolyse beobachtet. Zur Erklärung der Ergebnisse werden vom Vf. ausführlich einige Hypothesen diskutiert. (Tumori **38.** 275—84. 1952. Roma, Ist. Regina Elena per lo Studio e la Cura dei Tumori.) H. SCHEURLEN. 4160

## E₂. Enzymologie. Gärung.

**Syoiti Yamagata, Sukehiko Seino** und **Tadashi Nakao,** *Untersuchungen über Blut- und Plasmakatalase.* 1. Mitt. *Eine neue Mikromethode zur Bestimmung von Blut- und Plasmakatalase.* Vff. beschreiben eine neue Mikrometh., durch die die Wirksamkeit auf $H_2O_2$ durch Jodometrie bestimmt wird. Mit dieser Meth. läßt sich Blut- u. Plasmakatalase mit 0,02 cm³ Blut oder 0,1 cm³ Plasma bestimmen. (Tohoku J. exp. Med. **57.** 85—92. 25/12. 1952. Sendai, Tohoku Univ., Med. Clin. [Orig.: engl.]) BRATFISCH. 4210

**Syoiti Yamagata** und **Tadashi Nakao,** *Untersuchungen über Blut- und Plasmakatalase.* 2. Mitt. *Der Blutkatalasegehalt bei Patienten mit Verdauungskrankheiten.* (1. vgl. vorst. Ref.) Der Blutkatalase (I)-Geh. ändert sich in Verbindung mit den Erythrocyten u. Hämoglobin. Vff. empfehlen zur Prognose verschied. Krankheiten des Verdauungstraktes (Carcinom, Lebercirrhose) die I-Bestimmung. (Tohoku J. exp. Med. **57**. 93—99. 25/12. 1952. Sendai, Tohoku Univ., Med. Clin. [Orig.: engl.]) BRATFISCH. 4210

**R. I. Tatarskaja,** *Der Austausch des Cofermentes der Thiaminase durch einige stickstoffhaltige Verbindungen.* Die Thiaminase (I) vom Karpfen wird durch *Nicotinsäure* stärker aktiviert als durch *Nicotinamid. Pyridoxin* ist sowohl gegenüber Apoferment als auch Holoferment indifferent. Mit Ausnahme von Glycin zeigen alle untersuchten Monoaminocarbonsäuren — *α-Alanin* (II), *β-Alanin* (III), *β-Phenylalanin* (IV), *Serin, Cystein* (V), *Methionin, Tyrosin* — eine starke Aktivierung von I, bes. die cycl. u. S-haltigen Verbindungen. Inakt. sind *Glutaminsäure, Asparaginsäure, Asparagin, Adenosin, Adenosintriphosphorsäure, Kreatin, Kreatinin, Guanidin* u. *Harnstoff*. Die Aktivatoren von I enthalten neben der N-Gruppe mindestens eine weitere polare, in der Regel saure, Gruppe. Die akt. Gruppen brauchen nicht in m- oder *β*-Stellung vorzuliegen, auch α-Aminosäuren wirken aktivierend. Trotz Fehlens einer sauren Gruppe zeigen Nicotin u. Anabasin eine aktivierende Wrkg. auf I, deren Natur noch ungeklärt ist. Aus der I-Aktivierung mit Coferment u. Modellaktivator (II, III, IV ,V) geht hervor, daß die Bldg. des akt. Komplexes Apoferment + Coferment oder Apoferment + Modellferment durch Rk. der SH-Gruppen des Proteins mit dem aktivierenden Agens erfolgt. Die Aktivität von Apoferment + IV ist größer als bei Zusatz des Cofermentes. Dasselbe wird bei II, III u. V beobachtet. Die Aktivität des Syst. Apoferment + Coferment wird durch Zusatz des Modellaktivators verstärkt. (Биохимия [Biochemie] **17**. 598—610. Sept./Okt. 1952. Moskau, Bach-Inst. für Biochem. der Akad. der Wiss. der UdSSR.) LEBTAG. 4210

**William H. Fishman** und **F. Lerner,** *Eine Methode zur Bestimmung der aus Prostata stammenden Serumphosphatase.* Es wird die Bestimmungsmeth. für den aus der Prostata stammenden Anteil (I) der *sauren Serumphosphatasen* (Ia) angegeben, die auf der selektiven Hemmung der *sauren Prostataphosphatase* (I) durch *L-Tartrat* (II) beruht. Hierzu wird die Hydrolyse von *Phenylphosphat* (*Di-Na-Salz*) mit u. ohne II bestimmt u. der Unterschied an freigemachtem *Phenol* als charakterist. für die I-Hemmung betrachtet. Die analyt. Best. beruht auf der von BENOTTI, ROSENBERG u. DEWEY (J. Lab. clin. Med. **31**. [1946.] 357) angegebenen Modifikation der GUTMAN u. GUTMAN-Version der KING-ARMSTRONG-Methode. Die Annahme, daß bei männlichen Personen der größte Teil der gehemmten Ia-Fraktion sehr wahrscheinlich aus der Prostata stammt, wird experimentell belegt. Bei Patienten mit akt. Prostatakrebs steigt I des Serums auf erhöhte Konzz. an u. macht einen zunehmend größeren Ia-Anteil aus. (J. biol. Chemistry **200**. 89—97. Jan. 1953. Boston, Tufts Coll. Med. School, Cancer Res. and Cancer Control Unit and Dep. of Biochem. and Nutrit.; Cambridge, Mass., Holy Ghost Hosp., Biochem. Labor.) K. MAIER. 4210

**Francis Binkley,** *Aktivierung von Thionase durch Folsäure. Thionase,* das für die Spaltung von Cystathionin u. Cystein verantwortliche Enzym, wird durch Dialyse gegen verd. Acetatpuffer inakt. u. kann durch Zufügen von *Folsäure* wieder aktiviert werden, jedoch nicht durch Adenylsäure, Adenosintriphosphat, Diphosphopyridinnucleotid, Vitamin $B_{12}$ u. Aureomycin. (J. Amer. chem. Soc. **72**. 2809. Juni 1950. Salt Lake City, Ut., Univ. of Utah, Coll. of Med., Labor for the Study of Hereditary and Metabol. Disorders.) LEHWALD. 4210

**Z. Hadidian,** *Die Wirkung von Schlangengift und proteolytischen Enzymen auf den unspezifischen Inhibitor der Hyaluronidase.* Die unspezif. *Hyaluronidase* (I)-Hemmung durch Serum wird durch Papain, Pepsin, Trypsin u. eine im Schlangengift vorhandene Protease (II) weitgehend rückgängig gemacht bei dem für die betreffenden Fermente geeigneten $p_H$. Auch I-Präpp. verschied. Reinheitsgrades enthalten noch wechselnde Mengen II, die optimal bei $p_H$ 4,9 die Serumhemmung von I wieder aufheben. *Proinvasin I* von HAAS (J. biol. Chemistry **163**. [1946.] 89) dürfte mit II ident. sein. (J. gen. Physiol. **36**. 361—69. 20/1. 1953. Boston, Mass., Tufts Coll. Med. School, Dep. of Pharm.) GIBIAN. 4210

**Leonard J. Zatman, Sidney P. Colowick, Nathan O. Kaplan** und **Margaret M. Ciotti,** *Die Wirkung von Nicotinsäureamid und Isonicotinsäurehydrazid auf Diphosphopyridinnucleotidasen.* Ein aus Rindermilz erhaltenes, durch fraktioniertes Zentrifugieren gereinigtes (Ib) *Enzym* (I, *Diphosphopyridinnucleotidase*)-Präp. (Ia; Fed. Proc. **11**. [1952.] 315) wurde mit einem lösl. gereinigten I-Präp. (Ib) aus *Neurospora crassa* (KAPLAN u. Mitarbeiter, C. **1952**. 542) hinsichtlich der Beeinflußbarkeit der Spaltung von *Diphosphopyridinnucleotid* (II = *ARPPRN*) an der *Nicotinsäureamid* (III)-Bindung durch III u. *Isonicotinsäurehydrazid* (IV) verglichen. Ia wurde durch III nichtkompetitiv u. reversibel, das gegen III relativ unempfindliche Ib jedoch kompetitiv gehemmt. Für die Wirkungsweise von I aus Ia nehmen Vff. folgenden Mechanismus an. Zur Prüfung dieser Hypothese, wonach zugesetztes **III** **I** aus **Ia** in Konkurrenz mit Rk. b) hemmen u. den Ablauf a) bewirken müßte, wurde in der Säureamidgruppe mit $^{14}C$ markiertes **III** in hemmenden Konzz. mit

$$\mathrm{ARPPRN} + \mathrm{I} \underset{}{\overset{a)}{\rightleftarrows}} \mathrm{ARPPR{-}I} + \mathrm{III} \quad \xrightarrow{b)\ H_2O} \quad \mathrm{ARPPR} + \mathrm{I}$$

nichtmarkiertem **II** u. **Ia** bebrütet u. hierbei ein vollständiger $^{14}C$-Austausch zwischen **III** mit inaktivem **III** in **II** erzielt: $ARPPRN + \mathbf{III}^{+} \rightleftharpoons ARPPRN^{+} + \mathbf{III}$. In Übereinstimmung mit der Annahme eines andersartigen Hemmungsmechanismusses für **I** von **Ib** war selbst bei hohen **III**-Konzz. kein merklicher Einbau von markiertem **III** in **II** feststellbar. **IV** erwies sich hinsichtlich der **Ia**-Hemmung als 10fach wirksamer als **III**. $1{,}3 \cdot 10^{-4}$Mol gaben eine 50%ig. Hemmung. **Ib** wurde selbst durch 0,1 mol **IV** nicht merklich gehemmt. *Isonicotinsäure* u. Nicotinsäure zeigten bei den Enzymen keine Wirkung. Während **I** aus Hirn oder Milz von Rind oder Lamm gegen **IV** extrem empfindlich war, zeigte **I** aus den entsprechendem Gewebe von Ratte, Maus u. Kaninchen relativ geringe Empfindlichkeit (prakt. keine Hemmung bei $10^{-2}$ mol.) gegenüber **IV**. Die **III**-Empfindlichkeit war bei allen Spezies im wesentlichen gleich. **IV** hemmte den Einbau von markiertem **III** in **II** durch Rinderhirn-**I**, war jedoch auf die Aufnahme in Ggw. von Rattenhirn-**I** ohne Einfluß. (Bull. Johns Hopkins Hosp. **91.** 211—13. Sept. 1952. Baltimore, Md., Johns Hopkins Univ., McCollum-Pratt Inst.) K. MAIER. 4210

## $E_3$. Mikrobiologie. Bakteriologie. Immunologie.

**Harry G. Steinman, Harry Eagle** und **Vance I. Oyama,** *Die Ernährungserfordernisse der Treponematen.* 4. Mitt. *Der Gesamtstickstoffbedarf der Reiterschen Spirochäte.* (3. vgl. J. Bacteriol. **64.** [1952.] 265.) Die Unters. des für das Wachstum der REITERschen Spirochäte erforderlichen Bedarfs an *Aminosäuren* (**I**) ergab, daß *Arginin, Asparaginsäure* (**II**), *Cystin* oder *Cystein, Glutaminsäure* (**III**), *Histidin, Isoleucin, Leucin, Lysin, Methionin, Phenylalanin, Threonin, Tryptophan* u. *Valin* unentbehrlich sind, u. der Organismus beim Fehlen einer derselben nicht lebensfähig ist. *Prolin* (**IV**) kann **III** ersetzen. *Serin* u. *Tyrosin* geben eine beträchtliche Wachstumsbeschleunigung. *Alanin, Glykokoll* u. *Oxyprolin* sind inert. Die Konzz. der essentiellen **I** für halbmaximales Wachstum schwanken zwischen $DE_{50} = 10^{-5}$ u. $10^{-4}$ molar. Zur Erzielung maximalen Wachstums müssen die verschied. **I** ineinander angepaßten Konzz. angewendet werden. Die *D*-Isomeren von **I** besitzen keine oder nur geringe Aktivität. Nur *D*-**III** ist wirksamer als die *L*-Form. Es werden regelmäßig Varianten, wahrscheinlich Mutanten, beobachtet, die sich ohne **II, III** u. **IV** entwickeln können. Sie treten in **II**- oder **III**-Mangelmedien auf. *Purine* (**V**) sind für das Wachstum nicht erforderlich. Lediglich *Adenin* übt eine wachstumsbeschleunigende Wrkg. aus. Dagegen ist ein *Pyrimidin* (**VI**), wobei *Uracil* u. *Cytosin* äquivalent sind, unentbehrlich ($ED_{50}$ ca. $10^{-5}$ mol.). *Thymin* ist unwirksam. Außer den genannten Verbb. müssen große Mengen $NH_4^{+}$-Ionen zugeführt werden. Es ist, außer durch *Glutamin*, durch keine der untersuchten **I**-, **V**- oder **VI**-Verbb. ersetzbar. (J. biol. Chemistry **200.** 775—85. Febr. 1953. Bethesda, Md., U. S. Public Health Serv., Nat. Inst. of Health, Nat. Microbiol. Inst., Sect. of Exp. Therapeutics, Labor. of Infections Diseases.) K. MAIER. 4310

**Herta M. Bregoff** und **Martin D. Kamen,** *Untersuchungen über den Stoffwechsel photosynthetischer Bakterien.* 14. Mitt. *Quantitative Beziehungen zwischen dem Äpfelsäureabbau, der Wasserstoffbildung durch Licht und dem Stickstoffwechsel bei Rhodospirillum rubrum.* (Vgl. C. **1952.** 7197, gilt als 13. Mitt.) Es wurde die Photo-Rk., bei der $H_2$ aus *Äpfelsäure* (**I**) entsteht, an *Rhodospirillum rubrum* untersucht. In Abwesenheit von exogenem $N_2$ oder $NH_4Cl$ wird anfänglich (innerhalb 3 Std.) 1 Mol $CO_2$ u. 1 Mol $H_2$ je Mol abgebaute **I** gebildet: $C_4H_6O_5 \rightarrow C_3H_4O_3 + CO_2 + H_2$. In Ggw. von $N_2$ oder $NH_4Cl$ erfolgt keine $H_2$-Bldg.; je Mol verbrauchte **I** tritt 1 Mol $CO_2$ auf: $C_4H_6O_5 \rightarrow C_3H_6O_3 + CO_2$. Beide isomere **I**-Formen werden mit gleicher Geschwindigkeit verwertet. Die $NH_3$-Aufnahme wird durch **I**-Zusatz u. Belichtung beschleunigt. In Ggw. katalyt. Mengen $NH_3$ wird die Photobldg. von $H_2$ reversibel gehemmt. Die Bldg. steigt sofort an, wenn $NH_3$ durch n. Rkk. des N-Stoffwechsels vollständig entfernt wird. Zwischen den Mengen des verbrauchten $NH_3$ u. des aus der verbrauchten **I**-Menge zu erwartenden $H_2$ ist keine stöchiometr. Beziehung feststellbar. Anscheinend liegt ein katalyt. Mechanismus der Hemmung der Photobldg. von $H_2$ durch N vor, der sich der n. $NH_3$-Aufnahme überlagert. Die Unters. der Wrkg. von 23 Aminosäuren auf die Bldg. von Photo-$H_2$ u. das Wachstum ergab: *DL-Norleucin, DL-Isoleucin, DL-Phenylalanin, DL-Ornithin, DL-Valin, DL-Threonin, DL-Methionin* u. *L-Tyrosin* hemmen die Entw.; *DL-Alanin, DL-Serin, L-Histidin, Glycin, L-Lysin* (**II**; $\leq$ 10 Tage), *L-Asparagin, Glutamin, L-Oxyprolin* (**III**; nach 3—5 Tagen) u. *L-Cystin* fördern das Wachstum, hemmen jedoch die $H_2$-Bldg., wobei in allen Fällen eine gewisse Konz. von freiem $NH_3$ vorhanden ist; **III** u. *DL-Tryptophan* hemmen weder die $H_2$-Bldg. noch die Entw. u. fördern letztere nicht (innerhalb 3–5 Tagen); *DL-Asparaginsäure, L-Glutaminsäure, L-Prolin, L-Leucin,* **II** (nach 10 Tagen) u. *L-Arginin* fördern das Wachstum u. zeigen keine Hemmung der $H_2$-Bldg., die $H_2$-Bldg. setzt die Abwesenheit von freiem $NH_3$ voraus. (Arch. Biochem. Biophysics **36.** 202–20. März 1952. St. Louis, Mo., Washington Univ., Med. School, Edward Mallinckrodt Inst. of Radiol.) K. MAIER. 4320

**Martin Flavin** und **Morris Engelman,** *Die gegenseitige Umwandlung von Aminopurinen bei Tetrahymena geleii: Die Rolle von 8-Azaguanin und Hypoxanthin.* Wenn für *T. geleii* optimale Mengen *Adenin* (**I**) u. *Guanin* (**II**) zur Verfügung stehen, ist der Umfang, in dem Nucleinsäure-**I** aus **I** u. **II** abgeleitet wird, in Ggw. oder Abwesenheit kleiner hemmender *8-Azaguanin*-Konzz. der gleiche. Nucleinsäure-**I** leitet sich in gleichem Maße aus *8-$^{14}$C-Hypoxanthin* (**III**) u. **I** ab, wenn diese zusammen mit suboptimalen Mengen von **II** gegeben werden, jedoch wird **III** nicht in Nucleinsäure-**II** umgewandelt. ***Xanthosin*** ist, ernährungsmäßig betrachtet, indifferent, *4-Formamidino-5-imidazolcarboxamid* ebenfalls. Das Verhältnis von gebundenem **I**:**II** betrug in den Organismen 1,1:1. Die Gesamtnucleinsäuren wurden zu 4,5% des Trockengewichts aus dem Geh. an gebundenem Purin u. zu 4,9% aus colorimetr. Zuckerbestimmungen ermittelt. Zur Isolierung von Nucleinsäurepurinen diente neben $Cu_2O$-Fällung u. Gegenstromverteilung das Ionenaustauschharz *Dowex 50*, wobei die Lsgg. der *$Cu_2O$*-Purinfällung in Trichloressigsäure hindurchgeschickt wurden. (J. biol. Chemistry **200.** 59–68. Jan. 1953. New York, N. Y., Columbia Univ., Coll. of Phys. and Surg., Dep. of Biochem.; Army Chem. Center, of Maryland, Biochem. Div., Chem. Corps Med. Labors.) K. MAIER. 4320

**P. N. Sen Gupta,** *Sterilitätsteste von chemischen Lösungen für parenterale Darreichung.* Es werden für injizierbare Lsgg. von einer großen Anzahl von chem. Substanzen das Maximum der nichtbakteriostat. Konzz. gegenüber einigen aeroben sporentragenden u. nichtsporentragenden Organismen festgestellt. (Indian J. med. Res. **40.** 115–19. Jan. 1952. Calcutta, Bengal Immunity Res. Inst.) BOYE. 4330

**S. Mata Pons,** *Die genauen Beziehungen zwischen der chemischen Struktur und der bakteriostatischen Aktivität der Antibiotica, Chemotherapeutica und Desinfektientia. Ihre allgemeine Abhängigkeit von ihrem Ultraviolettabsorptionsspektrum.* (Vgl. auch Med. clin. [Barcelona] **16** (**9**). [1951.] 93.) Auf Grund spektroskop. Unterss. kommt Vf. zu dem Schluß, daß alle spezif. Bakteriostatica ihre größte Absorption im „abiot.“ UV haben. Diese Erscheinung gilt gesetzmäßig für anorgan. wie für organ. Verbindungen. Wenn durch Substitution das UV-Spektr. geändert wird, so ändert sich auch die Wirksamkeit der modifizierten Verb. gegen die einzelnen Bakterien. (Med. clin. [Barcelona] **18** (**10**). 326–37. Mai 1952.) GERBER. 4340

**W. G. C. Forsyth,** *Die Technik der Papierchromatographie in der Mikrobiologie.* Kurze Erläuterung der Arbeitsweise zur Auffindung neuer Antibiotica. (Chem. and Ind. **1953.** 315–16. 4/4. Trinidad, B. W. I., Colonial Microbiol. Res. Inst.) FRESENIUS. 4340

**Federico Ferina,** *Das Verhalten von aus Organen isolierten Staphylokokken gegenüber der Penicillinwirkung.* Staph. aureus aus Organen von Meerschweinchen, die durch Injektion von Staph. seit 48 Std. septicäm. waren, ist gegen *Penicillin* (**I**) widerstandsfähiger; in vitro zeigt sich geringere Hemmung der Vermehrung, vor allem bei Staph. aureus aus der Milz. Die aus Milz u. Leber isolierten Stämme können in vitro die antibiot. Wrkg. von **I** hemmen. Aus den Organen oder dem Blut isolierter Staph. „albus“ ist gegen **I** sehr empfindlich u. besitzt kein Neutralisationsvermögen. (Giorn. Batteriol. Immunol. **44.** 424–33. Sept./Okt. 1952. Palermo, Univ., Ist. die Patol. Generale e di Parassitol.) H. SCHEURLEN. 4340

**G. Giusti,** *Experimentelle Untersuchungen über die Zusammenhänge zwischen Moniliasis und Penicillin.* Vf. konnte zeigen, daß bei Mycotorula albicans durch *Penicillin* (**I**) allein keine Umwandlung des Saprophyten in einen pathogenen Stamm u. umgekehrt erfolgen kann. Agglutinats-Rkk. mit Seren von Kaninchen, die mit **I** behandelt u. gegen einen für Kaninchen nicht pathogenen Stamm von Mycotorula albicans immunisiert waren, zeigten eine Senkung des Agglutinationstiters im Vgl. zu Kontrolltieren, die nicht mit **I** behandelt wurden. (Giorn. Batteriol. Immunol. **44.** 434–42. Sept./Okt. 1952. Padova, Univ., Ist. di Patol. Generale.) H. SCHEURLEN. 4370

## $E_4$. Pflanzenchemie. Pflanzenphysiologie. Pflanzenpathologie.

**Carlos O. Miller,** *Die Beziehung des Einflusses von Kobalt und Licht auf die Ausdehnung etiolierter Bohnenblätterschnitte.* Die Ausdehnung ausgestanzter Scheiben etiolierter Bohnenblätter in Glucose + $KNO_3$-Lsg. wird durch Belichtung gesteigert.

Ebenfalls steigernd wirkt der Zusatz von 5 p.p.m. $Co^{3+}$. Beide Einflüsse verstärkten sich additiv; sie beruhen auf einer Ausdehnung der Zellen, der zeitliche Ablauf ist bei beiden gleich, bei beiden wurde kein voneinander abweichendes Verh. gefunden, auch wenn Blattmaterial anderer Herkunft (Chenopodium album, Rettich) verwendet wurde. So waren z. B. sowohl Licht wie Co bei Chenopodium album ohne Wirkung. Man muß daher annehmen, daß Licht u. Co in gleicher Weise einen auslösenden Faktor beeinflussen, wenn auch auf verschied. Wegen. (Plant Physiol. **27.** 408—12. April 1952. Columbus, O., Ohio State Univ., Dep. of Bot. and Plant. Pathol.) ITZEROTT. 4404

**F. Bryant** und **B. T. Overell,** *Quantitative chromatographische Analyse von organischen Säuren in pflanzlichen Gewebeextrakten.* Die organ. Säuren wurden an anion. Harzaustauschersäulen (Amberlite IRA 400) adsorbiert, um anorgan. Salze, Pigmente, Zucker u. andere bei der Chromatographie störende Substanzen zu entfernen. 5 g adsorbieren mindestens 150 mg der organ. Säuren. Die Elution erfolgte mit 1 n $(NH_4)_2CO_3$. Dieses wurde anschließend durch Eindampfen bis zur Trockne vertrieben. Der in W. gelöste Rückstand wurde absteigend im Syst. Mesityloxyd (75 ml)–W. (75 ml)–85%ig. Ameisensäure chromatographiert (jeweils ca. 0,005 ml). Zur Entw. diente eine 0,04%ig. alkoh. Lsg. von Bromkresolgrün, versetzt mit etwas konz. $NH_3$. Die Flecke wurden ausgeschnitten u. gewogen, ihr Gewicht ist dem Logarithmus der Säurekonz. linear proportional. Standardkurven im Bereich von 1—10 mg Säure/ml erlaubten eine quantitative Auswertung. In Möhrenwurzelextrakt wurden im Mittel 3,20% Äpfelsäure (**I**), in der Trockensubstanz 0,65% Bernsteinsäure (**II**), 0,39% Isocitronensäure (**III**), 0,06% Fumarsäure, eine Spur Citronensäure u. drei unbekannte Säuren gefunden. Im Äpfelextrakt betrug der Geh. an **I** in 1 u. 2 cm unter der Epidermis genommenen Proben 2,18%, 3 cm darunter 4,25%. **II, III** u. eine unbekannte Säure waren nur in Spuren nachweisbar. (Biochim. biophysica Acta [Amsterdam] **10.** 471—76. März 1953. Melbourne, Prestige Ltd.; Sydney, Commonwealth Sci. and Ind. Res. Organ., Div. of Food Preservation and Transport.) DRESSLER. 4420

**T. D. Biswas** und **N. B. Das,** *Chromatographische Trennung von Carotin in Lycopin enthaltendem Material.* Zur Abtrennung von Carotin (**I**) in verschied. Arten von Tomaten benutzten Vff. ein Gemisch gleicher Gewichtsteile aktivierter Magnesia u. erhitzten Kieselgurs als Absorptionsmittel in einer Chromatographiersäule. Ersteres wurde durch 1 std. Erhitzen von $MgCO_3$, letzteres durch 3 std. Erhitzen auf 200° dargestellt. Die Früchte wurden durch Zerreiben mit Quarzsand in einem PAe.-Aceton-Gemisch extrahiert, acetonfrei gewaschen, der konz. Extrakt auf die Säule gegeben, mit PAe., der 10% Aceton enthielt, eluiert u. im Colorimeter bestimmt. Die **I**-Gehh. schwanken zwischen 2,2—15,7 p.p.m. je nach Art der Früchte. Die wild wachsende Species (*Lycopersicum pimpinellifolium Mill.*) ist reicher an **I** als die gezüchteten Arten. Ebenso verhält es sich mit den *Ascorbinsäure*-Gehh. gegenüber der „deshie"-Varietät. Vollreife Früchte scheinen einen höheren **I**-Geh. zu haben als weniger reife. (Sci. and Cult. **18.** 91—92. Aug. 1952. New-Delhi, Ind. Agricult. Res. Inst., Div. of Soil Sci. and Agricult. Chem.) ENDRASS. 4425

**O. N. Sotowa,** *Der Einfluß einiger Wachstumsbedingungen der Kartoffel auf ihren Gehalt an Vitamin C.* Kartoffeln in Omsk, Sibirien, nehmen bzgl. ihres *Vitamin-C* (**I**)-Geh. eine Mittelstellung zwischen dem Material aus nördlicheren u. südlicheren Gegenden ein. Knollen aus leichtlehmigen Böden haben einen höheren **I**-Geh. als solche aus schweren Böden. Bewässerung erniedrigt den **I**-Gehalt. Frühe Sorten in Bewässerungsgebieten besitzen zur Zeit der Ernte einen höheren **I**-Geh. als die gleichen Sorten ohne Bewässerung. Obgleich das äußere Medium von wesentlichem Einfl. auf den **I**-Geh. der Kartoffel ist, werden Sortenunterschiede nicht verwischt. (Биохимия [Biochemie] **18.** 205—09. März/April 1953. Omsk, Landw. Kirow-Inst., Lehrstuhl für Lagerung u. Technol.) ULMANN. 4425

**Charles C. Wilson,** *Die Wirkung verschieden hoher Zinkgaben auf zwei Pinusarten.* Wenn zu Nährlsgg., die als Spurenelemente nur B, Cu, Mn u. Fe enthielten, Zn in den Konzz. 0; 0,001; 0,01; 0,1 p.p.m. zugefügt wurde, ergab sich bei der Gefäßkultur von Pinus echinata Mill. u. Pinus taeda L., daß die Sämlinge von Pinus taeda L. nach einem Jahr noch alle am Leben waren, dabei hatten die Pflanzen ohne Zn kürzere Nadeln, zeigten etwas Chlorose u. waren halb so groß wie diejenigen mit 0,1 p.p.m. Zn, während bei den dazwischenliegenden Konzz. diese Merkmale weniger in Erscheinung traten. Von Pinus echinata waren die Sämlinge ohne Zn nach 8 Monaten abgestorben, mit 0,001 p.p.m. Zn zeigte nach einem Jahr nur noch eine Pflanze Leben, mit schwacher Nadelentw. u. schwerer Chlorose. 0,01 p.p.m. Zn bewirkte den Tod einer Pflanze u. schwere Zn-Mangelerscheinungen bei den anderen, 0,1 p.p.m. Zn ergab n., gesundes Wachstum. Diese gefundenen Symptome gleichen denen der Kleinblättrigkeitskrankheit bei Pinus echinata u. Pinus taeda im Piedmontgebiet. (Science [Washington] **117.** 231—33. 27/2. 1953. Athens, Univ. of Georgia, Dep. of Bot.) BEINERT. 4470

**H. Anhaeusser,** *Keimung und Schlauchwachstum des Gymnospermenpollens unter besonderer Berücksichtigung des Wuchsstoffproblems.* Unterss. über die Wrkg. folgender Extrakte u. Substanzen auf die Keimung u. das Schlauchwachstum des Gymnospermenpollens von Pinus montana u. Ceratozamia spec.: Ginkgo- (I) u. Taxus (II)-Samenanlagenextrakt, Bestäubungstropfen von Taxus baccator, Pinuspollenextrakt, Avenakoleoptilendiffusat, *β-Indolylessigsäure* (III), Hefeextrakt u. *Aneurin* (IV), *T-Vitamin, Pantothensäure* (V), *β-Alanin, Nicotinsäureamid.* Alle Substanzen zeigten Wuchstoffwrkg., bei I u. II ergibt sich ein Wuchsstoff–Hemmstoff-Prinzip in Abhängigkeit von der Entw. der Samenanlage. Es wurden auch durch unterschwellige Wuchsstoffgaben Hemmwirkungen gefunden, bes. deutlich bei V. Eine Förderung der Kernteilung im Pollenschlauch wurde nur durch III u. IV erreicht. (Beitr. Biol. Pflanzen **29.** 297–338. 1953. Karlsruhe, TH, Botan. Inst.) BEINERT. 4486

**Kenneth V. Thimann,** *Die Rolle der o-Substitution bei synthetischen Auxinen. 2.6-Dichlor-, 2.4.6-Trichlor-* u. *2-Methoxy-4.6-dichlorphenoxyessigsäure* wiesen im Erbsentest Auxinwrkg. auf. *3.5-Dichlorphenoxyessigsäure* war unwirksam. Die Einführung von Cl am $C_{(2)}$ u. $C_{(4)}$ erhöht die Wirksamkeit der *Phenoxyessigsäure,* während die entsprechende Dinitroverb. inakt. ist. Auch *2.3.6-Trichloressigsäure* weist eine hohe Aktivität auf. Diese scheint somit mit der o-Substitution eng verbunden zu sein. (Plant Physiol. **27.** 392–404. April 1952. Cambridge, Mass., Harvard Univ., Biol. Labors.) ITZEROTT. 4486

**W. R. Meagher, C. M. Johnson** und **R. P. Stout,** *Molybdänbedarf von Leguminosenpflanzen, die mit gebundenem Stickstoff ernährt wurden.* An aus bes. gezogenem wenig Mo (0,05–1,0 μg) enthaltendem Saatgut von Phaseolus vulgaris u. Pisum sativum auf Kulturlsgg. mit $NO_3$ als N-Quelle gezogenen Erbsen- u. Bohnenpflanzen ließ sich nachweisen, daß Mo zur vollständigen Entw. der Pflanzen nötig ist, Mo-Mangelsymptome (Scheckung, Nekrosen) treten zunächst nicht auf, werden dann aber schlagartig sichtbar u. können im Anfangsstadium durch Mo-Gaben zur Kulturlsg. geheilt werden. Hemmung der Nekrosen durch Mo-Bepinselung der Blätter oder Mo-Infiltration trat erst innerhalb von 2 Wochen auf. Mo wird in einigen Samen bis zur 10fachen Menge gespeichert, die die wachsende Pflanze benötigt. (Plant Physiol. **27.** 223–30. April 1952. Berkeley, Calif., Univ. of California, Div. of Plant Nutrit.) ITZEROTT. 4490

## E5. Tierchemie. Tierphysiologie. Tierpathologie.

**Robert B. Fischer** und **Joseph Charles Muhler,** *Die Wirkung von Natriumfluorid auf die Struktur von gepulvertem Zahnschmelz.* Zur weiteren Unters. der Tatsache, daß *F*-Salze die Decalcifizierung des Zahnschmelzes reduzieren u. damit cariesprophylakt. wirken, wurde gepulverter Schmelz mit *HF*- bzw. *NaF*-Lsgg. verschied. Konz. behandelt. Elektronen- u. Röntgenbeugungsaufnahmen ergaben eine Umbldg. der *Apatit*- zur $CaF_2$-Struktur. Die Schnelligkeit der Umbldg. ist abhängig vom $p_H$-Wert der Lsg. (bei $p_H$ 3–4 in weniger als 5 Min., keine Umbldg. bei $p_H$ 6,5–7) u. von der Konz. der Lösung. (J. Dental Res. **31.** 751–55. Dez. 1952. Bloomington, Ind., Indiana Univ., Chem. Labors.) KLESSE. 4510

**W. Burkl** und **A. Sonnenschein,** *Über Vorkommen und Verteilung der Mucopolysaccharide in der Synovialis bei Erkrankungen der Kniegelenke.* Histochem. Unters. (Toluidinblaufärbung) der *Synovialis* bei verschied. Gelenkaffektionen ergab durchweg verstärkte u. verbreitertere Metachromasie, woraus auf verstärktes Vork. von *Mucopolysaccharidsäuren,* bes. *Hyaluronsäure* (I), geschlossen wird. Bes. bei den chron. Fällen werden zahlreiche *Mastzellen* gefunden, deren Beziehungen zu I erörtert werden. (Virchow's Arch. pathol. Anatom. Physiol. klin. Med. **322.** 442–51. 1952. Wien, Univ., Histolog.-Embryolog. Inst.) GIBIAN. 4520

**John H. Menkes** und **Arpad Csapo,** *Änderungen im Adenosintriphosphat- und Kreatinphosphatgehalt des Kaninchenuterus während der sexuellen Reifung und nach der Ovulation.* Unterss. an ♀ Kaninchen in verschied. Reife- u. Trächtigkeitsstadien. Trennte man bei tiefer Temp. Myometrium u. Endometrium, so sank dadurch allein schon der Geh. an energiereichen Phosphatverbb. um mehr als die Hälfte. Das Myometrium enthält nach Vff. sowohl *Adenosintriphosphat* (I) wie *Kreatinphosphat* (II), während das Endometrium nur I enthalten soll. Beim lebenden Tier wurde ein Anstieg der I- u. II-Werte während der sexuellen Reife u. nach der Ovulation beobachtet. Große Schwankungsbreite der Resultate bei trächtigen Tieren. (Endocrinology **50.** 37–50. Jan. 1952. Baltimore, Md., Carnegie Inst. of Washington, Dep. of Embryol.) VINCKE. 4520

**Walter L. Mersheimer, George B. Jerzy Glass, Frances D. Speer, James M. Winfield** und **Linn J. Boyd,** *Magenmucin — eine chemische und histologische Untersuchung* *nach bilateraler Vagektomie, Magenresektion und beiden Eingriffen.* Der Einfl. bilateraler Vagektomie, partieller Gastrektomie u. beider Operationen auf die Sekretion von freier *HCl* u. *glandulärem Mucoprotein* (I), mit u. ohne Insulinstimulation, wird klin. untersucht. Nach vollständiger Durchtrennung der Vagusnerven wird vom Magen weder HCl noch I ausgeschieden, auch Insulin bleibt ohne Wrkg., nur Histamin verursacht die Sekretion beider Stoffe (humorale Stimulation). Histolog. Unterss. an Hunden führten zum Ergebnis, daß die nach Vagektomie beobachteten Änderungen in der Sekretion von I u. *HCl* nur von der Durchtrennung der Vagusnerven u. nicht von einer Atrophie der Magenmucosa abhängen. (Ann. Surgery **136**. 4. 668—79. Okt. 1952. New York, N. Y., Med. Coll., Dep. of Surg.) NIESWANDT. 4555

**Ernest Knobil,** *Die Beziehung einiger Steroidhormone zur Aktivität der β-Glucuronidase.* Unterss. zur Best. der *β-Glucuronidase* (I)-Aktivität von Uterus, Brustdrüse, Prostata u. Samenblase im Zusammenhang mit der Wrkg. von *Östrogenen* (*Östradiolbenzoat* (II), *Testosteronpropionat* (III), *Desoxycorticosteronacetat* u. *Progesteron*) bei Ratten u. Kaninchen. Die als Folge der Kastration auftretende Atrophie von Prostata u. Samenblase war nicht von einer Senkung der I-Konz. in diesen Organen begleitet, während die Zufuhr von II bei kastrierten ♂ Ratten einen ausgesprochenen I-Anstieg hervorrief. III erhöhte den I-Geh. des Uterus von erwachsenen ovarektomierten Ratten u. das Uterusgewicht. Die bei infantilen Ratten nach Ovarektomie beobachtete Uterusatrophie war nicht von einer I-Verminderung begleitet. II-Applikation erhöhte zwar bei solchen Tieren das Uterusgewicht, aber nicht die I-Aktivität. — Vf. schließt, daß Änderungen der I-Aktivität nicht automat. mit Wachstumsphänomenen gekoppelt sind, u. daß diese Änderungen wahrscheinlich spezif. für die Wrkg. von *Östrogenen* sind. (Endocrinology **50**. 16—28. Jan. 1952. Ithaca, N. Y., Cornell Univ., Dep. of Zool.) VINCKE. 4558

**F. G. Sulman,** *Intravaginale Auswertung von Östrogenen.* Beschreibung einer Mikrometh., bei der die auszuwertende Fl. mittels einer Mikrospritze den (kastrierten) Mäusen intravaginal appliziert wird. Auswertung der Vaginalabstriche nach der ALLEN-DOISY-Methode. Es wird jedoch betont, daß die intravaginale Meth. einen viel höheren Anteil an Proöstrus- u. Metöstrusstadien liefert als andere Applikationsmethoden. Die Ergebnisse werden binnen 2—2½ Tagen erhalten. Die kleinsten so nachweisbaren *Östrogen* (I)-Mengen sind 0,1 γ *Östron*, 0,05 γ *Östriol* u. 0,005 γ *Östradiol*. Beispiele für die I-Best. in Urin u. Blut. Diskussion der Vorteile der Methode. (Endocrinology **50**. 61—67. Jan. 1952. Jerusalem, Hebrew Univ., Hadassah Med. School, Dep. of Pharmacol.) VINCKE. 4559

**Herman Cohen** und **Robert W. Bates,** *Der Nachweis einer nicht östrogen wirkenden, den Uterus stimulierenden und die Östrogenwirkung verstärkenden Substanz im Urin trächtiger Stuten.* Ein Handelspräp. aus dem Urin trächtiger Stuten (*Amniotin*; SQUIBB & SONS) wurde mit GIRARD-Reagens T in die Keton- u Nichtketonfraktion getrennt. Diese wurde, in Toluol gelöst, zuerst mit 0,1 n u. dann mit 1 n NaOH extrahiert. Die danach im Toluol vorhandene „*neutrale Fraktion*" (I) wurde auf ihre physiol. Wirksamkeit untersucht. — Die Applikation von I allein in öliger Lsg. hatte bei erwachsenen, kastrierten, weißen Ratten keine Östrus erzeugende Wirkung. Jedoch verstärkte I bei diesen Tieren die östrogene Wrkg. von *Östron, Diäthylstilböstrol* oder *Amniotin* bei gleichzeitiger Applikation an verschied. Körperstellen. I erhöhte das Uterusgewicht bei hypophysektomierten, kastrierten oder adrenalektomierten Ratten u. das Gewicht der Eileiter von mehrere Tage alten weißen Leghornküken. (Endocrinology **50**. 5—15. Jan. 1952. New York. N. Y., Univ., Graduate School of Arts and Sci., Dep. of Biol., u. New Brunswick. N. J., Squibb Inst. for Med. Res.) VINCKE. 4559

**Arpad I. Csapo** und **George W. Corner,** *Die antagonistische Wirkung von Östrogenen und Progesteron auf das „Staircase" Phänomen des Uterusmuskels.* Vff. demonstrieren ein „Staircase"-Phänomen am Uterusmuskel in vitro. Die Ovarialhormone ändern die Dauer eines einzelnen Kontraktions–Relaxations-Vorgangs des Uterus, u. zwar tritt mit Östrogenen Verlängerung, mit Progesteron Verkürzung der Dauer eines einzelnen Kontraktionscyclus ein (Verss. mit kastrierten Ratten durch Verabreichung von Ovarialhormonen). (Endocrinology **51**. 378—85. Nov. 1952. Baltimore, Md., Carnegie Inst. of Washington, Dep. of Embryology.) GOEBEL. 4559

**John T. Grayhack** und **William Wallace Scott,** *Die Wirkung allgemeiner Mangelernährungen auf die Ansprechbarkeit der Prostata der Albinoratte auf Testosteronpropionat.* Hungeratrophie von Samenblasen u. Prostata führt bekanntlich zu Rückgang der Androgenproduktion; die Ansprechbarkeit der Organe (z. B. Prostatagewicht) auf applizierte Androgene bleibt dagegen unverändert. Vff. überprüften diese Frage erneut u. fanden für die Wistar-Ratte bei Abstufung der Androgendosis doch ein Nachlassen der Ansprechbarkeit des Prostatagewichtes auf Androgene (*Testosteronpropionat*) bei gewissen Hunger- u. Vitaminmangeldiäten. (Endocrinology **50.** 406—11. April 1952. Baltimore, Md., Johns Hopkins Hosp.) DANNEBERG. 4559

**Marion A. Guidry, Albert Segaloff** und **Aaron M. Altschul,** *Die Wirkung von α-Östradiol, einigen seiner Ester und Östron auf die Atmung von Gewebshomogenaten.* Messung des $O_2$-Verbrauchs von Rattenleberhomogenaten in der WARBURG-Apparatur. Es zeigte sich, daß der $O_2$-Verbrauch durch die zugesetzten Substrate (*Lactat, Isocitrat, Succinat*) beträchtlich erhöht wurde. Zusatz von *α-Östradiol* (I), verschied. I-Estern oder *Östron* verminderte den $O_2$-Verbrauch von Homogenaten mit Zusatz derjenigen Substrate, die durch Vermittlung der *Codehydrase I* u. *II,* aber nicht durch *Succinodehydrase* oxydiert werden. Die Östrogene hemmen die Cytochrom-gebundenen Oxydationen nicht. (Endocrinology **50.** 29—36. Jan. 1952. New Orleans, La., Tulane Univ., Dep. of Med., u. Alton Ochsner Med. Found.) VINCKE. 4559

**Irving Rothschild** und **Allan C. Barnes,** *Die Bedeutung der Dosis sowie der Einfluß der Applikation von Östrogenen, Androgenen oder Salicylaten auf den Grad der durch Progesteron erzeugten Temperaturerhöhung.* Die Dosis-Wirkung-Beziehungen für die die Körpertemp. erhöhende Wrkg. des *Progesterons* werden am Menschen untersucht. Es bestehen strenge quantitative Beziehungen zwischen der Dosis des *Progesterons* u. dem Grade der Temperaturerhöhung. Weder applizierte Östrogene (*Östradioldipropionat*) noch Androgene (*Testosterondipropionat*) beeinflussen die temperaturerhöhende Wrkg. des *Progesterons.* In einigen Fällen wurde durch gleichzeitige Aspiringabe die Temperaturerhöhung durch *Progesteron* verhindert, jedoch war dieser Hemmeffekt nicht immer reproduzierbar. Auch diese Arbeit vermag den Mechanismus der temperaturerhöhenden Wrkg. des *Progesterons* nicht zu klären. (Endocrinology **50.** 485—96. April 1952. Columbus, O., Ohio State Univ., Coll. of Med., Dep. of Gynecol. and Obstetrics.) DANNEBERG. 4559

**Arcadio C. Gonzaga** und **Ozzias J. Villaver,** *Untersuchungen über den stimulierenden Einfluß von Stilböstrol auf die Lactation bei jungen und nichtmilchenden erwachsenen Ziegen.* Gaben von 1 u. 2 mg *Stilböstrol* haben bei jungen u. bei nichtmilchenden erwachsenen Ziegen eine deutliche stimulierende Wrkg. auf die Lactation. Es wird eine geringe Vergrößerung des Euters beobachtet. Diese Einflüsse sind bei erwachsenen Tieren stärker als bei jungen. (Indian veterin. J. **29.** 87—96. Sept. 1952. Quezon City, Univ. of the Philippines, Coll. of Vet. Med.) H.-J. KOCH. 4559

**E. B. Strauss, D. E. Sands, A. M. Robinson, W. J. Tindall** und **W. A. H. Stevenson,** *Die Brauchbarkeit von Dehydroisoandrosteron bei der psychiatrischen Behandlung. Vorläufiger Überblick.* 8 jugendliche Schizophrene mit anomalen Ausscheidungswerten von *17-Ketosteroiden* erhielten *Dehydroisoandrosteron* (I; keine genaue Angabe der Dosierung). Bei 6 kam es zu einer Besserung. Die Hauptwrkg. von I war eine Hebung des Selbstvertrauens u. leichte Euphorie. (Brit. med. J. **1952.** II. 64—66. 12/7. Epsom, St. Ebbas Hosp.) BROSEMANN. 4559

**D. E. Sands** und **G. H. A. Chamberlain,** *Behandlung unzulänglicher jugendlicher Persönlichkeiten mit Dehydroisoandrosterone.* (Vorl. Mitt.) 13 jugendliche psychiatr. Patienten erhielten *Dehydroisoandrosteron* (5—30 mg/Tag oder mehr). 2 wurden geheilt, 5 stark, 3 gebessert, 3 vorübergehend gebessert. Im Verlaufe eines Jahres nach Absetzen blieben nur 3 rezidivfrei. (Brit. med. J. **1952.** II. 66—68. 12/7. Epsom, St. Ebbas Hosp.) BROSEMANN. 4559

**N. S. Halmi,** *Zwei Arten von basophilen Zellen in der Rattenhypophyse; „Thyreotrope" und „Gonadotrope" bzw. β- und δ-Zellen.* Nach Diskussion der Befunde von PURVES u. GRIESBACH (C. **1952.** 3355) u. der eigenen Resultate (C. **1951.** I. 2907) kommt Vf. zu folgenden Schlüssen: Die mit Aldehydfuchsin färbbaren Granula der β-Zellen, die mit den mit Perjodsäure-SCHIFFschem Reagens (I) färbbaren Granula ident. sind, sind sehr wahrscheinlich *Thyreotropin.* Die Granula der δ-Zellen, die eine starke Rk. mit I geben, sind mit den als *„Gonadotrope"* bezeichneten Granula ident. u. enthalten *Gonadotropin* oder wenigstens *Follikelstimulierungshormon.* (Endocrinology **50.** 140—42. Jan. 1952. Iowa City, Iowa, State Univ., Dep. of Anat.) VINCKE. 4560

**Ralph L. Kitchell** und **L. J. Wells,** *Reziproke Beziehung zwischen Hypophyse und Nebennieren in Rattenembryonen: Wirkung von einseitiger Adrenalektomie und von Cortison, Desoxycorticosteronacetat und Sexualhormonimplantaten.* Bei 20 Tage alten Rattenembryonen wurde die linke Nebenniere entfernt; sie wurden samt der Mutter unmittelbar vor der Geburt getötet. Die intakt gebliebene Nebenniere erwies sich als vergrößert; diese Hypertrophie konnte durch vorherige subcutane Implantation von *Cortison* (I)-Preßlingen (1 mg) verhütet werden. Implantation von *Desoxycorticosteronacetat* (II) war wirkungslos. Bei intakten Embryonen wurde Vol. oder histolog. Beschaffenheit der Nebennieren durch subcutane Implantation von **I**, **II**, *Testosteronpropionat*, *Progesteron* oder *Östradiolbenzoat* nicht geändert. Aus der I-Wrkg. bei unilateral adrenalektomierten Föten schließen Vff. auf eine funktionelle Beziehung zwischen Hypophyse u. Nebennieren bei Rattenembryonen. (Endocrinology **50**. 83—93. Jan. 1952. Minneapolis, Minn., Univ., School of Veterin. Med., u. Coll. of Med. Sci., Dep. of Anat.) VINCKE. 4560

**Frank L. Engel, Alberto Viau, William Coggins** und **William S. Lynn jr.**, *Diabetogene Wirkung von Wachstumshormon bei der intakten, zwangsweise gefütterten, mit Adrenocorticotropin behandelten Ratte.* Bei langdauernder Zwangsfütterung mit einer sehr kohlenhydratreichen Diät entwickelten sich bei erwachsenen ♂ u. ♀ Ratten nach gleichzeitiger chron. Verabfolgung von *Adrenocorticotropin* u. *Wachstumshormon* (**I**) starke Hyperglykämie u. Glucosurie. Die Glucosurie war entweder nicht vorhanden oder nur geringfügiger Art bei Zufuhr eines Hormons allein, wenn nicht sehr hohe Kohlenhydratmengen verfüttert wurden. Vff. vermuten, daß eine Nebennierenaktivität bestimmten Ausmaßes vorhanden sein muß, um einen diabetogenen Effekt von **I** manifest werden zu lassen. (Endocrinology **50**. 100—14. Jan. 1952.) VINCKE. 4560

**Hans May, Richard S. Oakey jr.** und **George P. Pilling IV**, *Homogene Hautplastiken mit und ohne adrenocorticotropen Hormonen.* Von 2 Patienten mit Verbrennungen erhielt der eine *ATCH*, ohne daß ein wesentlicher Einfl. auf die Plastiken festgestellt werden konnte. (Surgery **31**. 590—96. April 1952. Philadelphia. Pa.) BROSEMANN. 4560

**R. H. Vines**, *Cortison und ACTH in der Kinderheilkunde.* Kurze Abhandlung über die klin. Verwendung von *ACTH* u. *Cortison* in der Kinderheilkunde. (Med. J. Australia **40**. I. 5—7. 3/1. 1953. Sydney.) H.-J. KOCH. 4560

**S. E. J. Robertson**, *Die Verwendung von ACTH und Cortison bei Kinderkrankheiten.* Neben allg. Erörterungen über minimale effektive Dosen u. Nebenerscheinungen bei der Behandlung mit *ACTH* u. *Cortison* werden die Indikationen, Dosierungen, Erfolge u. die notwendigen Unterss. für die Verwendung bei rheumat. Fieber, akuter Leukämie, neurot. Syndrom u. juveniler rheumatoider Arthritis angegeben. (Med. J. Australia **40**. I. 1—5. 3/1. 1953. Sidney, Royal Alexandra Hosp. for Children.) H.-J. KOCH. 4560

**J. Pereira jr.**, *Vorübergehende Verminderung der Reaktion gegen Oxytocin bei infantilen Meerschweinchen, die mit Gras (Brachiaria purpurescens [Raddi] Henry) gefüttert wurden.* Bei Auswertungsverss. mit *Hypophysenhinterlappenextrakten* (**I**) am Uterus des infantilen Meerschweinchens zeigte sich, daß Tiere mit einem mittleren Körpergewicht von 270 g, die mit *Brachiaria*-Gras ernährt worden waren, eine stark verminderte Ansprechbarkeit des Uterus gegen die oxytoc. Wrkg. von **I** aufwiesen. Diese Hemmung konnte durch kleine Östrogendosen oder mittels Ersatz des Grases im Futter durch Kohl aufgehoben werden. Ovarien, Uteri u. Schilddrüsen zeigten keine histolog. Veränderungen; Vf. vermutet, daß im verfütterten Gras eine gegen die oxytoc. Eig. von **I** antagonist. Substanz enthalten ist. — Betonung der Bedeutung dieses Befundes für die Auswertung von **I** an Meerschweinchen. (Endocrinology **50**. 124—33. Jan. 1952. Sao Paulo, Inst. Biol., Dep. of An. Physiol.) VINCKE. 4560

**Joseph A. Boatman, Clem Russ, Joseph H. Sunder, Andrew Konnerth** und **Campbell Moses**, *Die Verteilung von $^{131}J$ in normalen und halbseitig thyreoidektomierten Ratten, die mit Desoxycorticosteronacetat behandelt wurden.* Weiblichen Ratten von 210—230 g Gewicht wurden der rechte Schilddrüsenlappen u. die Hälfte des -isthmus entfernt. Nach 10 Tagen wurde mit der 30 Tage lang fortgesetzten intramuskulären Injektion von 3 mal wöchentlich 1,0 mg *Desoxycorticosteronacetat* (**I**) in Sesamöl begonnen. Nach Abschluß dieser Behandlung erhielten die Tiere 220 $\mu$C $^{131}J$ intraperitoneal appliziert; 3 Std. später wurden sie getötet u. die Radioaktivität von Schilddrüse, Hypophyse, Nebennieren u. Blut bestimmt. Während die meisten Gewebe u. die Erythrocyten nach **I**-Injektion einen erhöhten $^{131}J$-Geh. aufwiesen, war der Geh. der Hypophyse verringert. Der $^{131}J$-Anteil fand sich bei Hypophyse u. Nebenniere großenteils in der säureunlösl. Fraktion. Es wird geschlossen, daß **I**-Zufuhr die $^{131}J$-Retention vermehrt. Diskussion des Wirkungsmechanismus. (Endocrinology **50**. 134—39. Jan. 1952. Pittsburgh. Pa., Univ., School of Med.) VINCKE. 4561

**T. L. Sourkes** und **P. Heneage**, *Einige Untersuchungen über die Gewebsatmung bei der Nebenniere.* Messungen des $O_2$-Verbrauchs von Nebennierenhomogenaten u. -schnitten in der WARBURG-App. unter Zusatz der Zwischenstufen des Citronensäurecyclus bzw. von *Acetat, Butyrat, Glutaminat, Glycin* u. *Methionin.* Homogenate des Nebennierenmarks zeigten geringeren $O_2$-Verbrauch als die der Nebennierenrinde. Bei Homogenaten von Nebennieren, Herzmuskel u. Niere wirkten *Cortison* u. *Desoxycorticosteron* auf den $O_2$-Verbrauch teils steigernd u. teils hemmend. (Endocrinology **50.** 73–82. Jan. 1952. Rahway, N, J., Merck Inst. for Therap. Res.) Vincke. 4561

**Kathleen E. Roberts** und **Robert F. Pitts** (unter techn. Mitarbeit von **Muriel V. Seip** und **Margaret H. Kennedy**), *Der Einfluß von Cortison auf Nierenfunktion und Elektrolytausscheidung beim adrenalektomierten Hund.* Die intravenöse *Cortison* (**I**)-Zufuhr (0.9–20 mg **I**-*Acetat*/Tag als Suspension in physiol. NaCl-Lsg.) bewirkte eine deutliche Abnahme der Na-Ausscheidung im Urin. Bei verlängerter **I**-Zufuhr verschwand dieser Nierendefekt u. die anomalen Na- u. K-Gehh. des Plasmas wurden zur Norm zurückgebracht. Bei ausreichender Substitutionstherapie mit **I** wurden die glomeruläre Filtrationsrate u. die renale Plasmadurchströmung wieder normal. *Desoxycorticosteron* (0,05 bis 1,0 mg/Tag intravenös) beeinflußte die Na-Ausscheidung in ähnlicher Weise wie **I.** (Endocrinology **50.** 51–60. Jan. 1952. New York, N. Y., Cornell Univ., Med. Coll., Dep. of Physiol.) Vincke. 4561

**Sydney M. Friedman, Constance L. Friedman** und **Miyoshi Nakashima,** *Die hypertensive Wirkung von Compound-F-acetat (17-Oxycorticosteron-[21]-acetat) bei der Ratte. Compound-F-acetat (17-Oxycorticosteron-[21]-acetat)* wurde auf seine cardiovasculär-renale Wrkg. getestet. Die Verb. scheint als blutdrucksteigerndes Mittel wirksamer zu sein als Desoxycorticosteronacetat. (Endocrinology **51.** 401–05. Nov. 1952. Vancouver, Can., Univ. of Brit. Columbia, Dep. of Anat.) Goebel. 4561

**Dwight J. Ingle, James E. Nezamis** und **Erving H. Morley,** *Vergleich der Werte von Cortison, 17-Oxycorticosteron und Nebennierenrindenextrakten bei Verabfolgung als Dauertropfinfusion zur Aufrechterhaltung der Arbeitsfähigkeit der adrenalektomierten Ratte.* Die Auswertung von *Nebennierenrindenextrakten* (**I**), *17-Oxycorticosteron* (**II**) u. *Cortison* (**III**) geschah an adrenalektomierten-nephrektomierten C-Ratten von 200 g Gewicht durch Messung der Fähigkeit des Quadricepsmuskels des linken Hinterbeins der Tiere, bei elektr. Reizung ein 100 g-Gewicht 5mal/Sek. zu heben. Die auszuwertenden Stoffe wurden in wss. Lsg., die 5 % A., 0,9 % NaCl u. das Kaliumsalz von *Penicillin G* (**IV**) enthielt, als Dauertropfinfusion verabfolgt (Jugularvene, 20 $cm^3$ Fl. mit 5000 E. **IV**/ 24 Std./Tier). Je 15 Tiere erhielten 20 $cm^3$ **I**, 2, 3 oder 4 mg **II** bzw. 4 mg **III**/24 Std./Tier. Als Kontrollen dienten 15 nephrektomierte, nicht adrenalektomierte Tiere. — In dem beschriebenen Test wirkte **I** eindeutig stärker als optimale Dosen **II** oder **III.** (Endocrinology **50.** 1–4. Jan. 1952. Kalamazoo, Mich., Upjohn Comp.) Vincke. 4561

**Giulio Murano** und **Paolo De Angelis,** *Über die Ausscheidung der 17-Ketosteroide im Harn während der ersten beiden Lebensjahre.* Die Harnausscheidung der *17-Ketosteroide* (**I**) nimmt in den ersten 10 Lebenstagen stark ab (von 0,019 auf 0,003 mg/$cm^3$ Urin). Das Minimum ist etwa nach 4–5 Monaten erreicht. In den späteren Monaten findet sich wieder eine leichte Zunahme, die aber nicht bis zu den bei Erwachsenen gefundenen Werten ansteigt. Die in den ersten Lebenstagen gefundene **I**-Ausscheidung wird wesentlich durch Ggw. mütterlicher Sexualhormone bestimmt (gesichert durch Serumunterss. auf Östrogene u. Pregnandiol), während die kindliche Nebenniere für den **I**-Anstieg nach den ersten Wochen verantwortlich zu machen ist. Als Zeichen gesteigerter Hypophysentätigkeit während der Wachstumskrisen (6. Monat, 2. u. schließlich 5.–7. Lebensjahr) werden die in diesen Zeiten beobachteten gesteigerten **I**-Ausscheidungen erklärt. (Pediatria [Napoli] **61.** 40–66. 1953. Napoli. Univ., Ist. di Clin. Pediatrica.) P. G. Scheurlen. 4561

**A. L. Botkin** und **H. Jensen,** *Die Wirkung von Adrenalin und Thyreotropin auf die Schilddrüsenfunktion bei Ratten.* ♂ Ratten von 190–250 g Gewicht erhielten ca. 5 μC $^{131}J$ intraperitoneal appliziert. Tötung der Tiere nach 24 Stunden. Gab man den Tieren zusätzlich intraperitoneal *Adrenalin* (**I**; 0,1 mg/Tier) bzw. *Thyreotropin* (**II**; 6 mg *Thyrotropin* Armour/Tier), so kam es nach mehreren Std. bereits zu einer schnellen Abnahme des $^{131}J$-Geh. der Schilddrüse. Der Geh. des Serums an $^{131}J$ nahm nach **I**-Injektion ebenfalls ab. Dies wird von den Vff. auf vermehrten Thyroxin (**III**)-Verbrauch in der Peripherie zurückgeführt. Nach **II**-Injektion wurde jedoch im Serum ein Anstieg des $^{131}J$-Geh. festgestellt. Nach Vff. ist dies eine Folge der beschleunigten **III**-Produktion u. -Ausschüttung durch die Schilddrüse. (Endocrinology **50.** 68–72. Jan. 1952, Fort Knox. Ky., Army Med. Res. Labor.) Vincke. 4562

**B. Grad,** *Eine einfache Methode zur Messung des $O_2$-Verbrauchs und des Herzschlages von Ratten.* Beschreibung einer sehr einfach gebauten App., in welcher der $O_2$-Verbrauch u. (mittels eines Elektrocardiographen) der Herzschlag von Ratten oder Mäusen bestimmt wurde sowie von solchen Tieren, die abgestufte Dosen *Thyroxin* erhalten hatten. (Endocrinology **50.** 94–99. Jan. 1952. Montreal. Mac Gill Univ., Dep. of Physc. and Anat.) Vincke. 4562

**T. Baglioni** und **L. Lorenzoni,** *Das histologische Bild der Thyreoidea der Ratte nach längerer kombinierter Behandlung mit 5.5-Diäthyl-2-thiobarbitursäure und einem Stilben.* Albinoratten erhielten längere Zeit (30—160 Tage) 3 mg pro Tag *5.5-Diäthyl-2-thiobarbitursäure* (**I**) u. 0,5 mg/Tag *Dioxydiäthylstilben* (**II**); danach wurde die Thyreoidea gewogen u. histolog. untersucht. Vff. fanden, daß **I** auch bei längerer Gabe keine Erschöpfung der thyreotropen Funktion der Hypophyse hervorruft. Die Kombination mit **II** hemmt die Hyperplasie u. Hypertrophie der Thyreoidea. Die in mäßigen Grenzen gehaltene Hyperplasie u. -trophie verschwindet auch nicht nach längerer Behandlung mit **I** u. **II**, woraus sich ergibt, daß die thyreotrope Funktion der Hypophyse dabei erhalten bleibt. (Tumori **38.** 257—66. 1952. Milano, Ist. Naz. per lo Studio e la Cura dei Tumori, Div. Biol. Sperim.) H. SCHEURLEN. 4562

**A. Keil** und **A. Dworacek,** *Neuere Erfahrungen bei der Behandlung von Hyperthyreosen und vegetativen Dystonien.* Es wird über die Behandlungserfolge mit *Thyreogutt* (DR. WILLMAR SCHWABE, Karlsruhe) berichtet. Bei der thyreogenen Form der vegetativen Dystonie u. bei leichteren Hyperthyreosen konnten sehr gute Erfolge erzielt werden. Bei 8 Fällen echter schwerer Hyperthyreose wurde eine deutliche grundumsatzsenkende Wrkg. festgestellt, doch war die Wrkg. nicht von allzu langer Dauer. (Die Medizinische **1952.** 891—93. 28/6. Würzburg.) H.-J. KOCH. 4562

**Sergio Lenzi** und **Turno Lubich,** *Die Arsen–Eisen-Therapie mit Bädern von Levico-Vetriolo bei primärer und sekundärer Hyperthyreose.* 1. Mitt. *Änderungen des Glucosestoffwechsels.* Bei 30 weiblichen Patientinnen mit Hyperthyreose wurde die Wrkg. As–Fe-haltiger Bäder von Levico-Vetriolo auf den Zuckerstoffwechsel untersucht. Es fand sich in der Mehrzahl eine leichte Senkung des Glucosespiegels. Der Mechanismus dieses Effekts wird diskutiert, wobei eine „Relay"-Wrkg. des hypophysär-diencephalen Syst. für die Dämpfung sowohl der Schilddrüsenaktivität als auch der Glucosämie verantwortlich gemacht wird. (Arch. Patol. Clin. med. **30.** 321—29. 1952. Bologna, Univ., Ist. di Clin. Med. Gen.) P. G. SCHEURLEN. 4562

**A. Albert** und **F. Raymond Keating jr.** (unter techn. Mitarbeit von **Nona Lorenz** und **Elizabeth Ford**), *Die Rolle des Gastrointestinaltrakts einschließlich der Leber beim Radiothyroxinstoffwechsel.* Vff. untersuchten die endohepat. Zirkulation des Schilddrüsenhormons u. versuchen, die Aufgabe des Hormons in diesem Kreislauf festzustellen. Die Verss. wurden durchgeführt an jugendlichen ♂ Ratten (intravenöse Gabe einer physiol. Menge radioakt. *l-Thyroxins*). Die Verteilung des Thyroxins war: Blut 38%, Leber 30%, Körper 32%. Nach dieser anfänglichen Verteilung erfolgt rasche Diffusion in den Magen-Darmkanal (hauptsächlich über die Galle, aber auch durch direkte Sekretion), bis zu einer Gleichgewichtseinstellung, bei der der Magen-Darmkanal ca. 50% des verabreichten Thyroxins bzw. seiner Umwandlungsprodd. enthält; davon wurden $^2/_3$ in den Fäces, $^1/_3$ im Urin ausgeschieden. Fixierung erfolgt in Leber u. Niere; mehr als die Hälfte der zurückgehaltenen radioakt. Verb. war nach 16 Tagen noch in der Leber nachweisbar. (Endocrinology **51.** 427—43. Nov. 1952. Rochester, Minn., Mayo Clinic.) GOEBEL. 4562

**I. Gordon Fels, Miriam E. Simpson, Arne Sverdrup** und **Herbert M. Evans,** *Enzymatische Verdauung von thyreotropem Hormon vom Rind mit Papain.* Die Verdauung von gereinigtem *thyreotropem Hormon* (TSH) mit Papain lieferte biol. akt., dialysierbares Material, das mit Trichloressigsäure (Endkonz, 20%) nicht präzipitierte. Die Reinigungsmeth., für TSH wird beschrieben. (Endocrinology **51.** 349—52. Nov. 1952. Berkeley, Calif., Univ. of California, Inst. of Exp. Biol.) GOEBEL. 4562

**William W. Shingleton, William G. Anlyan** und **A. K. David jr.,** *Behandlung der experimentellen akuten Pankreatitis mit Banthine.* Von 20 Hunden mit experimenteller Pankreatitis erhielten 10 intramuskulär 6stündlich *Banthine* (I) (Parasympathicolyticum), 2 der unbehandelten Tiere starben. Bei 20 Hunden wurde eine Pankreasnekrose erzeugt, 10 davon bekamen in gleicher Weise I. Von den unbehandelten Tieren starben 7, von den behandelten 3. Die Wrkg. von I wird entweder auf Hemmung der Pankreassekretion oder der Magen-HCl, damit der Sekretionproduktion zurückgeführt. (Surgery **31.** 490—94. April 1952. Durham, N. C., Duke Univ., School of Med.) BROSEMANN. 4564

**H. Bartelheimer,** *Insulinbedingte Hautnekrosen bei einem Diabetiker.* Jugendlicher Diabetiker bekam einige Monate nach Beginn der *Insulin*-Behandlung umschriebene Hautnekrosen an den Injektionsstellen, die als Insulinschaden der Haut aufgefaßt werden müssen. (Schweiz. med. Wschr. **82.** 573—74. 24/5. 1952. Kiel, Univ., Med. Klinik.) KERSTEIN. 4564

**H. Bernhard,** *Sionon als „Diabetikerzucker". Sionon* (= *Sorbit*) ist für Diabetiker ein vollwertiger Ersatz für Rübenzucker, dessen Eigg. (Süßkraft, Kochfestigkeit, Bindevermögen u. Caloriengeh.) er besitzt. Außer gelegentlichem vermehrtem Stuhlgang keine Nebenerscheinungen. (Med. Klin. **48.** 146—47. 30/1. 1953. Berlin-Charlottenburg. Krankenversicherungsanst., Diabetes-Zentrale.) KERSTEIN, 4564

**J.-L. Parrot** und **J. Thouvenot,** *Wirkung von Histamin auf das isolierte Meerschweinchenileum. Doppelte Reaktion der Längsfasern.* Eine genaue Analyse der Dosis–Wrkg.-Kurven des *Histamins,* die je nach Dosis verschied. Grundformen aufweisen, u. Vgl. mit den entsprechenden Myogrammen zeigt, daß dem wechselnden Bild der Dosis–Wrkg.-Kurve zwei verschied. Arten der Kontraktion entsprechen: eine kurzdauernde, steil hoch ansteigende u. rasch abfallende Zuckungskurve, die erst bei höheren Dosen deutlich wird, u. eine flachere langsamere Zuckung mit Plateaubildung. Es wird ein zweifacher Wirkungsmechanismus des *Histamins* auf die Längsmuskulatur angenommen, der zu diesen verschied. Kurvenbildern führt. Die Wechselwrkg. zwischen der kurzdauernden stärkeren u. der längerdauernden schwächeren Kontraktion ergibt das Bild der zusammengesetzten Dosis–Wrkg.-Kurve. (Schweiz. med. Wschr. **82.** 1014—18. 4/10. 1952. Paris, Hôp. Boucicaut.) DAUTZENBERG. 4569

**M. F. S. El Hawary** und **R. H. S. Thompson,** *Papierchromatographische Trennung und Bestimmung der Ketosäuren im Blut.* Von *Brenztraubensäure* (**I**), *Oxalessigsäure* (**II**), *α-Ketoglutarsäure* (**III**), *Acetessigsäure* (**IV**) u. *Aceton* (**V**) wurden die *2.4-Dinitrophenylhydrazone* hergestellt. Ihre $R_F$-Werte im Lösungsm. aus 70 (Teile) Butanol, 10 A. u. 20 0,5n$NH_4OH$ waren für **III**: 0,08—0,15; für **II**: 0,19—0,29; für **I**: 0,35—0,47; für **IV**: 0,46—0,64; für **V**: 0,90—0,95. **I, III** u. **IV** lassen sich als 2.4-Dinitrophenylhydrazone im n. Blut trennen u. bestimmen, **II** wird nicht gefunden. Der Anstieg der Ketosäuren im Blut nach körperlicher Tätigkeit wird vor allem durch Vermehrung von **I** verursacht. (Biochem. J. **53.** 340—47. Febr. 1953. London, Guys Hosp. Med. School.) MATTHIES. 4572

**M. Baldini** und **C. Sacchetti,** *Untersuchungen über die Wirkung von Aminosäuren auf hämatopoetisches Gewebe mit Hilfe von Knochenmarkskulturen.* Vff. untersuchten in vitro-Kulturen die Wrkg. von Aminosäuren (A.S.) auf hämatopoet. Gewebe. *Cystin* (**I**) u. *Cystein* (**II**) können von den in vitro gezüchteten Zellen verwertet werden. Keine der beiden A.S. vermag jedoch die Auswrkg. eines spezif. Mangelterrains vollständig aufzuheben. **I** u. **II** üben eine ungleiche Schutzwrkg. auf die verschied. Zellreihen des explantierten Knochenmarks aus. Hieraus bilden Vff. die Hypothese, daß überlebende myeloische Zellen imstande sind, **I** u. **II** einzeln aufzunehmen u. nicht erst nach Umwandlung der einen in die andere. (Schweiz. med. Wschr. **82.** 1124—25. 25/10.1952. Siena, Univ., Speciale Med., Ist. di Patol.) BRATFISCH. 4573

**K. Simon,** *Zum Säurebindungsvermögen der Serumproteine.* Das Säurebindungsvermögen von Serum ist zwar beträchtlich, jedoch kann man nur $^1/_3$ seiner Pufferkapazität auf die Proteine zurückführen. Bei $p_H$ 6,8—6,5 u. Verdünnung auf mindestens $^1/_5$ flockt das Serumprotein total aus. Durchschnittlich verbraucht das Serum pro Milliliter 28 $_\gamma$H-Ionen entsprechend 28 H-Ionen Mol. Serumprotein. Die sowohl rechner. als auch im Vers. festgestellte Labilitätskonstante ist für jedes Serum charakterist. u. kann bei Diagnosen zur Kennzeichnung krankhafter Veränderungen benutzt werden. (Experientia [Basel] **8.** 55—57. 15/2. 1952. München, Med. Univ.-Poliklinik.) PLAMBECK. 4574

**D. Bagdy** und **T. Szilágyi,** *Spezifität von Säugetierfibrinogen.* Vff. untersuchen die Antigeneigg. von *Fibrinogen* (**I**) durch intravenöse Immunisierung von Kaninchen mit gefriergetrocknetem **I** vom Rind, Schwein, Pferd, Schaf, Geflügel u. Mensch. Die Säugetier-**I**-Immunsera präzipitierten nicht nur das homologe **I**, sondern auch die übrigen Säugetier-**I**; jedoch erfolgt keine Rk. mit Geflügel-**I**. Das Geflügel-**I**-Antiserum reagiert mit keinem Säugetier-**I**. Die chem. Analysen ergaben zwischen dem Kohlenhydratgeh. des Säugetier- u. Geflügel-**I** meßbare Unterschiede. (Experientia [Basel] **9.** 104—06. 15/3. 1953. Budapest u. Debrecen, Inst. of Pharmaceut. Ind. Res. and Med. Univ., Inst. of Pathophysiol.) BRATFISCH 4574

**H. Bennhold** und **H. Ott,** *Die Globulinvehikel. Zugleich ein Beitrag zur Frage der Farbstoffbindung an natives und denaturiertes Serumeiweiß.* Wie die Serumalbumine besitzen auch die Globuline bindende Eigg. für wasserlösl. Stoffe, die jedoch erst nach Absättigung der stärksten Bindungsstellen am Albumin in Erscheinung treten. Für die Bindung wasserlösl. Stoffe sind die hydrophilen Bindungsstellen am Proteinmol. verantwortlich. Der Lipidgeh. der Serumglobuline beeinflußt deren Bindungsfähigkeit für wasserlösl. Stoffe. Daher wird durch schonende Entfettung des Serums die Kongorotbindefähigkeit der α- u. β-Globuline erhöht. Die Adsorption von nativem Eiweiß darf jedoch nicht mit der Farbstoffbindung von denaturiertem Serumeiweiß, wie sie zur Sichtbarmachung von Papierelektrophorogrammen benutzt wird, verwechselt werden. Elektrophoret. Unterss. zeigen, daß die bei der Papierelektrophorese benutzten

Farbstoffe selbst bei sehr hohen Konzz. ausschließlich durch das Albumin, jedoch nicht durch natives oder entfettetes Globulin gebunden werden. Vff. weisen darauf hin, daß ein hoher Kongorotschwund nicht nur auf erhöhte Affinität gewisser Körpersubstanzen (z. B. Amyloid) zurückgeführt werden darf, sondern daß sie durch Verminderung u. Blockade der Bindungsstellen des Plasmaeiweißes erfolgen kann. (Schweiz. med. Wschr. **82.** 475—77. 26/4. 1952. Tübingen, Univ., Med. Klinik u. Poliklinik.) NEHRING. 4574

**K. N. v. Kaulla** und **W. Henkel,** *Heparinadsorption durch Erythrocyten.* Durch den Heparin (I)-Toleranztest in vitro fanden Vff., daß nach I-Zusatz die Gerinnungszeit des Vollblutes wesentlich kürzer war als die des Plasmas. Vff. schlossen hieraus analog der bereits bekannten Adsorption von Polysacchariden, vornehmlich pathogener Polysaccharide, Hyaluronsäure u. anderen Gewebspolysacchariden an Erythrocyten (**E.**), gleichfalls auf Adsorption von **I** an **E.** In in vitro-Verss. bewiesen Vff. diese Annahme durch die Feststellung, daß die I-Aktivität des **E.**-I-Gemisches unmittelbar nach Zusammengeben fast der zusatzlosen I-Lsg. entspricht, daß sie aber mit der Dauer der Einw. der **E.** auf die I-Lsg. rasch abnimmt, bis nach 1 Std. die gesamte antikoagulierende I-Aktivität verschwunden ist. (Schweiz. med. Wschr. **82.** 1128—30. 25/10. 1952. Basel, Univ., Frauenklinik.) BRATFISCH. 4574

**J. Turchini** und **L. Khau van Kien,** *Heparin und basophile Granulationen.* Bestätigung der Beobachtung, daß *Heparin* in den basophilen Granulationen der Mastzellen gebildet wird, mit Hilfe einer besonderen Färbetechnik. (Montpellier méd. [3] **41/42 (95).** 967—70. Nov. 1952. Montpellier.) MATTHIES. 4574

**Sloan J. Wilson, Gustav Eisemann** und **Joan H. Chance,** *Die Wirkung des „Thrombocytopeniefaktors“ der idiopathisch-thrombocytopenischen Purpura auf die mittels direkter und indirekter Methode bestimmte Blutplättchenzahl.* Im Plasma von Patienten mit idiopath.-thrombocytopen. Purpura wird ein Faktor nachgewiesen, der einen Blutplättchenschwund verursacht, der nach der indirekten Meth. von DAMESHEK (Arch. internal Med. **50.** [1932.] 579—89) nachgewiesen werden kann. Durch direkte Meth. gelingt dieser Nachw. nicht. Der Faktor hemmt wahrscheinlich den Plättchenzerfall. (J. Lab. clin. Med. **40.** 498—502. Okt. 1952. Kansas City, Kans.) MATTHIES. 4574

**Sidney G. White, Paul M. Aggeler** und **Mary Beth Glendening,** *Plasmathromboplastinkomponente (PTC), ein bisher nicht erkannter Blutgerinnungsfaktor.* Vff. beschreiben eine neue Art von Bluterkrankheit, bei der alle bisher bekannten Gerinnungsfaktoren n. vorhanden sind. Durch Zugabe von Gewebsthromboplastin oder plättchenarmem hämophil. Plasma in vitro wurde die Gerinnungszeit normalisiert. Vff. nehmen an, daß es sich hierbei um einen Faktor (PTC) handelt, der im Zusammenhang mit der Aktivierung des Plasmathromboplastins steht. Beweis: Mit $(NH_4)_2SO_4$ halbgesätt. Serumfraktion, Citrateluat von an $BaSO_4$ adsorbiertem Plasma u. hämophiles Plasma berichtigen PTC-Abnahme, sind aber bei Hämophilie unwirksam.

Versuche: Darst. von PTC aus Serum. Mischung von 9 Teilen Serum u. 1 Teil 3,2%ig. Na-Citratlsg. wird für 30 Min. auf 37° zur Zerstörung von restlichem Thrombin temperiert. Einstellung auf $p_H$ 2,9 mit 1nHCl für 2 Std. bei 37°. Neutralisierung mit 1nNaOH. Hierdurch Inaktivierung von Prothrombin (I) u. I-Acceleratoren. Durch Adsorption an $BaSO_4$ (50 mg/cm³ Serum) Abtrennung der PTC-Fraktion (37°/15 Min.). Elution von PTC mit 5%ig. Na-Citratlsg. in 0,9%ig. NaCl-Lsg. (37°/15 Min.). Dialyse des Eluats gegen 0,9%ig. NaCl-Lsg. (24 Std.) u. anschließende Gefriertrocknung. (Blood **8.** 101—24. Febr. 1953. San Francisco, Calif., Univ. of California. School of Med., Dep. of Med., Obst. Gynecol., Ped.) BRATFISCH. 4574

**Mario Stefanini,** *Neue Gesichtspunkte auf dem Gebiet des normalen hämostatischen Mechanismus.* Vf. berichtet eingangs über die verschied. Phasen des n. hämostat. Mechanismus. Anschließend setzt sich Vf. eingehend mit den verschied. Auffassungen über die n. Blutgerinnung auseinander u. stellt eine eigene Theorie zur Diskussion. (Int. Rec. Med. **165.** 431—48. Aug. 1952. New England, Center Hosp.) REICHLE. 4574

**Raul Briquet,** *Blutgerinnungsstörungen in der geburtshilflichen Praxis (Afibrinogenämie als Ursache der vorzeitigen Placentalösung).* Vf. beschäftigt sich eingehend mit den möglichen Ursachen der Blutgerinnungsstörung in der Geburtshilfe. Bes. wird auf die Afibrinogenämie als Ursache für die vorzeitige Lösung der Placenta hingewiesen. (Arch. Gynäkol. **181.** 611. 1952. Sao Paulo.) REICHLE. 4574

**A. J. Brink** und **C. S. Kingsley,** *Eine familiäre Krankheit von Blutkoagulation infolge Mangels an labilem Faktor.* Ausführlicher Bericht über 3 Angehörige einer Familie, bei denen eine starke Tendenz zu Hämorrhagie bestand. Die Konz, an Prothrombin im Plasma war n., es fehlte jedoch der von QUICK beschriebene labile Faktor { = ac-

Globulin von SEEGERS [Circulation **1.** (1950,) 2] = Faktor v von OWREN [Vgl. C. **1947.** 740]}. (Quart. J. Med. [N. S.] **21.** 19—31. Jan. 1952. Pretoria, Univ., Dep. of Med. and Clin. Pathol.) R. KÖNIG. 4574

**J. W. Van De Loo,** *Klinische Erfahrungen mit der intravenösen Eisentherapie bei Anämie infolge von Blutverlust.* Bei Patienten, bei denen eine durch chron. oder akuten Blutverlust verursachte Anämie schnell bekämpft werden muß, enttäuschte die orale Fe-Therapie. Bei 65 Patienten mit hypochromer Anämie konnte dagegen durch intravenös verabreichtes Fe (Ferrum ad injectionem *Unicura*) eine schnellere Wrkg. erzielt werden. Diskussion dieser Behandlungsmeth. u. der damit erzielten Ergebnisse. — 20 Literaturangaben. (Nederl. Tijdschr. Geneeskunde **96.** 3240—47. 27/12. 1952. 's Gravenhage, Ziekenhuis van de H. Joannes de Deo.) PATZSCH. 4575

**Peter S. Hetzel,** *Der klinische Nutzen von Dextran als Plasmaersatzmittel.* Vf. bestätigt die Brauchbarkeit des *Dextrans* als Blutersatzmittel. (Med. J. Australia **39.** I. 657—63. 17/5. 1952. Adelaide, Inst. of Med. and Vet. Sci.) BROSEMANN. 4576

**W. Stich,** *Die Behandlung der perniciösen Anämie mit Vitamin $B_{12}$.* Vf. berichtet über 15 Patienten mit perniciöser Anämie, bei denen sich mit 120—150 γ *Vitamin $B_{12}$* eine Remission erreichen ließ. Später genügen 15 γ $B_{12}$ für 2 Wochen. Der Vorteil dieser Therapie gegenüber der Lebertherapie u. der Folsäuretherapie liegt in der exakten Dosierbarkeit u. der Möglichkeit, Schädigungen des Nervensyst. zu beseitigen. Die Hämatinurie u. der Eisenstoffwechsel werden normalisiert, dagegen blieb die Koproporphyrinurie unbeeinflußt. (Münchener med. Wschr. **94.** 2322—30. 14/11. 1952. München, Univ., I. Med. Klinik.) REICHLE, 4587

**R. Jürgens** und **A. Studer,** *Beeinflussung der Bildung des Prothrombins im Tierversuch.* Bei Dicumarol (I)-Hypoprothrombopenie des Kaninchens mit anschließender Leberschädigung durch $CCl_4$ u. Trypanblau beobachteten Vff. stärkeres Absinken des *Prothrombins* (II) u. des Faktors VII als sonst mit I allein. Mit großen Dosen (10 bis 50 mg/kg) intravenös verabreichtem *Vitamin $K_1$* (III) wurde Normalisierung der I-Hypoprothrombopenie erreicht, kleinere III-Dosen (2,5 mg/kg) können eben noch ausgleichen, sind aber bei zusätzlicher Leberschädigung unwirksam. Hieraus schließen Vff., daß die Leber an der II-Bldg. zwar mitbeteiligt ist, aber bei Verabreichung großer III-Dosen nicht erforderlich ist. *Cortison* hat keine Wrkg. auf die durch III in Gang gebrachte II-Bildung. (Schweiz. med. Wschr. **82.** 1119—21, 25/10. 1952, Basel. Hoffman-La Roche & Co. A. G., Med. Labor.) BRATFISCH. 4587

**W. Hoffmeister** und **M. Schippers,** *Aletosal bei kochsalz-„freier" Kost?* Milchpulverpräpp. zur Durchführung NaCl-armer Diät enthalten nach Unterss. der Vff. 0,233 % $Cl^-$ u. 3,42 % $Na^+$ u. können wegen des hohen $Na^+$-Geh. für den gedachten Zweck nicht empfohlen werden. (Dtsch. med. Wschr. **76.** 1337. 26/10. 1951. Heidelberg, Med. Poliklinik.) SCHWEIGER. 4589

**F. E. Revers,** *Intravenöse Fettinjektion.* Besprechung der Ernährung von chirurg. behandelten Patienten mittels intravenös verabreichter Fettemulsion (5 % Cocosfett, 3 % Gelatine, 50 % Amparson, 5 % Glucose). Gute Verträglichkeit bis auf einen Fall, bei dem Schüttelfrost auftrat. (Nederl. Tijdschr. Geneeskunde **96.** 1865—69. 2/8. 1952. Utrecht, Univ., Heelkundige Cliniek.) KERSTEIN. 4589

**Tilden C. Everson,** *Eine experimentelle Beobachtung der Eiweiß- und Fettassimilation nach totaler Gastrektomie.* Bei 13 Hunden wurden nach totaler Gastrektomie durchschnittlich 41,5 % des verfütterten N u. 27,6 % des verfütterten Fettes in den Fäces ausgeschieden gegenüber 12,8 % bzw. 2,8 % gesunder Kontrolltiere. (Surgery **31.** 511—16. April 1952. Chicago, Ill., Univ. of Illinois, Coll. of Med.) BROSEMANN. 4594

**Robert Elman, Morton D. Pareira, Emmet J. Conrad, Theodore E. Weichselbaum, John A. Moncrief** und **Charles Wren,** *Der Stoffwechsel der Fructose in Beziehung auf die Nutzbarmachung der Aminosäuren, wenn beide durch intravenöse Infusion verabreicht werden.* Bei gleichzeitiger intravenöser Infusion von Aminosäuren u. *Fructose* (I) tritt I mit derselben Geschwindigkeit wie die Aminosäuren in die Zellen ein, so daß diese für die Proteinsynth. verfügbar bleiben. Bei Verwendung von *Glucose* (II) oder Invertzucker an Stelle von I dient ein Teil der Aminosäuren als Energiequelle, da II sehr viel länger im Blutstrom zirkuliert. Diese Ergebnisse wurden aus der Unters. der Stickstoffbilanz an unterernährten Patienten gewonnen, die bei intravenöser subcalor. Nahrungsaufnahme gehalten wurden. (Ann. Surgery **136.** 635—42. Okt. 1952. St. Louis, Mo., Univ., Dep. of Surg.) NIESWANDT. 4596

**R. E. Forster, W. S. Fowler, B. van Lingen** und **D. V. Bates,** *Beobachtungen über die CO-Verteilungskapazität der Lunge.* Vff. fanden, daß die Verteilung von CO u. die CO-Ausscheidung der Lunge nicht konstant, ist wie von KROGH (J. Physiology **49.** [1915,] 271) angenommen wurde. Die Verteilungskapazität pro Lungenvol. ist wahrscheinlich nicht gleichmäßig über die Lunge verteilt. (Amer. J. med. Sci. **223.** 695. Juni 1952. Philadelphia, Univ., Graduate School of Med., Dep. of Physiol. and Pharmacol.) H. SCHEURLEN. 4597

## $E_6$. Pharmakologie. Therapie. Toxikologie. Hygiene.

**Anton Brusis,** *Erfahrungen mit der Diwag-Lichtschutzsalbe im Eigenversuch im Gebirge.* Bericht über erfolgreiche Anwendung von Diwag-Lichtschutzsalbe (*Brombenzylpyridyldimethylaminoäthylaminsalz der p-Aminosalicylsäure* mit Farbstoffgemisch; DIWAG-FABRIKEN A. G., Berlin-Waidmannslust) zum Schutz gegen Gletscherbrand im Eigenversuch. (Die Medizinische **1953.** 95—96. 17/1. Altötting.) WALLIS. 4601

**Richard Stephenson,** *Strahlungsschutz.* Kurzer zusammenfassender Bericht über die verschied. Strahlenarten u. deren Entstehung sowie über die Grundlagen der Absorption, die der Berechnung von Abschirmwänden zugrunde zu legen ist. (Chem. Engng. Progr. **48.** 401—02. Aug. 1952. Oak Ridge, Tenn., Oak Ridge Nat. Labor.) REUSSE. 4601

**Emanuele Valdonio** und **Giovanni Calligari,** *Die Kombination Pyridoxin–Nebennierenrindenextrakt in der Behandlung des Röntgenkaters.* 243 Patienten mit den Unverträglichkeitserscheinungen nach Strahlenbehandlung wurden mit 1—3 Ampullen *Cortigen $B_6$* (50 mg Pyridoxin u. 12 E. eines adrenalinfreien Nebennierenextraktes) behandelt. In der überwiegenden Mehrzahl wurde eine gute Wrkg. erzielt, bei den meisten schwanden nach den ersten Injektionen Brechreiz, Erbrechen u. Adynamie. Kopfschmerzen u. Diarrhoe blieben meist unbeeinflußt. (Minerva med. [Torino] **44.** I. 823—25. 28/3. 1953. Milano, Ospedale Fatebenefratelli.) P. G. SCHEURLEN. 4601

**R. C. Goldberg** und **I. L. Chaikoff,** *Myxödem beim durch Bestrahlung thyreoidektomierten Hund.* Von 12 erwachsenen ♂ Hunden erhielten je einer 0.2., 0.3 u. 0.5 mC $^{131}J$/kg Körpergewicht intraperitoneal injiziert. 2 Tiere erhielten 2 Injektionen u. 7 Tiere 3 Injektionen zu je 1 mC $^{131}J$/kg Körpergewicht. Zwischen den einzelnen Injektionen lagen Intervalle von je 2 Monaten. Die Tiere wurden 1, 2, 5 oder 12 Monate nach der letzten Injektion getötet. Trotz der hohen angewandten Dosen war nur bei 6 Tieren die Schilddrüse durch die radioakt. Strahlung völlig zerstört. Darunter waren 3 Tiere, die nach einem Jahr getötet worden waren; 2 von ihnen wiesen Myxödemsymptome auf. Weiter zeigten sich bei den völlig thyreoidektomierten Tieren u. a. Zunahme des Geh. der Haut an Mucopolysacchariden, Hyperkeratose, vermehrter Geh. an Leberfett, Muskeldegeneration u. Atrophie des Gastrointestinaltraktes. (Endocrinology **50.** 115—23. Jan. 1952. Berkeley, Univ. of California, School of Med., Div. of Physiol.) VINCKE. 4601

**Carl E. Nurnberger** und **Alys Lipscomb,** *Die Übertragung von Radiojod ($^{131}J$) auf Kinder durch menschliche Muttermilch.* (Vgl. auch MÜLLER u. BRUNNER, C. **1953.** 6701.) Vff. berichten über zwei Fälle von Müttern, die je 100 μC $^{131}J$ oral erhielten, um den Funktionszustand der Schilddrüse zu diagnostizieren. Bei den beiden von den Patientinnen mit Muttermilch ernährten Säuglingen wurde nach 24 Std. bereits ein $^{131}$J-Geh. der Schilddrüse beobachtet, der $^1/_7$—$^1/_3$ derjenigen der mütterlichen Schilddrüse betrug. Eine Messung der Aktivität der Muttermilch bestätigte die Übertragung des $^{131}$J von Mutter zu Kind. Vff. warnen daher vor Tracerunterss. bei stillenden Müttern. (J. Amer. med. Assoc. **150.** 1398—1400. 6/12. 1952. Memphis, Tenn., Univ. of Tennessee, Coll. of Med., Dep. of Med. Labor. and Radiol., u. John Gaston Hosp.) REUSSE. 4601

**G. Popják,** *Einige Ansichten über die medizinische Anwendung isotoper Tracersubstanzen. Kritische Übersicht.* Ausführlicher Übersichtsbericht mit zahlreichen Literaturangaben. (Quart. J. Med. [N. S.] **21.** 83—122. Jan. 1952. London, Mill Hill, Nat. Inst. for Med. Res.) R. KÖNIG. 4601

**Carlos Werner Faßbender,** *Diagnostische und therapeutische Möglichkeiten mit Radioisotopen.* Zusammenfassender Bericht. (Dtsch. med. Wschr. **77.** 368—72. 21/3. 1952. Erlangen-Bruck, Friesecke u. Hoepfner GmbH. Forsch.-Abt.) REUSSE. 4601

**L. P. Hatch,** *Kleine radioaktive Kugeln für die mögliche Anwendung bei medizinischen oder biologischen Untersuchungen.* Für die therapeut. Anwendung des stabilen $^{197}$*Au* u. des radioakt. $^{198}$Au oder anderer Isotopen wurde als Träger das amorphe Verwitterungsprod. *Montmorillonit* (I) erprobt. Die mittlere Partikelgröße der erdigen Substanz liegt bei 1—2 μ, sie besitzt ein hohes bas. Adsorptionsvermögen. Die im Wege des Kationenaustausches gebundenen Ionen können durch Erhitzung auf 900° fest mit dem **I** verbunden werden. Durch geeignete Behandlung der dabei entstehenden Schmelze kann diese in die Form kleiner Kugeln von 0,5—10 μ Durchmesser gebracht werden, deren Anwendung auf medizin. Gebiet neue Möglichkeiten eröffnet. (A. M. A. Arch. ind. Hyg. occupat. Med. **7.** 109—10. Febr. 1953. Upton, N. Y., Brookhaven Nat. Labor.) REUSSE. 4601

**A. Dognon** und **Y. Simonot,** *Über die Ultraschallhämolyse.* (Vgl. auch C. **1951.** II. 3479.) Besprechung der einzelnen Faktoren, die den Wirkungsmechanismus der *Ultraschall* (US)-Hämolyse bedingen: Geh. an gelösten Gasen, Temp., Sättigungsdruck, Konz. der roten Blutkörperchen in der beschallten Suspension, ferner die US-Frequenz u. -Intensität, ihr Einfl. auf die Ausbldg. einer Kavitationsschwelle u. die Ergebnisse werden diskutiert. (Strahlentherapie **89.** 152—60. 1952. Paris. Med. Fak., Physikal. Labor.) DOSSMANN. 4601

**J. Malmejac,** *Vergleichende Untersuchung der Wirkung von Acetylcholin u. Eserin auf die Nebenniere und die ganglionären Synapsen am gleichen Tier.* Mittels der in situ durchströmten Nebenniere u. Plexus solaris vergleicht Vf. am Hund die Wrkg. von *Acetylcholin* (I) u. *Eserin* (II). Dabei zeigt sich, daß Nebennierenmark u. sympath. Synapsen in gleicher Weise von I u. II beeinflußt werden, wobei II die Wrkg. von I erheblich steigert. (Schweiz. med. Wschr. **82.** 1013—14. 4/10. 1952. Algier, Fac. de Méd., Labor. de Physiol.) DAUTZENBERG. 4607

**W.-D. Erdmann** und **H. Mercker,** *Über die Wirkung abgestufter Vagusreizung auf die Herzfrequenz unter dem Einfluß von Narcoticis, d-Tubocurarin, Atropin, Tetraäthylammonium und Prostigmin.* An vagotomierten Hunden u. Katzen mit denerviertem Carotissinus wurden die Veränderungen der Herzfrequenz bei maximaler elektr. Reizung des Vagusstumpfes mit Reizimpulsfrequenzen von 0,5—100/Sek. beobachtet. Bei 2—5 Impulsen/Sek. nimmt die Herzfrequenz um 30—50% ab, der maximale Effekt tritt bei 10 Impulsen/Sek. ein. Durch *Pernocton* (Natriumsalz der *β-Bromallylbutylbarbitursäure*), *Evipan* (Natriumsalz der *N-Methylcyclohexenylmethylbarbitursäure*), *Urethan, Atropin, d-Tubocurarin* u. *Tetraäthylammonium* wird die Wrkg. der elektr. Vagusreizung gehemmt bzw. aufgehoben, durch *Prostigmin* verstärkt. Alle Verbb. wurden intravenös verabfolgt. (Naunyn-Schmiedebergs Arch. exp. Pathol. Pharmakol. **216.** 563—75. 1952. Göttingen, Univ., Pharmakol. Inst.) DAUTZENBERG. 4607

**A. H. Grimmer,** *Die Spinnengifte.* Hinweise auf die therapeut. Anwendung der Gifte verschied. Spinnenarten: *Aranea diadema, A. scinencia, Latrodectus kalipo, L. mactans, Mygale, Skorpion, Scolopendra, Tarentula hispanica, T. cubensis, Theridon.* (J. Amer. Inst. Homeopathy **45.** 47—51. März 1952. Chicago, Ill.) LÜPNITZ. 4609

**Carl E. M. Gunther** und **William G. Wright,** *Weitere Beobachtungen über Proguanil in Neu-Guinea.* Besprochen werden frühere Fälle von Eingeborenen u. Weißen, bei denen ein Versagen der *Proguanil-hydrochlorid-* = *Paludrine* (I)-Prophylaxe beobachtet worden war. Es wird versucht, eine Erklärung dafür zu geben. Nach neueren Beobachtungen an 625 Weißen in Bulolo traten innerhalb 19 Monaten 24 Fälle mit Malariafieber auf; in 4 Fällen keine I-Prophylaxe, 13 Patienten nahmen I unregelmäßig, in 7 Fällen mit relativ regelmäßiger I-Einnahme kann von einem Durchbrechen der I-Prophylaxe gesprochen werden. Trotzdem halten Vff. I bei regelmäßiger Einnahme von 100 mg täglich für ein nützliches Prophylacticum bei Malaria. (Trans. Roy. Soc. trop. Med. Hyg. **47.** 156—58. März 1953. Bulolo, Territory of Papua-New Guinea, Bulolo Gold Dredging Ltd.) DOSSMANN. 4610

**Aldo Romagnoli,** *Über einen Fall von Intoxikation mit Acridin- und Chinolinderivaten bei einem 9jährigen Kinde.* Bericht über einen 9 Jahre alten, an Malaria erkrankten Jungen, der mit *Atebrin* u. *Plasmochin* (insgesamt 10,2 g *Acridin* u. 0,44 g *Chinolin*) behandelt worden war u. als Zeichen der Unverträglichkeit mit schweren neurolog. Ausfallserscheinungen, sowie mit Methämoglobinurie u. Leberschädigungen reagierte. (Pediatria [Napoli] **61.** 85—94. 1953. Napoli, Univ., Ist. di Clin. Pediatrica.) P. G. SCHEURLEN. 4610

**H. Floch,** *Über Depotsulfone bei der Lepratherapie und ihre Anwendung im schwarzen Afrika.* Vf. betont gegenüber anderen komplexen *Sulfonen* in Öl den Wert von *Diaminodiphenylsulfon* (I) bei Massenbehandlungen der Lepra, vorausgesetzt, daß die Dosierung ausreichend ist. Vf. verabreicht einmal wöchentlich 1 Injektion von 1,2 g I in physiol. *NaCl*-Lsg., 2‰. Auch eine massive orale I-Dosis, 1—2 mal wöchentlich, bis zu 800 mg scheint aussichtsreich zu sein. Die Verträglichkeit läßt sich durch Zusatz von *Vitamin PP* zu den I-Kompretten noch steigern. (Bull. Acad. nat. Méd. **136.** [3] **116.** 221—25. April 1952. Guyane, Inst. Pasteur.) DOSSMANN. 4610

**H. van Donk,** *Pfeiffersches Drüsenfieber und Überempfindlichkeit gegenüber PAS.* Ein wegen einer tuberkulösen Bronchitis mit *PAS* (I) (15 Tage täglich 15 g) behandelter 4jähriger ♂ entwickelte eine Überempfindlichkeit gegenüber I, die in Fieber, einem Exanthem, Lymphdrüsenschwellung, Milzvergrößerung u. Veränderungen im Blut dem PFEIFFERschen Drüsenfieber ähnlich war. Durch Läppchenprobe u. vergeblichen Vers. der Desensibilisierung konnte der absol. Beweis der Überempfindlichkeit gegenüber I erbracht werden. (Nederl. Tijdschr. Geneeskunde **96.** III. 2199—2203. 6/9. 1952. Amsterdam, Emma-Kinderkrankenhaus.) PATZSCH. 4610

**Gerhard Dienemann** und **K. Simon,** *Mitteilung eines Todesfalles nach kombinierter Verabreichung von Irgapyrin und Neoteben (INH).* (1. Teil.) *Tierexperimentelle Untersuchungen zu der vorstehenden Arbeit.* (2. Teil.) Ein 50 jähriger Patient erhielt wegen einer produktiv-kavernösen Spitzentuberkulose ca. 3 Monate lang täglich 0,5 g *Neoteben* (**I**). Zur Behandlung von Ischiasbeschwerden erhielt er während der **I**-Kur eine intramuskuläre *Irgapyrin* (**II**)-Injektion. Nach 5 Min. traten Erbrechen, Schwäche, Schweißausbruch u. Schwindel auf. Er erlitt einen 10 Min. dauernden Krampfanfall, wurde nach Verabreichung von Luminal zunächst ruhiger, verstarb jedoch bald danach, nachdem Puls u. Atmung rapide schwächer geworden waren. — Vff. glauben die Kombination von **I** u. **II** für den tödlichen Zwischenfall verantwortlich machen zu müssen. Durch Kumulation zweier Krampfgifte kam es zur Steigerung ihrer Einzelwirkung. Es wird davor gewarnt, **I** u. **II** gleichzeitig zu applizieren. — Im Mäusevers. wurden Kombinationen von **I** u. anderen Krampfgiften auf ihre Krampfwrkg. untersucht. Hierbei traten bei gleichzeitiger Anwendung von **I** u. *Pyramidon,* von **I** u. *Cardiazol,* von **I** u. *Coramin* u. von **I** u. *Novocain* bei geringeren Dosen Krämpfe auf, als dies bei alleiniger Verabfolgung dieser Präpp. ohne **I** beobachtet wurde. Bei Kombinationen von **I** u. Salicain bzw. von **I** u. Pontocain wurde eine sichere Beeinflussung nicht gesehen. (Münchener med. Wschr. **95.** 221—22. 13/2. 1953. Essen-Heidhausen, Lungenheilstätte Holsterhausen.) SCHEIBE. 4610

**J. Oriol Anguera** und **J. Sastre Torruella,** *Kritische Betrachtungen zur Therapie mit Thiosemicarbazon (Tb I/698).* Die allg. Übersicht beschäftigt sich hauptsächlich mit den bekannten Veränderungen der Blutsenkungsgeschwindigkeit, der Erythrocyten u. Leukocyten im Verlauf einer Behandlung mit *Tb I/698* (**I**). Eine Beschleunigung der Blutsenkung wurde unter 103 Fällen 66 mal angetroffen, nahezu alle übrigen Fälle reagierten gegensinnig. Dieser Effekt wird mit einer Veränderung der Erythrocyten selbst erklärt, die im übrigen in mehr als der Hälfte der Fälle eine geringe Abnahme zeigten. Auch die Leukocyten zeigten in den meisten Fällen eine Tendenz zur Abnahme, ohne daß Agranulocytosen aufgetreten wären. Den Veränderungen der Blutsenkungsgeschwindigkeit wird ein geringerer prognost. Wert zugesprochen als den Angaben über die Erythrocyten u. Leukocyten. — Mit der Behandlung passagere Glucosämien u. Unverträglichkeitserscheinungen wurden beobachtet. Im allg. wird **I** eher für extrapulmonale Tuberkulosen empfohlen. (Med. clin. [Barcelona] **19** (**10**). 263—69. Okt. 1952.) P. G. SCHEURLEN. 4610

**F. García Valdecasas, J. A. Salvá** und **P. Puig Muset,** *Beitrag zum Studium neuer chemischer Tuberculostatica: Experimentelle und klinische Angaben über das Cyanessigsäurehydrazid.* Das dem *Isonicotinsäurehydrazid* (**I**) nahe verwandte *Cyanessigsäurehydrazid* (**II**), das unter dem Namen „*Armazal*" an mehreren Kliniken untersucht wurde, ist ein wasser- u. gering fettlösl. Präparat. Es ist in Lsg. thermostabil. Die Molekularstruktur ähnelt, was die therapeut. wichtigen Gruppen anbelangt, sehr derjenigen von **I**. Wie Tierexperimente zeigen, ist seine Toxizität geringer als die von **I** (DL von **I** = 150 mg/kg, bei **II** trotz des geringeren Mol.-Gew. 350 mg/kg). Die Toleranzbreite ist also größer. Wie in vitro-Verss. u. erste klin. Erfahrungen an mehreren Spitälern zeigen, ist **II** auch wirksamer als **I**. Seine Anwendung betraf bisher pulmonale Tuberkulosen, die röntgenolog. u. klin. eine sehr gute Wrkg. des neuen Präpp. zeigten. (Med. clin [Barcelona] **19** (**10**). 275—80. Okt. 1952. Barcelona, Fac. de Med., Cátedra de Farmacol.) P. G. SCHEURLEN. 4610

**F. Ayuso, L. Martí, L. Luengo** und **M. Aymerich,** *Unsere Erfahrungen in der Behandlung der Tuberkulose mit Isonicotinsäurehydrazid.* 24 Kranke mit meist chron. Lungentuberkulose wurden mit Isonicotinsäurehydrazid behandelt. Gebessert wurde Bacillenausscheidung, Fieber u. Allgemeinbefund, wenig nur der röntgenolog. Befund. (Med. clin. [Barcelona] **18** (**10**). 321—24. Mai 1952. Barcelona, Sanatorio Flor de Mayo.) GERBER. 4610

**José Cornudella,** *Die Verbindung der Antibiotica und Bacteriostatica bei der Behandlung der Lungentuberkulose. Das Isonicotinsäurehydrazid.* Allg. gehaltener Überblick u. Diskussion der therapeut. Wirksamkeit der Tuberculostatica. Vf. ordnet die Präpp. nach ihrer tuberculostat. Wirksamkeit in folgende (**absteigende**) Reihe: ***Streptomcin, PAS, Isonicotinsäurehydrazid, Tb I.*** (Med. clin. [Barcelona] **19** (**10**). 258—63. Okt. 1952. Santa Cruz, Hosp.) P. G. SCHEURLEN. 4610

**A. C. Balvers** und **J. B. Stolte,** *Die Behandlung der Tuberkulose der Nieren und Harnwege.* Vorläufige Übersicht über die bei der *Streptomycin-, PAS-* u. chirurg. Behandlung der Tbc. der Nieren u. Harnwege erzielten Resultate. 37 Patienten wurden negativ, bei 18 mußte eine Niere geopfert werden. (Nederl. Tijdschr. Geneeskunde **96.** III. 2193—99. 6/9. 1952. Tilburg, St. Elisabeth Ziekenhuis.) PATZSCH. 4611

**C. Xalabarder,** *Behandlung der chronischen experimentellen Meerschweinchentuberkulose mit Streptomycin und Tri-Om.* 55 Meerschweinchen wurden mit einem besonderen, protrahierte Tuberkulosen hervorrufenden Stamm von Bac. KOCH geimpft. Bei den Kontrollen war nach 7 Monaten noch die Hälfte der Tiere am Leben; es wurden typ. Tuberkel der Lungen, der Leber u. auch der Milz beobachtet. Diese, von einer chron. Tuberkulose befallenen Tiere, wurden mit *Streptomycin* (I) oder *Tri-Om* (II) je allein oder in Kombination behandelt, wobei ein Teil der Tiere sofort nach der Inoculation, die übrigen nach 30 Tagen behandelt wurden. Die Mortalitätsrate, die auch als Maß für die Erkrankungsintensität angesehen werden kann, war bei den Kontrollen u. bei den nur mit I behandelten Tieren hoch (7 bzw. 4 von 10), während unter II nur 1 von 10 Tieren während der mehrmonatigen Beobachtungszeit ad exitum kam. Bei Kombination von I u. II verstarben 2 Tiere. Die Ergebnisse der mkr. Unterss. verschied. Organe sprechen dafür, daß II, mehr als I, dazu geeignet ist, chron. verlaufende experimentelle Tuberkulosen aufzuhalten. Als Nebenbefund wird erwähnt, daß nach II die von längeren Behandlungen mit I her bekannte Fettdegeneration der Leber nicht beobachtet wurde. (Med. clin. [Barcelona] **19.** (**10.**) 226—31. Okt. 1952. Barcelona, Inst. Antituberculoso.)
P. G. SCHEURLEN. 4611

**Pericle Di Pietro,** *Über die antibiotische Behandlung der segmentalen Enteritis.* Es wird über die erfolgreiche Behandlung eines Falles von lokaler Sigmoiditis mit *Penicillin* u. *Streptomycin* berichtet. (Minerva med. [Torino] **44.** I. 828—30. 28/3. 1953.)
P. G. SCHEURLEN. 4611

**R. Bahuer** und **C. Pellet,** *Die Behandlung der postoperativen Lungenkomplikationen mit Penicillin intrapulmonal (fünfjährige Erfahrungen).* Postoperative Lungenatelektasen werden, wie Vff., auf über 500 eigene Beobachtungen gestützt, angeben, durch ein bis drei Injektionen von *Pencillin* in das atelektat. Gebiet behoben. Es werden 600000 E. in 10 cm³ physiol. NaCl-Lsg. gegeben. Die Atelektasen sollen daraufhin, wie röntgenolog. Kontrollen zeigen, schwinden. (Med. clin. [Barcelona] **19.** (**10.**) 269—70. Okt. 1952. Buerdos.)
P. G. SCHEURLEN. 4611

**J. E. Minkenhof** und **F. Ligthart,** *Dosierung von Chloramphenicol bei Salmonellosen.* Bei Typhus u. typhöser Salmonellose wird die Stoßtherapie mit *Chloramphenicol* (I) zur Vermeidung eines unter Umständen tödlichen Schocks durch Freiwerden der Endotoxine abgelehnt. Angabe eines I-Behandlungsschemas (nicht mehr als 50 mg/kg Körpergewicht, Absetzen, wenn Patient 24 Std. fieberfrei, usw.). (Nederl. Tijdschr. Geneeskunde **96.** 2860—63. 15/11. 1952. Amsterdam, Wilhelmina-Krankenhaus.)
PATZSCH. 4611

**G. Hell,** *Aureomycin in der Sterilitätsbehandlung der Rinder.* Mit Hilfe einer Salbenspritze wird 3—6%ig. *Aureomycin*-Salbe mit Erfolg angewandt. (Tierärztl. Umschau **8.** 171—72. Mai 1953. Karby, Kreis Eckernförde.)
BOYE. 4611

**M. Brandl,** *Zur Therapie chronisch-entzündlicher Erkrankungen in der Gynäkologie mit Omnacillin.* Bericht über Erfolge mit *Omnacillin* (I; HÖCHST) = *Omnadin* + *Penicillin* bei Parametritis, Adnexitis chronica u. Mastitis in 23 meist therapieresistenten Fällen. Dosierung je nach Schwere des Falles 2—10 Ampullen. 7 Heilungen, unter Berücksichtigung des Krankheitsbildes sind die Ergebnisse in den restlichen Fällen als befriedigend anzusehen, zumal durch I Operationen vermieden werden konnten. Über Recidive kann noch nichts ausgesagt werden. (Med. Klin. **47.** 880—81. 27/6. 1952. Amberg, Städt. Marienkrankenhaus.)
DOSSMANN. 4611

**Gy. Méhes,** *Über die pharmakologische Wirkung vom 1-[α-Naphthyl]- bzw. 1-[β-Naphthyl]-2-aminopropan.* Die mit α- bzw. *β-Naphthylisopropylamin* ausgeführten Tierverss. ergeben, daß beide Verbb., wie die Phenylalkylamine, pharmakol. akt. Stoffe darstellen. Aus ihrer Wrkg. auf Blutzucker, periphere Gefäße u. Blutkreislauf geht hervor, daß sie wie diese zu den sympathicomimet. Stoffen gehören. Die für die OH-freien Phenylisopropylamine (*Benzedrin, Aktedron*) charakterist. zentrale Reizwrkg. ist bei ihnen nur in geringem Maße zu finden. (Acta physiol. Acad. Sci. hung. **3.** 137—51. 1952. Pécs, Univ., Pharmakol. Inst.)
NIESWANDT. 4620

**Bruce D. Fallis** und **Robert L. Lam,** *Betain und Glykocyamin in der Behandlung chronischer Poliomyelitisrestzustände.* Vff. untersuchten unter Ausschaltung aller möglichen Fehlerquellen die Wirksamkeit von *Glykocyamin* (I) u. *Betain* (II) auf chron. Poliomyelitisrestzustände. Die Unters. erfolgte in 2 Gruppen: die eine erhielt I u. II, die andere ein indifferentes Mittel. Der Prozentsatz der Patienten, die eine Besserung angaben, oder wo eine solche objektiv festgestellt werden konnte, war in beiden Gruppen gleich. Eine vermehrte Urinmenge der mit I u. II Behandelten führen Vff. auf höhere Kreatinausscheidung zurück. (J. Amer. med. Assoc. **150.** 851—53. 1/11. 1952. Washington, D. C., Univ., School of Med.)
L. BERGER. 4620

**Olavi Eränkö** und **M. J. Karvonen,** *Wirkungen einiger Sympathicolytica auf die Wasserdiurese und die Diuresehemmung durch Adrenalin am nicht narkotisierten Hund.* Am nüchternen, nicht narkotisierten Hunden, denen reichlich W. zugeführt wurde, wurde die anschließend auftretende Diurese durch Blasenkatheterismus verfolgt. *Adrenalin* bewirkt in kleinen Dosen eine kurzdauernde, in größeren Dosen eine länger anhaltende Diuresehemmung, wie sie durch Hypophysenhinterlappenextrakte ausgelöst wird. *Ergotamin* (*Gynergen,* SANDOZ A. G., Basel) ruft eine anhaltende Diuresehemmung hervor, desgleichen *Hydergin* (SANDOZ A. G., Basel; Gemisch von *Dihydroergocornin, Dihydroergocristin* u. *Dihydroergokryptin*) in erbrechenerregenden Dosen. Kleinere *Hydergin*-Dosen u. *Tolazolin* (BOOTS PURE DRUG CO., Nottingham; *2-Benzylimidazolinhydrochlorid*) erzeugen kurzdauernde Diuresehemmung. Die durch *Adrenalin* ausgelöste Diuresehemmung wird durch keines dieser Sympathicolytica erkennbar beeinflußt. Die kurzdauernde Diuresehemmung wird als Folge veränderter Nierendurchblutung (Vasoconstriction) aufgefaßt, die anhaltende auf die Ausschüttung antidiuret. Hormons zurückgeführt. (Acta pharmacol. toxicol. [Köbenhavn] **8.** 409—17. 1952. Helsinki, Inst. of Occupat. Health.) DAUTZENBERG. 4620

**St. C. Cullen,** *Über Narkosetheorien. Mit spezieller Berücksichtigung der Anästhesie durch Xenon.* Vf. berichtet über 5 *Xenon*-Anästhesien von mehr als 1 Std. Dauer bei chirurg. Eingriffen, bei denen genaue Unterss. der Blut- u. Harnchemie u. des Blutbildes sowie hämodynam. Daten nur minimale Abweichungen von den Kontrollwerten ergaben. Bei einer Konz. von ca. 50% *Xenon* trat Bewußtlosigkeit, bei 75% chirurg. Narkose ein. In 3 Fällen mußte wegen nicht ausreichender Anästhesie zusätzlich *Dolantin* gegeben werden. — Messungen des $O_2$-Verbrauchs von Meerschweinchenhirngewebe in vitro mit Glucose als Substrat ergaben keinen signifikanten Unterschied zwischen Xenon–Sauerstoff, $N_2O$–$O_2$ u. $N_2$–$O_2$ (80 : 20%). Mittels eines radioakt. X-Isotops wurde die Verteilung von X im Körper von Hunden ermittelt. Am meisten wird von den Nebennieren aufgenommen, es folgen Gehirn, Leber, Milz, Muskulatur. Vf. erhofft von weiteren Unterss. mit *Xenon* eine Klärung des Wirkungsmechanismus der *Xenon*-Narkose, u. gegebenenfalls auch anderer Narkotica. (Anaesthesist **2.** 9—14. Febr. 1953. Iowa City, Iowa, Univ., Hosp., Dep. of Surg., Div. of Anästhesiol.) DAUTZENBERG. 4621

**Arne Kinch,** *Reines Stickoxydul bei der Geburt. Eine experimentelle und klinische Untersuchung der Blutgase in Verbindung mit intermittierender Zufuhr von reinem Stickoxydul als Wehenanalgeticum unter der Geburt.* 196 Gebärende erhielten 3—5 Liter $N_2O$ in 30—40 Sek. bei jeder Wehe. Das Mindestintervall zwischen 2 Inhalationen, in dem Frischluft geatmet wurde, betrug 60 Sek. bei 3 Liter, 80 bei 4 u. 100 Sek. bei 5 Liter $N_2O$. Die $N_2O$-Zufuhr erstreckte sich auf 2—4 Stunden. Im arteriellen u. venösen Blut wurde die $O_2$-, $CO_2$- u. $N_2O$-Konz. ermittelt. Die $C_2O$-Konz. nimmt im venösen Blut laufend ab, während sie im arteriellen auch nach 2 Std. unverändert ist. Die $N_2O$-Konz. im venösen Blut steigt langsam an u. ist nach 2 Std. signifikant höher als zu Beginn, dagegen nach 4 Std. nicht signifikant weiterverändert. So liegt nach mehrstd. Zufuhr der $N_2O$-Spiegel im arteriellen u. venösen Blut zu Beginn der Inhalationsperiode bei 1 Vol.-%. Bei der beschriebenen Anwendungstechnik ist also $N_2O$ als Wehenanalgeticum für die Mutter ohne Gefahr, u. wie Unterss. des Nabelschnurblutes erwiesen, auch für das Kind. Eine deutliche Erhöhung der $O_2$-Konz. im Nabelschnurblut kann durch Gabe von reinem $O_2$ in den letzten 15—35 Min. der Geburt erzielt werden. (Acta obstetr. gynecol. scand. **32.** Suppl. Nr. 2. 1—79. 1952. Stockholm, Karolinska Inst., Pharmacol. Dep.; Södra Barnbördshuset.) DAUTZENBERG. 4621

**James G. Gabbard, Albert Roos, Douglas E. Eastwood** und **Thomas H. Burford,** *Die Wirkung der Ätheranästhesie auf die alveolare Ventilation und das Säure–Base-Gleichgewicht im Menschen, mit besonderem Hinweis auf unzureichende Atmung und ihre Verhinderung während der Eingriffe innerhalb des Thorax.* Bei intrapleuralen Operationen tritt durch unzureichende alveoläre Atmung schwere Acidosis auf, die durch kräftige Unterstützung der Atmung verhindert werden kann. Bei Eingriffen außerhalb des Thorax wird dagegen verstärkte Atmung u. leichte Respirationsalkalosis beobachtet. Ae. stimuliert im dritten Stadium der Anästhesie die Atmung. Das Respirationszentrum zeigt in diesem Stadium gegenüber erhöhtem $CO_2$-Druck bis zu 10 mm Hg n. Reaktion. Oberhalb dieses Wertes wird das Atmungszentrum narkotisierter Individuen gegenüber $CO_2$ unempfindlicher. (Ann. Surgery **136.** 680—90. Okt. 1952. St. Louis, Mo., Univ., School of Med., Dep. of Physiol.) NIESWANDT. 4621

**R. Leonard White,** *Die kombinierte intravenöse Anwendung von Äthylalkohol und Pitocin.* Aus getrennten Flaschen wurden durch die gleiche Kanüle eine *Pitocin*-Lsg. (1 E./50 ml 5%ig. Dextrose) u. *A.* (7½% in 5%ig. Dextrose) zur Geburtseinleitung intravenös infundiert. Dabei zeigte sich kein Antagonismus zwischen *A.* u. *Pitocin* u. keine Atemlähmung bei den Kindern, bei guter analget. Wirkung. (Amer. J. Obstetr. Gynecol. **63.** 854—55. April 1952. Newtonville, Mass., Camp Edwards, U. S. Army Hosp.) DAUTZENBERG. 4621

**W. B. Primrose,** *Wieder Chloroform und Äther.* Vf. empfiehlt zur Anästhesie ein Gemisch von 30% *Chlf.* mit 70% *Ae.*, wodurch sowohl die stark lähmende Wrkg. des *Chlf.*, bes. auf das Herz, gemindert als auch die schleimhautreizende Wrkg. des *Ae.* in den Atemwegen herabgesetzt werden. (Practitioner **170.** 283—87. März 1953. Bishopton, Renfrewshire, Princess Louise Scottish Hosp. for Maimed and Limbless Sailors and Soldiers; Glasgow, Royal Infirmary.) DAUTZENBERG. 4621

**Rudolf Wenning,** *Beitrag zur Therapie vegetativer Dystonien mit einem neuartigen Sedativum.* Eine 3,3%ig. *Chloralhydrat*-Lsg. mit Extr. hum. lup. fld. 5,0%, Calc. glyc. phosph. 1,0%, Natr. glyc. phosph. 1,0%, Ferr. citric. ammon. 0,5%, Sol. $SiO_2$ 5,0%, Sir. corrig. comp. (Hersteller FEBENA G. M. B. H., Köln), hat sich auf Grund seiner Unschädlichkeit u. Geruchlosigkeit, seines angenehmen Geschmacks, seiner Barbitursäure- u. Bromfreiheit u. eines ausgedehnten Wirkungsbereiches sowohl bei Erwachsenen als auch in der Kinderpraxis als Sedativum bestens bewährt. Kontraindiziert ist es bei hohem Fieber sowie schweren Herz-, Leber- u. Lungenerkrankungen, während Magen-Darmkanalerkrankungen keine absol. Kontraindikation darstellen. (Med. Klin. **48.** 211. 13/2. 1953. Wiesbaden, Hosp. zum Hl. Geist.) GERDA SCHULZE. 4621

**W. Henkel** und **W. Hügin,** *Isopropylchlorid (IPC), ein neues Inhalationsnarkoticum.* In über 600 Fällen wurde *Isopropylchlorid (IPC)* zur Narkoseeinleitung bzw. zur Rauschnarkose (maximal 10 Min.) im offenen Tropfverf. ohne Zwischenfall verwendet. Kontraindiziert sind Herzschäden u. Hyperthyreosen. Unter Beachtung der notwendigen Vorsicht hat sich *IPC* wegen seiner vielen Annehmlichkeiten (rasches Erwachen, fehlende Excitation, fehlende postnarkot. Beschwerden) gut bewährt. (Dtsch. med. Wschr. **78.** 467—69. 3/4. 1953. Basel, Univ., Chirurg. Klinik.) DAUTZENBERG. 4621

**Arthur Svihla** und **Akira Horita,** *Die Verwendung von Nembutal als Anästheticum für große Raubtiere.* Bei Unterss. über den Winterschlaf des Bären (*Ursus americanus*) wurde 3mal *Nembutal* als Narcoticum angewandt. Mit 25 mg/kg intraperitoneal wurde chirurg. Narkose erreicht mit Absinken der Puls- u. Atemfrequenz. 24std. vorheriges Fasten beschleunigte den Eintritt der Narkose. Schädigungen wurden nicht beobachtet. (Science [Washington] **115.** 503. 2/5. 1952. Washington, Dep. of Zool. and Pharmacol.) DAUTZENBERG. 4621

**Robert Müller,** *Oxyprocain, ein neues Lokalanästheticum mit bakteriostatischer Wirkung. Oxyprocain forte* (PHARMA RHEINPREUSSEN; *p-Aminosalicylsäurediäthylaminoäthylester* = *Oxyprocain* mit 3% *Salicain* = *p-n-Butylaminosalicylsäuredimethylaminoäthylester*) zeigte gegenüber Staphylococcus aureus haemolyticus eine bakteriostat. Wrkg., die fast der von *Novol-Penicillin* (100000 E. *Penicillin*/1,8 ml *Novocain*-Lsg.) gleichkommt u. *Chlor-Phenol-Campher* stark übertrifft. *Xylocain* u. *Pharmatonin* waren nicht bakteriostat. wirksam. Klin. zeigte sich *Oxyprocain forte* bei ca. 1200 Anästhesien gut wirksam bei komplikationslosem Heilungsverlauf. (Schweiz. Mschr. Zahnheilkunde **63.** 376—83. April 1953. Basel, Univ., Zahnärztl. Inst., Poliklin.-chirurg. Abt.) DAUTZENBERG. 4621

**F. C. Münch,** *Zur örtlichen Betäubung.* Vf. stellt einige der zahlreichen Handelsbezeichnungen für großenteils chem. ident. Verbb. zusammen. *p-Aminobenzoyldiäthylaminoäthanol* (**I**) = *Procain*, erscheint auch als *Allocain, Ethocain, Falicain* (nicht ident. mit **I**! Der Referent), *Kerocain, Neocain-Phanocain. Brenzcatechinäthanolmethylamin* = *Adrenalin* = *Suprarenin* = *Epinephrin. l-Noradrenalin* = *Arterenol* = *Aktamin. Corbasil* = *Donostyp* = *Tonamine* = *Lirotil. NS*-Lsg. u. *NC*-Lsg. = *Novocain-Suprarenin*- bzw. *Novocain-Corbasil*-Lösung. *Anästheticum* BAYER *AE* u. *AM* = *Procain-Adrenalin* 2% u. 4% in Ampullen (in Carpulen *AA* u. *CC*), *Anästheticum* BAYER *LE* u. *LM* = *Procain-Lirotil* 2% u. 4% in Ampullen (in Carpulen *EE* u. *MM*). *LE*- bzw. *LM*-Lsg. + *Pantocain* = *ABC*- bzw. *NPC*-Lösung. Weitere Synonyma für *Procain-Adrenalin*-Lsgg.: *Atoxicain*; *Cetain, Locain, Mucain, Novosupren, Nosuprin, Novorenal, Orthonal, Synthocain*; *Melästhin* enthält daneben noch Bienenhonig, *Novutox* enthält Chininderivv., *Isoalkalin* ist durch Phosphatpuffer gewebsisoton. gemacht. (Dtsch. zahnärztl. Z. **8.** 499—503. 1/5. 1953. Bamberg.) DAUTZENBERG. 4621

**P. Scheinberg, H. W. Jayne, L. I. Blackburn** und **M. Rich,** *Untersuchungen der Hirnkreislauffunktionen nach intravenöser Gabe von Procainhydrochlorid.* Intravenöse Injektion von 0,75 g *Procainhydrochlorid* in 20 Min. ließ bei 16 Patienten keine signifikanten Veränderungen der Hirndurchblutung erkennen. (A. M. A. Arch. Neurol. Psychiatry **68.** 815—18. Dez. 1952. Coral Gables, Fla.) DAUTZENBERG. 4621

**W. Keil** und **H. Vieten,** *Neue Gesichtspunkte für die Anästhesie des Tracheobronchialsystems, besonders zur Bronchographie.* Bei gleicher oberflächenanästhet. Wirksamkeit von *Pantocain* (*p-Butylaminobenzoesäuredimethylaminoäthylester*), *Bronchocain* (*p-Butylaminosalicylsäurediäthylaminoäthylester*) u. *Salicain* (*p-Butylaminosalicylsäuredimethylaminoäthylester*, früher *Rhenocain*) hat dieses die geringste Toxizität ($^1/_3$ von der des *Pantocains*). Die Toxizität bei intratrachealer Applikation wird durch Vorbehandlung mit *Barbituraten* herabgesetzt, durch Zusatz von *Adrenalin* erhöht; hierbei wird außerdem die anästhet. Wrkg. vermindert. Es wird daher die Anwendung von *Salicain* (1 %) ohne Adrenalinzusatz zur Anästhesie bei Bronchographien empfohlen. (Fortschr. Gebiete Röntgenstrahlen verein. Röntgenprax. **77.** 409—25. Okt. 1952. Düsseldorf, Med. Akad., Chirurg. Klinik; Moers, Chem. Werke der Rheinpreußen Akt.-Ges. für Bergbau u. Chemie.) DAUTZENBERG. 4621

**H. Riesser** und **L. Ther,** *Zur Frage des Adrenalinzusatzes bei der Bronchialanästhesie mit Pantocain.* Bei endobronchialer Instillation am Kaninchen zeigte sich *Pantocain*-Lsg. mit *Adrenalin*-Zusatz wesentlich toxischer als ohne Zusatz. Die Resorptionsgeschwindigkeit bei dieser Applikationsart entspricht der intravenösen Gabe u. wird durch *Adrenalin* nicht beeinflußt. (Anaesthesist **2.** 42—44. Febr. 1953. Frankfurt/M.-Höchst, Farbwerke Hoechst.) DAUTZENBERG. 4621

**W. Schulze,** *Örtliche Anästhesie mit Falicain.* Vf. berichtet über Infiltrations-, Leitungs- u. extradurale Anästhesien in der Rindergeburtshilfe, bei Kastrationen u. verschied. anderen Eingriffen in der Tierheilkunde mit *Falicain* (VEB FAHLBERG-LIST, Magdeburg), das sich durch schnellen Wirkungseintritt, Fehlen von Nebenwirkungen bei genügender Tiefe der Anästhesie u. schnellen Rückgang der motor. Lähmung nach extraduraler Anästhesie auszeichnet. (Mh. Veterinärmed. **8.** 206—08. 15/5. 1953. Ohrdruf, Thür.) DAUTZENBERG. 4621

**H. D. Schumann,** *Infiltrationsanästhesie mit Falicain bei chirurgischen Eingriffen.* Bericht über 110 Infiltrationsanästhesien mit *Falicain* (*β-Piperidinoäthyl-4-propoxyphenylketonhydrochlorid*; FAHLBERG-LIST, Magdeburg). In 7 Fällen wurde keine völlige Schmerzfreiheit erzielt. Bes. hervorgehoben wird der schnelle Wirkungseintritt u. die lange Wirkungsdauer. Verwendet wurde eine 0,1 %ig. Lsg. mit 5 Tropfen *Adrenalin*-Lsg. (1:1000) auf 100 ml. Entsprechend der ca. 10 mal größeren anästhet. Wrkg. im Vgl. zu *Novocain* ist *Falicain* auch ca. 5—10 mal toxischer. Außer stärkerer Blutungsneigung, die des öfteren trotz des *Adrenalin*-Zusatzes auffiel, traten keine wesentlichen Störungen auf. (Dtsch. Gesundheitswes. **8.** 290—94. 5/3. 1953. Rostock, Univ., Chirurg. Klinik.) DAUTZENBERG. 4621

**Edgar Fricke II,** *Die Daueranästhesie im Kieferbereich unter Berücksichtigung therapeutischer Erfahrungen mit Symprocain forte.* Während nach Anwendung von *Ureacain* (*Anästhesin* in *Urethan*-Lsg.) zur Daueranästhesie in 2 Fällen unerwünscht lange Anästhesien (mehrere Monate) aufgetreten waren, hat sich in dieser Hinsicht *Symprocain forte*; BRUNNENGRÄBER (*Procainhydrochlorid* 1 %, *Benzylalkohol* 5 %) bei 30 Patienten besser bewährt (Dauer 3—6 Tage, in 3 Fällen etwas länger). (Dtsch. zahnärztl. Z. **8.** 371—73. 1/4. 1953. Herford, Kreis- u. Stadtkrankenhaus.) DAUTZENBERG. 4621

**R. Teuscher,** *Polamivet Hoechst, ein Analgeticum in der Chirurgie des Einhufers. Polamivet* (= *Polamidon „C"*) hat sich in der Tierchirurgie als stark wirkendes Sedativum erwiesen. Es eignet sich zur Prämedikation u. verursacht keine größeren Nebenwirkungen. (Tierärztl. Umschau **8.** 159—60. Mai 1953. Schkeuditz, Tierklik.) BOYE. 4621

**Heinz-Wolf Müller-Limmroth** und **Helmut Massmann,** *Der Einfluß des Polyamidons auf das Elektroencephalogramm des Menschen.* An hirngesunden Personen treten ca. 15 Min. nach intramuskulärer Injektion von 5—10 mg *Polamidon* HOECHST für 3—4 Std. elektroencephalograph. Veränderungen wie bei Hirntraumatikern auf: allg. Spannungsred. mit Ausfall der α-Wellen, bes. postzentral u. occipital. (Klin. Wschr. **30.** 943—44. 15/10. 1952. Münster/Westf., Univ., Physiol. Inst.) DAUTZENBERG. 4621

**D. Krause** und **Dorothee Ruhnau,** *„Systemwirkungen" des Polamidons.* Verss. an vagotomierten, zum Teil künstlich beatmeten Hunden ergaben, daß *Polamidon* außer der schon bekannten Erregung des Parasympathicus eine zentrale Hemmung des Sympathicus verursacht. Der Blutdruck wird herabgesetzt, die Herzschlagfolge verlangsamt u. die Darmmotorik angeregt. Diese Effekte sind durch *Atropin* u. *Buscopan* nicht hemmbar. Der Blutdruckeffekt bleibt nach Dekapitation aus, ähnlich die Darmwrkg. nach zusätzlicher Splanchnicusdurchtrennung; dagegen bleibt hierbei die periphere spasmolyt. Wrkg. erhalten. Bei Spontanatmung ist die Blutdruckwrkg. vom Zustand der Atmung abhängig. Die Carotissinus-Entlastung ist bei künstlicher Atmung nach *Polamidon* ohne Wrkg., bei Spontanatmung nicht beeinflußt. (Naunyn-Schmiedebergs

Arch. exp. Pathol. Pharmakol. **216.** 541—51. 1952. Hannover, Tierärztl. Hochschule, Pharmakol. Inst.) DAUTZENBERG. 4621

**Ruth Weyl, Wei-Chi Liu** und **Evelyn Lipp,** *Beurteilung der Brauchbarkeit von intravenös gegebenem Seconalnatrium bei der Anästhesie.* Zur Einleitung von 180 Inhalationsnarkosen u. zur Unterstützung bei 90 Spinalanästhesien wurde *Seconalnatrium* (Natriumsalz der *Propylmethylcarbin-allylbarbitursäure,* stabile Lsg. in *Polyäthylenglykol 600*; ELI LILLY RES. LABOR.) mit befriedigendem Erfolg intravenös gegeben. Dabei kann gelegentlich Atemlähmung auftreten. (J. int. Coll. Surgeons **18.** 365 —72. Sept. 1952. Chicago, Ill., Mt. Sinai Hosp., Dep. of Anaesthes.; Chicago, Ill., Med. School, Dep. of Surg.) DAUTZENBERG. 4621

**Max Hahn,** *Erfahrungen mit dem neuartigen Analgeticum Gynodal zur Behandlung von Schmerzzuständen im kleinen Becken.* Kurzer Bericht über die Anwendung von *Gynodal*-Stäbchen (HOMBURG; *4-Butylamino-2-oxybenzoesäurediäthylesterhydrochlorid*) bei 75 Patientinnen, meist (50) bei Beckenneuralgie. Die lokalanästhet. Wrkg. reicht ca. 2—3 cm tief ins Gewebe, hält doppelt so lange an u. ist 10 mal stärker als die des *Cocains.* Schädigungen wurden auch bei längerer Anwendung (bis 37 Tage) nicht beobachtet. (Die Medizinische **1953.** 721—23. 23/5. Fürth/Bayern, Stadtkrankenhaus, Gynäkolog. Abt.) DAUTZENBERG. 4621

**O. Mayrhofer** und **P. Kurka,** *Narkoseerfahrungen mit „Kemithal".* Nach Anwendung von *Kemithal* (*5-Allyl-5-cyclohexen-(1)-yl-2-thiobarbitursaures Natrium*) in 107 Fällen stellen Vff. fest, daß es bei gleicher Indikation wie andere Barbiturate u. halber Wirkungsstärke wie *Pentothal* den Vorteil geringerer Atemdepression u. Neigung zu Laryngospasmus, sowie seltenerer postoperativer Erregung besitzt. Als Kontraindikation werden Herzschäden, bes. Rhythmusstörungen, angegeben. (Anaesthesist **2.** 15—16. Febr. 1953. Wien, Univ., II. Chirurg. Klinik.) DAUTZENBERG. 4621

**K. Köster,** *Über Schlafbehinderung und ihre Behandlung mit 1-Methyl-5.5-diäthylbarbitursäure.* In 620 Einzelgaben bei 75 Patienten wurde *1-Methyl-5.5-diäthylbarbitursäure* (*Sch 412,* C. H. BOEHRINGER SOHN, Ingelheim) klin. untersucht. Mit einer mittleren Dosis von 0,3 g (0,1—0,5) wird 15—60 Min. nach Verabfolgung Schlaf von 6—8 Std. erzielt. Dabei fiel eine wesentlich länger anhaltende sedative Wrkg. auf. Neben- u. Nachwirkungen wurden nicht beobachtet. (Klin. Wschr. **30.** 941—42. 15/10. 1952. Düsseldorf, Med. Akad., I. Med. Klinik.) DAUTZENBERG. 4621

**José Cardúe,** *Bemerkungen und Schlüsse über die intravenöse Allgemeinnarkose in der Geburtshilfe mit Narcovenol bei 200 eigenen Fällen. Narcovenol,* ein Barbiturat, hat sich bei Eingriffen in der Geburtshilfe auch umfangreicherer Art gut bewährt. (Med. clin. [Barcelona] **18.** (**10.**) 342—44. Mai 1952. Huesca, Beneficiencia Provincial.) GERBER. 4621

**K. Horatz** und **F. Stürtzbecher,** *Neue Hilfsmittel in der Anästhesie.* Auf Grund klin. Erfahrungen werden folgende Mittel zur Erzielung von Analgesie, Entspannung u. zur Vermeidung von Blutverlusten empfohlen: 1. *Inaktin* (PROMONTA; ein Thiobarbiturat). Vorteile: keine Exzitation, Atmung u. Kreislauf n., ruhiges Erwachen, kein Brechreiz (über 300 Fälle). 2. *Curarin* (HAF; *d-Tubocurareninchlorid*). Keine Zwischenfälle bei über 1500 Anwendungen. 3. *Pantolax* (REISS; *Succinyl-bis-cholinchlorid*) als kurz wirkendes Relaxans, bes. geeignet zur Intubation, Bronchoskopie( Fehlen von Laryngo- u. Bronchospasmus), Frakturen u. Luxationen. 4. *Pendiomid* (CIBA) zur kontrollierten Blutdrucksenkung. Bei 220 Anwendungen traten keine Zwischenfälle auf, 1 Versager. (Anaesthesist **1.** 149—50. Dez. 1952. Hamburg-Eppendorf, Univ., Chirurg. Klinik.) DAUTZENBERG. 4621

**M. Fabinyi-Szebehely** und **J. Szebehely,** *Der Einfluß von Diphenhydramin auf die Wirkung sympathicomimetischer Amine.* 1. Mitt. *Wirkung auf den Blutdruck.* Das Antihistaminicum *Benadryl* (*Diphenhydramin*), das hinsichtlich seiner mydriat., lokalanästhet. u. der Wrkg. auf den Blutzucker gewisse Ähnlichkeiten mit *Cocain* aufweist, zeigt diese auch in seinem Einfl. auf blutdrucksteigernde Stoffe: 1 mg/kg *Benadryl* steigert bei der Katze die Wrkg. von *Adrenalin* u. hemmt die Wrkg. von *Ephedrin.* (Acta pharmacol. toxicol. [Köbenhavn] **8.** 343—48. 1952. Lund, Univ., Dep. of Pharmacol.; Malmö, Ferrosan Ltd., Res. Labor.) DAUTZENBERG. 4625

**M. Fabinyi-Szebehely** und **J. Szebehely,** *Der Einfluß von Diphenhydramin auf die Wirkung sympathicomimetischer Amine.* 2. Mitt. *Wirkung auf Körpertemperatur und Sauerstoffverbrauch.* (1. vgl. vorst. Ref.) An Ratten in Urethannarkose wurde der Einfl. des *Diphenhydramins* (10 mg/kg) auf die durch *Adrenalin, Amphetamin* u. *Ephedrin* verursachte Steigerung des Sauerstoffverbrauches u. der Körpertemp. untersucht. Während der *Adrenalineffekt* gesteigert wird, werden die Wirkungen des *Ephedrins*

u. *Amphetamins* gehemmt. (Acta pharmacol. toxicol. [Köbenhavn] **8.** 349–62. 1952. Lund, Univ., Dep. of Pharmacol.; Malmö, Ferrosan Ltd., Res. Labor.)
DAUTZENBERG. 4625

**Knut Naess,** *Wirkungen kurzdauernder und anhaltender Curarisierung.* An Kaninchen wurde die Wrkg. einer einmaligen *Curare*-Gabe mit Curaredauerinfusionen verglichen. Es wurde indirekt mit Einzelimpulsen u. tetan. gereizt. Die Ergebnisse lassen auf 2 verschied. Angriffspunkte des *d-Tubocurarins* schließen, einen im neuralen Teil der myoneuralen Synapse, der erst bei längerer Einw. bzw. bei höheren Konzz. gelähmt wird, während der muskuläre Teil der Synapse sofort gelähmt wird. Die zum Teil einander widersprechenden Befunde früherer Untersucher könnten auf diese Weise erklärt werden. (Acta pharmacol. toxicol. [Köbenhavn] **8.** 400–408. 1952. Oslo, Univ., Dep. of Pharmacol.) DAUTZENBERG. 4628

**K. Kremer,** *Synthetische Curareersatzstoffe. Eine Zusammenstellung der heute gebräuchlichen Ersatzpräparate.* Nach einem Überblick über die Entw. der synthet. Relaxantien u. ihre Wirkungsmechanismen werden die verschied. Handelspräpp. zusammengestellt: Gruppe I: *Curare, 1.2.3-Tris-[β-diäthylaminoäthoxy]-tris-äthojodid* (*Flaxedil, Retensin, Tricuran*). Gruppe II: *Bis-[trimethylammonium]-decandijodid* (*Dekamethonium, Syncurine, Eulissin, Curalysin*), *Succinyl-bis-cholinchlorid* (*Lysthenon, Pantolax*), *Succinyl-bis-cholinjodid* (*Celocurin, Succinyl-Asta*), *Monoäthyl*-Deriv. des *Bernsteinsäure-bis-cholinesters* (*Tachycuraryl*). Gruppe III: *Kresolglycerinäther* (*Myanesin, Mephenesin, Tolserol, Toloxyn, Relaxar, Relaxil, Glykresin, Byk-M. 1, Curaril, Corythan, Curaxythan*) u. *Guajacolglycerinäther* (*Myocain, My 301*). (Aerztl. Wschr. **7.** 953–57. 10/10. 1952. Berlin, Städt. Krankenhaus Moabit.) DAUTZENBERG. 4628

**H. Hofmann** und **F. Lembeck,** *Das Verhalten der äußeren Augenmuskeln gegenüber Curare, Dekamethonium (C 10) und Succinylcholin (M 115).* An den äußeren Augenmuskeln des Kaninchens verursacht *d-Tubocurarin* (SQUIBB) nur eine Hemmung der Kontraktionen ohne Verkürzung. Dagegen erzeugt *Dekamethonium* (*Curalysin*; SANABO-Wien) u. *Succinylcholin* (M 115, *Lysthenon*; OESTERREICHISCHE STICKSTOFFWERKE, Linz) außer der Kontraktionshemmung eine Kontraktur. Nach Abklingen der Wrkg. einer *Curare*-Dosis hat *Succinylcholin* keine Wirkung. Umgekehrt hat *Curare* nach *Succinylcholin* deutlich antagonist. Effekt. — Die Augenmuskeln verhalten sich danach ähnlich wie Vogelmuskeln oder denervierte Säugetiermuskeln u. sind wahrscheinlich bes. acetylcholinempfindlich. (Naunyn-Schmiedebergs Arch. exp. Pathol. Pharmakol. **216.** 552–57. 1952. Graz, Univ., Pharmakol. Inst. u. Augenklinik.)
DAUTZENBERG. 4628

**A. A. Golden,** *Succinylcholinchlorid — ein neues Muskelrelaxans.* Kurzer Bericht über gute klin. Erfahrungen mit *Succinylcholinchlorid,* das als Muskelrelaxans bei 120 Intubationen u. in 100 Fällen in der Bauchchirurgie verwendet wurde, mit genauer Beschreibung der Technik. (J. Amer. osteopath. Assoc. **52.** 426–28. April 1953. Wilmington, Del.) DAUTZENBERG. 4628

**D. Bovet** und **F. Bovet-Nitti,** *Succinylcholin und die curaresierenden Stoffe mit kurzer Wirkungsdauer.* Kurze Übersicht über die bisherigen Erfahrungen mit *Succinylcholin* u. *362 I. S.* (*Succinyl-bis-[dimethylaminoäthanol]-bis-äthojodid*) an Hand der Literatur. — 39 Literaturangaben. (Schweiz. med. Wschr. **82.** 1009–12. 4/10. 1952. Rom, Ist. Sup. di Sanità.) DAUTZENBERG. 4628

**A. Aström,** *Pharmakologische Untersuchungen über N-Dimethyl-β-aminoäthyldiphenylglykolsäureesterhydrochlorid. Ein neues Spasmolyticum. N-Dimethyl-β-aminoäthyldiphenylglykolsäureesterhydrochlorid* ist ein weißes, kristallin., geruchloses, bitter schmeckendes, leicht in W. lösl. Pulver. An Mäusen (subcutan) wurde die $DL_{50}$ mit $235{,}3 \pm 15{,}9$ mg/kg, an Kaninchen (intravenös) mit ca. 25 mg/kg ermittelt. Die vergifteten Tiere zeigten nach anfänglicher leichter Lähmung das STRAUBsche Mäuseschwanzphänomen, dann motor. Erregung, Seitenlage, Krämpfe, Tod. Unterss. des Katzenblutdruckes, der Speichelsekretion von Kaninchen u. am isolierten Dünndarm von Kaninchen u. Meerschweinchen zeigten eine starke spasmolyt. Wrkg., vergleichbar mit *Atropin,* dazu eine deutliche *papaverin*-ähnliche Wirkung. Gegenüber histaminbedingten Spasmen ist die Wrkg. stärker als die des *Trasentins.* (Acta pharmacol. toxicol. [Köbenhavn] **8.** 363–73. 1952. Stockholm, Karolinska Inst., Dep. of Physiol.)
DAUTZENBERG. 4628

**Alexander Benke,** *Lysthenon, ein kurzwirkendes, synthetisches Muskelrelaxans.* Kurzer Bericht über Dosierung u. Wrkg. von *Lysthenon* (*Succinylcholin*; OESTERREICHISCHE STICKSTOFFWERKE A. G., Linz) bei 200 Fällen. Neben- oder Nachwirkungen wurden nicht gesehen. Die Wrkg. trat rasch u. verläßlich ein u. klang jeweils schnell wieder ab. (Med. Klin. **47.** 849–50. 20/6. 1952. Wien, Krankenanst. Rudolfstiftung.)
DAUTZENBERG. 4628

**Franz P. Gycha,** *Klinische Erfahrungen und spezielle Anwendungsmöglichkeiten des Muskelrelaxans „My 301".* Bericht über einige Selbstverss. u. die Anwendung von *My 301* (*Guajacolglycerinäther*; BRUNNENGRÄBER, Lübeck) bei 206 chirurg. Eingriffen u. 30 Intubationen. Als spezielle Anwendungsgebiete werden Cholangiogramme (6), Tetanus (2) u. 1 Fall von amyotroph. Lateralsklerose erwähnt. Eingehende klin. Unterss. (Kreislauf, Atmung, Blutchemie u. Stoffwechsel) ergaben eine sehr gute Verträglichkeit. Dem entspricht der negative histolog. Befund an Leber, Milz u. Nieren von Meerschweinchen, die 15 bzw. 25 ml *My 301* intramuskulär erhalten hatten. Bes. betont wird die große therapeut. Breite u. die hypnot. Wirkungskomponente, die zur Einsparung von Narcoticis führt. Als Antidot (bei Vf. nie notwendig gewesen) wird *Coramin* u. *Strychnin* empfohlen. Als Kontraindikationen werden Arteriosklerose mit Hypertonie u. periphere Durchblutungsstörungen genannt. (Med. Mschr. **7.** 42—45. Jan. 1953.) DAUTZENBERG. 4628

**H. Wimmer,** *Tetanusbehandlung mit dem Muskelrelaxans Retensin.* Es wird über 3 Tetanusfälle berichtet, die mit *Retensin* (*1.2.3-Tris-[β-triäthylaminoäthoxy]-benzoltrijodid*; ASTA-WERKE A.-G., Brackwede/Westf.) behandelt wurden. *Retensin* wurde intramuskulär gegeben u. rief gute Entspannung ohne Nebenwrkg. hervor. (Med. Klin. **48.** 463—64. 3/4. 1953. Bamberg, Städt. Krankenhaus, Med. Klinik.) DAUTZENBERG. 4628

**H. Göpfert, W. Raule** und **R. Frey,** *Beobachtungen über die alveolare $CO_2$-Konzentration und den respiratorischen Stoffwechsel nach Einwirkung muskelerschlaffender Mittel.* Die Verss. wurden an Hunden in *Chloralose–Urethan*-Narkose durchgeführt, die künstlich beatmet wurden. Dabei wurde vor Injektion der Relaxantien die künstliche Atmung hinsichtlich Hub u. Frequenz an die natürliche Spontanatmung adaptiert. Es ergab sich nach Injektion von *d-Tubocurarinchlorid, Dimethyl-d-tubocurarinchlorid, Flaxedil, Dekamethonium, Succinylcholinchlorid* u. *-jodid* eine Erhöhung der alveolaren $CO_2$-Konz. um 1—2 Vol.-%, die nach 10—20 Min. wieder abnahm. Charakterist. Unterschiede zwischen den einzelnen Mitteln wurden nicht gefunden. *Guajacolglycerinäther,* der im Gegensatz zu den anderen Verbb. nicht zur Atemlähmung führte, ergab diesen Effekt nicht. In allen Fällen war der gleichzeitig gemessene respirator. Stoffwechsel (Gesamtumsatz u. respirator. Quotient) nicht wesentlich verändert. Die möglichen Ursachen dieser Erscheinung werden diskutiert (method. Fehler, Luftströmungsverhältnisse, Bronchialweite, Kreislaufeffekte) u. auf die klin. Bedeutung (Asphyxiegefahr) hingewiesen. (Anaesthesist **2.** 4—9. Febr. 1953. Heidelberg, Univ., Physiol. Inst. u. Chirurg. Klinik.) DAUTZENBERG. 4628

**W. D. M. Paton** und **Eleanor J. Zaimis,** *Die Methoniumverbindungen.* Übersicht über Geschichte, Eigg., Physiol. u. Pharmakol. der *Methonium*-Verbindungen. — 187 Literaturangaben. (Pharmacol. Rev. **4.** 219—53. Sept. 1952. Mill Hill, Nat. Inst. for Med. Res.; London, School of Pharm.) DAUTZENBERG. 4628

**K. Richter** und **W. Albrich,** *Untersuchungen über die Verwendbarkeit ganglionblockierender Substanzen in Geburtshilfe und Gynäkologie.* Kurzer Bericht über die Anwendungen von *Pendiomid* CIBA (100 mg intramuskulär) bei verschied. Indikationen der Gynäkologie u. Geburtshilfe. Ergebnisse: Keine verwertbare Analgesie bei Geburt u. Curettage, gelegentlich Geburtsbeschleunigung, unregelmäßige u. vorübergehende Blutdrucksenkung bei Schwangerschaftshypertonien, keine Besserung der postoperativ gestörten Blasenfunktion, günstiger Einfl. bei Dysmenorrhoen. (Wiener klin. Wschr. **65.** ([N. F.] 8.) 281—83. 10/4. 1953. Graz, Univ., Frauenklinik.) DAUTZENBERG. 4628

**William J. Fitzgerald,** *Die Anwendung einer halbsynthetischen oxytocischen Substanz* (*Methergin*) *im dritten Stadium der Geburt.* Bei 157 Entbindungen erwies sich *Methergin* (*Methylergonovintartrat*) als gut u. rasch wirkendes uteruskontrahierendes Mittel für die Nachgeburtsperiode. Dabei traten keine Blutdrucksteigerungen auf. (Amer. J. Obstetr. Gynecol. **63.** 865—68. April 1952. Albany, N. Y., Union Univ., Albany Med. Coll., A. N. Brady Maternity Hosp., Dep. of Obstetr.) DAUTZENBERG. 4628

**A. Earl Vivino** und **Gretchen Ritter,** *Behandlung der Dysmenorrhoe mit einem Dioxolan.* An 96 Patientinnen mit Dysmenorrhoe wurde die Wrkg. des *Dimethylane* (I; *2.2-Diisopropyl-4-oxymethyl-1.3-dioxolan*; NATIONAL DRUG CO., Philadelphia, Pa.) getestet. I zeigte gute Erfolge, wenn es kurz vor oder während des Beginns der Periode verabfolgt wurde, während es in den übrigen Tagen keine Wrkg. zeigte. Bei einer Patientin entwickelte sich eine durch Antihistamine unterdrückbare allerg. Hautreaktion. (Med. Ann. District Columbia **22.** 117—18. März 1953. Washington, D. C., Georgetown Univ., School of Med.) P. G. SCHEURLEN. 4628

**H. Coper, H. Herken, L. Rosenkötter** und **H. Selbach,** *Hirnelektrische Untersuchungen nach Einwirkung der krampfhindernden Hexachlorcyclohexane.* Der *Cardiazol*-Krampf des Kaninchens wird durch Vorbehandlung mit *Hexachlorcyclohexanen* unterdrückt, während im Elektroencephalogramm deutliche Krampfstromabläufe sichtbar werden. Ferner bleibt die Weckwrkg. des Cardiazols erhalten. Untersucht wurden das $\alpha$-, $\beta$- u. $\gamma$-Isomere, von denen dieses am stärksten tox. wirkte. Das am schwächsten wirksame $\delta$-Isomere wurde nicht näher untersucht. — Das Elektroencephalogramm des Kaninchens wird durch eine krampfhemmende Dosis des $\alpha$-Isomeren kaum, dagegen durch die $\beta$- u. $\gamma$-Isomeren deutlich verändert. (Klin. Wschr. **30.** 551—53. 15/6. 1952. Berlin, Freie Univ., Pharmakol. Inst. u. Nervenklinik.) DAUTZENBERG. 4628

**A. C. M. Lips,** *Der Einfluß von Hexamethonium auf die Nierenfunktion.* Bei 2 Fällen kam es nach Verabreichung von *Hexamethoniumjodid* (I) zu einer Erhöhung des Harnstoffspiegels im Blut. Aus diesem Grund untersuchte Verf. bei 16 Hochdruckkranken die Nierenfunktion mit Hilfe der Mannit- u. p-Aminohippursäureclearance sowohl vor als auch nach Verabreichung von I. Er konnte feststellen, daß I im allg. keinen Einfl. auf die Nierenfunktion ausübt. — 14 Literaturangaben. (Nederl. Tijdschr. Geneeskunde **96.** 3057—63. 6/12. 1952. Nijmegen.) PATZSCH. 4628

**E. Gadermann** und **H. Hamm,** *Clearanceuntersuchungen unter Khellineinwirkung.* An der gesunden Niere (4 Fälle) bewirkt *Khellin* (*5.8-Dimethoxy-2-methylfuro-[4'.5':6.7]-chromon*) eine Steigerung der Durchblutung u. Filtration. Die Wrkg. auf kranke Nieren ist verschieden u. wird an 6 Fällen ausführlich geschildert. (Klin. Wschr. **30.** 931—34. 15/10. 1952. Hamburg-Eppendorf, Univ., II. Med. Klinik u. Poliklinik.) DAUTZENBERG. 4630

**E. Gadermann,** *Khellin.* Nach einem Überblick über die Literatur berichtet Vf. über eigene klin. Erfahrungen mit *Khellin* (I). Verwendet wurde anfangs *Theokhellin* (I mit *Theophyllin* als Stabilisator), später ausschließlich *Khelline-Upha* (Lsg. von 20 mg I in 400 mg *Natriumsalicylat*; UPHA G. M. B. H., Hamburg). — Bei 79 Patienten mit Angina pectoris trat unter I-Behandlung in 60 Fällen Besserung ein, davon bei 56 patholog. veränderten Elektrokardiogrammen 32 mal eine Besserung des elektr. Befundes. — Mit 300 mg I intravenös wurde bei Kreislaufgesunden unmittelbar oder einige Zeit nach der Injektion eine Abnahme des peripheren Gefäßwiderstandes u. Anstieg des Schlagvol. erzielt. — Ein Fall von Hypertonie wird mit ausführlichen Kreislaufanalysen mitgeteilt, bei dem I vermutlich eine Wrkg. auf den Muskelstoffwechsel zeigte. — Bei 22 Asthmafällen schuf I in 18 Fällen gute bis sehr gute Besserung. — Am Magen–Darm-Kanal einschließlich Gallenblase sowie an den Harnwegen bewirkte I eine Tonussenkung bei vorhandenen Spasmen. — Clearanceunterss. deuten auf eine Steigerung der Nierendurchblutung u. Erhöhung der Filtratmenge nach I bei verschied. Nierenerkrankungen hin. An Nebenwirkungen wurde bei peroraler Gabe Appetitlosigkeit u. Erbrechen (bei Einnahme auf leeren Magen), ferner gelegentlich Kreislauferscheinungen (Schwindel, Kopfdruck, Schlaflosigkeit) beobachtet. (Therap. d. Gegenwart **92.** 62—65. Febr. 102—06. März 1953. Hamburg-Eppendorf, Univ., II. Med. Klinik.) DAUTZENBERG. 4630

**R. Wenger, D. Doneff** und **E. Vyslonzil,** *Zur Kreislaufwirkung ganglienblockierender Stoffe. Präoperative Erkennung der durch eine „kontrollierte Blutdrucksenkung" gefährdeten Patienten.* Bei otolog. Eingriffen unter kontrollierter Blutdrucksenkung mittels *Hexamethonium* bzw. *Pendiomid* an 10 kreislaufgesunden u. 10 kreislaufkranken Patienten wurden elektrokardiograph. Veränderungen (Abflachung von $T_1$ u. $T_2$, Senkung des Zwischenstückes) beobachtet, die bei den Kreislaufgesunden bald zurückgingen, bei Patienten mit geschädigtem Herzen jedoch lange anhielten. Zur Vermeidung von Zwischenfällen soll vorher eine Kreislaufregulationsprüfung nach SCHELLONG durchgeführt werden. (Dtsch. med. Wschr. **78.** 322—27. 6/3. 1953. Wien, Univ., I. Med. Klinik u. II. Hals-Nasen-Ohren-Klinik.) DAUTZENBERG. 4630

**F. W. Schembra,** *Digitoxinbehandlung in der Praxis.* Auf Grund eigener Erfahrungen werden grundsätzliche Gesichtspunkte bei der ambulanten Behandlung Herzkranker mit *Digitoxin* (*Digimerck*) erörtert. (Dtsch. med. Wschr. **78.** 300—03. 27/2. 1953. Berlin-Pankow.) KERSTEIN. 4630

**H. Stursberg,** *Rektale Digitoxinanwendung.* Bei Schwierigkeiten in der oralen Anwendung von *Digitoxin* haben sich Digitoxinzäpfchen (*Purpurid*; PROMONTA; 0,1 u. 0,25 mg) bewährt. (Med. Klin. **48.** 141—42. 30/1. 1953. Bonn, St. Johanneshospital.) KERSTEIN. 4630

**Robert Steidle,** *Über Nebenwirkungen nichtvenöser Strophanthingaben.* Die Nebenwirkungen des *Strophorals* sind tabellar. wiedergegeben. Auf Grund der Feststellung, daß der Strophantholanteil im Strophoral diese Nebenwirkungen hervorruft, ist dieser neuerdings sehr red. worden. Erwähnenswert ist die Feststellung des Vf., daß Raucher gegen Strophoralnebenwirkungen auffällig resistent sind. Vergleichende Unterss. an

Strophoral u. dem enteral wirksamen *C III*-Strophanthinpräp. (im Handel als *Purostrophan*-Dragées; KALI-CHEMIE, Hannover) haben die Überlegenheit des letzteren erbracht. Es zeichnet sich durch geringere Dosierung u. unbedeutende Nebenwirkungen aus. Lediglich bei auftretender Darm-Rk. ist es kontraindiziert, wenn diese nicht durch kleinere Einzeldosen behoben werden kann. (Med. Klin. **48.** 209—11. 13/2. 1953. München.) GERDA SCHULZE. 4630

**Th. Meyer,** *Beitrag zur Therapie des Kreislaufs mit Veriazol beim Schwein.* Mit großem Erfolg wurde bei der Behandlung von Lungenödem *Veriazol*, eine Kombination von *Cardiazol* u. *Veritol*, verwendet. (Tierärztl. Umschau **8.** 172—75. Mai 1953. Kirchdorf, Kreis Grafschaft Diepholz.) BOYE. 4630

**Gert Seeser,** *Erfahrungen mit dem neuen Varicenverödungsmittel Undecan.* Die Verödung von Varicen mit *Undecan*, dem *Diäthanolaminsalz der Undecylensäure* (SAGITTA-WERKE, München), erfolgt durch Ausbildung von Abscheidungsthromben. Es erlaubt individuelle Dosierung, ist gut verträglich u. hat bakteriostat. Wirkung. Nebenerscheinungen, wie Phlebitis, Hämatom u. Pigmentierung, sind vermindert. Bei 112 mit Undecan behandelten Patienten verschied. Alters kam es zu keinen schwereren Komplikationen mit Ausnahme von lokalen Reizerscheinungen bei 9 Patienten, die jedoch nach 2—3 Wochen wieder verschwanden. Embolie wurde niemals beobachtet. (Med. Klin. **48.** 206—09. 13/2. 1953. München-Harlaching, Orthopäd. Klinik.) GERDA SCHULZE. 4630

**Rudolf Wilde,** *Über die Behandlung des varicösen Symptomenkomplexes mit dem enteral applizierbaren Verödungsmittel Circanetten. Circanetten* (I; EVERS & CO., Hamburg) enthalten als wirksamen Bestandteil *Paraphlebon* (Polymerisationsprodd., die durch kombinierten Hydrolysierungs- u. Oxydationsprozeß aus keratinhaltigen Naturprodd., z. B. Gänsefederspulen, entstehen). I wird in der Leber in Teilpolymerisate gespalten, die in der Lunge infolge des in Richtung $CO_2$ verschobenen $O_2/CO_2$-Spannungsverhältnisses weiter zerlegt werden. In Gefäßen mit patholog. Kreislaufbedingungen reichen die fermentativen Kräfte zur Aufspaltung nicht aus, wodurch eine erwünschte Intimitis entsteht, die zur Verödung führt. 55 Patienten wurden mit Erfolg behandelt. (Münchener med. Wschr. **95.** 631—32. 29/5. 1953. Hamburg-Eppendorf, Orthopäd. Univ.-Klinik.) BOYE. 4630

**R. Giulini** und **O. Pace,** *Über die therapeutische Wirkung eines synthetischen Choleretícums bei einigen Leberaffektionen: das p-Tolylmethylcarbinol.* Bericht über die Wrkg. des „*Bilergan*" (Ampullen mit dem *Diäthanolaminsalz des Camphersäure-p-tolylmethylcarbinylesters*; Kompretten mit dem *Mg-Salz des Camphersäure-p-tolylmethylcarbinylesters* in Kombination mit *Phenylessigsäurediäthylaminoäthylester* als Antispasmodicum) bei Gallensteinen sowie bei verschied. entzündlichen u. nichtentzündlichen Erkrankungen der Gallenwege. Die Unterss. wurden durch Gallensonden u. Serumlabilitätsproben unterstützt u. ergaben eine gute schmerzlindernde u. choleret. Wrkg. des Präparates. Leberschädigungen wurden nicht beobachtet. Orale u. intravenöse Anwendung möglich. (Minerva med. [Torino] **44.** I. 825—27. 28/3. 1953. Torino, Ospedale Mauritiano Umberto I.) P. G. SCHEURLEN. 4640

**Steen Antonsen,** *Vergleich von atropinähnlichen Aktionen einiger quartärer Ammoniumverbindungen und ihre Wirkungen auf „Shay"-Ratten.* Vf. untersucht *Atropin* u. 9 synthet. Präpp. für Behandlungen von Magengeschwüren an 500 „Shay"-Ratten. *Banthine* (*Xanthin-9-carbonsäureester des Methyldiäthyl-[2-oxyäthyl]-ammoniumbromids*) u. *Metropin* (*β-[Diphenylmethoxy]-äthylmethyldiäthylammoniumbromid*) zeigten markante Wirkung. Vf. schlägt entsprechende Behandlung gegen Magengeschwüre vor. Auch *N-[γ-Diäthylamino-n-propyl]-phenothiazinmethojodid* zeigte Wirksamkeit, während *β-[Diphenylmethoxy]-äthyltrimethylammoniumjodid, N-Benzyl-N-α-pyridylaminoäthyltrimethylammoniumjodid, N-[β-Dimethylaminoäthyl]-phenothiazinmethojodid, N-[β-Diäthylaminoäthyl]-phenothiazinmethojodid, β-[Diphenylmethoxy]-äthyltriäthylammoniumjodid* u. *β-[Dimethylaminoäthyl]-benzhydrylätherhydrochlorid* unwirksam waren. Es wurde Parallelität zwischen Wrkg. auf Geschwüre einerseits u. gleichzeitiger Magenvolumenred. u. Acidität andererseits gefunden. Bei Injektionen der Substanzen an Mäuse zeigte sich mydriat. Wrkg., bei intravenöser Injektion an Kaninchen unter Urethananästhesie Curarewirkung. (Acta pharmacol. toxicol. [København] **9.** 47—58. 1953. Kopenhagen, Alfred Benzon Ltd.) BRATFISCH. 4645

**J. A. G. Ten Berg,** *Filariasis Loa. Behandlung mit Hetrazan.* 8 Fälle von Filaria Loa-Infektion in Kamerun u. Kongo wurden erfolgreich mit *Hetrazan* (1-Diäthylcarbamyl-4-methylpiperazin·HCl; LEDERLE, USA) behandelt. — 12 Literaturangaben. (Nederl. Tijdschr. Geneeskunde **96.** 2411—17. 27/9. 1952. Rotterdam, St. Franciscus Gasthuis.) PATZSCH. 4649

**David F. Mitchell, Edith Zak Helman** und **Dwight S. Chernausek,** *Ammoniumhaltige Zahnpflegemittel und Caries bei Hamstern: Weitere Untersuchungen über ihre Wirkung.* Fütterung von ♀ u. von ♂ Hamstern (105 Tage) mit einer carieserzeugenden Diät (vgl. C. **1952.** 5922) unter Zusatz von 1% $(NH_4)_2HPO_4$ (**I**) bzw. 0,6% *Harnstoff* (**II**) bzw. 1% **I** + 0,6% **II** bzw. an Stelle von **I** 2,03% $Na_2HPO_4 \cdot 7\,H_2O$ (**IV**) ergab: allg. bei ♂ Tieren mehr neue cariöse Stellen als bei ♀ (vgl. CHERNAUSEK u. Mitarbeiter, C. **1953.** 1526); bei ♀ Tieren wirkt **I** stärker carieshemmend als bei ♂; **II** scheint bei ♀ wirkungslos, dagegen bei ♂ von einigem Einfl. zu sein; **I** + **II** hemmt die Cariesentw. bei beiden Gruppen. $NH_4^+$ wirkt nicht spezif., da **IV** die gleiche Wrkg. wie **I** hat (vgl. l. c.). In keinem Fall wurde eine synergist. oder additive Wrkg. beobachtet. Der hemmende Einfl. der dibas. Verbb. wird auf ihr Pufferungsvermögen ($p_H > 7$) zurückgeführt. (Science [Washington] **116.** 537—38. 14/11. 1952. Minneapolis, Minn., Univ. of Minnesota, School of Dent.) KLESSE. 4655

**H. W. Siemens,** *Moderne Probleme der äußeren Therapie bei den Hautkrankheiten.* (Münchener med. Wschr. **94.** 2306—14. 14/11. 1952. Leiden, Reichsuniv., Hautklinik.) REICHLE. 4661

**Franz Brill,** *Klinischer Bericht über Finalgonsalbe.* Die Inhaltsstoffe der Finalgonsalbe, *Nonylsäurevanillylamid* mit Wrkg. auf die sensiblen Nervenendigungen u. ein *Nicotinsäureester* mit Gefäßwrkg., machen im Anwendungsgebiet Spasmenlösung, Analgesie u. Hyperämie von 3—6 Std.Dauer. Indikationen: alle rheumat. Affektionen, die degenerativen Erkrankungen des Skelettes, Weichteilprellungen, stat. Beschwerden u. periphere Durchblutungsstörungen. (Pro Medico [Mainz] **21.** 429—30. Nov. 1952. Mainz, Univ., Chirurg. Klinik.) KERSTEIN. 4670

**Ch. Mendes De Leon,** *Die Behandlung der akuten Polyarthritis mit Heparin.* Mit *Heparin* (**I**) konnte Vf. bei einem akuten Gelenkrheumatismus gute Resultate erzielen. Er schlägt vor, **I** bei nicht oder nur ungenügend auf Salicyl oder Pyramidon reagierenden hartnäckigen Fällen zu versuchen. Der günstige Einfl. von **I** wird der Antihyaluronidasewrkg. zugeschrieben. — 27 Literaturangaben. (Nederl. Tijdschr. Geneeskunde **96.** 2417—23. 27/9. 1952. Maastricht, St. Annadel Ziekenhuis.) PATZSCH. 4670

**Ian A. Anderson, Alexander Miller** und **Andrew P. Kenny,** *Osteomalacie und renale Glykosurie bei Erwachsenen. Stoffwechseluntersuchung eines Falles mit besonderem Hinblick auf seine Beziehung zum Fanconi-Syndrom und zur Behandlung.* Ausführlicher Bericht über eine 44jährige Frau mit schwerer Osteomalacie, Hypophosphatämie, Acidose u. renaler Glykosurie. Weitere Unterss. ergaben, daß außerdem gewisse Erscheinungen des FANCONI-Syndroms vorhanden waren. Der Ca- u. P-Stoffwechsel wurde während der Behandlung mit *Vitamin D,* SHOHLs Citronensäure-Na-Citratlsg., Ca- u. P-Verbb. u. Methyltestosteron beobachtet. Die Patientin sprach auf diese Therapie gut an. (Quart. J. Med. [N. S.] **21.** 33—60. Jan. 1952. Glasgow, Victoria Infirm.) R. KÖNIG. 4670

**Th. F. Bloem** und **J. Th. Ch. Vonk jr.,** *Behandlung nephrotischer Ödeme mit Ionenaustauschern.* Übersicht über Anwendung von Ionenaustauschern. Beschreibung eines Falles von nephrot. Symptomenkomplex, der gegen alle bisherigen Behandlungen refraktär war u. völlig geheilt wurde. Klin. u. biochem. Daten über den Verlauf der Behandlung. (Nederl. Tijdsch. Geneeskunde **96.** 1855—59. 2/8. 1952. Voorburg, St. Antoniushove Ziekenhuis.) KERSTEIN. 4670

**H. M. Carey,** *Die Behandlung präeklamptischer Ödeme mit Ionenaustauschharzen.* (Vorl. Mitt.) Bei 4 Frauen kam es in der 31.—36. Schwangerschaftswoche zur Präklampsie, die mit Hilfe von Ionenaustauschern bis zur Lebensfähigkeit der Kinder konservativ behandelt werden konnte. (J. Obstetr. Gynaecol. Brit. Empire **59.** 67—76. Febr. 1952. London, Univ., Postgraduate Med. School.) BROSEMANN. 4670

**G. de Haas,** *Agranulocytose infolge von Diparcol.* Bericht über 2 Fälle von Agranulocytose bei mit *Diparcol* (**I**; *N-Diäthylaminoäthyldibenzo-p-thiazinhydrochlorid*) wegen PARKINSONscher Krankheit behandelten Patienten. Vf. weist auf die Notwendigkeit der Kontrolle des weißen Blutbildes bei der **I**-Therapie hin. (Nederl. Tijdschr. Geneeskunde **96.** 3079—80. 6/12. 1952. Groningen.) PATZSCH. 4670

**R. D. G. Ph. Simons,** *Resultate aus einer Untersuchung über „Epidermophytie" und Ekzem durch Schuhfutter, ebenso von Ekzemen, die durch Kautschuk, Leder, plastische Massen und Metallteilen hervorgerufen werden.* Hauterkrankungen an Fußsohlen, die klin. als Epidermophytie diagnostiziert sind, brauchen keineswegs durch Epidermophyton floccosum hervorgerufen zu sein, sondern sie können auch durch andere Pilzarten oder gar durch Schuhfutter verursacht sein. Das Gummiekzem sollte vom Chromekzem genau unterschieden werden. (Nederl. Tijdschr. Geneeskunde **96.** 2182—88. 1/9. **1952.** Leiden, Rijksuniv., Klin. u. Polyklinik für Hautkrankheiten.) PATZSCH. 4675

**E. Seren, G. Mantovani,** Sulfamidici-antibiotici. Attuali applicazioni pratiche in medicina veterinaria. Varese: Istituto Cisalpino. 1952. (156 S.) 8°. L. 1200.—.

**B. Lorenzo Velázquez,** Formulario, con sus fundamentos de Terapéutica Clínica. Novena edición. Madrid: Gráficas González. 1952. (VIII + 1740 S.) ptas. 225,—.

## F. Pharmazie. Desinfektion.

**Dietrich Weiss,** *Kritische Betrachtungen zum DAB 7.* (Pharmaz. Ztg. **88.** 232—33. 5/4. 1952.) RANGNICK. 4750

**Gerd Dörner,** *Das neue amerikanische Arzneibuch (USP. XIV).* Übersicht. (Dtsch. Apotheker-Ztg. **90.** 857—59. 3/11. 1950.) HOTZEL. 4750

**W. Gleisberg** und **R. Hartrott,** *Die postmortale Abnahme des Ölgehaltes im Kraut von Thymus vulgaris.* Vff. kommen zu dem Ergebnis, daß vom Erntezeitpunkt an der Ölgeh. schnell absinkt, um dann längere Zeit auf gleicher Höhe zu bleiben. Erörterung der Ergebnisse. (Pharmazie **8.** 276—85. März 1953.) BORSUTZKI. 4782

**K. Faber,** *Die Arnika (Arnica montana).* 1. u. 2. Mitt. Übersicht über Geschichte, Botanik, Pharmakognosie, Chemie, Pharmakologie u. Klinik. (Pharmazie **8.** 179—87. Febr. 286—98. März 1953. Leipzig, Zinsser & Co.) BORSUTZKI. 4782

**H. Kreitmair,** *Equisetum arvense — der Ackerschachtelhalm.* Kurzgefaßte Übersicht. — 27 Literaturstellen. (Pharmazie **8.** 298—300. März 1953. Buchenau über Herzfeld.) BORSUTZKI. 4782

**G. Friesen,** *Galenische Streiflichter.* (Vgl. C. **1950.** II. 443.) Angaben über Zäpfchengrundmassen, Emulsionen. (Apotheker-Ztg. **62.** 109—11. Mai. 162—64. Juli 1950. Berlin.) HOTZEL. 4786

**Bertil Magnusson,** *Über Salbengrundlagen und Salben.* Überblick über die neuere Entw. der Salbengrundlagen u. die Anwendungsgebiete der verschied. Typen unter dermatolog. u. kosmet. Gesichtspunkten. (Farmac. Revy **49.** 273—78. 20/5. 1950. Malmö.) R. K. MÜLLER. 4792

**K. E. Nagel** und **H. A. Schwab,** *Schaumleichtstoffe als fixierendes Verbandmaterial.* Die Vorteile des neuen Materials (Schaum auf Basis Cellulose, Acrylsäureester, Polystyrol, Polyvinylchlorid, aufgeschäumte Polyurethane) gegenüber Gipsverband sind: Überlegene Durchlässigkeit gegenüber Röntgenstrahlen, erhebliche Bildverbesserung, Gewichtsverhältnis $^1/_6$, minimale Wärmekapazität u. äußerst geringe Wärmeleitfähigkeit sowie 30%ig. Preisersparnis. (Münchener med. Wschr. **95.** 408—09. 3/4. 1953. Odernheim/Glan.) BOYE. 4794

**Jürgen Brinkmann,** *Tierexperimentelle und physikalische Untersuchungen über den alkalischen Zement Alkaperm.* Im Tiervers. wurde eine ausgezeichnete Gewebsverträglichkeit von *Alkaperm-Zement* (I) festgestellt (Implantation von I-Kügelchen in Rattenmilz.) Der Anfangs-$p_H$-Wert liegt bei 12,16, nach 14 Tagen liegt noch ein $p_H$ von 10,37 vor, so daß I als Wurzelfüllungsmaterial nach alkal. Wurzelbehandlung sehr gut geeignet ist. Bzgl. Randständigkeit übertrifft I noch *Kupfersteinzement.* (Zahnärztl. Rdsch. **62.** 172—76. 5/4. 1953. Neuhausen bei Urach, Forschungslabor. Prof. Dr. Knappwost.) KLESSE. 4798

**Willibald Winkler,** *Neue Arzneimittel und pharmazeutische Spezialitäten. Brufalgin* (BRUNNENGRÄBER, Lübeck): 10%ig. Lsg. von Dimethylaminophenazon zur intravenösen Anwendung. — Folgende Präpp. sind Synonyme des *Polamidons*: *Heptadon* (BERTALANFFY), *Algolysin* (SANABO), *Methadon, Adanon, Dolophin(e), Ketalgin, Physepton(e).* — *Phenoxetol* (NIPA LABORATORIES): Glykolmonophenyläther, besitzt spezif. Wrkg. auf gramnegative Bakterien. (Oesterr. Apotheker-Ztg. **4.** 2—4. 7/1. 1950.) HOTZEL. 4800

—, *Neue Arzneimittel und Spezialitäten. Calciduran F* (ASTA-WERKE, Brackwede): Enthält 15 γ NaF. — *Agoleum-O* (GODA GMBH., Bad Homburg): 1‰ Silberoleosol in Lebertran mit Vitamin C. Augentropfen. — *Curythan* (Hersteller wie vorst.): α.β-Dioxy-[2-methylphenoxy]-propan. Muskelrelaxans. — *Thrombodym* (AUERGESELLSCHAFT AG., Berlin): Neodym u. Isonicotinsulfonsäure, Ampullen, Antikoagulans. — *Avil-Salbe* (FARBWERKE HOECHST, Frankfurt/M.): Mit 1,5% Avil. — *MTB 51 Banthin* (Dr. C. BRUNNENGRÄBER & CO. GMBH., Lübeck): Dragees zu 0,05 g des Methylbromids des Xanthencarbonsäurediäthylaminoäthanolesters. Anticholinergicum. — *Medomin* (Dr. K. THOMAE GMBH., Biberach): Cycloheptenyläthylbarbitursäure, Tabletten zu 0,2 g. (Dtsch. Apotheker-Ztg. **92.** 340. 9/5. 1952.) HOTZEL. 4800

—, *Neue, nichtoffizinelle Arzneimittel. Elixir Orestralyn* (McNEIL LABORATORIES, INC,. Philadelphia): Enthält 0,004 mg Äthinylöstradiol/cm³. — *Infagen* (PITMAN-MOORE Co., Indianapolis): Pertussisvaccine. (J. Amer. med. Assoc. **145.** 1345. 28/4. 1951.) HOTZEL. 4800

—, *Neue, nichtoffizinelle Arzneimittel. Suspension Incorposul* (BLUE LINE CHEMICAL CO., St. Louis): Suspension mit je 44 mg Sulfacetamid, Sulfadiazin u. Sulfamerazin in cm³. — *Granules Sulfatryl for suspension with Sodium Citrate* (HENRY K. WAMPOLE & CO., INC., Philadelphia): Enthalten die vorst. genannten Sulfonamide. (J. Amer. med. Assoc. **148.** 1277. 12/4. 1952.) HOTZEL. 4800

**N. D. Edge** und **W. R. Wragg**, *Die Identität bestimmter Antihistaminkörper.* Das Präp. *Lergigan* ist ident. mit *Promethazin* (N-[2-Dimethylamino-2-methyläthyl]-phenothiazin). (J. Pharmacy Pharmacol. **5.** 279—80. April 1953. Dagenham, Essex, May & Baker Ltd.) FRESENIUS. 4806

**C. Trolle-Lassen**, *Niederschlag in Syrupus B-combini.* Der bei längerem Stehenlassen sich abscheidende Nd. kann ohne Verlust an Vitaminen durch Filtration entfernt werden. (Arch. Pharmac. og Chem. **59.** (**110.**) 223—24. 7/3. 1953.) R. K. MÜLLER. 4808

**C. Trolle-Lassen**, *Untersuchungen über die Abgabe von Chloramphenicol aus Salbengrundlagen.* In Diffusionsverss. u. Tierverss. (subcutane Injektion im Schultergebiet) wird an verschied. Salbengrundlagen geprüft, mit welcher Geschwindigkeit sie in vitro u. in vivo Chloramphenicol abgeben. Die höchste Geschwindigkeit wird bei äußerer wss. Phase gefunden, wobei auch beide Methoden gut vergleichbare Ergebnisse liefern. Die höchste Geschwindigkeit zeigen im Diffusionsvers. Wasser-in-Öl-Emulsionen, die höchste Konz. im Blut bei den Tierverss. Weichparaffinbasen. (Arch. Pharmac. og Chem. **59.** (**110.**) 243—62. 21/3. 1953. Kopenhagen, Danmarks Apotekerforenings Kontrollabor.) R. K. MÜLLER. 4810

**Walter Krüpe**, *Untersuchungen über die Desinfektionskraft des alkalisch eingestellten Desinfektionsmittels Tego 103.* Eine 5—10 %ig. wss. Verdünnung ($p_H$ 8) von *Tego 103* (**I**) erwies sich nach der Suspensionsmeth. (Testkeim: *Bact. proteus vulg.*) bei Abwesenheit von Serum innerhalb von 20 Min. als keimtötend. Schwächere Lsgg. zeigten sich nicht als sicher bakericid wirksam. Bei Anwesenheit von sterilem Rinderserum ändern sich die Abtötungszeiten, aber immerhin bleiben bei Anwendung der 2 %ig. Verbrauchsverdünnung von **I** bei Anwesenheit von 20 % sterilem Rinderserum u. 30tägiger Einwirkungszeit von 13 untersuchten Proteusstämmen noch 9 vermehrungsfähig. Erst eine 7,5—10 %ig. Verdünnung von **I** tötete unter diesen Bedingungen innerhalb von 24 Std. alle untersuchten 13 Stämme. Diskussion über Gründe der in der Literatur angegebenen unterschiedlichen Einwirkungszeiten von I. (Desinfektion **42.** 111—14. Dez. 1950.) KERN. 4834

**R. H. Thorp**, *Pharmakologische orientierende Teste und ihr Platz in der Forschung.* Da die austral. Flora auf die pharmakol. Eigg. der Pflanzen nur unvollkommen untersucht ist, schlägt Vf. systemat. Teste vor. Ein Schema für die Prüfung der Pflanzeninhaltsstoffe am lebenden Tier u. an isolierten Organen wird angegeben. (Australas. J. Pharmacy [N. S.] **32.** 791—92. 15/8. 1951. Sydney, Univ., Dep. of Pharmacol.) ZOPFF. 4880

**L. J. Webb**, *Einige Probleme bei der pharmakologischen Prüfung australischer Pflanzen.* Seit 1945 werden die austral. Pflanzen systemat. untersucht u. auf ihre pharmakol. Wrkg. geprüft. Außer der Verwertbarkeit zur Herst. von Arzneimitteln wird bes. auf etwaige Giftwrkg. gegenüber den von Pflanzennahrung lebenden Haustieren geachtet. (Australas. J. Pharmacy [N. S.] **32.** 794—96. 15/8. 1951. Brisbane, C. S. I. R. O., Div. of Plant Ind.) ZOPFF. 4880

**G. Krieger**, *Vergleichende Untersuchungen des Gerbstoffgehaltes verschiedener Drogen.* Vf. stellte aus 64 DAB-Drogen durch 72std. Extraktion bei Zimmertemp. mit A.-Ae. (3:1) sowie mit W. Auszüge her u. bestimmte hierin den Gerbstoffgeh. nach LÖWENTHAL u. NEUBAUER (RÖTTGERS Lehrb. d. Nahrungsmittelchemie, Bd. 2, 1926) (L. N.), u. photometr. nach DIEMAIR, JANECKE u. KRIEGER (C. **1952.** 1922). Je nach Meth. u. Lösungsm. ergaben sich stark unterschiedliche Werte, wobei die nach L. N. vermutlich durch nicht entfernte Begleitstoffe zu hoch wurden. (Dtsch. Apotheker-Ztg. **92.** 849—51. 7/11. 1952. Frankfurt/M., Univ., Pharmaz. Inst.) HERRMANN. 4880

**J. Van Espen**, *Bestimmung von Bromoform in Sirupen und Pillen durch Destillation in Gegenwart von Alkohol.* Vor der Dest. wird zum Sirup A. gegeben. Bei Pillen oder Tabletten wird nach Aufschlämmung in 30 cm³ W. der A. zugegeben. Es wird zunächst mit $^1/_{10}$ n NaOH neutralisiert (Phenolphthalein) u. sofort mit einer 10 %ig. Lsg. von

Weinsäure bis zur Rotfärbung (Methylrot) versetzt. Destillationstechnik wird beschrieben. Die Verseifung des $CHBr_3$ im Destillat geschieht mit 4nNaOH. Die Genauigkeit der Meth. beträgt 98,5—99%. (J. Pharmac. Belgique [N. S.] **7.** 456—57. Sept./Okt. 1952.) Boye. 4880

**R. Bontemps,** *Gravimetrische Trennung von Amidofebrin von anderen Antipyreticis mit Hilfe von Cadmiumrhodanid.* Eine Menge des Gemisches der Antipyretica mit Amidofebrin (I), enthaltend etwa 250 mg I, wird in 5 $cm^3$ W. gegeben. Hierzu kommen 20 $cm^3$ des Reaktionsgemisches, erhalten durch Lösen von 13 g $NH_4CNS$ u. 1 g $CdCl_2$ in 20 $cm^3$ Wasser. Dann wird mit n NaOH alkal. gemacht (Methylrot) u. mit W. auf 65 $cm^3$ verdünnt. Nach $^1/_2$ Std. wird der Nd. abgetrennt, 2 mal mit 5 $cm^3$ Reaktionsgemisch gewaschen u. in $NH_3$-Wasser gelöst, woraus I mit Chlf. extrahiert wird. I wird nach Isolierung gewogen u. volumetr., potentiometr. oder magnetometr. bestimmt. Antipyrin kann durch $K_4Fe(CN)_6$ in verd. $H_2SO_4$ entfernt werden. Methylacetanilid kann als Nd. von I getrennt werden durch Extraktion mit Ae. aus saurer Lösung. Ein Gemisch von I mit Coffein, Acetanilid u. Phenacetin, mit W. auf 45 $cm^3$ verd., wird mit 30 $cm^3$ neutralem Reaktionsgemisch versetzt. Nd. wird wie vorher behandelt. Der I-Komplex mit Cd-Rhodanid ist lösl. in verd. $H_2SO_4$ u. $NH_4OH$. (J. Pharmac. Belgique [N. S.] **7.** 442—44. Sept./Okt. 1952.) Boye. 4880

**D. Barković,** *Chinonreaktionen einiger p-Oxychinolinderivate.* 1. Mitt. *Nachweis von Chinin und Chinidin mittels der Chinonreaktion.* Bei den verschied. Rkk. auf Chinin (I) u. Chinidin (II), bei denen mit Halogenen Rotfärbung eintritt, handelt es sich wahrscheinlich stets um das Auftreten von Derivv. des Chinolinchinons-(5.6). Es wird daher vorgeschlagen, diese Rkk. allg. als Chinon-Rkk. zu bezeichnen. — Als Mikro-Rk. auf I wird vorgeschlagen, 1 Tropfen einer I-Lsg. auf Filtrierpapier einige Sek. Bromdämpfen u. dann Wasserdämpfen auszusetzen: Rotfärbung. I-Salze geben diese Rk. nur auf qualitativem Filtrierpapier, das bas. Bestandteile enthält. — I-Salze geben mit Bromwasser beim Erwärmen auf 60° eine deutliche Rotfärbung, wenn der Lsg. Na-Acetat, $CaCO_3$, MgO oder ähnliches zugesetzt wird. In Ggw. von $NaHCO_3$ oder überschüssigem Na-Acetat löst sich das rote Reaktionsprod. in Chloroform. Die optimale Brommenge beträgt 2 Mol., der optimale $p_H$-Bereich der Lsg. 7—8, der Mischung über 4. — Die mit Br erhaltenen Reaktionsprodd. von I u. II geben analoge Rkk. wie o-Benzochinon. Bei Zugabe von HCl schlägt die Farbe von rot nach gelb um, beim Puffern mit Na-Acetat kehrt die rote Farbe wieder. Das gelbe Reaktionsprod. gibt mit KJ Peroxydreaktion. Die roten Reaktionsprodd. werden durch Zn, $SO_2$ oder $NaHSO_3$ gelb bis grüngelb, vermutlich infolge Red. des Chinons zum Dioxyderivat. Beim Stehen an der Luft oder bei Zugabe von Oxydationsmitteln erscheint die rote Farbe wieder. Wird zur gelben Lsg. verd. $H_2SO_4$ gegeben, dann erhält man mit $FeCl_3$ eine Rk. ähnlich der des Brenzcatechins. (Acta pharmac. jugosl. **1.** 73—82. 1951. Zagreb, Pharmaz.-Chem. Inst.) Beckmann. 4880

**D. Barković,** *Chinonreaktionen einiger p-Oxychinolinderivate.* 2. Mitt. *Unterscheidung von Chinin und Chinidin auf Grund der Chinonreaktion.* (1. vgl. vorst. Ref.) Bei der Unterscheidung von Chinin (I) u. Chinidin (II) mittels der Erythrochin-Rk. nach David ist die Zugabe von $K_4Fe(CN)_6$ nicht notwendig. Ausführung: ca. 5 mg I oder II in 2 $cm^3$ verd. Essigsäure oder deren Salzen in W. bei 60° lösen, 1 Tropfen 5%ig. Na-Acetat-Lsg. u. (ohne zu mischen) 2 Tropfen Bromwasser zugeben, nach 1 Min. mischen: Rot- oder Violettfärbung. Nach 2—3 Min. 3 $cm^3$ 2 n NaOH zugeben u. nach 1—2 Min. mit 1—2 $cm^3$ Chlf. schütteln. II färbt das Chlf. rot bis rotviolett, bei I bleibt es farblos. Wenn die Substanz-Lsg. bas. ist, wird das Chlf. auch in Ggw. von I gefärbt. — Zur Unterscheidung von I u. II kann auch das Reduktionsprod. der roten Verb. mit Zn dienen: gibt man zu diesem überschüssiges NaOH u. schüttelt mit Chlf., dann wird das Chlf. bei Ggw. von II rot bis rotviolett, bei Ggw. von I farblos bis schwach gefärbt. — Die beschriebenen Unterscheidungs-Rkk. für I u. II sind wahrscheinlich darauf zurückzuführen, daß die roten Reaktionsprodd. von I durch NaOH rasch zers. werden, während die von II relativ stabil sind. (Acta pharmac. jugosl. **1.** 91—95. 1951.) Beckmann. 4880

**D. Barković,** *Chinonreaktionen einiger p-Oxychinolinderivate.* 3. Mitt. *Über Chinon- und Differential-Reaktion für Chinin und Chinidin bei einigen chininverwandten Derivaten des p-Alkoxychinolins.* (2. vgl. vorst. Ref.) Es wurde gefunden, daß die früher beschriebene Chinon-Rk. von solchen Derivv. des p-Alkoxychinolins gegeben wird, die nicht hydriert u. in 8-Stellung nicht substituiert sind. Die Intensität der Farb-Rk. ist verschieden: am stärksten bei den Alkylderivv. des Hydrocupreins, viel schwächer bei den Estern des Chinins. p-Oxychinolin gibt die Chinon-Rk. nicht, wohl aber die Thalleiochin-Reaktion. Die Verbb., die eine positive Chinon-Rk. gaben, wurden auf die Chinin-Chinidin-Unterscheidungs-Rk. geprüft. Mit Ausnahme des Chinins gaben alle untersuchten Verbb. (p-Methoxychinolin, Hydrochinin, Äthyldihydrocuprein u. Isoamyldihydrocuprein) eine positive Rk. wie Chinidin. (Acta pharmac. jugosl. **2.** 68—72. 1952.) BECKMANN. 4880

**J. Van Espen,** *Identifizierung und Versuch der Trennung von Prominal mit Hilfe von Natriumcobaltinitrit. Prominal* (I) wird gelöst im Überschuß von $^1/_{10}$ n NaOH. Dann wird mit $^1/_{10}$ n $H_2SO_4$ bis zur schwachen Blaufärbung (Thymolphthalein) versetzt, worauf Zugabe von 10%ig. Lsg. von Natriumcobaltinitrit erfolgt, unter Bldg. von weißem Niederschlag. Empfindlichkeit liegt bei 0,1% **I.** Nicht gefällt werden Veronal, Luminal, Rutonal, Allylbutylmalonylharnstoff, Dial, Seconal, Phanodorm, Soneryl u. Evipan. Gefällt wird Diphenylhydantoinsäure. Die quantitative Trennung von **I** wird beschrieben. (J. Pharmac. Belgique [N. S.] **7.** 453—55. Sept./Okt. 1952.) BOYE. 4880

**H. Ostertag,** *Zum Problem der Desinfektionsmittelprüfung.* Wissenschaftliche Betrachtung unter Diskussion der in der Literatur bekanntgewordenen Prüfungsverff. u. der unterschiedlichen Ergebnisse. (Desinfektion **42.** 115—20. Dez. 1950.) KERN. 4880

---

**Dieter Ellenbeck,** Hilden, und **Reynold Krieger,** Düsseldorf, *Herstellung injizierbarer Lösungen von schwerlöslichen Arzneimitteln* auf der Basis von organ. Verbb., z. B. Sulfonamiden, Dimethylaminophenyldimethylpyrazolon, dad. gek., daß auf diese Stoffe Lsgg. nicht antigener Proteine, wie sie in den Seren vorliegen, zur Einw. gebracht u. die Lösungsgemische durch Vakuumverdampfung des Lösungsm. eingeengt werden. Addition an bzw. Kondensation mit der Eiweißkomponente verändert Löslichkeit des Medikamentes. (**D. B. P. 854 414** Kl. 30h vom 26/4. 1949, ausg. 4/11. 1952.) SCHINDLER. 4791

**Gelatin Research Soc. of America, Inc.,** New York, N. Y., übert. von: **Linwood F. Tice,** Salem, N. J., V. St. A., *Herstellung homogener Gelatinelösungen* in mehrwertigen Alkoholen durch Anteigen der granulierten Gelatine mit Glycerin, mindestens 4 std. Stehenlassen bei —5 bis +5° u. anschließendes Erwärmen auf 80—100°. Nach dem Abkühlen klares, blasenfreies Gel. — *Pharmazeut. Verwendung.* (**A. P. 2 584 307** vom 24/11. 1950, ausg. 5/2. 1952.) K. HEINZE. 4791

**Raptakos, Brett & Co Ltd.** und **Gollakota Butchi Ramasarma,** Worli, Bombay, Brit.-Indien, *Proteinhydrolysat,* bes. für *therapeut. Zwecke.* Proteinhaltiges Material wie Caseinpulver, wird in W. dispergiert, durch Zusatz von z. B. CaOH oder BaOH auf $p_H$ 7—10 eingestellt u. mehrere Tage nach Zugabe von Pankreatin unter täglichem Rühren bei 37—40° abgebaut. Nach weiterer Zugabe von Pankreas, Chlf. u. Toluol wird weiter hydrolysiert. Nach Erhitzen u. Einstellung auf $p_H$ 4,6—5 durch Zugabe von $H_3PO_4$ wird vom Ungelösten u. vom Nd. abfiltriert. Das aminosäurehaltige Filtrat wird zu einer Paste oder zu einem Trockenprod. eingedampft. (**E. P. 644 918** vom 25/7. 1947, ausg. 18/10. 1950.) KRANZ. 4791

**Medical Research Proprietary Ltd.,** Sydney, Neu-Süd-Wales, Australien, *Fe-Salz von Aminosäuren* entsteht in *biochem. akt.* Form, wenn man pflanzliches oder tier. Eiweiß, z. B. Casein oder Gelatine, mit einem Enzym (Pankreas) abbaut u. das Reaktionsgemisch, ohne die Aminosäuren zu isolieren, mit Fe-Hydroyxd oder -Carbonat umsetzt. (**E. P. 673 063** vom 16/6. 1948, ausg. 4/6. 1952. Aust. Prior. 23/6. 1947.) LANGER. 4805

**F. Hoffmann-La Roche & Co. Akt.-Ges.,** Basel, Schweiz, *Dichloracetimidoäthyläther* entsteht durch Rk. von Dichloracetonitril mit A. u. HCl unter Kühlung u. Ausschluß von Wasser. $Kp._{14}$ 54°; *Hydrochlorid* F. 85—90°. — *Zwischenprod. für Pharmazeutica.* (**Schwz. P. 282 380** vom 10/3. 1950, ausg. 1/8. 1952.) LANGER. 4807

**John Korner,** Pitman, N. J., V. St. A., *Cholingallate* erhält man entweder durch Rk. von freiem Cholin mit Gallussäure oder durch Rk. von Cholinchlorid mit $Ag_2O$, frisch aus $AgNO_3$ u. Alkalihydroxyd bereitet, Entfernen des AgCl u. Rk. des freien Cholin mit äquivalenter Menge Gallussäure. Krist. aus z. B. Isopropanol, F. 178°. — *Therapeuticum.* (**A. P. 2 589 707** vom 6/6. 1950, ausg. 18/3. 1952.) SCHINDLER. 4807

**International Minerals & Chemical Corp.,** übert. von: **Bruno Vassel** und **Walter D. Janssens,** Toledo, O., V. St. A., *Glykocyamin,* $HN{:}C(NH_2){\cdot}NH{\cdot}CH_2COOH$, erhält man durch Rk. von Cyanamid in Ggw. von NaOH mit einem Gemisch, das durch Erhitzen von wss. Chloressigsäurelsg. in Ggw. von $NH_3$ u. $CO_2$ im geschlossenen Syst. erhalten wird. — *Pharmazeut.* Verwendung. (**A. P. 2 620 354** vom 12/1. 1951, ausg. 2/12. 1952.) BRÖSAMLE. 4807

**Cilag Akt.-Ges.** (Erfinder: **Ernst Felder**), Schaffhausen, Schweiz, *Carbonsäuren* der Formel **I,** worin R H, Alkyl oder Aryl bedeutet, entstehen durch Rk. von 4.4'-Diaminodiphenylsulfon (**II**) mit einer α-Halogencarbonsäure. — *4-Carboxymethylamino-4'-aminodiphenylsulfon.* Aus **II** u. Chloressigsäure. F. 194°. — Analog:

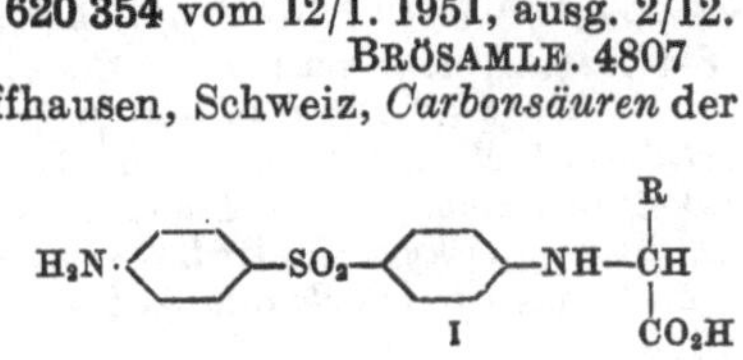

I

*4-(α-Carboxyäthylamino)-, 4-(α-Carboxypropylamino)-, 4-(α-Carboxybutylamino)-, 4-(α-Carboxypentylamino)-, 4-(α-Carboxybenzylamino)-4'-aminodiphenylsulfon. Antibakterielle Wirkung.* (**D. B. P. 847 747** Kl. 12q vom 19/12. 1948, ausg. 28/8. 1952. Schwz. Prior. 7/11. 1946.) LANGER. 4807

**Parke, Davis & Co.**, Detroit, übert. von: **Albert L. Rawlins**, Grosse Pointe Woods, Mich., V. St. A., *Substituierte Diaminodiphenylsulfone* der Formel $H_2N - C_6H_4 - SO_2 - C_6H_4 - NH - Y - N(R_1R_2)$ (Y = Alkylen mit 2–5 C-Atomen, $R_1$ u. $R_2$ = H, Alkyl, Alkenyl, beide können mit N einen Piperidin-, Morpholin-, Pyrrolidin- u. Thiomorpholinring bilden) erhält man durch Kondensation von p.p'-Diaminodiphenylsulfon (**I**) mit einem in der Alkylgruppe ein bas. N-Atom enthaltenden Alkylhalogenid. – **I** gibt mit 2-Brompropylphthalimid in A.–W. nach 30 std. Erhitzen u. Hydrolyse mit 2%ig. HCl *p-Amino-,p'-(γ-aminopropylamino)-diphenylsulfontrihydrochlorid*, F. 180–190°. – *p-Amino-p'-(γ-diäthylaminopropylamino)-diphenylsulfon.* – *p-Amino-p'-(β-piperidinoäthylamino)-diphenylsulfon; Hydrochlorid, Hydrobromid.* – *p-Amino-p'-(δ-morpholinobutylamino)-diphenylsulfon. p-Amino-p'(γ-äthylaminopropylamino)-diphenylsulfon.* – *Therapeutica,* bes. gegen *Infektionen* von *Streptokokken, Staphylokokken, Pneumokokken* u. *Mycobact. tuberculosis; Antiseptica.* (**A. P. 2 561 948** vom 23/11. 1948, ausg. 24/7. 1951.) KRAUSS. 4807

**Imperial Chemical Industries Ltd.**, London (Erfinder: **Albert Frederick Crowther**, Blackley, Manchester, und **Muriel Ruth Curd**, Bramhall, Cheshire), England, *Biguanide.* Durch Rk. von S-Äthyl-N-isopropylisothioharnstoff mit p-Chlorphenylguanidinhydrochlorid in Ggw. von $CH_3ONa$ in Toluol (110°) erhält man *$N^1$-(p-Chlorphenyl)-$N^5$-isopropylbiguanidhydrochlorid*, F. 249°. Analog werden dargestellt: *$N^1$-(3.4-Dichlorphenyl)-$N^5$-isopropylbiguanidhydrochlorid*, F. 247°; *$N^1$-(p-Chlorphenyl)-$N^5$.$N^5$-diäthylbiguanidhydrochlorid*, F. 221°. – *Malariaheilmittel.* (**E. P. 667 116** vom 25/4. 1949, ausg. 27/2. 1952.) BRÖSAMLE. 4807

**Troponwerke Dinklage & Co.**, Köln-Mülheim, *Herstellung von 1-(p-Oxyphenyl)-2-aminobutanen.* Man läßt 1-(p-Oxyphenyl)-2-halogenbutan mit $NH_3$ oder prim. oder sek. Aminen reagieren. Man kann auch von 1-(p-Oxyphenyl)-2-oxy- oder -2-oxobutan oder von Arylsulfonsäureestern der Oxyverb. oder von dem Oxim oder Phenylhydrazon der Oxoverb. ausgehen. Auch solche Verbb., die statt der phenol. OH-Gruppe eine in diese überführbare Gruppe, wie eine Alkoxy-, Acyloxy- oder Aminogruppe, enthalten, sind als Ausgangsstoffe geeignet. Man erhält *1-(p-Oxyphenyl)-2-aminobutan* oder dessen am N durch Methyl, Butyl, Isobutyl, Isoamyl, Allyl, Crotyl, Cyclopentyl, Cyclohexyl, Cyclopentylen, Cyclohexylen, Benzyl, Cinnamyl, Piperidyl oder Pyrrolidyl substituierte Derivate. → *Analgetica.* (**F. P. 961 305** vom 4/2. 1944, ausg. 10/5. 1950. D. Prior. 28/11. 1942.) NOUVEL. 4807

**Sterling Drug, Inc.**, New York, N. Y., übert. von: **Philip Lucas**, Middlesex, Mass., V. St. A., *Bis-(tert.-aminoalkyl)-arylacetonitrile, deren Carbonsäuren und Ester* erhält man durch Substitution der α-Wasserstoffatome eines Arylacetonitrils mit 2 (Mol.) der gleichen oder verschied. tert. Aminoalkylhalogenide in Ggw. eines Kondensationsmittels ($NaNH_2$, NaH). Das Nitril wird dann mit ca. 70%ig. $H_2SO_4$ zur Carbonsäure verseift, die anschließend verestert werden kann. – 1-Phenylacetonitril wird mit 2,25 β-Diäthylaminoäthylchlorid in Toluol in Ggw. von $NaNH_2$ auf 50–70° ca. 45 Min. erwärmt. Man erhält *Bis-(β-diäthylaminoäthyl)-p-(p = phenylacetonitril)* in 81%ig. Ausbeute, das mit 70%ig. $H_2SO_4$ zur *Bis-(β-diäthylaminoäthyl)-phenylessigsäure* verseift wird, F. 175,6° u. mit A. u. konz. $H_2SO_4$ *Bis-(β-diäthylaminoäthyl)-phenylessigsäureäthylester* liefert. $Kp._{1}$ 151–153°. – *Bis-(β-dimethylaminoäthyl)-p.*, $Kp._{0,2}$ 108–112°. – *β-Dimethylaminoäthyl-p.*, $Kp._{0,3}$ 100–102°; $n_D^{25}$ 1,5056, → *β-Dimethylaminoäthyl-β-dibutylaminoäthyl-p.* $Kp._{0,15}$ 148–152°; $n_D^{25}$ 1,4915, → *β-Dimethylaminoäthyl-β-dibutylaminoäthylphenylessigsäure,* F. 197–198°. – *Bis-(γ-diäthylaminopropyl)-p.*, $Kp._{0,03}$ 172–175°; $n_D^{25}$ 1,4940, → *Bis-(γ-diäthylaminopropyl)-phenylessigsäure,* F. 102–105°; *Dihydrochlorid,* F. 127–130°, → *Bis-(γ-diäthylaminopropyl)-phenylessigsäureäthylester,* $C_{24}H_{42}N_2O_2$, $Kp._{0,05}$ 149–151°. – *β-Dimethylaminoäthyl-β-diäthylaminoäthyl-p.*, $Kp._{0,3}$ 124 bis 131°, $n_D^{25}$ 1,5018. – *Bis-(3-dimethylaminopropyl)-p.* – *Bis-(2-dimethylaminopropyl)-p.* – *Bis-(4-dimethylaminobutyl)-p.* – *Bis-(diäthylaminopropyl)-p.* – *Bis-(2-dipropylaminoäthyl)-p.* – *Bis(3-dipropylaminopropyl)-p.* – *Bis-(2-dibutylaminoäthyl)-p.* – *Bis-(3-dibutylaminopropyl)-p.* – *Bis-(2-diamylaminoäthyl)-p.* – *Bis-(2-dihexylaminoäthyl)-p.* – *Bis-[2-(N-piperidyl)-äthyl]-p.* – *Bis-[3-(N-piperidyl)-propyl]-p.* – *Bis-[2-(N-pyrrolidyl)-äthyl]-phenyl-p.* – *Bis-[2-(N-morpholinyl)-äthyl]-p.* – *Bis-(β-dimethylaminoäthyl)-m-methoxy-p.* – *Bis-(β-dimethylaminoäthyl)-p-chlor-p.* – *Bis-(β-dimethylaminoäthyl)-α-naphthylacetonitril.* – *Bis-(β-dimethylaminoäthyl)-p-xenylacetonitril,* die entsprechenden *freien Säuren.* – *Therapeutica.* (**A. P. 2 510 784** vom 13/1. 1949, ausg. 6/6. 1950.) KRAUSS. 4807

**Dow Chemical Co.,** übert. von: **Earl L. Pelton, Glenn C. Wiggins** und **Gerald M. Corbett,** Midland, Mich., V. St. A., *1-(3.3.0-Bicyclooctan)-essigsäure,* $C_{10}H_{16}O_2$ (I), F. 49,3—49,5°, Kp.$_{14-15}$ 160°, u. deren *Ester* erhält man durch Oxydation von Oxytetrahydronordicyclopentadien (II) mit geschmolzenem Alkali bei 275—375°. — I-*Amid,* F. 166,3—167°. — I-*(p-Nitrobenzyl)-ester,* F. 52,3—52,6°. — I-*Methylester,* Kp.$_{10}$ 102°, $n_D^{25}$ 1,4612. — I-*Äthylester,* Kp.$_8$ 109°, $n_D^{25}$ 1,4574. — I-*Isobutylester,* Kp.$_{4,5}$ 118°, Kp.$_{462}$ 245°, $n_D^{25}$ 1,4551. — I-*Methoxypropoxypropylester,* Kp.$_3$ 163°, $n_D^{25}$ 1,4555. Verwendung als *Germicide* u. *Fungicide,* bes. gegen *Staphylococcus aureus, Eberthella thyphosa, Aspergillus niger* u. *Chaetomium globosum.* Vgl. auch A. PP. 1 961 623 u. 2 425 343; C. **1949.** I. 128. (**A. P. 2 567 026** vom 2/4. 1949, ausg. 4/9. 1951.) KRAUSS. 4807

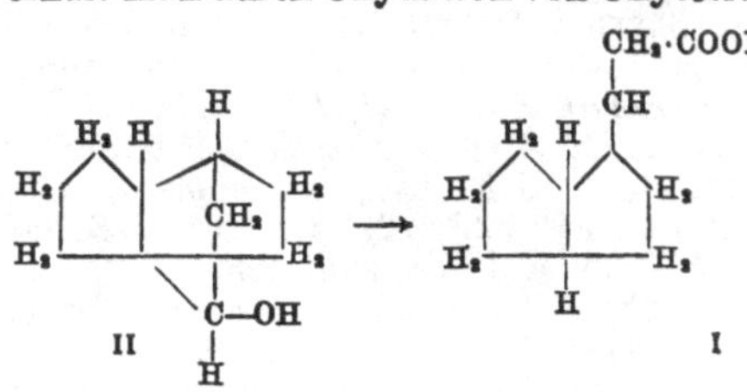
II I

**Warner-Hudnut, Inc.,** New York, N. Y., V. St. A. (Erfinder: **S. Leonard**), *Herstellung von antispasmodischen Verbindungen.* Man läßt Alkanole der Formel I oder deren Halogenide mit Verbb. der allg. Formel **II** oder deren Alkalisalzen, Estern oder Säurehalogeniden reagieren, bes. durch Erhitzen unter Rückfluß in Ggw. eines Lösungsmittels. In den Formeln bedeuten $R_1$ einen Cyclohexenyl- oder Cyclopentenylrest, $R_2$ u. $R_3$, die gleich oder verschieden sein können, Alkylreste mit bis zu 4 C-Atomen, oder zusammen einen Polymethylenrest mit nicht mehr als 5 C-Atomen. Sie können auch durch eine O-, S- oder NH-Gruppe unterbrochen sein, u. $R_4$ H, eine kurze Alkylkette oder Halogen. Die Alkylkette soll höchstens 6 C-Atome enthalten. Die Prodd. dienen vor allem zur Bekämpfung von *Bronchialasthma.* — Z. B. vermischt man eine alkoh. Lsg. von Äthyl-2-thienylmalonat mit einer Lsg. von $\Delta^2$-Cyclopentenylchlorid u. erhitzt 1³/₄ Std. am Rückflußkühler. Man erhält *Diäthyl-2-thienyl-$\Delta^2$-cyclopentenylmalonat,* Kp.$_{5,5}$ 175—185°. Diese Verb. wird mit KOH in A. am Rückflußkühler erhitzt, nach Abkühlung u. Abtreiben des A. mit W. aufgenommen u. mit HCl angesäuert. Man erhält nach Dest. *2-Thienyl-$\Delta^2$-cyclopentenylessigsäure,* Kp.$_3$ 161—166°, F. 60—65°. Diese Verb. wird mit β-Diäthylaminoäthylchlorid in Isopropanol 48 Std. unter Rückfluß erhitzt. Man erhält *β-Diäthylaminoäthyl-2-thienyl-$\Delta^2$-cyclopentenylacetat-HCl,* F. 128—130°. (**Schwed. P. 133 600** vom 29/9. 1950, ausg. 20/11. 1951. A. Prior. 1/10. 1949.) JÜRGEN SCHMIDT. 4807

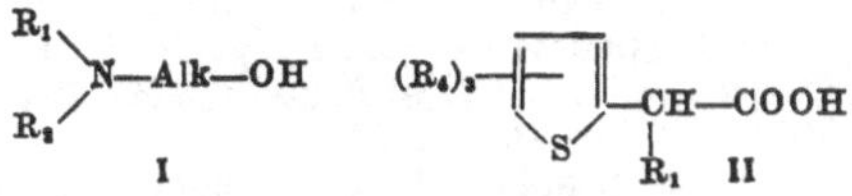
I II

**Aktiebolaget Astra, Apotekarnes Kemiska Fabriker,** Södertälje, Schweden (Erfinder: **J. Laudon** und **B. Sörjen**), *Herstellung von Sulfanilamiden für medizinische Anwendung.* Man läßt ein Sulfanilsäurederiv. (Sulfanilsäurehalogenide, bes. das Säurechlorid) auf eine Pyrrolverb. einwirken, die an einem C-Atom des Ringes eine Aminogruppe mit mindestens einem reaktionsfähigen H-Atom enthält. Z. B. behandelt man Acetylsulfanilsäurechlorid mit Aminopyrrol. *Sulfanilylaminopyrrol,* weißes kristallines Pulver mit unscharfem F. (**Schwed. P. 134 542** vom 7/11. 1940, ausg. 19/2. 1952.) JÜRGEN SCHMIDT. 4807

**Walter Schoeller,** Konstanz, **Johann Jonás,** Heiligenberg, und **Peter Marquardt,** Freiburg i. Br., *Adrenochromester* der Formel I erhält man durch Behandeln von Adrenalinderivv., deren OH-Gruppe in der Seitenkette mit einer aliphat. Carbonsäure verestert ist, bzw. deren Salzen mit dehydrierend wirkenden Mitteln unter Abspaltung von 4 H-Atomen, Chinonbldg. u. Indolringschluß. Der gebildete Ester wird bes. durch Tiefkühlung u./oder Fällung mit geeigneten Lösungsmitteln (Ae., PAe.) abgetrennt, zweckmäßig unter Ausschluß von $O_2$. — O-Acetyladrenalinformiat gibt in absol. Methanol in Ggw. von 100%ig. HCOOH u. $Ag_2O$ bei 25—30° unter Ausschluß von $O_2$ *O-Acetyladrenochrom,* F. 90—91°. Man kann auch O-Acetyladrenalinhydrochlorid verwenden. — *Physiol. wirksamer Katalysator* im Zellstoffwechsel; *Heilmittel.* (**D. B. P. 866 039** Kl. 12p vom 12/4. 1950, ausg. 5/2. 1953.) KRAUSS. 4807

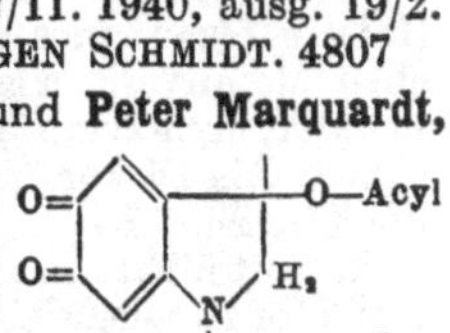
I

**Cilag Akt.-Ges.,** Schaffhausen, Schweiz, *2-(p-Aminobenzolsulfonamino)-pyrimidine.* Durch Erhitzen von p-Aminobenzolsulfonamid (I) mit 2-Nitroaminopyrimidin erhält man *2-(p-Aminobenzolsulfonamino)-pyrimidin;* analog entsteht aus 2-Nitroamino-4-methylpyrimidin u. I *2-(p-Aminobenzolsulfonamino)-4-methylpyrimidin.* — *2-(p-Aminobenzolsulfonamino)-4.6-dimethylpyrimidin,* F. 194°. Letzteres entsteht auch neben p-Aminobenzolsulfonylguanidin beim Erhitzen von I u. 2-Cyanamino-4.6-dimethylpyrimidin. — *Therapeutica.* (**E. P. 635 876** vom 23/2. 1948, ausg. 19/4. 1950. Tschech. Prior. 14/11. 1947.) BRÖSAMLE. 4807

**Sharp & Dohme, Inc.,** Philadelphia, Pa., V. St. A., *Barbitursäurederivate.* Durch Rk. des Äthyl-(1-methyl-$\Delta_1$-butenyl)-cyanessigsäureäthylesters mit Guanidin zu *5-Äthyl-5-(1'-methyl-$\Delta^1$-butenyl)-2.4-diiminobarbitursäure* u. deren nachfolgende Hydrolyse erhält man *5-Äthyl-5-(1'-methyl-$\Delta^1$-butenyl)-barbitursäure,* F. 160—162°. Analog werden dargestellt: *5-Methyl-, 5-Propyl-* u. *5-Isopropyl-5-(1'-methyl-$\Delta^1$-butenyl)-barbitursäure* mit den FF. 158°, 129° u. 120°. —*Schlafmittel.* (**E. P. 639 946** vom 7/8. 1947, ausg. 12/7. 1950. A. Prior. 23/3. 1939.) BRÖSAMLE. 4807

**Rohm & Haas Co.,** übert. von: **Leslie A. Robb,** Philadelphia, Pa., und **Carl V. Smythe,** Moorestown, N. J., V. St. A., *Gewinnung von Adenosintriphosphat* oder entsprechender Säure durch Phosphorylierung von Adenosin (I) mit anorgan. Phosphat in Ggw. von Hefe, Ausfällen mit Erdalkalisalzen u. Aufarbeiten über das Ag-Salz. — Beispiel. — *Therapeut. Verwendung.* (**A. P. 2 606 899** vom 2/7. 1948, ausg. 12/8. 1952.) K. HEINZE. 4807

**National Research Development Corp.,** London (Erfinder: **Alexander R. Todd** und **Adolf M. Michelson,** Cambridge), England, *Adenosin-5'-triphosphorsäure* (I). Man kondensiert den Dibenzylester der Chlorphosphorsäure mit dem Disilbersalz der Adenosin-5'-phosphorsäure u. entfernt die Benzylgruppen der entstehenden Tetrabenzyladenosin-5'-triphosphorsäure durch Hydrieren. I wird zweckmäßig als Ba-Salz abgeschieden. — *Therapeuticum.* (**D. B. P. 856 739** Kl. 12p vom 21/7. 1950, ausg. 24/11. 1952. E. Priorr. 20/7. 1949 u. 19/6. 1950.) BRÖSAMLE. 4807

**G. D. Searle & Co.,** Chicago, Ill., übert. von: **Zareh Hadidian,** Needham, Mass., V. St. A., *Hyaluronsäureschwefelsäureester* (I) erhält man durch Behandeln von aus Säugetiergeweben gewonnener Hyaluronsäure (II) mit $ClSO_3H$ oder rauchender $H_2SO_4$, bes. bei —20 bis +10° u. Neutralisation. Aus der neutralen Lsg. kann durch Fällen mit A. I gewonnen werden. — Aus Nabelschnur gewonnene II wird mit trockenem Pyridin u. $ClSO_3H$ bei 0° u. dann 45 Min. bei 100° behandelt. Nach dem Verdünnen mit W., Fällen mit A. u. Lösen des Nd. in verd. NaOH u. nochmaligem Fällen mit A. erhält man I mit 3,12 (%) N u. 6,08 S. — *Heilmittel.* (**A. P. 2 599 172** vom 29/11. 1948, ausg. 3/6. 1952.) KRAUSS. 4807

**Merck & Co., Inc.,** Rahway, übert. von: **Norman L. Wendler,** Linden, und **Harry L. Slates,** Cranford, N. J., V. St. A., *$\beta$-Methylcrotonaldehyd* (I) erhält man durch Rk. eines Esters der allg. Formel $(RO)_2CH—CH_2—COOR_1$, wobei R u. $R_1$ niedrigmol. Alkylgruppen, mit einer Methylmagnesiumhalogenverb. u. Zers. der gebildeten Komplexverb. mit W. zu dem entsprechenden Diacetal des $\beta$-Oxyisovaleraldehyds, woraus durch Einw. stark oxydierender Säuren I erhalten wird, das als *Zwischenprod.* für die Herst. von *Vitamin A* dient. (**A. P. 2 577 867** vom 1/4. 1950, ausg. 11/12. 1951.) G. KÖNIG. 4809

**Ohio State University Research Foundation,** übert. von: **Melvin S. Newman,** Columbus, O., V. St. A., *6-Acyloxy-4-methylhex-2-in-1.4-diole* (I) der allg. Formel $HO—C\cdot H_2—C \equiv C—C(CH_3)(OH)CH_2—CH_2—OCOR$, wobei R = Alkyl, Aryl, Aralkyl oder Cycloalkyl, erhält man bei der Rk. von 1-Oxy-3-butanon (II) mit einem Säurechlorid (III) in Ggw. eines säurebindenden Mittels (IV), Umsetzen der erhaltenen Verb. mit einer Metallverb. des Propargylalkohols (V) mit nachfolgender Hydrolyse der Organometallkomplexverb. zu I. Als III sind bes. Benzoylchlorid oder Methylacetylchlorid geeignet. Als IV kommen bes. tert. Amine oder wss. Alkalilsgg. in Betracht. Von V sind die Li-, Na-, K-, Ca-, Ba- sowie Mg-Metallorganoverbb. aufzuführen. Die Rk. mit V wird vorteilhaft in einem inerten Lösungsm. (Ä., Tetrahydrofuran, weniger gut sind KW-stoffe) ausgeführt. Die Hydrolyse erfolgt mit W., die Zugabe von $NH_4Cl$ oder Säure (Essigsäure) erleichtert das Abscheiden der anfallenden Metallsalze. — Zu der Komplexverb. aus Phenyl-Li. u. Propargylalkohol in äther. Lsg. setzt man unter Kühlen 1-Trimethylacetoxy-3-butanon (VI) rasch zu. Nach $1^1/_2$ Std. setzt man $NH_4Cl$ zu u. gewinnt als Ätherauszug mit nachfolgender Dest. unter hohem Vacuum *6-Trimethylacetoxy-4-methylhexin-2-diol-(1.4),* $(C_{12}H_{20}O_4)$, F. 54,4—55,5° aus PAe., Kp. 90—100°. (VI = $Kp._{14}$ 105°, $n_D^{20}$ 1,4208 $(C_9H_{16}O_3)$, F. des Semicarbazons 133—134°.) — Der benzol. Komplexverb. aus $C_6H_5MgBr$ u. Propargylalkohol setzt man 1-Benzoxy-3-butanon (VII) zu u. hydrolysiert mit wss. überschüssiger Essigsäure. Nach Neutralisation der überschüssigen Essigsäure mit $NaHCO_3$ erhält man aus dem Ätherextrakt mittels Vakuumdest. *6-Benzoxy-4-methylhexin-2-diol-(1.4),* $(C_{14}H_{16}O_4)$, $Kp._{0,04}$ 156—170°, (VII = $Kp._{0,5}$ 106,5—108,5°). Wird dieses Diol mit p-Nitrobenzoylchlorid in Ggw. von Pyridin unter Rückfluß umgesetzt, so erhält man den *Di-p-nitrobenzoesäureester* von *6-Benzoxy-4-methylhexin-2-diol-(1.4)* $(C_{28}H_{29}O_{10}N)$, F. 109—109,6°. — VII u. Hydroxylaminhydrochlorid ergeben *1-Benzoxy-3-butanonoxim* ($C_{11}H_{13}O_3N$), F. 93,5—94,5°. I sind Zwischenprodd. für die Synth. von *Vitamin A.* (**A. P. 2 555 598** vom 10/5. 1947, ausg. 5/6. 1951.) G. KÖNIG. 4809

**N. V. Organon,** Oss, Holland, und **British Drug Houses Ltd.,** London, England, *Wasserlösliches Estersalz von Vitamin-A-Alkohol* mit einer mehrbas. Säure, wie z. B. Schwefel-, Phosphor-, Bernstein-, Glutar- oder Phthalsäure, durch Rk. von Vitamin-A-Alkohol mit $ClSO_3H$ bzw. $POCl_3$ oder Anhydriden der organ. Säuren in Ggw. von Pyridin bzw. α-Picolin u. Überführen des Halbesters in das entsprechende Alkalisalz. — Z. B. wird 1 Mol. Vitamin-A-Alkohol in Pyridin gelöst u. bei 0° mit 1 Mol $ClSO_3H$ versetzt. Der entstandene Halbester wird mit NaOH in das Na-Salz übergeführt. Weitere Beispiele. — Haltbare Lösungen. (**E. P. 643 055** vom 16/2. 1948, ausg. 15/9. 1950.) K. HEINZE. 4809

**N. V. Organon,** Oss, Holland, *Vitamin-A-Verbindungen* erhält man durch Red. von Verbb. der allg. Formel R = X—CO—$SR_1$ (R = β-Jonylidenrest (I) oder in diesen umwandelbare Gruppe, X = Methin oder ungesätt. KW-stoffrest, dessen Doppelbindungen mit I fortlaufend konjugiert sind, $R_1$ = Alkyl) mit RANEY-Ni. Die Ausgangsester werden hergestellt durch Kondensation von β-Jonon oder $C_{18}$-Keton nach REFORMATZKY, z. B. mit Bromthioessigester, u. Wasserabspaltung oder von Carbonsäurehalogeniden mit Mercaptanen. —

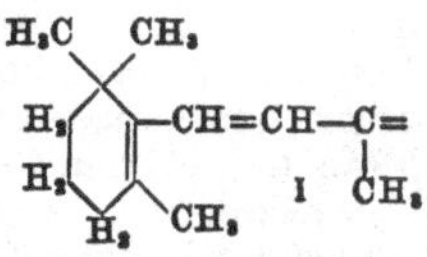

I

Aus Thiovitamin-A-säure-S-methylester (II) erhält man durch Schütteln in A. mit RANEY-Ni bei Raumtemp. oder beim Erhitzen *Vitamin A.* — Das aus β-Jonylidenessigsäure mit $SOCl_2$ über β-Jonylidenacetylchlorid u. Kondensation mit Methylmercaptan in Ggw. von $AlCl_3$ erhaltene Prod., $Kp._{0,001}$ 140°, gibt nach 2 std. Erhitzen in Dioxan mit RANEY-Ni *β-Jonylidenäthanol,* $Kp._{0,001}$ 135°. — Methyl-β-jonylidenthioacetat → *β-Jonylidenacetaldehydsemicarbazon,* F. 193—195°. — II → *Vitamin-A-Aldehyd, Semicarbazon,* F. 207—209° (Zers.), Absorption 3 750 Å. (**E. P. 646 586** vom 22/12. 1947, ausg. 22/11. 1950. Holl. Priorr. 19/4. u. 25/5. 1946.) KRAUSS. 4809

**Syntex Soc. An.,** Mexico City, Mexico, *trans-17-Oxysteroide* erhält man durch Behandeln von 17-Ketosteroiden mit $LiAlH_4$ u. Hydrolyse der gebildeten Komplexverbindung. — Androstendion-3.17-cyclohexylenoläther-(3), F. 144°, gibt in absol. Ae. mit $LiAlH_4$ u. Hydrolyse mit 10%ig. $H_2SO_4$ in quantitativer Ausbeute *trans-Testosteroncyclohexyl-3-enoläther,* F. 130—131°. — Androstendion-3.17-enoläthyläther-(3) → *trans-Testosteronäthyl-3-enoläther,* F. 120—122°. — Dehydroisoandrosteron → *Androsten-17-transdiol,* F. 175—178°. — Östron → *α-Östradiol,* F. 176—178°. — Androstendion-3.17-enolbenzyläther-(3), F. 164°, → *trans-Testosteronbenzyl-3-enoläther.* (**E. P. 646 979** vom 16/8. 1948, ausg. 29/11. 1950. A. Prior. 24/3. 1948.) KRAUSS. 4809

**Upjohn Co.,** übert. von: **Arnold C. Ott** und **Maxton F. Murray,** Kalamazoo, Mich., V. St. A., *Enthalogenierung von vicinalen Dihalogensteroiden* erfolgt in Ggw. eines organ. Lösungsm. bei ca. 10—100° mit einem quaternären Ammoniumjodid. — 5.6.22.23-Tetrabromstigmasterylacetat wird in Bzl. mit $(CH_3)(C_2H_5)_3NJ$ in A. 18 Std. bei Raumtemp. stehengelassen. Nach dem Verdünnen mit W. u. Behandeln mit $NaHSO_3$ erhält man aus der organ. Schicht *22.23-Dibromstigmasterylacetat,* F. 203—206°. — 5.6-Dibromcholesterylacetat + Benzyltrimethylammoniumjodid bzw. Pyridinmethojodid → *Cholesterylacetat,* F. 111—114°. — 5.6-Dibromandrostan-3β-ol-17-on-3-acetat → *5-Androsten-3β-ol-17-on-3-acetat,* F. 155—165°. (**A. P. 2 578 734** vom 18/7. 1949, ausg. 18/12. 1951.) KRAUSS. 4809

**Parke, Davis & Co.** (Erfinder: **George William Moersch,** Detroit, und **Allen Charlton Moore,** Grosse Pointe Woods), Detroit, Mich., V. St. A., *Herstellung heterocyclischer Verbindungen* der Formel I (dl-ψ- oder l-ψ-Form) aus 1-p-Nitrophenyl-2-halogenacetamidopropan-1.3-diolen u. $SOCl_2$ bei 20—35° oder $COCl_2$ unter 20° in einem tert. Amin. Beispiele: Y = SO u. R = $COCHCl_2$ (l-ψ-Form, F. 171—172°, dl-ψ-Form F. 175—176°); Y = SO u. R = $COCHBr_2$, $COCHF_2$, $COCH_2Cl$, $COCH_2F$, $COCH_2J$ oder COCHFCl; Y = CO u. R = $COCHCl_2$. — *Antibiotica.* (**D. B. P. 877 766** Kl. 12 q vom 23/5. 1951, ausg. 26/5. 1953.) FABEL. 4811

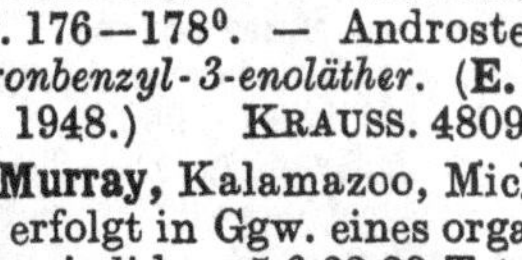

I

R = halogenierter Acetylrest
Y = SO oder CO

**Rudolf Lang,** Meiningen/Thür., *Herstellung eines baktericiden Heilmittels* nach D. B. P. 833 241, dad. gek., daß das Gärprod. aus Hopfenabsud, Malz u. Hefe filtriert u. die Fl. konz. wird. (**D. B. P. 855 147** Kl. 30h vom 24/8. 1950, ausg. 10/11. 1952. **Zusatz zu D. B. P. 833 241; C. 1952. 6100.**) SCHINDLER. 4815

**Wieland Schmid,** Zürich, Schweiz, *Verfahren zum Abtöten von Mikroorganismen,* dad. gek., daß das zu schützende oder bereits angegriffene Material mit organ. Estern behandelt wird, die aus Bromessigsäure u. organ. Verbb., die OH-Gruppen von phenol. oder alkoh. Charakter enthalten, synthetisiert sind, z. B. mit *Bromessigsäurephenylester, -pyrogallolester, -salicylsäureester*. (**D. B. P. 865 511** Kl. 30i vom 23/7. 1950, ausg. 2/2. 1953. Schwz. Prior. 25/7. 1949.) KETTNER. 4835

**Hans Braun** u. **Hermann Krause**, Bearb.: Pharmazeutische und pharmakologische Erläuterungen zu den Deutschen Rezeptformeln. DRF. Berlin: Duncker & Humblot. 1952. (303 S.) 8°. DM 6,60.

**Raoul Poggi**, Chimica farmaceutica. Parte II: Chimica organica, fermenti, estratti ghiandolari, vitamine. Firenze: Ed. Universitaria. 1952. (II + 533 S.) 8°. L. 3000,—.

## G. Analyse. Laboratorium.

**Cecil L. Wilson**, *Analytische Chemie*. An Hand von 319 Zitaten wird ein Überblick über die 1950/1951 erschienenen Arbeiten auf dem Gebiet der analyt. Chemie gegeben. Im einzelnen wird berichtet über: Neue Reagentien (besonders organ.) in der anorgan. qualitativen u. quantitativen Analyse; Neue Analysenmethoden in der Gravimetrie, Volumetrie einschließlich neu entwickelter Indicatoren; Methoden der Analyse in der organ. Chemie sowie der Best. einzelner funktioneller Gruppen; Neue u. weiterentwickelte Methoden auf den Gebieten der Elektrolyse, Coulometrie, Polarographie, Amperometrie, Potentiometrie, Konduktometrie, Colorimetrie u. Absorptiometrie, Nephelometrie, Fluorimetrie, der Emissions-Spektrographie, der Absorption im Sichtbaren, UV u. Infrarot der massenspektrograph. Analyse u. der Mikroskopie. Ferner wird über Trennungsmethoden wie Chromatographie, Ionenaustauscher, Extraktionsverff., Verteilungschromatographie u. Elektrophorese berichtet u. werden Entwicklungen auf den Gebieten der radiochem. Analyse, Gasanalyse, Feuchtigkeitsbest., Sedimentationsanalyse u. chem. Unterrichtswesen aufgezeigt. (Annu. Rep. Progr. Chem. **48.** 308—360. 1951; ausg. 1952.) MOSLÉ. 5000

**Tor Smedslund**, *Kontinuierliche Darstellung von Stickoxyd aus Salpetersäure und Schwefeldioxyd*. Es wird ein App. aus Glas zur kontinuierlichen Darst. von NO aus $HNO_3$ u. $SO_2$ mit einer Leistung von 3,1 $m^3$ NO in 78 Std. u. einer Ausbeute von 63 %, berechnet auf $HNO_3$, 95 %, berechnet auf $SO_2$, beschrieben. (Finska Kemistsamfundets Medd. **59.** 37—39. 1950. Helsingfors, Centrallaboratorium Ab.) BECKMANN. 5006

**Félix Trombe**, *Über einige Einzelheiten des Aufbaus des halbindustriellen Sonnenofens von Montlouis*. Vf. beschreibt die Beschaffenheit des zu der App. gehörigen Paraboloidspiegels von 90 $m^2$ Fläche. Die reflektierende Oberfläche besteht aus 3500 gekrümmten Spiegeln von 1,5 mm Dicke. Die Brennweite beträgt 6 m. Das ganze Syst. dient zur Nutzbarmachung von Sonnenenergie. (C. R. hebd. Séances Acad. Sci. **235.** 1211—13. 17/11. 1952.) E. HEINRICH. 5028

**C. J. Bradish**, *Die Technik des Ultrazentrifugierens*. Nach kurzer Definition des Begriffes „Ultrazentrifugieren" als Zentrifugieren mit mehr als 10000 U/Min. bespricht Vf. Aufbau u. Antrieb der in der Laboratoriumstechnik gebräuchlichsten Typen von Ultrazentrifugen. Anschließend werden einzelne Rotortypen u. die zur Beobachtung des Zentrifugierungsvorganges bestimmten Apparateteile beschrieben, sowie die Auswerdung von Zentrifugiertesten auf Grund der Beobachtung während des Zentrifugierens bzw. des Zustandes nach dem Zentrifugieren angegeben. Abschließend werden Anwendungen des Ultrazentrifugierens, u. a. auch zu präparativen Zwecken, besprochen. (Chem. Products chem. News [N. S.] **15.** 48—51. Febr. 99—102. März 1952. Pirbright, Surrey, Res. Inst. [Animal Virus Diseases].) GERHARD GÜNTHER. 5036

**N. H. Ray**, *Die Messung hoher Molekulargewichte durch Ebulliometrie*. Beschreibung einer App. zur ebullioskop. Best. von hohen Mol.-Gewichten. Durch Verwendung eines Satzes von Thermoelementen u. eines hochempfindlichen Galvanometers war es möglich, Mol.-Geww. zwischen 9000 u. 15000 auf 5 % u. von 35000 auf 10 % genau zu bestimmen. Die Brauchbarkeit der Meth. wird an Hand von Messungen an *Polyäthylen*proben (M = 9500—34000), die in Toluol gelöst waren, gezeigt. Die Intrinsicviscosität (gemessen bei 75° in Tetralin) für die in ( ) genannten M-Werte beträgt 1,09 (34000), 0,90 (14300), 0,86 (12000), 0,69 (10000) u. 0,54 (9500). (Trans. Faraday Soc. **48.** 809 bis 812. Sept. 1952. Winnington, Northwich, Cheshire, Imp. Chem. Ind. Res. Dep., Alkali Div.) FUCHS. 5044

**Herbert Hoyer**, *Neue Mikromethode zur Molgewichtsbestimmung schwerflüchtiger Stoffe*. Es wird eine osmot. Meth. einschließlich App. (Abb.) beschrieben, die gestattet, mit nur 0,4 mg Substanz innerhalb von 2 Std. Mol.-Geww. auf ca. 3 % genau zu bestimmen. Es werden nur Lösungsmittel (*Methyläthyläther, Butan, Äthylchlorid, Trimethyl-, Dimethyl-* u. *Methylamin*, $NH_3$, $SO_2$, *Dimethyläther*, *HCN*) verwandt, die unter Zimmertemp. sieden. (Chemie-Ing.-Techn. **22.** 396—97. 28/9. 1950. Leverkusen, Farbenfabriken Bayer, Organ.-analyt. Labor.) FRETZDORFF. 5044

**B. Dalbuono,** *Neues Verfahren zur Dickenmessung.* Beschreibung der gebräuchlichen Meth. zur Best. der Dicke von Folien mit Hilfe der Ionisationskammer unter Verwendung von $^{204}$Tl u. $^{90}$Sr. (Ind. Carta **6.** 100—01. Aug./Sept. 1952.) FRÜHWALD. 5048

**J. W. Y. Heynis** und **L. Maaskant,** *Ein verbesserter Spreitungsapparat für die Messung von Filmdrucken.* Vff. beschreiben Verbesserungen, die sie an dem von GORTER u. SEEDER (J. Gen. Physiol. **18.** [1935.]. 427) konstruierten Spreitungsapp. angebracht haben. (J. physic. Colloid Chem. **54.** 1222—27. Nov. 1950. Arnhem, Res. Lab. of A.K.U. and Affiliated Companies.) GOTTFRIED. 5048

**F. Oehme** und **S. Wolf,** *Die Bedeutung der Dielektrizitätskonstanten für den Chemiker und ihre Messung mit einem neuen Dielektrometer.* Vff. behandeln die Bedeutung der DK.-Messung für die Chemie u. diskutieren die Verff. zur Best. der Dielektrizitätskonstante. Es wird ein neues Gerät für den DK.-Meßbereich 1,0—81 beschrieben, das die DK. über Kapazitätsmessung mit Hilfe der Resonanzmeth. ermittelt. Wesentlich ist die Stabilisierung der Meßfrequenz durch einen Piezoquarz u. die Anzeige des Resonanzpunktes durch ein „mag. Auge". Als Anwendung wird die Wasserbest. in Pyridin u. Pyridinbasen behandelt. (Chem. Techn. **2.** 216—19. Juli 1950. Chemnitz, Techn. Lehranstalten.) H. JACOB. 5052

**C. van de Stolpe** und **W. van Tongeren,** *Elektrolysegerät zum Anschluß an das Wechselstromnetz.* Zu elektrolyt. Bestimmungen ist ungenügend abgeflachter, pulsierender Gleichstrom, wie ihn manche selbstgebaute oder im Handel erhältliche Geräte liefern, ungeeignet. Der Aufbau eines geeigneten Gerätes, das diese Mängel nicht aufweist, wird beschrieben. (Chem. Weekbl. **48.** 24—26. 12/1. 1952. Amsterdam, Univ., Labor. voor analyt. Scheikunde.) WESLY. 5054

**T. A. Krjukowa,** *Polarographische Adsorptionsanalyse.* Übersicht über die polarograph. Adsorptionsanalyse, bes. in Anwendung auf die Reinheitsbest. von W., Alkoholen u. anderen organ. Substanzen. (Академия Наук СССР. Труды Института Физической Химии [Akad. Wiss. UdSSR. Arb. Inst. physik. Chem.] **1950.** Nr. 1. 122—31.) LEBTAG. 5062

**W. Ss. Assatiani,** *Die chromatographische Methode in der biochemischen Analyse.* Übersichtsbericht an Hand von 317 Literaturangaben, wobei eingehend auf einzelne Stoffklassen u. die Methodik eingegangen wird. (Успехи Химии [Fortschr. Chem.] **22.** 291—321. März 1953.) ULMANN. 5062

**R. Barer,** *Aspekte der Ultraviolett- und Infrarotmikrospektrographie mit dem Burch-Reflexionsmikroskop.* Diskussion der Probleme u. Möglichkeiten in der Mikrospektroskopie. Eingehen auf Ergebnisse verschied. Autoren bes. auf die in den letzten Jahren mit dem BURCH-Reflexionsmikroskop entwickelten Techniken. Entw. achromat. Objektive über alle Spektralbereiche gestattet Vereinfachung der Meßtechnik. Beleuchtung des Objektes mit kontinuierlicher Strahlung u. Analyse des durchgegangenen Lichtes mit Spektrometer. Im UV gleichzeitige Beobachtung mehrerer Wellenlängen möglich. Begrenzung der Infrarotmikrospektrographie durch Wellenlänge u. ungenügend empfindliche Meßinstrumente. Für UV muß der Strahlungseinfl. auf das Objekt red. werden. (Discuss. Faraday Soc. **1950.** Nr. 9. 369—78. Oxford, Univ., Museum, Dep. of Human Anatomy.) LINDBERG. 5063

**R. D. B. Fraser,** *Infrarotmikrospektrometrie mit einem Reflexionsmikroskop der numerischen Apertur 0,8.* Beschreibung von Aufbau u. Verwendungsmöglichkeiten eines Infrarotmikrospektrometers, bestehend aus einem Reflexionsobjektiv der numer. Apertur 0,8 in Verbindung mit einem GRUBB-PARSON-Spektrometer. Es hat den Vorzug, ein Maximum der vom Objekt ausgehenden Strahlung zu sammeln u. ihren Übergang vom Objektiv ins Spektrometer sowie die Begrenzung u. Fokussierung des vergrößerten Bildes in der Spaltebene zu gewährleisten. Beispiele zeigen die spektrale Auflösung mit einem Steinsalzprisma u. die Größe des Mikrofokus bei verschied. Wellenlängen. (Discuss. Faraday Soc. **1950.** Nr. 9. 378—83. London, King's Coll., Med. Res. Council, Biophys. Unit.) LINDBERG. 5063

**L. A. T. Ballard,** *Gefärbtes „Perspex" für Dunkelraumbeleuchtung.* Als Lichtquellenfilter für physiol. Dunkelräume wird an Stelle von Farbgläsern ( die mitunter in geeigneter Form schwer erhältlich sind) Perspex, das mit „Rot 400" (I) oder „Amber 300" (II) gefärbt ist, vorgeschlagen. Die Absorptionsgrenze des **I** liegt bei ca. 5900 Å, die flacher auslaufende des **II** um 5400 Å. Mit Hilfe dieser Farbfilter ist prakt. Arbeiten auch photograph. Art möglich, ohne daß z. B. der phototrope Empfindlichkeitsbereich chlorophyllhaltiger Wurzeln erreicht wird. (Nature [London] **170.** 840—41. 15/11. 1952. Keele, Staffs, Univ., Coll. of North Staffordshire, Dep. of Phys.) RUDOLPH. 5063

**Enrico Urbani**, *Konstruktion und Anwendung eines Mikrocolorimeters mit photoelektrischer Zelle.* Das Licht einer Motorradbirne gelangt durch eine konvergente Linse, Filter u. Diaphragma (oder 4—5 Messingplättchen mit Bohrung von 0,5—1,5 mm) auf den Spiegel des Mikroskopes u. durch dessen Kondensator u. Optik zur photoelektr. Se-Zelle, die wie eine photograph. Platte über dem Okular angeordnet ist. Als Aufnahmegefäß für die zu untersuchende Fl. dient ein Plexiglasplättchen mit 2 Bohrungen von 1—3 mm für die Probe- u. die Vergleichs-Fl., das auf den Objektträger aufgesetzt wird. Das Gerät, dessen Eichung erläutert wird, eignet sich vor allem für Unterss. in der chem. Embryologie u. experimentellen Cytologie u. erlaubt ein Arbeiten mit Flüssigkeitsmengen von 5—40 $mm^3$. (Ricerca sci. **22.** 2174—81. Nov. 1952. Roma, Univ., Ist. di anat. comp. G. B. Grassi.) R. K. Müller. 5065

**Jean Terrien**, *Einfache optische Kombination spektraler Durchlässigkeit, die nach Belieben für heterochrome Photometrie und Colorimetrie verwendbar ist.* Das Prinzip des neu konstruierten App. besteht darin, daß Interferenzfilter, deren Durchlässigkeitsbanden sich entlang dem sichtbaren Spektr. staffeln, ein Spektr. durchlassen, in dem man willkürlich die Energieverteilung durch eine Maske modifizieren kann. Diese Anordnung kann dann entweder als Photometer oder als Colorimeter Verwendung finden. (C. R. hebd. Séances Acad. Sci. **230.** 1462—63. 17/4. 1950.) Gottfried. 5065

**Erik Wåhlin**, *Ein Polarograph ohne Dämpfung. Eine Anordnung zur Aufzeichnung eines ausgewählten Teiles der $I_d$/t-Kurven der einzelnen Quecksilbertropfen.* Vf. beschreibt eine Vorr., die es gestattet, den flachen Teil der Strom/Zeit-Kurve der einzelnen Hg-Tropfen aufzunehmen. Dazu wird der Hg-Tropfen elektromagnet. abgeklopft u. der proportional $t^{1/6}$ ansteigende Strom nur während der letzten Sek. vor dem Abklopfen aufgezeichnet, während in der Zwischenzeit der Potentiometermotor unterbrochen ist. Man mißt so die direkte Größe des Diffusionsstromes u. keinen Mittelwert. Die Eichung erfolgt mit Widerständen. Die $I_d$/V-Kurven nach diesem Verf. sind bei längeren Tropfzeiten, z. B. 5 Sek., glatt u. leicht auswertbar. (Radiometer Polarographics **1.** 113—15. Juni 1952. Stockholm, Royal Inst. of Technol.) Weitbrecht. 5066

**F. C. Snowden** und **H. T. Page**, *Permanentes Registriergerät für Kathodenstrahlpolarographen mit einfacher Ausschwenkung.* (Vgl. C. **1951.** II. 1786.) Vff. beschreiben ein Registriergalvanometer, das an Stelle der photograph. Registrierung mit gutem Erfolg treten kann, u. teilen die Schaltskizze mit. Bes. eignet sich dieses Gerät, um den Mechanismus u. die Kinetik schnell verlaufender Rkk. zu verfolgen. (Analytic. Chem. **24.** 1152—54. Juli 1952. Easton, Pa., General Aniline & Film Corp.) Moslé. 5066

**F. Sierra** und **E. Monllor**, *Anwendung des Kakothelins als Redoxindicator.* Die Best. von dreiwertigem Fe erfolgt unter Anwendung von Thiosulfat u. Kakothelin als Redoxindicator. Die Red. von Fe(III) geschieht in Ggw. von Cu(II) in einer Pufferlsg. von 4nHCl-10%ig. Na-$NH_4$-Phosphat (1:2). Nitrate müssen zunächst durch Kochen mit $H_2SO_4$ entfernt werden. Die Fehler halten sich in zulässigen Grenzen. (An. Real Soc. españ. Física Quím., Ser. B **46.** 319—24. Mai 1950. Murcia, Inst. „Alonso Barba", Secc. de Quím. Anal.) Förster. 5068

**A. J. Nutten**, *Einige neue Indicatoren in verschiedenen titrimetrischen Verfahren. 4. Mitt. Bromometrische Indicatoren. 5. Mitt. Adsorptionsindicatoren. 6. Mitt. Verschiedenartige Indicatoren.* (3. Mitt. vgl. C. **1951.** II. 3495.) Fortsetzung des zusammenfassenden Berichtes über die Anwendung neuer Indicatoren. Für bromometr. Titrationen werden benutzt: *Chrysoidin, Bordeaux, Naphtholblauschwarz, Brilliant Ponceau 5 R* u. *Fluorescein* mit irreversiblem Umschlag, während *α-Naphthoflavon, p-Äthoxychrysoidin* u. *Fuchsin* reversibel sind. Als argentometr. Adsorptionsindicatoren eignen sich *Bromthymolblau, Bromkresolpurpur, Bromphenolblau, alizarinsulfonsaures Na, Phenolphthalein, Cochenille, Phenolrot, Congorot, Resorcin–Succinein, Mercurochrom* u. *Tartrazin.* Schließlich werden angeführt: *Ni-Dimethylglyoxim, p-Dimethylaminobenzylidenrhodanin, o-Dianisidin, Diphenylcarbazon* + $HgCl_2$ [$HgJ_2$ oder $Hg\cdot(CNS)_2$], *Cerisulfat + Stärke, Na-2.5-Kresotat* (? d. Ref.) u. *Benzidin* + $Cu^{2+}$. (Metallurgia [Manchester] **42.** 407—10. Dez. 1950. Birmingham, Univ., Dep. of Chem.) Weitbrecht. 5068

**W. F. Wagner, J. A. Wuellner** und **C. E. Feiler**, *Sulfaminsäure als Urtiter für die Alkalimetrie.* Vff. untersuchen die Titerbeständigkeit von 0,1n *Sulfaminsäure* über 7 Monate u. überprüfen die Verwendung zur Best. von $Na_2CO_3$. Die Best. erfolgt durch Titration mit *Bromthymolblau* bzw. modifiziertem *Methylorange* als Indicatoren. Die tabellar. mitgeteilten Ergebnisse zeigen einen mittleren Fehler von 0,13%. (Analytic. Chem. **24.** 1491—92. Sept. 1952. Lexington, Ky., Univ. of Kentucky.) Weitbrecht. 5070

**A. W. Kisselew, W. F. Kisselew, N. N. Mikoss-Awgul, G. G. Muttik, A. D. Runow** und **K. D. Schtscherbakowa,** *Automatisches Calorimeter mit konstantem Wärmeaustausch zur Messung von Adsorptionswärmen von Gasen und Flüssigkeiten.* Ausführliche Beschreibung eines Universalcalorimeters zur Messung der Adsorptionswärme von reinen Fll. u. Lsgg. sowie von Gasen u. Dämpfen im Bereich 0—100°. Meßthermometer u. Erhitzer sind statt in der Ampulle mit Adsorbens in der Misch-Fl. oder im Cu-Block untergebracht. Adsorptionsverss. mit *Methylalkohol*-Dämpfen an *akt. Kohle* ergaben im Vgl. zum Beckmann-Thermometer mit dem angewandten elektr. Thermometer eine 100mal größere Genauigkeit der Temperaturbestimmung. Die Anwendbarkeit des automat. Calorimeters wird auch an der zeitlich ausgedehnten (über 40 Min.) Adsorption von Methylalkoholdämpfen an ***Quarz*** gezeigt, wo eine Temperaturänderung von 0,008° angezeigt wird. Aus einem umfassenden Vgl. mit anderen Calorimetertypen wird geschlossen, daß das vorliegende Calorimeter sich durch hohe Empfindlichkeit bei gleichzeitiger Genauigkeit der Messung auszeichnet. (Академия Наук СССР. Труды Института Физической Химии [Akad. Wiss. UdSSR, Arb. Inst. physik. Chem.] **1950**. Nr. 1. 68—88. ) Lebtag. 5084

## a) Elemente und anorganische Verbindungen.

**Robert C. Brasted,** *Reaktion von Natriumnitrit und Sulfaminsäure. Indirekte gravimetrische Bestimmung von Nitriten.* Die Rk. zwischen $NaNO_2$ (**I**) u. $HSO_3NH_2$ (**II**) verläuft hinsichtlich der Bldg. von $N_2$ nicht stöchiometr., da durch Einw. von $H^+$ auf **I** NO u. $NO_2$ entsteht. Der durch diese Neben-Rk. umgesetzte Anteil von **I** beträgt, je nach Konz. der Lsg., 2—10%. Aus dem bei der Umsetzung von **I** mit **II** entstehenden Gewichtsverlust errechnet sich die frei werdende $N_2$-Menge durch Multiplikation mit dem Faktor 0,9746. Auf diese Weise lassen sich Nitrite in 0,1—0,5n Lsgg. auf $\pm$ 2 mg genau bestimmen. Die Meth. hat den Vorzug, auch in Ggw. von $NO_3^-$-Ionen u. farbigen Substanzen anwendbar zu sein, die bei den üblichen jodometr. u. colorimetr. Verff. stören. Dagegen wird die Best. durch $Fe^{3+}$, $CO_3^{2-}$ u. $SO_3^{2-}$ gestört. (Analytic. Chem. **24.** 1111—14. Juli 1952. Minneapolis, Minn., Univ. of Minnesota, School of Chem.)
Schöttler. G 243

**W. E. Thrun,** *Abänderung der o-Tolidinmethode zur Bestimmung kleiner Jodmengen.* Die colorimetr. Meth. von Lange u. Ward (J. Amer. chem. Soc. **47.** [1925.] 1000) der J-Best. mit o-Tolidin wird durch Einhalten des $p_H$ 4,0 durch Na-Acetatzusatz verbessert. Lsgg. von 0,2—1,0 p. p. m. $J_2$ können auf $\pm$0,1 p. p. m. genau bestimmt werden. (Proc. Indiana Acad. Sci. **59.** 155. 1950. Valparaiso, Univ.) Moslé. G 249

**A. A. Vlček,** *Polarographische Bestimmung von Spuren von Jodid in gewöhnlichem Salz.* (Collect. Trav. chim. Tchécoslov. **15.** 833—38. 1950. — C. **1951.** I. 2935.)
Gottfried. G 249

**R. Belcher** und **R. Goulden,** *Industrielle Analyse.* Best. von *Kieselsäure* mit Zusatz von $H_2SO_4$, $HClO_4$, bei Legierungen durch Schmelzen mit Soda u. Fällen mit Gelatine, Casein, Albumin, Agar-Agar in saurer Lösung. (Ind. Chemist **26.** 130—32. März 1950.)
Ottmann. G 261

**R. Belcher** und **A. J. Nutten,** *Untersuchungen in der analytischen Chemie von Natrium.* 4. Mitt. *Die alkalimetrische Bestimmung von Natrium nach der Fällung als Natriumzinkuranylacetat.* Das Verf. nach Morton zur Best. von Na durch alkalimetr. Titration von $NaZn(UO_2)_3(CH_3COO)_9 \cdot 6\,H_2O$ (**I**) wird für Na-Gehh. von 1—20 mg untersucht, wobei der Endpunkt potentiometr. oder durch Indicatorumschlag bei $p_H$ 8,5 bestimmt wird. Ein gemischter Indicator aus Phenolphthalein u. Bromthymolblau (1:1 bis 1:1,5) gibt brauchbare Resultate bei Gehh. $<$8 mg Na, darüber hinaus verliert der Endpunkt an Schärfe. Dagegen können bei potentiometr. Anzeige (Sb- oder Ag/AgCl-Elektrode) bis 20 mg bestimmt werden. Da sich jedoch mit steigender Verdünnung das Molverhältnis NaOH/**I** von 9 nach 8 verschiebt, löst man **I** zweckmäßig in der minimalen Menge W., ca. 1 mg **I** in 1 ml; Ca-Gehh. von 600 mg/100 ml, wie sie beim Silicataufschluß nach Smith vorkommen, stören die alkalimetr. Titration von Na nicht. Die Analysenergebnisse sind tabellar. mitgeteilt. (Analytica chim. Acta [Amsterdam] **4.** 595—601. Dez. 1950. Birmingham, Univ., Dep. of Chem.)
Weitbrecht. G 274

**Richard C. Sweet, William Rieman III** und **John Beukenkamp,** *Bestimmung von Alkalimetallen in unlöslichen Silicaten durch Ionenaustauschchromatographie.* Vff. entwickeln in Fortsetzung früherer Verss. (C. **1951.** II. 2926) ein Verf. zur Trennung von *Li*, *Na* u. *K* in unlösl. Silicaten durch Ionenaustauscher. 1 g Probe wird mit $H_2SO_4$/HCl/HF aufgeschlossen, die Lsg. mehrfach mit HCl abgeraucht, mit $H_2O_2$ oxydiert u. zur Trockne eingedampft. Die Lsg. des Rückstandes in 5—10 ml 0,7nHCl wird sd. mit CdO versetzt u. ein aliquoter Teil des Filtrats zur Ionenaustauschchromatographie verwendet. Als Austauschharz hat sich koll. *Dowex 50* bewährt. Beim Auswaschen mit 0,7nHCl erhält man, wie sich flammenphotometr. zeigen läßt, definierte Fraktionen von $CdCl_2$, LiCl, NaCl u. KCl. Die Regenerierung der Säule erfolgt mit 0,7nHCl. Die Best. der Alkalisalze kann in üblicher Weise erfolgen. Die Ergebnisse an Salzgemischen, *Soda–Kalk-Gläsern, Borglas, Opalglas, Bleiglas, Silicastein, Eisenerz, tonhaltigem Kalkstein, feuerfestem Material* u. *Kieselton* zeigen die Brauchbarkeit der Methode. Der Einfl. der Elutionsbedingungen, der Ungleichheit sowie der Teilchengröße des Austauscherharzes auf die Trennung u. das Elutionsverh. von Hg, Cd, Na, K, Mg, Be, Pb, Zn, Mn, Li wird diskutiert. (Analytic. Chem. **24**. 952—55. Juni 1952. New Brunswick, N. J., Rutgers Univ., School of Chem.) WEITBRECHT. G 275

**F. Sierra** und **J. A. Sánchez Fernández,** *Mercurimetrische Bestimmungen mit $Hg_2^{2+}$ und Chloriden sowie mit Adsorptionsindicatoren.* Die aus wss. Fe-Alaunlsg. mit alkoh. *o-Tolidin* (I)- oder *o-Dianisidin* (II)-Lsgg. gebildeten Indicatoren werden wie bei den Bromiden (C. **1952**. 3058) zur Best. von Chloriden mit $Hg_2(NO_3)_2$ oder umgekehrt benutzt. Infolge der größeren Löslichkeit u. kleineren Adsorbierbarkeit des $Hg_2Cl_2$ ist die Empfindlichkeit des Umschlages geringer u. sind Bestimmungen nur bis zu 0,01n Lsgg. möglich. Bei der Best. von $Hg_2^{2+}$ mit $Cl^-$ u. $Fe^{3+}$-I schlägt die Farbe von Rosa nach Gelblichgrün, Grün oder Blau, je nach der Konz. des Indicators, um; mit $Fe^{3+}$-II von Violett nach Grau. Bei der Best. von $Cl^-$ mit $Hg_2^{2+}$ sind die entsprechenden Umschläge von Blau nach Rosa bzw. von Graugrün nach Violett. Die zulässige Säurestärke ist bei der Titration der Chloride kleiner als bei der der Bromide. Die Best. von $Cl^-$ mit $Fe^{3+}$-II ist in etwas $>$0,1n$HNO_3$ möglich, die mit $Fe^{3+}$-I nur in 0,01n$HNO_3$; die von $Hg_2^{2+}$ in 0,01n bzw. 0,003n$HNO_3$. (An. Real Soc. españ. Física Quím., Ser. B **48**. 339—44. April 1952. Murcia, Fac. Cie., Inst. „Alonso Barba", Secc. Quím. analít.) METZENER. G 290

**Ralph E. Oesper, Raymond A. Dunleavy** und **Joseph J. Klingenberg,** *Schnellmethode zur Bestimmung von kleinen Mengen Zirkonium.* Vff. stellen die Verbb. *β-Naphthol-m-azomandelsäure* (I), *Phenol-m-azomandelsäure, Resorcin-m-azomandelsäure, m-Amino-mandelsäure-m-azomandelsäure* u. *Dimethylanilin-m-azomandelsäure* her, prüfen sie auf ihre Eignung zur Fällung von Zr in saurer Lsg. u. erhalten nur bei I brauchbare Resultate. Schließlich wird die quantitative Zr-Best. nach der begrenzten Tüpfelmeth. von FEIGL untersucht u. der Einfl. verschied. Lösungsmittel, wie *Methanol* (II), *Bzl., W., Aceton, Ae., A., Benzylalkohol, Methylcellosolve* u. *Äthylcellosolve,* der Einfl. der Zeit u. Temp., der Acidität u. anderer Ionen überprüft. Zur Analyse werden 0,05 ml einer Lsg. von 0,05 g I in 15 ml II auf Tüpfelpapier gebracht, danach 0,05 ml der an HCl 2n Probelösung. Nach 15 Min. wird die Fl. entfernt, das Papier bei 60° getrocknet u. überschüssiges I mit II extrahiert. Die Farbintensität wird mit einer Eichskala von 0—10 $\mu$g Zr verglichen. Die Zr-Best. wird von V, nicht aber von Fe, Al, Sn, Cu, Ba, Ca, Bi, Sb, Ce, Th, Ti, Cr, Cd, Mg u. $SO_4^{2-}$ gestört. Die tabellar. mitgeteilten Ergebnisse einer Fe–Zr–Al-Legierung, einer Zr-Sulfatlsg. u. eines Cr-legierten Stahls zeigen die Brauchbarkeit des Verfahrens. (Analytic. Chem. **24**. 1492—94. Sept. 1952. Cincinnati, O., Univ. of Cincinnati, Xavier Univ.) WEITBRECHT. G 322

**Glenn B. Wengert,** *Photometrische Bestimmung von Zirkonium in Magnesiumlegierungen.* Zur Best. von 0,1—1,0% Zr in Mg-Legierungen entwickelt Vf. ein photometr. Verf. unter Verwendung von *Alizarinrot S* (I). Der Einfl. des $p_H$, der Zr-Konz. u. der Zeit werden untersucht. Danach erhält man zwischen $p_H$ 0,6 u. 1,5 die größte Farbentw., die in 15 Min. erreicht wird, während die größte Lichtabsorption bei einer Wellenlänge von 510—520 m$\mu$ erfolgt. Zur Analyse löst man ca. 2 g in HCl, filtriert u. verwendet einen aliquoten Teil zur colorimetr. Best., während der noch Zr-haltige Nd. verglüht u. mit $KHSO_4$ aufgeschlossen werden muß. Nach dem Lösen in 100 ml W. mit 1 ml konz. HCl + 1 ml 2,5%ig. $FeCl_3$-Lsg. wird mit $NH_4OH$ gefällt, die Hydroxyde werden in HCl gelöst u. ebenfalls ein aliquoter Teil mit 0,1—0,3 g Zr entnommen. Dazu fügt man 5 ml 0,05%ig. I-Lsg., macht mit HCl ca. 0,1n, füllt auf 100 ml u. mißt nach 15 Min. bei 510 m$\mu$ die opt. Dichte. Die an 6 Proben erhaltenen Ergebnisse werden mit gravimetr. Werten verglichen u. zeigen die Genauigkeit der Meth. bei bedeutendem Zeitgewinn. Die nichtstörenden Konzz. von Al, Cu, Fe, Pb, Mg, Mn, Ni, Seltenen Erden, Th, Zn, $KHSO_4$, $F^-$, $PO^{3-}$, $SO_4^{2-}$ werden mitgeteilt. (Analytic. Chem. **24**. 1449—51. Sept. 1952. Midland, Mich., Dow Chemical Co.) WEITBRECHT. G 322

**Richard C. Jarnagin, James T. Jones, Otto L. Willbanks** und **Charles T. Kenner,** *Bestimmung von Blei durch Zentrifugieren von Bleisulfat.* Vff. beschreiben eine Schnellmeth. für die Best. von Pb in Schlacken u. ähnlichen Materialien. Aus der Höhe eines zentrifugierten $PbSO_4$-Nd. wird auf den Geh. geschlossen. Genauigkeit ca. 1%. Da die Gleichmäßigkeit u. Korngröße u. damit die Höhe des Nd. von Fällungstemp. u. Säurekonz. sowie von der Art u. Dauer des Zentrifugierens abhängt, sind diese Faktoren für die jeweilige Anordnung konstant zu halten. (Analytic. Chem. **24.** 1115—17. Juli 1952. Dallas, Tex., South. Method. Univ., Dep. of Chem.) SCHÖTTLER. G 328

**Ralph E. Peterson,** *Trennung von radioaktivem Eisen von organischem Material.* Organ. Material wird mit konz. $HNO_3$ aufgeschlossen oder im Muffelofen verascht. Eisen wird in 1—2 mol. HCl mit Cupferron gefällt u. mit $CHCl_3$ extrahiert. Dieses wird im Luftstrom entfernt. Der Rückstand wird verascht, mit HCl aufgenommen u. nach Zusatz von $NH_4$-Oxalat 4—5 Std. bei 170—200 mA u. 8 V elektrolysiert, wobei die Pt-Anode 2,5 cm von der Cu-Kathode entfernt ist. Man findet 95—100 % Fe. (Analytic. Chem. **24.** 1850—52. Nov. 1952. Washington, Army Med. Serv. Graduate School.) FRESENIUS. G 354

**V. Hovorka** und **Z. Holzbecher,** *Trennung (Extraktion) von Nickel mit einer Salicylidenthiosemicarbazonlösung in Essigsäureäthylester.* Zur quantitativen Trennung des *Ni* von anderen Elementen wird eine Meth. ausgearbeitet, nach der das $Ni^{2+}$ als rotes Ni(II)-Salz des *Salicylaldehydthiosemicarbazons* (**I**), das in A., Ae., Äthyl- (**II**), Butyl- u. Amylacetat lösl. ist, aus wss., mit Na-Acetat gepufferten Lsgg. ausgeschüttelt wird. Zur Extraktion wird eine 0,5%ig. Lsg. aus **I** in **II** verwendet; zur Pufferung dient eine 10%ig. Na-Acetatlösung. Die vereinigten **II**-Ausschüttelungen werden mit HCl (1:3) ausgeschüttelt, wobei Ni als Chlorid in die wss. Schicht übergeht. Nach Oxydation mit $H_2O_2$ in ammoniakal. Lsg. wird Ni quantitativ mit Dimethylglyoxim bestimmt. — Tabelle mit Ergebnissen. (Chem. Listy Vědu Průmysl **44.** 124—25. 10/6. 1950. Prag, TH, I. Inst. für Analyt. Chem.) ROTTER. G 356

**F. Feigl** und **D. Goldstein,** *Nachweis von Kupfer in Lösungen von Alkalicyaniden.* In Lsgg. von komplexen Alkalicuprocyaniden ist Cu empfindlich nachweisbar mittels *Na-Diäthyldithiocarbamat* oder *Kaliummercaptophenylthiothiodiazol* nach Demaskierung mit Formaldehyd. Der Nachw. ist in Form von Tüpfel-Rkk. ausführbar. — Arbeitsvorschriften. (Mikrochem. verein. Mikrochim. Acta **40.** 46—49. 1952. Rio de Janeiro, Minist. da Agricult., Labor. da Prod. Mineral.) ELCHLEPP. G 358

## b) Organische Verbindungen.

**G. R. Lake, Philip McCutchan, Robin Van Meter** und **J. C. Neel,** *Die Wirkungen der Umsetzungstemperatur auf Kjeldahl-Analysen.* Vff. bestimmten die günstigsten Bedingungen der KJELDAHL-Meth. (mit Hg u. $K_2SO_4$) zur $N_2$-Best. in Schieferölen u. Petroleum. Sie untersuchten den Einfl. der Umsetzungstempp. (auf ausreichende Umsetzung der organ. N-Verbb. bzw. auf Verlust an N), die Temperaturbeeinflussung durch Zusatz verschied $K_2SO_4$-Mengen, die Wrkg. verschied. Hg-Mengen u. Barometerdrucke u. den unterschiedlichen Verbrauch an konz. $H_2SO_4$ bei Ölen mit verschied. N-Verbindungen. Es wurden zum Vgl. N-Bestimmungen von Schieferölen u. ihren Teerbasen, an Petroleum u. Pyridin, an Pyridin u. Pyridinderivv. enthaltenden Ölen ausgeführt. Vff. geben nach ihren Ergebnissen der Makro-KJELDAHL-Best. von 1 g Substanz mit (ca. 1,3 g) Hg, $<$ 20 g $K_2SO_4$ (mit jeweiliger Anpassung der Menge) u. 15 ml. konz. $H_2SO_4$ bei Einhaltung einer oberen Temp. von ca. 370—410° den Vorzug. Sie teilen 2 Destillationsverff. mit. Die Verss. ergaben u. a. deutlich, daß eine Digerierung unter 370° u. unter 1 Std. Dauer nicht quantitativ verläuft u. über 410° Zersetzungsverluste eintreten. Genauigkeit u. Zuverlässigkeit der Meth. werden durch Analysendaten belegt. (Analytic. Chem. **23.** 1634—38. Nov. 1951. Wilmington, Calif., Union Oil Co. of California, u. Laramie, Wyo., U. S. Bur. of Mines.) WINGCHEN. 5352

**D. Colaitis** und **M. Lesbre,** *Die Halbmikrobestimmung von Kohlenstoff und Wasserstoff in organischen Zinnverbindungen.* Da die Verbrennung von Stannanen in der üblichen, mit CuO gefüllten Halbmikroapp. zur C- u. H-Best. für C zu niedrige Werte liefert, wird folgende Füllung vorgeschlagen: Hinter dem Schiffchen mit der Einwaage ($\sim$30 mg) der Reihe nach 2,5 cm Ag-Drahtnetzrolle, 16 cm CuO (Drahtform)–Ag-Vanadat (auf Bimsstein niedergeschlagen)-Gemisch, 6 cm Ag-imprägnierter Bimsstein zur Halogenabsorption, 1 cm Ag-Drahtnetzrolle. Verbrennungstemp. 750°, -dauer $\sim$35 Min., $O_2$-Strom 5 $cm^3$/Minute. Beleganalysen mit Stannanen u. Halogenstannanen, auch Plumbane lassen sich gut bestimmen. — 18 Literaturzitate. (Bull. Soc. chim. France, Mém. [5] **19.** 1069—72. Nov./Dez. 1952. Toulouse, Fac. des Sci., Labor. de Chim. Propédeutique.) V. PILINSZKY. 5352

**Vito Bellavita,** *Oxydierende Eigenschaften der Nitrone. Mononitrone* mit 1 $>C{=}\overset{|}{N}{=}O$-Gruppe haben gegenüber HJ keine oxydierenden Eigg., während die *Dinitrone* (**I**) aus HJ Jod freimachen. Die Stärke der Oxydationswrkg. geht ungefähr parallel mit der Farbe der **I**: Rote u. orangerote **I** oxydieren HJ schneller als gelbe **I**. Der Nachw. der Nitrongruppe wird ausgeführt mit 0,01 g der zu prüfenden Substanz in 4 ml Aceton durch Zusatz von NaJ u. dann 1 Tropfen HCl. (Ricerca sci. **22.** 71—74. Jan. 1952. Perugia, Univ., Ist. di chim. gen. e inorgan.) K. Faber. 5364

**Nina Hadden** und **John A. Perry**, *Ultraviolettspektrophotometrische Bestimmung von Styrol in Äthylbenzol.* Vff. beschreiben eine Bestimmungsmeth. für Styrol in Äthylbenzol auf spektrophotometr. Grundlage. Sie finden beim Styrol ein Gebiet starker Absorption von 2900—3100 Å, während beim Äthylbenzol in diesem Bereich die Absorption gering ist. Kleine Mengen von Bzl. u. Toluol stören nicht. Die Genauigkeit des Verf., das bes. unterhalb 1% genauer arbeitet als das volumetr., beträgt 0,01%. (Analytic. Chem. **23.** 1337. Sept. 1951. Texas City, Tex., Monsanto Chem. Co.) Strauss. G 1410

**V. Schwarz**, *Quantitative Papierchromatographie von reduzierenden Steroiden der Nebennierenrinde.* Nebennierenrindenextrakt wird papierchromatograph. zerlegt u. das Chromatogramm mit Arsenmolybdatreagens behandelt. Steroide mit einer Ketolseitenkette oder α.β-ungesätt. 3-Ketosteroide red. zu Molybdänblau. Die blauen Zonen werden eluiert u. der Komplex dann photoelektr. colorimetriert. (Biochem. J. **53.** 148—52. Jan. 1953. Ware, Herts., Allen and Hanburys Ltd., Res. Div.) Fresenius. G 3750

**Raymond Allouf** und **Roger Munier**, *Trennung von Derivaten der Nicotinsäure und der N-Methylpyridone mit Hilfe der Mikropapierchromatographie.* Vff. berichten in Fortsetzung früherer Mitteilungen (vgl. C. **1952.** 5627) über die Möglichkeit des Nachw. einiger biol. wichtiger Verbindungen. Sie bedienen sich der zweidimensionalen aufsteigenden Papierchromatographie, wobei einmal als mobile Phase eine alkal. Lsg. (n-Butanol 100 [Teile]; Ammoniak 22° Bé 2), zum anderen eine saure Lsg. (Isobutanol 100; 98%ig. Ameisensäure 20; dest. W. 45) zur Verwendung kommen. Diese Arbeitsweise gestattet auf einem Chromatogramm die Identifizierung folgender Verbindungen: *Nicotinsäure, Nicotinsäureamid, Trigonellin, N-Methylnicotinsäureamid, N-Methylpyridon-(2)-carbonsäure-(3)* u. *-(5), N-Methylpyridon-(2)-carbonsäureamid-(3)* u. *-(5)*. Einige andere Substanzen, die mit den obengenannten verwechselt werden könnten, wie z. B. *Aneurin, Adermin, Lactoflavin, Histidin, Phenylalanin, Tryptophan* u. *Tyrosin* lassen sich bei Einhaltung der Versuchsbedingungen getrennt nachweisen. (Bull. Soc. Chim. biol. **34.** 196—203. Jan./Febr. 1952. Paris, Inst. Pasteur, Serv. de Chim. Biol.) Pohloudek-Fabini. G 3800

**H. Thies, S. W. Souci** und **G. Kallinich**, *Der Verlauf der Säurehydrolyse des Inulins. Ein Beitrag zur quantitativen Bestimmung des Inulins in Kohlenhydratgemischen.* Beim Säureabbau des *Inulins* treten Reversionsvorgänge auf, die bei der quantitativen Best. eine Rolle spielen. Der Verlauf der Hydrolyse wird an Hand des nach Luff-Schoorl bestimmten Reduktionsvermögens der Lsg. verfolgt. Die Hydrolyse läßt sich nur teilweise als Rk. 1. Ordnung beschreiben. (Z. Lebensmittel-Unters. u. -Forsch. **96.** **41**—46. Jan. 1953. München, Univ., Inst. für Pharm. u. Lebensmittelchemie, u. Dtsch. Forschungsanst. für Lebensmittelchemie.) Fresenius. G 4050

**N. A. Krawtschenko, O. P. Ssamarina** und **M. G. Kritzman**, *Modifizierung des Verfahrens zur elektrophoretischen Trennung von Eiweißstoffen auf Filtrierpapier.* Vff. beschreiben eine Vereinfachung des Verf. von Cremer u. Tiselius (vgl. C. **1951.** II. 1339). (Биохимия [Biochemie] **18.** 34—36. Jan./Febr. 1953. Moskau, Inst. für biol. u. med. Chem. der Akad. der Med. Wiss. der UDSSR.) Wittwer. G 4070

### c) Bestandteile von Pflanzen und Tieren.

**Walter F. Erdmann**, *Über neue Färbemethoden in der Histologie.* 5. Mitt. *Eine neue Färbung für elastisches Gewebe mit Aldehyd–Fuchsin.* (1. vgl. C. **1952.** 1382.) (Mikrokosmos **42.** 44—45. Nov. 1952. Heidelberg.) Blumrich. 5661

**R. Fischer**, *Die Selektivität der Gram-Färbung für Keratine.* Es scheint ein Zusammenhang zu bestehen zwischen dem Aminosäuregeh. der *Keratine* u. ihrem Verh. der Gram-Färbung gegenüber. Je höher der Tyrosin-, Histidin-, Arginin- u. Lysingeh. eines Keratins, desto stärker reagiert es grampositiv. Harte Keratine (z. B. Wolle) reagieren gramnegativ, können aber durch alkal. Red. grampositiv u. durch saure Oxydation gramnegativ gemacht werden. Weiche Keratine (z. B. das Epithelium) reagieren dagegen nur grampositiv, selbst in Tumoren, wo die Zellordnung gestört ist. (Experientia [Basel] **9.** 20—21. 15/1. 1953. Westmount-Montreal, Can., Reddy Memorial Hosp., Dep. of Pathol.) Baumann. 5661

**J. Pierre Isaac** und **Claude Aron**, *Neue Technik der differentiellen Färbung der Pankreasinselzellen.* Die Schnitte werden nach gegebener Vorschrift mit einer sauren $KMnO_4$-Lsg. u. anschließend mit einer $NaHSO_3$-Lsg. bis zur Entfärbung behandelt u. nacheinander mit Hämatoxylin (Kerne), Fuchsin (A-Zellen) u. einer Mischung von

Orange G u. Diphenylaminblau (B-Zellen) gefärbt. Gute Unterscheidung der verschied. Zellenarten der LANGERHANS-Inseln von Säugetieren. (Bull. Microscopie appl. [2] **2.** 99—102. Juli/Aug. 1952. Straßburg, Inst. d'Histol., Fac. de Méd.) BLUMRICH. 5661

### d) Medizinische und toxikologische Analyse.

**H. Lehmann** und **E. Silk,** *Die Verhinderung des Verblassens der Farbe bei der Blutzuckerbestimmung nach Folin-Wu.* Der Farbverlust ist der Farbintensität nicht proportional. Ein Korrekturfaktor kann nicht eingeführt werden es besteht Abhängigkeit von Temp. u. Wassergeh. der Lösung. Mit dem ursprünglichen, Reagens bleibt die Farbe >8 Std. konstant, wenn man nach dessen Zugabe statt mit W. mit einer Lsg. von 11,55 g $H_3PO_4$ in 100 ml verdünnt. Man kann aber auch das Reagens abändern: 500 ml Phosphomolybdatreagens nach FOLIN u. WU + 3,15 ml Lsg. von 89 g $H_3PO_4$ in 100 ml + 35 ml W.; 3 ml von diesem Gemisch gibt man zu der Mischung von 2 ml Substrat + 2 ml Cu-Tartratreagens nach 6 Min. Kochen u. 1 Min. Abkühlen u. füllt dann mit W. auf 12,5 ml auf, wonach die Farbe bei gewöhnlicher Temp. haltbar ist. (Biochem. J. **50.** XXXI—XXXII. März 1952. London, St. Bartholomew's Hosp.) FRESENIUS. 5727

**Viktor Tobiasch,** *Flockungsreaktion mit Lugolscher Lösung. Eine Kolloidreaktion für die Praxis.* 1 Tropfen frischen Serums wird mit 1 Tropfen LUGOLscher Lsg. auf dem Objektträger gemischt. Beurteilung nach 5 Minuten. Die Leistungsfähigkeit der Probe kann mit der MANCKE-SOMMER-Probe durchaus verglichen werden. (Münchener med. Wschr. **94.** 2387—88. 21/11. 1952. Frankfurt/M., Univ., II. Med. Klinik.) K. BÖHM. 5728

**Jutta Giese,** *Über eine colorimetrische Vergleichsbestimmung von zwei „Nicht-Porphyrinfarbstofftypen" im menschlichen Harn bei cutaner Porphyrie.* Zwei neue Nichtporphyrinfarbstoffe $W_1$ u. $W_2$ werden in 2 Fällen cutaner Porphyrie in Form ihrer Leukoverbb. gefunden, die erst beim Erwärmen mit HCl in die als „Porphyronine" bezeichneten Farbstoffe übergehen. (Z. ges. inn. Med. Grenzgebiete **7.** 1007—08. 1/11. 1952. Berlin, Charité, 1. Med. Klinik.) FRESENIUS. 5732

**Joab Klapp Aronson,** *Eine vereinfachte Methode zur quantitativen Kaliumbestimmung im Gewebe.* Zur Vermeidung der Veraschung wird *Muskel* mit dest. W. maceriert u. mehrmals extrahiert. Im Filtrat wird Eiweiß durch Zusatz von Essigsäure gefällt. Nach erneuter Filtration erfolgt Fällung von K mit Na-Kobaltnitrit. Best. gravimetrisch. (Proc. Iowa Acad. Sci. **59.** 402—03. 1952. Des Moines, Io., Des Moines Still Coll. of Osteopathy and Surgery.) FRESENIUS. 5752

**A. A. Wassiljewa** und **M. D. Schwaikowa,** *Die Quecksilberverluste beim allgemeinen Gang der gerichtschemischen Analyse.* Bei der Zerstörung organ. Substanzen mit $H_2SO_4$ + $HNO_3$ oder $H_2SO_4$ + $NH_4NO_3$ bzw. $H_2SO_4$ + $HNO_3$ + Perhydrol zum gerichtschem. Nachw. von *Hg* gehen 92—99 % desselben verloren, u. die in 100 g Material nachweisbare Hg-Menge beträgt 1 mg. Am bequemsten ist die Anwendung von $H_2SO_4$ + $KNO_3$, jedoch ist diese Meth. zum Nachw. von Hg-Spuren in biol. Material erst dann zu empfehlen, wenn es gelingt, die Hg-Verluste einzuschränken. (Аптечное Дело [Apotheken] **2.** Nr. 1. 46—49. Jan./Febr. 1953. Wiss. Forschungsinst. für gerichtl. Med. des Gesundheitsminist. der UdSSR.) RENTZ. 5762

**C. J. Umberger** und **Grace Adams,** *Identifizierung von Malonylharnstoffderivaten durch Infrarotabsorption bei toxikologischen Analysen.* Vff. bedienen sich der Infrarotspektroskopie zur Identifizierung von Barbitursäurederivv. in Organen u. Körperflüssigkeiten. — Den vakuumsublimierten, getrockneten Extrakt einer Gewebeprobe unter Rühren in 0,4 ml $CHCl_3$ lösen, in eine Küvette mit NaCl-Fenstern [Schichtdicke 0,1 mm] füllen, Absorptionskurve aufnehmen, danach Lsg. 1:1 mit $CHCl_3$ verd., erneut Absorptionskurve bestimmen; Vorgang wiederholen, bis brauchbare Absorptionskurve erhalten wird. Vgl. dieser mit den bei Konz. von 20 ± 5 mg/ml $CHCl_3$ zwischen 2 u. 12 μ aufgenommenen Spektren der reinen Malonyl-Harnstoff-Derivate. — Die Spektren der letzteren werden in 4 Abschnitte eingeteilt: Aus Abschnitt **I** u. **III,** 2,83—3,5 μ u. 6,75—7,9 μ, kann man auf das Vorliegen eines Malonyl-Harnstoff-Deriv. schließen, Abschnitt II 5,65—6,7 μ umfaßt die starken Carbonylfrequenzen u. Abschnitt IV 8,0—12,0 μ dient zur Identifizierung einzelner Verbb. der Gruppe. Die Extinktion der Banden ist willkürlich in 3 Stufen festgelegt: Sehr schwach [vw], schwach [w], stark [keine Bezeichnung]. Entsprechend der Ähnlichkeit der Spektren sind die untersuchten Verbb. in 3 Haupt- u. 6 Nebengruppen eingeteilt. A 1: *Amytal,* F. 152—155°, *Butisol,* F. 168—170°, *Nembutal,* F. 127—130°, *Neonal,* F. 127—130°, *Ortal,* F. 122—125°. A 2: *Evipal,* F. 143—145°, *Phanadorn,* F. 171—174°, *Sandoptal,* F. 138—139°, *Seconal,* F. 96—100°. B 1: *Cyclopal,* F. 140—143°, *Delvinal,* F. 162—163°, *Luminal,* F. 173 bis 174°. B 2: *Alurate,* F. 171—173°, *Barbital,* F. 140—142°, *Dial,* F. 188—190°, *Mebaral,* F. 175—177°. C 1: *Pentothal,* F. 159—160°. C 2: *Bromural,* F. 147—149°,

*Carbromal*, F. 116—117°, *Sedormid*, F. 194—195°. Die Absorptionskurven aller vorst. Verbb. werden angefügt, die Absorptionsbanden in einer Tabelle zusammengestellt u. die Unterschiede zur Erkennung der einzelnen Verbb. im Zusammenhang mit den Mikro-FF. diskutiert. (Analytic. Chem. **24**. 1309—22. Aug. 1952. New York, N. Y., Chief. Med. Examiner's Off.) BARCHET. 5764

H. Holness, Inorganic qualitative analysis — Semimicro apparatus and technique. London: Pitman. 1953. (VI + 19 S. m. Abb.) 2 s.

# H. Angewandte Chemie.

## I. Allgemeine chemische Technologie.

**Julian C. Smith**, *Über Industriezentrifugen*. Es werden die Grundbegriffe über Arbeitsweise u. Anwendungsgebiete verschied. Typen von Zentrifugalabscheidern beschrieben, wobei Vf. sich eingehend mit Abscheidern für unmischbare Fl., Flüssigkeitsklärer u. App. zur Trennung von Fl. von festen Substanzen, sei es in gleichförmigem oder ungleichförmigem Arbeitsgang befaßt. (Euclides [Madrid] **12**. 1—12. Jan. 1952. Ithaca, N. Y., Cornell Univ.) PISTOR. 5828

**H. Kramers, G. M. Baars** und **W. H. Knoll**, *Eine vergleichende Untersuchung über die Mischungsgeschwindigkeit in Rührbottichen*. Es wurden Messungen ausgeführt, um die Verteilungsgeschwindigkeit einer kleinen Fl. zu bestimmen, die dem Inhalt eines Rührbehälters zugefügt wurde. Mit der vorgeschlagenen Meßmeth. können Mischgeschwindigkeiten unter verschied. Bedingungen verglichen werden. Es werden Resultate angegeben für 2 verschied. Tankgrößen, 3 Sorten von Rührern, verschied. Anordnungen u. Geschwindigkeiten, sowohl mit als auch ohne Leitbleche. (Chem. Engng. Sci. **2**. 35—42. Febr. 1953. Delft, Niederlande, Techn. Univ., Labor. voor Phys. Technol.) CRAMER. 5840

**Charles B. Hood** und **E. R. Grilly**, *Ein Wasserstoffverflüssiger unter Benutzung von Neon als Zwischensubstanz*. Es wird ein $H_2$-Verflüssigungsapp. beschrieben, in dem der $H_2$ bei 6,6 atü mit Hilfe von fl. Ne kondensiert wird, das in einem JOULE-THOMSONschen Verflüssigungsapp. erhalten wird. Dieser Kaskadenverflüssigungsapp. erzeugt u. verbraucht 17 Liter fl. Ne u. erzeugt 27,5 Liter fl. $H_2$/Stunde. Gegenüber einem $H_2$-Verflüssigungsapp. nach JOULE-TOMSON stellt dies eine Zunahme von 6—20 % fl. $H_2$ dar. (Rev. sci. Instruments **23**. 357—61. Juli 1952. Los Alamos, N. Mex., Univ. of California, Los Alamos Sci. Labor.) GOTTFRIED. 5856

**J. F. Short** und **P. Eaglesfield**, *Extraktion von Flüssigkeiten im Laboratorium und im kleintechnischen Maßstab*. Vf. bearbeiteten die Extraktion von *Milchsäure* aus einer 10—15 %ig. wss. Lsg., die daneben noch etwas Mineralsäure sowie mineral. u. anorgan. Verunreinigungen enthält. Durch Feststellung von Verteilungskoeffizienten wurde unter 17 Extraktionsmitteln *Butanol* als bestes ermittelt (Verteilungskoeff. gegen wss. Phase 0,82). Es wurden Verss. in 1- bzw. 6zölligen Gegenstromkolonnen ausgeführt. Aus den Ergebnissen werden Massenübergangskoeffizienten sowie das Höhenäquivalent einer theoret. Stufe (HETS) berechnet. Auf Grund dieser Größen wurden optimale Bedingungen der Durchflußgeschwindigkeit, der Temp. u. der Höhe u. des Durchmessers der Kolonne ermittelt u. danach eine halbtechn. Anlage mit zwei 6zölligen Extraktionskolonnen gebaut. Die Kolonnen waren in einer Länge von ca. 5 m mit Raschigringen aus keram. Material gefüllt. An die Extraktionsstufe schließt sich eine Re-Extraktion des Extraktes mit W. an. Diese Anlage war 18 Monate in Betrieb. Die Betriebsergebnisse werden mitgeteilt. Die Erkenntnisse, die aus den Verss. mit denLaboratoriumskolonnen u. bei der Umsetzung des Verf. vom Laboratoriumsmaßstab in die Technik gewonnen wurden, sind inzwischen von Vff. erfolgreich auf weitere Probleme (andere organ. Säuren bzw. Antibiotika als gelöste Stoffe mit verschied. organ. Extraktionsmitteln) angewandt worden. — Vortragsdiskussion. (Trans. Instn. chem. Engr. **30**. 109—24. 1952. Great Burgh, Epsom, Surrey, Distillers Comp.) GERHARD GÜNTHER. 5862

**Thomas Baron**, *Verallgemeinerte graphische Methode für den Entwurf von katalytischen Reaktoren mit festem Bett*. Vf. entwickelt eine graph. Meth. für den Entwurf von katalyt. Reaktoren mit festem Bett, die auf einer Betrachtung des seitlichen Wärme- u. Massenübergangs basiert. Aus statist. Überlegungen werden Gleichungen für die effektive seitliche (Quer-) Diffusionsfähigkeit von Wärme u. Stoff abgeleitet, die weitgehend mit den experimentellen Daten übereinstimmen. Diese Theorie zeigt ebenso wie die Versuchswerte, daß bei Katalysatorteilchen mit niederer Wärmeleitfähigkeit die effektive Diffusionsfähigkeit für Stoffübergang numer. gleich der effektiven Diffusionsfähigkeit für Wärmeübergang ist. Bei konstanter Mol-Durchgangszahl durch den

Reaktor sind reagierende Stoffe u. Prodd. an irgendeinem beliebigen Punkt immer in stöchiometr. Beträgen vorhanden, was ebenso wie die Gleichheit der Diffusion für Wärme u. Stoff einen einfachen graph. Entwurf erlaubt, der die Verteilung der Temp. u. der Umsatzmenge wiedergibt. (Chem. Engng. Progr. **48.** 118—24. März 1952. Urbana, Ill., Univ. of Illinois.) CRAMER. 5904

---

**G. H. Morey,** Terre Haute, Ind., V. St. A., *Aufheizung von Behältern, besonders Fraktionierkolonnen.* Die Fraktionierkolonnen werden zunächst mit einem Gewebe aus Asbest oder Glasfaser umgeben, worüber man ein zweites Gewebe aus gleichem Material, jedoch mit eingewebtem elektr. Leiter legt. Darüber wird die übliche Füllmasse angebracht u. das Ganze außen nochmals mit Glas- oder Asbestgewebe abgeschlossen. — Zeichnung. (**Schwed. P. 132 885** vom 3/5. 1940, ausg. 11/9. 1951. A. Prior. 1/5. 1939.) JÜRGEN SCHMIDT. 5805

**Lockheed Aircraft Corp.,** Burbank, übert. von: **Eli Simon,** Los Angeles, und **Frank W. Thomas,** Burbank, Calif., V. St. A., *Hitze- und flammbeständiger Kitt,* bes. für Röhren, Griffe u. Trennwände von Flugzeugen, bestehend aus 32 (%) Polymethylarylsiloxan, 8 Polymonomethylsilsesquioxan, 40 Asbestfasern u. 20 Cyclopentan (bzw. Cyclohexan, Tetrahydrofuran oder Pyran). Verfestigung auf Al oder Holz 12 Std.; eine Nachhärtung bei 120—517° ist möglich. (**A. P. 2 575 687** vom 19/11. 1948, ausg. 20/11. 1951.) SALZMANN. 5813

**Victor Budowski,** Seine-et-Oise, und **Marius-Marie-Charles Guilbaud,** Seine, Frankreich, *Herstellung alkoholischer Lösungen.* Um zu vermeiden, daß alkoh. Lsgg. von Lebensmitteln, Parfüms oder pharmazeut. Präpp. lange Zeit in zerbrechlichen Gefäßen gelagert bzw. transportiert werden müssen, wird folgendermaßen verfahren: Man mischt die betreffende Substanz in fester Form mit festem Al-Äthylat u. hebt das Pulver in einem Beutel auf. Vor dem Gebrauch taucht man diesen in Wasser. Das W. zers. das Al-Äthylat in $Al(OH)_3$ u. A., der die betreffende Substanz auflöst. Der Beutel wirkt nun als Filter, indem er das $Al(OH)_3$ zurückhält u. die alkoh. Lsg. durchläßt. (**F. P. 994 364** vom 22/1. 1945, ausg. 15/11. 1951.) NOUVEL. 5819

**Peter Decker,** München, *Trennung von Stoffgemischen* durch kontinuierliche Gegenstromverteilung in Lösungsmitteln (**I**), wobei 2 in ihrer D. verschied. **I**, die ineinander nicht oder nur teilweise lösl. sind, horizontal im Gegenstrom in einer Trennungsvorr. aneinander vorbeigeführt werden u. das zu trennende Stoffgemisch an einer zwischen den Ein- u. Austrittsstellen der **I** gelegenen Stelle der Vorr. zugeführt wird. Dabei werden die beiden **I** zwecks Beschleunigung der Einstellung des Verteilungsgleichgewichtes längs einer ihre gesamte Berührungsfläche umfassenden Zone innig mit einander vermischt. — Zeichnung. (**D. B. P. 858 986** Kl. 12c vom 22/11. 1950, ausg. 11/12. 1952.) NEBELSIEK. 5829

---

**Herbert von Weingraber,** Technische Härtemessung. Grundlagen, Geräte, Durchführung. München: Hanser 1952. (374 S. m. 353 Abb., 5 Bl. Anh.) 8° = Technisches Messen in Einzeldarstellungen. Bd. 6. DM 36,—.

## III. Elektrotechnik.

**Felten & Guilleaume Carlswerk Akt.-Ges.** (Erfinder: **Johannes Deppe**), Köln, *Elektrisches Kabel,* bes. Seekabel. Die Bewehrung besteht aus Ti. (**D. B. P. 857 978** Kl. 21c vom 13/12. 1949, ausg. 4/12. 1952.) KESSEL. 5953

**Standard Electric A/S.,** Oslo, Norwegen, *Anbringen von dichten Überzügen auf Kabeln.* Man umwickelt die Kabel mit mindestens 2 plast. Isolierbändern. Zwischen beide wird eine Metallfolie aus niedrigschm. Metallen, z. B. Sn, gewickelt. Mindestens eine der plast. Schichten soll auf der dem Metall zugewendeten Seite mit einem leichtschm. Metallüberzug versehen sein. Anschließend wird so hoch erwärmt, daß die Metalle zu einem einheitlichen dichtabschließenden Überzug verschmelzen. — Zeichnungen. (**N. P. 80 176** vom 31/12. 1947, ausg. 5/5. 1952. E. Prior. 24/12. 1946.) JÜRGEN SCHMIDT. 5953

**Siemens & Halske Akt.-Ges.,** Berlin und München (Erfinder: **Herbert Sachse,** Heidenheim), *Elektrische Widerstände* für hohe Betriebstempp. bestehen aus einem Keramikkörper (**I**), der mit feinen Teilchen von Metallen (**II**), die an Luft nicht oxydieren, durchsetzt ist. Als **II** dienen bes. solche, die bei Betriebstemp. $>300°$ nicht schm. u. dabei einen O-Dissoziationsdruck von $>0{,}2$ at aufweisen, z. B. Ag, Au, Pd, Pt. Zur Herst. werden poröse **I** mit **II**-Salzen, z. B. $AgNO_3$, getränkt (bes. bei Unterdruck), die dann red. oder therm. zers. werden. (**D. B. P. 872 089** Kl. 21g vom 24/5. 1941, ausg. 30/3. 1953.) KESSEL. 5955

**United Insulator Co. Ltd.,** England (Erfinder: **John Antony Snyden, Eric James Hiles**), *Keramisches Dielektrikum.* Dielektrika mit 90 (Gew.-%) u. mehr $BaTiO_3$ mit hoher DK. (1500—4000) u. erhöhtem Isolierwiderstand ($10^{11}$ bis $10^{12}$ $\Omega/cm^3$), der bei Zimmertemp. u. bei Tempp. von 100° u. höher auch unter gleichzeitiger längerer Dauerbeanspruchung durch elektr. Spannung erhalten bleibt, erhält man, wenn die Träger beim Härten nicht länger als 3 Std. im Bereich zwischen 900° u. der Fritt-Temp. oder einer höheren Temp. (1200—1300°) gehalten werden. Bei Wandstärken von 0,5 mm u. darunter ist die Behandlungsdauer in diesem Temperaturbereich vorteilhaft auf 1 Std. zu verringern. Das Verf. ist bes. für solche Massen geeignet, die 0,5—10 (Gew.-%) eines Fluorids eines Metalls der Gruppe II des Period. Syst. enthalten. — Als Beispiele sind angegeben: $BaTiO_3$ 100 (Gewichtsteile), Bentonit 1; $BaTiO_3$ 98,5, $MgF_2$ 1,0, ZnO 0,5, $H_3BO_3$ 1,4, Bentonit 1,0; $BaTiO_3$ 98, $MgZrO_3$ 2, Bentonit 1,0; $BaTiO_3$ 95, $MgTiO_3$ 5, Bentonit 1,0. (**F. P. 995 850** vom 20/9. 1949, ausg. 10/12. 1951. E. Prior. 30/9. 1948.) KLEIN. 5957

**Radio Corp. of America,** übert. von: **Robert L. Harvey** und **Humboldt W. Leverenz,** Princeton, N. J., V. St. A., *Werkstoffe von hoher magnetischer Permeabilität.* Die Werkstoffe bestehen aus einem Reaktionsprod., das durch Erhitzung in einer oxydierenden Atmosphäre auf Tempp. über 950°, vorzugsweise auf wenigstens 1350°, aus einem innigen Gemisch von $Fe_2O_3$, MgO u. wenigstens einem Oxyd eines dreiwertigen Metalls aus der aus Al, Ga u. Gd bestehenden Gruppe entstanden ist. Hierbei liegt das Mol.-Verhältnis von $Fe_2O_3$ u. MgO zwischen $2Fe_2O_3 \cdot MgO$ u. $Fe_2O_3 \cdot 2MgO$ u. der Anteil des dreiwertigen Metalloxydes zwischen 0,0025 bis ca. 0,1 Mol pro Mol $Fe_2O_3$. Vorzugsweise ist das dreiwertige Metall Aluminium. In diesem Falle beträgt das Mol.-Verhältnis der drei Oxyde: $Fe_2O_3 \cdot 1{,}06MgO \cdot 0{,}005Al_2O_3$. Bei Verwendung von Ga als dreiwertiges Metall ist das Mol.-Verhältnis der drei Oxyde: $Fe_2O_3 \cdot 1{,}2MgO \cdot 0{,}03Ga_2O_3$. — Diagramme. (**A. P. 2 576 456** vom 31/12. 1946, ausg. 27/11. 1951.) HOCHSTEIN. 5959

**Western Electric Co., Inc.,** New York, N. Y., V. St. A. (Erfinder: **A. N. Holden**), *Herstellung von Kristallen aus einer Mutterlösung.* Man bringt in einen mit der Mutterlsg. beschickten Behälter auf den Flügeln eines Rührwerks Impfkristalle des herzustellenden Kristalles an, bewegt diese langsam durch die Lsg., wobei dann die Kristalle langsam wachsen. Das Verf. dient bes. zur Herst. von *piezoelektr.* Kristallen, z. B. von *Dihydroammoniumphosphat.* — Vorr., Zeichnung. (**Schwed. P. 133 950** vom 7/6. 1946, ausg. 18/12. 1951. A. Prior. 11/6. 1945.) JÜRGEN SCHMIDT. 5961

**Hans Vogt,** Mälarhöjden, Schweden, *Herstellung von porösen Elektroden für Akkumulatoren,* die aus 2 Körpern, die ineinander gesintert sind, bestehen, u. von denen der eine gröbere Poren u. der andere sehr feine Poren aufweist. — Z. B. wird feines $Fe_3O_4$-Pulver (I) mit 10 Gew.-% mit Kohleteilchen, Cellulosefäden oder dgl. gemischt, gepreßt u. für einige Std. bei 1000—1100° in reduzierender Atmosphäre gesintert. Die in dem Sinterkörper entstandenen gröberen Poren werden dann mit einer wss. Emulsion von I gefüllt, bei 350—450° gesintert u. so die feineren Poren in den I erzeugt. Der Sinterkörper kann mit Ni überzogen werden. Die akt. M., z. B. Ni-, Cd- oder Fe-Hydroxyde, wird in den feinen Poren niedergeschlagen. (**E. P. 653 235** vom 6/12. 1948, ausg. 9/5. 1951. Schwed. Prior. 15/12. 1947.) LAASS. 5971

**Pertrix-Union G. m. b. H.,** Ellwangen/Jagst (Erfinder: **Viktor Werner,** Bayreuth, und **Emil Zender,** Berlin), *Galvanische Luft–Sauerstoff-Batterie mit plattenförmigen Elektroden.* Jede Einzelzelle wird mittels einer um die Ränder der Elektroden gelegten, schlauchförmigen Umrahmung flüssigkeitsdicht zusammengefaßt. Um das Zusammenfließen der aus benachbarten Zellen etwa austretenden Elektrolyt-Fl. mit Sicherheit zu vermeiden, wird zwischen diesen Zellen eine leitfähige Folie aus elektrochem. indifferentem, passivem Stoff, z. B. aus einer Mischung von Kunststoff mit Graphit, angeordnet, z. B. durch Aufkleben auf die Metallelektrode. — Zeichnung. (**D. B. P. 873 578** Kl. 21b vom 25/11. 1944, ausg. 16/4. 1953.) LAASS. 5971

**British Thomson-Houston Co. Ltd.,** London, England, *Herstellung feinteiliger $SiO_2$ zum Überziehen von Glühbirnen.* Fein zerteiltes elementares Si wird in einem Strom eines brennbaren Gases durch eine Flamme geführt, wo es zu $SiO_2$ verbrennt. Die Gase tragen dieses weiter auf eine Oberfläche, z. B. auf das Innere einer Glübirne. Man erhitzt gleichzeitig die Glühbirne von außen u. bläst einen Luftstrom durch die Birne, so daß die $SiO_2$-Schicht sofort völlig trocknet. (**E. P. 680 217** vom 28/6. 1949, ausg. 1/10. 1952. A. Prior. 30/6. 1948.) ZÜRN. 5973

## IV. Wasser. Abwasser.

**A. R. Stone** und **W. E. Abbott,** *Ungewöhnliche Merkmale der Abwasserreinigung in Nottingham.* Inhaltlich ident. mit der C. **1951.** II. 3363 referierten Arbeit. (Civil Engng. publ. Works Rev. **45.** 717—19. Nov. 1950.) MANZ. 6036

**E. E. Rickert** und **W. T. Bishop,** *Waschwasserreinigung und Gewinnung der Feinkohle.* Erläuterung der Anthracitaufbereitung einschließlich der Schaumflotation. Zur Klärung des Waschwassers werden zur Einsparung an Klärraum Absetzbecken mit mechan. Schlammräumung verwendet. (Ind. Engng. Chem. **42.** 626—29. April 1950. Lansford, Pa., Lehigh Navigation Coal Comp., u. Wilmington, Del., Hercules Powder Comp.) MANZ. 6040

**Hovhaness Heukelekian,** *Reinigung von Reiswasser. Eigenschaften und Untersuchung im Laboratorium.* Das bei der Herst. von Reiskonserven anfallende N-arme Abwasser mit 1000—1100 mg/Liter BSB kann durch Absetzklärung zu 30%, durch Fällung mit 1—4 g CaO/Liter zu 45—70% gereinigt werden. Ausfaulung ergibt schon nach kurzer Faulzeit 92%, Belüftung mit N-Zusatz u. passender Einsaat 90% Reinigung. (Ind. Engng. Chem. **42.** 647—48. April 1950. Rutgers, N. J., Agric. Exp. Station.) MANZ. 6040

**George G. Bogren,** *Reinigung von Baumwollappreturabwässern.* Auf Hochleistungstropfkörpern konnte in einer Versuchsanlage trotz schwankender Alkalität mindestens 60% Minderung des BSB erzielt werden. (Ind. Engng. Chem. **42.** 619—21. April 1950. Boston, Mass., Weston & Sampson, Consulting Engrs.) MANZ. 6040

**Stuart E. Coburn,** *Reinigung von Baumwolldruck- und Appreturabwässern.* Nach Ergebnissen einer Versuchsanlage stellte sich die Reinigung auf Hochleistungstropfkörpern einfacher u. hinsichtlich der Schlammfrage günstiger als chem. Flockung mit Alaun u. Schwefelsäure. (Ind. Engng. Chem. **42.** 621—25. April 1950. Boston, Mass., Metcalf & Eddy.) MANZ. 6042

**C. O. Schaeffer,** *Vereinfachte Technik für die bakteriologische Wasseruntersuchung mit besonderer Eignung für die Untersuchung an Ort und Stelle.* Beschreibung einer für die ambulante Trinkwasserkontrolle in den Tropen abgeänderten Untersuchungstechnik. Unter Verzicht auf Thermostat werden an Stelle der Petrischalen für die Keimzahlbest. Reagensgläser, die im oberen Teil durch eine halbrunde Einbuchtung verengt sind, an Stelle der Gärröhrchenreagensgläser, die durch einen Vaselinpfropfen unter dem Wattebausch verschlossen sind, benutzt. Statt des Endoagars wird ein Lactose–Bromkresolpurpur-Agar mit Salzzusatz verwendet, auf dem gelbe gasbildende Kolonien wachsen. Sporenbildende Keime gelangen bei den herrschenden Außentempp. erst mit dem 6. Tag zur Entwicklung. (Chronica natur. [Batavia] **106.** 457—63. Dez. 1950. Bandung, Labor. of Techn. Hyg.) MANZ. 6060

**H. C. Evans,** *Bestimmung von synthetischen anionischen Reinigungsmitteln in Abwasser.* Bei der Best. kleiner Mengen anion. Reinigungsmittel in Abwasser durch Ausschütteln des Methylenblaukomplexes mit Chlf. u. Messen der Farbintensität der Lsg. stören Harnbestandteile, Nitrat u. Thiocyanate; die Extraktion der anion. Reinigungsmittel wird aber durch Änderung des $p_H$ der wss. Lsg. nicht beeinflußt, während die Extraktion der Harnbestandteile mit fallendem $p_H$ abnimmt. Auf dieser Grundlage ergab sich das Verf., das akt. Material bei $p_H$ 3,25 u. 0,7 zu messen, die Werte gegen die $p_H$-Werte aufzutragen u. durch eine Gerade auf $p_H$ 2,0 zu extrapolieren: Lsg. A ($p_H$ 3,25) aus 500 $cm^3$ 2nNa-Acetat + 100 $cm^3$ 0,175%ig. Methylenblaulsg. + 95,2 $cm^3$ 10n$H_2SO_4$ + W. auf 1 Liter. Lsg. B ($p_H$ 0,7) aus 500 $cm^3$ 2nNa-Acetatlsg. + 100 $cm^3$ Methylenblaulsg. + 323 $cm^3$ 10n$H_2SO_4$ + W. auf 1 Liter. Man gibt zu gemessener Abwassermenge 10 $cm^3$ Lsg. A bzw. B, bringt mit W. auf 55 $cm^3$, extrahiert 5mal mit 10 $cm^3$ Chlf., filtert die Auszüge über Baumwolle, ergänzt auf 50 $cm^3$ u. mißt die Farbstärke. (J. Soc. chem. Ind. **69.** Suppl. Nr. 2. 76—80. 1950. Thornton-le-Moors, Chester, Shell Refining and Marketing Co. Ltd.) MANZ. 6068

## V. Anorganische Industrie.

**Chemische Werke Albert,** Mainz-Kastel (Erfinder: **Alfred Kokoschinski,** Wiesbaden), *Herstellung von polymerem, wasserunlöslichem Ammoniummetaphosphat.* $NH_4$-Salze solcher O-Säuren, die bei Raum- oder höheren Tempp. flüchtige Anhydride abspalten, werden mit $P_2O_5$ umgesetzt. Die Rk. kann in Ggw. von $NH_3$ u./oder unter Zuführung von Wärme erfolgen. (**D. R. P. 757 926** Kl. 12i vom 22/1. 1943, ausg. 30/3. 1953.) ZÜRN. H 264

**Wintershall Akt.-Ges.,** Celle/Hann. (Erfinder: **Hellmuth Keitel,** Kassel, und **Gerrit van Ramsdonk,** Seignelay, Yonne, Frankreich), *Verarbeitung von Kalirohsalzen,* die aus Gemischen von *Carnallit* (**I**) u. *Sylvinit* bzw. *Hartsalz* bestehen, durch Aneinanderreihen folgender, an sich bekannter Arbeitsgänge: a) Heißumlösen des **I** mit einer Lauge, die ca. 330—350 g/Liter $MgCl_2$ enthält, u. Nachlösen des sylvinit. Rohsalzanteils; b) Vakuumkühlung der abgeklärten (Anfangstemp. beim Abklären 95—105°) **I**-Lsg. unter Verwendung von Oberflächenkondensatoren bis ca. 45° u. weitere Kühlung durch

Wärmeaustausch bis ca. 25°, wobei künstlicher I u. eine I-Mutterlauge mit ca. 390 g/Liter $MgCl_2$ anfallen; c) kalte Zers. des künstlichen I durch W. unter Erzeugung einer Kaltrührlauge mit ca. 300 g/Liter $MgCl_2$. Die zum Schließen des Kreislaufverf. benötigte Löselauge wird hergestellt aus der ganzen, bei der kalten Zers. des künstlichen I anfallenden Ausrührlauge mit 300 g/Liter $MgCl_2$ u. eines Teiles der Mutterlauge des künstlichen I mit ca. 903 g/Liter $MgCl_2$, während mit dem Rest dieser $MgCl_2$-reichen Lauge das gesamte, mit dem natürlichen I eingeführte $MgCl_2$ aus dem Prozeß entfernt wird. (**D. B. P. 839 795** Kl. 121 vom 10/8. 1943, ausg. 23/5. 1952.) SCHREINER. H 275

**Kali-Chemie Akt.-Ges.** (Erfinder: **Hans Werner Schmidt**), Hannover, *Gewinnung von Tonerde* aus $Al_2O_3$ u. $SiO_2$ enthaltenden Rohstoffen durch Aufschluß mit $H_2SO_4$. Die vom Unlöslichen getrennten Aufschlußlsgg. versetzt man mit Alkalisulfat, führt die Fe(III)- in Fe(II)-Verbb. über u. erhitzt diese Lsgg. oder die daraus abgeschiedenen Alaune in einem Autoklaven unter Rühren auf ca. 150—250°, trennt die erhaltenen Hydrolyseprodd. ab, glüht u. laugt das Glühprod. mit W. aus. (**D. B. P. 869 341** Kl. 12 m vom 16/12. 1943, ausg. 5/3. 1953.) NEBELSIEK. H 294

**Vereinigte Aluminium-Werke Akt.-Ges.,** Berlin und Bonn (Erfinder: **Wilhelm Fulda,** Strnisca pri Ptuju, Jugoslawien, und **Gerd Bauermeister,** Lautawerk, Lausitz), *Entwässern von kristallisiertem Tonerdetrihydrat.* Letzteres wird in alkal. Lsg. suspendiert u. diese Suspension im Druckgefäß auf $>125°$ erhitzt. (**D. B. P. 868 601** Kl. 12 m vom 28/1. 1943, ausg. 26/2. 1953.) NEBELSIEK. H 294

**Hans Grothe,** Clausthal-Zellerfeld, *Gewinnung flüchtiger Stoffe aus Gasen.* Die flüchtige Stoffe (*$AlCl_3$*) enthaltenden Gase werden mit Stoffen oder Stoffgemischen (Alkalibzw. Erdalkalichloride), die die zu gewinnenden flüchtigen Stoffe absorbieren, lösen oder chem. binden, in Berührung gebracht. Die Mischung wird dann bei geeigneter Temp. mit einem die Ausbildung von 2 Phasen bewirkenden Stoff (KCl) versetzt, wobei gegebenenfalls die den zu gewinnenden Stoff nicht oder nur zum geringen Teil enthaltende Phase als Ausgangsmischung u., nach Abtrennen des zu gewinnenden Stoffes aus der anderen Phase, letztere als Zusatzstoff angewendet werden. (**D. B. P. 855 698** Kl. 12 g vom 20/11. 1948, ausg. 17/11. 1952.) STEIL. H 294

**Electronic Reduction Corp.,** New York, N. Y., V. St. A., *Herstellung von Metallhalogeniden* durch Red. von hitzebeständigen Mineralien dieser Metalle mittels C in Ggw. von Halogen. Man stellt eine ein Mineral dieser Metalle (Kaolin) u. C enthaltende Anode her u. erzeugt zwischen dieser u. einer C-Kathode einen Lichtbogen, der so intensiv ist, daß aus der Anode genügend ionisierte Dämpfe des Anodenmaterials austreten, um mit der den Lichtbogen umhüllenden Halogenschicht ein Metallhalogenid ($AlCl_3$) zu bilden. — Vorrichtung. (**Schwz. P. 281 749** vom 4/9. 1947, ausg. 16/7. 1952. A. Prior. 26/6. 1941.) NEBELSIEK. H 294

**Kali-Chemie Akt.-Ges.** (Erfinder: **Hans Werner Schmidt**), Hannover, *Gewinnung von eisenarmem Aluminiumsulfat.* Man schließt Bauxit bzw. tonerdehaltige Mineralien in einem Kreisprozeß, gegebenenfalls nach Vorbehandlung durch Calcinieren, in bekannter Weise mit $H_2SO_4$ auf, versetzt die vom Rückstand getrennte Lsg., die neben $Al_2(SO_4)_3$ noch $FeSO_4$ enthält, mit der für den folgenden Aufschluß notwendigen Menge $H_2SO_4$, trennt das abgeschiedene $Al_2(SO_4)_3$ ab u. verwendet die Restlauge erneut zum Aufschluß des Ausgangsmaterials. (**D. B. P. 854 500** Kl. 12 m vom 10/2. 1943, ausg. 4/11. 1952.) NEBELSIEK. H 294

**Gesellschaft für Elektrometallurgie Dr. Heinz Gehm,** Berlin (Erfinder: **Kurt Brüning,** Fürth), *Fällen von Vanadinsäure.* Die auf ca. 95° angewärmte Na-Vanadatlauge wird in Mineralsäure, bes. konz. $H_2SO_4$, eingeführt, wobei man die Fällung bei schwachsaurer Rk. abschließt. Man kann konz. Vanadatlauge anwenden. P bleibt in Lösung. (**D. R. P. 762 965** Kl. 12i vom 13/1. 1943, ausg. 5/1. 1953.) ZÜRN. H 330

**Titan Co. A. S.,** Fredrikstad (Erfinder: **Andreas J. Ravnestad,** Vikene, Onsöy, und **Assur G. Oppegaard,** Fredrikstad), Norwegen, *Gewinnung von Niob-, Tantal- und/oder Titanhydraten aus Rohmaterialien.* Man trennt Nb u. Ta von Ti u. den übrigen Bestandteilen, wie Fe, Mn u. Sn, durch eine kombinierte, gegebenenfalls in Stufen ausgeführte Reduktions- u. Hydrolysebehandlung. (**D. B. P. 864 864** Kl. 12 m vom 20/5. 1942, ausg. 29/1. 1953. N. Prior. 19/5. 1941.) NEBELSIEK. H 331

**Badische Anilin- & Soda-Fabrik,** Ludwigshafen/Rh. (Erfinder: **Michael Aschenbrenner,** Heidelberg), *Elektrolytische Oxydation von Chromsalzlösungen zu Chromsäure.* Man verwendet einen Elektrolyten, der Wolframsäure oder Molybdänsäure in geringen, mindestens ca. 0,1 % (bezogen auf die Elektrolytmenge) betragenden Mengen enthält. (**D. B. P. 867 990** Kl. 12 m vom 27/1. 1951, ausg. 23/2. 1953.) NEBELSIEK. H 335

**Badische Anilin- & Soda-Fabrik,** Ludwigshafen/Rh. (Erfinder: **Michael Aschenbrenner,** Heidelberg), *Elektrolytische Oxydation von Chromsalzlösungen zu Chromsäure.*

Man verwendet dazu als Kathodenmaterial W oder Mo oder deren Legierungen u. unterzieht das Material vor seiner Benutzung einer oberflächlichen Oxydation. (**D. B. P. 872 202** Kl. 12m vom 26/1. 1951, ausg. 30/3. 1953.) NEBELSIEK. H 335

**United States of America,** übert. von: **Milton Kahn,** Berkeley, Calif., V. St. A., *Elektrolytische Abscheidung von Uranverbindungen.* Man leitet durch eine NaF-haltige Uranylnitratlsg. einen Strom (Spannung ca. 7 V bei 0,6 A/dm²). (**A. P. 2 608 530** vom 24/3. 1945, ausg. 26/8. 1952.) NEBELSIEK. H 339

**Badische Anilin-& Soda-Fabrik** (Erfinder: **Friedrich Bergmann**), Ludwigshafen/Rh., *Für die Herstellung von Magnetogrammträgern geeignetes, magnetisierbares Eisenoxyd.* Man unterwirft Magnetit zuerst einer oxydierenden Behandlung (400—700°) u. dann einer reduzierenden (ca. 400°) bis zur Magnetitstufe. (**D. B. P. 862 300** Kl. 12n vom 5/4. 1950, ausg. 8/1. 1953.) NEBELSIEK. H 354

**Badische Anilin- & Soda-Fabrik** (Erfinder: **Leo Schlecht, Helmut Schlecht,** Ludwigshafen/Rh., und **Rudolf Staeger,** Friedelsheim), Ludwigshafen/Rh., *Herstellung eines Ausgangsstoffes zur Eisencarbonylgewinnung.* Man behandelt den S u. Fe enthaltenden Ausgangsstoff mit CO, vergießt das Schmelzprod. als Schicht u. kühlt rasch ab. (**D. B. P. 867 545** Kl. 12n vom 11/2. 1951, ausg. 19/2. 1953.) NEBELSIEK. H 354

**Mond Nickel Co. Ltd.,** London (Erfinder: **Albert Edward Wallis,** Clydach, und **Dewitt Hendry West,** Porteynon, Swansea), England, *Entfernung von Ni aus unreinem Kobalthydroxyd* durch Ausziehen des letzteren, d. h. durch genügend lange Erwärmung (mindestens 70°) in einer sauren Fl. mit einem $p_H$ zwischen 0,9 u. 2,0, die mindestens ein Co-Salz enthält, z. B. das Chlorid oder Sulfat. (**D. B. P. 859 301** Kl. 12n vom 26/7. 1949, ausg. 11/12. 1952. E. Priorr. 28/11. 1941 u. 4/9. 1942.) NEBELSIEK. H 355

**Pennsylvania Salt Mfg. Co.,** V. St. A., *Herstellung von Kobalttrifluorid* durch Behandeln von $Co_3O_4$ mit $ClF_3$ oder $BrF_5$ bei Tempp. über 240°. — Beispiel: In einem Reaktionsgefäß läßt man bei einer Temp. von 245° auf 252 g $Co_3O_4$ 258 g $ClF_3$ einwirken. Die Temp. wird allmählich auf 400° gesteigert u. dann bis zur Beendigung der Rk. — nach ca. $3^3/_4$ Std. — aufrechterhalten. (**F. P. 1 001 742** vom 10/9. 1949, ausg. 27/2. 1952.) SCHÖNAUER. H 355

**Walter Hieber,** München, und **Hans Schulten,** Nürnberg, *Herstellung von Kobaltcarbonylwasserstoff und Kobaltcarbonyl* durch Einw. von CO auf Co oder Co-haltige Stoffe bei erhöhter Temp. u. erhöhtem Druck. Dabei bringt man gleichzeitig mit dem CO auch $H_2$ zur Einw. u. führt gegebenenfalls die gebildete flüchtige Kobaltcarbonylwasserstoffverb., $(CO)_4CoH$, in Kobaltcarbonyl über. (**D. B. P. 852 988** Kl. 12n vom 15/12. 1938, ausg. 20/10. 1952.) NEBELSIEK. H 355

**Soc. Générale Métallurgique de Hoboken,** Hoboken-les-Anvers, Belgien, *Abtrennen von Ni aus Ni und Co enthaltenden Lösungen.* Man fällt das Ni aus Ni u. Co in Form von Chloriden oder Sulfaten enthaltender Lsg. bei $p_H$ von 2—3 durch Zusatz von metall. Co in Verbindung mit wenigstens einem Oxyd des S, As, Sb, Se oder Te. (**E. P. 683 679** vom 15/6. 1951, ausg. 3/12. 1952.) NEBELSIEK. H 356

**International Nickel Co., Inc.,** New York, N. Y., übert. von: **William John Kirkpatrick,** Pittsburgh, Pa., V. St. A., *Gewinnung von reinem Nickelhydroxyd.* Man läßt ein wasserlösl. Hydroxyd (KOH) mit einem Ni-Salz bei $p_H > 12{,}5$ reagieren, trennt das entstandene $Ni(OH)_2$ ab u. behandelt es mit einem wasserfreien organ. Lösungsm., z. B. einem Alkohol mit 1—5 C-Atomen, den entsprechenden Äthern, Furanen, Hydrofuranen, Pyranen, Hydropyranen u. Ketonen mit 1—6 C-Atomen, um die Verunreinigungen aus dem $Ni(OH)_2$ herauszulösen. Zum Schluß filtriert man das reine $Ni(OH)_2$ ab. (**A. P. 2 602 070** vom 15/9. 1950, ausg. 1/7. 1952.) NEBELSIEK. H 356

**Badische Anilin- & Soda-Fabrik** (Erfinder: **Leo Schlecht,** Ludwigshafen/Rh., und **Rudolf Staeger,** Friedelsheim), Ludwigshafen/Rh., *Gewinnung von Eisen- und Nickelcarbonyl* durch Einw. von CO auf geröstete u. red. Fe, Ni u. Cu enthaltende, sulfid. Rohstoffe, wie Roherze oder Konzentrate. Diese werden nur so weit abgeröstet, daß der im Röstgut verbleibende S zur Bindung des etwa vorhandenen Cu als $Cu_2S$ u. zur Bindung eines Teils des Fe als FeS ausreicht. (**D. B. P. 873 694** Kl. 12n vom 6/4. 1940, ausg. 16/4. 1953.) NEBELSIEK. H 356

## VI. Silicatchemie. Baustoffe.

**M. D. Tamarin** und **A. G. Minakow,** *Die Widerstandsfähigkeit feuerfester Materialien beim Schmelzen schwerschmelzender Gläser.* Versuchsergebnisse zur Ermittlung günstigster Materialien für die Ausfütterung bes. hoch beanspruchter Glasschmelzöfen. Wenig geeignet ist elektr. geschmolzenes *Mullit*-Futter, das unbeständig ist u. die Glasschmelze verunreinigt. *Thermitokorund* u. sonstiges tonerdereiches Material zeigen genügende Beständigkeit, doch weisen sie stellenweise zellenförmige Zerstörungen auf, deren Einfl. auf die Reinheit der Glasmasse noch nicht eindeutig geklärt wurde. *Kaolin*-Platten sind offensichtlich geeignet. Bes. hochwertige Eigg. zeigten Platten aus elektr. geschmolzenem *Quarz*. (Огнеупоры [Feuerfeste Mater.] **15.** 466–71. Okt. 1950.) v. MICKWITZ. 6172

**P. Beyersdorfer,** *Die Bedeutung der Großzahlforschung für die Glasindustrie.* Vf. gibt in einem Vortrag Hinweise, wie die Großzahlforschung zur Auswertung täglicher Messungen in der Glasherst. angewendet werden kann, um die Erzeugnisse auf die Lage u. Gleichmäßigkeit der Eigg., Herauszüchtung von größeren Anteilen mit günstigen Eigg., Schwachstellenforschung u. Anregung für die Entwicklungsarbeit zu überwachen. (Sprechsaal Keram., Glas, Email **83.** 219–22. 5/6. 1950.) KÜHNERT. 6200

**Fritz Viehweger,** *Aufglasurfarben.* Richtlinien für die Erzeugung der Glasurfarben u. der Farbkörper sowie Rezepturen. (Sprechsaal Keram., Glas, Email **83.** 459–61. 20/11. 1950.) MARKHOFF. 6212

**Hans J. Karmaus,** *Vom Herkömmlichen stark abweichende Neuerungen in der Emailindustrie.* Behandelt werden neuere Auftragsverff. u. Brennöfen, wie der senkrecht von unten nach oben zu beschickende Elektrobrennofen, sowie Prüfapparate für Emailüberzüge. (Sprechsaal Keram., Glas, Email **83.** 493–97. 20/12. 1950.) MARKHOFF. 6212

**S. M. Lang, C. L. Fillmore** und **L. H. Maxwell,** *Das System Berylliumoxyd–Aluminiumoxyd–Titanoxyd: Phasenbeziehungen und allgemeine physikalische Eigenschaften von Dreistoffporzellanen.* Im Hinblick auf die Verwendung in Gasturbinen u. Düsenmaschinen wurde versucht, durch Vereinigung des nur sehr geringe Wärmeausdehnung aufweisenden $Al_2O_3 \cdot TiO_2$ mit dem gut wärmeleitenden BeO einen hochtemperaturwechselbeständigen Werkstoff zu erhalten. Schon für die bin. Teilsysteme wurden von früheren Angaben (auch denen von VON WARTENBERG u. Mitarbeitern, Z. anorg. Chem. **207.** [1932.] 1; **230.** [1937.] 257) stark abweichende Ergebnisse erhalten. Im Dreistoffsyst. wurde keine tern. Verb. festgestellt, dagegen tern. Eutektika bei 1572° für ca. 2 BeO : 1 $Al_2O_3$ : 2 $TiO_2$, bei 1577° für 2 BeO : 1 $Al_2O_3$ : 4 $TiO_2$, bei 1580° für 1 BeO : 1 $Al_2O_3$ : 1 $TiO_2$ u. wahrscheinlich bei 1755° für 2 BeO : 5 $Al_2O_3$ : 2 $TiO_2$. Die für $Al_2O_3 \cdot TiO_2$ zwischen 25 u. 800° bei Null liegende Wärmeausdehnung wurde durch ½ Mol BeO auf ca. 0,15, durch 1–4 Mole auf ca. 0,7–0,8% erhöht. Es ließen sich daher wohl hochtemperaturbeständige, aber nicht temperaturwechselbeständige Porzellane erhalten. Eigg.: D. 3,3–3,7, Druckfestigkeit bei Raumtemp. 13200–19700 kg/cm², Zugfestigkeit 970–1760, bei 982° 740–1200 kg/cm², lineare Wärmeausdehnung zwischen 25 u. 950° 0,81–0,89%. (J. Res. nat. Bur. Standards **48.** 298–312. April 1952. Washington.) F. HEINRICH. 6218

**R. S. Lamar,** *Weiterentwicklung in der Herstellung von Steatitkörpern hoher Isolierfähigkeit mit Hilfe von Yellowstone-Talk.* Es wurde eine Anzahl Verbb. in dem Syst. BaO–MgO–$Al_2O_3$–$SiO_2$ auf ihre Eignung als keram. Isoliermaterial untersucht. Ein gleichbleibender Anteil von 9,1% $BaCO_3$ wurde in allen Mischungen angewandt u. das Verhältnis BaO : MgO durch Zuführung wechselnder Mengen $MgCO_3$ verändert. Die Isoliereigg. änderten sich dadurch. An Dünnschliffen wurde die Beziehung zwischen innerer Struktur u. Isolierfähigkeit untersucht. (Amer. ceram. Soc. Bull. **32.** 12–15. Jan. 1953. Los Angeles, Calif., Sierra Talc u. Clay Co.) K. SEIDEL. 6220

**P. T. S. Miller,** *Das Brennen von Zement in Drehöfen.* Darst. der chem. u. physikal. Vorgänge im Drehofen, der Wärmebilanzen im Trocken- u. Naßverf., Einfl. des Wassergeh. in Schlamm u. Kohle auf die Temp., Einfl. der Luftmenge auf die Abgaszus. u. Darst. der Verluste bei falscher Verbrennung. (Cement Lime Manufact. **26.** 17–25. März 1953.) K. SEIDEL. 6222

**W. F. Shurawlew** und **W. A. Tichonow,** *Das physikalisch-chemische Wesen der Wirkung von plastizierenden und luftzurückhaltenden Zusätzen.* Um zu klären, ob die erhöhte Wasserundurchlässigkeit, Kälte- u. Salzresistenz der Zemente bei Zusatz von luftzurückhaltenden Stoffen auf einer Hydrophobierung der Flächen nahe der Hohlräume u. auf eine Zurückhaltung von vielen mkr. Luftbläschen beruht, wurde der Einfl. von plastifizierenden (*Ammoniumlignosulfonat*) u. luftzurückhaltenden Zusätzen [*Abietinharz* (**II**), *Al, koll. C,* techn. *Lignin,* $H_2O_2$, *Rosolsäure,* $NH_4Cl$, *Xylol, Kolophonium*] auf das elektrokinet. Potential $\xi$ des Teilchens von *Portland-*, *Tonerde-* u. *Puzzolanzement* an der Grenze zum fl. Medium untersucht. Durch Zugabe von **I** wurden die Plastizität der Zementmörtel u. die Beständigkeit der Suspensionen erhöht, das Sedimentationsvol. vermindert. Beim positiv geladenen Portlandzement u. tonhaltigen Zement wurde $\xi$ gesenkt, beim negativ geladenen Puzzolanzement erhöht. Bei allen Zementen wurde das $\xi$ durch Zusatz von **II** gesenkt. Durch 0,05% **II** wurde die Stabilität der Zementsuspensionen als Folge der Hydrophobierung der Zementteilchen vermindert, das Sedimentationsvol. erhöht. Die plastifizierende Wrkg. von II ist durch die Zuführung von vielen mkr. Luftteilchen bedingt. Die luftzuführenden Zusätze werden in 5 Gruppen eingeteilt. (Журнал Прикладной Химии [J. angew. Chem.] **25.** 1256—67. Dez. 1952.) LEBTAG. 6222

**I. L. Resnick** und **R. E. Mould,** *Die Feststellung von Dauerspannung in getempertem Glas durch Drahtspannungsmesser und Polarisationsmikroskop.* Bei Messung von Glasspannungen an Werkstücken, die als Ganzes nicht gemessen werden können, sprengt man Teile ab u. mißt die Spannung unter dem Polarisationsmikroskop. Diese Messung genügt nicht, da das abgeschlagene Stück bereits teilweise entspannt ist. Deshalb bringt man am ganzen Stück einen Draht zur Spannungsmessung an (am besten an der Innen- u. Außenfläche), der nach dem Abschlagen dieses Stückes die dadurch bewirkte Entspannung abgibt. Die weitere Messung erfolgt in üblicher Weise mit dem Polarisationsmikroskop. (J. Soc. Glass Technol. **35.** 487—89. Dez. 1951.) KÜHNERT. 6242

---

**Lan-O-Sheen, Inc.,** übert. von: **Herbert E. Heideman,** St. Paul, Minn., V. St. A., *Glasreinigungsmittel,* bestehend aus einer wss. Lsg. von 0,003—0,03 (Gew.-%) Naphthalin, 11—26 eines flüchtigen Lösungsm. (aliphat. Alkohole oder Ketone, wie Isopropylalkohol oder Diäthylketon) u. 0,001—0,01 Cumarinfarbe, wie $\beta$-Methylumbelliferen, Dioxycumarin oder Dioxydimethylcumarin. (**A. P. 2 611 747** vom 1/3. 1950, ausg. 23/9. 1952.) GRÄGER. 6177

**Pierre Michel Louis Latrobe,** Paris, Frankreich, *Herstellung von lichtdurchlässigen Kunststoffolien oder Glastafeln mit Oberflächenverzierungen,* an denen das durchfallende Licht reflektiert, zerstreut, gebrochen oder dgl. wird u. die Lichteffekte mit dem Winkel veränderlich sind, unter dem diese betrachtet werden. Z. B. werden in die eine oder in beide Seiten einer Folie Netze von Rasterlinien beliebigen Verlaufs eingeprägt, die unter n. Betrachtungsverhältnissen mit dem bloßen Auge nicht wahrnehmbar sind. Die verzierte Folie wird dann auf einer oder auf beiden Seiten mit einer Glastafel vereinigt. — Die Rasterlinien können auch mit einer lichtundurchlässigen Deckschicht überzogen werden, die lichtreflektierend sein kann. (**D. B. P. 871 685** Kl. 75b vom 30/4. 1939, ausg. 26/3. 1953. F. Prior. 30/4. 1938.) LAASS. 6189

**Minnesota Mining & Mfg. Co.,** St. Paul, übert. von: **Warren R. Beck,** Mahtomedi, Minn., V. St. A., *Glasperlen.* Zur Herst. stark reflektierender Glasperlen, die den Farben für Markierungsstreifen von Autobahnen oder dgl. zugesetzt werden, sollen Gläser mit einem Brechungsexponenten zwischen 1,64 u. 1,74 benutzt werden, welche die Zus. haben: 15—35 (Gew.-%) $SiO_2$, 8—25 $Al_2O_3$, 8—25 $TiO_2$, 2—15 MgO, 8—24 CaO, bis zu 15 $B_2O_3$, bis 10 $Na_2O$ u. bis 5 F. $SiO_2 + Al_2O_3 + TiO_2$ soll 40—75, $Al_2O_3 + TiO_2$ 20—50, $Na_2O + F$ 1—13, $B_2O_3 + Na_2O + F$ 5—25, $MgO + CaO + B_2O_3 + Na_2O + F$ 25—60 u. das Verhältnis $Al_2O_3 : TiO_2$ 1 : 3 bis 3 : 1 betragen. — Beispiel für eine Glaszus.: 26,35 $SiO_2$, 16,25 $Al_2O_3$, 15,20 $TiO_2$, 13,45 MgO, 15,25 CaO, 7,40 $B_2O_3$, 4,70 $Na_2O$ u. 1,40 F; Brechungsexponent 1,67. (**A. P. 2 610 922** vom 14/3. 1950, ausg. 16/9. 1952.) HANS HOFFMANN. 6201

**General Electric Co. Ltd.,** London, und **Anne Patricia Dovey, John Henry Partridge** und **Maurice Manners,** Wembley, Middlesex, England, *Anschmelzglas.* Zum Verbinden zweier Glasteile wird ein Anschmelzglas verwendet, welches aus 30—80 (Gew.-%) PbO, 10—35 CdO, 10—35 $B_2O_3$, 0—2 $SiO_2$ u. 0—8 ZnO besteht, wobei PbO + CdO 65—90 ausmachen soll. — Beispiel für eine Glaszus.: 54 PbO, 20 CdO, 24 $B_2O_3$ u. 2 ZnO. (**E. P. 649 600** vom 5/5. 1948, ausg. 31/1. 1951.) HANS HOFFMANN. 6201

**Ohio Plate Glass Co.,** Toledo, übert. von: **Leslie D. McGraw, Charles L. Faust** und **Ernest R. Mueller,** Columbus, O., V. St. A., *Schutzüberzugsmassen für Spiegel.* Zum Schutz der reflektierenden Metallschicht von Spiegeln, bes. Ag-Spiegeln, wird diese mit einem Oxyd der Metalle Al, Pb, Ta, Sn oder Zn überzogen u. die Oxydschicht mit einer M. bekleidet, die aus 13—33 (Gewichtsteilen) ZnO, 16—40,5 Baryt, 3—15,5 Talk, 6—11 $TiO_2$ u. 25—32 eines Styrol–Butadien-Polymeren besteht. Diese M. kann auch direkt auf die Metallschicht, z. B. durch Spritzen, aufgebracht werden, wobei sie mit Xylol bis zur Erzielung der gewünschten Viscosität versetzt wird. — Beispiel für die Zers. einer Überzugsmasse: 16 ZnO, 25,7 Baryt, 3,2 Talk, 6,1 $TiO_2$ u. 26,3 eines Styrol–Butadien-Polymeren mit 70—75 Styrol, sowie Xylol. — Abbildungen. (**A. PP. 2 595 800** u. **2 595 867** vom 25/5. 1950, ausg. 6/5. 1952.) HANS HOFFMANN. 6203

**Bruno Friedrich Schweig,** London, England, *Versilbern von Glas oder dergleichen.* Glas, Porzellan, Kunstharze oder andere die Elektrizität nicht leitende Gegenstände werden mit einer ammoniakal. $AgNO_3$-Lsg. versilbert, der zur Regelung der Reaktionsgeschwindigkeit geringe Mengen eines Thiosulfates, z. B. des Co, zugesetzt sind. (**E. P. 661 346** vom 29/9. 1948, ausg. 21/11. 1951.) HANS HOFFMANN. 6203

**Wilhelm Stahl,** Deutschland, *Behandlung von Dolomit zwecks Gewinnung von Magnesit.* Dolomit wird einer mäßigen Temp., z. B. von 800°, ausgesetzt u. zu feinem Pulver vermahlen. Das Pulver wird einer Siebung unterzogen, die eine Abtrennung von Magnesit ermöglicht, der wie reiner Naturmagnesit verwendbar ist. Man erhält bei der Siebung außerdem $CaCO_3$ u. eine Mischung aus Magnesit u. $CaCO_3$. Letztere ist für viele Zwecke wie reiner Magnesit verwendbar. (**F. P. 1 006 028** vom 31/10. 1947, ausg. 18/4. 1952.) BEWERSDORF. 6209

**Horst Simonis,** Höhr-Grenzhausen, *Glasuren auf keramischen Erzeugnissen.* Die zu glasierenden Körper werden mit einer wss. Aufschlämmung des mittelrhein. Löß überzogen u. danach in der üblichen Weise gebrannt. Der Rohstoff Löß steht in prakt. unbegrenzten Mengen zur Verfügung. Er liegt in feiner Verteilung vor, so daß es keiner Zerkleinerung bedarf, u. ist so aufgebaut, daß er auf jedem keram. Scherben sitzt, ohne abzublättern. Der Löß ergibt schon bei Segerkegel 3a/4a eine glatte, ausgeschmolzene Glasur u. zeigt bis Segerkegel 10 keine Überfeuerungserscheinungen. (**D. B. P. 854 472** Kl. 80b vom 24/7. 1949, ausg. 4/11. 1952.) REINHART. 6213

**Soc. An. des Manufactures de Glaces et Produits Chimiques de Saint-Gobain, Chauny & Cirey,** Paris, Frankreich (Erfinder: **R. J. Tatincloux** und **R. G. Guy**), *Herstellung von feuerfesten porösen Stoffen.* Man verwendet einen feuerfesten Stoff in koll. Suspension, z. B. Ton in Form einer Porzellanmasse, u. nimmt die Ausflockung gleichzeitig mit der Bldg. von Gasblasen vor. Hierzu setzt man der M. Mittel zu, die gleichzeitig Gase bildet u. die Ausflockung bewirken. — Z. B. verwendet man einen Ton mit 10—12% Glühverlust, 50—58% $SiO_2$, 30—36% $Al_2O_3 + TiO_2$, 1—2% $Fe_2O_3$, 0,5 bis 1,5 $K_2O$ u. eine Spur CaO. Zum Ausflocken wird etwas Natronlauge mit Wasserglas u. Al-Pulver zugesetzt. Die M. wird dann in Formen gegossen, in zusammenhängenden Stücken herausgenommen u. gebrannt. Die Gießformen werden zweckmäßig aus W. absorbierenden Stoffen, wie Gips, hergestellt. Man erhält Formkörper mit glatten porenfreien Außenseiten. (**Schwed. P. 132 863** vom 8/1. 1948, ausg. 4/9. 1951. F. Prior. 14/1. 1947.) JÜRGEN SCHMIDT. 6219

**Steatit Magnesia Akt.-Ges.,** Lauf, Pegnitz (Erfinder: **Ernst Albers-Schönberg,** Metuchen, N. J., V. St. A.), *Festhaftende lötfähige Kupferschichten auf keramischen Körpern.* Die zu metallisierenden, unglasierten Flächen des keram. Körpers werden zunächst mit einer Metallfarbe überzogen, die aus feinverteiltem Cu, einem bei verhältnismäßig niedriger Temp. mit silicathaltigen Stoffen reagierenden Oxyd, wie Blei- oder Wismutoxyd oder Oxydgemisch, u. Suspensionsöl aufgebaut ist. Dann wird bei einer Temp. ca. 50° unterhalb des F. des Cu in einer schwach oxydierenden Atmosphäre geglüht u. während der Abkühlung bei Unterschreiten von ca. 500° schwach reduziert. Die Oberfläche des Überzuges besteht dann aus lötfähigem, frisch red. Cu, während in der Grenzschicht Metall/Keramik die oxyd. Bindung bestehen bleibt. (**D. B. P. 854 473** Kl. 80b vom 30/7. 1941, ausg. 4/11. 1952.) REINHART. 6221

---

**W. H. Glanville, A. R. Collins and D. D. Matthews.** The grading of aggregates and workability of concrete. Reprint 2nd edn. 1947. London: H. M. S. O. 1953. (58 S. m. Abb.) 3 s.

## VII. Agrikulturchemie. Schädlingsbekämpfung.

**R. C. Datin, E. A. Worthington** und **G. L. Poudrier,** *Der Rückgang des Phosphorpentoxyds in ammoniakbehandeltem Superphosphat. Einige Wirkungen des Fluors.* In Laboratoriumsverss. wurde ein bestimmtes Rohphosphat unter Zusatz von Kieselgur, um die Verflüchtigung des F zu erleichtern, in Superphosphat (I) übergeführt, dabei zum Teil 18 Std., zum Teil 45 Tage auf 85° gehalten, so daß Prodd. mit verschied. F-Geh. gewonnen wurden. Der Wassergeh. wurde derart geregelt, daß nach der Einw. einer Lsg. von 65,0% $NH_4NO_3$ + 21,7% $NH_3$ + 13,3% W. das Endprod. 10% W. enthielt. Da die Einw. des $NH_3$ u. die Lagerung unter gleichen Bedingungen ausgeführt wurden, konnten nur noch der Geh. an F, freier Säure, wasser- u. citratlösl. $P_2O_5$ im ursprünglichen I von Einfl. auf den Rückgang des citratlösl. $P_2O_5$ sein. Es stellte sich heraus, daß nur F u. freie Säure eine Wrkg. ausüben u .diese durch $y = 3{,}01 + 15{,}66\,x - 0{,}75\,z$ ausgedrückt werden kann, wenn y der Geh. an citratlösl. $P_2O_5$ nach der $NH_3$-Behandlung, x der F-Geh. (Mittel 0,84%) u. z der Geh. an freier $H_3PO_4$ (Mittel 4,48%) im ursprünglichen I sind, soweit es sich um schwach F-haltiges (0,47—1,27%) I handelt. Bei höherem F-Geh. hat dieser anscheinend keinen Einfl. mehr auf den Rückgang des citratlösl. $P_2O_5$, ohne daß man eine scharfe Grenze angeben kann. (Ind. Engng. Chem. **44.** 903—05. April 1952. Hopewell, Va., Allied Chem. & Dye Corp., Solvay Process Div., Nitrogen Sect.) METZENER. 6290

**Hedvig Kornis Ballánó** und **János Sarkadi,** *Laboratoriumsmäßige Untersuchung von mit Phosphorit und Apatit gereiften Stalldüngern.* Vff. geben ihre Beobachtungen bzgl. des Verh. des lösl. P-Geh. in mit 2% Apatit bzw. Phosphorit auf verschied. Weise behandeltem Stalldünger wieder. Hierbei wurde festgestellt, daß im Gegensatz zu mit Brunnenwasser gereiften Phosphaten, wo nur 12—13% in lösl. Form erhalten wurden, nach Reifung mit Stalldünger obige Phosphate zu 36—38% als lösl. P vorlagen. Durch Freilandverss. konnte dieser Befund noch nicht bestätigt werden. (Agrokémia és Talajtan [Agrochem. u. Bodenkunde] **1.** 471—78. Okt. 1952. Budapest, Agrokém. Kutató Intézet. Humuszosztálya.) v. PILINSZKY. 6294

**W. K. Iwanow,** *Nesterweise Einbringung von granuliertem Superphosphat bei Ricinus.* Das nesterweise Einbringen von granuliertem Superphosphat (I) ermöglicht bei Ricinus eine bessere Ausnutzung. Beim üblichen Ausstreuen von 60 kg $P_2O_5$ (**II**) als feines **I** erhielt man je kg **II** eine Steigerung des Samenertrages um 2 kg. Beim Ausstreuen von 8 kg **II** als granuliertes **I** wurde dagegen ein Zuwachs von 18 kg/kg **II** erreicht. (Доклады Всесоюзной ордена Ленина Академии Сельскохозяйственных Наук имени В. И. Ленина [Ber. Allunions landwirtsch. (Lenin-Orden) Lenin-Akad.] **17.** Nr. 5. 31—33. Mai 1952. Allunions Wiss. Forschungsinst. für Ölpflanzen.) A. JACOB. 6304

**T. W. Embleton, J. D. Kirkpatrick** und **E. R. Parker,** *Feldreaktion von Orangenbäumen auf Phosphatdünger.* Auf sauren Alluvialböden von niedriger Austauschkapazität kultivierte Valencia-Orangenbäume reagierten auf Düngung mit fl. Phosphorsäure, bzw. Tripelsuperphosphat (zusätzlich zu Ammoniumnitrat) durch stärkeren Laubwuchs während des ganzen Jahres, bessere Blattfärbung, stärkeren Fruchtansatz u. geringere Fruchtgröße bei besserer Qualität. Die P- u. Ca-Gehh. der Blätter waren erhöht, die N- u. K-Gehh. verringert. (Calif. Citrograph **37.** 463. 482—83. Okt. 1952. Los Angeles, Calif., Univ. of California, Dep. of Orchard Management.) RANG. 6304

**S. V. Desai** und **B. V. Subbiah,** *Beurteilung des relativen Wertes von Stickstoff und Phosphat in organischen und Mineraldüngern und ihren Mischungen auf Grund ihrer Aufnahme durch die Pflanzen.* Bericht über Düngungsverss. mit Stalldung, Kompost, Aktivschlamm u. Rapskuchen. Zusätze von Phosphor u. bes. Kali wirkte in der Regel erniedrigend auf den Aufschluß u. die Nitrifikation der organ. Dünger. Mischungen von organ. u. anorgan. N mit Phosphat ergaben gute Verwertung durch die Pflanzen; anorgan. Volldünger wirkte zunächst gut, auf die Dauer jedoch ging die N-Aufnahme zurück. Beste Wrkg. gab Stalldung mit anorgan. Volldünger. (Proc. Indian Acad. Sci., Sect. B **36.** 181—90. Nov. 1952. New Delhi.) GRIMME. 6304

**Sándor Kuthy, Vilmos Ferencz, Tiborné Bártfay** und **Markus Lászlo,** *Über die Wirkung der Kopfdüngung mit Stickstoff auf den Ertrag von Getreide.* An Hand einer 3jährigen Versuchsreihe stellen Vff. fest, daß Stickstoffkopfdüngung (angewandt in Form von Kalkammonsalpeter) sowohl den Ertrag als auch den N-Geh. von Weizen u. Gerste stark fördert. Bei feuchter Witterung wurden Mehrerträge bis zu 50%, bei trockener bis zu 10% erzielt. Vff. empfehlen in letzterem Falle die Aufbringung des Düngemittels als Lsg. bzw. Suspension durch Zerstäubung. — Untersuchungsergebnisse. (Agrokémia és Talajtan [Agrochem. u. Bodenkunde] **1.** 437—46. Okt. 1952. Budapest, Agrokém. Kutató Intézet Biokém. Osztálya.) v. PILINSZKY. 6304

**B. N. Dubinewitsch,** *Beizen von Linsensamen mit Granosan.* Samen von Linsen wurden gegen Fusariose u. andere Pilzkrankheiten mit 2 g Granosan auf 1 kg Samen gebeizt. Dadurch stieg die Keimfähigkeit im Feldvers. von 68,2 auf 89,3%. (Селекция и Семеноводство [Selekt. u. Samenzucht] **18.** Nr. 10. 79. Okt. 1951. Mironowka, Startschenko-Selektionsstat.) LINTER. 6312

**H. Fürst,** *Untersuchungen über die Wirkungen von hochmolekularen organischen Stoffen als Spritzmittel gegen Rostpilzinfektion.* 2-Alkylheterocyclen (Derivv. von Pyridin u. Chinolin) erwiesen sich gegenüber verschied. Rostpilzen als sehr wirksam. Da sie selbst bei den Pflanzen starke Verbrennungen erzeugten, benutzt man als Trägerstoff Sulfitablauge. Eine 0,25%ig. Lsg. von N-Methyl-2-tridecylpyridiniummethylsulfat u. Sulfitablauge wirkte als Spritzmittel im Freiland sehr gut gegen Rostbefall der Pfefferminze u. Peronospora. (Phytopathol. Z. **19.** 48—55. April 1952.) GRIMME. 6312

**G. E. Blackman,** *Herbicidgebrauch und -mißbrauch.* Hinweise zur richtigen Anwendung von Herbiciden, bes. *MCPA*, 2.4-D (*DCPA*), *DNOC* (Dinitro-o-kresol) u. *DNBP* (Dinitro-sek.-butylphenol). (Fertiliser, Feeding Stuffs Farm Suppl. J. **39.** 173—75. 179—80. 4/3. 1953.) GRIMME. 6312

**J. M. Richardson,** *Gemeiner Andorn* (*Marrubium vulgare L.*). Neben Chloraten zeigten Spritzungen mit 2.4-D u. MCPA gute Wirkung. (J. Dep. Agric. South Australia **56.** 265—67. Jan. 1953.) GRIMME. 6312

**W. T. Sumerford, R. W. Fay, Mary B. Goette** und **A. Marian Allred,** *Aussichtsreiche „DDT-Synergist"-Kombinationen zur Bekämpfung widerstandsfähiger Fliegen.* Vff. fanden unter 2400 untersuchten Verbb. 17 Verbb., die etwa gleich oder besser wirksam waren als 1.1-Bis-(p-chlorphenyl)-äthanol (*DMC*). Als aussichtsreichste Zusatzstoffe zu DDT erwiesen sich: p-Chlorphenyl-1.2-dichlor-2-(p-chlorphenyl)-äthylketon, 1.1-Bis-(p-chlorphenyl)-äthanol u. 1.1-Bis-(p-chlorphenyl)-äthan. (J. nat. Malaria Soc. **10.** 345—49. Dez. 1951. Savannah, Ga., Public Health Serv., Techn. Development Serv., C. D. C.) LIEBNER. 6312

**R. A. Dunning** und **F. G. W. Jones,** *Mangoldfliege. Weitere Versuche zu ihrer Bekämpfung.* Bericht über die Bekämpfung mit synthet. Insekticiden. Die besten Resultate wurden mit Parathion erzielt. (Brit. Sugar Beet Rev. **21.** 111—15. 119. März 1953.) GRIMME. 6312

**A. V. Mitchener,** *Vergleich von Aldrin und Dieldrin als Heuschreckengifte.* Zur Bekämpfung von Camnula pellucida Scudd., Melanoplus bivittatus Say u. Melanoplus mexicanus mexicanus Sauss. eignen sich sowohl Dieldrin (**I**) als Aldrin (**II**). **I** erwies sich dem **II** überlegen (schnellere Abtötung, längere Wirksamkeit). (J. econ. Entomol. **44.** 66—70. Febr. 1951. Winnipeg, Univ. of Manitoba.) WINIKER. 6312

**J. Alfred Adams,** *Versuche mit Dieldrin zur Bekämpfung der Larven von Popillia japonica Newman in Rasen.* Verss. zur Bekämpfung der Larven u. Puppen von Popillia japonica Newman (Japanese beetle) mit Dieldrin bei einer Vegetation von bes. Danthonia spicata, Digitaria sanguinalis u. Hieracium pilosella zeitigten gute Ergebnisse. (J. econ. Entomol. **44.** 127—28. Febr. 1951. Geneva u. Poughkeepsie, N. Y., New York State Agricult. Exp. Stat.) LIEBNER. 6312

—, *Eutane terminalis (orange-barred grass moth).* Beste Erfolge bei der Bekämpfung im Raupenstadium durch Spritzungen mit DDT-Emulsionen. (Agric. Gaz. New South Wales **64.** 98—99. Febr. 1953.) GRIMME. 6312

**G. J. Shanahan** und **P. Wright,** *Benebelung mit BHC zur Bekämpfung der Schafläuse.* Spritzungen mit BHC-Lsgg. bewirkten guten Schutz gegen Schaflausbefall. (Agric. Gaz. New South Wales **64.** 65—66. 90—94. Febr. 121—22. 160—63. März 1953.) GRIMME. 6312

**Enrico Romano,** *Verdunstung chlorierter organischer Insekticide am Licht.* 2. Mitt. Die Verdunstung von Oktachlor in netzbaren Gemischen (50% akt. Substanz) ist etwas größer als die von Oktachlor allein. (Ann. Staz. chim.-agrar. sperim. Roma [3] **1951.** Pubbl. Nr. **56.** 1—2. Rom, Stazione Chim.-Agraria Sperim.) GRIMME. 6312

**Mihály Krámer,** *Die Prüfung der Wasserbeständigkeit von Bodenkrumen. (Eine Untersuchung vergleichender Untersuchungsmethodik.)* Aus Anlaß der Einführung von Klee-Gras-Fruchtfolgen in der ungar. Landwirtschaft wurden die in der Sowjetunion üblichen Verff. zur Prüfung des Strukturzustandes von Böden miteinander verglichen. An Hand der Unterss. an verschied. Bodentypen wurde die von DVORACSEK, VÁRALLYAY u. MARQUETANT modifizierte Meth. von SAWINOW als am geeignetsten befunden. — Untersuchungsergebnisse. (Agrokémia és Talajtan [Agrochem. u. Bodenkunde] **1.** 495—510. Okt. 1952. Budapest, Agrokém. Kutató Intézet Talajtani Osztálya.) v. PILINSZKY. 6324

**Béla Pataki,** *Adsorptionsuntersuchungen mit dem Flammenphotometer.* Vf. untersucht die Bedingungen, bei welchen die Möglichkeit genauer flammenphotometr. Best. der nach dem Austauschverf. von MEHLICH gewonnenen Kationen sowie der Kationenaustauschfähigkeit von Böden gegeben ist. Es wird gefunden, daß Ca u. Na in der $BaCl_2$-Lsg. direkt bestimmt werden können, K hingegen erst nach der Entfernung des Ba als $BaCO_3$. Zur Best. der Kationenaustauschfähigkeit werden die Bodenproben nach der Behandlung mit $BaCl_2$-Lsg. mit 0,25—0,5n$CaCl_2$-Lsg. extrahiert. Der Austauschwert ergibt sich als Differenz des Ca-Geh. vor u. nach der Extraktion. (Agrokémia és Talajtan [Agrochem. u. Bodenkunde] **1.** 461—70. Okt. 1952. Budapest, Agrokém. Kutató Intézet Talajtani Osztálya.) v. PILINSZKY. 6324

**Milton S. Schechter** und **Irwin Hornstein,** *Colorimetrische Bestimmung von Benzolhexachlorid.* $C_6H_6Cl_6$ wird mittels Zn in $CH_3COOH$ in Bzl. u. dieses durch Nitriersäure in m-Dinitrobenzol übergeführt. Nach dem Extrahieren ergibt sich dann in Ggw. starken Alkalis mit Methyläthylketon eine rotviolette Färbung, deren Grad colorimetr. gemessen wird. Schemat. Wiedergabe der App., zahlenmäßige Bestimmungsangaben (100% für $\alpha$-, $\gamma$- u. $\varepsilon$-, weniger u. wechselnd für $\beta$- u. $\delta$-Isomere) u. tabellar. Anführung von Untersuchungsergebnissen. (Analytic. Chem. **24.** 544—48. März 1952. Beltsville, Md., U. S. Dep. of Agric., Bur. of Entomol. and Plant Quarantine.) LIEBNER. 6328

**André Chappaz** und **Bernard Wolinger**, Frankreich, *Pflanzenschutzmittel mit fungicider Wirkung.* Beim Sättigen von Kupferacetatlsg. mit $SO_2$ erhält man unter bestimmten Bedingungen einen roten, kristallinen Nd., dessen Zus. der Formel $(CuSO_3)_2Cu_2H_2O$ entspricht. Diese Verb. ist in W. unlösl., spaltet jedoch in Ggw. von feuchter Luft $SO_2$ u. Cu ab in einer Menge, die ausreicht, um eine Schutzwrkg. gegen pathogene Pilze auszuüben. Das Mittel kann z. B. beim Wein- u. Obstbau u. beim Kartoffelanbau angewandt werden. (**F. P. 1 009 858** vom 2/7. 1948, ausg. 4/6. 1952.) SCHÖNAUER. 6313

**J. R. Geigy Akt.-Ges.**, Basel, übert. von: **Hans Gysin**, Basel, und **Ernst Hodel**, Birsfelden, Schweiz, *Fungistatische Mittel.* Zum Schutz der menschlichen Haut gegen die Einw. pathogener Fungi werden für die Haut unschädliche, cremeartige, fl. oder pulverförmige Trägerstoffe mit *2.9-Dimethyl-1.10-phenanthrolin* (I) in Konzz. von 0,1 bis 2,5% innig vermischt u. die M. wird auf die Haut aufgetragen. I wird hergestellt durch Kondensation von o-Phenylendiamin oder 8-Aminochinaldin mit 1 oder 2 Mol Crotonaldehyd. F. 160°. Die Wrkg. von I kann durch Zusatz von quaternären $NH_4$-Verbb., Phenolen, Oxychinolinderivv. u. acariciden, insekticiden oder fungiciden Mitteln, wie S, Salicylsäure, Na-Benzoat oder organ. Hg-Verbb., verstärkt werden. Bes. wirksam gegen *Trichophyton interdigitale, Microsporum lanosum, Candida albicans, Epidermophyton floccosum* u. dergleichen. (**A. P. 2 617 753** vom 6/3. 1950, ausg. 11/11. 1952. Schwz. Prior. 11/3. 1949.) KARST. 6313

**Velsicol Corp.**, übert. von: **Morton Kleimann**, Chicago, Ill., V. St. A., *N-Mercuri-1.2.3.6-tetrahydro-3.6-endomethylen-3.4.5.6.7.7-hexachlorphthalimide* der Formel I (R = Alkyl, Cycloalkyl, Alkenyl, Aryl oder Aralkyl bis zu 22 C-Atomen) erhält man durch Umsetzung von Hexachlorcyclopentadien mit Maleinsäureanhydrid nach DIELS-ALDER. Das gebildete Addukt wird dann mit $NH_3$ oder $NH_3$-abgebenden Stoffen zum Phthalimid umgesetzt, dessen N-Metallderiv. dann mit RHgX (X = Cl, Br, J) kondensiert wird. — Durch Erhitzen von 6 (Mol.) Hexachlorcyclopentadien mit 6 Maleinsäureanhydrid in Xylol auf 145 bzw. 160—170° erhält man 1.2.3.6-Tetrahydro-3.6-endomethylen-3.4.5.6.7.7-hexachlorphthalsäureanhydrid, F. 235—237°, Ertrag 89%, das mit $(NH_4)_2CO_3$-Monohydrat beim Erhitzen in Xylol 1.2.3.6-Tetrahydro-3.6-endomethylen-3.4.5.6.7.7-hexachlorphthalimid in 80%ig. Ertrag liefert, F. 274—277°. Das daraus mit KOH–Methanol in Dioxan gewonnene K-Salz gibt mit Äthyl-HgBr (F. 190 bis 193°, erhalten aus Äthyl-MgBr + $HgBr_2$) *N-Äthylmercuri-1.2.3.6-tetrahydro-3.6-endomethylen-3.4.5.6.7.7-hexachlorphthalimid*, $C_{11}H_7O_2NCl_6Hg$, aus Heptan–Bzl. (4:1), F. 140—141°. Ferner sind genannt: *N-Allylmercuri-; N-Phenylmercuri-; N-β-Chloräthylmercuri-; N-Phenetylmercuri-1.2.3.6-tetrahydro-3.6-endomethylen-3.4.5-6.7.7-hexachlorphthalimid. Fungicide,* bes. zur Verhinderung der Keimung der Sporen von *Colletotrichum phomoides* u. *Monolinia fructicola.* — Wirkungsgrad in Tabellen. (**A. P. 2 598 562** vom 3/1. 1951, ausg. 27/5. 1952.) KRAUSS. 6313

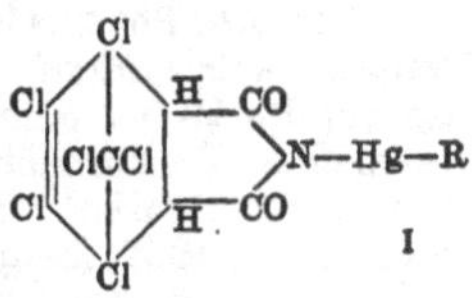

I

**Alexander Hohenthal**, Österreich, *Staubbindemittel mit insekticider Wirkung,* bestehend aus einer Mischung von 83 (Gewichtsteilen) feinem gewaschenem Flußsand, 8 Rückständen von der Transformatorenölregeneration, 5 mit Ocker gemischtem Vaselinöl, 2 gelöschtem Kalk, 0,2—0,4 p-Diphenyltrichloräthan, 0,1 „Lysol", 0,1 Formalin sowie 20 Coniferenöl. (**Oe. P. 172 939** vom 18/2. 1949, ausg. 25/10. 1952.) HEYNE. 6313

**Elmar Profft**, Magdeburg-Südost, *Schädlingsbekämpfungsmittel,* bestehend aus aromat., halogenierten, bes. chlorierten Mono- oder Dinitro-o-oxycarbonsäuren, ihren Salzen, Derivv. oder Substitutionsprodukten. — 92 (g) eines Gemisches der 3- u. 5-Nitro-o-oxybenzoesäuren werden in einer Lsg. von 40 NaOH in 750 cm³ W. warm gelöst, unter Rühren abgekühlt, wobei das Di-Na-Salz ausfällt. Ohne Filtrieren wird auf —1° gekühlt, 200 Eis u. in dünnem Strahl 210 Bleichlauge (17,8% NaOCl) werden zugegeben. Nach 10 Min. wird unter guter Eis–Kochsalz-Kühlung u. Rühren in ein Gemisch aus 75 $H_2SO_4$ u. 660 Eis einlaufen gelassen, es darf keine $Cl_2$-Entw. eintreten. Nach Ansäuern läßt man einige Std. stehen, saugt ab u. wäscht mit Eiswasser. Nach dem Trocknen 98% Ausbeute an *Chlornitro-o-oxybenzoesäure.* — Weitere Beispiele. Genannt sind *Dichlornitro-o-oxybenzoesäure, Chlornitrosalicylsäure,* F. 118°; *Chlor-o-oxynitrobenzoesäure,* F. 160—161°; *3.5-Dichlor-o-oxynitrobenzoesäure,* F. 175°. Diese Stoffe können mit inertem Material, z. B. Talkum, verd. werden. (**D. P. [DDR] 772** Kl. 45 l vom 24/12. 1948, ausg. 18/6. 1952 [Wirtschaftspatent].) WITTHOLZ. 6313

**Farbenfabriken Bayer** (Erfinder: **Friedrich Muth, Otto Bayer, Hans Kükenthal** und **Hermann Stötter**), Leverkusen, *Schädlingsbekämpfung.* Ester oder Thioester aliphat. Sulfonsäuren werden zur Bekämpfung pflanzlicher Schädlinge, von Motten, Fliegen,

Mücken, Kleiderläusen, Wanzen u. dgl. verwendet. — Beispiele: *Chlormethansulfonsäureester von Phenolen* u. die *Methan-* bzw. *Äthansulfonsäureester* des *p-Chlorthiophenols.* Konz. ca. 1—5% in Lsgg., Dispersionen, Emulsionen, Stäubemitteln oder Pudern. (**D. B. P. 869 136** Kl. 451 vom 18/7. 1944, ausg. 2/3. 1953.) KARST. 6313

**Velsicol Corp.,** übert. von: **Morton Kleimann,** Chicago, Ill., V. St. A., *1.2.4.5.6.7.8.8-Oktachlor-3α.4.7.7α-tetrahydro-4.7-endomethylenindan,* $C_{10}H_6Cl_8$ (*Chlordan*), F. 101—104°, erhält man durch Chlorieren von 4.7-Endomethylen-3α.4.7.7α-tetrahydro-4.5.6.7.8.8-hexachlorinden (Chlorden) (Addukt aus Hexachlorcyclopentadien + Cyclopentadien nach DIELS-ALDER) mit $SO_2Cl_2$ in Ggw. eines FRIEDEL-CRAFTS-Katalysators ($AlCl_3$, $SnCl_4$, $FeCl_3$, $AsAl_3$, $SbCl_5$ u. deren Mischungen unterhalb der Zersetzungstemp., z. B. zwischen Raumtemp. u. 120°. Ausbeute ca. 70%. Man kann auch $S_2Cl_2$ zusetzen. *Schädlingsbekämpfungsmittel.* (**A. P. 2 598 561** vom 3/10. 1949, ausg. 27/5. 1952.) KRAUSS. 6313

**Karl Zieke,** Effersen bei Köln, *Herstellung von Calciumpolysulfidlösungen* aus Kalk u. S, wobei solche S-haltigen Rohstoffe verwendet werden, deren Bestandteile, z. B. Fe-Verbb., an sich mit Sulfidlsgg. unlösl. Sulfide bilden. Verwendung als *Schädlingsbekämpfungsmittel.* (**D. B. P. 866 646** Kl. 12m vom 14/5. 1949, ausg. 12/2. 1953.) NEBELSIEK. 6313

**Gefach, Gesellschaft für Angewandte Chemie m. b. H.,** Deutschland, *Mittel gegen Nagetiere.* Als solches wird *α-Naphthylthioharnstoff* (I) in 5%ig. Mischungen verwendet. — Z. B. 85 (Teile) Fischmehl als Köder, 5 Stärke, 5 W. u. 5 I. (**F. P. 1 007 658** vom 18/3. 1948, ausg. 8/5. 1952.) WITTHOLZ. 6313

**Soc. An. Poudreries Réunies de Belgique,** Belgien, *Mittel gegen Nager. Cyclotrimethylentrinitramin* (*Hexogen*) wird als Mittel gegen Mäuse u. Ratten vorgeschlagen, da bereits 20 mg eine ausgewachsene Ratte töten. Das Prod. ist unlösl. in W., ohne Geruch u. Geschmack, es läßt sich bes. in Lockspeisen, z. B. Fleisch, einarbeiten u. besitzt für Mensch u. Haustiere nur geringe Giftigkeit. (**F. P. 1 008 381** vom 16/1. 1950, ausg. 16/5. 1952. Belg. Prior. 10/5. 1949.) WITTHOLZ. 6313

---

**Fritz Scheffer** u. **Paul Schachtschabel,** Lehrbuch der Agrikulturchemie und Bodenkunde. T. 1. — 1. Bodenkunde. 3., umgearb. u. erw. Aufl. Stuttgart: Enke. 1952. (VII + 239 S. m. 30 Abb., 53 Tab.) 8°. DM 14,70.

## VIII. Metallurgie. Metallographie. Metallverarbeitung.

**Alfred Latour** und **Josef Schoop,** *Zur Frage der Mischerhaltbarkeit.* Reine Schlacken u. solche, denen 20—25% Kalk zugesetzt wurden, üben bei 1500° einen beobachtbaren Angriff auf die Magnesitsteinausmauerung von Mischern aus. Mischungen jedoch, die mehr als 30% Kalk enthalten, lassen einen Angriff auf den Magnesitstein nicht mehr erkennen. Die Zähigkeit u. Temp. der Schlacke sowie auch bestimmte Steineigg. beeinflussen den Korrosionsvorgang. (Stahl u. Eisen **73.** 266—72. 26/2. 1953. Völklingen.) HOCHSTEIN. 6370

**Ernst Justus Kohlmeyer,** *Neuere Erkenntnisse auf dem Gebiet der instabilen anorganischen Verbindungen und ihre Bedeutung für die Hüttentechnik.* Auf die Bedeutung der nur im schmelzfl. oder gasförmigen Zustand existierenden Verbb. für metallurg. Verff., ihre Bildungsbedingungen u. Zerfalls-Rkk. bei der Erstarrung wird hingewiesen. So werden die nur in der Gasphase bei Atmosphärendruck vorkommenden Verbb. *ZnSiS, ZnCS, PbCS, CuCS, FeCS, CoCS, NiCS, SbS,* $Pb_4S_3$, $Sn_2S$, *BiS,* die flüchtigen, teilweise im Hochvakuum isolierbaren Verbb. *SiO, AlO, AlF, AlS, SiS, SnO, GeO, FeCO,* das im Schmelzfluß existierende $Cu_4Ag_2O_3$, die instabile *PbS–PbO*-Schmelze u. das instabile *FeO* erwähnt, so daß Vergasung mancher Schwermetalle unter bestimmten Reaktionsbedingungen eintritt. (Z. Erzbergbau Metallhüttenwes. **3.** 202—03. Juni 1950. Berlin-Grunewald.) METZENER. 6380

**Albert Lennartz,** *Das Wachsausschmelzverfahren und der Schleuderguß.* Anwendung im Goldschmiedegewerbe. (Dtsch. Goldschmiede-Ztg. **49.** 265—66. Okt. 1951.) PAHL. 6382

**G. A. Robinson,** *Neue Verfahren zur Herstellung von Dauergießformen.* Dauergießformen für alle Gießzwecke können billig u. schnell durch Verwendung von aufgespritzten Metallen bis zu Betriebstempp. von 1600° hergestellt werden. Die Verff. werden beschrieben. (Iron Age **166.** Nr. 13. 82—84. 28/9. 1950. Hawthorne, Calif., Northrop Aircraft, Inc.) G. RICHTER. 6382

**G. E. Tummers,** *Werkstoffe für hohe und niedrige Temperaturen in der chemischen Industrie.* Übersicht u. Erörterung über die mechan. Eigg. von Stählen bei hohen u. tiefen Temperaturen. (Ingenieur ['s Gravenhage] **64.** Ch. 97—106. 17/10. 1952. Geleen, Staatsmijnen, Centr. Labor.) WESLY. 6408

**S. J. Smith,** *Schätzung der Randzonendicke von unberuhigt vergossenen Stahlblöcken.* Die Randzonendicke wird in der Hauptsache durch die Abgießgeschwindigkeit u. den Oxydationsgrad des unberuhigten Stahles bestimmt. Es wird eine Berechnungsformel für die Randzonendicke in Abhängigkeit von diesen beiden Faktoren aufgestellt. (J. Iron Steel Inst. **173.** 16—18. Jan. 1953. Corby, Stewarts and Lloyds, Ltd.) HOCHSTEIN. 6408

**Walter A. Luce,** *Korrosionssichere Stähle und andere Eisenlegierungen.* Überblick an Hand von 287 Schrifttumstellen. (Ind. Engng. Chem. **44.** 2346—59. Okt. 1952. Dayton, O., Duriron Co., Inc.) HABBEL. 6410

**G. Ziliani,** *Die Gase in Metallen.* 2. Mitt. (1. vgl. C. **1953.** 2985.) Im Anschluß an die Behandlung des Syst. Fe—N u. des Gefüges der Fe—N-Legierungen wird über den Einfl. des N auf Alterung u. Nitrierung, bes. von Sonderstählen berichtet. — 108 Literaturzitate. (Metallurgia ital. **43.** Beilage Atti Notizie **6.** 287—95. Juli 1951.) RUMPF. 6410

**C. W. Jensen,** *Verarbeitung von Nebenprodukten bei der Zinnverhüttung.* Zum Teil auf Erfahrungen des Vf. beruhende Übersicht über die Weiterverarbeitung der bei der Sn-Verhüttung anfallenden Nebenprodd., vorwiegend Hart-Sn mit hohem Fe-Geh., Stein, Speise u. Cu—Sn—Pb—Sb-Legierungen mit hohem Cu-Geh. u. Verunreinigungen von Ni, As u. Edelmetallen. (Mining Mag. **82.** 73—75. Febr. 1950.) GOY. 6428

**Josef Blanderer,** *Bleilegierungen.* Zus., Eigg. u. Verwendung von Pb-Legierungen auf Pb—Sb-, Pb—Sb—Sn- u. Sn—Sb—Pb—Cu-Basis. Am wichtigsten sind die Druckerei- u. Lagermetalle sowie die Lote. Die Veredelung der Sn-armen Pb-Lagermetalle wird ausführlich behandelt. Ferner wird eingegangen auf die bei der Herst. aus Neu- u. Altmetallen sowie der Raffination der Pb-Legierungen anzuwendenden hüttenmänn. Verff., wobei u. a. die Cu- u. Sb-Seigerungen u. der Mischzinnprozeß erörtert werden. (Z. Erzbergbau Metallhüttenwes. **3.** 190—93. Juni 1950. München.) HABBEL. 6430

**R. B. Muirhead,** *Eigenschaften und Anwendungen von einigen hochnickelhaltigen Knetlegierungen.* Überblick über die Eigg. u. Verwendung von Ni-Legierungen mit 20—80% Ni-Gehalt. — 7 Tabellen. (Australas. Engr. **1950.** 41—46. 7/3.) BLUTH. 6434

**J. V. Lyons** und **W. I. Pumphrey,** *Die Eigenschaften einiger binärer Aluminiumlegierungen bei höheren Temperaturen.* Mit Warmzerreißverss. wird die Ursache der Warmrisse beim Schweißen u. Gießen überprüft. Bei *Al—Cu-*, *Al—Mn-* u. *Al—Zn-*Legierungen sinkt die Festigkeit bis zur Schmelztemp., Dehnung u. Einschnürung steigen an. Bei viel Eutektikum im Gefüge sinkt die Festigkeit plötzlich bei gleichzeitigem Angriff der Korngrenzen durch das Eutektikum. Das Bruchaussehen gibt einen besseren Anhalt für die Zähigkeit als Festigkeit u. Dehnung. — Gefügebilder, Schaubilder, Schrifttum. (Metallurgia [Manchester] **46.** 219—27. Nov. 299—304. Dez. 1952. Birmingham, Tube Investments Ltd., u. Murex Welding Processes Ltd.) K. STEIN. 6442

—, *Kupferhaltige hochfeste Aluminiumknetlegierungen.* Übersicht. (Materials and Methods **32.** Nr. 6. 83. Dez. 1950.) WERNER. 6442

**F. E. Stokeld,** *Das Warmschmieden und Warmprägen von Aluminium und seinen Legierungen.* Es werden die Unterschiede beim Warmschmieden von Al-Legierungen u. dem von Stahl aufgezeigt u. die Schwierigkeiten zur genauen Beurteilung der Festigkeits- u. Zähigkeitswerte an besonderen Stellen im Schmiedestück erörtert. Der Einfl. von verschied. Faktoren wie Zus. der Legierung, Schmiedeschabotte, dessen Größe, Verf. der Herst., Wärmebehandlung u. Temp. während des Schmiedens, die Endform u. die in den verschied. Teilen des Schmiedestückes erzeugten Fließlinien auf die Festigkeitseigg. werden behandelt. — Schrifttumsangaben. Diskussion. (J. Inst. Metals **76.** 453—72. 752—64. Jan. 1950. Birmingham, Deritend Stamping Co., Ltd.) HOCHSTEIN. 6442

**J. Heuberger,** *Pulvermetallurgische Studien.* 1.—2. Mitt. Im Anschluß an eine Behandlung der Sintereigg. von Preßlingen aus Cu- u. Graphitpulver wird über einen Vers. zur Klärung des Zusammenhanges zwischen Preßdruck P u. Raumgewicht D eines Fe-Pulverpreßlings berichtet. Es wurde folgende Gleichung aufgestellt: $k \cdot P = \log (D_\infty - a)/(D_\infty - D)$, wo $D_\infty$ der von der D. $\varrho$ des kompakten Metalls verschied. Wert ist, dem sich das Raumgewicht des Preßlings bei hohen Drucken nähert ($D_\infty < \varrho$), a die scheinbare D. des Pulvers u. k ein Proportionalitätsfaktor. (Acta polytechn. [Stockholm] Nr. 64. Chem. includ. Metallurgy Ser. **2.** Nr. 3. Chalmers Tekn. Högskolas Handl. Nr. 98. 3—20. 1950.) PAHL. 6474

**Thomas A. Dickinson,** *Neue Methoden für zerstörungsfreie Werkstoffprüfung.* Übersicht. (Welding Engr. **36.** Nr. 10. 56—58. Okt. 1951.) WERNER. 6480

**J. Van Nieuwkoop,** *Einige einfache Verfahren zur zerstörungsfreien Prüfung auf Fehler in Werkstücken.* Übersicht über die verschied. Verff. der zerstörungsfreien

Fehlerprüfung von magnet u. nichtmagnet. Werkstücken (Kalkmilchverf.; Beeinflussung eines Magnetfeldes durch Risse; elektr. Widerstand; Aufleuchten der mit fluorescierendem Öl bestrichenen Risse im UV-Licht; Elektronenverff.). 12 Literaturangaben. (Metalen **7.** 247—54. 15/8. 1952. Hengelo, Koninklijke Machinefabriek Gebr. Stork & Co., Metallurg. Dienst.) WESLY. 6480

**J. H. Zaat,** *Gravimetrische, zerstörungsfreie Bestimmung der mittleren Schichtdicke galvanischer Oberflächen und die Genauigkeit dieser Bestimmung.* 3 Formeln zur gravimetr. zerstörungsfreien Best. der Schichtdicke galvan. Oberflächen werden abgeleitet u. besprochen. Der Fehler der Arbeitsweise liegt unter 5%. (Metalen **8.** 129—35. 31/3. 1953. Loosdrecht, N. V. Metall. Ind., Phys. Labor.) WESLY. 6480

**Rudolf Berthold,** *Dickenmessung dünner Schichten und Überzüge.* (Métaux **26.** 369—74. Sept. 1951.) RUMPF. 6480

**S. Tolansky,** *Interferometrische Untersuchung der Metalloberflächen. Anwendung der Mehrstrahltechnik.* (Metal Treatment Drop Forging **16.** 195—203. Winter 1949/50. London, Univ., Royal Holloway Coll.) RUMPF. 6482

**I. Schugar,** *Neue Anfertigungsmethode elektronenmikroskopischer Präparate zur Untersuchung der Metalloberflächenstruktur.* Bei der Unters. der Graphitkornbldg. in verschied. Fe-Metallen ergab sich, daß nach der üblichen Silico-Polystyrol-Meth. für das Elektronenmikroskop keine Präpp. unter 100—120 Å Dicke erhältlich sind. Verantwortlich für die Mängel dieses Verf. ist die gröbere Struktur der Graphitkörner im Vgl. zur Struktur der Umgebung sowie die Tatsache, daß als Folge der hohen Erhitzung die Polystyroloberfläche erweicht u. deformiert wird. Als zweckmäßig erwiesen sich Doppelfilme aus Pt u. Pd, Au u. Al, Cd u. Al, Cr u. Cd. Hiermit sind Filme von ca. 80 Å Dicke herstellbar. Während der Doppelfilm aus Cr u. Cd bereits nach einer Elektronendurchleuchtung von 15—20 Min. eine solche Körnigkeit aufweist, daß die Beobachtung der Struktur behindert wird, liegt die Eigenstruktur des Au–Al-Films unterhalb des Auflösungsvermögens des Elektronenmikroskops (35 Å). Eine Granulierung tritt hier auch nach mehrstd. Bestrahlung nicht ein. Es gelingt die Herst. von Filmen der Dicke 40—50 Å. Die Anwendbarkeit des Doppelfilmverf. wird an Graphitstrukturbildern nach der Behandlung von Fe-Metallen mit Ce oder Mg gezeigt. (Acta techn. Acad. Sci. hung. **5.** 57—68. 1952. [Orig.: russ.]) LEBTAG. 6482

**June A. McNicol,** *Metallographie in Industrie und Forschung.* (Australas. Engr. **44.** 73—78. 8/1. 1951. Univ. of Queensland, Engng.-School.) ROEDER. 6482

**Werner Lueg** und **Karl-Heinz Treptow,** *Der Schmierstoffträger beim Ziehen von Stahldrähten mit geringem und hohem Kohlenstoffgehalt.* Die Schmierstoffe werden in verschied. Hauptklassen eingeteilt u. die Anforderungen an sie erörtert. Die Gewinnung, Zus., Eigg. u. Anwendung von *Kalk* als Schmierstoffträger werden behandelt u. über die Anwendung von *Borax* als neuerprobten Träger Erläuterungen hinsichtlich seiner Eigg. u. Anwendung u. seiner Vorteile gegenüber Kalk gegeben. Ausblick auf die Verwendung von *Alkalien* u. *Graphit.* (Stahl u. Eisen **72.** 1207—12. 25/9. 1952. Düsseldorf, Max-Planck-Inst. für Eisenforschung.) HOCHSTEIN. 6490

**W. H. Holcroft** und **D. J. Schwalm,** *Der Einfluß der Temperatur, Gaszusammensetzung und Strömung auf carbonitrierte Einsatzschichten.* Es wird nachgewiesen, daß durch einen Temperaturanstieg bei der Carbonitrierung eine Abnahme im absorbierten $N_2$-Geh. u. eine Zunahme des absorbierten $C$-Geh. eintritt. Hierbei nimmt die Bldg. der weißen Schicht ab u. die ROCKWELL-Härte nimmt zu. Eine Zunahme des $NH_3$-Geh. in der Ofenatmosphäre bei gegebener Temp. zeigt die gegenteilige Wrkg., nämlich eine $N_2$-Zunahme u. eine $C$-Abnahme. Eine Erhöhung der Strömungsgeschwindigkeit der Ofenatmosphäre innerhalb tragbarer Grenzen hat nur einen geringen Einfl., u. zwar wird der absorbierte $N_2$-Geh. nur schwach erhöht. (Metal Progr. **68.** 89—93. April 1952. Detroit, Holcroft & Co.) HOCHSTEIN. 6492

**F. Rapatz,** *Stand und Aufgabe der wissenschaftlich-technischen Entwicklung des Schweißens.* Überblick. (Berg- u. hüttenmänn. Mh. montan. Hochschule Leoben **95.** 230—34. Dez. 1950. Kapfenberg.) G. RICHTER. 6506

**Paul Werthebach,** *Die Prüfung von Schweißzusatzwerkstoffen und von Stählen auf Neigung zur Schweißnahtrissigkeit.* Als Grundwerkstoffe für die zur Prüfung erforderlichen Zylinder wurden unlegierte Stähle mit steigenden C-Gehh. bis ca. 0,70% verwendet, die mit mehreren Elektrodensorten verschiedenster Drahtzus. ohne u. mit verschieden dicker Umhüllung u. verschied. Umhüllungsart verschweißt wurden. Die Schwierigkeiten für eine sehr genaue, aber erforderliche Einhaltung der Versuchsbedingungen werden erörtert. Der Wert der Zylinderprobe bleibt für den Werksgebrauch unbestritten. — Diskussion. (Stahl u. Eisen **73.** 84—91. 15/1. 1953. Dortmund.) HOCHSTEIN. 6506

**G. G. Musted,** *Ausbesserung von eisernen Gußstücken durch Bronzeverstärkungsschweißung.* Risse in Fe-Gußteilen können ausgezeichnet ausgebessert werden, wenn man die Rißenden ausbohrt, über die Rißlänge in ca. 25 mm Entfernung Bohrlöcher anbringt, in die Verstärkerbolzen geschraubt werden, u. das Ganze mit Hilfe von Bronze unter Verwendung von Acetylen–Sauerstoff verschweißt. Es werden drei verschied. Modifikationen des Verf. angegeben. (Welding Metal Fabricat. **20.** 25–26. Jan. 1952.) WERNER. 6506

**H. Elsässer,** *Walzschweißverbindungen von Kesselrohren mit Hochdrucktrommeln.* (Brennstoff. Wärme. Kraft **4.** 80–83. März 1952. Stuttgart.) PAHL. 6506

**Je. N. Bolchowitinowa,** *Einfluß der Kugelstrahlenoberflächenhärtung auf die Umwandlung des Austenits.* Schnellschneidende Stähle erlangen durch Kugelstrahlen eine 25–100%ig. Steigerung der Oberflächenhärte. Es erfolgt Umwandlung des *Austenits* in *Martensit.* Die Oberfläche wird bis ca. 0,5 mm tief verändert. Der Geh. an magnet. Phase nimmt um 40–83% zu. (Вестник Машиностроения [Nachr. Maschinenbau] **32.** Nr. 5. 67–69. Mai 1952.) v. WILPERT. 6508

**H. Wiegand,** *Oberflächenbehandlung als Mittel zum Werkstoffsparen und Werkstoffaustausch.* Hingewiesen wird auf mechan., chem. u. elektrochem. Verff. der Oberflächenbehandlung, sowie auf Überzugs- u. Diffusionsverfahren. (Werkstatt u. Betrieb **85.** 299–301. Juli 1952. Düsseldorf.) MARKHOFF. 6508

**F. J. Knight,** *Das Vanderloy-Verfahren für galvanische Niederschläge gibt gute Haftfestigkeit und ausgezeichnete verschleißfeste Oberflächen.* Bericht über die Wrkg. des Verf. der HENDRIK VAN DER HORST CORP. Bes. wird auf die Bedeutung der anod. Vorbehandlung in einem alkal. u. einem sauren Bade hingewiesen, um eine gute Haftung des Metall-Nd. zu erzielen. (South African Mining Engng. J. **63.** 753. 28/6. 1952.) MARKHOFF. 6514

**Pierre A. Jacquet,** *Elektrolytisches Polieren und Oxydieren von Titan.* Bad u. Arbeitsweise für Elektropolieren auf Essigsäureanhydrid–Perchlorsäure-Basis. Anod. Oxydation für metallograph. Untersuchungen. Die bei mechan. Schleifen entstehenden Zwillingsbildungen. (Metal Treatment Drop Forging **18.** 176. 182. April 1951.) KATZ. 6530

**H. Schroeder,** *Mechanismus des Schutzes von Metallen durch Phosphatierung.* Überblick über die chem. Grundlagen der Phosphatierungsbäder. (Revêtement et Protection **5.** 75–79. Sept./Okt. 1952. Brüssel.) J. FISCHER. 6532

**Herbert H. Uhlig,** *Neuere Ansichten zur Verhinderung von Korrosionen.* Behandelt werden der kathod. Schutz (auch gegen Korrosionsermüdung, Spannungs- sowie interkristalline Korrosion u. Lochfraß), korrosionssichere Metalle u. Legierungen, metall. u. nichtmetall. Schutzüberzüge u. der Gebrauch von Inhibitoren. (Metal Progr. **61.** Nr. 3. 82–88. März 1952. Cambridge, Mass., Massachusetts Inst. of Technol.) J. FISCHER. 6538

**H. R. Copson,** *Die Wirkung der Strömungsgeschwindigkeit auf die Korrosion durch Wasser.* An *Fe, Zn, Cu* u. deren Legierungen wird der Einfl. der Strömungsgeschwindigkeit gezeigt. — 56 Literatustellen. (Ind. Engng. Chem. **44.** 1745–52. Aug. 1952. Bayonne, N. J., International Nickel Co.) J. FISCHER. 6538

**Philip O'Keefe jr.,** *Flüchtige Kristalle verhindern die Korrosion an verpackten Stahlteilen.* Die Dämpfe von VPI (*Dicyclohexaammoniumnitrit,*) Smp. 310° F, kondensieren sich auf dem Metall. Verwendet wird VPI als Pulver, in A. gelöst u. versprüht, oder als Überzug auf Wellpappe. In 0,1%ig. VPI eingetauchte Fe-Teile rosten nicht. Gegen NE-Metalle verhält sich VPI verschieden, *Mg, Cd* u. *Zn* werden angegriffen. Beispiele für die Anwendung. (Materials and Methods **34.** Nr. 6. 84–86. Dez. 1951.) J. FISCHER. 6538

**H. L. Bilhartz** und **Howard E. Greenwell,** *Das Kupon-Verfahren — ein wertvolles Hilfsmittel der Korrosionsprüfung.* Auf Einzelheiten eingehende Beschreibung des Kuponverf., wie es in einem Öl u. Gas erzeugenden Betrieb zur Korrosionsprüfung angewandt wird. Es werden Blechstreifen dem korrodierenden Medium ausgesetzt, u. die Veränderungen qualitativ u. quantitativ bestimmt. — Diskussion. (Corrosion [Houston] **9.** 66–73. Febr. 1953.) SPINDLER. 6540

**Harold Patzelt,** *Laboratoriumsmethode zur Untersuchung der Inhibitorwirkung bei der Korrosion durch Dampfkondensate.* Beschreibung des Verf. u. der Apparatur. Stahlproben (Kupons) werden der Korrosion in synthet. Dampfkondensat (warmes dest. $H_2O + CO_2$ u. Luft) ausgesetzt, u. die Gewichtsverluste bestimmt. Korrosionsdaten bei Ggw. von *NaOH, Natriumpolyphosphat,* neutralisierenden u. filmbildenden *Aminen* werden in 12 Diagrammen mitgeteilt. Die Beeinflussung der Inhibitorwrkg. durch Ver-

unreinigung mit Kesselwasser u. durch bereits korrodierte Prüflinge wird beschrieben. Vor- u. Nachteile des Verf., sowie einige Ergebnisse werden diskutiert. (Corrosion [Houston] **9.** 19–24. Jan. 1953. Chicago, Ill., National Aluminate Corp.)
SPINDLER. 6540

**N. A. Karassew,** *Über die Korrosionsfestigkeit von Federstahl der Marke 55 Ss 2 bei Einwirkung von Wasser.* Ermüdungsverss. mit Federstahl zeigten, daß die Korrosionsfestigkeit durch Abschleifen u. Entkohlen der gegebenenfalls defekten Oberfläche nur wenig ansteigt, bes. wenn während der Prüfung W. auf das Prüfstück tropft. Kugelstrahlen steigern die Korrosionsfestigkeit (auch in Ggw. von W.) um 200%. Der absol. Wert liegt jedoch niedrig. Ermüdungsgrenze in kg/mm²: unbearbeitet an der Luft 48,7 (Einw. von W. 15,5), geschliffen 55,6 (15,0), Oberfläche nach Behandlung mit Kugelstrahlen 76,0 (32,4). (Вестник Машиностроения [Nachr. Maschinenbau] **32.** Nr. 5. 70–71. Mai 1952.) V. WILPERT. 6538

---

**Goetzewerke Friedrich Goetze Akt.-Ges.,** Burscheid (Erfinder: **Otto Mattern,** Gummersbach), *Gußeisen für hoch beanspruchte Kolbenringe,* die im Einzelguß gegossen u. bes. für schnell laufende Verbrennungskraftmaschinen geeignet sind. Verwendet wird ein martensit. bis austenit., Ni-freies, graues Gußeisen, bes. ein solches mit 3,5 u. mehr *C* (vorzugsweise 3,6–4%), 3–4% *Si* u. 3–11% *Mn.* (**D. B. P. 864 562** Kl. 18d vom 19/9. 1942, ausg. 26/1. 1953.) HABBEL. 6405

**Transformer Steels Ltd.,** London, England, *Warmbehandlung von magnetisierbaren Eisenlegierungen.* Zur Erzielung einer hohen Permeabilität werden die Eisenlegierungen, bes. Eisen mit 2,5–3,5% *Si,* in Band- oder Drahtform kontinuierlich durch Induktionsströme von hoher Frequenz auf eine Temp. von über 1100° vorzugsweise auf 1350 bis 1400°, erhitzt. Die Bänder bzw. Drähte werden der Induktionsheizeinrichtung schnell zu- u. aus ihr wieder schnell abgeführt. (**E. P. 639 252** vom 24/9. 1946, ausg. 28/6. 1950.)
HOCHSTEIN. 6411

**Philips Electrical Ltd.,** London, England, *Wärmebehandlung zur Herstellung eines anisotropen Dauermagneten.* Eine Legierung mit mehr als 30 (%), jedoch nicht über 42 Co, 7–20 Ni, 5–11 Al, 2–10 Ti, 0,0–10,0 Cu u. 0–2 weitere Zusatzelemente, Rest Fe mit den n. Verunreingungen (E. P. 639 488) oder mit 25–30 Co, 8–20 Ni, 5–11 Al, 5,1–10 Ti, 0,0–8 Cu u. 0–2 weitere Zusatzelemente, Rest Fe mit den n. Verunreinigungen (E. P. 639 489) wird während der Abkühlung von einer Temp. oberhalb des CURIE-Punktes bis zu einer Temp. von wenigetns 100° unterhalb des CURIE-Punktes der Wrkg. eines Magnetfeldes so unterworfen, daß der Werkstoff nach der Abkühlung u. einer Magnetisierung in Richtung, die prakt. derjenigen des während der Abkühlung angelegten Magnetfeldes entspricht, einen $(BH)_{max}$-Wert von wenigstens $2{,}5 \cdot 10^6$ u. eine Koerzitivkraft von wenigstens 750 Oersted hat. (**E. PP. 639 488** u. **639 489** vom 21/1. 1948, ausg. 28/6. 1950. Holl. Prior. 25/7. 1947.) HOCHSTEIN. 6411

**John Miles & Partners Ltd., John Miles, Alfred Gordon Evans Robiette, George Lorraine Thomas** und **Robert Le Moine,** London, England, *Verbesserte Herstellung von Ferrolegierungen.* Zur Herst. von niedriggekohlten Ferrolegierungen, bes. von Ferrochrom, wird das entsprechende Erz mit C-haltigem Material, z. B. Koks, in einem Schachtofen geschmolzen, in den ein an $O_2$ stark angereichertes Gas, z. B. Luft, eingeblasen wird. Darauf wird die geschmolzene Legierung in einen gesonderten Frischbehälter, der ein Elektroofen sein kann, überführt u. hier zur C-Verringerung ebenfalls das an $O_2$-angereicherte Gas eingeführt. Zweckmäßig enthält das vorgewärmte Einblasegas 85–98% $O_2$. (**E. P. 636 976** vom 30/10. 1947, ausg. 10/5. 1950.)
HOCHSTEIN. 6419

**Metall-Guß- und Preßwerk Heinrich Diehl G. m. b. H.,** Nürnberg (Erfinder: **Jakob Schramm,** Stuttgart), *Aluminiumhaltige Zinklegierungen* bestehen aus 0,2–0,6(%), *Fe,* 0,1–1,2 *Al,* 0–0,3 *Cu,* 0,2–0,4 *Mn,* Rest *Feinzink.* Es können außerdem noch andere Aluminid bildende Zusätze, z. B. *Ti, Si, V, Mo, Cr* unter 1 zugegen sein. Die Legierungen sind korrosionsfest u. zeichnen sich durch eine wesentlich bessere Warm- u. Kaltknetbarkeit aus, so daß sie leicht auf Strangpressen, Schmiedepressen u. dgl. verarbeitet u. spanabhebend verformt werden können. (**D. B. P. 866 728** Kl. 40b vom 3/3. 1942, ausg. 12/2. 1953.) GÖTZE. 6427

**Fried. Krupp Akt.-Ges.** (Erfinder: **Fritz Stäblein** und **Heinz Schlechtweg**), Essen, *Nickel-Eisen-Legierungen* bestehen aus 30–70 (%) *Ni,* 5–25 *Cr,* Rest *Fe* u. Verunreinigungen. Sie eignen sich als Werkstoff für magnet. Leiter, die eine von der Temp. abhängige Veränderung der Magnetisierungsintensität aufweisen müssen. — Magnetisierungskurve. (**D. R. P. 762 346** Kl. 40b vom 24/1. 1937, ausg. 24/11. 1952.) GÖTZE. 6435

**Falconbridge Nikkelverk, Aktieselskap,** Kristiansand (Erfinder: **Anton Martin Grönningsaeter,** New York, N. Y., V. St. A.), *Elektrolytische Herstellung von schmied-*

*und glühbarem Nickel nach dem Hybinetteverfahren.* Die Abscheidung erfolgt aus einem angesäuerten hochgereinigten Ni-Elektrolyten, der mehr als 25 g Ni/Liter enthält u. prakt. frei von Verunreinigungen, wie Pb, As u. organ. Stoffen, ist. $p_H$-Wert 1,5—4. Temp. 40—80°. Stromdichte 0,5—5 A/dm². Während der Elektrolyse wird über die ganze Breite der Kathode eine Vielzahl von Luftbläschen von unten in den Elektrolyten eingeleitet. Das Anhaften von $H_2$-Bläschen am abgeschiedenen Ni wird verhindert u. der in Kathodennähe befindliche Teil des Elektrolyten in Bewegung gehalten. — Abbildungen. (**D. B. P. 865 979** Kl. 40c vom 3/10. 1950, ausg. 9/2. 1953. A. Priorr. 12/7. 1939 u. 8/3. 1944.) MARKHOFF. 6435

**Falconbridge Nikkelverk, Aktieselskap,** Kristiansand, Norwegen (Erfinder: **Anton Martin Grönningsaeter,** New York, N. Y., V. St. A., und **Bertin G. Hammeren,** Kristiansand, Norwegen), *Elektrolytisches Raffinieren von Nickel.* Der aus den Elektrolysezellen kommende Elektrolyt wird nach Ausfällen des Fe, Cu, As, Pb zusätzlich einer Reinigung mit *Fe(OH)₃* unterworfen, das außerhalb des Elektrolyten gefällt u. in nassem Zustand der Lsg. zugesetzt wird. Wird die Acidität des Elektrolyten niedrig gehalten, daß sich das $Fe(OH)_3$ nicht löst, absorbiert dieses die restlichen Verunreinigungen. Nach Filtration dient der Elektrolyt dann zur Abscheidung von Ni hoher Reinheit. — Abbildung. (**D. B. P. 866 099** Kl. 40c vom 3/10. 1950, ausg. 5/2. 1953. A. Priorr. 29/9. 1939 u. 19/5. 1944.) MARKHOFF. 6435

**Vereinigte Aluminium-Werke Akt.-Ges.,** *Herstellung von reinem Aluminium.* Bei der Herst. von reinem Al unter Verwendung von Al-Subhalogeniden wird das Ausgangsmaterial zwecks feiner Verteilung mit Hilfe eines oder mehrerer elektr. Lichtbögen erhitzt, wobei der Reaktionskammer zugleich die erforderliche Wärme zugeführt wird. Als Ausgangsstoffe können auf elektrochem. Wege hergestellte Al-Legierungen verwendet werden. (**F. P. 995 086** vom 20/7. 1949, ausg. 27/11. 1951.) HANS HOFFMANN. 6443

**Elias S. Murphy** und **Sherman A. Davidson,** Ogden, Ut., V. St. A., *Gewinnung von Aluminiumoxyd für die elektrolytische Aluminiumherstellung.* Eine wss. Tonaufschlämmung wird mit $CO_2$ u. NaCl behandelt. Durch Filtern wird $SiO_2$ abgeschieden, worauf das Filtrat mit $NH_3$ zur Fällung des $Al_2O_3$ versetzt wird. Das ausgefällte $Al_2O_3$ wird mit heißem W. ausgewaschen. Die $CO_2$-Behandlung kann bei Raumtemp. oder darüber, gegebenenfalls unter Anwendung von Überdruck durchgeführt werden. (**A. P. 2 606 814** vom 15/11. 1948, ausg. 12/8. 1952.) HANS HOFFMANN. 6443

**Hans Fischer K. G.,** Essen, *Reibbelag aus Metallegierungen für Strecken- und Strebausbau.* Durch Anwendung eines Glühverf. mit gesteuerter Abkühlung nach der Fertigstellung des Belags wird das Metallgefüge der Legierung stabilisiert u. dadurch die Reibungszahl konstant gemacht. Vorzugsweise wird *Al* oder eine *Al*-Legierung als Belag verwendet. (**D. B. P. 840 442** Kl. 40d vom 2/2. 1951, ausg. 9/6. 1952.) GÖTZE. 6443

**Metallgesellschaft Akt.-Ges.** (Erfinder: **Günther Wassermann**), Frankfurt/M., *Verbesserung der Spannungskorrosionsbeständigkeit von Aluminiumlegierungen.* Al-Legierungen mit *Zn* u./oder *Mg* u. gegebenenfalls mit anderen üblichen Zusätzen werden nach Homogenisierungsglühung bis zu ca. 200°, bei *Mn*-haltigen Legierungen bis 300°, abgekühlt u. anschließend auf Raumtemp. abgeschreckt. Legierungen, bei denen die Homogenisierungstemp. um mindestens 50° über der Löslichkeitsgrenze des homogenen Mischkristalls liegt, werden von einer Temp. abgeschreckt, die mindestens 50° unterhalb der angewandten Homogenisierungstemp. u. oberhalb der Löslichkeitsgrenze liegt. (**D. R. P. 764 184** Kl. 40d vom 30/9. 1939, ausg. 24/11. 1952.) GÖTZE. 6443

**Deutsche Gold- und Silberscheideanstalt vormals Roessler** (Erfinder: **Johannes Schatz**), Frankfurt/M., *Silber-Silicium-Legierungen* bestehen aus 0,1—5(%) *Si*, 0,001—0,1 *P* oder *As*, Rest *Ag*. Außerdem können sie noch 0,01—0,2 *Ni* u./oder 0,1—0,5 *Co* enthalten, wobei die Summe beider 0,5 nicht überschreitet. Die Legierungen besitzen eine erhöhte Korrosionsfestigkeit, Härte u. Zugfestigkeit, eine ausgezeichnete Polierfähigkeit u. eignen sich für den chem. Apparatebau u. auch für Plattierungszwecke. (**D. B. P. 863 264** Kl. 40b vom 23/12. 1950, ausg. 15/1. 1953.) GÖTZE. 6461

**W. C. Heraeus G. m. b. H. Platinschmelze,** Hanau/M. (Erfinder: **Max Auwärter,** Balzers, Lichtenstein), *Legierungen für elektrische Geräte, wie Potentiometer und Kontakte,* bestehen aus 0,1—15 (%), bes. 0,5—6, V oder 0,1—10, bes. 1—8, Nb oder 0,1—10, bes. 2—10, Ta u. Rest Au. Die Legierungen sind beständig gegen Oxydation u. haben einen hohen spezif. elektr. Widerstand. (**D. B. P. 863 714** Kl. 40b vom 27/6. 1943, ausg. 19/1. 1953.) MARKHOFF. 6463

**Deutsche Gold- und Silberscheideanstalt vormals Roessler,** Frankfurt/M. (Erfinder: **Hermann Holzmann** und **August Barthel,** Hanau/M.), *Platinlegierungen* bestehen aus

0,1—10 (%) *Ru, Rest Pt,* die neben 0,1—5 Ru außerdem noch 0,1—5 Pd, Rh u. Ir einzeln oder zu mehreren u. 0,1—2 unedle Metalle der 8. Gruppe des Period. Syst. u. 0,02—3 Re enthalten können. Die Legierungen eignen sich für Geräte, die der Einw. $SiO_2$-haltiger Massen, bes. Gläser, in schmelzfl. Zustand ausgesetzt sind. (**D. B. P. 864 458** Kl. 40b vom 22/1. 1951, ausg. 26/1. 1953.) GÖTZE. 6465

**W. C. Heraeus G. m. b. H.** (Erfinder: **Konrad Ruthardt**), Hanau/M., *Schreibfederspitzenlegierungen* bestehen aus 25—70 (%) Ir, 0,5—3 B, Rest W. Das Ir kann ganz oder teilweise durch Os oder Ru ersetzt sein, das W teilweise durch Mo u./oder Re. (**D. B. P. 839 719** Kl. 40b vom 2/10. 1948, ausg. 23/5. 1952.) GÖTZE. 6467

**Siegfried Krapf,** Nürnberg, *Herstellung von Metallagglomeraten.* Ein zur exotherm. Rk. fähiges pulverförmiges Gemisch aus einem oder mehreren Metallen u./oder Metallverbb. wird auf eine Unterlage gespritzt u. durch Initialzündung zur Rk. gebracht. Das Gemisch kann auch in Formen gepreßt u. der Preßkörper an einer Stelle gezündet werden. Auch kann die Agglomeration unter Mitverwendung von elementarem oder gebundenem C oder Katalysatoren erfolgen. — Z. B. erhält man aus einem Gemisch von Al u. $Cr_2O_3$ auf diesem Wege ein Metallagglomerat, das eine Hitzebeständigkeit von über 1900° besitzt u. sich für Schaufeln von Gasturbinen eignet. (**D. B. P. 853 069** Kl. 40b vom 31/10. 1950, ausg. 20/10. 1952.) GÖTZE. 6471

**Gebr. Böhler & Co. Akt.-Ges.,** Wien, Österreich, *Metallkörper mit inhomogenem Gefügeaufbau* werden gebildet durch Verspritzen von Seelen- oder Manteldrähten oder von Metallpulvergemischen, wobei in der Umhüllung oder Füllung der Drähte bzw. Pulvergemische körnige Stoffe, wie Carbide, Korund oder flockiger Graphit, enthalten sind. Diese Stoffe lösen sich beim Verspritzen nur unvollständig im Metallanteil des Körpers auf. Die Körper werden bes. für Elektroden oder Kontakte verwendet. (**Oe. P. 172 317** vom 9/8. 1946, ausg. 25/8. 1952. D. Prior. 13/4. 1942.) GÖTZE. 6471

**Höganäs-Billesholms Aktiebolag,** Höganäs, Schweden, *Verhindern des Wachsens beim Sintern von Körpern aus Kupfer- und Eisenpulver.* Der Pulvermischung wird vor dem Pressen u. Sintern ca. 3% eines Pulvers zugesetzt, das W in metall. Form, als Fe-Legierung, als W-Oxyd oder als hochkonz. W-Mineral, wie Wolframit, enthält. Der Pulvermischung können außerdem kleine Mengen $Cr_2O_3$ oder hochkonz. Chromerz zugesetzt sein, um die hemmende Wrkg. des W-Zusatzes zu verstärken. Durch die Zusätze wird überdies die Zugfestigkeit der Körper beträchtlich verbessert. (**Oe. P. 172 342** vom 1/2. 1951, ausg. 25/8. 1952. Schwed. Prior. 18/10. 1949.) GÖTZE. 6475

**Birmingham Small Arms Co. Ltd.,** Brimingham, England, *Erzeugen von Pulver aus rostfreiem Stahl.* In dem massiven Stahl wurden durch Wärmebehandlung in den Korngrenzen Carbide erzeugt. Der so behandelte Stahl wird dann abwechselnd anod. u. kathod. in einem Elektrolyten, z. B. aus $CuSO_4$ u. $H_2SO_4$, behandelt, wobei der Stahl als Pulver zu Boden fällt. (**E. P. 673 204** vom 4/2. u. 11/10. 1950, ausg. 4/6. 1952.) MARKHOFF. 6475

**August Schnackenberg & Co., Bleibearbeitung G. m. b. H.** (Erfinder: **Heinrich Schulz**), Wuppertal-Oberbarmen, *Verbleien von Metallen.* Das Aufbringen des fl. Pb wird unter gleichzeitiger Einw. von Ultraschall vorgenommen. Hierdurch wird eine ausgeprägte Oxydhautbldg. verhindert, u. schon entstandene Oxydschichten werden zerstört. (**D. B. P. 871 863** Kl. 48b vom 18/10. 1951, ausg. 26/3. 1953.) MARKHOFF. 6517

**Siemens-Schuckertwerke Akt.-Ges.,** Berlin und Erlangen, Deutschland (Erfinder: **K. Knoll**), *Herstellung von mit Metall umpritzten Wickelungen, Wärmeleitern für Tauchsieder, Kochplatten oder dergleichen.* Man umgibt den elektr. Leiter mit einer Mischung aus Si-Harz, bes. einem Si-Harzlack, u. einem Füllmittel, wie Quarzmehl, oder einem wärmebeständigen Material, wie Fasern oder Gewebe aus Glas oder Asbest, die man mit Si-Harz imprägniert, worauf man die Gegenstände nach dem Erhärten mit Metall umspritzt. Vorzugsweise bringt man den Leiter vor dem Umspritzen mit Metall in die richtige Lage, gegebenenfalls mit Hilfe von Abstandshaltern aus dem gleichen Metall, das zum Umspritzen verwendet wird, oder aus einem Metall mit einem höheren Schmelzpunkt. — Zeichnungen. (**Schwed. P. 133 415** vom 11/10. 1949, ausg. 30/10. 1951. D. Prior. 3/12. 1948.) JÜRGEN SCHMIDT. 6517

**Edras,** Casablanca, Marokko, *Erzeugen von Metallüberzügen auf Metalloberflächen.* Die zu überziehende Oberfläche wird z. B. mit W. oder Petroleum befeuchtet, dann mit einer dünnen Schicht des feingepulverten Überzugsmetalles überzogen u. anschließend in einer reduzierenden Atmosphäre so hoch erhitzt, daß eine teilweise Diffusion des Überzugs in die Unterlage vor sich geht. Das Aufbringen der Pulverschicht kann auch durch Aufspritzen einer Suspension des Metallpulvers in W. oder einer anderen Fl. erfolgen. (**Schwz. P. 281 452** vom 11/11. 1949, ausg. 1/7. 1952. Marokkan. Prior. 16/11. 1948.) MARKHOFF. 6517

**Dow Chemical Co.**, Midland, Mich., V. St. A., *Verhindern des Abblätterns von anodisch erzeugten Oxydschichten auf Magnesiumlegierungen.* Die in einem Elektrolyten aus Alkalihydroxyd u. Äthylenglykol elektrolyt. zu behandelnden Gegenstände werden vor u. nach der elektrolyt. Behandlung 2—10 Min. stromlos in die Badlsg. getaucht. (**E. P. 652 342** vom 15/11. 1948, ausg. 18/4. 1951.) MARKHOFF. 6531

**American Chemical Paint Co.** (Erfinder: **Gerald Christian Romig**), Ambler, Pa., V. St. A., *Erzeugung von Phosphatschichten auf Metallen, besonders Eisen.* Die Behandlungslsg. besteht aus sauren Schwermetall-Lsgg., bes. des Zn oder des Mn. Die in Umlauf befindliche Lsg. wird kontinuierlich mit einer Lsg. des phosphatbildenden Metalls aufgefrischt u. ihr kontinuierlich so viel einer Nitritlsg. zugesetzt, als notwendig ist, um das gelöste Fe auszufällen, so daß dessen Geh. in der Lsg. weniger als 1 g/Liter beträgt, u. um den $p_H$-Wert der Lsg. konstant zu halten. Die Lsg. wird aufgespritzt u. ständig filtriert. Man erhält sehr gleichmäßige Überzüge u. kann eine große Anzahl von Werkstücken mit der Lsg. behandeln. (**D. B. P. 863 889** Kl. 48d vom 30/4. 1938, ausg. 22/1. 1953. A. Prior. 30/4. 1937.) MARKHOFF. 6533

---

**F. Koenigsberger.** Welding technology. 2nd. edn. London: Cleaver-Hume. 1953. (341 S. m. Abb.) 25 s.

**Riedel's** Ratgeber der Galvanotechnik. Ein Handbuch f. d. Metalloberflächenveredlung. 2., erw. Aufl. Bielefeld u. Berlin: Delius, Klasing & Co. 1952. (320 S. m. 62 Abb.) 8°. DM 6,80.

**Karl Winnacker** u. **Ernst Weingaertner**, Chemische Technologie. Sammelwerk in 5 Bden. 5. Metallurgie. Allgemeines. München: Hanser. 1953. (XXVII + 846 S. m. 311 Abb., 117 Zahlentaf.) 8°. DM 74,50.

## IX. Organische Industrie.

**Giuseppe Trinchieri**, *Die Oxydation des Methans zu Methanol und Formaldehyd.* Im Hinblick auf die Bedeutung des $CH_4$ als italien. Rohstoff wird die direkte Gewinnung von $CH_3OH$ u. HCHO durch partielle $CH_4$-Oxydation besprochen. Die Theorie der Rk. wird gestreift (Hydroxyl-, Peroxydations-, Atomkettentheorie), u. es werden — nach Hinweis auf den günstigen Einfl. von Beimengungen im Methan (z. B. Äthan) auf die Ausbeuten — deutsche Verff. der GUTE HOFFNUNGSHÜTTE u. der HIBERNIA A. G.- auf Grund des FIAT-Berichts 1085 kurz beschrieben. (Chimica [Milano] **6.** 285—86. Aug. 1951.) v. DECHEND. H 560

**R. R. Tink** und **J. M. Roxburgh**, *Extraktion von Polyoxyverbindungen aus verdünnten wässerigen Lösungen durch Bildung von cyclischen Acetalen.* 3. Mitt. *Die kontinuierliche Extraktion von Glycerin.* (2. vgl. C. **1953.** 3054.) Es wird ein kontinuierlich arbeitendes Verf. zur Extraktion von *Glycerin* aus W. mittels Butyraldehyd beschrieben. (Canad. J. Technol. **29.** 269—75. Juni 1951. Montreal, Quebec, Can., McHill Univ.) v. BOGDANDY. H 580

**G. D. Byrkit** und **G. A. Michalek**, *Hydrazin in der organischen Chemie.* (Успехи Химии [Fortschr. Chem.] **21.** 1472—1501. Dez. 1952. — C. **1951.** I. 1935.) H. FRÖHLICH. H 900

---

**Bobingen Akt.-Ges. für Textil-Faser** (Erfinder: **Paul Schlack**), Bobingen, *Substituierte Alkylthioschwefelsäuren und deren Salze.* Aminoverbb., die wenigstens einen durch den Rest einer starken Säure, bes. endständig substituierten, OH-Gruppen freien Alkylrest besitzen, werden mit lösl. Thiosulfaten, bes. solchen, deren Kationen mit $H_2SO_4$ schwer lösl. Salze bilden, bei n. oder gegebenenfalls erhöhter Temp. umgesetzt. Nach einem anderen Verf. werden Aminoalkylthioschwefelsäuren, die mindestens am bas. N ein reaktionsfähiges H tragen, in alkal. Medium mit Acylierungsmitteln (Isocyanate, Isothiocyanate, bewegliches Halogen enthaltende oder Di- oder polyfunktionelle Acylierungsmittel) behandelt. — $\beta.\beta'$-Dichlordiäthylaminhydrochlorid gibt mit Na-Thiosulfat in mit NaOH neutralisierter, wss. Lsg. die Verb. **I.** — $\gamma$-Chlorpropylaminhydrochlorid $\rightarrow$ *$\gamma$-Aminopropylthioschwefelsäure* (**IV**). — $\beta$-Chloräthylaminhydrochlorid $\rightarrow$ *$\beta$-Aminoäthylthioschwefelsäure* (**V**), abgeschrägte Prismen, F. 193° (Zers. unter Gasentw. u. Gelbfärbung bei 187°). — $\beta$-Chlorhexylaminhydrochlorid $\rightarrow$ *$\alpha$-Aminohexyl-$\beta$-thioschwefelsäure*, Zers. bei 217°. — Na-Salz der Bisthioschwefelsäure aus $\beta.\beta'$-Dichloräthylaminhydrochlorid u. Na-Thiosulfat gibt mit Hexamethylendiisocyanat (**III**) Verb. **II.** — **IV** + **III** $\rightarrow$ *N.N'-Hexamethylenbiscarbaminyl-$\gamma$-aminopropylthioschwefelsäure.* — **V** + **III** $\rightarrow$ *Hexamethylenbiscarbaminyl-$\beta$-aminoäthylthioschwefelsäure.* — $\zeta$-Aminohexylthioschwefelsäure (aus $\zeta$-Chlorhexylaminhydrochlorid + Na-Thiosulfat), Zers. bei 217°, + Tetramethylenglykolbischlorameisensäureester $\rightarrow$ *Diurethan*

$NaO_3S-S-CH_2CH_2-NH-CH_2CH_2-S-SO_3Na$ I

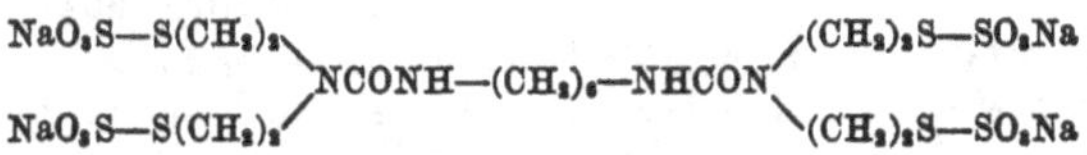

II

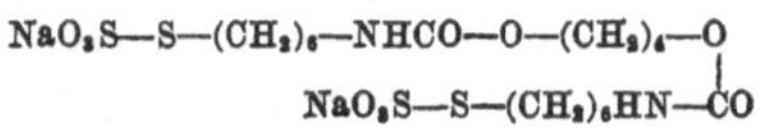

VI

$C_{12}H_{25}NHCON(CH_2CH_2S-SO_3Na)_2$ VII

$Cl(CH_2)_6NHCONH(CH_2)_6-S-SO_3Na$ VIII

XI

VI. — V + Octadecylisocyanat → *ω-Octadecylureidoäthylthioschwefelsäure*, F. 170 bis 205°, Zers. bei 215°, *Hydrophobiermittel*. — Diäthylamin-β.β'-bisthioschwefelsäure + Dodecylisocyanat → *Harnstoff* **VII**, *Färbereihilfsmittel*. — ζ-Aminohexylthioschwefelsäure + ζ-Chlorhexylisocyanat → **VIII**. — **V** + Terephthalsäuredichlorid → **IX**. Verwendung als *Textil-*, *Lederhilfs-*, *Netz-*, *Dispergier-*, *Reinigungs-*, *Färbereihilfsmittel*, Zusatzmittel zu *Kautschukmischungen* oder *-dispersionen*, *Imprägniermittel* für *Cordgewebe*, *Egalisiermittel*. (**D. B. PP. 869 066** vom 17/12. 1944 u. **869 067** vom 24/12. 1944, beide Kl. 12o, beide ausg. 2/3. 1953.) KRAUSS. H 600

**Chemische Werke Hüls G. m. b. H.** (Erfinder: **Wilhelm Dietrich** und **Heinrich Weber**), Marl, *Schwefelverbindungen* erhält man durch Kondensation von $H_2S$ in Ggw. wasserfreier Alkalisulfide oder solcher Alkaliverbb., die ohne Bldg. von W. in Alkalisulfide übergehen, mit ungesätt. Alkoholen (Propenyl-, Allyl-, Crotyl-, Oleylalkohol, Allylcarbinol, Vinylmethylcarbinol, Citronellol, Vinyläther, gesätt. oder ungesätt. aliphat. oder aromat. Alkohole, Äthylenglykolmonovinyläther). — Methylvinylcarbinol gibt mit $H_2S$ *Di-(β-oxybutyl)-sulfid*. — Zwischenprod. zur Herst. von Textilhilfs-, Weichmachungs-, Heilmitteln oder Farbstoffen. (**D. B. P. 865 904** Kl. 12o vom 14/12. 1943, ausg. 5/2. 1953.) KRAUSS. H 600

**Badische Anilin- & Soda-Fabrik**, Ludwigshafen/Rh. (Erfinder: **Gerhard Balle**, Neu-Isenburg, **Martin Reuter** und **Heinz Schild**, Frankfurt/M.), *Organische Sulfimide* (**I**) erhält man durch Kondensation von 2 (Mol.) eines Sulfonsäurehalogenids (der Alkyl-, Cycloalkyl-, Aryl- u. heterocycl. Reihe) mit mindestens 3 $NH_3$ oder eines prim. Amins (Methylamin, Cyclohexylamin, Anilin, Benzylamin, Stearylamin) unter Aufrechterhaltung einer niedrigen $NH_3$- oder Aminkonzentration. — Dodecylsulfochlorid (aus Dodecylbromid + $Na_2SO_3$ + $PCl_5$) gibt mit $NH_3$ bei 90° *Dodecylsulfimid*, aus Toluol Blättchen, F. 86°. Die wasserlösl. *Alkalisalze* dienen als *Schaummittel*. — Alkylsulfochloride (6% hydrolysierbares Cl, aus geradkettigen Alkanen mit Kp. 200—350° + $SO_2$ + $Cl_2$) + $NH_3$ → in Mineralölen lösl., viscoses Öl; öllösl. Na-Salz dient als *Emulgator*. — p-Toluolsulfochlorid + $NH_3$ → *Toluolsulfimid*. — *p-Dodecylbenzolsulfimid*. — Propansulfochlorid + $NH_3$ → *Propansulfimid-$NH_4$-Salz*. — Octylsulfochlorid + $NH_3$ → *Dioctylsulfimid*, wachsartig. Die **I** geben mit Alkalien, Erdalkalien, $NH_3$, organ. Basen, Oxyaminen oder quaternären $NH_4$-Verbb. Salze, die in W., organ. Lösungsmitteln, vegetabil. oder mineral. Ölen lösl. sind. (**D. B. P. 866 788** Kl. 12o vom 25/2. 1942, ausg. 12/2. 1953.) KRAUSS. H 600

**Bergbau-Aktiengesellschaft Neue Hoffnung** (Erfinder: **Paul Nashan**), Oberhausen, *Oxydation von Methan und seinen Homologen* mit $O_2$ bzw. Luft zu $CH_2O$ in Ggw. von kleineren Mengen Stickoxyden u. festen Katalysatoren, z. B. $Na_2B_4O_7$, im Kreislaufverf., dad. gek., daß man den Kreislaufgasen vor Eintritt in den Reaktionsofen Gase, z. B. $H_2$ oder CO, zusetzt, die zu $O_2$ eine größere Affinität haben als $CH_4$ u. seine Homologen u. deren Verbrennung im Reaktionsraum zur unmittelbaren u. regelbaren Aufheizung des Reaktionsgemisches benutzt wird. (**D. B. P. 871 445** Kl. 12o vom 26/8. 1950, ausg. 23/3. 1953.) G. KÖNIG. H 670

**Badische Anilin- & Soda-Fabrik**, Ludwigshafen/Rh. (Erfinder: **Friedrich Ebel**, Mannheim, **Walter Reppe**, Ludwigshafen/Rh., und **Otto Pesta**, Linz/Donau, Österreich), *Herstellung von Acetaldehyd* durch Hydrolyse von Methylvinyläther, dad. gek., daß man Dämpfe von Methylvinyläther im Gemisch mit Wasserdampf u. gegebenenfalls mit verdünnenden Gasen oder Dämpfen bei erhöhter Temp. über großoberflächige, wasserabspaltende Katalysatoren leitet. (**D. B. P. 865 897** Kl. 12o vom 20/1. 1943, ausg. 5/2. 1953.) G. KÖNIG. H 670

**Distillers Co. Ltd.**, Edinburgh (Erfinder: **Edward Severin Stern**, Epsom), England, *Herstellung von ungesättigten Alkoxyaldehyden*, dad. gek., daß prim. olefin. Alkohole in Ggw. von alkal. Kondensationskatalysatoren bei niedrigen Tempp., zweckmäßig $<10°$ u. vorteilhaft zwischen 0 u. $-10°$, mit α.β-ungesätt. Aldehyden umgesetzt werden. Die Alkohole werden in großem Überschuß angewandt; sie wirken als Lösungsm. für die Reaktionskomponenten. Die Reaktionsprodd. werden durch Ansäuern u.

Dest. aus der Reaktionsmischung abgesondert. — Allylalkohol wird mit NaOH-Lsg. versetzt u. bei —10° unter Rühren mit Acrolein umgesetzt. Nach Neutralisieren mit Essigsäure wird mit $H_3PO_4$ angesäuert u. schnell unter vermindertem Druck destilliert. Man erhält *4-Oxahept-6-enal* (β-Allyloxypropionaldehyd), $Kp._{14}$ 53°, $n_D^{20}$ 1,4291, F. des Semicarbazons 109°, des 2.4-Dinitrophenylhydrazons 78—78,5°. $Kp._{13}$ des Acetals *1.1-Diäthoxy-4-oxahept-6-en* 86°, $n_D^{20}$ 1,4219, u. $Kp._{90}$ des *4-Oxaheptanal* aus dem Aldehyd 88°, $n_D^{20}$ 1,4100. Es werden ferner hergestellt: *2-Methyl-4-oxahept-6-enal* (β-Alllyloxyisobutyraldehyd), $Kp._{16}$ 63°, $n_D^{20}$ 1,4288, F. des 2.4-Dinitrophenylhydrazons 72° u. des Semicarbazons 87—88°. Durch Hydrieren erhält man *2-Methyl-4-oxaheptanal*, $Kp._{28}$ 65°, $n_D^{20}$ 1,4100. — *6-Methyl-4-oxahept-6-enal* (β-Methallyloxypropionaldehyd, $Kp._9$ 63°, $n_D^{20}$ 1,4352, F. des 2.4-Dinitrophenylhydrazons 77—78°, des Semicarbazons 110°. Durch H-Anlagerung erhält man *6-Methyl-4-oxaheptanal*, $Kp._{26}$ 65°, $n_D^{20}$ 1,4118. — *3-Methyl-4-oxahept-6-enal*, $Kp._{30}$ 77°, $n_D^{20}$ 1,4281, F. des 2.4-Dinitrophenylhydrazons, 70°, des Semicarbazons 109—109,5°. Durch Hydrieren erhält man *3-Methyl-4-oxaheptanal*, $Kp._{16}$ 54°, $n_D^{20}$ 1,4110. Die Alkoxyaldehyde sind neue Verbb. u. werden als Zwischenprodd. für Polymerisate u. Oxydationsprodd. verwendet. (**D. B. P. 862 745** Kl. 12o vom 4/3. 1951, ausg. 12/1. 1953. E. Prior. 17/3. 1950.) G. KÖNIG. H 690

**Chemische Werke Hüls G. m. b. H.** (Erfinder: **Erich Berger**), Marl, *Äthylacetat* erhält man aus dem bei der Kondensation von $CH_3CHO$ mit Al-Äthylat entstehenden Reaktionsgemisch, indem man dieses kontinuierlich oder diskontinuierlich über bewegliche, beheizte Flächen führt, so daß alle bei 760 mm bis ca. 170° flüchtigen Prodd. abdest., u. den festen Rückstand kontinuierlich oder diskontinuierlich von den I entfernt. (**D. B. P. 863 939** Kl. 12o vom 13/5. 1951, ausg. 22/1. 1953.) MÜLLER-MEININGEN. H 810

**Badische Anilin- & Soda-Fabrik**, Ludwigshafen/Rh. (Erfinder: **Heinz Heinze**, Wuppertal), *Bernsteinsäure* (I) erhält man, indem man kontinuierlich Tetrahydrofuran mit ca. 50—65%ig. $HNO_3$ behandelt, wobei die Temp. 20° nicht wesentlich übersteigt, I aus der Reaktions-Fl. abscheidet u. die Mutterlauge unter Wiederherst. der erforderlichen $HNO_3$-Konz. im Kreislauf in das Reaktionsgefäß zurückführt. (**D. B. P. 867 688** Kl. 12o vom 4/7. 1941, ausg. 19/2. 1953.) MÜLLER-MEININGEN. H 820

**Henkel & Cie. G. m. b. H.** (Erfinder: **Werner Stein**), Düsseldorf, *Alkalisalze der Sebacinsäure* bzw. die freie Säure erhält man durch Rk. der Alkalisalze von Ricinusölfettsäuren mit Ätzalkalien, bes. bei 235—350°, gegebenenfalls in Ggw. von W. u. von Cd oder Cd-Verbindungen. — Man arbeitet z. B. mit 468 (g) Ricinusöl, 237 NaOH, 237 W., 14 CdO im verkupferten Autoklaven 1 Std. bei 275° u. erhält 229 *Sebacinsäure* (I) (49% des Ansatzes, 84% der Theorie), 90 *Octanol* (II) (19%) u. 90 Fettsäuren (III). (**D. B. P. 867 090** Kl. 12o vom 15/12. 1950, ausg. 16/2. 1953.) MÜLLER-MEININGEN. H 820

**Dow Corning Corp.**, Midland, Mich., V. St. A., *Alkoxychlorsilane* erhält man durch Kondensation eines oder mehrerer Silanester $R_{4-n}Si(OR')_n$ mit einem oder mehreren Chlorsilanen $R_{4-m}SiCl_m$ (R = Alkyl oder Aryl, R' = Alkyl, n = 1—4, m = 2 oder 3) in fl. Phase, zweckmäßig in Ggw. von HCl. — Aus $CH_3Si(OC_2H_5)_3$ u. $(CH_3)_2SiCl_2$ erhält man durch Erhitzen in Ggw. von HCl-Gas $CH_3Si(OC_2H_5)_2Cl$ u. $(CH_3)_2SiOC_2H_5Cl$. — $(CH_3)_3SiOC_2H_5 + (CH_3)_2SiCl_2 \rightarrow (CH_3)_2SiOC_2H_5Cl + (CH_3)_3SiCl$. — $Si(OC_2H_5)_4 + CH_3Si(OC_2H_5)_3 + (CH_3)_2SiCl_2 \rightarrow (CH_3)_2SiOC_2H_5Cl + CH_3Si(OC_2H_5)_2Cl + ClSi(OC_2H_5)_3$. (**E. P. 653 238** vom 7/12. 1948, ausg. 9/5. 1951.) KRAUSS. H 980

**N. V. de Bataafsche Petroleum Mij.** (Erfinder: **Han Hoog**, Amsterdam), Holland, *Aromatische Kohlenwasserstoffe aus Gemischen von Paraffinen und Cycloparaffinen.* Mischungen von Paraffinen u. Cycloparaffinen, die mehr als 6 u. höchstens ca. 12 C-Atome aufweisen, werden katalyt. cyclisiert u./oder dehydriert. Das Ausgangsmaterial wird vor der Cyclisierung ganz oder teilweise von den nichthydroaromat. Cycloparaffinen, bes. von Cyclopentanhomologen, befreit, indem es unterhalb 200° mit Al-Halogeniden ($AlCl_3$), u. Halogenwasserstoff (HCl) behandelt wird. Die Al-Halogenide können auch auf Trägern, wie Kaolin, Silicagel u. $Al_2O_3$, verwendet werden. (**D. R. P. 767 644** Kl. 23b vom 10/4. 1940, ausg. 2/3. 1953. Holl. Prior. 17/4. 1939.) UNGER. H 1010

**Concordia Bergbau Akt.-Ges.** (Erfinder: **Louis Nettlenbusch** und **Walther Sexauer**), Oberhausen/Rhld., *Kontinuierliche Reinigung von Benzolkohlenwasserstoffen zu Reinware.* Man leitet die KW-stoffe vor der kontinuierlichen Säurebehandlung druckfrei zwischen 300 u. 600° über oberflächenakt. Kontakte, wie Aktivkohle oder Silicagel, in Ggw. von $H_2$ oder $H_2$-haltigen Gasen. Vor den oberflächenakt. Kontakt schaltet man einfache, billige Eisenkontakte, durch die die Dämpfe von unten nach oben steigen. (**D. B. P. 809 802** Kl. 12o vom 16/7. 1949, ausg. 2/3. 1953.) UNGER. H 1010

**Badische Anilin- & Soda-Fabrik,** Ludwigshafen/Rh. (Erfinder: **Mathias Pier,** Heidelberg, **Ernst Donath,** Pittsburgh, Pa., V. St. A., und **Helmut Nonnemacher,** Mannheim), *Herstellung einheitlicher aromatischer Kohlenwasserstoffe* aus wesentliche Mengen naphthen. oder aliphat. KW-stoffe oder beide enthaltenden Benzinfraktionen durch Behandlung mit $H_2$ im Kreislauf über Oxyden der Metalle der 5. u./oder 6. Gruppe des Period. Syst. auf akt. Tonerde bei 450—550° u. einem Gesamtdruck von 7—100 at u. anschließende Abtrennung des aromat. KW-stoffes aus dem Reaktionsprod., dad. gek., daß man von Benzinfraktionen ausgeht, deren Siedeschluß mindestens ebenso hoch, höchstens jedoch um 25° höher liegt als der Kp. des herzustellenden aromat. KW-stoffes, einen an sich bekannten H-Partialdruck von 30—75% des Gesamtdruckes anwendet, die den Reaktionsraum verlassenden $H_2$-haltigen Gase ohne weitere Zugabe von $H_2$ in einer Menge von 0,3—3 $m^3$/kg Ausgangsstoff in den Reaktionsraum zurückführt u. in an sich bekannter Weise aus dem erhaltenen KW-stoffgemisch den aromat. KW-stoff durch Dest. gewinnt. — Beispiele: Bzl., Toluol, Xylole. (**D. B. P. 865 894** Kl. 12o vom 22/6. 1940, ausg. 5/2. 1953.) G. KÖNIG. H 1010

**Imperial Chemical Industries Ltd.** (Erfinder: **Gordon Hoeward Foxon,** Norton-on-Tees), England, *Abscheiden von Xylolen und/oder Äthylbenzol und/oder Styrol aus Mischungen, enthaltend nichtaromatische Verbindungen.* Um Xylole u./oder Äthylbenzol u./oder Styrol aus Mischungen mit Paraffinen u./oder Naphthenen u./oder Olefinen, wie sie in Benzin- oder Spaltbenzinfraktionen zugegen sind, abzuscheiden, dest. man die Mischungen mit 2-Methoxyäthanol (I) u. W.; der Wassergeh. des I muß einerseits unzureichend sein, um die Bldg. von 2 Flüssigkeitsschichten in der Kolonne selbst zu ermöglichen, als auch ternäre Azeotrope mit den ganzen in der oberen Fraktion enthaltenen, nicht aromat. KW-stoffen zu bilden, andererseits aber ausreichend sein, um eine Trennung der oberen Fraktion dieser azeotropen Dest. in 2 fl. Schichten beim Abkühlen auf eine solche Temp. zu ermöglichen, daß die untere dieser beiden fl. Phasen die größte Menge des I mit dem meisten W. enthält u. die obere Phase reich an nichtaromat. Verbb. ist, wobei die Xylole aus der Bodenfraktion der ersten azeotropen Dest. abgezogen werden. Die untere fl. Phase des gekühlten Kopfdestillates wird der azeotrop. Kolonne zugeleitet u. die obere fl. Phase des gekühlten Kopfdestillates wird einer erneuten fraktionierten Dest. unterworfen. Die Bodenfraktion der ersten azeotrop. Kolonne wird in einer getrennten Kolonne einer fraktionierten Dest. unterworfen, wobei die Kopffraktion vorzugsweise der ersten azeotrop. Kolonne zugeleitet wird. Die Ausgangs-Fl. hat einen Siedebereich von 125—150°, bes. 130—145°. Die Zugabe an I zu der 1. azeotrop. Kolonne enthält 1—9, bes. 3,5 Gew.-% Wasser. — Zeichnung. (**D. B. P. 871 747** Kl. 12o vom 12/6. 1951, ausg. 26/3. 1953. E. Prior. 14/6. 1950.) UNGER. H 1010

**Badische Anilin-& Soda-Fabrik** (Erfinder: **Heinrich Pasedach**), Ludwigshafen/Rh., *Herstellung von Aryläthern.* Man läßt auf Butin-(2)-diol-(1.4) aromat. Oxyverbb. (z. B. Kresole) in Ggw. sauer wirkender Hg-Verbb. einwirken u. hydriert das 4-Aryloxybutanol-(1)-on-(2) zum Diol. — *4-(o-Kresoxy)-butandiol-(1.2)*, $Kp._3$ 210—220°. — Zwischenprodukte. (**D. B. P. 863 497** Kl. 12q vom 6/1. 1951, ausg. 19/1. 1953.) FABEL. H 1060

**Monsanto Chemical Co.,** St. Louis, Mo., V. St. A., *p-Vinylbenzoesäure* (**I**) *und deren Methylester* (**II**) durch Oxydation von p-Äthylbenzoesäuremethylester (**III**) in fl. Phase mit $O_2$-haltigen Gasen bei erhöhter Temp. in Ggw. von Cr-Oxyd u. einer anorgan. Säure zu p-Acetylbenzoesäuremethylester (**IV**), Hydrierung von **IV** mit $H_2$ zu p-(α-Oxyäthyl)-benzoesäuremethylester (**V**). Hieraus durch Wasserabspaltung **II** u. durch nachfolgende Verseifung **I**. — **III**, $Kp._2$ 91° → **IV**, $Kp._4$ 140—150° → **V**, $Kp._4$ 134° (freie Säure, F. 136,8—137,5°) → **II**, $Kp._2$ 89—90°, **I**, F. 142—143°. **I** kann polymerisiert werden. (**E. P. 636 196** vom 23/1. 1947, ausg. 26/4. 1950. A. Prior. 1/2. 1946.) KRAUSS. H 1210

**E. I. du Pont de Nemours & Co.,** Wilmington, Del., V. St. A., *p-Toluylsäure oder deren Gemisch mit Terephthalsäure* erhält man durch $O_2$-Oxydation von p-Toluylaldehyd oder dessen Gemisch mit p-Toluylsäure in einer gesätt. Lsg. einer aliphat. Carbonsäure, z. B. $CH_3COOH$, $C_2H_5COOH$ oder Isobuttersäure, bei 10—150°, in Ggw. eines organ. oder anorgan. Cu-, Co-, Ni-, Ag-, Pb-, Mn-, V-, Ca- oder Sn-Salzes u. eines organ. Peroxydes oder einer Persäure oder einer Verb., die mit $O_2$ Peroxyd bildet, z. B. eines Aldehydes, Ketons, Äthers oder Olefins. (**E. P. 644 667** vom 21/4. 1948, ausg. 18/10. 1950.) MÜLLER-MEININGEN. H 1210

**Socony-Vacuum Oil Co., Inc.,** New York, N. Y., übert. von: **William I. Denton,** Woodbury, und **Richard B. Bishop,** Haddonfield, N. J., V. St. A., *Aromatische Nitrile.* Man leitet auf 800 bis ca. 975° F erhitztes $NH_3$ mit Alkaryl- oder Alkenylaryl-KW-stoffen oder mit methylsubstituiertem Thiophen in der Gasphase über einen auf 850 bis 1250° F erhitzten Katalysator aus VO, $V_2O_3$, $V_2O_4$, $V_2O_5$, $Mo_2O_3$, $MoO_2$, $MoO_3$, $Mo_2O_5$, $WO_3$, Uranylmolybdat, Ferromolybdat, Na-Dimolybdat, Na-Oktamolybdat u. Fe-, Pb- u. Cu-Molybdaten, der auch auf Träger aufgebracht sein kann. — Man leitet über 10% Uranylmolybdat enthaltenden $Al_2O_3$ bei 1025° F Toluol u. $NH_3$, wobei man Benzonitril erhält. (**A. PP. 2 496 660** vom 15/8. 1947, u. **2 496 661** vom 28/11. 1947, beide ausg. 7/2. 1950.) KRAUSS. H 1210

**E. I. du Pont de Nemours & Co.**, Wilmington, Del., übert. von: **Michael Sveda**, Cleveland, O., V. St. A., *Organodisiliciumverbindungen* der allg. nebenst. Formel (R = Methyl, Äthyl, Phenyl, R' = p-Phenylen, p-Biphenylen, p-Diphenylenäther, p-Xylylen, 1.4-Cyclohexyl u. geradkettige Polymethylene, X = Halogen) erhält man durch Kondensation eines organ. Dihalogenids X—R'—X mit einem disubstituierten Dihalogensilan in Ggw. von Li, Na, K, Al, Ca, Mg u. Zn. — Aus p-Phenylenbromid u. Dimethyldichlorsilan in Ggw. von wasserfreiem Ae. erhält man mit Mg *p-Phenylenbis-(dimethylchlorsilan)*, $Kp._{1,5}$ 110°, F. 87°, das bei der Hydrolyse mit wss. NaOH *p-Phenylenbis-(oxydimethylsilan)*, F. 135°, liefert. — Dimethyldichlorsilan + Hexamethylenchlorid + Mg → *1.6-Hexamethylenbis-(chlordimethylsilan)*, $Kp._2$ 110°. (**A. P. 2 561 429** vom 28/10. 1946, ausg. 24/7. 1951.) KRAUSS. H 1380

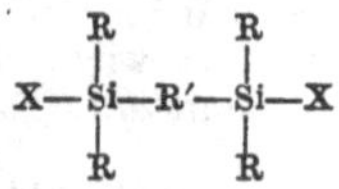

**Soc. An. Manufactures de Produits Chimiques du Nord (Établissements Kuhlmann)**, Frankreich, Seine, *Herstellung von Styrol.* Die Umwandlung von Äthylbenzol in Styrol erfolgt in der Weise, daß Dämpfe von Äthylbenzol, verd. mit Äthylen oder Bzl., über einen Dehydrierungskatalysator geleitet werden, der durch alkal. Fällung von Cu-, Cr- oder Mn-Salzen oder deren Mischungen (vgl. F. P. 983 416; C. **1953. 6137**) erhalten ist. (**F. P. 983 440** vom 21/8. 1943, ausg. 22/6. 1951.) NOUVEL. H 1410

**Distillers Co. Ltd.**, Edinburgh, Schottland, **Francis Edward Salt**, und **William Webster**, Epsom, **Eugen Galitzenstein**, Wallington, Surrey, England, *Styrole* erhält man durch Erhitzen eines Chloräthylbenzols oder eines kernchlor- u./oder alkylsubstituierten Bzl. in fl. Phase mit >0,2% Kollidin, zweckmäßig in Ggw. eines inerten Gases, eines Polymerisationsverzögerers u. unter ständiger Entfernung des HCl. — Aus α-Chloräthylmonochlorbenzol erhält man beim Erhitzen auf 170—180° bei 200 mm Hg in Ggw. von Kollidinhydrochlorid in 85%ig. Ausbeute *Chlorstyrol.* — Chloräthylxylol → *Vinylxylol.* (**E. P. 634 587** vom 28/6. 1947, ausg. 22/3. 1950.) KRAUSS. H 1410

**Badische Anilin- & Soda-Fabrik** (Erfinder: **Willi Schmidt** und **Karl Seydel**), Ludwigshafen/Rh., *Cyclohexanolhomo- und -analoge* neben den entsprechenden *Cyclohexanonen* entstehen bei der Umsetzung von Cyclohexyl- oder Dicyclohexylamin oder Phenylcyclohexylaminhomologen oder -analogen mit W. oder niedermol., aliphat., einwertigen Alkoholen in Ggw. von Hydrierungskatalysatoren u. gegebenenfalls $H_2$ bei erhöhter Temp., notfalls unter Druck nach D. R. PP. 725 083; C. **1943.** I. 2757, u. 727 626; C. **1943.** II. 672, unter Druck. — p-Toluidin oder p-Methylcyclohexylamin → *p-Methylcyclohexanol*, Kp. 173°. — β-Dekahydronaphthylamin → *β-Dekahydronaphthol*, $Kp._{14}$ 112°, F. 75°, Ertrag 92%. — Cyclopentylamin → *Cyclopentanol*, Kp. 139°, + 18% *Cyclopentanon*, Kp. 130°, + Dicyclopentylamin. — Oktahydroanthracyl-2-2-amin → *Oktahydro-2-oxyanthracen*, F. 115°. (**D. B. P. 872 342** Kl. 12o vom 25/7. 1940, ausg. 30/3. 1953. **Zusatz zu D. R. P. 725 083; C. 1943. I. 2757*.**) KRAUSS. H 1870

**Rütgerswerke Akt.-Ges.**, Frankfurt/M. (Erfinder: **Erich Schweym, Johannes Turowski** und **Herbert Buffleb**, Castrop-Rauxel), *Gewinnung reiner oder technisch reiner Stoffe aus kristallhaltigen oder kristallbildenden Flüssigkeiten in Schleudervorrichtungen*, bes. *Siebschleudern.* Man leitet arteigene oder artfremde Lösungsmittel oder Lösungsmittelgemische, die unerwünschte Begleitstoffe verdrängen oder lösen, u. gegebenenfalls als Kühlmittel dienen, gleichzeitig mit dem Arbeitsgut (Naphthalin-, Carbazol-, Anthracen-, Pyren- oder Steinkohlenteerfraktionen) in die Schleuder. Die sich bildende Kristallschicht kann kontinuierlich mit warmen oder dampfförmigen Lösungsmitteln oder -gemischen u./oder Wasch- oder Spülmitteln, die bis zur Sättigung im Kreislauf geführt werden können, behandelt werden. — Aus einer 10%ig. Anthracenölfraktion erhält man durch Behandeln mit Schwerbenzol in einer Zentrifuge in 75%ig. Ausbeute 98%ig. *Anthracen.* — Vorr., Zeichnung. (**D. B. P. 867 547** Kl. 12o vom 2/7. 1950, ausg. 19/2. 1953.) KRAUSS. H 2800

**Gesellschaft für Teerverwertung m. b. H.** (Erfinder: **Otto Pruber**) Duisburg, *Gewinnung von Chrysen.* Die innerhalb der Siedegrenzen des Chrysens (I) beim Verblasen bzw. Verkoken von Pech anfallenden Destillate bzw. Fraktionen werden durch Umkristallisieren auf I verarbeitet. — Beispiel: 1 kg eines Materials (Kp. 425—442°), das aus einem beim Verblasen von Pech mit Luft übergegangenen Destillat durch Fraktionierung

abgetrennt worden u. von fester u. harter Beschaffenheit war, wurde aus Xylol umgelöst. Ausbeute: 270 g **I.** (**D. R. P. 760 563** Kl. 12o vom 20/7. 1941, ausg. 8/6. 1953.)
UNGER. H 2950

**General Aniline & Film Corp.,** New York, N. Y., übert. von: **Curt G. Vogt,** Union, N. J., und **Joseph M. Wilkinson jr.,** Easton, Pa., V. St. A., *Herstellung von 4-substituiertem ar-Tetrahydro-β-naphthoxazolon.* ar-Tetrahydro-β-naphthoxazolon wird in Eisessig nitriert, *4-Nitro-ar-tetrahydro-β-naphthoxazolon* (**I**) krist. aus, F. 278°. **I** in A. mit $H_2$ in Ggw. von Pt-Katalysator gibt *4-Amino-ar-tetrahydro-β-naphthoxazolon,* F. 221—222°, das mit konz. HCl u. $NaNO_2$ über das Diazoniumsalz u. Behandlung mit salzsaurer $CuCl_2$-Lsg. in *4-Chlor-ar-tetrahydro-β-naphthoxazolon,* F. 274—275°, übergeführt wird. Zwischenprodd. zur Herst. von Farbstoffen, Pharmazeutica u. Textilhilfsmitteln. (**E. P. 647 210** vom 18/8. 1947, ausg. 6/12. 1950. A. Prior. 6/9. 1946.)
LÜTTGEN. H 3132

**Kodak Ltd.,** London, England, *2-Chlorbenzthiazol* erhält man durch Rk. von 2-Mercaptobenzthiazol mit $SO_2Cl_2$; F. 21°. — Analog können dargestellt werden: *2-Chlor-5-äthoxy-, 2-Chlor-5-methoxy-, 2-Chlor-5-phenyl-, 2-Chlor-4-nitro-* u. *2-Chlor-5-nitrobenzthiazol.* (**E. P. 646 045** vom 20/11. 1947, ausg. 15/11. 1950. A. Prior. 5/12. 1946.)
BRÖSAMLE. H 3142

**Shell Development Co.,** San Francisco, übert. von: **Richard R. Whetstone,** Berkeley, Calif., V. St. A., *Stabilisierung* von *3.4-Dihydro-1.2-pyran-2-carboxaldehyd,* $Kp._{90}$ 88°; $n_D$ 1,463—1,466, gegen Verfärbung u. Polymerisation im Licht u. im Dunkeln bei der Lagerung. Sie erfolgt durch Zusatz von 0,001 bis ca. 15 (Gew.-%) Tannin (Gerbsäure). Nach Zusatz von z. B. 0,1 zum Aldehyd hat $n_D$ in 8 Monaten nur um 0,0111 zugenommen, nach 18 Monaten war der Aldehyd noch flüssig. (**A. P. 2 514 688** vom 3/2. 1948, ausg. 11/7. 1950.)
KRAUSS. H 3211

**Rohm & Haas Co.,** übert. von: **John O. Van Hook,** Philadelphia, und **Willard J. Croxall,** Bryn Athyn, Pa., V. St. A., *Herstellung von Estern der cyclischen Carbalkoxyketalessigsäure* mit niedrigmol. einwertigen Alkoholen durch Rk. substituierter Bernsteinsäureester mit entsprechenden Glykolen bei 75—250° in Ggw. eines sauren Kondensationsmittels. — Z. B. werden 206 (g) α.α-Dimethoxybernsteinsäuredimethylester, 76 Trimethylenglykol u. 2,$NaHSO_4$ auf 155—210° erhitzt. Aufarbeitung ergibt *2-Carbomethoxy-2-carbomethoxymethyl-1.3-dioxan,* $Kp._{0,5}$ 109—110°. — *Carbäthoxycarbäthoxymethyl-1.3-dioxan,* $Kp._{0,1}$ 116—125°, *2-Carbäthoxy-2-carbäthoxymethyldioxolan,* $Kp._{0,3}$ 110—116°, *2-Carbomethoxy-2-carbomethoxymethyldioxolan,* $Kp._{8}$ 130—178°, *2-Carbomethoxy-2-carbomethoxymethyl-4-methyldioxolan,* $Kp._{0,7-0,8}$ 90—120°, *2-Carbomethoxy-2-carbomethoxymethyl-4.4.6-trimethyl-1.3-dioxan,* $Kp._{0,8}$ 100—130°, *2-Carbomethoxy-2-carbomethoxymethyl-4-butyl-4-äthyl-1.3-dioxan,* $Kp._{0,1-0,3}$ 95—125°. — *Zwischenprodd. u. Weichmacher.* (**A. P. 2 556 135** vom 19/3. 1949, ausg. 5/6. 1951.)
K. HEINZE. H 3252

**Shell Development Co.,** San Francisco, übert. von: **Denham Harman** und **William E. Vaughan,** Berkeley, Calif., V. St. A., *Herstellung heterocyclischer Verbindungen.* Man erhitzt $H_2S$ (**I**) mit olefin. Heteroverbb., wie Bis-(alkenyl)-äthern, -sulfiden, sek. Aminen in Ggw. von alkal. Katalysatoren unter Druck auf 90—120°. — Beispiele: 14,6 (g) Diallylamin u. 5,1 **I** werden im Einschlußrohr 30 Std. auf 100° erhitzt u. man erhält 49 % *2.6-Dimethyl-1.4-thiazan* (**II**), Kp. 60°; $n_D^{20}$ 1,5088. —

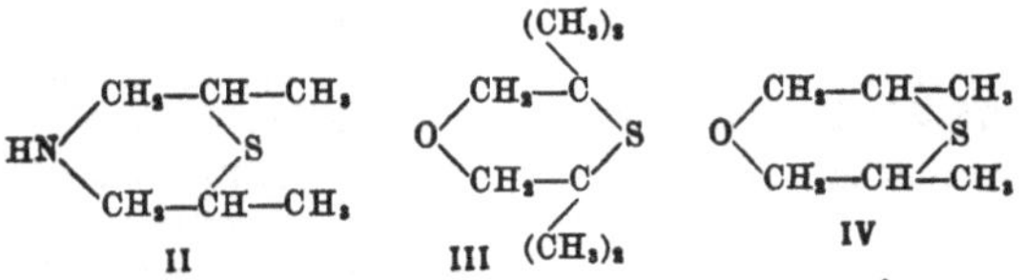

II III IV

Dimethylallyläther + **I** + n-Butylamin $\xrightarrow[23\ Stdn.]{110°}$ 22 % *3.3.5.5-Tetramethyl-1.4-oxathian,* **III** ( ), $Kp._{190}$ 130—132°; $n_D^{20}$ 1,4748. — Diallyläther + **I** + n-Dibutylamin $\xrightarrow[89\ Stdn.]{110°}$ 43 % *3.5-Dimethyl-1.4-oxathian* (**IV**), $Kp._{160}$ 113—114°; $n_D^{20}$ 1,4850. (**A. P. 2 562 145** vom 29/7. 1947, ausg. 24/7. 1951.)
MÜLLER-MEININGEN. H 3262

**American Cyanamid Co.,** New York, N. Y., übert. von: **William J. Klapproth,** Stamford, und **Leslie C. Lane,** Bethel, Conn., V. St. A., *Herstellung von Melamin* durch Rk. von HCN mit einer der folgenden Verbb.: Diammoniumimidodisulfat, Triammoniumnitrilotrisulfat, Ammoniumsulfamat, Sulfamid u. $(NH_4)_2SO_4$ bei 275—550° u. mindestens 500 lbs./sq.in. Druck. Bei Rk. mit $(NH_4)_2SO_4$ u. $NH_3$ sind 350—400° ausreichend. Wird HCN in $NH_3$ eingeleitet, so soll letzteres wenigstens 275° haben. (**A. PP. 2 575 629** vom 25/10. 1950, ausg. 20/11. 1951, u. **2 577 201** vom 25/10. 1950, ausg. 4/12. 1951.)
SCHINDLER. H 3313

**Süddeutsche Kalkstickstoff-Werke Akt.-Ges.** (Erfinder: **Franz Maresch, Ernst Doehlemann** und **Franz Kaess**), Trostberg/Obb., *Aminotriazine,* bes. *Melamin,* erhält man durch Rk. von monomerem bzw. dimerem Cyanamid (I) mit Alkalicarbonat (II) bei höheren Tempp. (180—390°), unter Anwendung von Druck (10—150 at) u. in Abwesenheit von Lösungsmitteln, wobei 0,01—0,08 (Mol.) wasserfreies **II** je 1 **I** angewandt wird. Man kann an der Rk. auch $NH_3$ u. $N_2$ teilnehmen lassen, wobei ersteres ausbeutesteigernd, letzteres als Wärmeüberträger wirkt. Man erzielt Ausbeuten an Melamin bis zu 100%. (**D. B. P. 879 697** Kl. 12p vom 27/6. 1950, ausg. 15/6. 1953.) BRÖSAMLE. H 3313

**British Oxygen Co. Ltd.**, London, England, *Herstellung von reinem Melamin.* Rohmelamin, das alkalilösl. Verunreinigungen enthält, wird durch Umkristallisieren gereinigt. Hierbei vermischt man das Rohmelamin bei erhöhter Temp. mit der Mutterlauge einer vorausgehenden Kristallisation, filtriert von den hierbei ausfallenden Stoffen ab, versetzt das Filtrat mit Alkali- oder Erdalkalihydroxyd u. kristallisiert unter Kühlung das Melamin aus. Hierbei wird die zugesetzte Alkalimenge so bemessen, daß die nicht abfiltrierten Verunreinigungen bei der Kristallisation in Lsg. verbleiben, der $p_H$-Wert aber nicht über 13 ansteigt. Die Mutterlauge wird von der Wiederverwendung mit einer der zugesetzten Menge Hydroxyd äquivalenten Säuremenge behandelt. (**N. P. 79 345** vom 2/11. 1949, ausg. 12/11. 1951. E. Prior. 10/11. 1948.)
JÜRGEN SCHMIDT. H 3313

**Böhme Fettchemie G. m. b. H.**, Düsseldorf (Erfinder: **Kurt Bergdorf**, Offenbach/M.), *Herstellung von Kondensationsprodukten aus Hexamethylentetramin* (I) u. Estern 1wertiger anorgan. Säuren. Sie erfolgt unter Verwendung von Lösungsmitteln, die OH- u./oder -O-Gruppen u. bes. ca. 0,1—40% W. enthalten. — Man erhitzt z. B. 100 (g) Laurylchlorid u. 75 **I** mit 225 Propandiol-(1.2) u. 25 $cm^3$ W. 1 Std. unter Rückfluß, entfernt das Lösungsm. im Vakuum u. erhält ein in W. klar lösl., schäumendes, hochviscoses klares Produkt. — Zur Herst. von Emulsionen zur Filtrierung substantiver Farbstoffe, zur Fällung von Gerbstoffen u. als Korrosionsverhütungsmittel verwendbar. (**D. B. P. 867 854** Kl. 12p vom 31/3. 1943, ausg. 19/2. 1953.) MÜLLER-MEININGEN. H 3313

**Deutsche Erdöl-Akt.-Ges.** (**Karl A. Fischer**, Ahrensburg, und **Herbert Sydow**), Hamburg, *Depolymerisieren von Derivaten der Alginsäure* (I), bes. ihrer *Alkalisalze*. Man behandelt entweder eine neutrale oder alkal. Lsg. oder Quellung eines **I**-Deriv., z. B. eine 5—20%ig. Na-Alginatlsg., bei ca. 100° mit verd. Oxydationsmitteln (II), z. B. Luft, $H_2O_2$, bes. bei $p_H$ 8—10, oder eine neutrale oder saure Lsg. oder Quellung mit verd. Reduktionsmitteln (III), z. B. $N_2H_4 \cdot H_2SO_4$, bes. bei $p_H$ 4—6. Man verwendet dabei bes. 0,1—0,01 (%) **II** oder 0,1—1 **III**. — Verwendung der Prodd. zu Appretierung von Textilien, Herst. von Faserstoffen, als Emulgatoren, Zwischenschichten in Sicherheitsgläsern, Zusatz zu Druckmassen, Stabilisierung von Borschlämmen, Verfestigung von Erdreich u. Sanden, Herst. von Verpackungsmaterial u. Verfestigung von KW-stoffen. (**D. B. P. 868 902** Kl. 12o vom 11/3. 1951, ausg. 2/3. 1953.)
MÜLLER-MEININGEN. H 4050

## X. Färberei. Organische Farbstoffe.

—, *Farbänderungen an Säure-Alizarinblau Farbstoffen.* Ausführliche Unterss. haben gezeigt, daß die Anwesenheit von Spuren von $HNO_2$ (8 Teile/1000000) im Färbebad zu einer Farbtonänderung (nach schmutzig violett bzw. rotblau) bei Verwendung von blauen Alizarinfarbstoffen führt. Bei größeren Mengen an $HNO_2$ kann auch der Farbton weitgehend zerstört werden. Die Bldg. von $HNO_2$ aus nitrathaltigem W. wird näher erläutert, wobei auch auf die Möglichkeit der Zerstörung der $HNO_2$ durch Sulfaminsäure ($HO-SO_2NH_2$) hingewiesen wird. Die Unverträglichkeit der blauen Alizarinfarbstoffe mit der $HNO_2$ beruht auf der Rk. derselben mit den $NH_2$-Gruppen des Farbstoffes. (Canad. Textile J. **68.** 65—67. 13/4. 1951.) H. G. FRÖHLICH. 7020

**William B. Dall**, *Das Färben bei hoher Temperatur.* Besprochen werden die Vorteile des Färbens von *Orlon* u. *Dacron* bei hohen Temperaturen. Ferner werden neuere Maschinen für diese Zwecke angeführt u. deren Arbeitsweise u. Vorzüge beschrieben. (Indian Textile J. **62.** 725—28. Sept. 1952.) P. ECKERT. 7020

**K. U. Eipe**, *Solanile black.* Beschrieben werden die Eigg., das Verh. u. die Verwendung des *Solanile Black* im Textildruck, bes. auch das Klotzen von Viscosegeweben. Die Echtheitseigg. der Färbungen werden besprochen u. Färbevorschriften gegeben. (Indian Textile J. **63.** 113—14. Nov. 1952.) P. ECKERT. 7022

**A. J. Hall**, *Naphtholfärbungen: Faktoren, welche die Reibechtheit beeinflussen.* In einer allg. verständlichen Arbeit werden die einzelnen Stufen der Naphtholfärberei ausführlich besprochen. Hierbei wird bes. darauf hingewiesen, daß man durch die Erhöhung der Substantivität der Naphthole (z. B. durch Glaubersalz usw.) eine wesentliche Verbesserung der Reibechtheit der erhaltenen Färbung erreichen kann. Die verschied. Möglichkeiten zur Erhöhung der Substantivität werden besprochen. (Textile Mercury Argus **128.** 252—56. 6/2. 1953.) H. G. FRÖHLICH. 7028

**W. D. Wright**, *Farbunterscheidungen. Einfluß der Größe der Farbfläche.* 4. Mitt. (3. vgl. **1953.** 6573.) Besprochen wird die unterschiedliche Rk. des Auges bei der Wahrnehmung kleiner Farbunterschiede an großen u. kleinen Farbflächen. Die obere Grenze, über die hinaus eine Steigerung der Empfindlichkeit nicht mehr eintritt, stellt eine unter dem Gesichtswinkel von 10° gesehene Fläche dar. Bei den visuell arbeitenden Farbmeßgeräten wurde durch die Internationale Beleuchtungskommission ein Feld von 2° zugrunde gelegt. Dadurch wird zwar die Unterscheidungsmöglichkeit reduziert, aber die Abweichungen liegen innerhalb der Streuung in der Farbwahrnehmung verschied. Beobachter, so daß die Geräte trotz des kleinen Gesichtswinkels in der Praxis brauchbar sind. Durch Integration vieler Farbpunkte ist es immer möglich, den Eindruck einer gleichfarbigen Fläche hervorzurufen. Ausführlich behandelt wird die mangelnde Blauempfindlichkeit beim fovealen Sehen, die Tritanopie beruht offenbar auf dem Fehlen blauer Rezeptoren in der Fovea centralis. (Rayon synthet. Textiles **32.** Nr. 11. 76–77. 80. Nov. 1951. London, Imperial College of Science.) Dossmann. 7030

**R. W. Richardson**, *Selektive Diffusion in Ionenaustauschharze; eine neue Methode zur Reinigung direkt aufziehender Baumwollfarbstoffe.* Vf. benutzt die Molekularsiebwrkg. von Ionenaustauschharzen zur Reinigung von direkt aufziehenden Baumwollfarbstoffen: die großen Farbstoffmoll. können nicht ins Harz diffundieren u. werden daher nur an der Oberfläche adsorbiert, die Verunreinigungen dagegen auch im Harzinneren gebunden. Durch Filtrieren der Farbstofflsg. über ein Sulfonsäureharz erhält Vf. zunächst eine Lsg. der Farbstoffsäure u. der Säuren deren Salze in der Lsg. noch vorhanden waren. An einem schwach bas. Harz werden dann nur die starken verunreinigenden Säuren zurückgehalten, die Farbstoffsäure bleibt in der Lösung. Für Farbstoffsäuren, die in W. unlösl. sind, wird die Rohfarbstofflsg. zunächst über ein stark bas. Harz filtriert. Die Entfernung des überschüssigen Alkali erfolgt dann durch Harze mit phenolischen Hydroxylgruppen oder Carboxylgruppen. — Die Meth. wurde an folgenden Farbstoffen erprobt: *Sky Blue FF, Benzopurpurin 4 B, Chlorazol-Fast Red, Na-8-acetamido-1-oxy-2-phenylazonaphthalin-5-sulfonat.* (J. chem. Soc. [London] **1951.** 910–14. Apr. 1951. Baking, Essex, Messrs. Courtaulds Ltd., Works Chem. Labor.) Gabriele Günther. 7054

**Quentin L. Morris, Thomas B. Gage** und **Simon H. Wender**, *Die Isolierung und Reinigung von Morin an einem Ionenaustauschharz.* Der wss. Extrakt des Markholzes von Chlorofora tinctoria wird über Amberlit IRC–5 O(H) filtriert u. das adsorbierte *Morin* (**I**) mit A. vom Harz eluiert, weitere Reinigung über das K-Salz. Die Meth. ist ein billiges Verf. zur Isolierung von **I** u. anderen Flavonfarbstoffen aus Pflanzenextrakten. (J. Amer. chem. Soc. **73.** 3340–41. Juli 1951. Norman, Okla., Univ., Dep. of Chem.) Gabriele Günther. 7082

---

**Rydboholms Aktiebolag**, Rydboholm, Schweden (Erfinder: **C. O. Erikson** und **N. D. Landqvist**), *Färben von Geweben oder Garnen.* Man imprägniert die Gewebe oder Garne in bekannter Weise mit einer Farblsg. u. behandelt sie dann längere Zeit derart, daß die fl. Phase beibehalten wird u. keine ungleiche Verteilung des Farbstoffes auf den Fasern erfolgt. Z. B. färbt man Baumwollgewebe mit einer Schwefelfarbe, behandelt einige Zeit bei 50°, setzt bei 50° eine Farblsg. aus Eclipsbraun R u. $Na_2S$ zu, erwärmt auf 95° u. läßt 18 Std. liegen. Erst dann wird gespült u. getrocknet. (**Schwed. P. 134 441** vom 21/2. 1950, ausg. 5/2. 1952.) Jürgen Schmidt. 7021

**General Dyestuff Corp.**, New York, übert. von: **Hans Luttringhaus**, Chatham, **James E. Flint**, Glen Ridge, N. J., und **Alex A. Arcus**, Bellerose, N. Y., V. St. A., *Färben und Bedrucken von tierischen Fasern.* Man imprägniert mit einer wss. Mischung, die 20 (%) eines Schwefelsäureestersalzes eines Küpenfarbstoffes, 10–20 Harnstoff u. eine freie Säure (Konz. 0,5–5, $p_H$ 1–3) u. keine anderen starken Elektrolyten enthält. Anschließend wird 4–6 Min. gedämpft u. in einem sauren Bad bei erhöhter Temp. oxydiert, z. B. mit Bichromat u. $H_3SO_4$. (**A. P. 2 618 529** vom 31/12. 1949, ausg. 18/11. 1952.) v. Schiller. 7021

**Celanese Corp. of America**, Del., V. St. A., übert. von: **Henry Charles Olpin** und **Tom Jackson**, Spondon, England, *Färben von Celluloseestern und -äthern.* Man imprägniert das Material mit einer Lsg. eines Esters von einem Leukoküpenfarbstoff in einer Mischung von W. u. einer organ. Fl., z. B. A., die Harnstoff enthält u. als Quellungsmittel für die Cellulosederivv. wirkt. Dann wird durch Dämpfen der freie Küpenfarbstoff entwickelt u. anschließend nochmals gedämpft. (**A. P. 2 614 023** vom 12/2. 1949, ausg. 14/10. 1952. E. Prior. 23/2. 1948.) v. Schiller. 7021

**Sandoz Akt.-Ges.**, Freiburg (Erfinder: **Alexis Wiazmitinow**, Basel), Schweiz, *Bedrucken von Cellulosefasern mit Leukoestersalzen von Küpenfarbstoffen* unter Verwendung von Oxydationsmitteln (I), säureabspaltenden Mitteln, Katalysatoren u. die üblichen Zusätze enthaltenden Druckpasten. Man druckt Pasten auf, die kleine Mengen, je nach der Verdampfungsgeschwindigkeit 10—40 g an organ. Basen (II), welche gegen die I in Abwesenheit von anorgan. Säuren beständig sind, je kg Paste enthalten, trocknet u. entwickelt durch Dämpfen. II sind Mono-, Di- u. Triäthanolamin, Diäthylentriamin, Hexahydroanilin, Anilin, Pyridin, Piperazin u. dergleichen. (**D. R. P. 742 573** Kl. 8n vom 22/10. 1941, ausg. 16/3. 1953. Schwz. Prior. 20/11. 1940.) v. Schiller. 7023

**Ciba Akt.-Ges.,** Basel, Schweiz, *Erzeugung von Färbungen auf Leder.* Man färbt letzteres mit solchen *Azofarbstoffen* der *Stilben*reihe, die erhalten werden, wenn man 4.4′-Dinitrostilben-2.2′-disulfonsäure mit Aminomonoazofarbstoffen der allg. Formel $HO_3S-R_1-N{=}N-R_2\langle{}^{NH_2}_{NH_2}$ kondensiert, worin $R_1$ u. $R_2$ je einen aromat. Rest der Bzl.- oder Naphthalinreihe bedeuten. (**Schwz. P. 282 347** vom 13/12. 1949, ausg. 1/8. 1952.) Nebelsiek. 7025

**Farbenfabriken Bayer** (Erfinder: **Max Coenen**), Krefeld-Uerdingen, *Heterocyclische Derivate der 1.3.5-Triazinreihe.* Man kondensiert Halogenide der 1.3.5-Triazinreihe mit heterocycl. Methylenbasen der Formel I, worin $R_1$ = Äthylen, Vinylen oder Arylen (Phenylen, Naphthylen), $R_2$ = Alkyl, Aralkyl oder Aryl, X = N, S, O, Vinylen oder Methylen bedeuten. — Aus Cyanurchlorid u. 1.3.3-Trimethyl-2-methylenindolin erhält man *2.4-Dichlor-6-(3′.3.′3-trimethyl-2′-methylenindolenyl-ω)-1.3.5-triazin,* F. 211°. Ferner werden dargestellt: *2.4-Dichlor-6-(5′-methoxy-1′.3′.3-trimethyl-2′-methylenindolenyl-ω)-1.3.5-triazin,* F. 175°, u. *2.4-Dichlor-6-(1′-methyl-2′-methylen-1′.2′-dihydrochinolinyl-ω)-1.3.5-triazin,* F. 225°. — Farbstoffzwischenprodukte. (**D. B. P. 825 089** Kl. 12p vom 9/4. 1949, ausg. 17/12. 1951.) Brösamle. 7049

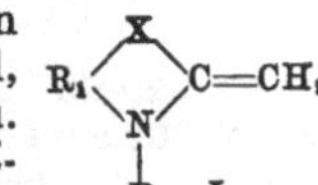
I

**Sandoz Akt.-Ges.** (Erfinder: **Hans Ruckstuhl, Otto Senn** und **Walther Wehrli**), Basel, Schweiz, *Herstellung von Umwandlungsprodukten von Azofarbstoffen,* indem man in den durch saure Kupplung hergestellten Azofarbstoffen der Zus. $R_1-N=N-R_2$, worin $R_1$ den Rest der 2-Amino-5-oxynaphtalin-7-sulfonsäure oder der 1-Amino-7-oxynaphthalin -3 oder -4-sulfonsäure u. $R_2$ einen gegebenenfalls substituierten Bzl.- oder Arylazobenzolrest bedeuten, durch Behandeln in laugenalkal. bis mineralsaurem Mittel, gegebenenfalls unter Anwendung erhöhter Temp., erhöhten Druckes u./oder unter Zusatz von Salzen der $HNO_2$, die $NH_2$- gegen die OH-Gruppe austauscht. Man erhält Farbstoffe von roten bis blauvioletten Tönungen. (**D. B. P. 863 970** Kl. 22a vom 26/1. 1951, ausg. 22/1. 1953. Schwz. Priorr. 2/3., 21/6. u. 23/6. 1950.) Gräger. 7053

**J. R. Geigy Akt.-Ges.** (Erfinder: **Werner Kuster**), Basel, Schweiz, *Herstellung von chromierbaren Monoazofarbstoffen* von der allg. Formel I, worin R einen aliphat. oder alicycl. KW-stoffrest von 5—8 C u. das eine X Cl oder H u. das andere X H bedeutet, indem man diazotierte 6-Nitro-4-alkyl- bzw. -4-cycloalkyl-2-amino-1-oxybenzole, welche in 4-Stellung einen aliphat. oder alicycl. KW-stoffrest von 5—8 C-Atomen besitzen, wie 6-Nitro-4-tert.-amyl-2-amino-1-oxybenzol, 6-Nitro-4-cyclohexyl-2-amino-1-oxybenzol, mit 1-(3-Chlorphenyl)-5-pyrazolon-3-carbonsäure, 1-(3′.4′-Dichlorphenyl)-5-pyrazolon-3-carbonsäure kuppelt. Wolle wird nach dem Einbadchromierverf. rot gefärbt. (**D. B. P. 863 971** Kl. 22a vom 3/6. 1951, ausg. 22/1. 1953. Schwz. Priorr. 9/6. 1950 u. 24/4. 1951.) Gräger. 7053

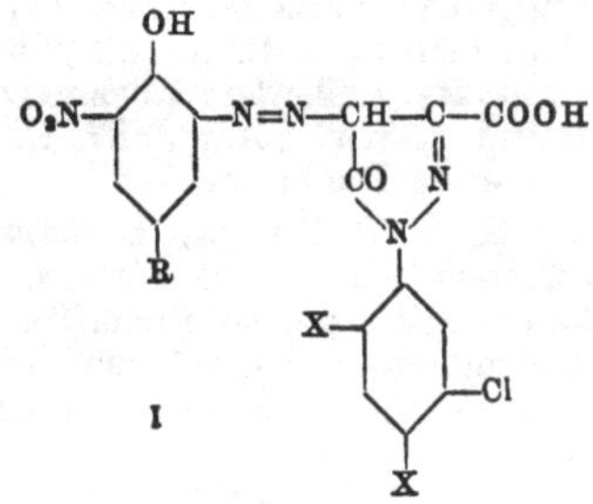

**Ciba Akt.-Ges.** (Erfinder: **Karl Menzi**), Basel, Schweiz, *Herstellung von Trisazofarbstoffen,* indem man eine zweimal kupplungsfähige aromat. m-Dioxyverb., welche höchstens 2 kondensierte Sechsringe aufweist, einerseits mit einer Diazoverb. eines

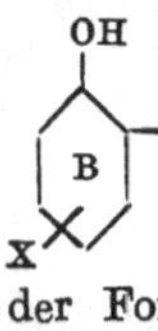
II

III 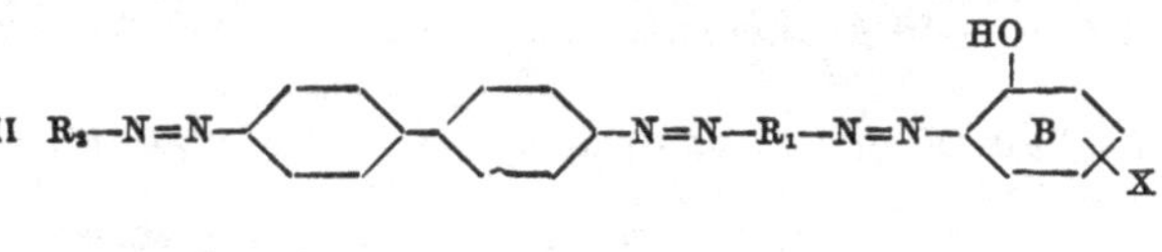

Amins der Formel I, worin X sich in p-Stellung zu einem der beiden anderen Substituenten befindet u. einen —CO-Alkyl- oder —CO-Arylrest, bes. aber einen durch die —CO-Gruppe an den Benzolkern B gebundenen Carbonsäurearylamidrest bedeutet, u. andererseits mit einer durch einseitige Kupplung von tetrazotiertem 4.4'-Diaminodiphenyl mit einer 1-Oxybenzol-2-carbonsäure (**II**) erhältlichen Diazoazoverb. kuppelt. Man erhält Farbstoffe, die der allg. Formel **III** entsprechen, worin $R_1$ den je in Nachbarstellung zu einer Oxygruppe an die Azogruppe gebundenen, höchstens 2 kondensierte Sechsringe aufweisenden Rest einer aromat. m-Dioxyverb., $R_2$ den in 4-Stellung an die Azogruppe gebundenen Rest einer **II** u. X wie oben bedeutet. — Z. B. wird 4.4'-Diaminodiphenyl tetrazotiert u. mit **II** gekuppelt. Die erhaltene Diazoazoverb. wird mit einem Monoazofarbstoff aus 1-Oxy-2-aminobenzol-4-carbonsäurephenylamid (**IV**) → 1.3-Dioxybenzol (**V**) gekuppelt (gekupfert: braun). An Stelle von **IV** kann man 1-Oxy-2-aminobenzol-5-carbonsäurephenylamid, 1-Oxy-2-aminobenzol-4-carbonsäure-(2' oder 3'-chlor)-phenylamid, 1-Oxy-2-aminobenzol-4-carbonsäure-(4'-methyl- oder 2'-methoxy)-phenylamid, 1-Oxy-2-aminobenzol-4-carbonsäure-cyclohexylamid, 1-Oxy-2-aminobenzol-4-carbonsäurenaphthyl-1-amid oder 1-Oxy-2-aminobenzol-4-carbonsäure-N-methylphenylamid verwenden, an Stelle von **V** 5-Methyl- oder 6-Methyl-1-oxybenzyl-2-carbonsäure. Man erhält ähnliche Farbstoffe, nimmt man statt **IV** 1.3-Dioxynaphthalin, solche von olivstichigbraunen Tönen. (**D. B. P. 863 974** Kl. 22a vom 11/5. 1951, ausg. 22/1. 1953. Schwz. Priorr. 16/5. 1950 u. 5/4. 1951.) GRÄGER. 7055

**Celanese Corp. of America,** Del., übert. von: **George W. Seymour,** Milburn, **Victor S. Salvin,** Summit, N. J., und **Walter R. Edwards,** Cumberland, Md., V. St. A., *1-Amino-2-brom-4-oxyanthrachinon durch Hydrolyse von 1-Amino-2.4-dibromanthrachinon,* indem man zur Lsg. des letzteren in konz. $H_2SO_4$ 18—70%, bes. 32% $H_3BO_3$ (bezogen auf die Anthrachinonverb.) zusetzt u. 1—3 Std. auf 150—155° erhitzt. Das Reaktionsprod. wird in W. gegossen, bei 60—70° abfiltriert u. bis zur neutralen Rk. mit 2%ig. wss. $Na_2CO_3$-Lsg. ausgewaschen. Geeignet zum *Färben von Cellulosetextilien* in roten Farbtönen u. zur *Herst. von Anthrachinonfarbstoffen.* (**A. P. 2 604 480** vom 29/8. 1947, ausg. 22/7. 1952.) GRÄGER. 7059

---

**Georges Martin,** Blanchiment, teinture et impression. 2e éd. Paris: A. Colin. 1952. (219 S. m. Abb.) fr. 260,—.

## XIa. Farben. Anstriche. Lacke. Naturharze.

—, *Rohstoffe für Lacke auf Vinylchloridbasis.* Allg. Überblick über die lacktechn. Eigg. von Copolymerisaten des Vinylchlorids mit Vinyläthern (bes. *Vinoflex MP 400*), deren Weichmachungsprobleme u. Vgl. mit chloriertem Kautschuk. (Chim. Peintures **15.** 356—58. Sept. 1952.) DALL'ASTA. 7096

**E. Scott Pattison,** *Fettsäuren im Vergleich zu fetten Ölen in der Harz- und Anstrichmittelfabrikation.* Die Verwendung von freien Fettsäuren statt von Triglyceriden hat erhebliche Vorzüge: Niedrigerer Rohstoffpreis durch Glyceringewinnung, einfachere Verarbeitung z. B. zu Alkydharzen durch größere Reaktionsgeschwindigkeit, hellere Produkte. Außerdem trocknen sie schneller, werden härter u. brauchen weniger Lösungsmittel. (Amer. Paint J. **37.** Nr. 19. 72. 74. 76. 78. 26/1. 1953. Ass. of Amer. Soap and Glycerine Producers, Inc.) GRAF. 7096

**H. A. W. Nijveld,** *Einkapseln von Gegenständen mit Chlorkautschukfäden. Das „Cobweb"-(Kokon-)Verfahren.* Beschreibung des „Cobweb"-Verf., bei dem Chlorkautschuk-Lsgg. zu einem freitragenden Netzwerk von Fäden verspritzt werden, auf das mit einem handelsüblichen Lack eine geschlossene Schicht aufgebracht wird. — 4 Abbildungen. (Kunststoffe **43.** P. 36. P. 39. Mai 1953. Delft/Holland, Rubber-Sticht-ing.) WINIKER. 7106

**H. von Gottberg,** *Elektrostatisches Farbspritzen nach dem Ransburg-Verfahren Nr. 2.* Statt Spritzpistole Verwendung von Sprühköpfen, die gleichzeitig als Emissionselektroden dienen. Feinere Zerteilung u. bedeutende Materialeinsparung (Lackausbeute 90%). Farbnebelabsaugung u. Emissionsgitter sind nicht mehr erforderlich. (Ind.-Lackier-Betrieb **20.** 232—33. Dez. 1952.) GRAF. 7106

**F. Rüb,** *Spritzlackierautomaten.* Rationalisierung durch Anwendung von automat. Spritzanlagen. — 10 Abbildungen. (Ind.-Lackier-Betrieb **20.** 212—16. Nov. 1952.) GRAF. 7106

---

**Louise Fassina,** und **Louis Fassina,** Frankreich, *Behandlung von sauren oder neutralen Eisensalzlösungen,* bes. der schwefel- oder salpetersauren Mutterlaugen der Metallbeizerei. Diese Laugen werden, wenn notwendig, neutralisiert, z. B. mit Fe oder Fe-Abfällen, dadurch erhält man eine $FeSO_4$-Lsg., die mit Absorptionsmitteln, wie Talk, Kaolin, $SiO_2$ versetzt u. unter lebhaftem Rühren mit $NH_3$, $(NH_4)_2CO_3$ oder Alkalihydroxyd oder -carbonat als $Fe(OH)_2$ u. $Fe(OH)_3$ gefällt wird. Nach Durchblasen von

Luft oder Zugabe von $H_2O_2$ erhält man ein lebhaft gelbes *Farbpigment*. Man kann auch die Laugen mit Mangandioxyd an Stelle von $NH_3$ oder dgl. behandeln. (**F. P. 54 865** vom 10/12. 1946, ausg. 7/12. 1950. **Zusatz zu F. P. 931 127.**) WITTHOLZ. 7093

**Lobitos Oilfields Ltd.**, London, **Maurice Ingram,** Ellesmere Port, und **David High Tullis,** Wirral, England, *Ersatz- und Streckmittel für trocknende Öle*, bestehend aus einem Gemisch von aromat. Petroleumextrakten (JZ. > 50) u. einer kleineren Menge polymerisierter höhersd. Bestandteile von gecracktem Gasolin (Viscosität nach REDWOOD = 1 bei 140° F; JZ. >200). (**E. P. 638 750** vom 13/3. 1947, ausg. 14/6. 1950.) LÜTTGEN. 7097

**Interchemical Corp.,** New York, N. Y., übert. von: **Carl J. Opp** und **Raymond E. Werner,** Cincinnati, O., V. St. A., *Mischpolymerisate aus trocknenden Ölen* (**I**). 10—90 (Teile) **I** oder Naturharze mit konjugierten Doppelbindungen werden zusammen mit 90—10 Vinylverbb., wie Styrol (**II**), Acrylnitril, Isopren oder Pentadien, in Ggw. eines Peroxyd-Katalysators u. 0,5—5 eines Alkylmercaptans mit mindestens 5 C-Atomen auf 35—300° erhitzt. Als **I** geeignet sind bes. Holzöl, Leinölfettsäure u. dehydratisiertes Ricinusöl (**III**). — 450 (Teile) **II**, 1050 **III**, 12 tert. Butylmercaptan u. 16 tert. Butylperoxyd werden unter Rückfluß auf 240° erhitzt, wonach unter $CO_2$-Einleitung nicht umgesetzte Anteile abdest. werden. — Man erhält ölige bis harzartige Polymerisate, die u. a. für *Lacke* geeignet sind. (**A. P. 2 574 753** vom 4/12. 1946, ausg. 13/11. 1951.) MÖLLERING. 7097

**Soc. des Usines Chimiques Rhône-Poulenc,** Paris, übert. von: **Maurice Louis Auguste Fluchaire** und **Georges Collardeau,** Lyon, Frankreich, *Allylester der 3.5-Hexadiencarbonsäure* (**I**) erhält man aus **I** u. Allylalkohol oder aus Allylhalogeniden u. Alkalisalzen der **I**. Das Prod. enthält geringe Mengen des Allylesters der Sorbinsäure, der durch Isomerisation von **I** entsteht. Kp. des Allylesters von **I** 75—78,5°, $n_D^{17}$ 1,479. Wird mit Benzoylperoxyd unter $CO_2$ 4 Std. erhitzt, so erhält man eine viscose Fl., lösl. in organ. Lösungsmitteln u. oxydierbar durch $O_2$ zu harten unlösl. Polymeren, die geeignet zur Herst. von *Lacken* u. *Überzugsmassen* sind. (**A. P. 2 573 001** vom 25/3. 1949, ausg. 30/10. 1951. F. Prior. 20/4. 1948.) G. KÖNIG. 7097

**Dow Corning Corp.** (Erfinder: **Arthur John Barry** und **John Woodbury Gilkey**), Midland, Mich., V. St. A., *Herstellung von Siloxan-Mischpolymerisaten,* dad. gek., daß ein Polysiloxan mit einem Substitutionsgrad von 1,9—3 organ. Resten je Si-Atom, das neben Carboxyphenylresten noch Tolyl-, Phenyl- oder Methylreste bzw. solche Mischreste enthält, u. in dem das Verhältnis von Carboxyphenylresten zu den Si-Atomen zwischen 1:4000 u. 1:1 liegen kann, wobei jedoch mindestens 2 Carboxyphenylreste auf 1 Siloxanmol. kommen, mit einem mehrwertigen Alkohol derart in Rk. gebracht wird, daß in dem Mischpolymerisat das Polysiloxan u. der Alkohol durch eine COOC-Bindung verknüpft sind u. in dem erhaltenen Prod. das Verhältnis von (Gewichtsteilen) Alkohol zu Polysiloxan zwischen 1:300 u. 3:1 liegt. Als Alkohole können Äthylenglykol, Glycerin oder Bisoxymethyldimethylsilan mit z. B. Tetramethyl-di-(p-carboxyphenyl)-disiloxan mischpolymerisiert werden. — *Harze für Lack- u. elektr. Industrie.* (**D. B. P. 865 804** Kl. 39c vom 27/9. 1950, ausg. 5/2. 1953. A. Prior. 5/7. 1949.) SCHINDLER. 7097

**Farbenfabriken Bayer** (Erfinder: **Walter Bock, Hermann Wolz** und **Reinhard Habermehl**), Leverkusen, *Gehärtete hochmolekulare Produkte.* Man erhitzt Carboxylgruppen enthaltende Polymerisate oder Mischpolymerisate mit solchen Verbb., die mehrere mit Carboxylgruppen beim Erhitzen reagierende Gruppen tragen, wobei mindestens eine dieser Gruppen eine prim. oder sek. Aminogruppe ist. Man bringt die Komponenten aus einer Gemeinschaftslsg. in W. u./oder organ. Lösungsm. auf eine Unterlage (Blech) auf u. setzt sie nach Art der Einbrennlacke durch Erhitzen um. B e i s p i e l: Styrol–Acrylsäure-Mischpolymerisat (1:1) wird in einer wss. Lsg. des Diaminoäthers $NH_2-(CH_2)_3-O-(CH_2)_4-O-(CH_2)_3-NH_2$ gelöst, so daß für jede COOH-Gruppe eine $NH_2$-Gruppe zur Verfügung steht u. die Konz. des Salzes 25%ig. wird. Man streicht die Lsg. auf Blech u. brennt sie bei 180—220° ein. (**D. B. P. 864 151** Kl.39c vom 28/5. 1944, ausg. 22/1. 1953.) UNGER. 7107

**British Celanese Ltd.,** London, England (Erfinder: **John Downing** und **James Napier Gordon Drewitt**), *In Aceton lösliche Mischpolymerisate*, die für die Herst. von *Schutzfilmen* geeignet sind, erhält man durch Emulsionspolymerisation von Vinylidenchlorid (**I**) u. Acrylnitril (**II**) in einem Mol.-Verhältnis von 3:1 bis 1:3 u. einem Gewichtsverhältnis von W. zu (**I** + **II**) wie 5:1 bis 10:1, bes. 5:1 bis 8:1. Die Polymerisation wird durch Zusatz üblicher Peroxyde ausgelöst. (**E. P. 643 198** vom 5/1. 1949, ausg. 15/9. 1950.) MÖLLERING. 7107

**Edward Henry Ellis,** London, England, *Anstrich-, Lackier- und Poliermittel* für Fußböden u. andere Oberflächen, bestehend aus einem säurefreien Harnstoff–Formaldehyd-Harz mit $D.^{15}$ 1,302 u. einer Viscosität von 30—50 Poises bei 25⁰, einem Verdünnungsmittel, wie W., u. einem Netz- u. Emulgiermittel, wie einer Lsg. von Na-Stearat in $CH_3OH$ oder $Na_3PO_4$. Es können auch Farbstoffe u. Härtemittel, wie $NH_4Cl$ oder HCl, zugesetzt werden. (**E. P. 635 218** vom 26/8. 1946, ausg. 5/4. 1950.) GRÄGER. 7107

**Henry Brunner,** Langley, **Douglas Raymond Tucker** und **Imperial Chemical Industries Ltd.,** London, England, *Kunstharze,* die mit Ölen reagieren bzw. sich darin lösen, erhält man aus einem Ansatz von z. B. 200 (Teilen) Terpen-Phenol-Harz, 32 Phenol u. 100 n-Butanol, der mit $CH_2O$ u. NaOH bei 100⁰ zur Kondensation gebracht wird. 150 des Harzes werden mit 300 gekochtem Holzöl auf 180⁰ bzw. 230⁰ erhitzt u. in Xylol gelöst. — *Wetterbeständige Lacke.* (**E. P. 637 262** vom 10/9. 1947, ausg. 17/5. 1950.) SALZMANN. 7107

**I. G. Farbenindustrie Akt.-Ges.,** Frankfurt/M. (Erfinder: **Wilhelm Bunge, Otto Bayer, Siegfried Petersen** und **Georg Spielberger,** Leverkusen), *Herstellung von Überzügen, Anstrichen, Imprägnierungen* oder dgl. durch Einw. von Diisocyanaten auf polyfunktionelle Verbindungen. Diisocyanate (**I**) u. Verbb. (**II**) mit 2 oder mehr reaktionsfähigen H-Atomen werden in Form einer Lsg. in einem indifferenten Lösungsm. auf eine Unterlage, z. B. Metallfolie, aufgebracht u. dann einer Temp. bis zu 200⁰ ausgesetzt, bei der die Rk. zu höherpolymerisierten Kunststoffen erfolgt. — Geeignete **I** sind z. B.: Hexamethylen-1.6-, 1-Chlorphenylen-2.4- oder 3.3'-Dimethoxydiphenyl-4.4'diisocyanat; geeignete **II** sind z. B.: hydrierte Phenolformaldehydkondensatiosprodd., Polyester aus Adipin-, Oxal- oder Diglykolsäure u. Polyalkoholen. — An Stelle von **I** können solche Verbb. verwendet werden, die bei höheren Tempp. wie **I** reagieren, z. B. Biphenylurethane oder Addukte von **I** an einen Malonester oder Acetessigester. (**D. R. P. 756 058** Kl. 75c vom 14/3. 1940, ausg. 2/2. 1953.) LAASS. 7107

**Siemens-Schuckert-Werke Akt.-Ges.,** Berlin und Erlangen (Erfinder: **Hans Joachim Schenck,**Potsdam), *Stabilisieren von hochmolekularen Stoffen,* z. B. *Polyvinylacetat* oder *Acetylcellulose,* durch Zugabe von 1—5% Äthylenoxydgruppen enthaltenden Verbb., z. B. Phenoxypropenoxyd. — Herst. von *Lacken, Folien* u. *Kitt.* (**D. R. P. 752 794** Kl. 39b vom 30/7. 1941, ausg. 9/3. 1953.) SALZMANN. 7107

**Joseph Zanini,** Var, Frankreich, *Wasserabweisende, elastische Überzugsmittel für Gebäudeteile.* Man verwendet Mischungen aus: 30 (Teilen) Kolophonium, 60 Talkum, 8 rohem Leinöl, 0,01 Borsäure u. 1,99 eines Oxydes als färbendem Bestandteil. (**F. P. 987 654** vom 31/5. 1949, ausg. 17/8. 1951.) ASMUS. 7107

**Aluminum Co. of America,** V. St. A. (Erfinder: **Robert I. Wray** und **Wayne B. Roberts**), *Mit Wasser emulgierbare Metallpigmentpasten,* bestehend aus Al- oder Cu-Bronzepulver, flüchtigem KW-stoff, einer Fettsäure (Palmitin-, Stearin-, Olein-; Ricinolsäure), Tallöl u. einer wasserlösl. Aminoverb. mit höchstens 7 C-Atomen, wie z. B. 2-Amino-1-butanol, 2-Amino-2-methyl-1-propanol, 2-Amino-2-methyl-1.3-propandiol, Isopropanolamin, Äthanolamin, Morpholin u. Mono-n-butylamin. — 52,3(%) Bronzepulver, 13,3 Lackbenzin, 1,0 Stearinsäure, 23,4 Tallöl, 10 Triäthanolamin. Die Pasten sind lagerbeständig u. geben, mit W. angemacht, Emulsionsfarben von metallähnlichem Charakter, die auch auf Untergründen, wie Papier u. Faserstoffen, verwendet werden können. (**F. P. 992 036** vom 8/8. 1949, ausg. 12/10. 1951. A. Prior. 19/11. 1948.) HEYNE. 7107

**Fly Tox,**Frankreich, *Gegen Kryptogamenen wirksames Anstrichmittel,* bestehend aus rotem Eisenoxyd, gelbem Quecksilber- u. Kupferoxyd neben anderen Pigmenten, wie Zinkoxyd u. Ölen u. Lacken. (**F. P. 984 677** vom 13/4. 1949, ausg. 9/7. 1951.) WITTHOLZ. 7107

**Shell Refining & Marketing Co. Ltd.,** London, England, *Rostschutzmittel,* bestehend aus z. B. Bzl.,W., Spindelöl, Na-Naphthasulfonat, Diacetonalkohol, geschwefeltem Fischöl. Statt des letzteren kann z. B. ein fl. Harz, kaust. Soda u. Kresylsäure, statt Bzl. können auch halogenierte KW-stoffe zugesetzt werden. — Beispiele. (**E. P. 646 209** vom 30/10. 1947, ausg. 15/11. 1950. Holl. Prior. 6/11. 1946.) SCHINDLER. 7107

**Honorary Advisory Council for Scientific and Industrial Research,** Ottawa, Can., *Verhindern des Beschlagens von Glas- und Kunststoffscheiben,* bes. bei Flugzeugen. Die Scheiben werden, nachdem sie mit einem Kunstseide- oder Baumwolltuch u. angeschlämmter Diatomeenerde vorgereinigt worden sind, mit einer Paste aus 50 g Hexaäthyldisilican (bzw. Tetraheptyldiäthyldisilican), 25 g Acetylenruß ($BaSO_4$, Lithopone, Erdalkalifluorid) u. 150 $cm^3$ Naphtha (Kp. 135—200⁰) eingerieben u. mit einer Lsg. von 29 (%) Mineralwachs, 57,9 Paraffin, 6,7 Polyisobutylen u. 6.4 Polyäthylen in Xylol überzogen. (**E. P. 648 428** vom 22/6. 1948, ausg. 3/1. 1951.) SCHINDLER. 7107

**Soc. An. Vitex,** Gironde, Frankreich, *Lösliches Harzöl.* Kolophonium wird durch Erhitzen auf 200—350⁰ in Ggw. einer Mineralsäure, bzw. deren Anhydrid, decarboxyliert, zu der heißen M. eine Halogenverb. eines Metalles der 3., 4. oder 5. Gruppe des Period. Syst. zugesetzt, noch einige Std. bis zur Erlangung einer vorher festgelegten SZ. erhitzt u. dann filtriert. Man erhält ein ölförmiges, in W. leicht emulgierbares Prod. mit kleiner JZ., das gegen die Einw. von $O_2$ weitgehend beständig ist. Es kann, gegebenenfalls nach Zusatz von Mineralsalzen, sulfonierten Verbb., Plastifizierungs- u. Antioxydationsmitteln, bei der Verarbeitung von Leder, Textilien, Metallen, bei der Metallflotation, in der Färberei u. für Feuerlöscher verwendet werden. — Man erhitzt Kolophonium in Ggw. von $P_2O_5$ 1 Std. auf 230—350°, gibt $AlCl_3$ zu der weiter erhitzten M. u. beendet die Rk. nach Erlangung eines Prod. mit SZ. 65; VZ. 80 u. JZ. 23. Das verseifte Prod. ist bis zu einer Konz. von 40% in W. löslich. 10 g dieser Seife absorbieren nur 500 $cm^3$ $O_2$, gegenüber 1750 $cm^3$ bei Harzölseife. (**F. P. 991 637** vom 20/4. 1944, ausg. 8/10. 1951.) ASMUS. 7151

## XIb. Plaste (Kunstharze. Plastische Massen).

**A. Romanowski,** *Herstellung von Folien im Blasverfahren.* Vf. berichtet über die Herst. von Folien aus Polyäthylen, PVC, Polyamiden, Polyurethanen, Celluloseacetobutyrat, Polystyrol u. Monochlortrifluoräthylen im Blasverf. sowie die Weiterverarbeitung des Folienschlauches durch Schneiden, Schweißen u. Bedrucken. (Kunststoffe **43.** 134—37. April 1953. Hannover.) WINIKER. 7170

**H. Schaffrath,** *Elektrische Metallsuchgeräte in der Kunststoffverarbeitung.* Kurze Schilderung verschied. Methoden zum Auffinden u. Beseitigen von Metallteilen in Kunststoffen mittels elektr. Metallsuchgeräte. (Kunststoffe **43.** 138—40. April 1953. Aachen.) WINIKER. 7170

**Ferd. Furter,** *Zinnricinoleat. Ein neuer Licht- und Hitzestabilisator für PVC.* Bei Verss. mit den Pastenpolymerisaten *Lonza PVC, Typ C* u. *Geon 121* wies Zinnricinoleat eine hervorragende Licht- u. Bewitterungsstabilität, verbunden mit einer guten Hitzebeständigkeit auf. (Kunststoffe **43.** 189—91. Mai 1953. Hausen bei Brugg, Schweiz, Kunststofflabor. d. Öl- u. Chemie-Werk Akt.-Ges.) WINIKER. 7172

**C. Petersen,** *Konditionierung von Kunststoffproben.* Kurze Beschreibung eines Exsiccators zur Konditionierung von Kunststoffproben, bei welchem der Luftaustausch beim Entnehmen der Proben auf das kleinstmögliche Maß herabgesetzt wird. (Kunststoffe **43.** 188. Mai 1953. Darmstadt, Kunststoffprüfstelle d. Staatl. Materialprüfungsanst.) WINIKER. 7210

**H. A. Stuart** und **U. Veidel,** *Einfaches Verfahren zur Beobachtung der mikroskopischen Textur von kristallinen Kunststoffkörpern und zur Prüfung solcher undurchsichtiger Körper auf Inhomogenität.* Mikrotomschnitte des massiven Materials werden in polarisiertem durchfallendem Licht im Mikroskop bei gekreuzten Polarisatoren beobachtet. Noch einfacher ist es, die Oberfläche oder eine Schnitt- bzw. Bruchfläche anzuätzen oder anzupolieren u. im Auflicht zu betrachten. — 7 Abbildungen. (Kunststoffe **43.** 179—80. Mai 1953. Uerdingen, Farbenfabriken Bayer.) WINIKER. 7210

**Hans Klingelhöffer,** *Ein neuer Rückprall- und Durchschlagschreiber für Verpackungsfolien und Polsterstoffe.* Beschreibung eines einfachen Schlagprüfers, der die Registrierung eines Weg–Zeit-Diagramms ermöglicht, aus welchem Schlagtiefe, bleibender Eindruck, Federkonstante bei Ein- u. Rückfederung sowie Formänderungs- u. Durchschlagarbeit entnommen werden können. (Kunststoffe **43.** 181—84. Mai 1953. München.) WINIKER. 7210

**E. Wandeberg,** *Bestimmung der Harzart und Trägerstoffart von Schichtpreßstoffen.* Zur Best. der Harzart werden die Proben in eine Bunsenflamme gehalten. Phenolharz (I) riecht nach Carbolsäure, Harnstoffharz (**II**) nach Harnstoff u. Schellack (**III**) nach Veilchen. Zur Best. der Lagenzahl werden die Proben (etwa 5×5 bis 20×10 mm, 3 mm dick) so lange mit Lösefl. (für **I** $HNO_3$-Aceton bzw. $KOH-H_2O_2$ bzw. $\beta$-Naphthol; für **II** $H_2O_2$; für **III** NaOH) behandelt, bis sie sich mindestens an den Rändern weit genug in ihre einzelnen Lagen aufgelöst haben. Zur Best. des Trägerstoffs werden zweckmäßig Einfärbeverff., z. B. mit Jod-KJ- u. Chlorzink-Lsg., herangezogen. (Kunststoffe **43.** p. 25—p. 26. April 1953. Berlin-Siemensstadt.) WINIKER. 7216

---

**International General Electric Co., Inc.,** New York (Erfinder: **Murray M. Sprung,** Schenectady), V. St. A., *Dispersionen von Polytrifluorchloräthylen.* Als Dispersionsmittel dient ein Gemisch von W. u. einer wasserlösl., $O_2$-haltigen Verb. mit Kp. > 50°, wie aliphat. Äther, gesätt. aliphat. einwertige Alkohole, aliphat. Ketone, Ester, Lactone, Acetale, Gemische von aliphat. ein- u. zweiwertigen gesätt. Alkoholen. Genannt sind u. a. tert. Amylalkohol, gegebenenfalls in Mischung mit 2-Methyl-2.4-pentandiol,

Bis-1-methoxyäthylacetal u. Dioxan, Äthyllactat, Äthylenchlorhydrin, $\gamma$-Valerolacton, Acetonylaceton, Diacetonalkohol, Tetrahydrofurfurylalkohol u. Äthylenglykol. Herst. von Schichtstoffen, Überzügen auf elektr. Leitern u. dergleichen. (**D. B. P. 872 119** Kl. 39b vom 25/11. 1950, ausg. 30/2. 1953. A. Prior. 25/11. 1949.) SALZMANN. 7173

**N. V. de Bataafsche Petroleum Mij.**, Den Haag (Erfinder: **Egbert Cornelis Hendrik Kolvoort**, Amsterdam), Holland, *Koagulieren von Dispersionen synthetischer hochmolekularer Stoffe in Wasser.* Die durch Emulsionspolymerisation von z. B. Polyvinylchlorid erhaltenen wss. Dispersionen werden mit einer organ. Fl. versetzt, die mit W. in begrenztem Maße mischbar ist, das Polymerisat nicht oder nur sehr wenig löst u. eine gesonderte Phase bildet, z. B. Isoamyl-, Hexylalkohol oder Diäthylacetat, Keton, Acetal, fl. Carbonsäure, Gemisch eines Alkohols mit einem KW-stoff. (**D. B. P. 872 266** Kl. 39b vom 23/9. 1950, ausg. 30/3. 1953. Holl. Prior. 13/12. 1946.) SALZMANN. 7173

**General Aniline & Film Corp.**, New York, übert. von: **Ivy V. Runman**, Easton, Pa., V. St. A., *Kunstharzmasse,* bestehend aus einer Mischung von 5—95(%) eines oder mehrerer Polyvinyläther u. 95—5 eines Kondensationsprod. aus $C_2H_2$ u. p-tert.-Butylphenol, die in einer KW-stoff-Fraktion (Kp. 83—127°) gelöst wird. Damit überzogenes Papier dient als Unterlage für Photofilme u. -drucke, die in der Wärme aufgeklebt werden. In gleicher Weise lassen sich Cellulosehydrat- u. -acetatfolien, Papier u. Metall sowie Gewebe untereinander verschweißen. (**E. P. 635 911** vom 18/4. 1947, ausgl. 19/4. 1950. A. Prior. 25/4. 1946.) SALZMANN. 7173

**British Resin Products Ltd.**, London, England, *Polystyrol enthaltende Mischpolymerisate.* Die aus Cashew-Nußschalen erhaltene Fl., bzw. daraus gewonnene Anacardsäure, deren Ester oder Cardanylverbb. oder *Cardanol* werden (gegebenenfalls nach einer Vorbehandlung mit Aldehyden) zusammen mit Styrol (I) erhitzt. — 1 (Teil) aus der Cashewnuß gewonnene Fl. wird in 10 **I** gelöst u. 50 Std. auf 100° erwärmt. Die erhaltene feste M. kann durch Düsen verformt werden. (**E. P. 636 694** vom 7/8. 1947, ausg. 3/5. 1950. A. Prior. 9/2. 1940.) MÖLLERING. 7173

**Metallizing Engineering Co., Inc.**, New York, N. Y., V. St. A., *Plastische Masse in Strangform* zwecks Verarbeitung in einer Spritzmaschine, bestehend aus einem in der Hitze schmelzbaren Metall, z. B. 7 (Teilen) Cr-Pulver u. 1 Polystyrol (bzw. Celluloseacetat, Vinylmischpolymerisat), gegebenenfalls unter Zusatz von Cellulose oder einer Mn–Silicon–Ti-M. als Reduktionsmittel. Die M. wird bei 160—260° geknetet u. ausgezogen. (**E. P. 644 020** vom 9/5. 1947, ausg. 4/10. 1950. A. Prior. 28/5. 1946.) SALZMANN. 7173

**Eastman Kodak Co.**, Rochester, N. Y., übert. von: **Delbert D. Reynolds** und **Williams O. Kenyon**, Rochester, N. Y., V. St. A., *Herstellung von α-Methacryloxypropionamid usw.*, dad. gek., daß man z. B. Methacrylchlorid in Abwesenheit von W. mit einem Lactamid bzw. einem N-Alkyllactamid (Alkylgruppe 1—4 C-Atome enthaltend) in Ggw. von wasserfreiem $Na_2CO_3$ u. $CaSO_4$ kondensiert. Als Polymerisationsinhibitor wird Hydrochinon, Cu-Carbonat, Cu-Borat oder dgl. zugesetzt. — Z. B. rührt man 250 (g) Lactamid, 375 $Na_2CO_3$, 375 $CaSO_4$ u. 1500 $cm^3$ wasserfreies Methylacetat 1 Std. u. setzt 260 Methylacrylchlorid in dem Maß zu, daß die Temp. nicht über 40° steigt; man rührt nochmals, filtriert u. nimmt den Rückstand mit einem bei 40—61° sd. KW-stoff auf. Man erhält Nadeln, F. 60—61°, aus Ae.; Ausbeute 66 g. Auch Beispiele für die Herst. von *Di-(α-carbäthoxyäthyl)-*, *Di-(α-carbmethallyloxyäthyl)-*, *Di-(α-carballyloxyäthyl)-fumarat* u. *Di-(α-carbäthoxyäthyl)-carbonat.* Zwischenprodd. für die *Herst. von Harzen.* (**A. P. 2 545 044** vom 22/11. 1947, ausg. 13/3. 1951.) SCHMAUSER. 7173

**British Thomson-Houston Co. Ltd.**, London, England, *Modifizierte Ricinusöl-Polyestergele,* z. B. als Imprägnier- oder Füllmittel für Kondensatoren mit hoher DE., erhält man durch Behandlung von (hydriertem) Ricinusöl mit der 1,5—2,5fach mol. Menge Triäthylborat (I) bei 125—175° unter Abdest. des Alkohols. — 466 (Teile) Ricinusöl u. 36,5 **I** werden 65 Std. auf 150° erhitzt. (**E. P. 637 110** vom 18/4. 1947, ausg. 10/5. 1950. A. Prior. 19/4. 1946.) MÖLLERING. 7177

**Rohm & Haas Co.**, Philadelphia, übert. von: **Harry T. Neher**, Bristol, **Edwin H. Kroeker**, Cheltenham, und **Willard J. Croxall**, Bryn Athyn, Pa., V. St. A., *Alkylallyloxyalkylmaleate.* Die α.β-Carbonsäuren, ihre Anhydride oder Halbester (Malein-, Fumar-, Chlormalein-, Brommalein-, Citraconsäure) werden mit einem gesätt. aliphat. Alkohol u. Allyloxyäthanol (I) oder -propanol in bekannter Weise verestert. Die Ester werden mit polymerisierbaren ungesätt. Verbb. mit einer $CH_2{=}C\langle$-Gruppe (Styrol, Vinylchlorid, Vinylacetat, Vinylisobutyläther, Acrylate u. Methacrylate) im Verhältnis 60—90 : 40—10% bei 30—135° polymerisiert. — Beispiel: Aus 196 (Teilen) Maleinsäureanhydrid, 202 I u. 3 β-Naphthol erhält man nach 3std. Erhitzen auf 90—110° den Halbester. Dann setzt man 200 Äthylendichlorid u. 163 Butanol zu u. erhält durch Dest. 154 *Butylallyloxyäthylmaleat,* $Kp._3$ 142—144°. — $CH_3OCOCH{=}CHCOOCH_2CH_2\cdot OCH_2CH{=}CH_2$ (II), $Kp._1$ 110—112°. — Aus 67 II, 33 Methylmethacrylat u. 0,7 Benzoylperoxyd erhält man bei 66° nach 40 Std. ein Polymeres, das nach 2std. Erhitzen auf 130° ein Harz mit guter Abriebfestigkeit liefert. Vgl. A. P. 2 514 786. (**A. P. 2 514 895** vom 20/8. 1947, ausg. 11/7. 1950.) KRAUSS. 7177

**Ewart Ray Herbert Jones** und **Mark Crosby Whiting,** London, **Henry Percy Wynne Huggill** und **Dennis Bertram Kelly,** Manchester, **Imperial Chemical Industries Ltd.,** London, England, *Glasartige Polymere* erhält man durch Polymerisation (I) von α-Methylen-γ-lacton, z. B. α-Methylenbutyrolacton bzw. α-Methylen-γ-methylbutyrolacton. Zur Durchführung der Licht-I wird ein photoempfindlicher Stoff, wie Benzoin, zugesetzt. (**E. P. 641 310** vom 8/3. 1948, ausg. 9/8. 1950.) SALZMANN. 7177

**American Cyanamid Co.,** New York, N.Y., übert. von: **Pierrepont Adams,** Glenbrook, Conn., V. St. A., *Polymerisation des Tri-(β-oxyäthyl)-esters der Cyanursäure.* Der Ester, hergestellt aus 450 (Teilen) Äthylenglykol u. 102,6 Trimethylcyanurat in Ggw. von metall. Na, wird 65 Std., gegebenenfalls in Ggw. von $Na_2CO_3$, NaOH, $H_3PO_4$ oder $H_2SO_4$, auf 105° erhitzt. Das Prod. dient als Weichmacher, Appretur, Isoliermittel, für Lacke, läßt sich mit Aldehyden, Phenolen, Harnstoff, Aminotriazinen, mehrwertigen Alkoholen (deren freie Reste verestert werden) umsetzen u. mit Polymeren u. trocknenden Ölen mischen. (**A. P. 2 557 625** vom 10/1. 1947, ausg. 19/6. 1951.) SALZMANN. 7181

**Vereinigte Glanzstoff-Fabriken Akt.-Ges.,** Wuppertal-Elberfeld (Erfinder: **Heinrich Gehlen** und **Theo Lieser,** Darmstadt), *Hochmolekular substituierte Harnstoffe* erhält man durch Behandeln von aliphat. Dicarbonsäureaziden mit W. zunächst unter langsamem Erwärmen u. anschließendem Erhitzen zum Sieden. Dann wird das Reaktionsprod. im inerten Gasstrom ($N_2$) oder im Vakuum bis zum Schmelzen erhitzt. Nach den Beispielen wird aus Sebacinsäurediazid ein Oktamethylendiharnstoff u. aus Azelainsäurediazid ein Heptamethylendiharnstoff erhalten, die für sich oder zusammen zu hochpolymeren Massen für Fäden, Filme u. dgl. verschmolzen werden. (**D. B. P. 869 865** Kl. 39c vom 29/11. 1941, ausg. 9/3. 1953.) SCHINDLER. 7181

**E. I. du Pont de Nemours & Co.,** Wilmington (Erfinder: **Theodore le Sueur Cairns,** Newark), Del., V. St. A., *Modifizierung linearer Polyamide* durch Behandlung mit $CH_2O$ u. einer mit diesem reagierenden Verb., in der H an O, S, N oder P gebunden ist, sowie in Ggw. einer O-enthaltenden Säure (mit einer Äquivalentleitfähigkeit von 11,3 bis 370 $\Omega^{-1}$ $cm^2$ bei 25° u. in einer Konz. von 0,01n). Das gebildete N-Alkoxymethylpolyamid wird gegebenenfalls durch längeres Erhitzen auf $>100°$ in ein unlösl. u. nichtschm. Prod. umgewandelt. — Z. B. wird ein Hexamethylenadipinsäureamid bei 60° mit Paraformaldehyd, $CH_3OH$ u. Ameisensäure behandelt. 22% der Amidgruppen werden in N-Methoxymethylamidgruppen umgewandelt. (**D. B. P. 865 803** Kl. 39c vom 20/1. 1950, ausg. 5/2. 1953. A. Priorr. 3/6. 1942, 7/6. u. 8/6. 1944.) MÖLLERING. 7181

**René Leboime,** Rhône, Frankreich, *Herstellung von Thioplast.* $CaSO_4$ wird mit Kohle zum Sulfid red., das roh oder gereinigt mit S zum Polysulfid umgesetzt wird. Das Ca-Polysulfid läßt man mit Äthylenhalogenid reagieren. Erfolgt die Rk. bei Raumtemp., so nimmt man eine Polysulfidlsg. der D. 1,080—1,090, bei Rk. in der Wärme (50°) der D. 1,025—1,042. (**F. P. 974 595** vom 20/11. 1941, ausg. 23/2. 1951.) PANKOW. 7185

**N. V. de Bataafsche Petroleum Mij.,** Den Haag, Holland, *Thiokollatices* mit kleiner Teilchengröße u. guten filmbildenden Eigg. erhält man durch Rk. von Dihalogenalkanen in wss. Medium mit einem Geh. von Alkali-, Erdalkali- oder $NH_3$-Salzen der Sulfonate von Alkenen oder Alkanolen mit mindestens 10 C-Atomen mit Na-Polysulfid (I). — Umgesetzt werden z. B. äquimol. Mengen von Dichloräthan u. einer wss. Lsg. von I, die 0,3% Na-Salz eines Olefinsulfonates enthält. (**E. P. 637 528** vom 4/7. 1947, ausg. 24/5. 1950. Holl. Prior. 15/7. 1941.) MÖLLERING. 7185

**General Electric Co.,** übert. von: **Charles D. Doyle,** Schenectady, N. Y., V. St. A., *Siliconharzlösung.* Eine Mischung von Allyl-, Methyl-, Phenyltrichlor- u. Dimethyldichlorsilan (Molverhältnis 1:7:1:1) wird in W. hydrolysiert, das erhaltene Harz in Toluol u. Butanol gelöst u. bis zum Verdampfen der Lösungsmittel auf 60° erwärmt. In Alkyl- oder Arylaminen (0,1:1,0) quillt das Organopolysiloxan (I) bzw. löst es sich; auf diese Weise lassen sich alte I-Anstriche entfernen. (**A. P. 2 575 912** vom 22/3. 1951, ausg. 20/11. 1951.) SALZMANN. 7189

**Edwin L. Gustus,** übert. von: **Nicholas D. Cheronis,** Chicago, Ill., V. St. A., *Ammonolyse von Organohalogensilanen* der allg. Formel $R_nSiHal_{4-n}$ (R = einwertiger KW-stoffrest, Hal = Halogen, n = 1—2). Die Silane werden in einem inerten, organ. Lösungsm. unter Ausschluß von W. mit gasförmigem $NH_3$ oder gasförmigen, prim. Aminen bei

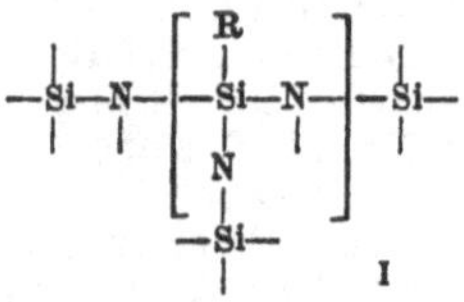

I

Zimmertemp. behandelt, zweckmäßig im Überschuß, bis alles Halogen umgesetzt ist, wobei man z. B. Verbb. der allg. Formel I erhalten kann. — Diäthyldichlorsilan wird in trockenem Ae. gelöst u. bei —10° $NH_3$ eingeleitet, wobei die Temp. nicht über 0° steigen soll; dann wird das $NH_4Cl$ abfiltriert u. das „*Silamin*" in wasserfreiem Xylol gelöst, die Lsg. ist feuchtigkeitsempfindlich. Durch Verdampfen des Lösungsm. erfolgt Polymerisation zu Harzen. Es können folgende polymere Silamine hergestellt werden: Dodecyl-, Allyl-, p-Anisyl-, p-Äthoxyphenyl-, Cyclohexylsilicontriamin, Diallylsilicondiamin, die sämtliche harte Filme liefern. Auch entsprechende Mischpolymere können dargestellt werden. (**A. PP. 2 579 416** vom 25/1. 1946, u. **2 579 417** vom 7/8. 1947, beide ausg. 18/12. 1951.) KRAUSS. 7189

**Farbenfabriken Bayer** (Erfinder: **Walter Noll** und **Peter Simons**), Leverkusen, *Organosiloxane*. Man hydrolysiert Organosiliciumverbb. der allg. Formel $SiR_nX_{4-n}$, worin R = organ. Rest, X = hydrolysierbare Gruppe (Halogen, $NH_2$, $-OC_2H_5$), in Ggw. von vorzugsweise aliphat., mit W. teilweise mischbaren Estern (z. B. Essigsäure- butylester) bei 0—5°. (**D. B. P. 864 152** Kl. 39c vom 3/1. 1950, ausg. 22/1. 1953.) UNGER. 7189

**Farbenfabriken Bayer** (Erfinder: **Walter Noll** und **Peter Simons**), Leverkusen, *Herstellung von höhermolekularen Organosiloxanverbindungen*, dad. gek., daß niedermol. Alkyl- bzw. Arylsiloxanverbb. unter ihrem eigenen Dampfdruck auf 300—450° (wobei eine mol. Umlagerung erfolgt), jedoch unterhalb der Temp., bei der eine Zers. der organ. Gruppe bzw. eine Sprengung der C–Si-Bindung stattfindet, erhitzt werden. Ebenso können cycl. Dialkyl- bzw. Diarylsiloxane behandelt werden. Auch eine Mischpolymerisation von verschied. mol. Siloxanverbb. ist möglich. (**D. B. P. 873 142** Kl. 39c vom 3/1. 1950, ausg. 9/4. 1953.) SCHINDLER. 7189

**Dow Corning Corp.**, Midland, Mich., übert. von: **James Franklin Hyde** und **William Herbert Daudt**, Corning, N. Y., V. St. A., bzw. **Dow Corning Ltd.**, London, England, *Thermoplastische Polysiloxane* erhält man durch Polymerisation von organ. Si-Verbb., die 0,9—1,8 Alkyl- u./oder Arylreste je 1 Si-Atom enthalten, bei Tempp. > 115°, bes. 150—300°, in Ggw. von katalyt. wirkenden Alkalihydroxyden oder Alkali- oder Pb-Salzen von organ. Säuren, wie K- oder Pb-Acetat, Pb-2-Äthylhexoat oder -naphthenat oder Na-Stearat. — Eine Lsg. von 33 (Mol-%) $(CH_3)_2SiO$, 36 $C_6H_5SiO_{1,5}$ u. 31 $CH_3SiO_{1,5}$ in Toluol wird in Ggw. von KOH (1 K-Atom auf 200 Si-Atome) unter Rückfluß erhitzt. Man erhält ein hartes, in Lösungsmitteln unlösl. Harz mit F. 100°. (**A. P. 2 610 169** vom 27/10. 1948, ausg. 9/9. 1952. **E. P. 659 013** vom 24/6. 1949, ausg. 17/11. 1951. A. Prior. 27/10. 1948.) MÖLLERING. 7189

**Deutsche Werke Kiel Akt.-Ges.**, Kiel (Erfinder: **Walter Eduard Asmus Simon**), Hamburg, *Herstellung von plastischen Massen*. *Lignin* oder ligninhaltige Stoffe bzw. Huminsäuren werden nach Behandlung mit Alkali mit Gemischen von Benzolderivv., die teils durch eine, teils durch mehrere $CH_2Cl$-Gruppen kernständig substituiert sind, bei ca. 180° umgesetzt. — Z. B. werden 1,5 (kg) Lignin aus der Holzverzuckerung mit 9 NaOH-Lsg. (50%) 6 Std. in der Siedehitze behandelt. Danach werden 1,5 p-Xylylenchlorid u. 1,5 Benzylchlorid zugefügt u. es wird 6 Std. auf 240° am Rückflußkühler erhitzt. (**D. B. P. 867 915** Kl. 39c vom 27/1. 1951, ausg. 19/2. 1953.) HERBST. 7199

**Wood Conversion Co.**, St. Paul, übert. von: **Clark C. Heritage**, Cloquet, Minn., V. St. A., *Herstellung einer Kunststoff-Fasermischung*. Fasern u. das beim Erhitzen klebrig werdende u. dann härtende Bindemittel werden auf ein Fließband gesprüht, durch Erwärmen miteinander verklebt, etwa durch Walzen zu einer Vorform verpreßt, die dann in der endgültigen Form zu Preßkörpern verarbeitet wird. (**Can. P. 479 799** vom 4/7. 1945, ausg. 25/12. 1951. A. Prior. 13/11. 1944.) PANKOW. 7205

**Lüneburger Isoliermittel- und Chemische Fabrik K. G. Dr. K. Höbold & Co.** (Erfinder: **Kurt Höbold** und **August Praeger**), Lüneburg, *Elastische Isoliermassen* erhält man aus wss. Lsgg. von *Aminoplasten* unter Zusatz eines schaumbildenden oder schaumigen Stoffes, Härtung mit sauren Mitteln u. Zusatz von Weichmachern oder Stärke. Herst. von Matratzen, Kissen, Unterlagen (für Schreibmaschinen), Autoreifenfüllungen, Isolierungen (von Maschinen u. Bauteilen). (**D. B. P. 855 912** Kl. 39b vom 25/3. 1951, ausg. 29/1. 1953.) SALZMANN. 7205

**Internationale Galalithgesellschaft Akt.-Ges.** (Erfinder: **Werner Koall** und **Heinrich Ludewig**), Hamburg-Harburg, *Kunstharzschnitzelpreßmasse*, gek. durch einen Geh. an Holzfurnierschnitzeln (statt Textil- oder Zellstoffschnitzel), die höchstens 1 mm dick u. parallel zur Faser geschnitten sind. (**D. B. P. 861 605** Kl. 39b vom 9/8. 1942, ausg. 5/1. 1953.) SALZMANN. 7205

**Bakelite Gesellschaft m. b. H.**, Frankfurt/M. (Erfinder: **Faust Schaal**, Erkner), *Bindemittel für Preßmassen*, bestehend aus einem durch Rk. von cycl. Carbonsäuren mit >2 Carboxylgruppen (Mellophan-, Mellit-, Tetrahydromellophansäure) u. Polyalkoholen bzw. Glykolen hergestellten, nichtmodifizierten Alkydharz. — Verwendung zur Herst. von *Papierschichtkörpern*. (**D. B. P. 862 953** Kl. 39b vom 19/12. 1942, ausg. 15/1. 1953.) SALZMANN. 7205

**Henkel & Cie. G. m. b. H.** (Erfinder: **Wolfgang Gündel** und **Rudolf Köhler**, Düsseldorf, und **Werner Scherff**, Hilden), *Kunstharzprodukte* erhält man durch Mischen härtbarer Vorkondensationsprodd., von Kunstharzen mit mehrfach chlorierten, hydroaromat. Ketonen u. Härten bei erhöhter Temperatur. In den Beispielen sind 2.2.6.6-Tetrachlorcyclohexanon, 1.1.3.4-Tetrachlor-2-ketotetrahydronaphthalin u. 2.2.3.4.5.6.6-Heptachlor-4-methylcyclohexanon genannt. Geeignet als Preßmasse u. Holzleim. (**D. B. P. 867 448** Kl. 39c vom 18/4. 1950, ausg. 16/2. 1953.) SCHINDLER. 7205

**Badische Anilin- & Soda-Fabrik**, Ludwigshafen/Rh. (Erfinder: **Otto Hecht**, Philadelphia, V. St. A.), *Herstellung von Preßmassen*, dad. gek., daß harzartige Kondensationsprodd. aus aromat. *Oxyverbb.* u. *Acetylen* mit akt. Methylengruppen enthaltenden Härtungsmitteln behandelt werden. Solche Härtungsmittel sind Hexamethylentetramin (I), Paraformaldehyd, Dimethylolharnstoff. — Z. B. werden 45 (Teile) Phenolacetylenharz, 50 Holzmehl, 0,5 Wachs aus Montansäure u. 1.3-Butylenglykol u. 4,5 I auf dem Mischwalzwerk bei 80° ca. 5 Min. vermischt. Nach dem Abkühlen wird die M. zerkleinert u. bei 165° u. 250 at verpreßt. Die M. besitzt gute Fließfähigkeit u. klebt nicht in den Formen. Die elektr. Eigg. sind ausgezeichnet. Weiterhin können als Füllstoffe auch Asbest, Glaspulver, Schwerspatmehl, Magnesia u. ZnO verwendet werden, ferner Farbstoffe u. weichmachende Zusätze, wie Polyvinylacetat, u. Flammschutzmittel, wie $(NH_4)_2HPO_4$, mit zugemischt werden, ebenso Verdünnungsmittel, wie A., Butanol, Toluol, Tetrahydrofuran, die sich durch Abdampfen im Vakuum leicht wieder entfernen lassen. (**D. B. P. 871 512** Kl. 39b vom 26/5. 1943, ausg. 23/3. 1953.) HERBST. 7205

**Imperial Chemical Industries Ltd.**, London, England, *Formen gemusterter Tafeln aus harzbildenden Polymerisaten.* Als Formfläche verwendet man an Stelle von Glas- oder Metallflächen solche, die durch gemeinsames Verpressen von mehreren, mit Kunstharzbildnern imprägnierten Papierflächen erhalten sind. Derartige Flächen passen sich den Schrumpfungsverhältnissen an u. ergeben Oberflächen wie poliert. — 20 Schichten von mit Harnstoff–$CH_2O$-Ansätzen imprägniertem Kraftpapier werden unter einer chromplattierten Stahlpresse bei 125° zu einer Fläche verpreßt. Zwischen 2 solcher Flächen wird ein sirupartiges Zwischenpolymerisat aus Polystyrol aufgebracht u. dann 16 Std. im Ofen bei 40° u. 4 Std. bei 100° ausgehärtet. (**E. P. 639 557** vom 12/3. 1947, ausg. 28/6. 1950.) MÖLLERING. 7205

**Rudolf Květoň**, Střelské Hoštice, Tschechoslowakei, *Herstellung von keratinhaltigen Kunststoffen* auf der Basis von Melamin–Formaldehyd-Kondensationsprodd., die hochmol. Eiweißstoffe enthalten, dad. gek., daß als solche Eiweißstoffe Keratine verschied. Herkunft, wie Haare, Federn, verwendet werden. Die Kunststoffe weisen gegenüber mit Hornmehl hergestellten bessere Elastizitäts- u. Festigkeitseigg. auf, besitzen höheren Glanz u. sind wasserbeständiger. — 30 (Teile) Melamin, 60 Harnstoff, 20 Thioharnstoff, 340 40%ig. $CH_2O$ vom $p_H$ 8,5 hält man 4 Std. bei 25°, gibt 1 Na-Acetat, 0,5 $NH_4Cl$ u. Farbstoffe zu. Die Lsg. vom $p_H$ ca. 5 mischt man mit 100 Abfallhaaren u. 150 zerkleinerten Federn 1 Std. u. trocknet. (**Oe. P. 173 859** vom 1/12. 1949, ausg. 10/2. 1953.) PANKOW. 7205

## XII. Kautschuk. Guttapercha. Balata.

**H. D. Krug**, *Neuere Untersuchungsmethoden für Kautschuk-Füllstoffgemische.* Vf. untersuchte die Aktivität verschied. Füllstoffe (den Grad der Wechselwrkg. zwischen Füllstoff u. Kautschuk) in nichtvulkanisierten Kautschukmischungen in Abhängigkeit von der Mischungsherst. u. der Mischtemperatur. Mit Hilfe einer speziell ausgestalteten DEFO-Prüfung u. der Messung des relativen dielektr. Verlustwinkels wurde die Intensität der Bldg. des Pseudovulkanisats zwischen Kautschuk u. Füllstoff ermittelt. Die beiden hier untersuchten Methoden, die Best. des Griesigkeitsgrades der Lsgg. u. die Best. der Extraktionsrückstände geben gut übereinstimmende Werte. Außer der Kautschuk–Füllstoff-Umsetzung gestattet die dielektr. Meth. auch den Anvulkanisations- u. Vulkanisationsprozeß der mit Beschleuniger u. S versehenen Mischungen (z. B. Einfl. des Dispergators für weiße Füllstoffe) zu verfolgen. Der Wert der dielektr. Meth. für die Betriebskontrolle wird erörtert. (Kautschuk u. Gummi 5. Nr. 5. Wiss. u. Techn. WT 72—76. Mai 1952. Hannover.) SCHÄFF. 7226

**Bernard C. Barton** und **Edwin J. Hart,** *Die die Vernetzungsreaktionen im Kautschuk regelnden Varianten.* Die Beziehungen zwischen den Vulkanisationsbedingungen (Zeit, Temp., ZnO-, Laurinsäure-, 2-Mercaptobenzothiazol- u. S-Konz.) u. dem Vernetzungsgrad (ausgedrückt durch die Spannung bei 200% Dehnung) wurden untersucht, u. es wird gezeigt, daß bei Einhaltung von solchen Bedingungen, die den größten Vulkanisationsgrad hervorrufen, ein definierter reproduzierbarer Zusammenhang zwischen dieser physikal. Vernetzung (Spannung bei 200% Dehnung) u. dem gebundenen S besteht. (Ind. Engng. Chem. **44.** 2444—48. Okt. 1952. Passaic, N. J., U. S. Rubber Co., Gen. Labors.) SCHÄFF. 7228

**Walter Kern,** *Eine Methode zur Bestimmung des Reibungskoeffizienten und des Abriebs.* Erörterung einer Meth. zur Best. des Reibungskoeff. u. des Abriebs von Kautschukvulkanisaten, wobei eine bewegte Reibwalze aus dem entsprechenden Material, gegenüber dem Gummi geprüft werden soll, gegen einen festgehaltenen Gummiprüfstreifen reibt. Mit dieser App. wurden die Beeinflussung des Reibungskoeff. durch verschied. Mischungszusätze u. die Abhängigkeit des Reibungskoeff. von 8 Naturkautschuk-Laufflächenqualitäten von den Prüfbedingungen (Druck, Reibunterlage, Temp. bzw. Geschwindigkeit) untersucht. Anschließend wird die Bedeutung des Reibungskoeff. bei der Abriebbest. aufgezeigt, da eine gemessene Verbesserung des Abriebs sowohl auf eine Qualitätsverbesserung als auch auf eine Erniedrigung des Reibungskoeff. zurückzuführen sein kann. (Kautschuk u. Gummi **5.** Nr. 6. Wiss. u. Techn. WT 88—91. Juni 1952. München, Metzeler Gummiwerke AG., Labor.) SCHÄFF. 7248

---

**Siemens & Halske Akt.-Ges.,** Berlin und München, *Hydrieren von Kautschuk.* Eine Lsg. von 5—15% Kautschuk in einem nichthydrierbaren Lösungsm. wird bei 25—75, bes. 40—60, atü u. 150—200°, bes. 160—170°, in Ggw. eines Katalysators, z. B. 3—4 g Ni, auf 60 g Kieselsäuregel niedergeschlagen, mit $H_2$ hydriert, gegebenenfalls unter vorherigem Zusatz eines nicht abgesätt. Weichmachers. Verwendung für elektr. Isolierungen. (**D. R. P. 764 664** Kl. 39b vom 14/5. 1936, ausg. 15/12. 1952.) OVERBECK. 7223

**Firestone Tire & Rubber Co. Ltd.,** übert. von: **Park Allen Wiseman,** Brentford, England, *Polymerisate von 2.3-Difluor-1.3-butadien* (**I**). 2.3-Dichlor-1.3-butadien wird mit $Cl_2$ zu *1.2.2.3.3.4-Hexachlorbutan* chloriert, dieses fluoriert u. das entstehende 1.2.3.4-Tetrachlor-2.3-difluorbutan zu **I** (Kp. 5—8° u. F. —92°) enthalogeniert. — **I** wird allein oder im Gemisch mit Vinyliden- oder Vinylchlorid in wss. Emulsion unter Zusatz von $K_2S_2O_8$ zu einem nichtschmelzbaren, in Lösungsmitteln unlösl., nichtkrist. *Kunstkautschuk* polymerisiert. (**E. P. 675 372** vom 2/1. 1950, ausg. 9/7. 1952. A. Prior. 6/1. 1949.) MÖLLERING. 7225

**Hercules Powder Co.,** Wilmington, Del., übert. von: **Joseph Nathaniel Borglin,** Wilmington, Del., und **Philip Arden Ray,** Lakewood, Col., V. St. A., *Polymerisieren von ungesättigten Verbindungen,* wie einer Butadien–Styrol-Mischung, in wss. Emulsion mit einem Peroxydkatalysator u. einer geringen Menge eines Alkalimetallsalzes von Dehydroabietinsäure bzw. eines wasserlösl. Salzes der disproportionierten Harzsäure als Emulgator. Beim Ansäuern der Emulsion fällt eine Mischung aus Polymerem u. der Dehydroabietinsäure, die als Modifizierungsmittel wirkt. (**Can. P. 485 293** vom 14/12. 1945, ausg. 29/7. 1952. A. Prior. 7/7. 1945.) PANKOW. 7225

**Phillips Petroleum Co.,** Bartlesville, Okla., V. St. A., *Künstlicher Kautschuk.* Monomere olefin. ungesätt. Verbb. werden in Ggw. eines Redox–Katalysator-Syst. u. eines mehrwertigen Alkohols in wss. Emulsion polymerisiert. — Z. B. werden 70 (Teile) Butadien u. 30 Styrol in Ggw. von 0,2 Cumolperoxyd u. 1 $Na_4P_2O_7 \cdot 10\,H_2O$, sowie 0,1 KOH u. 54 Glycerin bei —10° in 38 Std. polymerisiert. — Tabellen über Reißfestigkeit u. Dehnung von aus den Polymerisaten erhaltenen *Kunstkautschuk*-Ansätzen. (**E. P. 674 144** vom 12/5. 1949, ausg. 18/6. 1952.) MÖLLERING. 7225

**Anglo-Iranian Oil Co. Ltd.,** London (Erfinder: **Eric William Musther Fawcett** und **Albert Millien,** Sunbury-on-Thames, Middlesex), England, *Weichmacher für Olefin–Polysulfid-Polymerisate.* Neben hierfür bekannten Weichmachern oder an deren Stelle verwendet man KW-stoffe mit hohem Mol.-Gew., die mittels eines selektiven polaren Lösungsm. (**I**) oder eines Gemisches selektiver **I**, deren eines wenigstens polaren Charakter hat, aus Mineralöldestillaten oder -rückständen extrahiert werden. Die erhaltenen KW-stoffe sind Öle von mittlerer Viscosität bis zu harzartiger Konsistenz mit einem Mol.-Gew. von 250—750, einer D. von 0,995—1,155 u. einem Verhältnis von 0,6 C : 1 H. Die KW-stoffe können durch Chlorieren, Lufteinblasen, Dehydrierung mit S modifiziert sein. Sie können dem Polymerisat vor dem Ausfällen der Dispersion zugesetzt werden. (**D. B. P. 862 671** Kl. 39b vom 31/12. 1948, ausg. 12/1. 1953. E. Priorr. 31/12. 1942 u. 15/12. 1943.) OVERBECK. 7227

**Farbenfabriken Bayer,** Leverkusen (Erfinder: **Karl Rother,** Köln-Stammheim, und **Gustav Sinn,** Opladen), *Wärmesensibilisierungsmittel* für *wss. Dispersionen* von natürlichem oder synthet. *Kautschuk* oder Harz, bestehend aus in W. lösl. Polyvinylalkyläthern. (**D. B. P. 869 861** Kl. 39b vom 3/9. 1940, ausg. 9/3. 1953.) OVERBECK. 7227

**Dominion Rubber Co. Ltd.,** Montreal, Quebec, Can., übert. von: **Philip Timothy Paul,** Naugatuck, Conn., V. St. A., *Weichmacher für Kautschuk oder Kunstkautschuk.* Man verwendet bis zu 5% Di-(o-acylaminoaryl)-disulfid. (**Can. P. 488 530** vom 3/2. 1945, ausg. 2/12. 1952.) PANKOW. 7227

**United States Rubber Co.,** New York, N. Y., übert. von: **Elber C. Ladd** und **Merlin P. Harvey,** Passaic, N. J., V. St. A., *Addukte des 1.4-Chinons* (**I**) *mit Dialkylphosphiten* (**II**) erhält man beim Erhitzen der Ausgangsstoffe in Ggw. eines bas. Katalysators in Mengen von bes. 0,05—2 Gew.-% der **II**. Die Reaktionstemp. wird auf 50—125° gehalten. Lösungsmittel für **I** u. **II** können angewandt werden, z. B. Dioxan (**III**). Als **II** eignen sich Verbb. mit niedrigen Alkylgruppen. **I** u. **II** werden vorteilhaft in äquimol. Menge verwendet. Substitutionsprodd. des **I**, die mindestens noch 1 freies C-Atom zwischen der chinoiden Bindung aufweisen, sind ebenfalls geeignet. — p-Benzochinon u. Diäthylphosphit (**IV**), in **III** gelöst, ergeben mit metall. Na bei 60—70° das 1:1-Addukt der Ausgangsstoffe, $C_{10}H_{15}O_5P$, gefärbte, riechende Fl., $n_D^{20}$ 1,4492. — Naphthochinon u. **IV** ergeben $C_{14}H_{17}O_5P$, aus einer Mischung von Ae. u. PAe. (**V**), rein weiße Kristalle, F. 97,99°. — 2-Methylnaphthochinon u. **IV** geben $C_{15}H_{19}O_5P$, aus **III** u. **V** rein weiße Kristalle, F. 142—148°. Addukte des **I** sind *Antioxydationsmittel* für natürlichen oder synthet. Kautschuk, Gasolin, Schmieröle u. dgl. (**A. P. 2 553 417** vom 23/2. 1950, ausg. 15/5. 1951.) G. KÖNIG. 7227

**Metallgesellschaft Akt.-Ges.** (Erfinder: **Ernst Wegener**), Frankfurt/M., *Füllen von Kautschuk, insbesondere Naturkautschuk,* dad. gek., daß als Gummifüllstoff Stäube, z. B. Schachtofenstäube, bes. Hochofenstäube aus der Eisenindustrie, oder aus Elektroöfen bei der Herst. von Si, Ferro–Si oder Al–Si anfallende Stäube, die vorher von den groben Anteilen befreit u. dann in den Feinabscheidern, wie Elektrofiltern, Schlauchfiltern oder durch Naßwäsche aus dem Aerosolzustand niedergeschlagen wurden, verwendet werden. Vor der Einmischung in den Kautschuk kann der Staub in Luft oder unter Luftabschluß ½ Std. auf 300—400° erwärmt werden. Verbesserung bes. der Reißfestigkeit u. Kerbzähigkeit, Erhöhung der Vulkanisationsgeschwindigkeit der Kautschukmischungen. (**D. P. [DDR] 100** Kl. 39b vom 14/5. 1950, ausg. 22/12. 1952 [Ausschließungspatent].) PANKOW. 7227

**United States Rubber Co.,** New York, N. Y., übert. von: **Dwight L. Schoene,** Woodbridge, Conn., V. St. A., *p.p'-Oxybis-(benzolsulfonylhydrazid),* $C_{12}H_{14}O_5N_4S_2$, erhält man durch Überführen von Diphenyläther mit $ClSO_3H$ in p.p'-Oxybis-(benzolsulfonylchlorid), das mit Hydrazin bei 20—100° kondensiert wird; Zers. unter Entw. von $N_2$ bei 135—140°, nach dem Umkrist. aus W. 161°. Verwendung als *Blähmittel* für *Kautschuk* u. *Polyvinylchlorid.* (**A. P. 2 552 065** vom 1/8. 1950, ausg. 8/5. 1951.) KRAUSS. 7227

**United States Rubber Co.,** New York, N. Y., übert. von: **Ruth L. Stander,** Washington, D. C., V. St. A., *Blähmittel für Schwammkautschuk,* bestehend aus einem Arylazotriarylmethan der Formel R—N=N—CR'$_3$ (R = Aryl-KW-stoffrest, dessen Nitro- oder Cl-Substitutionsprodd.; R' = Aryl–KW-stoffrest oder dessen Alkoxyderivv.). — Beispiele: p-Chlorphenylazotriphenylmethan, p-Chlorphenylazotri-(p-tolyl)-methan, Phenylazotri-(p-anisyl)-methan, p-Tolylazotriphenylmethan, o-Nitrophenylazotriphenylmethan, m-Chlorphenylazotriphenylmethan, α-Naphthylazotriphenylmethan u. Phenylazotriphenylmethan. (**A. P. 2 598 077** vom 22/6. 1950, ausg. 27/5. 1952.) OVERBECK. 7227

**United States Rubber Co.,** New York, N. Y., übert. von: **Ruth L. Stander,** Washington, D. C., V. St. A., *Blähmittel für Schwammkautschuk,* bestehend aus einem Arylhydrazotriarylmethan der Formel R—NH—NH—CR'$_3$ (R u. R' = aromat. Reste, bes. der Benzolreihe). — Beispiele: p-Chlorphenylhydrazotriphenylmethan, Phenylhydrazotri-p-anisylmethan, p-Tolylhydrazotriphenylmethan, o-Nitrophenylhydrazotriphenylmethan, m-Chlorphenylhydrazotriphenylmethan u. Phenylhydrazotriphenylmethan. (**A. P. 2 598 078** vom 22/6. 1950, ausg. 27/5. 1952.) OVERBECK. 7227

**Hubron Rubber Chemicals Ltd.,** übert. von: **Charles Ernest Webb,** Manchester, England, *Blähmittel für Kautschuk,* bestehend aus dem Harnstoffsalz einer organ. Säure, wie Bernstein-, Wein-, Citronen- u. bes. Oxalsäure, deren Teilchen mit Fettsäure überzogen sein können u. in Mengen von 0,1—10% zugesetzt werden. (**E. P. 650 336** vom 10/12. 1949, ausg. 21/2. 1951.) OVERBECK. 7227

**United States Rubber Co.,** New York, N. Y., V. St. A., *Blähmittel für Schwammkautschuk,* bestehend aus Hydrazin, seinem Hydrat oder seinen Salzen. (**E. P. 681 121** vom 20/10. 1950, ausg. 15/10. 1952. A. Prior. 23/2. 1950.) OVERBECK. 7227

**General Motors Corp.,** Detroit, Mich., V. St. A., übert. von: **George H. McFadden, Bailey Bennett** und **John F. Lyman,** *Kautschukmilchschaum.* 58—70(%), bes. 60—66, z. B. 63, Naturkautschukmilch wird mit dem Rest zu 100 einer Dispersion von Butadien–Styrol-Polymerisat bei einer Gesamtkonz. von $\geqq 50\%$ vermischt u. durch Lufteinblasen verschäumt. (**E. P. 680 786** vom 9/11. 1950, ausg. 8/10. 1952.) OVERBECK. 7231

**United States Rubber Co.,** New York, N. Y., übert. von: **Ruth L. Schlesinger,** Waterbury, Conn., V. St. A., *Schaumgummi.* Der Kautschuk- oder Kunststoffmischung wird als Treibmittel eine Verb. mit der Gruppe $R-N{=}N-SO_2-R'$ (R = aromat. Rest, R' = aliphat. oder aromat. Rest), wie Phenylazoäthyl-, p-Chlorphenylazoäthyl-, Phenylazo-p-tolylsulfon oder 4.4'-Bis-[phenylazosulfonyl]-diphenyl, gegebenenfalls in Mischung mit p-Toluolsulfonsäure, zugesetzt. (**A. P. 2 588 885** vom 22/4. 1949, ausg. 11/3. 1952.) SALZMANN. 7231

**Peter Rathgeber,** Heilbronn, *Herstellen von Schaumkautschuk.* Stabilisierte Kautschukmilch wird verschäumt u. mittels eines Acrylsäurederiv. gelatiniert. Die Gelierung kann z. B. durch Saponin verzögert werden. Verarbeitung wie üblich. Verwendung bes. als Bahnen zusammen mit elast. Textilien. (**Schwz. P. 281 446** vom 21/11. 1949, ausg. 16/6. 1952.) OVERBECK. 7231

**L'Équipement Ménager & Industriel „E. M. J.“,** Paris, Frankreich, *Herstellen von Zellkautschuk.* Ein mit einem Weichmacher versetztes thermoplast. Polymerisat, z. B. Polystyrol, Polyvinylchlorid, Polyvinylacetal, das bei höherer Temp. gelatiniert, oder Kautschuk bzw. ein kautschukartiger Stoff, wird mit den üblichen Zusätzen u. Blähmitteln versehen. Es kann auch ein Blähgas später unter Druck zugeführt werden. Aus dieser Mischung werden unter Vermeidung von Lufteinschlüssen die gewünschten Gegenstände in verkleinertem Maßstabe geformt, in der Form unter Druck erhitzt, abgekühlt u. herausgenommen. Die Formlinge werden dann ohne Druck bis zur Erreichung der gewollten Größe nochmals erhitzt. (**E. P. 652 696** vom 18/2. 1948, ausg. 2/5. 1951. F. Prior. 18/2. 1947.) OVERBECK. 7231

**United States Rubber Co.,** New York, N. Y., V. St. A., *Kautschukartige Zellkörper.* Als $N_2$ entwickelnder Stoff wird 1.3-Bis-(o- bzw. p-Xenyl)-triazen verwendet, von dem z. B. 15 (Teile) zu einer M. aus 30 (Teilen) weichem Butadien–Styrol-Mischpolymerisat (I) u. 70 hartem I, 2 ZnO, 2 S, 0,5 Beschleuniger u. 1 Antioxydans zugegeben werden. D. 12—15 kg/m³. (**E. P. 645 115** vom 25/8. 1948, ausg. 25/10. 1950. Can. Prior. 16/10. 1947.) SALZMANN. 7231

**B. F. Goodrich Co.,** New York, N. Y., V. St. A. (Erfinder: **C. W. Leguillon**), *Herstellung von zellhaltigen Massen aus Kautschuk oder in der Wärme härtbaren Harzen.* Kautschuk oder in der Wärme erweichende Massen werden einem hochfrequenten elektr. Strom ausgesetzt, wobei die Massen einen Schaumbildner enthalten u. die Behandlung im elektr. Feld nur kurz dauert. Während der Behandlung befindet sich die M. entweder auf einer oder beiden Seiten begrenzt durch ein frei fließbares, feinverteiltes trockenes dielektr. Material. Die Kautschukmasse kann gleichzeitig auf beiden Seiten von dünnen Geweben oder Papier abgedeckt sein. Als Isoliermaterial dient z. B. Steatit. Die Prodd. finden als Schaumgummi Verwendung für schall- u. wärmeisolierende Massen. (**Schwed. P. 131 841** vom 30/8. 1947, ausg. 29/5. 1951. A. Prior. 30/8. 1946.) JÜRGEN SCHMIDT. 7231

**Velatex N. V.** (Erfinder: **Eisbertus Josefus Jacobus Resink**), Amsterdam, Holland, *Herstellen von mit Poren oder Zellen durchsetzten elastischen Gegenständen aus mit Kautschukmilch imprägnierten Faserstoffen.* Die Fasern werden so in wss. Kautschukdispersion (I) eingebracht, daß sie den Raum im Dispersionsbehälter ganz füllen; das Bad wird während der anschließenden Koagulation einer Schüttel-, Schwing- oder Schaukelbewegung unterworfen, die eine Vernetzung des Fasergutes in der I bewirkt, ohne dabei die Lage der Fasern zueinander störend zu beeinflussen. Das Bad wird nach der Koagulation durch Gefrieren verfestigt, u. die Beseitigung des Serums erfolgt durch Ausfließenlassen der Fl. während des Auftauens. (**D. B. P. 867 612** Kl. 39a vom 1/1. 1949, ausg. 19/2. 1953. Holl. Prior. 30/12. 1947.) SCHLITT. 7231

**Joseph Anton Talalay,** New Haven, Conn., V. St. A., *Herstellung von porösen Kautschukhohlkörpern.* Eine Hohlform wird mit Kautschukmilchschaum gefüllt, der bis zur gewünschten Dicke an der Formwandung zum Gefrieren gebracht wird. Dann wird der gefrorene Teil zur Koagulation gebracht, während der innere ungefrorene Teil des Schaumes unter Hinterlassung eines Hohlraumes bricht. (**E. P. 668 948** vom 20/2. 1950, ausg. 26/3. 1952. A. Prior. 6/1. 1950.) OVERBECK. 7231

**General Motors Corp.,** Detroit, Mich. (Erfinder: **Bailey Bennett, George H. McFadden,** Columbus, und **John F. Lyman,** Westerville, O.), V. St. A., *Schwammkautschukgegenstände* mit eingelagerten Glasfasern mit einer Länge von 0,8—6,5 (mm), bes. 3, in Mengen von 1—10 (Gew.-%), bes. 2½—7½. (**D. B. P. 870 759** Kl. 39b vom 27/9. 1950, ausg. 16/3. 1953. A. Prior. 2/7. 1947.) OVERBECK. 7231

**Joseph Anton Talalay,** New Haven, Conn., V. St. A., *Formen für Schaumkautschukerzeugnisse.* Für die Herst. von z. B. Sitzkissen wird die Form auf einer Seite mit gleichmäßig angeordneten Zapfen versehen, die sich von der Spitze bis zur Basis, bes. parabol. oder semiellipt., verbreitern u. die höher als breit sind. — Zeichnungen. (**E. P. 679 129** vom 2/9. 1949, ausg. 10/9. 1952. A. Prior. 31/5. 1949.) OVERBECK. 7231

**National Cash Register Co.,** Dayton, O., V. St. A., *Herstellen von nahtlosen porösen Schläuchen.* Auf einer Form mit zylindr. Kern wird aus einer herauslösbare Füllstoffe enthaltenden Kautschukmischung in üblicher Weise ein Schlauch hergestellt, aus dem nach Fertigstellung die Füllstoffe wieder herausgelöst werden. Verwendung als Druckwalzenbezüge. (**E. P. 668 716** vom 18/7. 1950, ausg. 19/3. 1952. A. Prior. 20/7. 1949.) OVERBECK. 7231

**United States Rubber Co.,** New York, N. Y., V. St. A., *Endlose Kautschukbänder* werden in einer Batterie runder Kessel vulkanisiert, in denen sie durch ein Stahlband in mehreren Windungen an den Rand gedrückt werden. Diese fahrbare Batterie wird in einer geschlossenen Kammer dem erforderlichen Druck ausgesetzt. (**E. P. 636 142** vom 28/8. 1947, ausg. 26/4. 1950. A. Prior. 14/11. 1946.) SALZMANN. 7231

**Armstrong Cork Co.,** übert. von: **John Warren Wiley,** Lancaster, Pa., V. St. A., *Korkmasse,* bestehend aus 100 (Teilen) gemahlenem Kork, *Butadien–Styrol* (als Latex), 5 einer Mineralölemulsion, 1 des Na-Salzes eines sulfonierten Monoesters eines Lauryl- u. Myristylalkoholgemisches u. 5,12 einer wss. Vulkanisierungsdispersion aus S, Tetramethylthiuramdisulfid u. Füllstoffen. Das luftdurchlässige Material eignet sich für Brandsohlen u. Dichtungen. (**E. P. 669 548** vom 9/2. 1948, ausg. 2/4. 1952. A. Prior. 19/3. 1948.) SALZMANN. 7231

**R. T. Vanderbilt Co., Inc.,** übert. von: **Charles E. Bradley,** New York, N. Y., V. St. A., *Überzugsmittel für Kautschuk.* In einem aromat. Lösungsm. werden ein plast. Stoff, wie Polyäthylenacrylat (**I**), u. ein chlorierter KW-stoff (**II**), wie Chlorkautschuk oder polymerisiertes Chlorisopren, gelöst, wobei die Mengen von **II** $^1/_4$—$^3/_4$ von **I** betragen. Außerdem können dieser M. noch Pigmente, z. B. Ruß oder Titanweiß, zugesetzt werden. (**Can. P. 482 899** vom 11/3. 1947, ausg. 29/4. 1952. A. Prior. 7/6. 1946.) WITTHOLZ. 7231

**West Virginia Pulp and Paper Co.,** New York, N. Y., übert. von: **Arthur Pollak,** New York, und **John J. Keilen jr.,** Forest Hills, N. Y., V. St. A., *Mischverfahren.* Wss. Dispersionen von natürlichem u. bes. synthet. Butadienkautschuk werden mit einer alkal. Ligninlsg. vermischt, gemeinsam gefällt u. ohne Koalescenz ausgewaschen. Die thixotrope 30—40%ig. M. wird mit Füllstoff- usw. Dispersionen gemischt, ausgepreßt, getrocknet, verformt u. vulkanisiert. Auch für Imprägnierungen. (**A. P. 2 572 884** vom 26/2. 1948, ausg. 30/10. 1951. **E. P. 666 783** vom 14/2. 1949, ausg. 20/2. 1952. A. Prior. 26/2. 1948.) OVERBECK. 7231

**Badische Anilin- & Soda-Fabrik,** Ludwigshafen/Rh. (Erfinder: **Robert Stadler,** Heidelberg, **Walter Daniel,** Ludwigshafen/Rh., und **Rudolf Herbeck,** Kirchheim/Eck), *Verkleben von synthetischem Kautschuk.* Vulkanisierte Mischpolymerisate aus Butadien-KW-stoffen u. Vinylmethylketon u. gegebenenfalls weiteren copolymerisierbaren Stoffen werden mit Klebemitteln auf der Grundlage von Celluloseesterlsgg. miteinander oder mit anderen Stoffen verklebt. (**D. B. P. 868 968** Kl. 39b vom 2/6. 1942, ausg. 2/3. 1953.) OVERBECK. 7231

**Deutsche Werke Kiel Akt.-Ges.,** Kiel (Erfinder: **Walter Eduard Asmus Simon,** Watford, England), *Vulkanisierung von alkyliertem und aralkyliertem Lignin,* dad. gek., daß z. B. benzyliertes Holz oder Huminsäuren unter Zugabe von S, schwefelübertragenden Mitteln oder, bei schwefelfreier Vulkanisation, von Beschleunigern einer bei Kautschuk bekannten Vulkanisation unterworfen werden. Man erhält unlösl. kautschukartige Massen. (**D. B. P. 854 092** Kl. 39b vom 17/12. 1950, ausg. 30/10. 1952.) SALZMANN. 7239

**Antoine Quemin,** Frankreich, *Behandlung von Gegenständen aus Horn, Schildpatt und ähnlichem Material.* Die zu behandelnden Gegenstände werden, um sie zu härten, elast. u. widerstandsfähiger zu machen, in ein Bad getaucht, das auf 80—100 (g) W. 3—10 folgender Mischung enthält: 40—85 (g) Na-Salicylat, 7—15 Fettalkoholsulfonat, 5—20 Borsäure. Das Mittel kann auch zur Behandlung von Fingernägeln, Menschen- u. Tierhaaren dienen, um diesen Geschmeidigkeit zu geben u. sie widerstandsfähiger gegen Abbrechen zu machen. (**F. P. 997 836** vom 6/8. 1945, ausg. 10/1. 1952.) HEYNE. 7245

## XVI. Nahrungs-, Genuß- und Futtermittel.

**H. D. Cremer,** *Die physiologische Bedeutung der chemischen Behandlung von Nahrungsmitteln.* Zusammenfassender Überblick. Behandelt werden die Wirkungen der Farbstoffe, der künstlichen Süßstoffe, der Glutaminsäure, der fettähnlichen Zusätze, der Mehlbleichungs- u. Veredelungsmittel, der jod- u. fluorhaltigen Lebensmittel, der Insekticide, der Antibiotica, der keimtötend wirkenden Konservierungsmittel u. die Bedeutung der künstlichen Düngung. — 39 Literaturhinweise. (Z. Lebensmittel-Unters. u. -Forsch. **96.** 188—98. März 1953. Mainz.) WINIKER. 7630

**R. H. Harris** und **H. L. Walster,** *Beobachtungen an einer 64 Jahre alten Weizenprobe.* Weizen (**I**), der 1888 geerntet war u. seither in einer fest verschlossenen Glasflasche aufbewahrt wurde, war nicht mehr keimfähig. Im Vgl. zu **I** der gleichen Varietät aus Ernte der letzten Jahre war die Vermahlbarkeit unter n. u. die Backfähigkeit sehr gering. Das Protein schien zum Teil koaguliert zu sein. Die proteolyt. Kraft lag erheblich unter der des Vergleichsmusters. (Cereal Chem. **30.** 58—62. Jan. 1953. Fargo, N. D., Agric. Exp. Stat.) FRESENIUS. 7664

**D. F. Sundberg, R. Hayashi** und **M. A. Barmore,** *Eine Backmethode zur Auswertung von Weizenvarietäten.* Gebäck wird aus 2 Mehlarten nach einer Ein- u. einer Zweistufenmeth. hergestellt. Bei letzterer wird die Mischung der Bestandteile zweistufig vorgenommen, indem zunächst Zucker, Fett u. Emulgator (**I**) verarbeitet u. die sonstigen Zutaten danach zugefügt werden. Der Einfl. verschied. Mengen **I**, Trockeneiweiß, Fett u. Zucker auf das Gebäckvol. nach beiden Verff. sowie der Einfl. verschied. langer Mischzeit wird graph. dargestellt. Die Zweistufenmeth. erwies sich gegenüberVeränderungen des Mehls empfindlicher als die Einstufenmethode. (Cereal Chem. **30.** 1—11. Jan. 1953. Pullman, Washington Agr. Res. Adm., USDA, u. Dep. of Agric. Chem.) FRESENIUS. 7674

**H. Rentschler** und **H. Tanner,** *Der Polarograph als Hilfsmittel für Getränkeanalysen. 1. Mitt. Der Sauerstoffgehalt alkoholfreier Säfte und dessen Veränderung während der Verarbeitung.* Vff. stellten fest, daß unvergorene Obst- u. Traubensäfte des Handels nur sehr kleine Mengen $O_2$ enthalten (höchstens ca. 10% der bei Sättigung mit Luft in das Getränk gelangenden Menge $O_2$). In Rohsäften aus gesundem Obst kann bei Unterbindung der Luftberührung nach dem Pressen schon nach wenigen Std. kein $O_2$ mehr nachgewiesen werden. Bei Traubensäften erfolgt diese „Selbstentlüftung" noch bedeutend schneller. Die in Fruchtsäften enthaltenen Oxydationsfermente erschöpfen sich jedoch innerhalb weniger Std., so daß dann noch vorhandener oder nachträglich hinzukommender Luft-$O_2$ im Getränk verbleibt. Erläuterung der Anwendung der polarograph. Analyse auf die Best. des freien $O_2$ von Obst- u. Traubensäften nebst Beschreibung einer Vorr., die es gestattet, die Getränkeproben ohne Luftberührung in das Elektrolysiergefäß überzuführen. (Z. Lebensmittel-Unters. u. -Forsch. **96.** 161—68. März 1953. Wädenswil, Schweiz, Eidgen. Versuchsanst. für Obst-, Wein- u. Gartenbau.) WINIKER. 7706

**C. Griebel,** *Zur Geschmackswirkung der Inhaltsstoffe der Sekretzellen des Pfeffers.* Vff. stellten fest, daß das äther. Öl u. das Harz der Sekretzellen geschmacklos sind. Der brennende Geschmack des Pfeffers ist lediglich auf das Alkaloid Piperin zurückzuführen. Daß reines krist. Piperin erst nach einiger Zeit ein schwaches Brennen auf der Zunge erzeugt, beruht auf der Schwerlöslichkeit des Alkaloids in Wasser. (Z. Lebensmittel-Unters. u. -Forsch. **95.** 327—29. Nov. 1952. Berlin-Charlottenburg, Landesanst. für Lebensmittel-, Arzneimittel- u. gerichtl. Chemie.) WINIKER. 7714

**Ethelwyn B. Wilcox** und **Leora S. Galloway,** *Die B-Vitamine in rohem und gekochtem Lammfleisch. 1. Mitt. Thiamin.* In mehreren Tabellen sind die Thiaminwerte von frischem u. gekochtem Lammfleisch verschied. Rassen u. verschied. Körperteile wiedergegeben. Durch den Kochprozeß geht der Thiamingeh. fast regelmäßig um ca. 50% zurück. (Food Res. **17.** 67—73. Jan./Febr. 1952. Logan, Utah.) GRIMME. 7750

**B. S. Schweigert, Barbara A. Bennett, Mona Marquette, Harold E. Scheid** und **B. H. McBride,** *Thiamin-, Riboflavin- und Niacingehalt von verarbeitetem Fleisch.* Vff. haben eine Anzahl von im Jahre 1949 u. 1950 hergestellten Würsten u. Fleischkonserven auf ihren Geh. an Thiamin (**I**), Riboflavin (**II**) u. Niacin (**III**) untersucht. Mit

Ausnahme von Schweinskopfsülze, Corned beef u. Bacon waren alle Prodd. sehr reich an **III**, Bacon u. Sülze waren arm an **II**, während alle Prodd., welche kein Schweinefleisch enthielten, niedrigen **I**-Geh. zeigten. (Food Res. **17.** 56–59. Jan./Febr. 1952. Chicago, Ill.) GRIMME. 7750

**Friedrich Kiermeier, Erich Coduro, Walter Köberlein** und **Elisabeth Rickerl,** *Über die Veränderungen des Calcium- und Phosphatgehaltes von Eiern bei der Lagerung in Kalkwasser.* Vff. stellten fest, daß der Ca-Geh. des Eiklars u. des Eidotters während der Lagerung in konservierenden Fll. nicht zu-, sondern abnimmt. Der Ca-Geh. des Eiinneren bietet also keinen Anhalt für den Nachw. $Ca(OH)_2$-haltiger Konservierungsmittel. Des weiteren wurde beobachtet, daß Wasserglas einen Einfl. auf das Eiinnere ausübt (Anstieg der Werte für anorgan. Phosphate im Eiklar; Verschiebung der $p_H$-Werte von Eiklar u. Eidotter nach der alkal. Seite). (Z. Lebensmittel-Unters. u. -Forsch. **96.** 248–51. April 1953. München, Deutsche Forschungsanst. für Lebensmittelchemie.) WINIKER. 7754

**Robert A. Hibbs** und **U. S. Ashworth,** *Die Beeinflussung der Löslichkeit von Vollmilchpulver durch Proteinstabilisatoren und Emulgatoren.* Zur Trocknung bestimmte eingedampfte Milch wurde verschied. Verff. unterworfen: Zusatz verschied. Salze; Behandlung mit Ionenaustauschern; Zusatz von Pankreasfermenten (zu frischer Milch); Zusatz verschied. Emulgatoren. Die Ergebnisse werden durch Lagerdauer u. -temp. beeinflußt. Eine wesentliche Verbesserung der Löslichkeit durch eines der angeführten Verff. gegenüber unbehandelten Kontrollproben konnte nicht erzielt werden, geringe Wirkungen zeigten Zusätze von 0,2% *$Na_2HPO_4$*, 0,2% *Na-Citrat* mit 0,01% *Ascorbinsäure,* 0,1% *Na-Citrat* mit 0,1% *$Na_2HPO_4$*, 0,075% *Calgon* sowie Ionenaustauscher- u. Pankreatinbehandlung. Durch alle Verff., bes. durch Anwendung von Emulgatoren (Sorbit- u. Glycerinester), wurde eine Verbesserung des Geschmackes gegenüber den Kontrollen, bes. bei höheren Tempp., erzielt. Jedoch wurde bei diesen Stoffen beim Wiederauflösen der Milchpulver eine Abscheidung des Milchfettes beobachtet. (J. Dairy Sci. **34.** 1084–91. 11/11. 1951. Pullman, Washington State Coll.) KRUSEN. 7756

**K. K. Iya** und **W. C. Frazier,** *Gemeinsames Wachstum von Streptococcus lactis und Aerobacter aerogenes in Milch.* Streptococcus lactis (**I**) wurde in einer für die Käsebereitung üblichen Menge zu sterilisierter Milch gegeben, Aerobacter aerogenes (**II**) in verschied. Menge zugesetzt. Das Wachstum von **I** u. **II** wurde in reinen u. in Mischkulturen bei 20, 30 u. 37° C verfolgt, außerdem die Zunahme der Gesamtsäure, flüchtigen Säure sowie die Gasbildung. Bei 20° wächst **I** unbehindert, u. **II** wird in Mischkulturen nur wenig gehemmt. Bei 30° wurde **I** durch **II** etwas angeregt. **II** wird unterdrückt, wenn das Verhältnis **II**:**I** im Impfmaterial 1:4600 war. Ein Verhältnis 1:10 dagegen beeinflußt das Wachstum von **II** nur wenig. Bldg. von Gas u. flüchtiger Säure wurde in Ggw. von **I** gehemmt. Wurde die 100fache der üblichen Impfmenge von **I** genommen u. so viel **II** zugegeben, daß das Verhältnis **II**:**I** war wie 1:4900, wuchsen **I** u. **II** wie in reinen Kulturen u. Bldg. von Gas u. flüchtiger Säure wurde nicht merklich beeinflußt. Bei 37° wuchsen **I** u. **II** wie in reinen Kulturen. Gas- u. flüchtige-Säurebldg. wurden bei einem Verhältnis **II**:**I** wie 1:5300 im Impfmaterial nicht wesentlich mehr unterdrückt als bei 1:10. In Cheddar ähnlichem Quark (cheddar cheese-like curd) aus pasteurisierter Milch bildete **II** bei Ggw. von **I** rascher u. mehr Gas bei 37° als bei 30°. Viel **I** konnte die Gasbldg. durch wenig **II** nicht hindern. (J. Dairy Sci. **34.** 879–86. Sept. 1951. Madison, Wis., Univ. of Wisconsin, Dep. of Agric. Bacteriol.) FRESENIUS. 7756

**B. H. Webb, E. F. Deysher** und **F. E. Potter,** *Wirkungen der Lagertemperaturen auf die Eigenschaften von evaporierter Milch.* Evaporierte Milch zeigt beim Lagern mit steigender Temp. eine Abnahme von $p_H$-Wert u. Viscosität u. Zunahme der Farbe. Bei Tempp. über 70° F ergeben sich schnell physikal. Veränderungen, die mit dem Absinken des $p_H$-Wertes unter 5,9 zusammenhängen. Die Abscheidung von Fett u. Protein ist bei 2jähriger Lagerung unter 60° F nicht wesentlich; mit steigenden Tempp. nimmt sie stark zu. (J. Dairy Sci. **34.** 1111–18. 11/11. 1951. USDA, Agric. Res. Admin., Bur. of Dairy Ind.) KRUSEN. 7756

**Ralph N. Costilow** und **Marvin L. Speck,** *Hemmende Wirkung von ranziger Milch auf gewisse Bakterien.* An Milch mit hoher Lipaseaktivität, die einem spontanen Ranzigwerden unterlag, wurde festgestellt, daß Streptococcus lactis, Str. zymogenes u. Lactobacillus casei deutlich, Str. bovis u. Escherichia coli wenig u. L. bulgaricus u. Pseudomonas aeruginosa nicht durch die Ranzidität gehemmt wurde. Da die durch Lipolyse bewirkte Abnahme der Oberflächenspannung der Milch, die veränderte $p_H$-Wertentw. u. die akt. Lipase selbst nicht diese Wirkungen hervorbringen, müssen die Ursachen der Hemmung der Lipolyse selbst bzw. den dabei entstehenden Stoffen zugeschrieben werden. (J. Dairy Sci. **34.** 1119–27. 11/11. 1951. Raleigh, North Carolina State Coll., Dep. of Animal Ind.) KRUSEN. 7756

**Ralph N. Costilow** und **Marvin L. Speck,** *Hemmung von Streptococcus lactis in Milch durch Fettsäuren.* Ausgehend von der Beobachtung, daß in ranziger Milch Streptococcus lactis gehemmt wird, untersuchten Vff. alle in Butterfett vorkommenden Fettsäuren in Konz. von 0,05—0,5% hinsichtlich ihrer Wrkg. auf Str. lactis. *Capryl-*, *Caprin-* u. *Laurinsäure* zeigten in steigenden Konzz. steigende Hemmung des Wachstums von Str. lactis, bei *Myristinsäure* war die Wrkg. zweifelhaft, während die übrigen Fettsäuren keine Hemmung ausübten. (J. Dairy Sci. **34.** 1104—10. 11/11. 1951. Raleigh, N. C., North Carolina State Coll., Dep. of Animal Ind.) KRUSEN. 7756

**S. Hoffmann,** *Mikrobiologische Konsummilchprobleme.* Im Rahmen einer ausführlichen Abhandlung berichtet Vf. über Verss., in denen gezeigt werden konnte, daß die Säureentw. in keimarmer Milch 19600 Keime/ml) bei 20° eine Erhöhung in 20 Std. nur um 0,46 SH-Grade, bei 24° um 6,42 SH-Grade mit sich bringt. In keimreicher Milch (818000/ml) steigt der SH-Grad bei 20° in 20 Std. um 7,83, bei 24° um 30,45. Die Säurebldg. verläuft in 3 Stufen: Zunächst bleibt der Säuregrad konstant, dann steigt er allmählich, um plötzlich sehr schnell zuzunehmen. Die Geschwindigkeit dieser Entw. ist abhängig vom Keimgehalt. Bei niedrigen Keimzahlen bleibt die Säurebldg. bes. bei niedrigen Tempp. lange bei der 1. Stufe (bis zu 20 Std.), während hoher Keimgeh. u. höhere Temp. schnell zur Erreichung der 3. Stufe führen. Vergleichende Unterss. an verschied. Konsummilchsorten ergaben für Vorzugsmilch eine durchschnittliche Keimzahl von 25900, für sogenannte „Bauernmilch“ 723000 u. für Sammelmilch 4122000. Vf. konnte zeigen, daß bei Mischung von 1000 Teilen keimarmer mit 1 Teil keimreicher Milch der SH-Grad um 36,1 in 20 Std. bei 24° steigt, während in der keimarmen Milch eine Erhöhung um nur 2,8 eintritt. (Mitt. Gebiete Lebensmittelunters. Hyg. **42.** 127—50. 1951. St. Gallen.) KRUSEN. 7756

**R. A. Larkin, M. M. MacMasters** und **C. E. Rist,** *Eine Färbemethode zur Unterscheidung der Kleie- und Keimteile von Insektenbruchstücken in Mehl.* 15 g Mehl werden in 55 ml A. suspendiert. Nach u. nach werden unter jedesmaligem guten Mischen 500 ml W., 500 ml 5%ig. NaOH, 1000 ml W. u. 40 ml konz. HCl bei Raumtemp. zugegeben. Man saugt über ein Glassinterfilter mit aufgesetztem 20-Maschen-Drahtsieb ab. Letzteres wird in einer Petrischale mit 0,025%ig. Kristallviolettlsg. bedeckt. Nach 15 Min. sieht man im Mikroskop Kleie- u. Keimteile violett, Insekten- u. Larventeile orangerot. (Cereal Chem. **30.** 54—58. Jan. 1953. Peoria, Ill., Northern Regional Res. Labor.) FRESENIUS. 7798

**Helmut Thaler** und **Friedrich Kiermeier,** *Zur Bestimmung des Säuregrades von Mehl und Brot.* 10 g Brot werden mit 10 ml Isopropylalkohol im Mörser verrieben, in einen 100 ml-Meßkolben übergeführt u. mit Isopropylalkohol aufgefüllt. Nach 2 Std. (mehrmals umschütteln) wird abfiltriert. Zu 10—50 ml des Extrakts (Differenz zu 50 ml stets mit W. ergänzen) gibt man 25 ml KJ–$KJO_3$-Lsg. (25 g KJ + 7,8 $KJO_3$ in etwas W. lösen, 26 g $Na_2S_2O_3$ in W. gelöst zugeben u. mit W. auf 1000 ml auffüllen) zu. Nach 15 Min. werden 30 ml n/10 Jodlsg. zugegeben u. der Jodüberschuß wird mit n/10 $Na_2S_2O_3$-Lsg. zurücktitriert. In gleicher Weise ist ein Blindvers. mit den Reagentien allein durchzuführen, bei dem auch die Konz. des Isopropylalkohols im Ansatz gleich sein muß. (Z. Lebensmittel-Unters. u. -Forsch. **96.** 173—77. März 1953. München, Deutsche Forschungsanst. für Lebensmittelchemie.) WINIKER. 7800

**R. Grau,** *Eine neue Möglichkeit der Fehlerbetrachtung bei der Fremdwasserbestimmung nach Feder.* Bei einer Fehlerbest. von mit dem Verf. von FEDER an Fleischbrühwürsten bestimmten Fremdwassergehh. u. Gesamtverlusten zeigte sich, daß die Fehlergrenze in 8% der Fälle überschritten wurde. Als Hauptursache muß die unzureichende Homogenisierung der Wurstproben angesehen werden. (Z. Lebensmittel-Unters. u. -Forsch. **95.** 329—35. Nov. 1952. Kulmbach, Bundesforschungsanst. für Fleischwirtschaft, Chem.physikal. Inst.) WINIKER. 7850

**R. Vuillaume,** *Bestimmung des der Milch zugesetzten Zuckers (gezuckerte Kondensmilch).* Nach Fällung mit Zinkferrocyanid erfolgt Zuckerhydrolyse durch Erwärmen nach $H_2SO_4$-Zusatz. Die Aldosen werden in alkal. Lsg. mit Jod oxydiert u. dann wird die Lävulose mit Cu bestimmt (LUFF-SCHOORL, BERTRAND u. a.). — Berechnungsmodus. (Lait **32.** 600—07. Nov./Dez. 1952. Alfort, Seine, École Nat. Vétérinaire.) FRESENIUS. 7856

**Helge Shipstead** und **Locke F. Edmondson,** *Methoden zur Feststellung des Absorptionswertes von Magermilchpulver in Brotteig.* Zur Best. des für Backzwecke wichtigen Wasserbindevermögens von Magermilchpulver (I) werden 2 Methoden beschrieben. Die erste, sogenannte „mixing bowl“-Meth., beruht auf Messung der Wassermenge, nach deren Zusatz zum Teig eine glatte Lösung des Teiges vom Boden eines Mischgefäßes möglich ist. Mit dieser Meth. kann der Absorptionswert (Verhältnis W./I) auf ±0,05 genau bestimmt werden. Die zweite, sogenannte „50%-Mixograph"-Meth., mißt die Viscosität von Teigen, die 50% I, auf Mehl berechnet, enthalten, u. eignet sich bes. zu Reihenbestimmungen. Durch Hitzebehandlung der zu I verarbeiteten Milch kann der Absorptionswert von ca. 0,6 auf 1,2—1,3 erhöht werden, was auf einer Denaturierung von Lactalbumin u. Lactoglobulin beruht. (J. Dairy Sci. **34.** 1092—1103. 11/11. 1951. Davis, Calif., Univ. of California, Div. of Dairy Ind.) KRUSEN. 7856

**W. L. Dunkley** und **W. G. Jennings,** *Eine Methode zur Anwendung des Thiobarbitursäuretests auf Milch.* Nach Prüfung, in welcher Weise der *Thiobarbitursäure* (**I**)-Test durch $p_H$-Wert, Erhitzungszeit, Anwesenheit von Cu u. Meth. der Farbmessung beeinflußt wird, geben Vff. ein Verf. zur Durchführung des **I**-Tests bei Milch an. Danach werden 10 ml Milch mit 5 ml **I**-Reagens (Mischung aus gleichen Voll. 0,05 mol 2-Thiobarbitursäure u. 2 mol $H_3PO_4$) versetzt, gemischt, 10 Min. im sd. Wasserbad gehalten u. gekühlt. Dann werden 15 ml einer Mischung von 2 Teilen Isoamylalkohol u. 1 Teil Pyridin zugesetzt, 30 Sek. heftig geschüttelt, zentrifugiert (5 Min. mit 3000 U/Min.) u. wird die Färbung der klaren Lösungsmittelschicht bei 535 m$\mu$ im Spektrophotometer gemessen. Frische Milch zeigt eine opt. D. von ca. 0,023, die bei oxydierter Milch je nach Ausmaß der Oxydation 0,042—0,240 betragen kann. (J. Dairy Sci. **34.** 1064—69. 11/11. 1951. Davis, Calif., Univ. of California, Div. of Dairy Ind.) KRUSEN. 7856

**H. Hänni,** *Zur Methodik der Nitrit- und Nitratbestimmung in Milch und Milchprodukten. Lsg. a*: 3 g Atoxicocain (p-Aminobenzoyldiäthylaminoäthanolhydrochlorid) mit 15 ml Eisessig u. W. zu 100 ml auffüllen. *Lsg. b*: 200 mg $\alpha$-Naphthylamin in 30 ml heißem W. lösen, filtrieren, 30 ml Eisessig u. W. zu 150 ml zugeben. Nitritbest.: 10 ml Milch in 50 ml-Meßkolben einwiegen, 3,5 ml 2nNaOH zusetzen, mit W. auf 40 ml auffüllen u. mit 20%ig. $Al_2(SO_4)_3$-Lsg. neutralisieren (ca. 5 ml). Nach dem Auffüllen wird filtriert, 5 ml Filtrat werden mit einem Gemisch von je 5 ml der Lsgg. a u. b versetzt u. die nach 30—45 Min. entwickelte rote Färbung wird gegen eine gleichbehandelte Probe, bei der Lsg. a durch W. ersetzt wurde, im PULFRICH-Photometer mit Filter S 53 gemessen. Auswertung mittels Eichkurve. Von Käse u. anderen Milchprodd. werden 1—2 g eingewogen, mit 10 ml W. u. 3,5 ml 2nNaOH versetzt, bei 40—50° bis zur Lösung gehalten, in 50 ml-Kolben übergeführt u. weiter wie oben behandelt. Nitratbest.: 10 ml Milch in 50 ml-Meßkolben einwiegen, 10 ml W. zusetzen. Bei Anwesenheit von Nitrit 2 Tropfen Bromkresolgrün u. tropfenweise 2n$HSO_{42}$ bis zum Umschlag nach Gelb zusetzen. 1 ml 1%ig. $NaN_3$-Lsg. zugeben, schütteln u. nach 30 Min. 1,5 ml 2nNaOH zugeben. Zu der homogenen Fl. wird tropfenweise unter heftigem Schütteln 20%ig. Trichloressigsäure zugesetzt. Nach Auffüllen wird filtriert, ein aliquoter Anteil des Filtrates mit einigen Tropfen $NH_4OH$ versetzt u. bei 100° eingedunstet. Zum Rückstand werden 1 ml W. u. 2 Tropfen reinstes Xylenol sowie 5 ml 75%ig. $H_2SO_4$, die im Liter 54 g $Ag_2SO_4$ enthält, gegeben, dann wird verschlossen u. geschüttelt. Nach 10 Min. Zusatz von 20 ml W. u. Dest. in Vorlage von 15 ml-Meßkolben, der 2 ml 1nNaOH mit 10% $Na_2SO_3$ enthält. Man dest. fast 15 ml über, füllt mit W. auf u. mißt die Extinktion im PULFRICH-Photometer mit Filter S 47 unter Vgl. mit einer gleichbehandelten Probe, bei der statt Milch W. verwendet wurde. Von Käse u. anderen Milchprodd. werden 1—2 g verwendet u. wie oben behandelt. (Mitt. Gebiete Lebensmittelunters. Hyg. **42.** 114—26. 1951. Liebefeld-Bern, Eidg. Milchwirtsch. u. Bakteriol. Anst.) KRUSEN. 7856

**J. Kottász,** *Kontrolle der bei der Eisbereitung erfolgenden Volumenzunahme.* Beschreibung eines App. zur Messung der beim Gefrieren von Eiszubereitungen erfolgenden Volumenzunahme. Unter n. Gefrierbedingungen soll die Volumenzunahme höchstens 30% betragen. (Z. Lebensmittel-Unters. u. -Forsch. **96.** 251—52. April 1953. Budapest, Städt. Anstalt für Chemie u. Lebensmittelunters.) WINIKER. 7856

**Yngve Buchholz** und **Ingolf Smith,** *Zur Bestimmung des Fettes im Molkenkäse.* 1 g Molkenkäse wird durch ca. 2 Min. langes Kochen in 15 $cm^3$ Salzsäure (D. 1,24) gelöst. Nach Abkühlen wird zunächst mit 10 $cm^3$ Ae. u. darauf mit 40 $cm^3$ PAe. ausgeschüttelt. Die Ae.–PAe.-Schicht wird möglichst vollständig abpipettiert. Dann wird erneut mit 5 $cm^3$ Ae. u. 20 $cm^3$ PAe. ausgeschüttelt u. wieder abpipettiert. Das Verf. wird nochmals mit 5 $cm^3$ Ae. u. 20 $cm^3$ PAe. wiederholt. Die bei den 3 Abpipettierungen gewonnenen Fll. werden in einem gewogenen Kolben vereinigt, das Lösungsm. wird abdest. u. der Rückstand 2 Std. bei 95—100° getrocknet. Diese Meth. liefert genauere Werte als die übliche Salzsäuremeth. u. als die Extraktionsmethode. Die modifizierte WEIBULL-Meth. (vgl. Original) liefert ebenfalls recht gute Werte, ist aber etwas schwieriger. (Z. Lebensmittel-Unters. u. -Forsch. **96.** 245—48. April 1953. Oslo, Staatl. Norweg. Landw. Kontrollstat.) WINIKER. 7860

---

**Icecrafter Trust,** übert. von: **John R. Bayston,** Chicago, Ill., V. St. A., *Eisprodukt zum Kühlen von Getränken,* bes. $CO_2$-haltigen W. oder ein Getränkesirup wird zunächst gekühlt, carbonisiert u. dann unter Druck in Ggw. von $CO_2$ u. gegebenenfalls $O_2$ in Form kleiner Würfel gefroren. — Vorrichtung. (**A. P. 2 575 509** vom 18/2. 1948, ausg. 20/11. 1951.) KRANZ. 7707

**Algemeene Kunstzijde Unie N. V.**, Arnhem, Holland, *Konservierung von Lebensmitteln.* Diese, z. B. *Fisch* oder *Fleisch*, werden in geschlossenen Behältern bei $> 100^0$ mit wasserabsorbierenden u. wasserbindenden Stoffen erhitzt. Hierbei sollen jedoch die absorbierenden Stoffe ständig in Gelform verbleiben. Geeignet sind bes. *Alkalisalze* von *Carboxymethylcellulose.* (**N. P. 79 928** vom 25/8. 1950, ausg. 17/3. 1952. Holl. Prior. 5/9. 1949.) JÜRGEN SCHMIDT. 7751

**Kalle & Co. Akt.-Ges.** (Erfinder: **Otto Schnecko**), Wiesbaden, *Künstliche Wursthülle* mit einer auf ihrer Innenwandung haftenden Schicht, die aus hochmol. aliphat. KW-stoffen, z. B. Hartparaffin, besteht oder solche enthält. (**D. B. P. 859 107** Kl. 53c vom 8/9. 1950, ausg. 11/12. 1952.) MAASS. 7751

**Anton Sune Klevås,** Bromma, Schweden, *Erhöhung der Lagerfestigkeit von Frischfischen.* Man behandelt die Frischfische mit anorgan. Nitrit oder Nitrat unter Zusatz eines Netzmittels. Als Netzmittel können Fettalkohol-, Alkyl-, Alkylarylsulfonate, partielle Ester mehrwertiger Alkohole mit Fettsäuren u. Ester mehrwertiger Anhydride mit Fettsäuren oder Polyätheralkohole oder auch quaternäre Ammoniumverbb. verwendet werden. Geeignet ist z. B. *p-tert.-Octylammoniumchlorid.* (**N. P. 80 007** vom 26/2. 1951, ausg. 31/3. 1952. Schwed. Priorr. 10/3. u. 19/6. 1950.) JÜRGEN SCHMIDT. 7753

**Henkel & Cie. G. m. b. H.** (Erfinder: **Helmut Damm** und **Hans Bartram**), Düsseldorf, *Konservierung von eiweißreichen Pflanzenstoffen.* Bei der Einsäuerung versetzt man die Pflanzen, z. B. Rotklee, mit Pentosen, die durch saure Extraktion bei der Vorhydrolyse von pentosanhaltigen Stoffen anfallen. (**D. B. P. 868 249** Kl. 53 g vom 2/10. 1948, ausg. 23/2. 1953.) KRANZ. 7783

**Badische Anilin- & Soda-Fabrik,** Ludwigshafen/Rh. (Erfinder: **Georg Pfützer,** Limburgerhof), *Konservierung von Grünfutter* durch Zusatz von Phthalsäure in Mengen von z. B. 0,3%. (**D. B. P. 873 494** Kl. 53g vom 31/1. 1943, ausg. 13/4. 1953.) KRANZ. 7783

**Deltafor N. V. i. O.,** Amsterdam, Holland (Erfinder: **Wilhelm Fux,** Wien), *Vitaminhaltiger Futterkalk.* Die pulverförmigen mineral. Grundstoffe des Beifuttermittels werden mit Granulen gemischt, die durch Beladung von neutralen, porösen Substanzen mit Vitaminlsgg., bes. Öllsgg. von Vitamin D, u. Überziehen mit Gelatine oder einem anderen wasserlösl. Koll. erhalten wurden. (**D. B. P. 865 567** Kl. 53g vom 14/11. 1939, ausg. 2/2. 1953.) KRANZ. 7787

---

**G. Neirinckx & A. Jennen,** Étude de la qualité du cacao. Comparaison de différentes méthodes de fermentation et de séchage. Brux.: Ministère des Colonies. 1952. (112 S. m. Abb. u. Diagr.) fr. 40,—.

## XVII. Fette. Seifen. Wasch- u. Reinigungsmittel. Wachse. Bohnermassen usw.

**M. K. Schwitzer,** *Öle und Fette. Entwicklung der Extraktion mit Lösungsmitteln.* Übersichtsbericht an Hand von 58 Schrifttumsnachweisen. (Int. chem. Engng. Process Ind. **31.** 75—77. Febr. 1950.) ROSENDAHL. 7872

**A. M. Nordström** und **Carl-Gustaf Nordström,** *Untersuchung des fetten Öles der Früchte von Spirea ulmaria.* 1. Mitt. Die im August/September geernteten u. im Mörser feingemahlenen Früchte (Samen) von Spirea ulmaria enthielten: 12,99% W., 14,74% Rohfett, 16,99% Rohprotein, 22,54% N-freie Extraktstoffe, 27,20% Rohfaser, 5,57% Asche. — Aus dem mittels Bzn. (Kp. 50—60°) extrahierten Rohfett krist. beim Einengen des dunkelgrünen Extraktes ein Wachs aus (11,64% des Rohfettes). Die Fettlsg. wurde durch Erwärmen mit Aktivkohle entfärbt u. vom Bzn. befreit. Aus dem Rückstand krist. nach 3 Wochen noch 6,1% Wachs, F. 240—260°. Verseifung des Wachses ergab ein Gemisch von Wachsalkoholen, F. ca. 154°, Sinterung ab 75°, u. Säuren, F. 169—170°. — Das fette Öl hat. $D.^{20}{}_4$ 0,9331, $n_D^{15.9}$ 1,48480, SZ. 3,87, VZ. 191,7, JZ 182,7, Hydroxylzahl 9,9, Hexabromidzahl 39,2, POLENSKE-Zahl 0,27, REICHERT-MEISSL-Zahl 0,42, Unverseifbares 5,0%, Sterine 0,27%, Säuren 90,1%. Zus. der Säuren: *Ölsäure* 28,2%, *Linolsäure* 16,2%, *Linolensäure* 46,8%, gesätt. Fettsäuren 8,8%. Höher ungesätt. Säuren als Linolensäure sind nicht vorhanden. Die ungesätt. Säuren wurden über die durch milde Oxydation mit $KMnO_4$ erhaltenen Oxysäuren identifiziert. — Die Möglichkeiten des Anbaus von Spirea ulmaria zwecks Ölgewinnung, die Extraktionstechnik u. die Verwendbarkeit des Öles werden diskutiert. (Finska Kemistsamfundets Medd. **59.** 11—24. 1950. Helsingfors, Svenska Handelshöskolans Labor.) BECKMANN. 7894

**B. G. Ssawinow** und **A. A. Swischtschuk,** *Katalytischer Einfluß von Metallen auf die Carotinoxydation in Lösungen.* Die Oxydation von Carotin verläuft in reinem raffinierten *Sonnenblumenöl* genau so schnell wie in Ggw. von *Fe*-Pulver (15° u. 18 Std.), während *Sn* u. bes. *Cu* die Rk. bedeutend beschleunigen. Bei 40° u. 6 Std. beträgt der Carotinverlust in reinem Öl 15,4%, in Ggw. von Fe 31,3%, von Sn 32,4% u. von Cu 59,4%. Die entsprechenden Werte bei 60° u. 3 Std. betragen 26,5%; 44,5%; 96,1% u. 96,0%. Das ursprüngliche Öl enthielt 89,4 mg-% Carotin, die Metallmenge betrug 0,2 g je 5 $cm^3$. Die gleiche Gesetzmäßigkeit wird bei Lösung des Carotins in *Bzl.* beobachtet, jedoch verläuft hier die Rk. bedeutend schneller als in Öl. So wird eine benzol. Lsg. von Carotin bei 40° mit Luft innerhalb von 11 Tagen entfärbt, an Stelle von 39 Tagen in Sonnenblumenöl. Diese Zeit wird durch Cu noch bedeutend verkürzt. Die Carotinkonz. betrug hier 100 mg-%, wobei die Luft bzw. $O_2$ mit einer Geschwindigkeit von 0,5 Liter/Std. durchgeleitet wurde. (Украинский Химический Журнал [Ukrain. chem. J.] **16.** Nr. 1. 57—63. 1950.) TROFIMOW. 7894

**K. Bergwein,** *Über Seifenfärbung und Farbstoffe.* Vf. gibt eine allg. Einteilung der Farben u. prakt. Vorschläge für ihre Verwendung bei der Färbung der verschied. Seifentypen. Die Klassifikation der Farbstoffe nach ihrer chem. Konst., die Einteilung nach ihren Ausgangsstoffen u. die Unterscheidung der Farbstoffe nach der anzuwendenden Färbetechnik werden erläutert sowie die von der Seifenfabrikation an die Farbstoffe zu stellenden Anforderungen (Licht-, Alkaliechtheit, Schädlichkeit usw.) besprochen. (Parfümerie u. Kosmet. **34.** 52—54. Febr. 1953. Holzminden, Dragoco G. m. b. H., Labor.) SEIFERT. 7910

**K. L. Weber,** *Vom Pilieren der Toiletteseifen.* Ausführliche Besprechung techn. Einzelheiten der Seifentrocknung u. des Piliervorganges. (Parfümerie u. Kosmet. **33.** 394—96. Nov. 440—42. Dez. 1952.) BÖSS. 7910

**A. Ss. Shitkowa, A. I. Bulytschewa** und **P. A. Melnikowa,** *Eine Methode zur Reinigung von Berufskleidung von quecksilberorganischen Verbindungen.* Berufskleidung kann von Äthyl-Hg-Chlorid befreit werden, indem man 3mal je 30 Min. mit 1%ig. Sodalsg. kocht. Diäthyl-Hg läßt sich durch 2std. Dämpfen mit überhitztem Wasserdampf bei 120—130° entfernen. Zur Beseitigung von metall. Hg ist Behandlung in einer Waschmaschine mit 2,5%ig. Seifen- u. 2,5%ig. Sodalsg. erforderlich (30 Min. mit 3maligem Laugewechsel, dann Spülen mit heißem W.). Sind alle genannten Verunreinigungen u. $HgCl_2$ vorhanden, dann muß gedämpft u. gewaschen werden. (Гигиена и Санитария [Hyg. u. Sanitätswes.] **1952.** Nr. 10. 31. Okt., Moskau, Wiss. Forschungsinst. für Arbeitsschutz des Allunions Zentralrates der Gewerkschaften.) R. K. MÜLLER. 7912

**Birger Biese,** *Mikrowachse.* Übersicht über Herst. u. Eigg. von Mikrowachsen, sowie über deren Verwendung, bes. zur Herst. von öl- u. wasserdichtem Papier. (Teknillinen Aikakauslehti **43.** 70—72. 10/2. 1953.) BECKMANN. 7924

---

**Egil Nygaard,** Oslo, Norwegen, *Wiederverwertung von Preßwasser bei der Fettgewinnung aus tierischen Stoffen.* Das bei der Fettgewinnung aus tier. Stoffen durch Auspressen anfallende Preßwasser wird erwärmt u. so weit eingedampft, daß vor seiner Rückführung in die Pressen die Sättigung einigermaßen erreicht wird u. beim erneuten Abpressen mit frischen Materialien keine wesentliche Herauslösung neuer Stoffe erfolgt. (**N. P. 79 399** vom 3/10. 1948, ausg. 19/11. 1951.) JÜRGEN SCHMIDT. 7873

**Aktiebolaget Separator,** Stockholm, und **Svenska Oljeslageri Aktiebolaget,** Göteborg, Schweden, *Fraktionieren fetter Öle durch selektive Extraktion unter gleichzeitigem Umestern.* Öl wird in Ggw. eines Lösungsm., z. B. Glykolmonomethyläther, mit einer Lsg. von $CH_3ONa$ in $CH_3OH$ auf verschied. Tempp. erhitzt u. jeweils die nach einigem Stehen sich bildende obere Schicht abgetrennt. Man erhält eine Trennung in mehr u. weniger gesätt. Anteile. (**E. P. 682 797** vom 14/4. 1950, ausg. 19/11. 1952. Schwed. Prior. 25/4. 1949.) LÜTTGEN. 7873

**Metallgesellschaft Akt.-Ges.,** Frankfurt/M. (Erfinder: **Otto Brücke,** Hochspeyer/Rheinpfalz), *Reinigen pflanzlicher oder tierischer Öle und Fette,* dad. gek., daß man aus ihnen oder den Miscellen, Phosphatide, Albumine, Vitamine u. dgl. durch Zusatz von mit W. verd. Alkoholen u. Salzlsg. ausscheidet, wobei diese nacheinander oder gleichzeitig angewandt werden. (**D. B. P. 864 590** Kl. 23a vom 26/4. 1949, ausg. 26/1. 1953.) LÜTTGEN. 7875

**Eastman Kodak Co.,** Rochester, N. Y., übert. von: **James Edward Magoffin,** Kingsport, Tenn., V. St. A., *Antioxydans.* Man benutzt eine Mischung aus 20—80 (%) Propylenglykol, 3—30 Estern der Gallussäure, z. B. n-Propylgallat, 10—50 alkylierten Oxyphenyläthern, z. B. 2- bzw. 3-tert.-Butyl-4-oxyanisol, u. gegebenenfalls einer synergist. wirkenden Säure, z. B. Citronensäure. (**E. P. 682 205** vom 16/3. 1950, ausg. 5/11. 1952. A. Priorr. 16/3. u. 26/7. 1949.) LÜTTGEN. 7879

**A. E. Staley Mfg. Co.,** übert. von: **Maurice M. Durkee,** Decatur, Ill., V. St. A., *Aufarbeiten von Bodenschlamm aus Öltanks.* Der bei der Lagerung *vegetabil. Rohöle* sich absetzende Schlamm wird mit W. erhitzt. Man trennt das sich nach dem Abkühlen abscheidende Öl ab, behandelt die untere Schicht mit Alkalien u. scheidet die Fettsäuren durch Ansäuern aus. (**A. P. 2 601 375** vom 17/4. 1950, ausg. 24/6. 1952.) LÜTTGEN. 7895

**Armour & Co.,** Chicago, übert. von: **Arnold B. Storrs,** Palos Heights, und **James R. Froedge,** Homewood, Ill., V. St. A., *Hitzesterilisierbare Öl-in-Wasser-Emulsion,* enthaltend ein Proteinhydrolysat, z. B. Gelatinehydrolysat, in dem mindestens 50 Gew.-% durch Fettsäure oder Fettsäurehalogenid, z. B. Fettsäurechlorid, ersetzt sind. — *Nahrungsmittel.* (**A. P. 2 609 300** vom 14/3. 1951, ausg. 2/9. 1952.) MAASS. 7901

**Eastman Kodak Co.,** übert. von: **Noel Hawkins Khurt,** Rochester, N. Y., und **Distillation Products, Inc.,** V. St. A., *Herstellung von Fettsäurepartialestern mehrwertiger Alkohole.* Die Rk. der Fettsäureglyceride wird mit einem Überschuß von 40—200% mehrwertiger Alkohole (I) in Ggw. eines Katalysators (II), z. B. Metallseife, durchgeführt. Nach Abtrennen des Überschusses von I wird das Reaktionsgemisch in kleinen Portionen im Hochvakuum bei Tempp. unterhalb der Zersetzungstemp. von II dest. u. der den II enthaltende Destillationsrückstand in das Verf. zurückgeführt. (**E. PP. 682 625** u. **682 626** vom 3/7. 1950, ausg. 12/11. 1952. A. Prior. 16/7. 1949.) LÜTTGEN. 7903

**Illinois Water Treatment Co.,** übert. von: **August C. Reents,** Rockford, Ill., V. St. A., *Reinigen von Glycerin.* Rohglycerin wird mit Kationenaustauschern, z. B. unlösl. sulfonierten Polymerisaten von Mischungen aus Divinylbenzol u. Monovinylarylverbb., z. B. Styrol, u. mit Anionenaustauschern, z. B. aminierten Phenol–$CH_2O$-Kondensationsprodd. in Berührung gebracht, durch nichtaminierte Phenol–$CH_2O$-Kondensate entfärbt u. mit stark bas. Anionenaustauschern von Fettsäuren befreit. — Zeichnung. (**A. P. 2 615 924** vom 31/8. 1950, ausg. 28/10. 1952.) LÜTTGEN. 7909

**Colgate-Palmolive-Peet Co.,** Jersey City, übert. von: **Hans George Kirschenbauer,** Allendale, N. J., und **Joseph Henry Percy,** V. St. A., *Seifenherstellung.* Vor dem Kernschliff werden dem Sud Phosphationen liefernde Verbb., z. B. $H_3PO_4$, Meta- oder Orthophosphate, zugesetzt. (**A. P. 2 567 381** vom 9/9. 1947, ausg. 11/9. 1951.) LÜTTGEN. 7911

**United States Hoffman Machinery Corp.,** New York, N. Y., V. St. A., *Chemische Trockenreinigung* wird in horizontalen u. luftdichten Gefäßen unter Rotation in einem Arbeitsgang durchgeführt. Nach Entfernen des Hauptteiles der Wasch-Fl. leitet man, ebenfalls unter Rotation, Wasserdampf mit Tempp. $<120^0$ F unter Aufrechterhalten eines Druckes von 0,5—2 lbs./sq. in. (absol.) ein. Der niedrige Druck wird durch Kondensation der abgehenden Dämpfe u. mittels einer Vakuumpumpe erreicht. — Zeichnung. (**E. P. 649 785** vom 29/12. 1947, ausg. 31/1. 1951. A. Prior. 19/2. 1947.) G. KÖNIG. 7913

**Procter & Gamble Co.,** Ivorydale, O., V. St. A., *Phosphathaltige Reinigungsmittel.* Reinigungsmittel mit einem Geh. an die Bldg. von Ca-Nd. verhindernden Phosphaten (I) erhalten einen Zusatz von 0,001—5% (bezogen auf I) Äthylenthioharnstoff, Benztriazol, 5-Methylbenzimidazol oder ähnlichen Verbb., um die Bldg. von Phosphatfilmen auf Nichteisenmetallen u. Legierungen zu verhüten. (**E. P. 652 339** vom 8/11. 1948, ausg. 18/4. 1951. A. Prior. 9/12. 1947.) LÜTTGEN. 7917

## XVIIIa. Holz. Cellulose. Zellstoff. Papier. Papierdruck. Celluloid. Linoleum.

**Fred J. Meyer** und **Ralph M. Gooch,** *Kupfer-3-phenylsalicylat, ein neues Holzschutzmittel für besondere Verwendungen.* Für verschied. Anwendungsgebiete der Hölzer sind Holzschutzmittel, wie Pentachlorphenol oder Kreosot, ungeeignet. Prüfung des *Kupfer(II)-Salzes* der *3-Phenylsalicylsäure* (unlösl. in W., zu wenigstens 5% lösl. in Xylol, Toluol, Trichloräthylen oder Leinöl u. nicht flüchtig) ergab, daß es dem damit imprägnierten Holz die erforderlichen Eigg. verleiht. Es erteilt dem Holz Widerstandsfähigkeit gegen Mikroorganismen, es ist nicht phytotox. oder tox. für den Menschen u. erteilt mit dem Holz in Berührung kommenden Nahrungsmitteln weder Geschmack noch Geruch. Es ist daher auch bes. für die Imprägnierung hölzerner Werkzeuggriffe geeignet, da es die Haut nicht reizt. (Ind. Engng. Chem. **44.** 1586—89. Juli 1952. Midland, Mich., Dow Chem. Co., Biochem. Res. Dep.) RUSKE. 7952

**P. Ss. Ssergowski,** *Über die Temperatur des Holzes bei Kammertrocknung und die Bedeutung des Temperaturabfalles im Material für die Berechnung des Trocknungsprozesses.* Unters. der Temperaturverhältnisse während des Kammertrocknungsprozesses ergaben Beziehungen zwischen der Temp. der Holzoberfläche u. dem Zustande der Luft u. der Oberflächenfeuchtigkeit des Materials. Der Abfall der Temp. im Holz während der Trocknung ist unwesentlich u. kann bei der Berechnung der notwendigen Trocknungsdauer vernachlässigt werden. (Деревоперерабатывающая и Лесохимическая Промышленность [Holzverarb. holzchem. Ind.] **2.** Nr. 3. 6–8. März 1953. Moskau, Holztechn. Inst.) ULMANN. 7952

**Ju. N. Nepenin** und **T. N. Orlowa,** *Schnellkochung der Sulfatcellulose.* Vorbereitende Dämpfung der Späne erlaubt, die übliche Kochzeit von 6 Std. um ca. 2 Std. zu verkürzen. Außerdem wird empfohlen, die Ankochzeit auf Kosten einer nur geringen Verlängerung der Kochung bei der Endtemp. zu erniedrigen u. eine Verringerung der in den Kochkessel gegebenen Menge an Schwarzlauge vorzunehmen. (Бумажная Промышленность [Papier-Ind.] **28.** Nr. 4. 5–10. April 1953. Holztechn. Kirow-Akad.) ULMANN. 7960

**Kenneth G. Aitken,** *Peroxyde zum Bleichen von Sulfatzellstoff.* $Na_2O_2$ (**I**) u. $H_2O_2$ können zum Bleichen von Sulfatzellstoff eingesetzt werden: 1. Statt Hypochlorit (**II**) in der letzten Stufe, 2. als zusätzliche Bleichstufe u. 3 statt NaOH bei der alkal. Extraktion vor der letzten **II**-Bleichung. Meistens wird die letztere Meth. angewendet, wobei 30 Min. bis 2 Std. bei 65–69°, einer Konz. an **I** von 0,5–1,5% u. einem Geh. an NaOH von 0,7–1,5% auf Zellstoff gearbeitet wird. Gute Wrkg. wird bei einer Konsistenz von 4–6%, bessere bei 12–15%, erzielt. Zu der Bleichlauge werden $MgSO_4$ u. Na-Silicat, teilweise auch NaOH oder $H_2SO_4$ zugesetzt. Die Vorteile des Verf. sind eine größere Aufhellung bei nur geringer Verschlechterung der sonstigen Eigg. des Zellstoffs. (Canad. chem. Processing **37.** Nr. 2. 42–44. Febr. 1953. Canadian Industries Ltd.) H. BECKER. 7960

—, *Beseitigung der übelriechenden Gase der Sulfatzellstoffabrikation.* Nach einigen kurzen allg. gehaltenen Ausführungen über die heute gebräuchlichen Verff. wird auf ein neues von der DU PONT entwickeltes hingewiesen, das auf dem Zusatz eines Mittels zur Kochlauge beruht u. unter der Bezeichnung „*Almask P-3 Concentrate*" in den Handel gebracht wird. Der Zusatz beträgt 800 g auf eine 6 t Kocherfüllung. (Wbl. Papierfabrikat. **81.** 189–90. Ende März 1953.) P. ECKERT. 7960

**K. Schoedler,** *Verwertung der Sulfitablaugen durch Vergärung auf Aceton–Butanol mittels Butylbakterien.* Beschrieben wird ein Verf. zur Gewinnung von Aceton, Butanol u. A. aus Nadelholz- u. Buchenholzsulfitablaugen. Genaue Angaben über die bei der Butanolgärung bei den verschiedensten Substraten anfallenden Ausbeuten werden gemacht. (Wbl. Papierfabrikat. **81.** 44–46. Jan. 1953. Tornesch, Holstein.) P. ECKERT. 7962

**Julius Grant,** *Nichtherkömmliche Methoden der Zellstoffherstellung.* Als nicht allg. übliche Verff. zur Herst. von Zellstoff (**I**), bes. aus kurzfaserigen Material wie Stroh, Bagasse, Espartogras u. a., gelten: 1. Saures Verf. mit 4–6%ig. $HNO_3$, 5 Std. bei 90°, gibt 45% guten **I**. Nachteilig sind hohe Rohstoffkosten u. schwierige Handhabung u. Rückgewinnung der verhältnismäßig starken Säure. 2. Neutrales Verf. mit 8–10% $Na_2SO_3$ (**II**) u. 3–4% NaOH oder $Na_2CO_3$, 3 Std. bei 7 at, gibt 50–55% ungebleichten oder 45% gebleichten **I**. Schwierigkeiten bestehen bei der Beschaffung von **II**, das aber teilweise als Abfallprod. in der Kunststoffindustrie anfällt, u. bei der Chemikalienrückgewinnung nach den üblichen Verff., da hierbei Sulfat u. Thiosulfat entstehen. 3. Alkal. Verf. nach CELDECOR-POMILIO mit 1,5%ig. NaOH in 2 Std. bei ca. 4 at oder drucklos kontinuierlich; gefolgt von $Cl_2$-Bleichung u. alkal. Extraktion, Ausbeute 40–42% gebleichter **I**. Nachteilig ist die geringe Konz. der Ablauge, die eine Rückgewinnung unrentabel macht u. abgeleitet werden muß. 4. Im kombinierten mechanochem. Verf. wird Stroh im Hydrapulper zerkleinert u. 30 Min. mit sd. 12%ig. NaOH behandelt, gefolgt von Waschen u. Entfasern, Ausbeute 45% gebleichter oder 75% ungebleichter **I** mit hohem Geh. an Hemicellulose. 5. Extraktionsverff. als Verss. mit hydrotropen Lsgg. organ. Na-Salze, wie Na-Xylolsulfonat, durch die das Lignin extrahiert wird. Vorteilhaft ist die Schonung des **I** u. des Lignins, das leicht dabei gewonnen werden kann, nachteilig die hohen Chemikalienkosten. (Paper-Maker Brit. Paper Trade J. **125.** 210–15. März 1953.) H. BECKER. 7964

**Karl Borgin,** *Bestimmung der Eignung verschiedener Cellulosen zur Herstellung von Cellulosederivaten.* Angaben über den Einfl. der Reaktionsgeschwindigkeit, Verteilung u. Beeinflußbarkeit der Reaktivität bei Herst. verschied. Cellulosederivate. Als Umsetzbarkeit (accessibility) wird bezeichnet: 1. Das Verhältnis amorph/kristallin; Best.

mit Röntgenstrahlen; 2. die relative Umsetzbarkeit; Best. durch Hydrolyse, Oxydation, Umsetzen mit HCOOH oder Markierung mit Deuterium; 3. die totale Umsetzbarkeit; Best. durch Messung des Substitutionsgrades, Löslichkeit des Deriv., Menge der Mikrogele u. des unlösl. Anteils. Vf. glaubt, daß die totale Umsetzbarkeit sehr wichtig ist, u. er schlägt vor, zu ihrer Best. international eine einheitliche Meth. anzuwenden. (Norsk Skogind. **6.** 373—78. Nov. 1952. Univ. of Cambridge, Dep. of Coll. Sci.) H. BECKER. 7970

**Merlau,** *Die Regenerierung von bitumenhaltigem Altpapier.* Es wird das Verf. mit dem VOITHschen Stofflöser beschrieben. (Wbl. Papierfabrikat. **81.** 43—44. Jan. 1953.) P. ECKERT. 7974

**G. N. Christensen** und **W. W. Barkas,** *Die physikalischen Eigenschaften des Papierstoffs. Elastische Eigenschaften des nassen Papierstoffilzes.* Zur Herst. der Prüflinge wurde eine Sinterglasplatte verwendet u. der Papierbrei durch Anlegung eines Unterdruckes am unteren Teil der Platte entwässert. Die so gewonnenen Prüflinge hatten einen Durchmesser von 1,0 cm u. eine Höhe von 1,5 cm. Untersucht wurde der Einfl. der Stoffdichte u. des Unterdruckes beim Absaugen des W. (in Nachahmung des Entwässerungsvorganges auf der Naßpartie der Papiermaschine) auf die Festigkeit des Faserfilzes. Die Versuchsergebnisse werden kurvenmäßig wiedergegeben. Die Sorptions- u. Desorptionsverhältnisse werden gleichfalls an Hand einer Kurve besprochen. (Nature [London] **171.** 165—66. 24/1. 1953. Manchester, Univ. of Manchester, Fac. of Technol.) P. ECKERT. 7978

**R. Hallan** und **W. W. Barkas,** *Die Entwässerung des Papierstoffes und das Zurückhaltevermögen des Capillarwassers.* Es wurden die Absorptions- u. Desorptionskurven von einem in der LAMPEN-Mühle verschieden lang behandelten Sulfatzellstoff aufgestellt. Die Prüflinge wurden nach dem im vorst. Ref. beschriebenen Verf. hergestellt. Die Kurven lassen bei Desorption u. Absorption eine Hysteresis erkennen. Weitere Einzelheiten der Versuchsergebnisse werden besprochen. Wie die Verss. gezeigt haben, ist es den Vff. gelungen, den Entwässerungs- u. Feuchtigkeitsgrad des Stoffs in thermodynam. Ausdrucksform wiederzugeben, so daß in einfacher Weise Rückschlüsse auf die Festigkeitseigg. des Papierfilzes auf der Maschine gezogen werden können. (Nature [London] **171.** 166. 24/1. 1953. Manchester, Univ. of Manchester, Fac. of Technol.) P. ECKERT. 7978

**Robert Kroupa,** *Beitrag zur Schnellbestimmungsmethode der Kupferviscosität von Zellstoffen.* Es werden Verbesserungsvorschläge für die Durchführung einer Kupferviscositäts-Schnellbestimmungsmeth. gebracht, die vor allem auf apparativen Verbesserungen beruhen, u. die erst die Möglichkeit bieten, den gesteigerten Anforderungen eines Großbetriebes gerecht zu werden. Zur genauen Einhaltung der Temp. während der Durchführung der Best. wurde ein Thermostat verwendet. Weiter wurde ein zweckmäßigeres Capillarviscosimeter entwickelt, welches sich für den Einsatz in den Thermostaten bes. eignet. Das Viscosimetervol. wurde auf 25 $cm^3$ begrenzt. Zur raschen Durchführung der Best. wurde eine geeignete Schüttelapp. zum Lösen des Zellstoffs in der Kuoxamlsg. verwendet. Weitere Einzelheiten bzgl. der Verbesserung werden angeführt. — 5 schemat. Darstellungen. (Wbl. Papierfabrikat. **81.** 187—89. Ende März 1953. Hamburg, Zentrallabor. der Phrix-Werke AG.) P. ECKERT. 8006

**Heinz Fiedler,** *Über die Anwendung von p.p'-Azodimethylanilin zur Faserstoffanalyse.* Das Reagens *p.p'-Azodimethylanilin* besitzt ein spezif. Anfärbevermögen für ungebleichten Nadelholzsulfitzellstoff. Es ist geeignet, gebleichten u. ungebleichten Nadelholzsulfitzellstoff zu unterscheiden. Als besonderer Vorteil wird gegenüber anderen Methoden die einfachere Anwendung u. die Haltbarkeit der Lsg. angeführt. (Wbl. Papierfabrikat. **81.** 47. Jan. 1953.) P. ECKERT. 8006

---

**Fa. Otto Fabel** (Erfinder: **Paul Linder**), München, *Feuerschutz von Holz und Holzfaserplatten als Baustoff für Rauchabzüge in Lokomotivschuppen.* Holz u. Faserplatten werden mit Papier mittels Wasserglas (I) in mehrfachen Lagen überklebt u. die letzte Schicht mit einem wasserfesten Anstrich versehen. Der z. B. verwendete brennbare Lack verschmort mit I bei ca. 150° zu einer wasserunlösl. M., die zusammen mit Ruß einen zuverlässigen Schutz des Holzes gegen Entflammung ergibt. (**D. B. P. 872 397** Kl. 38h vom 23/5. 1951, ausg. 30/3. 1953.) KARST. 7953

**Sinzinger & Schroth, Holzimprägnierungen,** Mondsee, Oberösterreich, *Imprägnieren von Holz.* Man imprägniert saftfrische Holzstämme, bes. Masten, zum Schutz gegen Fäulnis u. Insektenfraß möglichst bald nach dem Schälen bzw. Zersägen in Trögen, die mit der Imprägnier-Fl. gefüllt sind, u. saugt den Saft u. die Luft sowie die eindringende Imprägnier-Fl. an zwei oder mehreren Stellen der Stämme, bes. an den

Stammenden, mittels einer Absaugvorr. ab. Auf diese Weise erfolgt eine bes. gute u. gleichmäßige Durchtränkung der Stämme in kürzester Zeit u. unter erheblicher Ersparnis an Imprägniersalz. (**Oe. P. 172 479** vom 22/9. 1948, ausg. 10/9. 1952.)
RAETZ. 7953

**Aktiebolaget Kamyr,** Karlstad, Schweden (Erfinder: **J. C. F. C. Richter**), *Zellstoffkocher*. Der Zellstoffkocher besteht aus einem senkrechten Schacht; die zu verkochende M. wird oben kontinuierlich zu- u. unten abgeführt. Die Kochlauge wird im Kreislauf geführt, u. zwar derart, daß mehrere Zonen vorgesehen sind, die außen Siebwände haben; die Kochlauge wird durch diese abgeführt, erwärmt u. zentral den Zonen wieder zugeführt. Die Lauge bewegt sich daher radial von innen nach außen, während das Gut von oben nach unten durchsinkt. (**Schwed. P. 134 588** vom 8/7. 1950, ausg. 19/2. 1952.)
JÜRGEN SCHMIDT. 7957

**Howard Smith Paper Mills Ltd.,** übert. von: **George H. Tomlinson,** Montreal, Quebec, und **George H. Tomlinson II,** Cornwall, Ontario, Can., *Gewinnung von Wärme und Chemikalien aus Zellstoffablauge*, bes. vom Sulfatverfahren. Die Ablauge (I) wird mit Luft behandelt, um Sulfid zu $SO_2$ zu oxydieren, durch Mehrfachverdampfung konz. u. mit den $SO_2$, $SO_3$ u. $Na_2SO_4$ mitführenden Rauchgasen (II) aus der I-Verbrennung in Kontakt gebracht, wobei $SO_2$ u. $SO_3$ absorbiert werden. Das I-Konzentrat wird durch Zentrifugieren von den $Na_2SO_4$ enthaltenden II getrennt. Die II werden mit W. gleicher Temp. besprüht, die erhaltene verd. $Na_2SO_4$-Lsg. wird durch wiederholten Umlauf, z. B. auf 20% Feststoffe, konz. u. zu oxydierter I zurückgeführt. Die entweichenden II geben ihre Restwärme indirekt an W. zum Waschen u. Bleichen von Zellstoff ab. — Zeichnungen. (**A. P. 2 593 503** vom 10/1. 1946, ausg. 22/4. 1952.)
G. VOGEL. 7961

**Wikmanshytte Bruks Aktiebolag,** Wikmanshyttan, Schweden (Erfinder: **K. J. Karlström**), *Vorbehandlung von Holz vor dem Verkochen zu Zellstoff*. Man behandelt das Holz bei 80—100° mindestens 10 Std., bes. 12—16 Std., mit Dampf, kühlt dann unter Zuführung von W. ab, stellt den Holzschliff her u. unterwirft diesen einer Sulfitkochung. (**Schwed. P. 134 690** vom 4/10. 1949, ausg. 26/2. 1952.) JÜRGEN SCHMIDT. 7963

**Wikmanshytte Bruks Aktiebolag,** Wikmanshyttan, Schweden (Erfinder **K. J. Karlström**), *Vorbehandlung von Holzschliff für das Verkochen auf Zellstoff*. Man behandelt den Holzschliff bei 80—100° mindestens 3 Std., bes. ca. 4 Std., mit Dampf u. unterwirft den Schliff dann einer Sulfitkochung. Zweckmäßig wird die Dampfbehandlung außerhalb des Kochers durchgeführt, worauf man das Material unmittelbar in den Kocher einfüllt. (**Schwed. P. 134 691** vom 4/10. 1949, ausg. 26/2. 1952.)
JÜRGEN SCHMIDT. 7963

**Soc. An. des Papiers Abadie,** Frankreich, *Bleichen von Cellulosemassen*. Die aus Hanf, Leinen, Jute oder ähnlichen Pflanzen durch Behandeln mit $HNO_3$ gewonnene Cellulosemasse wird bei Tempp. zwischen 35 u. 100°, am besten 35 u. 80°, unter ständigem Umrühren in aufeinanderfolgenden Stufen mit Bleichlaugen behandelt, die durch Säuren, z. B. HCl, aktiviertes *$NaClO_2$* bzw. *$Na_2O_2$* enthalten, welches mit $Na_2SiO_3$ stabilisiert ist. Die Konz. der Bäder beträgt 1—9%, bezogen auf das Trockengewicht der Cellulosemasse, wobei der Geh. der nacheinander zur Anwendung gelangenden Laugen an wirksamen Bleichmitteln abnimmt. (**F. P. 1 010 501** vom 31/8. 1948, ausg. 12/6. 1952.)
GLAFEY. 7965

**Henri Mainguet,** Frankreich, *Gewinnung von Cellulose aus Pflanzen*. Die aufzuschließenden Pflanzenteile werden zunächst in einer Wasserdampfatmosphäre von 150° bei erhöhtem Druck einer mechan. Auflockerung unterworfen, um die inkrustierenden Bestandteile zu erweichen u. die mechan. Zerfaserung zu erleichtern. Bei der anschließenden chem. Aufschlußbehandlung richtet sich die Wahl des Aufschlußmittels, der Temp. u. der Dauer der Behandlung nach dem Pflanzenmaterial. Die einzelnen Komponenten sind so zu wählen, daß die inkrustierenden Bestandteile gut aufgelöst, die Faser selbst aber nicht angegriffen wird. Die Einw. der Chemikalien kann bei Verwendung kalter Lsgg. unmittelbar auf die die Zerfaserungsvorr. verlassende heiße Fasermasse erfolgen, während bei kalter Fasermasse die Lsgg. heiß zur Anwendung gelangen sollen. (**F. P. 1 005 773** vom 22/9. 1947, ausg. 15/4. 1952.) GLAFEY. 7965

**Böhme Fettchemie G. m. b. H.,** Düsseldorf (Erfinder: **Kurt Burgdorff,** Offenbach, und **Hans Kögl,** Koblenz-Ehrenbreitstein), *Aufarbeitung von Tallöl* (**I**) *unter Beseitigung der Harzsäuren* erfolgt durch Erhitzen von I auf 280—310° in Ggw. von $MnCl_2$, bes. ca. 5%, bis die auf die vorhandene Harzsäuremenge berechnete mol. Menge Gas ($CO_2 + CO$) abgespalten wurde. Das gebildete Mn-Salz wird mit Mineralsäure zers. u. notfalls das Unverseifbare in bekannter Weise abgetrennt. Man erhält geruchlose oder schwach wachsartig riechende, klare, braune je nach den Erhitzungsbedingungen fl.

oder gelartige Öle, deren SZ. z. B. 106 oder 110, VZ. 117 oder 114, JZ. 116 oder 102 beträgt u. die noch 2 bzw. 4,7 % Harzsäure enthalten. Bei der Dest. bleibt ein dunkelbrauner Rückstand mit JZ. ca. 90. Die Dest. des Öls liefert folgende Fraktionen: $Kp._{2,5}$ 150—180°, bleibt fl.; $Kp._{2,5}$ 188—195°, F. 33,5°; $Kp._{2,2}$ 195—204°, erstarrt langsam; u. hellbrauner, kristallin erstarrender Rückstand. Verwendung als Ausgangsstoffe für *Textilhilfsmittel.* (**D. B. P. 870 692** Kl. 12o vom 29/5. 1943, ausg. 16/3. 1953.) KRAUSS. 7967

**Hercules Powder Co.,** Wilmington, Del., V. St. A. (Erfinder: **E. D. Klug**), *Herstellung von gemischten Carboxyalkyloxyalkylcelluloseäthern.* Man behandelt die Cellulose zunächst mit einem Oxyalkylierungsmittel, bes. Alkylenoxyd oder Alkylenchlorhydrin, u. dann mit einem Carboxyalkylierungsmittel, bes. Monochloressigsäure. Die Rk. wird in einem organ. Lösungsm., bes. in Alkoholen mit 3—4 C-Atomen, wie Isopropanol oder tert.-Butanol oder Dioxan, Tetrahydrofuran oder Äthylenglykoldiäthyläther, durchgeführt. (**Schwed. P. 134 343** vom 22/10. 1949, ausg. 22/1. 1952. A. Prior. 5/4. 1949.) JÜRGEN SCHMIDT. 7971

**Norton Co.,** Worcester, Mass., V. St. A. (Erfinder: **W. L. Howe und L. S. Washburn**), *Schleifstein für die Herstellung von Holzschliff.* Der Schleifstein ist in Segmente unterteilt, wobei die Schleifzonen aus Schleifkörnern mit einer Korngröße von 6,5 bis 35 Maschen/cm bestehen, die durch keram. Bindemittel miteinander verbunden sind. Die Menge des Schleifmaterials soll 36—60 (Vol.-%), die des Bindematerials 6—32 betragen, während der Rest aus Poren besteht. Die Poren sollen zwei verschied. Größen aufweisen, von denen eine Porenart (5—30 Vol.-% der Gesamtmasse) größer sein soll als die Schleifkörner, während die andere Porenart kleiner als das Schleifmittel sein soll. Dieses soll aus $Al_2O_3$ u. SiC bestehen, wobei die M. z. B. 6—34 (Vol.-%) $Al_2O_3$ u. 14 bis 32 SiC enthält. (**Schwed. P. 134 419** vom 13/9. 1946, ausg. 29/1. 1952. A. Prior. 19/9. 1945.) JÜRGEN SCHMIDT. 7975

---

**M. Lensi,** La cellulosa e le sue applicazioni industriali. Edizione completamente rifatta e illustrata. Firenze: Cya. 1953. (VIII + 464 S. m. 103 Abb.) L. 4000,—.

## XVIIIb. Textilfasern.

**C. J. Dadachanji,** *Glykolfettsäureester in der Textilverarbeitung.* Bei den angeführten Glykolfettsäureestern handelt es sich um nichtion. capillarakt. Stoffe deren verschied. Typen sowie deren Herstellungsweisen u. Eigg. kurz beschrieben werden. Schließlich geht Vf. auf die mannigfaltigen Verwendungsmöglichkeiten der genannten capillarakt. Stoffe bei der Textilveredlung u. -verarbeitung näher ein. (Indian Textile J. **63.** 100—04. Nov. 1952. Calcutta, Indien, Nat. Carbon Co. Ltd. Chem. Div.) P. ECKERT. 8028

**W. Eiselmann,** *Vom Schlichtekochen.* Allg. u. prakt. Ausführungen über das Kochen von Schlichte an Hand schemat. Darstellungen. (Z. ges. Textilind. **55.** 392. 395—96. 2. Aprilheft 1953.) P. ECKERT. 8030

—, *Neuere Entwicklungen der Textilausrüstung.* Vf. diskutiert die neueren Methoden der Knitter- u. Schrumpfechtausrüstung, sowie die Verf. zum Nichtentflammbar- u. zum Wasserabweisendmachen von Textilien. — 49 Literaturzitate. (Textile Recorder **70.** Nr. 840. 80—82. März 1953.) A. v. KÖNIG. 8032

**Hans Friedrich,** *Polyäthylenoxyde in der Textiltechnik.* Kurz beschrieben wird die Herst. der Polyglykole sowie deren Verwendung bei der Textilausrüstung. Prakt. Hinweise werden gegeben. (Z. ges. Textilind. **55.** 426—28. 2. Aprilheft 1953.) P. ECKERT. 8032

**C.-H. Fischer-Bobsien,** *Belichtungsschäden bei Textilfasern.* Zusammenfassende Übersicht an Hand der Literatur (37 Zitate). In diesem Zusammenhang werden behandelt: Sonnenlicht u. künstliches UV-Licht, Licht u. W., sowie der Lichteinfl. auf die verschied. natürlichen u. künstlichen Fasern. (Z. ges. Textilind. **55.** 409—12. 415. 2. Aprilheft 1953.) P. ECKERT. 8040

**George C. Daul, Robert M. Reinhardt** und **J. David Reid,** *Untersuchungen über die partielle Carboxymethylierung von Baumwolle.* Mit dem Ziele, die optimalen Reaktionsbedingungen für die Carboxymethylierung von Baumwolle (I) zu finden, wurden umfangreiche Verss. durchgeführt. Bereits mit 4—8 %ig. Monochloressigsäurelsgg. lassen sich Substitutionen an Carboxymethylgruppen von 0,032—0,048 erreichen. Dieser Substitutionsgrad ist erwünscht, da die modifizierte I noch in W. unlösl. bleibt aber in ihren chem. u. physikal. Eigg. verändert ist. Als optimale Temp. der Rk. erwies sich der Bereich 67—77°. Eine Substitution von 0,010—0,150 erhöht die Reißfestigkeit u. Dehnung von I-Fäden. Sowohl das Na-Salz der Carboxymethyl-I als auch die freie Säure ist lagerfähig (Verss. bis zu 1 Jahr). Die Färbung mit Kupplungsfarbstoffen gelingt ebensogut wenn nicht besser als auf mercerisierter I. Es besteht große Affinität für bas. Farbstoffe, die Färbungen sind aber nicht waschecht. Schlecht färben substantive, Küpen- u. Schwefelfarbstoffe. Die Lichtechtheit der mit Kupplungsfarbstoffen gefärbten carboxymethylierten Gewebe ist erhöht. Carboxymethylierte I widersteht der Verschmutzung u. läßt sich leichter reinigen. Die $CH_2COOH$-Gruppe ermöglicht Kationenaustausch u. ist genügend sauer, um die Kondensation von Formaldehyd + Aminen zwecks Knitterfestmachens zu katalysieren. (Textile Res. J. **22.** 787—92. Dez. 1952. New Orleans, La., Southern Reg. Res. Labor.) ZAHN. 8044

**George C. Daul, Robert M. Reinhardt** und **J. David Reid,** *Knitterfestes Gewebe aus partiell carboxymethylierter Baumwolle.* Partiell carboxymethyliertes Baumwollgewebe (I) (vgl. vorst. Ref.) kann man in der sauren Form mit Kunstharzen ausrüsten, ohne saure Katalysatoren anzuwenden, da die chem. eingebauten COOH-Gruppen die Kondensations-Rk. genügend katalysieren. Die hohe Quellung der chem. modifizierten I erleichtert das Eindringen der Harzbildner. Die Knitterechtausrüstung auf der carboxymethylierten I war in allen gemessenen Eigg. (Griff, Scheuerfestigkeit usw.) besser oder gleich als auf nur mercerisierter I. (Textile Res. J. **22.** 792—97. Dez. 1952.) ZAHN. 8044

**H. Chatterjee** und **K. B. Pal,** *Fäulnisbeständigkeit von Jutetextilien.* Die Wetterfestigkeit in der Atmosphäre u. die Widerstandsfähigkeit von in die Erde eingegrabenem u. mit Cu-, Fe u. Cr-Verbb. imprägniertem Jutegarn wurde an Hand der Veränderung der Bruchfestigkeit bestimmt. Das Jutegarn wurde mit 50 g/Liter $CuSO_4 \cdot 5\,H_2O$ (I) oder 30 g/Liter I + 50 g/Liter $KFe(SO_4)_2 \cdot 12\,H_2O$ (II) bzw. 30 g/Liter I + 50 g/Liter II + 40 g/Liter $KCr(SO_4)_2 \cdot 12\,H_2O$ (III) im Flottenverhältnis 1 : 10, ½ Std. imprägniert, abgequetscht u. ½ std. mit 10 g/Liter $Na_2CO_3$ behandelt, gespült u. getrocknet. Die Faser enthält dann im Minimum 0,5 % CuO, 1,4 % ($CuO + Fe_2O_3$) bzw. 2 % ($CuO + Fe_2O_3 + Cr_2O_3$). Die Fäulnis hemmende Wrkg. von I wird durch die Kombination mit II u. III verbessert. (Textile Manufacturer **78.** 228—31. Mai 1952. Calcutta, Technol. Res. Labors., Indian Central Jute Committee.) A. v. KÖNIG. 8052

**Margaret S. Furry** und **Elinor M. O'Brien,** *Das Waschen von Wolle: Wirkung der Reinigungsmittel und der Waschmethoden auf die Gewebeeigenschaften.* Die Wrkg. der mehrfachen Wäsche mit Seifen bzw. synthet. Waschmitteln mit mehr oder weniger großen Zusätzen an $Na_2CO_3$, $Na_4P_2O_7$ u. $Na_2SO_4$ bei verschied. Temp. (40—60°) u. Zeiten (10—30 Min.) auf wollene Gewebe wurde untersucht. Das Gewebe schrumpft am meisten bei der Wäsche ohne Reinigungsmittel, in dest. $H_2O$ bzw. in Ggw. von Neutralsalzen u. am wenigsten in Ggw. von Seife bzw. synthet. Reinigungsmitteln ohne Alkalizusatz. Lebhafte Bewegung der Waschproben vergrößert die Schrumpfung. Die Veränderung der Farbe des Gewebes u. die Höhe seiner Indigocarminabsorption steigt mit der Zahl der Wäschen, mit dem $p_H$, der Temp. u. Konz. der Waschlsg. u. ist größer in dest. $H_2O$ als in hartem $H_2O$. Die Unterschiede in der Wrkg. der verschied. Waschmittel auf die Höhe der durch die Wäschen bewirkten Verminderung der Bruchfestigkeit u. Erhöhung der Dehnung der Wolle sind gering. (Amer. Dyestuff Reporter **41.** 763—69. 24/11. 1952.) A. v. KÖNIG. 8060

**M. Horio** und **T. Kondo,** *Theorie und Morphologie von gekräuselter Reyon-Stapelfaser.* An Hand von 26 Abb. beschreiben die Vff. ausführlich die Theorie der Herst. von gekräuselter Reyon-Stapelfaser sowie die Morphologie dieser Faserart. (Textile Res. J. **23.** 137—51. März 1953. Kyoto, Japan, Univ. Kyoto, techn. Fak., Dep. of Text. Chem.) H. G. FRÖHLICH. 8074

---

**L. B. Holliday & Co. Ltd., Henry Bielby Appleton** und **Peter Franz Kiehl,** Deighton, England, *Optisches Bleichmittel,* bestehend aus substituierten Dihydrokollidindicarbonsäureestern der nebenst. Formel; $R_1$ u. $R_2$ = Alkyl- oder Alkarylcarbonsäureesterreste. — Z. B. [2.4.6-Trimethyl-1.4-dihydropyridindicarbonsäurediäthylester-(3.5), Dibenzylester der Dihydrokollidincarbonsäure, p-Äthylverb. des Dihydrokollidindicarbonsäurediäthylesters [der 2.6-Dimethyl-4-äthyl-1.4-dihydropyridindicarbonsäurediäthylester-(3.5)] oder die p-Phenylverb. des Dihydrokollidindicarbonsäurediäthylesters [der 2.6-Dimethyl-4-phenyl-1.4-dihydropyridindicarbonsäurediäthylester-(3.5)]. (**D. B. P. 849 986** Kl. 8i vom 23/6. 1949, ausg. 26/3. 1953. E. Prior. 17/11. 1948.) OVERBECK. 8027

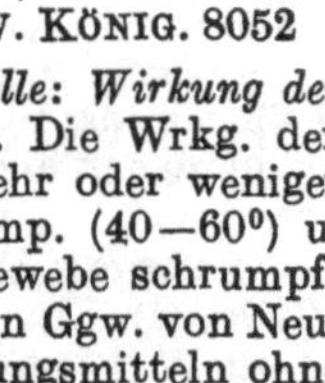

**Ciba Akt.-Ges.,** Basel (Erfinder: **Franz Ackermann,** Binningen), Schweiz, *Optische Bleichmittel.* Man setzt 2 (Mol) Cyanurchlorid (I) in beliebiger Reihenfolge mit a) 1 4.4'-Diaminostilbendisulfonsäure-(2.2') oder einem wasserlösl. Salz derselben, b) 1 eines Alkylamins, Dialkylamins, Oxyalkylamins, Bis-(oxyalkyl)-amins, N.N'-Dialkylalkylendiamins oder heterocycl. Amins u. c) 2 $NH_3$ oder 2 eines prim. oder sek. Amins um. — Beispiel: Man kondensiert 1 I mit 1 4-Nitro-4'-aminostilbendisulfonsäure-(2.2'), 1 Morpholin u. 1 o-Anisidin, red. die $NO_2$-Gruppe u. stellt das Dinatriumsalz der 4-Amino-4'-[2-morpholino-4-(o-anisidino)-1.3.5-triazyl-(6)-amino]-stilbendisulfonsäure-(2.2') her; dieses wird mit 1 I u. 1 Isopropylamin in das *Dinatriumsalz* der *4-[2-Isopropylamino-4-chlor-1.3.5-triazyl-(6)-amino]-4'-[2-morpholino-4-(o-anisidino)-1.3.5-triazyl-(6)-amino]-stilbendisulfonsäure-(2.2')* übergeführt. (**D. B. P. 882 704** Kl. 12p vom 7/9. 1950, ausg. 13/7. 1953. Schwz. Priorr. 18/10. 1949 u. 1/8. 1950.) BRÖSAMLE. 8027

**Lankro Chemicals Ltd.**, Eccles, Manchester, England, *Fettsäureamidoalkylaminoester*. — *Oleoylamidoäthyl-bis-(β-oxyäthyl)-stearoyloxyäthylammoniumchlorid*. Man erhitzt Triäthanolamin mit Stearinsäure in Bzl. u. setzt das entstandene *Bis-(β-oxyäthyl)-aminoäthylstearat* mit *β-Chloräthyloleoylamid* um. — Analoge Prodd. aus *N-(β-Oxyäthyl)-N-methylaminoäthyloleat* u. *N-β-Chloräthyl-N-benzyloleoylamid*; aus *Bis-(β-oxyäthyl)-aminoäthyloleat* u. *N-β-Chloräthyl-N-methyllauramid*. — *Textilhilfsmittel*. (**E. P. 678 604** vom 20/11. 1950, ausg. 3/9. 1952.) LANGER. 8029

**Ilford Ltd.** (Erfinder: **Robert Charles Morris Smith**), Ilford, England, *Textilschlichte*, bestehend aus einer in wss. Lsg. gebildeten Komplexverb. aus einem Schutzkoll. u. einer anion. Seife oder einer organ. Sulfonsäure mit einem hydrophoben Rest, die in einem organ. Lösungsm. gelöst ist. — In 6000 (Teilen) W. werden 100 Gelatine gelöst u. mit 500 einer 0,2 mol. Lsg. von Methylundecyl-Na-sulfat versetzt. Der abgetrennte Nd. wird in A. oder einem A.-W.-Gemisch gelöst. Die Lsg. dient zum Schlichten von Fäden u. Garnen. (**E. P. 682 386** vom 21/6. 1949, ausg. 12/11. 1952.) MÖLLERING. 8031

**Aktiebolaget Fullmanen**, Stockholm, Schweden (Erfinder: **C. E. Licharz**), *Behandlung von Fäden oder Fasern mit Chemikalienlösungen*. Man leitet während der Behandlung durch das Behandlungsbad Gase, die zwischen den Fasern oder Fäden hindurchgehen sollen. Man kann die Gasblasen auch direkt im Bade auf chem. oder elektrochem. Wege erzeugen. Ebenso kann man die Behandlung dadurch gleichmäßig gestalten, daß man die Gasentw. period. erfolgen läßt. Die Gasblasen sollen etwas an den Fäden hängenbleiben u. dann aber period. von diesen gelöst werden. Hierzu kann zusätzlich eine Behandlung mit Schallwellen erfolgen. (**Schwed. P. 135 064** vom 16/9. 1948, ausg. 1/4. 1952.) JÜRGEN SCHMIDT. 8033

**American Viscose Corp.**, Wilmington, Del., V. St. A., *Verspinnen von ungereifter Viscose* (I). Eine I mit 7,5 (%) Cellulose u. 13 NaOH (Salzpunkt zwischen 8 u. 18) wird in ein 45° warmes Bad aus 19,3 $H_2SO_4$, 9,6 $ZnSO_4$ u. 20 $Na_2SO_4$ gesponnen; Fällstrecke 6 cm. Nach dem Strecken um 110% in heißem W. wird der Faden mit 60 m/Min. von der Zentrifuge aufgenommen. Die für Cord geeigneten Fäden halten 84600 Knickungen aus. (**E. P. 648 865** vom 15/10. 1947, ausg. 17/1. 1951. A. Prior. 19/12. 1946.) SALZMANN. 8075

**France Rayonne**, Frankreich, *Wiedergewinnung von wasserfreiem Natriumsulfat aus Viscosespinnbädern* durch Konzentrieren der schwefelsauren Salzlsg., Abkühlen u. Abtrennen der Kristalle von der Mutterlauge u. Wiederauflösen in Fällbad-Fl., Erhitzen u. Sättigen der Lsg. gegebenenfalls unter Zusatz einer der Säure entsprechenden Menge $Na_2CO_3$. (**F. P. 984 598** vom 14/2. 1949, ausg. 9/7. 1951.) WITTHOLZ. 8075

**Comptoir des Textiles Artificiels**, Paris, Frankreich, *Behandlung von synthetischen Fasern aus alkalischen Celluloselösungen*. Solche Fasern, die vor, bei oder nach der Herst. mit Polymethylolphenolen behandelt wurden, werden mit trockenem gesätt. Wasserdampf unter Ausschluß von $O_2$ behandelt u. anschließend im Vakuum nachbehandelt. Die Fasern verhalten sich bes. günstig bei der weiteren Verarbeitung. Das Quellvermögen geht wesentlich zurück. (**N. P. 78 678** vom 20/9. 1945, ausg. 18/6. 1951.) JÜRGEN SCHMIDT. 8075

**Deutsche Hydrierwerke Akt.-Ges.**, Düsseldorf, *Schiebefeste Kunstseidengewebe* erhält man durch Behandlung mit einer Lsg. oder wss. Dispersion von Harzalkoholen (I), deren Estern oder Äthern, bes. von Glykol- oder Glycerinäthern. — Kunstseidengewebe werden mit einer 2—3%ig. Lsg. von I (VZ. 168, $Kp._3$ 190—230°) behandelt, die durch Red. von in Trichloräthylen gelöstem Kollophonium erhalten ist. (**D. R. P. 754 832** Kl. 8 vom 17/2. 1935, ausg. 9/3. 1953.) MÖLLERING. 8075

**Phrix-Werke Akt.-Ges.**, Hamburg, *Reinigung der Abgase von Viscosefabriken* unter Verwendung der bei der Reinigung von Kokereigasen üblichen, nicht geformten Reinigungsmassen (hydratisierte Eisenoxyde), gegebenenfalls in Verbindung mit weiteren Reinigungsverff. zur Entfernung von $CS_2$ oder anderen Schwefelverbindungen. (**Oe. P. 173 416** vom 11/8. 1950, ausg. 27/12. 1952. D. Prior. 21/11. 1949.) M. F. MÜLLER. 8075

## XIX. Brennstoffe. Erdöl. Mineralöle.

**M. E. How** und **J. M. Munden**, *Entzündung und Flammenfortpflanzung von in Luft feinverteiltem Kohlenstaub.* Obgleich die Verbrennung einer Kohlenstaubwolke auch von ihrer Umgebung u. der Art der Zündung abhängt, üben die chem. u. physikal. Eigg. des Staubes doch einen erheblichen Einfl. aus. Es wurde gefunden, daß ein höherer Geh. an flüchtigen Bestandteilen die Entzündung u. die Verbrennungsgeschwindigkeit begünstigt u. daß *Vitrit*, aus dem die Kohle häufig zu 80—90% besteht, die Verbrennungseigg. des Staubes weitgehend beeinflußt, wenn auch *Durit* u. *Fusit*, die im Staub von Kohlengruben meist vorherrschen, zu leichterer Entzündung neigen. Ein höherer Aschegeh. der Kohleteilchen hemmt im allg. die Verbrennung, da diese inerten Bestandteile die für die Flammenfortpflanzung nötige Wärme zum Teil absorbieren. Auch bei der Verbrennung von Kohlenstaub spricht man von einer oberen u. unteren Zündgrenze, die durch die Konz. des Staubes gegeben sind, aber in großem Maße von seiner Beschaffenheit abhängen. Im allg. läßt sich sagen, daß die Zündfähigkeit mit steigender spezif. Oberfläche zunimmt, ebenso wie eine höhere Temp. des Kohlenstaub–Luft-Gemisches u. erhöhter $O_2$-Geh. der Trägerluft die Verbrennung begünstigen. Elektr. Funken sind für die Zündung nicht so wirksam wie Flammen. (Brit. Coal Utilisat. Res. Assoc., monthly Bull. **16.** 517—26. Dez. 1952.) H. SCHÖBERL. 8128

**Arthur Grounds**, *Kohlenaufbereitung. Einige Faktoren und Probleme.* Es wird berichtet, über Kohlenwaschung, über die Größe verschied. Aufbereitungsanlagen, über Zerkleinerung der Kohle u. Behandlung der Feinkohle. (Colliery Guardian **181.** 4—6. 6/7. 31—32. 13/7. 1950.) BOYE. 8134

**A. Hersping**, *Eine Methode zur Messung kleiner Induktivitäts- und Kapazitätsänderungen (Metallsucher).* Für die Braunkohlenaufbereitung wurde ein Metallsucher zum Absuchen der Förderbänder auf Blindgänger u. Metallteile auf der Grundlage der Messung kleiner Induktivitäts- u. Kapazitätsänderungen entwickelt. (Arch. Elektrotechn. **40.** 57—74. 1950.) GEHLEN-KELLER. 8134

**Herbert Barking** und **Carl Eymann**, *Über die Herstellung, Vergasung und Verhüttung von eisenreichem Koks zur Schwachgasherstellung.* In Laborverss., die auf die Herst. Fe-reicher Kokse gerichtet waren, wurde festgestellt, daß infolge der oxydierenden Wrkg. der Erze auf die Kohlen ein ganz bestimmter Erzzusatz die Backfähigkeit durch geringfügiges Anoxydieren der Kohlenoberfläche verbessert. Halbtechn. u. Großverss. führten zur Erkenntnis, daß gering oxydierend wirkende Erzarten die Erzeugung eines Fe-Kokses gestatten, der in seinen Festigkeitseigg. denen des Hüttenkokses nicht nachsteht, während Eisenspat sich als wenig geeignet erwies. Bei der Verkokung in gewöhnlichen Horizontalkammeröfen sank der Heizwert des Starkgases auf ca. 4500 kcal/$Nm^3$ ab; das Ausbringen an Gas nahm infolge der Mitwrkg. des Erz-$O_2$ etwas zu, Teer- u. Benzolausbeuten blieben gleich, während das $NH_3$ zum Teil vernichtet wurde. Der Fe-Koks ist leicht reaktionsfähig u. enthält das Fe zu ca. 70—80% in metall. Form. Verhüttungsverss. des Fe-Kokses lieferten bei hohem Durchsatz ein Roheisen üblicher Zus. u. ein Abstichgeneratorgas mit einem Heizwert von ca. 1120 bis 1130 kcal/$Nm^3$, das als Unterfeuerungsgas für Koksofenbatterien sehr gut brauchbar ist. (Glückauf **88.** 1090—94. 8/11. 1952. Duisburg-Hamborn.) H. SCHÖBERL. 8142

—, *Reinigung von Leuchtgas und Herstellung von Schwefelsäure.* Rückblick. (Ind. chimique **40.** 9. Jan. 1953.) STEINER. 8156

**M. A. Bolzinger**, *Stadtgaswäsche und rechnerische Grundlagen der einzelnen Wäschertypen.* Darst. der rechner. Grundlagen der Gaswäsche u. ihre Anwendung bei den einzelnen Wäschertypen. (J. Usines Gaz **76.** 373—82. Nov. 1952.) FRÜHWALD. 8164

**A. Joklik** und **K. Küninger**, *Die Elektroteerscheidung in Gaswerken und Kokereien.* Vff. machen auf die verschied. Schwierigkeiten aufmerksam, die bei der Inbetriebnahme von Elektroscheidern auftreten können u. versuchen an Hand von Überlegungen, Fragen bzgl. Platzwahl u. Wirkungsweise der Teerscheider in Gaswerken u. Kokereien zu klären. (Gas, Wasser, Wärme [Wien] **6.** 79—83. April 1952. Wien.) ROSENDAHL. 8176

**O. L. Danetzkaja**, *Ein Versuch zur Decancerogenisation von Schieferteeren.* Der bei der Hochtemperaturpyrolyse von Ölschiefern erhaltene Kammerteer erzeugt bei weißen Mäusen krebsartige Geschwülste auf der Haut, bes. bei jungen Tieren. Diese cancerogene Wrkg. kann durch verschied. Maßnahmen herabgesetzt werden: durch 1½ std. UV-Bestrahlung um 45%, durch Belüften (600 Liter Luft je 125 $cm^3$) um 57%, durch Acetylierung mit Pb-Tetraacetat um 43,3%, durch Sulfurierung (mit $H_2SO_4$, D. 1,84, beim Kp., anschließend Neutralisation mit $NaHCO_3$) um 82,3%. (Гигиена и Санитария [Hyg. u. Sanitätswes.] **1952.** Nr. 10. 26—31. Okt. Leningrad, Wiss. Forsch.-Inst. für Arbeitshyg. u. Berufskrankheiten.) R. K. MÜLLER. 8180

**M. M. Gilkeson, R. R. White** und **C. M. Sliepcevich,** *Methansynthese durch Hydrierung von Kohlenoxyd in einem röhrenförmigen Reaktionsgefäß.* In einem rostfreien Stahlrohr, dessen Oberfläche als Katalysator dient, werden CO u. $H_2$ zur Rk. gebracht mit dem Ziel der Gewinnung von $CH_4$, das in steigendem Maß als gasförmiger Kraftstoff Anwendung findet. Durch Variierung der Zus. der Ausgangsgase, Strömungsgeschwindigkeit im Temperaturbereich von 980—1480° bei Drucken von 10—30 at wurde die Rk. studiert u. gefunden, daß ein Maximum bei 1000° F liegt; bei weiterer Temperatursteigerung stellt sich ein Abfall ein. Die katalyt. Aktivität war im wesentlichen von der Zeit unabhängig. Die Reaktionsgeschwindigkeit war am höchsten bei einem Geh. von 22% CO im Ausgangsgas. Weitere Versuchsergebnisse, wobei neben $H_2$ Wasserdampf oder Gemische von $CO_2$ u. $H_2$ verwendet werden, im Original. — 16 Literaturhinweise. (Ind. Engng. Chem. **45.** 460—67. Febr. 1953. Ann Arbor, Mich., Univ. of Michigan.) K. O. MÜLLER. 8200

**G. H. Göttner** und **Gg. R. Schultze,** *Grundsätzliches zur Frage der Konsistenzmessung von Schmierfetten.* Für die Anwendung von Schmierfetten hat das Fließverh. dieselbe Bedeutung wie die Zähigkeit bei Schmierölen. Vff. schildern daher zunächst eingehend die Bedeutung des Fließverh. u. die Anforderungen an das Schmierverhalten. Es werden auch die rheolog. Grunderscheinungen u. Begriffe (Phänomenologie der Fließkurven, der Zeiteinfl., die Fließgrenze, das Pfropfenfließen, das Strömungsprofil, der $\sigma$-Effekt), ausführlich erläutert. Die Auswertung der fließkundlichen Messungen ist jedoch wegen der Häufung rheolog. Besonderheiten, wie bes. der Plastizität des Materials, Abhängigkeit des Fließwiderstandes vom Geschwindigkeitsgefälle u. wegen starken Einfl. der Zeit, nicht einfach, wobei sich meßtechn. noch zusätzliche Schwierigkeiten durch die Inhomogenität der techn. Fette in den Mikrodimensionen ergeben. Bei der Auswahl der Schmierfette müssen auch die Anforderungen des Schmierfettzuführungsapp. u. der Schmierstelle berücksichtigt werden. In allen Fällen müssen Messungen auf dem Gebiet der Fließgrenze u. des Pfropfenfließens durchgeführt werden. Bei schnellaufenden Schmierstellen sollte versucht werden, die Mengen bis auf Geschwindigkeitsgefälle von $10^6$ $sec^{-1}$ auszudehnen, so daß beträchtliche Teile der Fließkurve bekannt sein müssen. (Erdöl u. Kohle **5.** 775—79. Dez. 1952. Hannover, Inst. für Erdölforsch.) ROSENDAHL. 8222

---

**Phillips Petroleum Co.,** übert. von: **Grant C. Bailey** und **James A. Reid,** Bartlesville, Okla., V. St. A., *$SiO_2$–$Al_2O_3$–NiO-Katalysator,* z. B. zur *Polymerisation* gasförmiger *Olefine.* $SiO_2$-Gel, das zweckmäßig kurz vorher erzeugt u. nicht getrocknet wurde, wird mit wss. Ni- u. Al-Nitratlsg. getränkt, so daß es 0,1—5 (Gew.-%) Ni u. 1—10 $Al_2O_3$, bezogen auf das $SiO_2$-Gel, enthält. Nach dem Trocknen werden die Nitrate durch Erhitzen in die entsprechenden Oxyde übergeführt. Das Ni-Oxyd wird dann durch weiteres Erhitzen in einer $O_2$-haltigen Atmosphäre bei 400—700° während 0,5—12 Std. aktiviert. (**A. P. 2 581 228** vom 15/6. 1945, ausg. 1/1. 1952.) STEIL. 8201

**Shell Development Co.,** San Francisco, übert. von: **Aaron Wachter** und **Nathan Stillman,** Berkeley, Calif., V. St. A., *Hydraulische Flüssigkeit,* bestehend aus mit 50% W. verd. Äthylenglykol unter Zusatz einer geringen Menge eines Nitritsalzes eines sek. Amins, z. B. Dicyclohexylamin-, Diisopropylamin-, Morpholin- oder 3.3.5-Trimethylcyclohexylaminnitrit, als rostverhinderndes Mittel. (**A. P. 2 584 086** vom 8/6. 1946, ausg. 29/1. 1952.) DERSIN. 8221

**Standard Oil Development Co.,** Elizabeth, N. J., V. St. A., *Zu Schmierfetten verdickte Schmieröle* erhält man durch den Zusatz von $<$50% Metallseifen, bes. von Na- oder Li-Seifen verzweigter Carbonsäuren mit einem Mol.-Gew. $<$160 u. 10—20 C-Atomen, bes. der aus Furfurol (I) nach CANNIZZARO erhaltenen $\alpha$-Furancarbonsäure. Auch entsprechende S enthaltende Seifen können mitverwendet werden. — 10 (Teile) **I,** 3,18 NaOH u. 30 mineral. Schmieröl (**II**) werden nach CANNIZZARO umgesetzt, worauf man 10 hydrierten Tran, 5 $\beta$-[1'.1'-3'.3'-5'.5'-Hexamethylhexylthio]-propionsäure, 2 NaOH, 1 Phenyl-$\alpha$-naphthylamin u. 38,82 **II** nachsetzt u. erneut nach CANNIZZARO umsetzt. Der gebildete Alkohol wird verdampft bzw. zum kleineren Anteil polymerisiert. Nach der Homogenisierung ist das Schmiermittel gebrauchsfähig. (**E. P. 664 214** vom 12/8. 1949, ausg. 2/1. 1952. A. Prior. 28/5. 1949.) MÖLLERING. 8221

**Badische Anilin- & Soda-Fabrik,** Ludwigshafen/Rh. (Erfinder: **Friedrich Christmann,** Ludwigshafen/Rh., und **Hans Bueren,** Marl), *Herstellung von Schmiermitteln* durch Behandlung von Halogenderivv. aliphat. KW-stoffe mit mindestens 10 C-Atomen oder ihrer O-haltigen Abkömmlinge allein oder zusammen mit anderen reaktionsfähigen KW-stoffen oder KW-stoffgemischen oder cycl. Verbb. mit polymerisierend wirkenden anorgan. Halogeniden oder deren Anlagerungsverbb., dad. gek., daß man in Ggw. von bis zu 5% solcher aromat. Gruppen enthaltender Stoffe arbeitet, die ein Mol.-Gew.

von >2000, zweckmäßig >5000, haben, u. diese Zusatzstoffe in Form einer Lsg. in Halogen-KW-stoffen oder halogenierten Äthern mit <10 C-Atomen anwendet. (**D. B. P. 863 337** Kl. 12o vom 26/5. 1938, ausg. 15/1. 1953.) G. KÖNIG. 8223

**Shell Development Co.**, San Francisco, übert. von: **Robert I. Moore**, Oakland, und **Walfrid Saarni**, Berkeley, Calif., V. St. A., *Schmierfette* von lang andauernder, unveränderter Konsistenz, zur Verwendung z. B. als Kugellagerfette, werden erhalten aus einem Mineralschmieröl, das mit der Li-Seife einer Oxyfettsäure, deren Hydroxylgruppe um mehr als 9 C-Atome von der Carboxylgruppe entfernt ist (I), zu Schmierfettkonsistenz eingedickt ist, unter Zusatz von 0,01—1,0 Gew.-% der Li-Seife einer Carbonsäure (II) mit weniger als 9 C-Atomen. Der Seifengeh. kann 3—40 Gew.-% betragen. Außer Mineralschmierölen können vegetabil. u. animal. Öle oder synthet. Schmiermittel verwendet werden. I ist eine 12-Oxystearinsäure oder eine der Säuren, die sich von hydriertem Ricinusöl ableiten. II kann eine $\gamma$-Oxyvaleriansäure, $\delta$-Aminocapronsäure, 4-Ketovaleriansäure oder eine aromat. Monooxymonocarbonsäure sein, ebenso eine Oxyfettsäure, die mit Oxy-, Keto-, Amino-, Nitro-, Mercapto-, Thiol- oder Sulfogruppen substituiert ist. (**A. P. 2 614 076** vom 16/9. 1949, ausg. 14/10. 1952.) MATTHAES. 8223

**Shell Development Co.**, San Francisco, übert. von: **Seaver Ames Ballard**, Orinda, **Rupert Clarke Morris**, Berkeley, und **John L. Van Winkle**, San Lorenzo, Calif., V. St. A., *Schmiermittel.* Es enthält z. B. 90—99 Gew.-% eines fl. aliphat. Esters von Bis-oxyalkylsulfid der Formel R—CO—O—R—S—R—O—OC—R (R = aliphat. Reste mit 2—20 C-Atomen) u. 1—10 Gew.-% eines polymerisierten Methacrylsäureesters mit Mol.-Gew. 10000—25000. Auch ein fl. aliphat. Diester einer Dicarbonsäure kann vorhanden sein. — Beispiele: a) 52,8 (Gew.-%) Bis-acetyloxypropylsulfid, 44,4 Bis-2-äthylhexylsebacat, 2,8 polymerisiertes Alkylmethacrylat (Mol.-Gew. 10000—25000); b) fl. Propionat des Bis-$\gamma$-oxypropylsulfids u. 1—10 polymerisiertes Alkylacrylat. (**A. P. 2 603 604** vom 1/11. 1948, ausg. 15/7. 1952.) UNGER. 8223

**Dow Corning Corp.** (Erfinder: **Chester C. Currie** und **James G. Fife**), V. St. A., *Schmiermittel für sich bewegende Metallteile*, bestehend aus Polysiloxanen, welche durch katalyt. Mischpolymerisation von Siloxanen der allg. Formel $(R_2SiO)X$ u. $[(R_3Si)_2O]X$ entstehen, worin X ein Halogen oder eine Alkoxygruppe ist. Wenigstens 5% der Si-Atome des Polysiloxans besitzen einen gebundenen Halogenphenylrest, z. B. mit 1 oder 2 Halogenatomen, wie $Cl\cdot C_6H_4$-, $Cl_2C_6H_3$-, $Br\cdot C_6H_4$-, $Br_2C_6H_3$-, $BrClC_6H_3$-Rest. Den Polysiloxanen können bis zu 50% eines Verdickungsmittels in Form eines Alkali- oder Erdalkalisalzes einer höheren Fettsäure zugesetzt werden, z. B. der Cyclohexylessigsäure, Cyclohexylpropionsäure, Cyclohexylvaleriansäure, $\alpha$-4-Dibutyl-tert.-cyclohexylbuttersäure, Cyclopentylvaleriansäure. — Ein Gemisch aus 270 (g) Chlorphenylmethyldichlorsilan, 1238 Dimethyldichlorsilan u. 204,6 Phenyldimethylchlorsilan wird in ein fl. Siloxanmischpolymerisat übergeführt. — Man löst 10 g Cyclohexylcapronsäure in 10 g eines Siloxanmischpolymerisats von 100 cs Viscosität aus 10 Mol-% $(CH_3)_3SiO_{1/2}$ u. 90 Mol-% $Cl\cdot C_6H_4(CH_3)SiO$. Man erhitzt die Lsg. auf 60° u. rührt eine Lsg. von 2,1 g $LiOH\cdot H_2O$ in 15 W. ein. Danach wird das W. bei 100° abdest. u. erhitzt den verbleibenden Rückstand auf 120°, worauf noch 20 g des Siloxanmischpolymerisats zugesetzt werden u. 1 Std. bei 100° erhitzt wird. Man erhält ein Metallager-Schmierfett. (**F. P. 997 387** vom 1/9. 1949, ausg. 4/1. 1952. A. Priorr. 29/9. 1948 u. 7/2. 1949.) M. F. MÜLLER. 8223

**Donau Chemie Akt.-Ges.**, Wien, Österreich, *Entparaffinieren von Mineralöl* (**I**). **I** wird mit 1.1-Dichloräthan (**II**) enthaltenden Lösungsmitteln, z. B. 1—10 (Teilen), bes. 1 **II**, u. 10—1, bes. 1—4, 1.2-Dichloräthan, vermischt u. das ausgeschiedene Paraffin abzentrifugiert. (**E. P. 667 118** vom 26/4. 1949, ausg. 27/2. 1952. Oe. Priorr. 11/6. 1948 u. 1/4. 1949.) LÜTTGEN. 8227

**LIAS Ölschiefer-Forschungs-G. m. b. H.**, Frommern, Württ. (Erfinder: **Julius Altpeter** und **Erich Kranepuhl**, Balingen), *Gewinnung von vaselinartigen Produkten* neben Paraffin u. Schmieröl aus durch Schwelung gewonnenen schweren Schieferölfraktionen. Die Fraktionen werden bei ca. 400° u. 200 at über einem fest angeordneten, schwefelunempfindlichen Katalysator, z. B. Wolframsulfid, hydriert, ohne daß hierbei eine wesentliche Spaltung eintritt. Anschließend wird das erhaltene zähfl. Öl durch Wasserdampfdest. bei ca. 15 mm Hg zerlegt. (**D. B. P. 840 291** Kl. 23b vom 8/2. 1949, ausg. 29/5. 1952.) v. HUHN. 8227

---

**Y. Major**, Combustibles liquides et gazeux naturels. Paris: Presses Documentaires. (280 S. m. 70 Abb. u. 11 Taf. im Text) Fr. 2500,—.

**Y. Major**, Combustibles solides. Paris: Presses Documentaires. (250 S. m. 34 Abb. u. 10 Taf.) Fr. 1800,—. I. Constitution. — II. Le carbone industriel. — III. Utilisation rationelle des charbons. — IV. Les tendances de l'industrie du gaz de ville. V. La gazéification des combustibles solides. VI. La mise en valeur du lignite.

## XXI. Leder. Gerbstoffe.

**E. F. Kurth** und **Frank L. Chan,** *Die Extraktion von Gerbstoff und Dihydroquercetin aus Douglas-Kieferrinde.* Mittels einer ca. 15std. Gegenstromextraktion (in 5 Stufen) mit heißem W. lassen sich 80—85% vom Gerbstoff aus der Rinde extrahieren, während vom Dihydroquercetin infolge seiner geringen Löslichkeit lediglich 55—65% ausgelaugt werden können. Der Gesamtgerbstoffgeh. der auf diese Weise erhaltenen Brühen beträgt 2%. Eine Vorbehandlung der Rinden mit Bzl. zur Entwachsung derselben erhöht den Gesamtgerbstoffgehalt. Vom erhaltenen getrockneten Gesamtfeststoffgeh. bestehen 18,1—18,4% aus reduzierenden Zuckern, deren Anteil nach einer Hydrolyse des Extraktes auf 29% ansteigt. Der Gerbstoffgeh. der trockenen Extrakte beträgt 55—60%; der unlösl. Anteil besteht aus Phlobaphenen, Quercetin oder Dihydroquercetin. Die erhaltenen Ergebnisse werden an Hand von 10 Tabellen ausführlich besprochen. (J. Amer. Leather Chemists Assoc. **48.** 20—32. Jan. 1953. Corvallis, Oreg., Oregon Forest Prod. Labor. u. Dep. of Chem., Oregon State Coll.) H. G. FRÖHLICH. 8336

**E. A. Snow,** *Eichenschwarten und Eichenklafterholz als Quelle für Gerbstoff- und Holzschliffmaterial.* Da die in großen Mengen anfallenden Eichenschwarten u. Eichenklafterholz einen zur Herst. von schweren Ledern gut geeigneten Gerbstoff liefern, läßt sich dessen Gewinnung dadurch wirtschaftlich gestalten, daß man eine Trennung von gerbstoffreicher Rinde u. gerbstoffarmem Holzmaterial vornimmt. Die Rinde wird extrahiert, u. das Holzprod. geht in die Papierindustrie. Das Verf. zur Trennung von Rinde u. Holz wird bes. beschrieben. Danach erhält man aus Eichenschwarten ca. 54% Rindenanteile mit 6,5% Reingerbstoff u. ca. 46% Holz, das für die Papierindustrie geeignet ist. (J. Amer. Leather Chemists Assoc. **47.** 563—77. Aug. 1952. Norris, Tenn., Tennessee Vally Authority, Div. of Forestry Relations.) H. G. FRÖHLICH. 8336

**C. W. Beebe, F. P. Luvisi** und **M. L. Happich,** *Tennessee-Valley-Eichenrinde als Gerbstoffquelle.* Umfangreiche Studien über die Eignung der verschied. im Tennessee Valley heim. Eichenarten zur Gerbstoffgewinnung haben gezeigt, daß die Extraktgewinnung aus den Rinden möglich ist. Die erhaltenen Ergebnisse sind in 6 Tabellen zusammengefaßt. (J. Amer. Leather Chemists Assoc. **48.** 32—41. Jan. 1953. Philadelphia, Pa., Eastern Reg. Res. Labor.) H. G. FRÖHLICH. 8336

**A. Cheshire** und **H. Lee,** *Aufnahme und Abgang von Gerbstoff, Säure und Salz bei der Gerbung von Sohlleder mit Mimosa oder Myrobalan.* Die Verss. zeigen, daß beim Gerben von Sohlleder mit Mimosa- u. Myrobalanextrakten die Aufnahme von lösl. u. unlösl. Substanz, Säure u. Salz aus der Gerbflotte beim Gerben mit Myrobalan größer ist als beim Gerben mit Mimosa. Dementsprechend sind der Säure- u. Salzgeh. sowie der Anteil an lösl. u. unlösl. Verbb. im Ablauf bei der Mimosagerbung größer als bei der Myrobalangerbung. Durch eine Verkürzung der Gerbdauer geht bei beiden Gerbungen die Aufnahme an lösl. Substanz im Leder zurück. Dafür steigt die Menge an lösl. Substanz im Ablauf stark an. (J. Soc. Leather Trades' Chemists **34.** 378—97. Okt. 1950. Beverley, Yorks. Messrs. Richard Hodgson & Sons, Res. Dep.) H. G. FRÖHLICH. 8336

**Asch,** *Die Verwendung synthetischer Gerbstoffe besonders in Kombination mit Kastanienextrakt.* Durch Mischen von Kastanienholzextrakt mit synthet. Gerbstoffen wurde der Geh. an unlösl. Bestandteilen vermindert. Mit den Mischungen wurden Laboratoriumsgerbverss. ausgeführt. Hierbei wurde gefunden, daß die $p_H$-Werte etwas höher lagen als die von unverändertem Kastanienholzextrakt u. im Verlauf der Gerbung weniger variierten als bei Alleingerbung mit Kastanienholzextrakt u. bei Gerbungen mit Mischungen von n. u. süßer gestelltem Kastanienextrakt. Der Zusatz von synthet. Gerbstoffen bewirkt ein schnelleres u. gleichmäßigeres Eindringen der Gerbstoffe. Außerdem konnte eine Aufhellung der Lederfarbe erreicht werden. — 3 Tabellen, 1 Abbildung. (Cuoio-Pelli-Mater. concianti **23.** 400—08. Okt. 1952.) O. ENGEL. 8336

**John W. Harnly** und **John R. Rodden,** *Die Chemie der Formiate und ihre Anwendung beim Entkälken, Pickeln, Entpickeln, Gerben und Neutralisieren von Chromleder.* 1. u. 2. Mitt. Nach einer allg. Einleitung wird hauptsächlich das Pickeln u. Entkälken besprochen. Ferner werden in diesem Zusammenhang die Menge an aufgenommener Säure u. die Durchdringungsgeschwindigkeiten für verschied. Pickelbrühen entkälkter u. nicht entkälkter Stierhaut bestimmt. Die Best. der Durchdringungsgeschwindigkeit wurde in einem genau beschriebenen App. durchgeführt. Die Unterss. haben nun gezeigt, daß bei gleichen Äquivalentmengen die $H_2SO_4$ schneller eindringt u. vollständiger reagiert als die HCOOH. Bei gleichen $p_H$-Werten liegen die Verhältnisse jedoch gerade umgekehrt. Der für eine Pickelbrühe benötigte große Überschuß an HCOOH kann durch einen kleinen Zusatz an $H_2SO_4$ weitgehend red. werden, da sich beide Säuren gegenseitig unterstützen. Eine Zugabe von Na- oder Ca-Formiat zu $H_2SO_4$-Pickel erhöht zunächst den sehr niedrigen $p_H$-Wert der Lsg., wobei $CaSO_4$ ausfällt, wenn die Pickellsg. nicht genügend verd. ist. Eine Anwesenheit von $CaSO_4$ wirkt sich für die nachfolgende Gerbung nicht vorteilhaft aus. (J. Amer. Leather Chemists Assoc. **47.** 547—63. Aug. 1952.) H. G. FRÖHLICH. 8336

**T. C. Thorstensen** und **Edwin R. Theis,** *Untersuchungen über Chrombrühen.* 14. Mitt. *Vergleichende Untersuchung einiger stabilisierter Mineralgerbstofflösungen.* (12. vgl. C. **1940.** I. 3359.) Die Struktur der gerber. verwendbaren Komplexe von Cr, Al, Fe u. Zr wurde durch $p_H$-Titration mit NaOH untersucht. Bei Al- u. Fe-Sulfat erhält man ohne Knick verlaufende Kurven, die Hydrolyse verläuft kontinuierlich. Bei Fe tritt Fällung schon bei $p_H$ 2,5 auf. $Fe_2(SO_4)_3$ ist daher ungeeignet zur Gerbung. Al verhält sich ähnlich. Die Titrationskurve von $Cr_2(SO_4)_3$ hat bei $33^1/_3$% Basizität einen scharfen Knick. Erst wenn alles Cr-Sulfat in $Cr(OH)SO_4$ übergeführt ist, steigt die $p_H$-Kurve stark an. Eine Fällung tritt in dem für die Gerbung geeigneten $p_H$-Bereich nicht ein. Die Unters. von Zr wurde mit *Zirkotan N* ($ZrOSO_4 \cdot Na_2SO_4$) ausgeführt. Dieses Salz ist 50% basisch. Die Titrationskurve steigt sofort steil an. Das Zr-Salz wird bis zur Bldg. von Zr-Hydroxyd allmählich weiter hydrolysiert, bei höheren $p_H$-Werten geht dieses in Zirkonat über. — Zusatz von maskierenden Salzen bewirkt bei Cr eine weitere Stabilisierung der Komplexe, die in der Reihefolge: Formiat, Acetat, Citrat, Oxalat zunimmt. Aus der Titrationskurve bei Zusatz von Glykolat wird geschlossen, daß die koordinative Bindung über die OH-Gruppe der Glykolsäure erfolgt. Die Komplexstabilität der Sulfate von Fe u. Al wird durch Zusätze von Acetat u. Formiat kaum geändert. Zusatz von Tartrat, Citrat u. Glykolat bewirkt eine Stabilisierung der Komplexe, u. zwar am meisten bei Glykolat. Al-Sulfat verhält sich analog. Die Titrationen wurden mit Lsgg., die bei Zimmertemp. hergestellt waren, ausgeführt u. enthielten 10 g der Oxyde/Liter. Vor den Messungen wurden die Lsgg. im allg. 6 Tage gealtert. — 14 Abbildungen. (J. Soc. Leather Trades' Chemists. **34.** 230—43. Juni 1950. Bethlehem, Pa., Lehigh Univ., Chem. Dep.) O. ENGEL. 8336

**John C. Gregory** und **William T. Roddy,** *Die Wärmebeständigkeit von Leder.* Im Hinblick auf die Verwendung von Leder als Öldichtung wurden verschied. Leder auf ihre Wärmebeständigkeit untersucht. Von den Ledern wurden die Schrumpfungstempp. u. die Flächenschrumpfung in Paraffinöl (I) bzw. in Luft u. in Glycerin–W.-Mischungen bestimmt. Chromleder schrumpft in I schnell über 100°, während pflanzlich gegerbte u. kombiniert gegerbte Leder langsam u. beträchtlich weniger schrumpfen. In W. schrumpfen Chromleder u. manche synthet. gegerbten um 100°, pflanzlich gegerbte Leder dagegen bei 85° u. weniger. Durch Vorerhitzen kann die Schrumpfung vermindert werden. Wird das Erhitzen in Luft vorgenommen, so verschwindet der Widerstand gegen das Schrumpfen schnell wieder, beim Erhitzen in I bleibt die Widerstandsfähigkeit jedoch mehrere Monate erhalten. Durch Erhitzen wird die Faserstruktur des Leders geschwächt, u. zwar beim Erhitzen in Luft mehr als beim Erhitzen in I. Durch Ggw. von Cr wird die Schwächung vermindert. Für Öldichtungen hat kombiniert gegerbtes Leder die beste Wärmebeständigkeit. — 6 Tabellen. (J. Amer. Leather Chemists Assoc. **47.** 787—94. Dez. 1952. Cincinnati, Univ., Dep. Appl. Sci. Tanning Res., Found. Tanners' Counc. America.) O. ENGEL. 8340

**R. C. Jurney jr.** und **C. H. Geister,** *Bemerkungen über das Abfärben von Schwedenleder.* Es wurde gefunden, daß das Abfärben von Schwedenleder in der Hauptsache auf den Schleifstaub zurückzuführen ist, der sich an der Oberfläche des Leders zwischen den Lederfasern festsetzt. Auch wenn das Leder vor dem Färben geschliffen wird, bleibt der Schleifstaub an der Oberfläche haften. Ungeschliffene Leder haben stets eine wesentlich bessere Farbechtheit als geschliffene gleicher Gerbung u. Färbung. Leicht angeschliffene farbechte Wollstoffe zeigen ein ähnliches Abfärben wie Schwedenleder. — 2 Abbildungen, 1 Tabelle. (J. Amer. Leather Chemists Assoc. **47.** 759—65. Dez. 1952. E. I. du Pont de Nemours & Co., Inc.) O. ENGEL. 8340

—, *Die Lederimprägnier- und Härtemittel, ihre Zusammensetzung, Herstellung und Anwendung.* Ausführlicher Überblick. Besprochen werden: Zus. u. Anwendung der Lederimprägniermittel, Rezeptrichtlinien für Sohlenimprägniermittel, Lederhärter, Patentliteratur, Prüfung der Rohmaterialien (Best. des Erweichungspunkts von Harzen u. Pechen; des Brechpunkts von Pechen, der SZ., der VZ., des Phenolgeh.; Nageltauchprobe). (Seifen-Oele-Fette-Wachse **76.** 429—31. 13/9. 453—55. 27/9. 473—78. 11/10. 499—501. 25/10. 519—21. 8/11. 1950.) WINIKER. 8340

**R. F. Innes** und **W. L. Sheppard,** *Die Bestimmung von Aluminium in Chromleder.* Die Al-Best. in Chromleder nach der BSLTC-Meth. lieferte schlecht reproduzierbare Werte. Vff. beschreiben daher eine neue Meth., die bessere Werte ergibt. Hiernach wird der Lederaufschluß u. die Oxydation des Cr zu Chromat nicht in der Boratschmelze, sondern mit Perchlorsäure durchgeführt. Zum Abtrennen des $Al(OH)_3$ aus der Chromatlsg. wird dieselbe längere Zeit in Ggw. von überschüssigem $NH_3$ erhitzt, wodurch die zunächst starke Löslichkeit des $Al(OH)_3$ herabgesetzt wird. Eine weitere Verbesserung der Genauigkeit der neuen Meth. besteht in der colorimetr. Best. des Al in der Cr- u. Fe-freien Aluminatlsg. mittels Aurintricarbonsäure an Stelle der gravimetr. Bestimmung. Die Meth. ist ausführlich beschrieben. (J. Soc. Leather Trades' Chemists **34**. 460—64. Dez. 1950. Egham, Surrey., Milton Park, Brit. Leather Manufacturer's Res. Assoc.) H. G. FRÖHLICH. 8368

---

**Badische Anilin- & Soda-Fabrik**, Ludwigshafen/Rh. (Erfinder: **Gerhard Otto**, Mannheim, und **Hans Krzikalla**, Heidelberg), *Gerbverfahren.* Man verwendet die Fe-Verbb. von aromat. Sulfonsäuren (I), die außer der $SO_3H$-Gruppe mindestens zwei mit Fe Komplexe bildende Gruppen (OH-, COOH- oder $NH_2$-Gruppen) enthalten, z. B. Sulfobrenzcatechin, Sulforesorcin, Sulfophthalsäure, 1.8-Dioxynaphthalin-4-sulfonsäure, Alizarinsulfonsäuren u. dergleichen. (**D. B. P. 863 241** Kl. 28a vom 12/1. 1943, ausg. 15/1. 1953.) V. SCHILLER. 8337

**Badische Anilin- & Soda-Fabrik**, Ludwigshafen/Rh. (Erfinder: **Werner Wolff**, Altötting, und **Gerhard Otto**, Mannheim), *Fetten von Leder* mit Oxydationsprodd. von KW-stoffen. Man verwendet als Fettungsmittel Erzeugnisse, die aus Diolefin-KW-stoffen mit konjugierten Doppelbindungen, z. B. Butadien, Isopren, Dimethylbutadien oder Piperylen, durch Polymerisation mit Alkalimetallen bei höheren Tempp. in Ggw. von Lösungs- oder Verdünnungsmitteln u. Oxydation der öligen Polymerisationsprodd. in fl. Phase bei erhöhten Tempp. in bekannter Weise hergestellt wurden. (**D. B. P. 863 116** Kl. 28a vom 19/2. 1944, ausg. 15/1. 1953.) V. SCHILLER. 841

**Reinold Hagen**, Hangelar, *Oberflächenbehandlung von Leder mit thermoplastischen Kunststoffen.* Eine Kunststoffolie wird auf Leder, bes. *Spaltleder*, aufgepreßt, wobei der Preßstempel beheizt wird. An Stelle als Folie kann der Kunststoff in Pastenform entweder auf das zu kaschierende Leder oder auf eine Metallplatte, die mit der Schichtseite auf das Leder gelegt wird, aufgebracht werden. — Zum besseren Haften wird eine Zwischenschicht aus einer Kunststoffmasse, der größere Mengen Weichmacher u. hochsd. Lösungsmittel zugefügt wurden, angeordnet. — Zusätzliche Narben können dem unkaschierten Leder oder der Überzugsschicht eingepreßt werden. — Um die Bldg. von Luftblasen zu vermeiden, wird das Preßpaket in umgekehrter Reihenfolge aufgeschichtet; die Beheizung erfolgt dann vom Preßtisch aus. (**D. B. PP. 871 413, 871 414, 871 415** vom 2/12. 1950 u. **871 416** Kl. 75c vom 15/12. 1950, alle ausg. 23/3. 1953. **Zusätze zu D. B. P. 841 866; C. 1953. 3827.**) LAASS. 8341

**Carl Freudenberg** (Erfinder: **Carl Ludwig Nottebohm**), Weinheim/Bergstr., *Herstellung von Kunstleder* durch Imprägnieren von gekrempelten Faservliesen mit Bindemitteln, wie Kautschuk oder Kunstharze. Man verwendet Vliese, deren Oberflächenfasern vor dem Imprägnieren durch Behandeln mit Quellungsmitteln, z. B. Aceton, zum Quellen gebracht u. dann getrocknet worden sind. (**D. R. P. 756 607** Kl. 81 vom 18/12. 1938, ausg. 15/12. 1952.) V. SCHILLER. 8353

**Westfälisch-Anhaltische Sprengstoff-Aktiengesellschaft Chemische Fabriken**, Berlin (Erfinder: **Georg Hundhausen**, Berlin, **Otto Koscielski**, Reinsdorfwerke, und **Fritz Hartmann**, Wittenberg), *Kunstlederartige Massen.* Fichtenzellstoff u. die doppelte Menge Nitrocellulose werden in W. aufgepülpt; dann wird eine Emulsion von z. B. Dibutylphthalat in W. zugesetzt. Die abgesaugte Fasermasse wird auf Heißwalzen verarbeitet. (**D. R. P. 752 791** Kl. 39b vom 4/5. 1941, ausg. 11/5. 1953.) SALZMANN. 8353

## XXII. Leim. Klebstoffe usw.

**Werner Stauf**, Siegen/Westf., *Klebstoffe* (**I**) beliebiger Art werden mit Faserstoffen vermischt, die in Ggw. der fl. **I** bis zur Strukturlosigkeit zermahlen werden. (**D. B. P. 855 888** Kl. 22i vom 22/7. 1949, ausg. 17/11. 1952.) LÜTTGEN. 8381

**Johnson & Johnson (Great Britain) Ltd.**, Slough, England, *Doppelseitiges Klebband.* Zur Verhinderung des Zusammenklebens des Bandes bes. in aufgerolltem Zustand wird eine Zwischenlage benutzt, die zum größten Teil aus Polyäthylen, bes. mit einem Mol.-Gew. von 5000—30000 u. Erweichungspunkt von 90—125° besteht. — Zeichnung. (**E. P. 676 559** vom 17/2. 1950, ausg. 30/7. 1952. A. Prior. 17/2. 1949.) LÜTTGEN. 8389

**S. D. Warren Co.**, Boston, Mass., übert. von: **Robert L. Smith**, Gorham, und **Charles M. Wiswell**, Westbrook, Maine, V. St. A., *Durch Hitze aktivierbare Klebbänder, -etiketten usw.* Man verwendet als Klebbelag eine Mischung aus feinverteilten Partikeln von 2 verschied. thermoplast. Klebstoffen, deren einer (oder beide) aus einer homogenen

Mischung aus Harzen u. einem größeren Teil eines festen Weichmachers besteht, während der andere nur ein Harz sein kann. Beim Erhitzen bilden sie eine Mischung mit einem niedrigeren F., als ihn die beiden Komponenten aufweisen. Vorteilhaft ist es, den Belag in Form wss. Emulsionen aufzubringen. — 75 (Teile) Diphenylphthalat (Weichmacher), 25 Polystyrol u. 1 Octadecanol (Dispergiermittel) werden zusammengeschmolzen, mit 100 W. u. 0,25 $Na_4P_2O_7$ vermahlen, mit 44,5 einer wss. Emulsion eines Styrol–Butadien-Copolymers vermischt u. auf Papieretiketten aufgetragen. — Zeichnung. (**A. PP. 2 608 542** u. **2 608 543** vom 26 9. 1950, ausg. 26/8. 1952.) LÜTTGEN. 8389

**Hercules Powder Co.**, übert. von: **Evart E. Mayfield**, Wilmington, Del., V. St. A., *Klebstoff mit Selbstklebeeffekt*, bestehend aus einem in aliphat. KW-stoffen (I) unlösl., in aromat. I lösl. Kiefernharz u. Butadien–Acrylnitril-Copolymerem im Verhältnis 1 : 3 bis 3 : 2 u. gegebenenfalls bis 35, bes. 1—10 % S. (**A. P. 2 606 884** vom 27/4. 1950, ausg. 12/8. 1952.) LÜTTGEN. 8389

**Farbenfabriken Bayer** (Erfinder: **Hermann Schirmer**), Leverkusen, *Klebstoff*, bestehend aus Lsgg. von Kautschukhydrochlorid mit ca. 22—28 (%), bes. 25, $Cl_2$ u. gegebenenfalls Stabilisierungsmitteln. (**D. B. P. 855 443** Kl. 22i vom 8/11. 1950, ausg. 13/11. 1952.) LÜTTGEN. 8389

**Minnesota Mining & Mfg. Co.**, übert. von: **Carl A. Dahlquist**, St. Paul, und **James O. Hendricks**, White Bear, Lake, Minn., V. St. A., *Ölfestes Klebband*. Als Belag wird eine Mischung aus Buna S oder N, einem Weichmacher u. einem thermoplast., klebrigmachenden, in Heptan unlösl. Harz benutzt; z. B. 100 (Teile) Hycar OR–25, 50 Diphenylkresylphosphat u. 40 in Bzn. unlösl. Harz. (**A. P. 2 601 016** vom 25/11. 1949, ausg. 17/6. 1952.) LÜTTGEN. 8389

**Johnson & Johnson (Great Britain) Ltd.**, Slough, England, *Klebband*. Die üblich als Klebbelag benutzte M. erhält den Zusatz eines „Deaktivators", der die Adhäsion des Belages zu Oberflächen mit hydrophiler Eig. red., z. B. Monoester mehrwertiger Alkohole, bes. Glycerinmonostearat; ferner Lecithin, Stearylamid von o-Phosphorsäureäthylester, Diäthylenglykololeat. (**E. P. 678 588** vom 27/4. 1950, ausg. 3/9. 1952. A. Prior. 29/4. 1949.) LÜTTGEN. 8389

**Ciba Akt.-Ges.**, Basel, Schweiz, *Haltbares Bindemitteltrockenpräparat*. Zu F. P. 892 560. C **1947**. 1332 ist nachzutragen: Man verwendet zur Herst. des Präp. neben härtbaren Bindemitteln Härtungsmittel, wie $NH_4$-Salze, $K_2S_2O_8$, Oxalsäure, Weinsäure, β-Naphthalinsulfonsäure, Alkalihydroxyde oder -carbonate, Erdalkalihydroxyde, Hexamethylentetramin oder Paraformaldehyd, die mit einem Überzug aus Zucker, Kleister, Dextrin, Kunstharz, Stärke, Ton, totgebranntem Gips, Talk, Graphit oder dgl. versehen sind. Die neuen Trockenpräpp. dienen als Imprägniermittel, Textilveredlungsmittel, Kitte, selbsthärtende Lacke u. bes. als *Kaltleim*. (**Oe. P. 169 793** vom 25/3. 1949, ausg. 27/12. 1951. Schwz. Prior. 23/3. 1942.) RAETZ. 8389

## XXIV. Photographie.

**Robert Hiltpold**, *Über die Bestimmung der Lichtempfindlichkeit von Negativmaterial für bildmäßige Aufnahmen*. Vf. stellte sich die Aufgabe, bei photograph. Negativmaterialien für bildmäßige Aufnahmen den Zusammenhang zwischen der nach Laboratoriumsmethoden bestimmbaren u. der tatsächlich ausnutzbaren „prakt." Empfindlichkeit zu untersuchen. Die Verss. wurden an je sechs Roll- u. Kleinbildfilmsorten folgender Fabrikate durchgeführt: AGFA-Isochrom, ANSCO-Plenachrome u. Supreme, FERRANIA-Ultrachromatica u. Superpancro, GEVAERT-Microgran-Panchro u. Panchromosa-Microgran, KODAK-Verichrom u. Panatomic-X, PERUTZ-Perpantic. Zur Best. der photograph. Empfindlichkeit wurden folgende Methoden angewandt: a) das DIN-Verf. nach der deutschen Norm DIN 4512 aus dem Jahre 1934, b) die amerikan. Norm ASA Z 38.1.1 — 1947 u. c) das „Neo-DIN-Verf.", das mit dem DIN-Verf. das Empfindlichkeitskriterium u. mit dem ASA-Verf. die Entwicklungsmeth. gemeinsam hat (die Vorschriften über Lichtquellen, Belichtung, Entwicklung u. Empfindlichkeitsangaben vgl. Original). Zur Best. der prakt. Empfindlichkeit wurden Reihenaufnahmen mit steigender Belichtung (halbe Blendenstufen) von mehreren Objekten aufgenommen. Die Entw. der Testaufnahmen erfolgte im eigenen Labor. u. bei 24 Schweizer Photogeschäften an 12 verschied. Orten. In jeder Reihe war das „erste gute Negativ" in Richtung steigender Belichtung für die prakt. Empfindlichkeit maßgebend. Es wurde von 18 Beobachtern nach Wiedergabe der bildwichtigen Einzelheiten in den Schattenpartien des Aufnahmeobjektes beurteilt. Es wird gezeigt, daß das „erste gute Negativ" auch die „erste gute Kopie oder Vergrößerung" der betreffenden Reihe ergibt. Rund 2500 Negativbilder, 1000 Kopien u. 700 Vergrößerungen von Kleinbildaufnahmen wurden für statist. Auswertungen hergestellt. Die Berechnung der Korrelationen (Korrelationskoeffizienten für lineare Regression) zwischen den verschied. Empfindlichkeitsbestimmungsmethoden führte zu folgendem Resultat: die Ergebnisse nach dem DIN- u. Neo-DIN-Verf. stimmen etwa gleich gut mit der prakt. Empfindlichkeit überein, während sich der Zusammenhang zwischen ASA u. prakt. Empfindlichkeit als weniger straff erweist. Wie die streng mathemat.-statist. Prüfung ergab, kann jedoch auf Grund des vorliegenden Versuchsmaterials nicht bewiesen werden, daß ASA hinsichtlich Übereinstimmung mit der prakt. Empfindlichkeit vom DIN- oder Neo-DIN-Verf. eindeutig verschieden ist. Damit in Einklang steht die Feststellung des verhältnismäßig straffen Zusammenhanges zwischen den Empfindlichkeiten nach dem DIN-Kriterium (0,1 über Schleier) u. dem ASA-Kriterium (Gradient 0,3 $\bar{G}$ nach JONES) bei jeweils gleicher Entwicklung. Die Ergebnisse wurden mit denen anderer Autoren über den gleichen Gegenstand verglichen. (Z. wiss. Photogr., Photophysik Photochem. **47.** 189—246. 1952. Zürich, ETH, Photograph. Inst.) W. GÜNTHER. 8600

**Ch. Moisand,** *Theoretische und praktische Bemerkungen über die Fabrikation von photographischem Papier, Platten und Filmen.* Sehr ausführliche u. übersichtliche Darst. des Gesamtgebietes der Herst. photograph. Papiere, Platten u. Filme. — Zeichnungen, Tabellen u. Berichte aus der Praxis vervollständigen die Arbeit. (Papeterie **74.** 138—45. März. 215—21. April. 285—97. Mai. 363—71. Juni. 425—33. Juli. 487—95. Aug. 577—85. Sept. 1952.) HEINRICHS. 8602

**Richard Grittner,** *Erfahrungen mit einem Feinkornentwickler.* Vf. berichtet über seine prakt. Erfahrungen mit dem KODAK D 25-Rezept (7,5 g Metol, 100 g $Na_2SO_3$ sicc., 15 g Na-Bisulfit, W. auf 1000 $cm^3$) als Feinkornentwickler. Die Ausnutzung der Filmempfindlichkeit ist bei seiner Verwendung um so besser, je höher man die Entwicklertemp. wählt. Der hohe Geh. an Salzen u. die geringe Alkalität ($p_H$ nur wenig über 7,0) arbeiten der Quellung der Gelatine entgegen. Diagramm über die Abhängigkeit der Entwicklungszeit von der Entwicklertemp. für hart, kräftig, n., weich u. sehr weich arbeitende Filme vgl. Original. Für jeden entwickelten Film setzt man anfangs 10 $cm^3$ Ergänzungsentwickler (10 g Metol, 100 g $Na_2SO_3$ sicc., 20 g $Na_2CO_3$ sicc., W. auf 1000 $cm^3$) zu, später genügen 6 $cm^3$, weil sich der regenerierte Entwickler nicht so schnell erschöpft. (Dtsch. Drogisten-Ztg. **7.** 472—74. 15/9. 1952. Eßlingen.) W. GÜNTHER. 8618

**J. Rzymkowski,** *Fluorescenzindicatoren in Verbindung mit festen Luminophoren zur Kontrolle photographischer Bäder im Dunkeln.* Zur Kontrolle der Wirksamkeit von sauren photograph. Fixierbädern empfiehlt Vf. die Zugabe von Fluorescenzindicatoren in Verbindung mit festen Luminophoren, die bei Überschreitung des krit. $p_H$-Wertes von 7,0 fluorescieren. 1000 $cm^3$ eines frisch angesetzten sauren Fixierbades werden mit 20 $cm^3$ einer 0,1%ig. wss. Lsg. von *Pyranin konz.* versetzt. Als geeigneter Luminophor erweist sich *Permaphan* der AUER-Gesellschaft, das nach Anregung mit Tages- oder Kunstlicht in einem farblosen Glasröhrchen eingeschlossen in die zu prüfende, mit Pyranin versetzte Lsg. eingebracht wird. Leuchtet im Dunkeln das Fixierbad in unmittelbarer Nachbarschaft des Gläschens auf, so ist es zu erneuern oder mit Bisulfit anzusäuern. Nach dem Ansäuern verschwindet die hellgelb-grüne Fluorescenz wieder. (Z. analyt. Chem. **135.** 409—12. 1952. Bonn-Beuel.) W. GÜNTHER. 8620

---

**E. I. du Pont de Nemours & Co.,** Wilmington, Del., übert. von: **Jerome A. Moade,** New Brunswick, N. J., V. St. A., *Reinigen von Silbernitratlösungen.* Man versetzt die z. B. durch Schwermetalle verunreinigte $AgNO_3$-Lsg. mit $Ag_2O$, bis ein $p_H$ von 6,1 erreicht ist, trennt den Nd. ab u. filtriert die Lsg. durch eine Kohle–$Al_2O_3$-Schicht. Verwendung für *photograph. Emulsionen.* (**A. P. 2 614 029** vom 21/2. 1951, ausg. 14/10. 1952.) NEBELSIEK. 8601

**Richard Brodersen,** Frankfurt/M., *Regenerierung abgespielter Filme.* Der Film wird in einem Tauchverf. beidseitig mit der Lsg. eines Celluloseesters behandelt, der von dem verschieden ist, aus dem der Film besteht; ein Nitrofilm z. B. mit einer Acetylcelluloselsg., ein Sicherheitsfilm mit einer Nitrocelluloselösung. Dadurch wird auch die Rückseite „entregnet". (**D. B. P. 859 255** Kl. 57b vom 1/6. 1949, ausg. 11/12. 1952.) KALIX. 8641

---

Arlette Vassy, Fondements théoriques de la photographie. (144 S. m. 52 Abb.) Fr. 1000,—.

---

Herausgeber u. verantwortlich für den Inhalt: Prof. Dr. Maximilian Pflücke, Berlin W 8, Jägerstraße 22/23, Fernsprecher: 200481, 201464. Redaktion: Chefredakteure Dr. Eugen Klever und Prof. Dr. Maximilian Pflücke. Verlag: Akademie-Verlag GmbH, Berlin NW 7, Schiffbauerdamm 19 (Fernsprecher 425571, Postscheckkonto Berlin 35021) u. Verlag Chemie, GmbH, Weinheim/Bergstraße (Postscheckkonto Frankfurt/M. 145314 u. Berlin [West] 7430, Fernsprecher: Weinheim 2017). Bestell- u. Verlags-Nr. dieses Heftes: 1007/124/41. Das Chemische Zentralblatt erscheint wöchentlich. Satz u. Druck: VEB Leipziger Druckhaus, Leipzig, III/18/203. X. 53.
Veröffentlicht unter der Lizenznummer 1212 des Amtes für Literatur und Verlagswesen der Deutschen Demokratischen Republik.
Printed in Germany.